Ehrhard Behrends

Analysis
Band 2

Ehrhard Behrends

Analysis
Band 2

Ein Lernbuch

vieweg

Bibliografische Information Der Deutschen Bibliothek
Die Deutsche Bibliothek verzeichnet diese Publikation in der Deutschen Nationalbibliografie; detaillierte bibliografische Daten sind im Internet über <http://dnb.ddb.de> abrufbar.

Prof. Dr. Ehrhard Behrends
Fachbereich Mathematik und Informatik
Freie Universität Berlin
Arnimallee 2 - 6
14195 Berlin

E-Mail: behrends@math.fu-berlin.de

1. Auflage April 2004

Der Vieweg Verlag ist ein Unternehmen von Springer Science+Business Media.
www.vieweg.de

Umschlaggestaltung: Ulrike Weigel, www.CorporateDesignGroup.de
Druck und buchbinderische Verarbeitung: Lengericher Handelsdruckerei, Lengerich
Gedruckt auf säurefreiem und chlorfrei gebleichtem Papier.
Printed in Germany

ISBN 3-528-03200-6

Timm Rometzki

Ehrhard Behrends

Tina Scherer

Jörg Beyer

Vivian Rometzki

Sonja Lange

Martin Götze

Vorwort

In diesem zweiten Band der Analysis soll die Welt der Grenzwerte, Ableitungen und Integrale weiter untersucht werden. Im Unterschied zum ersten Teil können wir uns nun ganz auf die analytischen Konzepte und Tatsachen konzentrieren, denn die allgemeinen mathematischen Fragen („Wie schreibt man einen Beweis auf?“, „Was bedeuten die logischen Symbole?“, ...) wurden schon behandelt.

Das Buch besteht aus weiteren vier Kapiteln. Am Ende sollten Sie alles kennen gelernt haben, was heute nach allgemeiner Überzeugung zu den grundlegenden Ideen der Analysis gehört und in Vorlesungen höherer Semester vorausgesetzt wird. In Kurzfassung geht es um die folgenden Themen:

- Funktionenräume: Was bedeutet es, wenn eine Funktion eine andere approximiert? Welche Eigenschaften bleiben bei Approximationen erhalten?
- Integration: Wie kann das (den meisten aus der Schule bekannte) Integral $\int_a^b f(x)\,dx$ mathematisch streng definiert werden?

  Ausgehend von der Frage, wie man krummlinig begrenzte Flächen messen kann, wird die Integrationstheorie in Kapitel 6 systematisch entwickelt. In Kapitel 7 wird dann gezeigt, dass sich damit viele interessante Folgerungen ergeben. Auch für Fragen, die mit Flächenmessung nichts zu tun haben.
- Mehrere Veränderliche: Wie modelliert man Situationen, in denen eine Größe von *mehreren* Eingangsgrößen abhängt? Wie kann man wieder mit Erfolg „im Kleinen“ einfache lineare Approximationen verwenden?

Neben den Standardthemen werden auch Fragen behandelt, die man in anderen Analysisbüchern nicht findet. Warum ist es zum Beispiel auch für die intelligentesten Mathematiker nicht möglich, gewisse Integrale geschlossen auszuwerten?

Das Konzept von Band 1 ist beibehalten worden: Neue Begriffe werden ausführlich motiviert, vor komplizierten Beweisen wird die Struktur erläutert, und man findet im Text und nach jedem Kapitel zahlreiche Verständnisfragen, in denen auf die wichtigsten Punkte noch einmal eingegangen wird.

Auch gab es wieder eine produktive Zusammenarbeit mit einer Gruppe von Studierenden, für die das erste Kennenlernen der Analysis noch nicht lange zurückliegt. Durch das Einarbeiten ihrer Erfahrungen sollten alle Anfängerschwierigkeiten berücksichtigt sein.

Ehrhard Behrends, Berlin (Frühjahr 2004)

Einleitung

Im Laufe der Zeit hat sich herausgestellt, welche grundlegenden Tatsachen in fast allen Teilbereichen der Mathematik eine Rolle spielen, rund um unseren Globus sind die Anfängervorlesungen daher sehr ähnlich strukturiert. Insbesondere gibt es Standards für die Analysis: Von allen Mathematikern dieser Welt wird die Kenntnis der wichtigsten Ideen rund um Limites, Differentiation und Integration vorausgesetzt. Auf die Themen, die in Band 1 noch nicht besprochen wurden, wird hier *in vier Kapiteln* eingegangen werden. Der *Inhalt* des vorliegenden zweiten Bandes der Analysis kann wie folgt zusammengefasst werden.

Zunächst behandeln wir in *Kapitel 5* noch einmal *Funktionen*. Diesmal geht es aber nicht darum, einzelne Funktionen zu definieren oder zu untersuchen. Es soll vielmehr präzisiert werden, was es bedeuten könnte, dass eine Funktionenfolge gegen eine Funktion konvergiert. Es gibt dafür eine Reihe von sinnvollen Möglichkeiten, wir kümmern uns hauptsächlich um *punktweise Konvergenz* und *gleichmäßige Konvergenz*. In den Anwendungen wird dabei häufig die Frage wichtig, welche analytischen Eigenschaften dabei erhalten bleiben. Wir werden (unter anderem) beweisen, dass gleichmäßige Limites stetiger Funktionen wieder stetig sind.

Gleichmäßige Konvergenz kann als Konvergenz in einem geeigneten normierten Raum interpretiert werden, dabei ergibt sich im Fall stetiger Funktionen sogar ein vollständiger Raum. Da die Tragweite von Kompaktheitsschlüssen schon in Band 1 hinreichend deutlich geworden sein sollte, ist die Frage nahe liegend, wie man kompakte Teilmengen derartiger Funktionenräume charakterisieren kann. Das ist auf überraschend einfache Weise möglich: Der Satz von ARZELÀ-ASCOLI besagt, dass die Charakterisierung beinahe genauso ist wie im endlich-dimensionalen Fall.

Im letzten Abschnitt des Kapitels werden dann einige berühmte Resultate bewiesen, die sich auf vollständige metrische Räume beziehen: *Der Banachsche Fixpunktsatz, der Cantorsche Durchschnittssatz und der Bairesche Kategoriensatz*. Diese Resultate in Kombination mit der Vollständigkeit der wichtigsten Funktionenräume lassen überraschende und tief liegende Folgerungen zu, einige werden dann auch in späteren Kapiteln bewiesen werden.

Kapitel 6 ist der *Integration* gewidmet, sie wird hier aus dem Problem der Flächenmessung entwickelt. Naiv könnte man meinen, dass der Begriff „Fläche" intuitiv klar ist. Das Problem ist jedoch komplizierter, wir werden auf die Schwierigkeiten hinweisen und dann *die Theorie des Riemann-Integrals* systematisch entwickeln.

Im ersten Anlauf wird das Problem zwar theoretisch gelöst werden, es ist damit jedoch noch nicht möglich, für konkret gegebene Funktionen das Integral auch wirklich auszurechnen. Diese Schwierigkeit wird durch den *Hauptsatz der Differential- und Integralrechnung* ausgeräumt, danach ist Integrieren so etwas wie die Umkehrung des Differenzierens. Folglich können alle Ergebnisse zur Differentiation hier nutzbar gemacht werden.

Einige führen zu sehr wirkungsvollen Verfahren, etwa *zur partiellen Integration* und zur *Integration durch Substitution.*

In den nächsten Abschnitten von Kapitel 6 wird der Integralbegriff erweitert, auch werden Funktionen näher untersucht, die durch Integrale definiert sind. Das Kapitel schließt mit der Diskussion eines tief liegenden Ergebnisses, durch das die Grenzen unserer theoretischen Möglichkeiten beim Integrieren aufgezeigt werden. Es wird bewiesen werden, dass man für gewisse – sogar recht einfache – Funktionen auch mit den ausgefeiltesten Methoden keine Stammfunktion explizit angeben kann. Ein berühmtes Beispiel, das wir auch behandeln werden, ist die Funktion e^{x^2}.

Integration war über das Problem eingeführt worden, gewisse Flächen zu messen. Tatsächlich macht diese Frage nur einen Bruchteil der Bereiche aus, in denen Integration eine wichtige Rolle spielt. Das soll in *Kapitel 7* deutlich werden. Wir diskutieren eine Reihe von Fragestellungen aus verschiedenen Teilgebieten der Mathematik, bei denen Eigenschaften des Integrals eine Schlüsselrolle beim Auffinden der Lösung spielen. Wir behandeln *Approximationen* von beliebigen Funktionen durch solche mit speziellen Eigenschaften, eine weitere Formel für das *Restglied in der Taylorformel* sowie das Problem, die *Länge von Kurven* zu bestimmen. In späteren Abschnitten geht es um *Zahlentheorie* (unter anderem wird dort gezeigt, dass e *transzendent und* π *irrational* ist), um das Lösen von Differentialgleichungen mit Hilfe der *Laplacetransformation* und um grundlegende *Existenzsätze für Lösungen von Differentialgleichungen.*

Im letzten Kapitel wird die *Theorie der Funktionen in mehreren Veränderlichen behandelt.* Solche Funktionen spielen immer dann eine Rolle, wenn eine Größe nicht nur von einem Parameter, sondern *von mehreren Eingangsgrößen* abhängt: Denken Sie etwa an die Wurfweite eines geworfenen Balles als Funktion der Abwurfgeschwindigkeit und des Abwurfwinkels. Diese Theorie nutzt ganz wesentlich *Methoden der Linearen Algebra* aus. Das, was man darüber wissen muss, wird im ersten Abschnitt zusammengestellt. Wir behandeln die Hauptsätze der Theorie, am Ende des Kapitels kann man *Extremwertaufgaben in mehreren Veränderlichen* lösen (auch mit Nebenbedingungen), kann mit dem *Satz von der inversen Abbildung* die Ableitung inverser Funktionen berechnen und Funktionen untersuchen, die *implizit* definiert sind.

Soweit der Inhalt in Kurzfassung. Unterschiede zu anderen Analysis-Büchern gibt es in den folgenden Punkten:

- Das Buch ist *in enger Zusammenarbeit mit Studierenden* entstanden, die ihre Analysisausbildung noch in lebhafter Erinnerung haben. Folglich wurde besonderer Wert darauf gelegt, auf die Schwierigkeiten einzugehen, die üblicherweise beim ersten Kennenlernen auftreten. Deswegen gibt es auch sehr ausführliche Motivationen, und kompliziertere Beweise sind so aufgeschrieben, dass die Struktur auch für Anfänger durchschaubar sein sollte.
- Um das Verständnis und das Lernen im Zusammenhang mit späteren *Prüfungsvorbereitungen* zu erleichtern, sind für jedes Kapitel wieder *Ver-*

ständnisfragen aufgenommen worden: Was sollte man *wissen*, was sollte man *können*? Wer die meistert, kann Vordiplom- und Zwischenprüfung gelassen entgegensehen.

Als Unterstützung des Verstehens beim Durcharbeiten sind auch wieder eine Reihe von direkten *Fragen an die Leser* in den Text eingearbeitet. Sie sind durch ein „?“ am Rand markiert, die Antworten sind am Ende des Buches zusammengestellt. ?

Es gibt auch *Übungsaufgaben*: Allen ist dringend ans Herz gelegt, sich mit ihnen auseinander zu setzen. Mit der Mathematik ist es nämlich wie beim Klavierspielen, Reiten und Skifahren: Man lernt es nicht durch das Lesen von Büchern, sondern durch die selbstständige Auseinandersetzung mit den auftretenden Problemen.

- Die Antworten auf die Verständnisfragen und die Lösungen zu den Übungsaufgaben findet man auf der *Internetseite*

  `http://www.math.fu-berlin.de/~behrends/analysis.`

  Dort können Sie auch Fragen stellen (falls trotz aller Bemühungen etwas unklar geblieben sein sollte), Anregungen für die nächste Auflage geben usw.

- Inhaltlich ist alles enthalten, was man von einem Analysisbuch erwarten darf. Es gibt aber wesentlich mehr, Sie werden viele Informationen finden, die erst in späteren Semestern wichtig werden oder einfach nur interessant sind: Feinheiten zur punktweisen Konvergenz, Existenzsätze für vollständige metrische Räume, Laplacetransformation, Ergebnisse aus der Zahlentheorie (u.a.: die Eulersche Zahl e ist transzendent), Englisch für Mathematiker, ...

  Um allen Lesern den Unterschied zwischen „Pflicht“ und „Kür“ deutlich zu machen, sind die Themen, deren genaues Studium man sich für später aufsparen kann, durch das Zeichen „◇“ markiert. ◇

An dieser Stelle möchte ich allen herzlich danken, die mich beim Schreiben der Analysis 1 und der Analysis 2 unterstützt haben. Ganz besonders gilt das für Jörg Beyer, Martin Götze, Sonja Lange, Timm und Vivian Rometzki und Tina Scherer. Sie haben die jeweils erste Fassung mit den Augen eines Studienanfängers gelesen. Dadurch konnten viele Erläuterungen und Übungsmöglichkeiten zusätzlich aufgenommen werden, um die ersten Schritte zu erleichtern.

Mein Dank geht auch an Dirk Werner: Er war immer ein geduldiger und kompetenter Ansprechpartner, ich denke auch gern an die Zusammenarbeit beim Schreiben des Beitrags „Englisch für Mathematiker“ zurück.

Ehrhard Behrends, Berlin (Frühjahr 2004)

Inhaltsverzeichnis

Inhalt von Band 1

Kapitel 5

Funktionenräume

Wenn zur Lösung eines konkreten Problems eine Funktion f mit speziellen Eigenschaften gebraucht wird, so kann man versuchen, sie durch Zusammensetzen aus den bekannten Bausteinen zu konstruieren. So hatten wir zum Beispiel am Ende von Kapitel 4 einige konkrete Differentialgleichungen gelöst. Dieser Weg führt aber nur bei eher einfachen Situationen zum Ziel. Erfolg versprechender ist es, f als Element einer geeigneten Menge von Funktionen aufzufassen und dann allgemeine Ergebnisse über solche „Funktionenräume" anzuwenden, um zu garantieren, dass ein f der gewünschten Art existiert und dass es vielleicht sogar eindeutig bestimmt ist.

Dadurch ändert sich der Blickwinkel. Bisher haben wir uns Funktionen immer durch ihren Graphen oder als Zuordnungsvorschrift vorgestellt, nun wird es mitunter günstig sein, sie sich als Punkt in einer Menge zu veranschaulichen.

Im ersten Abschnitt dieses Kapitels, in *Abschnitt 5.1*, sagen wir, *was hier unter Funktionenräumen verstanden werden soll*, die wichtigsten Beispiele werden Räume stetiger Funktionen sein. Dann geht es um *Approximationen*: Was soll es bedeuten, dass eine Funktion g nahe bei einer Funktion f liegt, was heißt es, dass eine Folge (f_n) von Funktionen die Funktion f „besser und besser annähert"?

Die zwei für die Analysis wichtigsten Möglichkeiten, das zu erklären, sind Gegenstand von *Abschnitt 5.2*. Dort untersuchen wir auch, welche Eigenschaften bei Konvergenz erhalten bleiben: Muss zum Beispiel f stetig sein, wenn eine Folge stetiger Funktionen gegen f konvergent ist? Auch wird die Frage beantwortet, ob man die neuen Konvergenzbegriffe als Konvergenz bezüglich geeigneter Metriken interpretieren kann.

Dann folgt in *Abschnitt 5.3* eine *detaillierte Diskussion von Räumen stetiger Funktionen*, die auf kompakten metrischen Räumen definiert sind. Diese so genannten „CK-Räume" spielen eine große Rolle in der Analysis, wir werden die Vollständigkeit beweisen und durch den *Satz von Arzelà-Ascoli* die kompakten Teilmengen charakterisieren.

Um zu illustrieren, welche weit reichenden Folgerungen sich aus der Vollständigkeit ziehen lassen, werden in *Abschnitt 5.4* einige häufig angewendete Ergebnisse diskutiert. Wir behandeln *den Banachschen Fixpunktsatz, den Cantorschen Durchschnittssatz und den Baireschen Kategoriensatz.*

5.1 Funktionenräume

Ähnlich, wie wir in Abschnitt 2.5[1] Folgen zu Folgenräumen zusammengefasst haben, sollen hier aus Funktionen Funktionenräume gebildet werden. Größtmögliche Allgemeinheit ist nicht angestrebt, wir werden fast ausschließlich Funktionen mit Werten in $\mathbb{K}$ betrachten (wobei das Symbol $\mathbb{K}$ wie in Band 1 für einen der Skalarenkörper $\mathbb{R}$ oder $\mathbb{C}$ steht).

Abb $(M, \mathbb{K})$

Sei M eine nicht leere Menge. Die Gesamtheit aller Abbildungen von M nach $\mathbb{K}$ wollen wir mit Abb $(M, \mathbb{K})$ bezeichnen. In einigen Spezialfällen ist uns Abb $(M, \mathbb{K})$ schon einmal begegnet. Es handelt sich zum Beispiel im Fall $M = \mathbb{N}$ um die Menge s aller Folgen, und für $M = \{1, \ldots, m\}$ kann Abb $(M, \mathbb{K})$ mit dem $\mathbb{K}^m$ identifiziert werden[2].

Abb $(M, \mathbb{K})$ ist aber nicht nur eine Menge. Da im Bildbereich Elemente addiert werden können, kann man in nahe liegender Weise eine „Summe zweier Funktionen" bilden: Sind $f, g \in$ Abb $(M, \mathbb{K})$, so definiert man

„+" für Funktionen

$$(f + g)(m) := f(m) + g(m)$$

für $m \in M$, auf diese Weise wird eine neue Abbildung $f + g \in$ Abb $(M, \mathbb{K})$ erklärt. Es ist dann leicht zu sehen, dass dieses neue „+" für Funktionen Eigenschaften der Addition für Zahlen „erbt". So gilt:

- „+" ist auf Abb $(M, \mathbb{K})$ assoziativ und kommutativ.
- Die Funktion $m \mapsto 0$ – man nennt sie die *Nullfunktion* – ist neutrales Element.
- Jedes f hat ein inverses Element, nämlich die durch $m \mapsto -f(m)$ definierte Funktion $-f$.

Die Kommutativität zum Beispiel gilt deswegen, weil $f + g$ und $g + f$ jedes m auf die gleiche Zahl abbilden, nämlich auf $f(m) + g(m) = g(m) + f(m)$.

Ganz entsprechend kann man für $f \in$ Abb $(M, \mathbb{K})$ und $a \in \mathbb{K}$ die Funktion af einführen, af ist natürlich durch $m \mapsto af(m)$ definiert. Betrachtet man dann Abb $(M, \mathbb{K})$ mit dieser Skalarmultiplikation und der vorher eingeführten Addition, so sind alle Axiome eines $\mathbb{K}$-Vektorraumes erfüllt; die hatten wir am Ende von Kapitel 2 in Definition 2.5.4 zusammengestellt.

---

[1] Abschnitts- und Satznummern, für die die erste Ziffer kleiner als 5 ist, beziehen sich auf Band 1.

[2] Damit ist gemeint, dass es eine „natürliche" bijektive Abbildung zwischen beiden Mengen gibt. Die ist – von Abb $(\{1, \ldots, m\}, \mathbb{K})$ in den $\mathbb{K}^m$ – dadurch definiert, dass einem f das m-Tupel $(f(1), \ldots, f(m))$ zugeordnet wird.

Die Tatsache, dass man in den meisten Fällen, in denen man eine Menge von Funktionen untersucht, einen Vektorraum vor sich hat, ist der Grund dafür, dass man nicht von Funktionen*mengen*, sondern von Funktionen*räumen* spricht.

All das ist nicht besonders tief liegend oder bemerkenswert. Jeder Schüler, der die Funktion $4x^2 + 3\sin x$ behandelt, „weiß" schon, dass es sich um „das Vierfache der Funktion x^2 plus das Dreifache der Sinusfunktion" handelt. Auch wir haben in Spezialfällen schon mit diesem Begriff gearbeitet, etwa als wir gezeigt haben, dass Summen und Vielfache stetiger Funktionen wieder stetig sind.

Genau so, wie man die Addition in $\mathbb{K}$ zur Definition einer Addition in $\text{Abb}\,(M, \mathbb{K})$ verwenden kann, kann man auch die Multiplikation heranziehen, um „$f \cdot g$" für Funktionen f, g zu definieren. Die hat dann natürlich wieder die Eigenschaften, die sich direkt aus der Zahlenmultiplikation ableiten, sie ist insbesondere kommutativ und assoziativ, die Einsfunktion $m \mapsto 1$ ist neutral, auch gilt das Distributivgesetz.

Doch Achtung: Die Regel „Die Eigenschaften von $\mathbb{K}$ implizieren Eigenschaften von $\text{Abb}\,(M, \mathbb{K})$" sollte wirklich nur als Faustregel aufgefasst werden. Als Beispiel, wo dieses Prinzip nicht zutrifft, betrachten wir die (falsche!) Aussage „$\text{Abb}\,(M, \mathbb{K})$, versehen mit der Addition und Multiplikation von Funktionen, ist ein Körper".

Für eine Begründung muss man schon sehr genau hinsehen. Wenn man versucht, die Körpereigenschaften zu beweisen, kommt man irgendwann zu der Stelle, wo zu zeigen ist, dass von Null verschiedene Elemente ein Inverses besitzen. Da die 1-Funktion das multiplikativ neutrale Element ist, heißt das, dass eine Funktion g zu f multiplikativ invers ist, wenn $f(m)g(m) = 1$ für alle m gilt. So ein g wird es zu vorgelegtem f also genau dann geben, wenn f *an jeder Stelle* von Null verschieden ist; in diesem Fall ist g durch $g(m) := 1/f(m)$ definiert.

Die „Null" in diesem Raum ist die Nullfunktion. f ist also verschieden von der Null, wenn f *bei irgendeinem* m von Null verschieden ist.

Und deswegen liegt genau dann ein Körper vor, wenn „irgendwo" mit „überall" identisch ist, also nur dann, wenn M nur aus einem einzigen Element besteht.

„$\leq$" für Funktionen

Im Fall $\mathbb{K} = \mathbb{R}$ ist es auch einfach, den *Ordnungsbegriff* auf Funktionen zu übertragen: Sind $f, g : M \to \mathbb{R}$, so soll „$f \leq g$" die Abkürzung dafür sein, dass $f(x) \leq g(x)$ für alle $x \in M$ gilt. Anschaulich bedeutet $f \leq g$ einfach, dass der Graph von f unter dem von g liegt.

Es ist leicht, mit Hilfe der Eigenschaften von „$\leq$" auf $\mathbb{R}$ nachzuweisen, dass $\text{Abb}\,(M, \mathbb{R})$ auf diese Weise zu einem geordneten Raum wird, die neue Relation ist wirklich reflexiv, antisymmetrisch und transitiv (vgl. Seite 125 in Band 1). Wie bei der Teilbarkeitsordnung auf der Menge der natürlichen Zahlen handelt es sich auch hier um eine Ordnungsrelation, bei der zwei beliebige Elemente nicht notwendig vergleichbar sein müssen: Ist zum Beispiel f die Funktion $x \mapsto x$ und g die Nullfunktion auf $\mathbb{R}$, so gilt weder $f \leq g$ noch $g \leq f$.

Die Menge *aller* Abbildungen spielt in der Analysis nur eine geringe Rolle. Interessanter sind Teilmengen von Abb $(M, \mathbb{K})$, die durch den gerade wichtigen analytischen Aspekt definiert sind. Dadurch kommen Räume stetiger, differenzierbarer (und später auch integrierbarer) Funktionen ins Spiel. Bemerkenswerterweise ergeben sich bei fast allen derartigen Konstruktionen Teilmengen von Abb $(M, \mathbb{K})$, die sogar einen Unterraum bilden. Letztlich liegt das daran, dass die Limes-Abbildung linear ist (vgl. Satz 2.2.12(ii),(iii)) und dass so gut wie alle interessanten Konzepte auf der Limesdefinition beruhen.

Hier einige Beispiele:

Definition 5.1.1. *Es seien (M, d) ein metrischer Raum und $I \subset \mathbb{R}$ ein Intervall.*

$C_{\mathbb{K}}(M)$

(i) $C_{\mathbb{K}}(M)$ bezeichnet den Raum der stetigen Funktionen von M nach $\mathbb{K}$, also

$$C_{\mathbb{K}}(M) := \{f \mid f \in \text{Abb}\,(M, \mathbb{K}),\ f \text{ ist stetig auf } M\}.$$

$C^k_{\mathbb{K}}(I)$

(ii) Sei $k \in \mathbb{N}$. Unter $C^k_{\mathbb{K}}(I)$ versteht man dann die Menge der auf I definierten k-mal stetig differenzierbaren $\mathbb{K}$-wertigen Funktionen, also die Menge derjenigen $f : I \to \mathbb{K}$, für die die erste, zweite, ..., k-te Ableitung existieren und für die die k-te Ableitung $f^{(k)}$ auch noch stetig ist.

$C^\infty_{\mathbb{K}}(I)$

(iii) $C^\infty_{\mathbb{K}}(I)$ ist der Raum der beliebig oft differenzierbaren Funktionen von I nach $\mathbb{K}$.

Alle diese Räume sind Unterräume des Raumes *aller* Funktionen und folglich Vektorräume. Der Nachweis ist in allen Fällen leicht, man muss nur die entsprechenden Ergebnisse aus Band 1 zitieren:

- Die Unterraumeigenschaften von $C_{\mathbb{K}}(M)$ sind eine Umformulierung von Satz 3.3.5(ii).
- Für die Unterraumeigenschaften der $C^k_{\mathbb{K}}(I)$ ist nur an Satz 4.1.4 zu erinnern.

5.2 Punktweise und gleichmäßige Konvergenz

Was heißt es, dass eine Funktion f „nahe bei" einer Funktion g liegt, wann konvergiert eine Funktionenfolge (f_n) gegen f? Diese Fragen traten schon in Band 1 auf, so wollten wir zum Beispiel im Abschnitt 4.3 (Taylorpolynome) vorgelegte Funktionen in der Nähe von x_0 so gut wie möglich durch ein Polynom n-ten Grades approximieren. Es gibt viele Möglichkeiten zu sagen, was „Approximation" bedeuten soll, der geeignetste Ansatz wird von der Problemstellung abhängen. Eine besonders wichtige Rolle spielen die „punktweise" und die „gleichmäßige" Konvergenz, die wir gleich kennen lernen werden. Dabei wird im Bildraum ein beliebiger metrischer Raum zugelassen, auf diese Weise können skalar- und vektorwertige Funktionen gleichzeitig behandelt werden.

Beide Konvergenzarten werden in der nächsten Definition eingeführt. Danach wird untersucht, welche analytischen Eigenschaften auf die Grenzfunktion übertragen werden, und am Ende des Abschnitts werden noch einige topologische Fragestellungen im Zusammenhang mit den neuen Begriffen angesprochen.

Definition 5.2.1. *Es sei M eine nichtleere Menge und (N, d_N) ein metrischer Raum, weiter seien $f, f_n : M \to N$ Abbildungen.*

(i) $(f_n)_{n\in\mathbb{N}}$ *heißt* punktweise konvergent gegen f, *wenn für jedes $x \in M$ die Folge $\big(f_n(x)\big)_{n\in\mathbb{N}}$ gegen $f(x)$ konvergiert.* **punktweise konvergent**

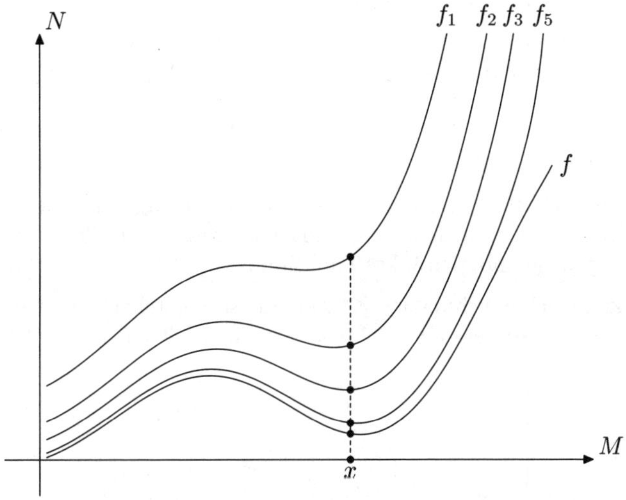

Bild 5.1: Punktweise Konvergenz anschaulich

Mit Quantoren geschrieben, heißt das:

$$\underset{\varepsilon>0}{\forall}\ \underset{x\in M}{\forall}\ \underset{n_0\in\mathbb{N}}{\exists}\ \underset{n\geq n_0}{\forall}\ d_N\big(f_n(x), f(x)\big) \leq \varepsilon.$$

(ii) $(f_n)_{n\in\mathbb{N}}$ *heißt* gleichmäßig konvergent gegen f, *wenn das n_0 in der vorstehenden Definition nicht von x abhängt, wenn also* **gleichmäßig konvergent**

$$\underset{\varepsilon>0}{\forall}\ \underset{n_0\in\mathbb{N}}{\exists}\ \underset{x\in M}{\forall}\ \underset{n\geq n_0}{\forall}\ d_N\big(f_n(x), f(x)\big) \leq \varepsilon.$$

Bemerkungen/Beispiele:

1. Offensichtlich folgt aus der gleichmäßigen Konvergenz von (f_n) gegen f die punktweise Konvergenz, denn $\exists\forall$ impliziert $\forall\exists$.

Als erstes Beispiel dafür, dass die Umkehrung im Allgemeinen nicht gilt, betrachte man

$$\begin{aligned} f_n : \mathbb{R} &\to \mathbb{R} \\ x &\mapsto \frac{x}{n}. \end{aligned}$$

Dann ist $(f_n)_{n\in\mathbb{N}}$ punktweise konvergent gegen die Nullfunktion, gleichmäßige Konvergenz liegt aber nicht vor.

> *Begründung:* Für jedes $x \in \mathbb{R}$ ist die Folge $(f_n(x))_{n\in\mathbb{N}} = (x/n)_{n\in\mathbb{N}}$ als Vielfaches der Folge $(1/n)_{n\in\mathbb{N}}$ gegen Null konvergent, das zeigt, dass (f_n) punktweise gegen Null geht.
>
> Die Konvergenz ist aber nicht gleichmäßig, schon für $\varepsilon = 1$ ist es nicht möglich, ein n_0 zu finden, so dass $|f_n(x)| \leq \varepsilon$ für alle x und alle $n \geq n_0$; ist nämlich n_0 irgendeine natürliche Zahl, so braucht man nur $n = n_0$ und $x = 2n_0$ zu wählen, dann ist nämlich $|f_n(x)| = 2$, also *nicht* $\leq \varepsilon$.

? Machen Sie sich klar, dass eine entsprechende Aussage für jede durch die Gleichung $f_n(x) := g(x)/n$ definierte Funktionenfolge (f_n) gilt, wobei $g : \mathbb{R} \to \mathbb{R}$ eine vorgegebene unbeschränkte Funktion ist.

2. Man kann sich gleichmäßige Konvergenz so vorstellen: Für jedes $\varepsilon > 0$ muss es ein n_0 geben, so dass alle f_n für $n \geq n_0$ im „ε-Streifen um f" liegen:

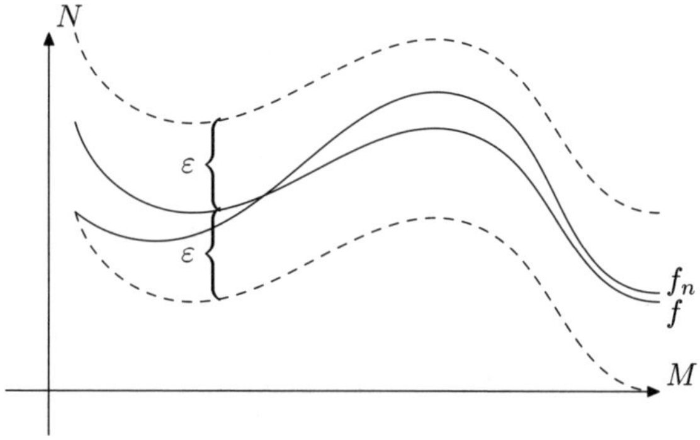

Bild 5.2: Gleichmäßige Konvergenz anschaulich

3. Wir betrachten nun die durch $f_n : x \mapsto x^n$ auf $[0,1]$ definierte Funktionenfolge (f_n) (vgl. Bild 5.3). Sie konvergiert punktweise gegen

$$f : x \mapsto \begin{cases} 0 & x \in [0,1[\\ 1 & x = 1, \end{cases}$$

denn $1^n \to 1$ und $x^n \to 0$ für $0 \leq x < 1$.
Durch dieses Beispiel wird klar, dass punktweise Limites stetiger Funktionen nicht stetig sein müssen.

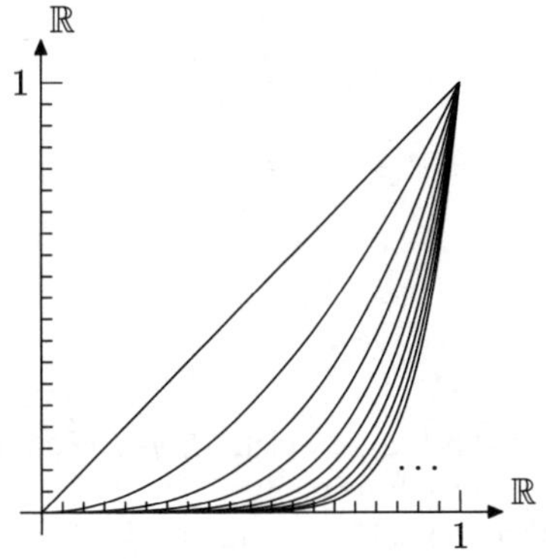

Bild 5.3: Die Folge $(x^n)_{n\in\mathbb{N}}$

Übrigens: Wir werden später zeigen, dass *gleichmäßige* Limites stetiger Funktionen immer stetig sind, die Konvergenz kann im vorstehenden Beispiel also nicht gleichmäßig sein. Versuchen Sie zur Übung, das direkt zu beweisen. ?

4. Da Limites im metrischen Raum N, wenn sie existieren, eindeutig bestimmt sind, kann eine Folge (f_n) höchstens einen punktweisen Limes haben. Anders ausgedrückt: Geht (f_n) punktweise gegen f und gleichzeitig gegen g, so folgt $f = g$.

5. Mit den üblichen Bezeichnungen für Potenzreihen gilt: Ist $a = (a_n)_{n\in\mathbb{N}_0}$ eine Folge in $\mathbb{K}$ und f_n das Polynom $z \mapsto \sum_{j=0}^{n} a_j z^j$, so konvergiert $(f_n)_{n\in\mathbb{N}_0}$ auf D_a punktweise gegen die Funktion f_a. Es handelt sich dabei lediglich um eine Umformulierung der Tatsache, dass $f_a(z) = \sum_{n=0}^{\infty} a_n z^n$. Etwas tiefer liegend ist der folgende

Satz 5.2.2. *Sei $f_a(z) = \sum_{n=0}^{\infty} a_n z^n$ eine Potenzreihe mit positivem Konvergenzradius R_a. Dann konvergieren die Partialsummen-Polynome*

$$f_n : z \mapsto \sum_{j=0}^{n} a_j z^j$$

für jedes $R \in \mathbb{R}$ mit $0 < R < R_a$ auf $\{z \mid |z| \leq R\}$ gleichmäßig gegen f_a.

Beweis: Wir wissen schon, dass Potenzreihen im Inneren des Konvergenzkreises absolut konvergieren (Lemma 4.4.2), insbesondere ist also $\sum_{n=0}^{\infty} |a_n| R^n < \infty$.

Sei nun $\varepsilon > 0$, wir wählen $n_0 \in \mathbb{N}$ mit $\sum_{k=n+1}^{\infty} |a_k| R^k \leq \varepsilon$ für alle $n \geq n_0$. Dann gilt für diese n und alle $z \in \mathbb{K}$ mit $|z| \leq R$:

$$\begin{aligned} |f_a(z) - f_n(z)| &= \left| \sum_{k=0}^{\infty} a_k z^k - \sum_{k=0}^{n} a_k z^k \right| \\ &= \left| \sum_{k=n+1}^{\infty} a_k z^k \right| \end{aligned}$$

$$\begin{aligned} &\leq \sum_{k=n+1}^{\infty} |a_k||z|^k \\ &\overset{|z| \leq R}{\leq} \sum_{k=n+1}^{\infty} |a_k|R^k \\ &\leq \varepsilon. \end{aligned}$$

□

Wir untersuchen jetzt die Frage, welche *Eigenschaften bei punktweiser bzw. gleichmäßiger Konvergenz* erhalten bleiben. Die tiefer liegenden Aussagen betreffen gleichmäßige Konvergenz, für die punktweise Konvergenz formulieren wir nur die folgende

Faustregel zur punktweisen Konvergenz:
Bei punktweiser Konvergenz bleiben alle diejenigen Eigenschaften von Funktionen erhalten, die so formuliert werden können, dass geschlossene Ausdrücke von endlich vielen Funktionswerten und die Zeichen $=$, $\leq$ und $\geq$ vorkommen.

Richtige Sätze wären also z.B.:

- Es sei $N = \mathbb{R}$, und es gelte $f_n \to f$ punktweise auf M. Ist dann für ein x_0 stets $f_n(x_0) \geq 0$, so gilt auch $f(x_0) \geq 0$.
- Diesmal sei $M = N = \mathbb{R}$. Konvergiert dann (f_n) punktweise auf M gegen f und sind alle f_n monoton steigend, so ist auch f monoton steigend.
- Gilt $f_n \to f$ punktweise auf $[0,1]$ und ist $f_n(0) = f_n(1)$ für alle $n \in \mathbb{N}$, so gilt auch $f(0) = f(1)$.
- Möglicherweise *nicht* erhalten bleibt zum Beispiel die Eigenschaft, bei einem festen x_0 einen strikt positiven Wert zu haben; das liegt natürlich daran, dass $\{x \mid x > 0\}$ nicht abgeschlossen ist.
- usw.

Um zum Beispiel die zweite Aussage zu beweisen, fixiere man $x, y \in \mathbb{R}$ mit $x < y$ und betrachte die Folge $\big(f_n(y) - f_n(x)\big)_{n\in\mathbb{N}}$. Nach Voraussetzung sind alle Folgenelemente nichtnegativ, auch konvergiert sie wegen der punktweisen Konvergenz der (f_n) gegen $f(y) - f(x)$. Und da der punktweise Limes einer nichtnegativen Folge nichtnegativ ist, muss $f(y) - f(x) \geq 0$ und damit auch $f(x) \leq f(y)$ gelten.

? Können Sie die anderen Tatsachen begründen? Können Sie auch ein Beispiel für eine punktweise konvergente Funktionenfolge finden, für die sich die Eigenschaft

„Es gibt ein $x \in M$, bei dem die Funktion ≥ 1 ist.“

nicht von der Folge auf die Grenzfunktion überträgt? (Das zeigt, dass die Faustregel sehr vorsichtig angewandt werden muss.)

Wir sind hier nur an hinreichenden Bedingungen interessiert, durch die die Übertragung einiger spezieller analytischer Eigenschaften (Stetigkeit, Differenzierbarkeit) auf den Limes garantiert wird. Die in diesem Zusammenhang wichtigen Ergebnisse sind im folgenden Satz zusammengefasst:

Satz 5.2.3.

(i) Stetigkeit:
Seien (M, d_M), (N, d_N) *metrische Räume und* $f, f_n : M \to N$ *Abbildungen. Konvergieren dann die* f_n gleichmäßig *gegen* f *und sind alle* f_n stetig, *so ist auch* f *stetig.*

Stetigkeit und gleichmäßige Limites

Kurz: Gleichmäßige Limites stetiger Funktionen sind stetig.

(ii) Differenzierbarkeit:
Seien $f, f_n : [a, b] \to \mathbb{R}$ *Funktionen, so dass gilt:*

- $f_n \to f$ *punktweise auf* $[a, b]$*;*
- *alle* f_n *sind differenzierbar, und* $(f_n')_{n\in\mathbb{N}}$ *konvergiert gleichmäßig gegen eine Funktion* $g : [a, b] \to \mathbb{R}$.

Differenzierbarkeit und gleichmäßige Limites

Dann ist auch f *differenzierbar mit* $f' = g$.

Kurz: Konvergiert (f_n) *punktweise und* (f_n') *gleichmäßig, so ist*

$$(\lim f_n)' = \lim f_n'.$$

Beweis:

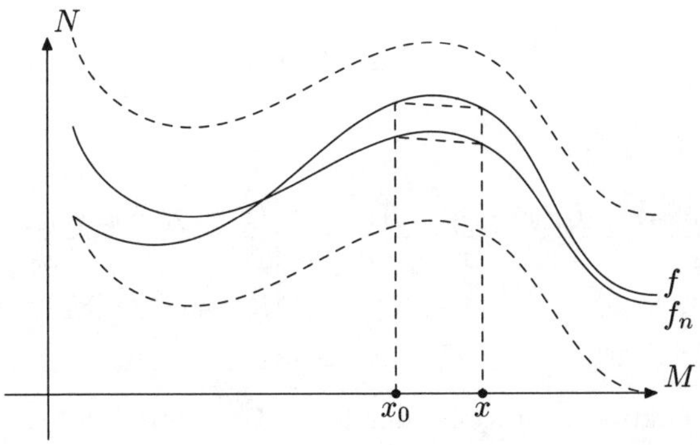

Bild 5.4: Gleichmäßige Konvergenz erhält Stetigkeit

(i) Sei $x_0 \in M$. Wir zeigen die Stetigkeit von f bei x_0 durch ein $\varepsilon/3$-Argument.
Wir beginnen mit der Vorgabe eines $\varepsilon > 0$, es ist ein positives $\delta > 0$ zu finden, so dass $d_N\big(f(x_0), f(x)\big) \le \varepsilon$ für alle $x \in M$ mit $d_M(x, x_0) \le \delta$ ist.

Dazu wählen wir zunächst ein $n \in \mathbb{N}$ mit $d_N\bigl(f_n(x), f(x)\bigr) \le \varepsilon/3$ für alle $x \in M$ und nutzen nun die Stetigkeit von f_n aus: Es existiert $\delta > 0$, so dass $d_N\bigl(f_n(x_0), f_n(x)\bigr) \le \varepsilon/3$ für alle $x \in M$ mit $d_M(x, x_0) \le \delta$ ist. Für diese x ist dann aber:

$$\begin{aligned} d_N\bigl(f(x_0), f(x)\bigr) &\le d_N\bigl(f(x_0), f_n(x_0)\bigr) + d_N\bigl(f_n(x_0), f_n(x)\bigr) + d_N\bigl(f_n(x), f(x)\bigr) \\ &\le \frac{\varepsilon}{3} + \frac{\varepsilon}{3} + \frac{\varepsilon}{3} \\ &= \varepsilon. \end{aligned}$$

Also ist f stetig bei x_0.

(ii) Sei $x_0 \in [\,a, b\,]$ vorgegeben, wir beweisen zunächst:

$$\mathop{\forall}_{\varepsilon>0} \ \mathop{\exists}_{n_0\in\mathbb{N}} \ \mathop{\forall}_{n\ge n_0} \ \mathop{\forall}_{\substack{x\in[\,a,b\,]\\ x\ne x_0}} \left| \frac{f_n(x) - f_n(x_0)}{x - x_0} - \frac{f(x) - f(x_0)}{x - x_0} \right| \le \varepsilon, \qquad (5.1)$$

d.h. auch die Differenzenquotienten können gleichmäßig approximiert werden.

Sei dazu $\varepsilon > 0$. Da (f_n') gleichmäßig gegen g konvergiert, existiert ein n_0, so dass für $n \ge n_0$ und alle $x \in [\,a, b\,]$

$$|f_n'(x) - g(x)| \le \frac{\varepsilon}{2}$$

gilt. Dann ist wegen der Dreiecksungleichung für alle $n, m \ge n_0$ und alle x in $[\,a, b\,]$ auch $|f_n'(x) - f_m'(x)| \le \varepsilon$.

Wir zeigen nun, dass dieses n_0 auch (5.1) erfüllt: Seien also $n \ge n_0$ und $x \in [\,a, b\,]$ mit $x \ne x_0$ beliebig vorgegeben. Zu jedem $m \ge n$ existiert nach dem Mittelwertsatz, angewandt auf $(f_n - f_m)$, ein ξ_m zwischen x_0 und x mit

$$\frac{(f_n - f_m)(x) - (f_n - f_m)(x_0)}{x - x_0} = (f_n' - f_m')(\xi_m).$$

Es folgt für jedes $m \ge n$:

$$\begin{aligned} \left| \frac{f_n(x) - f_n(x_0)}{x - x_0} - \frac{f_m(x) - f_m(x_0)}{x - x_0} \right| &= \left| \frac{(f_n - f_m)(x) - (f_n - f_m)(x_0)}{x - x_0} \right| \\ &= |f_n'(\xi_m) - f_m'(\xi_m)| \\ &\le \varepsilon. \end{aligned}$$

Da $f_m \to f$ punktweise gilt, folgt durch den Grenzübergang $m \to \infty$ die Ungleichung (5.1).

Wir kommen zum Nachweis der Differenzierbarkeit von f bei x_0. Sei dazu $(x_k)_{k\in\mathbb{N}}$ eine Folge in $[\,a, b\,]$ mit $x_k \to x_0$ und $x_k \ne x_0$ für alle $k \in \mathbb{N}$. Wir haben zu zeigen, dass

$$\lim_{k\to\infty} \frac{f(x_k) - f(x_0)}{x_k - x_0} = g(x_0)$$

ist. Sei also $\varepsilon > 0$. Wir wählen $n \in \mathbb{N}$, so dass

$$|f_n'(x_0) - g(x_0)| \leq \frac{\varepsilon}{3}$$

und

$$\left|\frac{f(x) - f(x_0)}{x - x_0} - \frac{f_n(x) - f_n(x_0)}{x - x_0}\right| \leq \frac{\varepsilon}{3}$$

für alle $x \in [a, b]$ mit $x \neq x_0$ gilt. Da f_n nach Voraussetzung differenzierbar ist, existiert ein $k_0 \in \mathbb{N}$, so dass für alle $k \geq k_0$

$$\left|\frac{f_n(x_k) - f_n(x_0)}{x_k - x_0} - f_n'(x_0)\right| \leq \frac{\varepsilon}{3}.$$

Aufgrund der Dreiecksungleichung ist

$$\left|\frac{f(x_k) - f(x_0)}{x_k - x_0} - g(x_0)\right| \leq$$

$$\left|\frac{f(x_k) - f(x_0)}{x_k - x_0} - \frac{f_n(x_k) - f_n(x_0)}{x_k - x_0}\right| + \left|\frac{f_n(x_k) - f_n(x_0)}{x_k - x_0} - f_n'(x_0)\right| + \left|f_n'(x_0) - g(x_0)\right|,$$

für die k mit $k \geq k_0$ gilt also

$$\left|\frac{f(x_k) - f(x_0)}{x_k - x_0} - g(x_0)\right| \leq \varepsilon.$$

Damit ist

$$\frac{f(x_k) - f(x_0)}{x_k - x_0} \to g(x_0)$$

bewiesen. Das zeigt, dass f bei x_0 differenzierbar ist und dass $f'(x_0) = g(x_0)$ gilt. □

Bemerkungen:

1. In Teil (i) wurde sogar etwas mehr bewiesen als behauptet, nämlich die Aussage

> Sind alle f_n stetig bei $x_0 \in M$ (aber nicht notwendig stetig auf ganz M) und gleichmäßig konvergent gegen f, so ist auch f stetig bei x_0.

2. Wir analysieren noch einmal den Beweis von (ii), irgendein x_0 sei fixiert. Schreibt man (5.1) um, so folgt mit $|x - x_0| \leq b - a$ und der Dreiecksungleichung, dass

$$|f_n(x) - f(x)| \leq \varepsilon(b - a) + |f_n(x_0) - f(x_0)|$$

für alle x und alle n mit $n \geq n_0$ gilt. Wegen $f_n(x_0) \to f(x_0)$ impliziert das die gleichmäßige Konvergenz von f_n gegen f.

Begründung: Ist $\varepsilon' > 0$ vorgegeben, so setze $\varepsilon := \varepsilon'/2(b - a)$. Wegen (5.1) findet man ein n_0, so dass für $n \geq n_0$ und beliebige x die Ungleichung

$$|f_n(x) - f(x)| \leq \varepsilon(b - a) + |f_n(x_0) - f(x_0)|$$

gilt. Sucht man nun ein n_1, so dass $|f_n(x_0) - f(x_0)| \le \varepsilon'/2$ für $n \ge n_1$, so ist wirklich $|f_n(x) - f(x)| \le \varepsilon'$ für alle x und alle n, die größer als n_0 und n_1 sind.

Es wäre also durchaus legitim, in der Voraussetzung „punktweise“ durch „gleichmäßig“ zu ersetzen, die größere Allgemeinheit ist nur scheinbar. (Was nicht bedeutet, dass es bei Anwendung des Satzes auf konkrete Situationen nicht bequem sein kann, nur punktweise Konvergenz zeigen zu müssen.)

3. Man kann Teil (ii) des Satzes mehrfach anwenden, um Aussagen für höhere Ableitungen zu erhalten.

Seien etwa *zweimal* differenzierbare Funktionen $f_1, f_2, \ldots$ gegeben. Wir setzen voraus, dass es Funktionen f, f^* und f^{**} gibt, so dass gilt:

- (f_n) konvergiert punktweise gegen f;
- (f'_n) konvergiert punktweise gegen f^*;
- (f''_n) konvergiert gleichmäßig gegen f^{**}.

Dann ist f zweimal differenzierbar und es gilt $f' = f^*$ sowie $f'' = f^{**}$.

Zur Begründung wende man zunächst Teil (ii) des Satzes auf die Folge (f'_n) an. Nach diesem Teil ist f^* differenzierbar, und es gilt $(f^*)' = f^{**}$; außerdem ist nach der vorstehenden Bemerkung (f'_n) sogar gleichmäßig konvergent. Eine nochmalige Anwendung von (ii) garantiert dann, dass f differenzierbar und dass $f' = f^*$ ist, und damit ist alles gezeigt.

Es sollte klar sein, wie eine Verallgemeinerung für k-mal differenzierbare Funktionen formuliert werden müsste.

4. Da für Potenzreihen $\sum_{i=0}^{\infty} a_i z^i$ die $f_n : z \mapsto \sum_{i=0}^{n} a_i z^i$ nach Satz 5.2.2 auf allen Mengen $\{z \mid |z| \le R\}$ (wo $R < R_a$) gleichmäßig gegen $f_a : z \mapsto \sum_{i=0}^{\infty} a_i z^i$ konvergieren, impliziert (i) sofort die Stetigkeit von Potenzreihen bei allen z mit $|z| < R_a$, man muss das Ergebnis nur für irgendein R mit $|z| < R < R_a$ anwenden.

Wir hatten im ersten Band in Satz 4.4.8 gezeigt, dass Potenzreihen im Innern des Konvergenzkreises differenzierbar sind und dass gliedweise abgeleitet werden darf. Das folgt noch einmal – allerdings nur für den Fall $\mathbb{K} = \mathbb{R}$ – aus Teil (ii) des vorstehenden Satzes. Man beachte nur, dass $\sum_{n=0}^{\infty} a_n z^n$ und $\sum_{n=0}^{\infty} n a_n z^{n-1}$ auf allen Mengen $\{z \mid |z| \le R\}$ (wo $R < R_a$) nach Satz 5.2.2 gleichmäßig durch die Partialsummen approximiert werden.

5. Beide Teile von Satz 5.2.3 implizieren *Aussagen für Funktionenreihen*:

- Ist $g = \sum_{n=0}^{\infty} g_n$ (punktweise definiert) und ist die Konvergenz gleichmäßig, so ist im Falle stetiger g_n auch g stetig.
- $g_1, g_2, \ldots$ seien auf $[a, b]$ definierte reellwertige differenzierbare Funktionen. Die Reihe $\sum g_n$ sei punktweise konvergent, dadurch kann eine Funktion $g := \sum g_n$ punktweise definiert werden.

  Ist dann $\sum_{n=0}^{\infty} g'_n$ gleichmäßig konvergent, so ist $g' = \sum_{n=0}^{\infty} g'_n$.

Um das einzusehen, muss man nur die vorstehenden Ergebnisse auf die durch

$$f_n := g_0 + g_1 + \cdots + g_n$$

definierte Folge (f_n) – also auf die Folge der Partialsummen – anwenden.

6. Sogar gleichmäßige Konvergenz $f_n \to f$ impliziert im Falle differenzierbarer f_n nicht die Differenzierbarkeit von f. Die Zusatzvoraussetzung, die gleichmäßige Konvergenz von f_n', ist also wirklich notwendig. Dazu betrachte man Funktionen $f, f_n : [\,-1, 1\,] \to \mathbb{R}$, die durch $f(x) := |x|$ und $f_n(x) := \sqrt{x^2 + 1/n}$ definiert sind. Man „sieht" dann an der nachstehenden Skizze, dass (f_n) gleichmäßig gegen f konvergiert[3]; die f_n sind überall differenzierbar, f hat aber bei $x_0 = 0$ keine Ableitung:

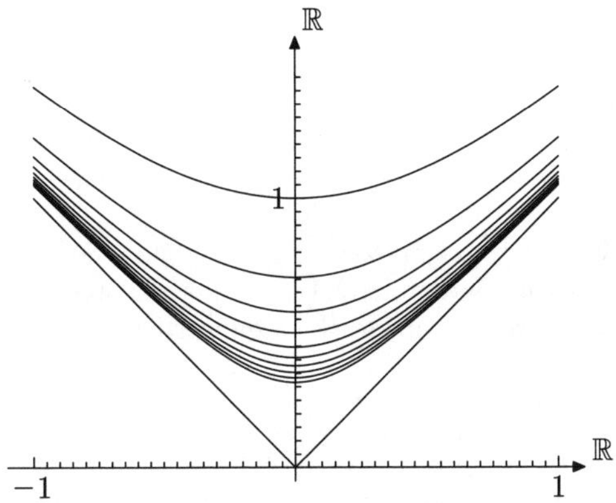

Bild 5.5: „Glatte" Approximation von $x \mapsto |x|$

7. Neben den beiden Teilen das Satzes gibt es noch ein weiteres wichtiges Ergebnis zur Übertragung von Güteeigenschaften bei gleichmäßiger Konvergenz. Das wird erst im nächsten Kapitel gründlich behandelt, soll aber der Vollständigkeit halber schon hier im Vorgriff angegeben werden:

Integration und gleichmäßige Limites

> Sind $f_n, f : [a, b] \to \mathbb{R}$ und konvergieren die f_n gleichmäßig gegen f, so ist im Falle Riemann-integrierbarer f_n auch f Riemann-integrierbar. In diesem Fall ist $\lim \int_a^b f_n(x)\,dx = \int_a^b f(x)\,dx$.
>
> Kurz: Im Falle gleichmäßiger Konvergenz ist $\lim \int_a^b f_n = \int_a^b \lim f_n$.

[3] Beweisen kann man es natürlich auch: Aus

$$x^2 \le x^2 + 1/n \le \left(|x| + 1/\sqrt{n}\right)^2$$

folgt sofort $f(x) \le f_n(x) \le f(x) + 1/\sqrt{n}$ und damit die gleichmäßige Konvergenz.

Die wichtigsten drei Ergebnisse zur Übertragung analytischer Eigenschaften sind hier noch einmal *in Kurzform zusammengefasst.* Man beachte, dass alle mit der Voraussetzung der gleichmäßigen Konvergenz anfangen und dass beim zweiten noch eine Zusatzbedingung erforderlich ist.

1. Aus $f_n \to f$ (gleichmäßig) folgt im Fall der Stetigkeit der f_n die Stetigkeit von f.

2. Aus $f_n \to f$ (gleichmäßig) folgt die Differenzierbarkeit von f, falls alle f_n differenzierbar sind und die Folge (f_n') gleichmäßig konvergent ist; in diesem Fall ist $\lim f_n' = f'$.
Es ist dann also $(\lim f_n)' = \lim f_n'$, unter sehr starken Voraussetzungen dürfen folglich Ableitung und Limes vertauscht werden.

3. Aus $f_n \to f$ (gleichmäßig) folgt im Falle der Integrierbarkeit der f_n, dass auch f integrierbar ist und dass $\lim \int_a^b f_n(x)\,dx = \int_a^b f(x)\,dx$ gilt.

Ulisse Dini
1854 - 1918

Satz von Dini

Gleichmäßige Konvergenz impliziert wegen 5.2.3(i) die Stetigkeit der Grenzfunktion. Umgekehrt kann in manchen Fällen aus der Stetigkeit der Grenzfunktion auf die Güte der Konvergenz geschlossen werden:

Satz 5.2.4 (Satz von Dini[4]). *Sei K ein kompakter metrischer Raum, und $f_n, f : K \to \mathbb{R}$ seien stetige Funktionen. Wir setzen voraus, dass die Folge (f_n) monoton steigt oder monoton fällt: Für alle x und alle n gilt also stets $f_n(x) \leq f_{n+1}(x)$ oder stets $f_n(x) \geq f_{n+1}(x)$. Konvergiert dann (f_n) punktweise gegen f, so ist die Konvergenz $f_n \to f$ sogar gleichmäßig.*

Kurz: Kompaktheit plus Monotonie plus Stetigkeit der Grenzfunktion verbessert im Fall stetiger f_n die Konvergenzgüte.

Beweis: Sei etwa die Folge (f_n) monoton steigend, für monoton fallende Folgen (f_n) kann die Aussage durch Übergang zu $-f_n$ darauf zurückgeführt werden. Sicher ist wegen der Monotonie $f \geq f_n$ für alle n, und deswegen läuft der Nachweis der gleichmäßigen Konvergenz darauf hinaus, zu $\varepsilon > 0$ ein n mit der Eigenschaft $f - \varepsilon \leq f_n \leq f$ zu finden (s. Bild 5.6).

Wir betrachten für $n \in \mathbb{N}$ die Funktion $g_n := f - f_n$. Wegen der vorausgesetzten Stetigkeit der f_n und f sind die g_n stetig, auch gilt $g_n \geq 0$. Folglich existiert, da K kompakt ist, für jedes $n \in \mathbb{N}$ ein $x_n \in K$ mit

$$\forall_{x \in K}\; g_n(x) \leq g_n(x_n).$$

Die Folge (x_n) hat wegen der Kompaktheit von K eine konvergente Teilfolge (x_{n_k}), es gelte etwa $x_{n_k} \to x_0 \in K$.

[4] Dini war Professor in Pisa, später auch Senator. Er schrieb wichtige Arbeiten zur Theorie der reellen Funktionen, heute ist er am bekanntesten durch seinen Konvergenzsatz.

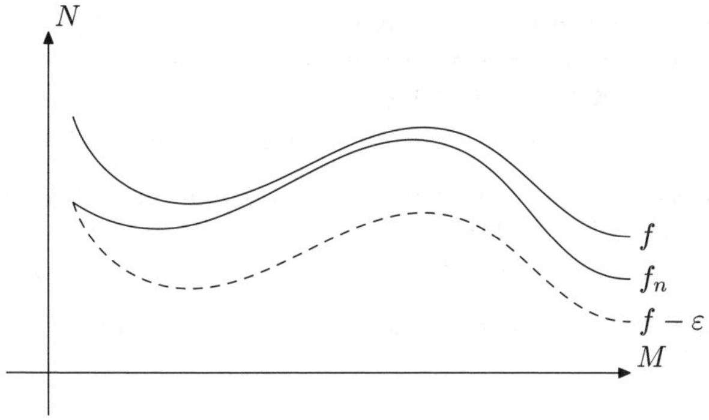

Bild 5.6: Gleichmäßige Konvergenz der f_n gegen f

Sei nun $\varepsilon > 0$ vorgegeben. Da die Folge (g_n) punktweise gegen die Nullfunktion konvergiert, existiert ein $m \in \mathbb{N}$, so dass $0 \leq g_m(x_0) \leq \varepsilon/2$ gilt, und da g_m stetig ist, gibt es ein $\delta > 0$, so dass

$$\forall_{x \in K} \; |x - x_0| \leq \delta \Rightarrow |g_m(x) - g_m(x_0)| \leq \frac{\varepsilon}{2}.$$

Nun kann man wegen $x_{n_k} \to x_0$ ein $k_0 \in \mathbb{N}$ wählen, so dass $|x_0 - x_{n_k}| \leq \delta$ für alle $k \geq k_0$ ist.

Setze $n_0 := \max\{n_{k_0}, m\}$. Dann gilt für alle $n \geq n_0$ und alle $x \in K$:

$$\begin{aligned} g_n(x) &\leq g_{n_0}(x) \\ &\leq g_{n_0}(x_{n_0}) \\ &= \big(g_{n_0}(x_{n_0}) - g_{n_0}(x_0)\big) + g_{n_0}(x_0) \\ &\leq \frac{\varepsilon}{2} + \frac{\varepsilon}{2} \\ &= \varepsilon. \end{aligned}$$

Wegen $g_n \geq 0$ für alle $n \in \mathbb{N}$ ist $g_n(x) \leq \varepsilon$ äquivalent zu $|g_n(x)| \leq \varepsilon$, und damit haben wir gezeigt, dass (g_n) gleichmäßig gegen die Nullfunktion konvergiert. Das ist aber gleichwertig zur gleichmäßigen Konvergenz von (f_n) gegen f. □

Bemerkung: Im Beweis spielten die drei Voraussetzungen

- Stetigkeit der Grenzfunktion
- Monotonie der Funktionenfolge
- Kompaktheit des Definitionsbereiches

eine wichtige Rolle. Tatsächlich wird der Satz auch *falsch*, wenn man auch nur eine weglässt:

- Die Folge $x \mapsto x^n$ ist auf dem kompakten Intervall $[0,1]$ monoton fallend. Wir haben schon auf Seite 6 bemerkt, dass sie punktweise, aber nicht gleichmäßig gegen eine unstetige Funktion konvergiert.

  Das heißt: Die Stetigkeit der Grenzfunktion ist unverzichtbar.

- Die gleiche Folge ist auf $[0,1[$ punktweise, aber nicht gleichmäßig gegen die – stetige – Nullfunktion konvergent. Folglich ist die Kompaktheit des Definitionsbereiches wesentlich.

- Betrachte schließlich die folgenden, für $n \geq 2$ auf $[0,1]$ definierten Funktionen f_n:

$$f_n(x) := \begin{cases} nx & x \in [0, 1/n] \\ 2 - nx & x \in [1/n, 2/n] \\ 0 & x \in [2/n, 1]. \end{cases}$$

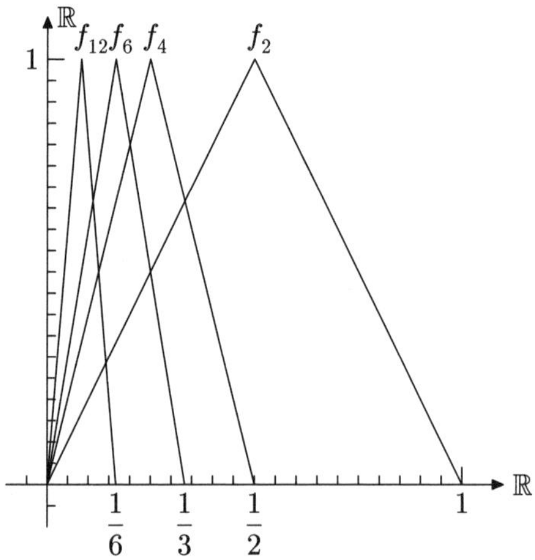

Bild 5.7: Die Funktionenfolge (f_n)

  Die Folge (f_n) konvergiert dann punktweise, aber nicht gleichmäßig gegen die Nullfunktion.

  Wenn man also auf die Monotonieforderung verzichtet, wird der Satz falsch.

Einige Leser haben sich vielleicht gefragt, ob sich die neu eingeführten Konvergenzbegriffe für Funktionenfolgen vielleicht auf schon Bekanntes, nämlich das *Konvergenzkonzept für Folgen in metrischen Räumen*, zurückführen lassen. Für alle, die es genau wissen wollen, sind nachstehend die wichtigsten Tatsachen zusammengestellt: Sie können sie beim ersten Lesen einfach zur Kenntnis nehmen, die zugehörigen Beweise sind teilweise nur skizziert, teilweise auch ein bisschen technisch.

- Ist M eine nichtleere Menge und (N, d) ein metrischer Raum, so gibt es eine Metrik $\mathbf{d}$ auf der Menge aller Abbildungen von M nach N mit der folgenden Eigenschaft:

  Sind $(f_n)_{n\in\mathbb{N}}$ und f Abbildungen von M nach N, so ist (f_n) genau dann gleichmäßig konvergent gegen f, wenn $\mathbf{d}(f_n, f) \to 0$.

  Diese Tatsache wird oft dadurch ausgedrückt, dass man sagt: „Die gleichmäßige Konvergenz ist metrisierbar."

  Beweisidee: Wenn man bemerkt, dass für $f, g : M \to N$ die Aussagen

  $$\text{Für alle } x \in M \text{ ist } d\big(f(x), g(x)\big) \leq \varepsilon$$

  und

  $$\sup_x d\big(f(x), g(x)\big) \leq \varepsilon$$

  äquivalent sind, ist es sehr verführerisch, $\mathbf{d}$ durch

  $$\mathbf{d}(f, g) := \sup_x d\big(f(x), g(x)\big) \text{ (Achtung: vorläufige Definition)}$$

  zu definieren. Das einzige Problem dabei ist, dass $\mathbf{d}(f, g)$ möglicherweise den Wert Unendlich annimmt, wenn beliebig große Abstände zwischen den Funktionswerten von f und g vorkommen (wie zum Beispiel bei $f : x \mapsto 0$ und $g : x \mapsto x$ auf $\mathbb{R}$). Da uns aber für die gleichmäßige Konvergenz sowieso nur „kleine" Abstände interessieren, kann man die Schwierigkeit durch eine kleine Modifikation beheben: Man definiert $\mathbf{d}(f, g)$ als die kleinere der Zahlen $\sup_x d\big(f(x), g(x)\big)$ und 1, also

  $$\mathbf{d}(f, g) := \min\Big\{\sup_x d\big(f(x), g(x)\big),\, 1\Big\}.$$

  Das ist wirklich eine Metrik auf der Menge aller Abbildungen von M nach N, und Konvergenz bzgl. $\mathbf{d}$ ist äquivalent zur gleichmäßigen Konvergenz.

- Ist M „nicht zu groß", so ist die punktweise Konvergenz metrisierbar. Genauer: Ist M höchstens abzählbar, so gibt es eine Metrik $\mathbf{d}$ auf der Menge der Funktionen von M nach N, so dass $\mathbf{d}(f, f_n) \to 0$ genau dann gilt, wenn (f_n) punktweise gegen f konvergiert.

  Beweisidee: Wenn M sogar endlich ist, ist alles ganz einfach, dann kann man $\mathbf{d}$ durch

  $$\mathbf{d}(f, g) := \sum_{x\in M} d\big(f(x), g(x)\big)$$

  definieren. Die behauptete Gleichwertigkeit folgt dann daraus, dass Summen von Nullfolgen wieder Nullfolgen sind und jede der Zahlen $d\big(f(x), g(x)\big)$ durch $\mathbf{d}(f, g)$ majorisiert wird.

  Im abzählbaren Fall könnte $\sum_{x\in M} d\big(f(x), g(x)\big)$ den Wert Unendlich annehmen, und deswegen braucht man wieder einen kleinen Trick. Er besteht darin, statt der vorstehenden Summe eine zu betrachten, die erstens garantiert konvergiert und die zweitens nur dann „klein" wird, wenn alle Summanden „klein" werden. Die folgende Definition leistet das Verlangte: Man schreibt M als $\{x_1, x_2, \ldots\}$ und erklärt dann $\mathbf{d}$ durch

$$\mathbf{d}(f,g) := \sum_{n=1}^{\infty} \frac{1}{2^n} \min\Big\{d\big(f(x_n), g(x_n)\big), 1\Big\}.$$

Die rechts stehenden Minima sind durch 1 beschränkt, folglich erzwingt der Faktor $1/2^n$ die Konvergenz. Und dann ist es nicht schwer nachzurechnen, dass $\mathbf{d}$ eine Metrik ist und dass die $\mathbf{d}$-Konvergenz wirklich der punktweisen Konvergenz entspricht.

- Im Allgemeinen ist die punktweise Konvergenz nicht metrisierbar. (Ein Beispiel dazu findet man im nachstehenden Satz.)

Satz 5.2.5. *Es gibt keine Metrik* $\mathbf{d}$ *auf* $C_{\mathbb{K}}([0,1])$ *mit der Eigenschaft, dass die bzgl.* $\mathbf{d}$ *konvergenten Folgen in* $C_{\mathbb{K}}([0,1])$ *mit den punktweise konvergenten Folgen übereinstimmen.*

Beweis: Bevor wir mit dem Beweis beginnen, soll die Beweisstruktur erläutert werden. Wir wollen doch zeigen, dass es keine Metrik $\mathbf{d}$ auf $C_{\mathbb{K}}([0,1])$ mit der folgenden Eigenschaft gibt:

> $\mathbf{d}(f_n, f) \to 0$ ist gleichwertig dazu, dass (f_n) punktweise gegen f konvergent ist.

Diese Eigenschaft einer Metrik auf $C_{\mathbb{K}}([0,1])$ wollen wir für diesen Beweis **E** nennen.

Wir werden nun zeigen, dass Folgendes gilt: Wenn $\mathbf{d}$ die Eigenschaft **E** hat, dann folgt daraus, dass $\mathbf{d}$ diese Eigenschaft *nicht* hat, und daraus folgt, dass es ein $\mathbf{d}$ mit **E** nicht geben kann.

> Das ist vielleicht etwas verwirrend, deswegen soll das logische Fundament dieser Argumentation noch kurz erläutert werden. Wir hatten auf Seite 22 in Band 1 festgestellt, dass $p \Rightarrow q$ gleichwertig zu $\neg(p \wedge \neg q)$, d.h. zu $\neg p \vee q$ ist. Interpretiert man p als die Aussage „$\mathbf{d}$ hat **E**", so folgt aus dem (noch zu führenden) Beweis von $p \Rightarrow \neg p$, dass $\neg p \vee \neg p = \neg p$ gilt: So ein $\mathbf{d}$ hat also *nicht* **E**, und das entspricht der Behauptung[5].

Sei nun $\mathbf{d}$ eine Metrik auf $C_{\mathbb{K}}([0,1])$, so dass $\mathbf{d}$-Konvergenz und punktweise Konvergenz übereinstimmen. Wir werden eine Folge (f_n) in $C_{\mathbb{K}}([0,1])$ angeben, die punktweise gegen die Nullfunktion 0 geht, für die aber *nicht* $\mathbf{d}(f_n, 0) \to 0$ gilt; damit hätte $\mathbf{d}$ nicht die Eigenschaft **E**, und aufgrund der eben gegebenen Begründung wären wir dann fertig.

---

[5] Anders formuliert besagt das Argument, dass eine sinnvoll definierte mathematische Eigenschaft nicht gleichzeitig gelten und nicht gelten kann.

Es sei $x \in [0,1]$ und k eine natürliche Zahl. Mit $g_{x,k}$ bezeichnen wir die folgende „Hutfunktion" von $\mathbb{R}$ nach $\mathbb{R}$: Es ist $g_{x,k}(t) = 0$ für $t \leq x - 1/k$ und für $t \geq x + 1/k$, die Funktion ist 1 bei x und wird zwischendurch linear ergänzt[6].

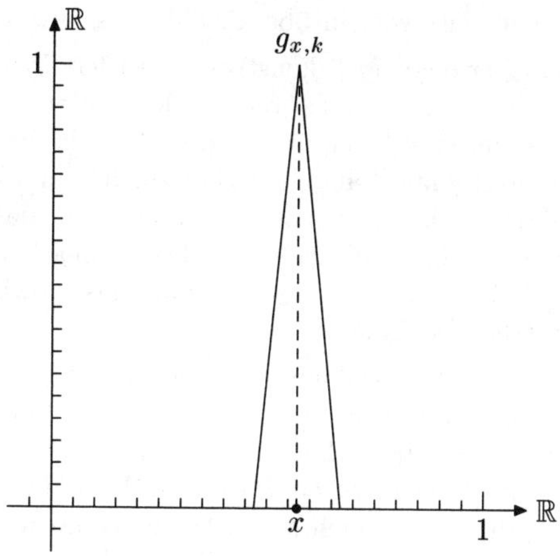

Bild 5.8: Die Funktion $g_{x,k}$

Der Einfachheit halber nennen wir die Einschränkung von $g_{x,k}$ auf $[0,1]$ genauso. Dann ist klar, dass sämtliche $g_{x,k}$ zu $C_{\mathbb{K}}([0,1])$ gehören. Fixiere nun irgendein $x \in [0,1]$. Die Funktionenfolge $(g_{x,k})_{k\in\mathbb{N}}$ geht *nicht* punktweise gegen die Nullfunktion (die hier einfach als 0 bezeichnet wird), und folglich ist $\left(\mathbf{d}(g_{x,k}, 0)\right)_{k\in\mathbb{N}}$ keine Nullfolge. Unter Verwendung des Limes superior und Satz 4.4.5(vi) heißt das: Es ist

$$\eta_x := \limsup_{k\to\infty} \mathbf{d}(g_{x,k}, 0) > 0.$$

Wenn wir das für alle x machen, ergibt sich eine Familie $(\eta_x)_{x\in[0,1]}$ von strikt positiven Zahlen. Wir nutzen nun ein Kardinalzahlargument um zu zeigen, dass man „viele" η_x auswählen kann[7], die „gleichmäßig groß" sind:

Behauptung: Es gibt eine unendliche Teilmenge Δ von $[0,1]$ und ein $\hat{\eta} > 0$, so dass $\eta_x > \hat{\eta}$ für alle $x \in \Delta$ gilt.

Beweis dazu: Setze für $m \in \mathbb{N}$

$$\Delta_m := \left\{ x \;\middle|\; x \in [0,1],\ \eta_x > \frac{1}{m} \right\}.$$

Dann ist $\Delta_1 \subset \Delta_2 \subset \cdots$, und jedes x liegt in irgendeinem Δ_m: Da $\eta_x > 0$ gilt, ist $1/m < \eta_x$ für genügend große m. Angenommen, alle Δ_m wären endlich. Dann

[6] In Formeln bedeutet das: Es ist $g_{x,k}(t) := k(t-x)+1$ für $x - 1/k \leq t \leq x$, und für die $x \leq t \leq x + 1/k$ ist $g_{x,k}(t) := -k(t-x)+1$.

[7] Eine ähnliche Technik wurde schon im Beweis von Satz 2.5.3 angewendet.

wäre $[0,1]$ als abzählbare Vereinigung endlicher Mengen abzählbar. Das stimmt aber nicht, denn $[0,1]$ ist überabzählbar, wie in Satz 1.10.4 gezeigt wurde. Es muss also irgendein Δ_m unendlich sein, und wir wählen $\Delta := \Delta_m$ und $\hat{\eta} := \frac{1}{m}$. (Der Beweis zeigt sogar, dass wir ein überabzählbares Δ wählen könnten.)

Nun soll die „Versagerfolge" (f_n) konstruiert werden. Wir beginnen mit der Auswahl einer Folge $(x_l)_{l\in\mathbb{N}}$ paarweise verschiedener Elemente aus Δ. Es handelt sich insbesondere um eine Folge in $[0,1]$, und da dieses Intervall kompakt ist, muss (x_l) eine konvergente Teilfolge enthalten. Indem wir (x_l) durch diese Teilfolge ersetzen, dürfen wir von vornherein annehmen, dass (x_l) konvergent ist: Es gibt also ein $x_0 \in [0,1]$ mit $x_l \to x_0$. Die x_l liegen in Δ und sind alle von x_0 verschieden. (Falls etwa $x_0 = x_{25}$ sein sollte, lassen wir die Folge einfach erst mit dem 26-ten Glied beginnen.)

Nun die Konstruktion. Wir wählen ein x_l so, dass $|x_0 - x_l| \le 1/10$. Es ist $\delta := |x_0 - x_l| > 0$, und wir erinnern uns daran, dass $\limsup_{k\to\infty} \mathbf{d}(g_{x_l,k}, 0)$ größer als $\hat{\eta}$ ist, denn x_l liegt in Δ. Damit muss $\mathbf{d}(g_{x_l,k}, 0)$ unendlich oft größer als $\hat{\eta}$ sein, und deswegen können wir ein k so auswählen, dass das erfüllt ist und gleichzeitig $1/k \le \delta$ gilt; es soll auch $k \ge 10$ sein. Wenn wir dann f_1 als $g_{x_l,k}$ mit *diesem* k definieren, so wissen wir nach Konstruktion:

- $f_1 \in C_{\mathbb{K}}([0,1])$.
- $f_1(x_0) = 0$ (wegen $1/k \le \delta$).
- $f_1(x) = 0$, falls $|x - x_0| > 2/10$; das liegt an $k \ge 10$ und $|x_l - x_0| \le 1/10$.
- $\mathbf{d}(f_1, 0) > \hat{\eta}$; so wurde ja das k bestimmt.

Zur Konstruktion von f_2 wiederholen wir die Konstruktion, ersetzen aber überall $1/10$ durch $1/100$ und 10 durch 100, und so weiter. Um f_n zu erhalten, arbeiten wir mit $(1/10)^n$ und 10^n. Es gilt dann:

- $f_n \in C_{\mathbb{K}}([0,1])$.
- $f_n(x_0) = 0$.
- $f_n(x) = 0$, falls $|x - x_0| > 2/10^n$.
- $\mathbf{d}(f_n, 0) > \hat{\eta}$.

Wegen der letzten Eigenschaft ist klar, dass $(f_n)_n$ nicht gegen 0 bzgl. der Metrik $\mathbf{d}$ geht. (f_n) geht aber punktweise gegen 0. Für $x = x_0$ ist das klar. Ist aber $x \ne x_0$, wähle ein n_0 so groß, dass $2/10^{n_0} < |x - x_0|$. Für $n \ge n_0$ ist dann $f_n(x) = 0$. □

Mit dem vorstehenden Ergebnis ist klar, dass das Konzept der punktweisen Konvergenz im Rahmen der metrischen Räume nicht behandelt werden kann. Wem strukturelle Überlegungen nicht so wichtig sind, der wird das nicht als besonders störend empfinden. Für alle aber, die etwas genauer wissen möchten, was man denn heute als den angemessenen Hintergrund für die Behandlung des Konvergenzbegriffs ansieht, gibt es jetzt zum Schluss dieses Abschnitts noch eine ***topologische Interpretation der punktweisen Konvergenz***[8)].

Zunächst sollten Sie sich daran erinnern, dass das System der offenen Teilmengen eines metrischen Raumes (N, d) eine *Topologie* bildet, das hatten wir vor Definition 3.1.9 in Band 1 bemerkt. Da man leicht einsehen kann, dass für alle Folgen (x_n) in N die Aussage „$x_n \to x$" gleichwertig dazu ist, dass es für jede offene Menge O mit $x \in O$ ein n_0 gibt, so dass $x_n \in O$ für $n \geq n_0$, ist es nahe liegend, allgemein zu definieren:

> Sei T eine Menge und $\mathcal{T}$ eine Topologie auf T. Es ist also $\mathcal{T}$ eine Teilmenge der Potenzmenge von T, die $\emptyset$ und T enthält und die unter endlichen Durchschnitten und beliebigen Vereinigungen abgeschlossen ist.
>
> Man sagt dann, dass eine Folge (x_n) in T gegen ein $x \in T$ *konvergent* ist, wenn für jedes $O \in \mathcal{T}$, das x enthält, ein n_0 so existiert, dass $x_n \in O$ für $n \geq n_0$.

Durch den folgenden Satz wird der Zusammenhang zwischen punktweiser Konvergenz und topologischen Begriffen hergestellt:

Topologie $\mathcal{T}_{pw}$ der punktweisen Konvergenz

Satz 5.2.6. *Sei M eine Menge. Dann gibt es eine Topologie $\mathcal{T}_{pw}$ auf* Abb$(M, \mathbb{R})$, *die* Topologie der punktweisen Konvergenz, *so dass für Folgen (f_n) und Funktionen f in* Abb$(M, \mathbb{R})$ *die folgenden Aussagen äquivalent sind:*

(i) $f_n \to f$ punktweise.

(ii) $f_n \to f$ bzgl. $\mathcal{T}_{pw}$.

Beweis: Wir skizzieren nur die wichtigsten Schritte. Zunächst ist $\mathcal{T}_{pw}$, das hier interessierende System der offenen Mengen, zu definieren: Wir sagen, dass eine Teilmenge O von Abb$(M, \mathbb{R})$ genau dann zu $\mathcal{T}_{pw}$ gehören soll, wenn gilt:

> Für jedes $f \in O$ gibt es endlich viele Punkte $x_1, \ldots, x_k$ und ein $\varepsilon > 0$, so dass jede Funktion $g \in$ Abb$(M, \mathbb{R})$ schon zu O gehört, für die $|f(x_i) - g(x_i)| \leq \varepsilon$ für $i = 1, \ldots, k$.

„Offen" besagt also, dass man die Zugehörigkeit durch Testen an endlich vielen Stellen – der Kandidat muss dort „nahe" bei einem Element aus O sein – feststellen kann. Die Definition ist ähnlich, wenn auch komplizierter, wie die für offene Teilmengen metrischer Räume.

Dann muss man nachweisen, dass das so definierte Mengensystem eine *Topologie* bildet. Das ist bei etwas Routine erfreulich einfach, wir zeigen als typisches Beispiel, dass der Schnitt $O_1 \cap O_2$ von zwei offenen Mengen O_1, O_2 wieder offen ist. Liegt ein f in $O_1 \cap O_2$, so liefert die Definition $x_1, \ldots, x_k$ und $\varepsilon_1 > 0$ bzw. $y_1, \ldots, y_{k'}$ und $\varepsilon_2 > 0$, so dass gilt:

[8)]Wem schon beim Lesen dieser Begriffe etwas mulmig wird, kann gleich im nächsten Abschnitt weiterlesen. Nichts von dem, was gleich behandelt werden soll, wird im Folgenden eine Rolle spielen.

- Für g mit $|f(x_i) - g(x_i)| \leq \varepsilon_1$ für $i = 1, \ldots, k$ ist $g \in O_1$.
- Für g mit $|f(y_i) - g(y_i)| \leq \varepsilon_2$ für $i = 1, \ldots, k'$ ist $g \in O_2$.

Setzt man dann $\varepsilon := \min\{\varepsilon_1, \varepsilon_2\}$, so ist klar: Ist eine Funktion g der Funktion f ε-nahe an den Punkten $x_1, \ldots, x_k, y_1, \ldots, y_{k'}$, so ist $g \in O_1 \cap O_2$. Und das beweist, dass $O_1 \cap O_2$ ebenfalls offen ist.

Und nun muss die Äquivalenz der Aussagen bewiesen werden, dazu seien (f_n) und f vorgegeben. Zunächst setzen wir voraus, dass (f_n) punktweise gegen f konvergiert, wir behaupten, dass auch $\mathcal{T}_{pw}$-Konvergenz vorliegt. Sei dazu O eine offene Menge mit $f \in O$, wir wählen ε und die $x_1, \ldots, x_k$ gemäß der Definition offener Mengen. Da wir wissen, dass $f_n(x_i) \to f(x_i)$ für $i = 1, \ldots, k$, können wir ein n_0 so finden, dass $|f_n(x_i) - f(x_i)| \leq \varepsilon$ für alle $i = 1, \ldots, k$ und alle $n \geq n_0$. Das aber heißt, dass $f_n \in O$ für $n \geq n_0$.

Umgekehrt sei „$f_n \to f$ in $\mathcal{T}_{pw}$" vorausgesetzt, die punktweise Konvergenz ist zu zeigen. Wir fixieren ein x_0, geben $\varepsilon > 0$ vor und verschaffen uns zunächst eine offene Menge, indem wir

$$O := \{g \mid |g(x_0) - f(x_0)| < \varepsilon\}$$

definieren. O ist wirklich offen, der Beweis ist im Wesentlichen wie der beim Nachweis von „offene Kugeln sind offen" in metrischen Räumen (Beispiel 2 nach Definition 3.1.6). Da f sicher in O liegt, gibt es nach Voraussetzung ein n_0 so dass $f_n \in O$ für $n \geq n_0$. Wenn man das übersetzt, bedeutet das gerade $|f_n(x_0) - f(x_0)| < \varepsilon$ für diese n, und damit ist die punktweise Konvergenz bewiesen. □

5.3 Der Raum CK

In Abschnitt 5.1 haben wir Funktionenräume eingeführt, insbesondere haben wir für jeden metrischen Raum M die Gesamtheit der $\mathbb{K}$-wertigen stetigen Funktionen mit $C_{\mathbb{K}}(M)$ bezeichnet. In diesem Abschnitt geht es um den Spezialfall, dass M sogar ein kompakter metrischer Raum ist, wir werden dann „K" statt „M" schreiben. Anstelle des etwas schwerfälligen $C_{\mathbb{K}}(K)$ verwenden wir das Zeichen
CK CK: Wenn es wirklich einmal auf ein spezielles $\mathbb{K}$ ankommt, kann man das ja immer noch durch die Bezeichnung $C_{\mathbb{R}}(K)$ oder $C_{\mathbb{C}}(K)$ ausdrücken.

Definition 5.3.1. *Sei (K, d) ein nicht leerer kompakter metrischer Raum und*
$\|\cdot\|_\infty$ *$f \in CK$. Dann definieren wir $\|f\|_\infty$, die* Supremumsnorm *von f, durch*

$$\|f\|_\infty := \sup_{x \in K} |f(x)|.$$

Bemerkungen:

1. $\|f\|_\infty$ ist damit ein Maß für die „Größe" der Funktion $x \mapsto |f(x)|$; da sie als Komposition der stetigen Funktionen f und $y \mapsto |y|$ stetig ist, wird das

Supremum nach dem Satz vom Maximum[9] sogar angenommen, d.h. es gibt ein x_0 mit $||f||_\infty = |f(x_0)|$. Insbesondere ist $||f||_\infty$ eine endliche Zahl.

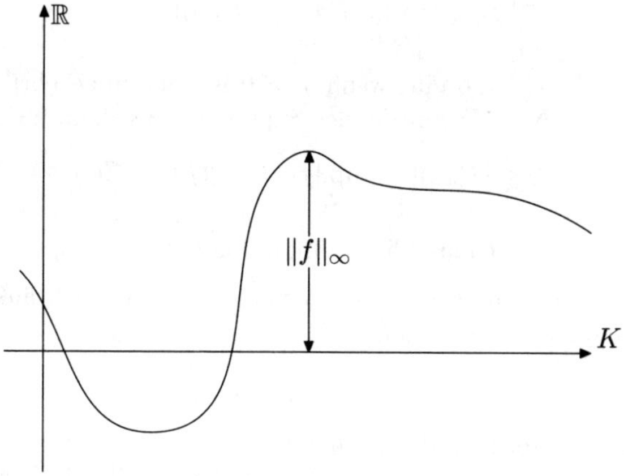

Bild 5.9: Die Supremumsnorm von $f \in CK$

2. In manchen Büchern wird diese Norm auch als $||\cdot||_{\sup}$ oder als $||\cdot||_{\max}$ bezeichnet. Meist spricht man jedoch von $||\cdot||_\infty$, die auch „Unendlich"-Norm genannt wird. Der Name hat folgende Begründung: Erklärt man im Fall $K = [0,1]$ und $f \in C[0,1]$ weitere Normen, nämlich

$$||f||_p := \left(\int_0^1 |f(x)|^p dx\right)^{1/p}$$

für $p \in \mathbb{R}$ und $p \geq 1$, so gilt wirklich $||f||_p \to ||f||_\infty$ mit $p \to \infty$.

Wir kommen auf diese Normen in Abschnitt 6.5 zurück, wenn wir uns mit dem Integralbegriff etwas vertrauter gemacht haben.

Die Bezeichnung „Supremums*norm*" ist wirklich gerechtfertig:

Satz 5.3.2. $||\cdot||_\infty$ *ist eine Norm auf* CK. **$||\cdot||_\infty$ ist Norm**

Beweis: Es sind die Eigenschaften einer Norm nachzuprüfen, also

(i) $||f||_\infty \geq 0$, und $||f||_\infty = 0 \iff f = 0$,

(ii) $||\lambda f||_\infty = |\lambda| ||f||_\infty$,

(iii) $||f+g||_\infty \leq ||f||_\infty + ||g||_\infty$,

für alle $f, g \in CK$, $\lambda \in \mathbb{K}$.

[9] Band 1, Satz 3.3.11

Zu (i): Wir hatten K als nicht leer vorausgesetzt, also können wir irgendein $x_0 \in K$ wählen. Dann ist

$$\|f\|_\infty = \sup_{x \in K} |f(x)| \geq |f(x_0)| \geq 0.$$

Es ist klar, dass $\|f\|_\infty = 0$ gilt, wenn $f = 0$ ist. Sei umgekehrt $f \in CK$ mit $\|f\|_\infty = 0$ gegeben. Nach Definition des Supremums ist dann für jedes x_0:

$$0 \leq |f(x_0)| \leq \sup_{x \in K} |f(x)| = \|f\|_\infty = 0.$$

Also ist $f(x_0) = 0$, d.h. f muss die Nullfunktion sein.

Zu (ii): Vorbereitend bemerken wir: Ist Δ eine nicht leere beschränkte Teilmenge von $[\,0, +\infty\,[$ und ist $a \geq 0$, so gilt

$$\sup\{ay \mid y \in \Delta\} = a \sup \Delta;$$

in Kurzfassung schreibt man dafür $\sup a\Delta = a \sup \Delta$.
(Beweis dazu: Im Fall $a = 0$ sind beide Seiten gleich Null, wir dürfen also $a > 0$ annehmen. Ist $x \in \Delta$ beliebig, so ist $x \leq \sup \Delta$ und folglich $ax \leq a \sup \Delta$. Das zeigt, dass $a \sup \Delta$ obere Schranke der ax ist, und damit ist $\sup a\Delta \leq a \sup \Delta$ bewiesen.
Wenden wir das für $1/a$ an, so folgt

$$\sup \Delta = \sup \frac{1}{a} a\Delta \leq \frac{1}{a} \sup a\Delta,$$

und man muss nur noch mit a multiplizieren, um auch $\sup a\Delta \geq a \sup \Delta$ zu erhalten.)
Mit $\Delta := \{|f(x)| \bigm| x \in M\}$ und $a := |\lambda|$ folgt (ii).

Zu (iii): Sind $f, g \in CK$ und $x \in K$, so ist

$$|(f+g)(x)| \leq |f(x)| + |g(x)| \leq \|f\|_\infty + \|g\|_\infty.$$

$\|f\|_\infty + \|g\|_\infty$ ist also obere Schranke der $|(f+g)(x)|$, und deswegen gilt

$$\|f+g\|_\infty \leq \|f\|_\infty + \|g\|_\infty. \qquad \square$$

Jede Norm auf einem Vektorraum induziert eine Metrik d (vgl. Definition 3.1.2), im vorliegenden Fall ist sie durch

$$d(f,g) = \|f - g\|_\infty = \sup_{x \in K} |f(x) - g(x)|$$

definiert. Anschaulich heißt das: $d(f,g)$ ist der größte senkrechte Abstand, den es zwischen den Graphen von f und g gibt (vgl. Bild 5.10).
Da damit $d(f,g) \leq \varepsilon$ äquivalent zu

$$d\big(f(x), g(x)\big) \leq \varepsilon \text{ für alle } x \in M$$

ist, ergibt sich sofort das

Korollar 5.3.3. *Ist $(f_n)_{n\in\mathbb{N}}$ eine Folge in CK und $f \in CK$, so konvergiert (f_n) genau dann gleichmäßig gegen f, wenn $d(f_n, f) \to 0$, wenn also $(f_n)_{n\in\mathbb{N}}$ im metrischen Raum (CK, d) gegen f konvergiert.*

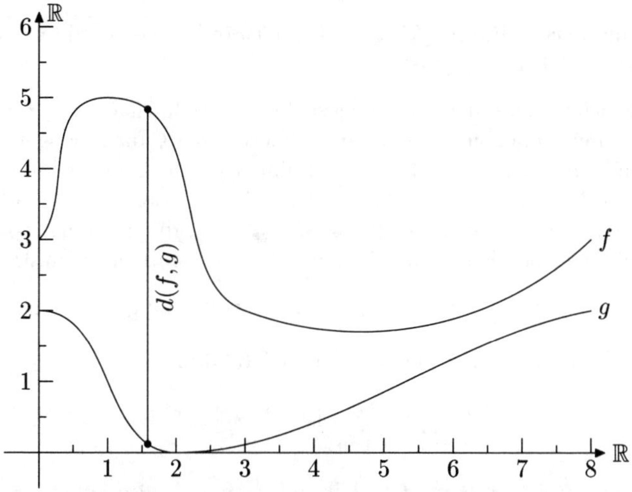

Bild 5.10: Die Abstandsdefinition für Funktionen

Bemerkung: Als Ergänzung zu den Ausführungen vom Ende des vorigen Abschnitts könnte man die vorstehende Aussage als „die gleichmäßige Konvergenz auf CK-Räumen ist normierbar" umformulieren.

Das gilt wirklich nur dann, wenn der Raum, auf dem die Funktionen definiert sind, kompakt ist. Um das einzusehen, betrachten wir den Raum $C\mathbb{R}$ der stetigen – etwa reellwertigen – Funktionen auf $\mathbb{R}$ und darin irgendeine unbeschränkte Funktion, etwa $f : x \mapsto x$. Ist dann $\|\cdot\|$ irgendeine Norm auf $C\mathbb{R}$, so ist $\|f\|$ eine endliche Zahl. Da $\|f/n\| = \|f\|/n$ gilt – denn positive Skalare können vor die Norm gezogen werden – konvergiert (f/n) in der Norm gegen die Nullfunktion, *gleichmäßige* Konvergenz gegen Null liegt aber nicht vor. Anders ausgedrückt: Es ist nicht möglich, eine Norm auf $C\mathbb{R}$ zu finden, so dass $\|f_n - f\| \to 0$ gleichwertig zur gleichmäßigen Konvergenz von (f_n) gegen f ist.

Wir werden in diesem Abschnitt zwei für die Analysis fundamentale Eigenschaften des metrischen Raumes (CK, d) studieren. Aufgrund des vorstehenden Korollars geht es also um Eigenschaften, die die gleichmäßige Konvergenz von Folgen stetiger Funktionen betreffen: Wir werden zeigen, dass CK *vollständig* ist und dass man *die kompakten Teilmengen charakterisieren* kann. Diese Ergebnisse kommen in sehr vielen schwierig zu beweisenden Sätzen zur Anwendung, einige Beispiele dazu finden Sie im nächsten Abschnitt.

Vorbereitend gibt es einen kurzen *Exkurs zur Vollständigkeit*. Diesen Begriff hatten wir in Band 1 nur für den Skalarenkörper verwendet. Da die Definition aber nur voraussetzt, dass man weiß, was Cauchy-Folgen sind, kann sie sofort auf beliebige metrische Räume übertragen werden:

vollständig

> Ein metrischer Raum (M, d) heißt *vollständig*, wenn jede Cauchy-Folge in M konvergent ist.

Es ist nicht schwer zu sehen, dass abgeschlossene Teilmengen von $\mathbb{R}$ vollständig sind: Dazu muss man sich nur daran erinnern, dass Cauchy-Folgen in $\mathbb{R}$ konvergent sind und dass abgeschlossene Teilmengen die Limites ihrer – in $\mathbb{R}$ – konvergenten Folgen enthalten (Satz 3.1.7). Gegenbeispiele sind auch leicht zu finden: $(1/n)$ ist eine Cauchy-Folge in $M :=]\,0,1\,]$, die in M nicht konvergent ist: Der nahe liegende Kandidat, die Null, liegt ja gerade nicht in M.

CK ist vollständig

Satz 5.3.4. *Der metrische Raum* (CK, d) *ist* vollständig.

Beweis: Sei $(f_n)_{n\in\mathbb{N}}$ eine Cauchy-Folge in CK, d.h.

$$\underset{\varepsilon>0}{\forall}\ \underset{n_0\in\mathbb{N}}{\exists}\ \underset{m,n\geq n_0}{\forall}\ \|f_n - f_m\|_\infty \leq \varepsilon.$$

Für jedes $x \in K$ ist $|f_n(x) - f_m(x)| \leq \|f_n - f_m\|_\infty$, also ist $\big(f_n(x)\big)_{n\in\mathbb{N}}$ eine Cauchy-Folge in $\mathbb{K}$. Da $\mathbb{K}$ vollständig ist und folglich $\lim f_n(x)$ existiert, können wir punktweise eine Funktion $f : K \to \mathbb{K}$ durch $f(x) := \lim f_n(x)$ definieren.

Es ist nur noch zu zeigen, dass die f_n gleichmäßig gegen f konvergieren, denn wegen Satz 5.2.3(i) ist f dann stetig (gehört also zu CK), und wir haben mit f einen Limes von $(f_n)_{n\in\mathbb{N}}$ im metrischen Raum (CK, d) gefunden.

Sei also $\varepsilon > 0$ vorgegeben. Wir wählen $n_0 \in \mathbb{N}$ gemäß Voraussetzung, es ist also für $n, m \geq n_0$ stets $\|f_n - f_m\|_\infty \leq \varepsilon$. Für jedes $x \in K$ ist dann auch

$$|f_n(x) - f_m(x)| \leq \varepsilon$$

für diese n, m. Lässt man in dieser Ungleichung bei festgehaltenem $n \geq n_0$ nun $m \to \infty$ gehen, so folgt

$$|f_n(x) - f(x)| \leq \varepsilon;$$

das liegt daran, dass Ungleichungen des Typs „$\leq$" im Limes erhalten bleiben[10]. Das heißt, da $x \in K$ beliebig war, dass $\|f_n - f\|_\infty \leq \varepsilon$ für alle $n \geq n_0$. □

Bemerkung: Vollständige normierte Vektorräume werden auch kurz *Banachräume* genannt (nach dem polnischen Mathematiker Stefan Banach, 1892-1945, der diese Räume erstmals systematisch studierte). Sie spielen in der höheren Analysis eine wichtige Rolle; Einzelheiten lernen Sie in der Vorlesung *Funktionalanalysis*. Satz 5.3.4 besagt gerade, dass CK ein Banachraum ist.

---

[10] Diese Aussage ist nur eine Umformulierung der Tatsache, dass die Menge

$$\{a \mid |a - f_n(x)| \leq \varepsilon\}$$

abgeschlossen ist.

Wir wenden uns nun der Frage zu, wie *kompakte Mengen* in CK charakterisiert werden können. Das ist ein wichtiges Problem, denn Räume vom Typ CK treten in der Analysis sehr häufig auf, und am Ende von Abschnitt 3.3 in Band 1 haben wir gesehen, welche weitreichenden Folgerungen sich aus der Kompaktheit ziehen lassen.

Ziel wird der Beweis des Satzes von *Arzelà-Ascoli* sein[11]:

> Sei K ein kompakter metrischer Raum und Φ eine Teilmenge von CK. Dann ist Φ genau dann kompakt, wenn Φ beschränkt[12] und abgeschlossen ist (bis hierher ist es das gleiche Kompaktheitskriterium wie im $\mathbb{K}^n$) und *zusätzlich* eine Eigenschaft hat, die gleich besprochen werden wird: Φ muss auch noch gleichgradig stetig sein.

Wir machen uns zunächst klar, dass eine beschränkte und abgeschlossene Teilmenge eines CK-Raums nicht notwendig kompakt sein muss; so ein einfaches Kriterium wie im $\mathbb{K}^n$ ist also nicht zu erwarten.

So ist etwa die Menge $\Phi := \{f \in C[0,1] \mid 0 \leq f \leq 1\}$ sicherlich beschränkt und abgeschlossen in $C[0,1]$, aber aus der Folge $(x^n)_{n\in\mathbb{N}}$ ist bestimmt keine konvergente Teilfolge auswählbar: Jede gleichmäßig konvergente Teilfolge der (x^n) wäre nämlich insbesondere punktweise konvergent, als Limes käme also nur die unstetige Funktion f in Frage, die auf $[0,1[$ gleich Null ist und bei 1 den Wert Eins hat; insbesondere gibt es also keinen Teilfolgenlimes in Φ. Aufgrund dieses Beispiels kann man zu der Vermutung kommen, dass die Nichtkompaktheit von Φ daran liegt, dass die $f \in \Phi$ – obwohl sie alle stetig sind – beliebig schlechte Stetigkeitseigenschaften haben können (wie etwa die $(x^n)_{n\in\mathbb{N}}$ bei 1). Wir werden sehen, dass bei Ausschluss dieser Möglichkeit Kompaktheit wirklich gezeigt werden kann. Hier ist die zur präzisen Formulierung geeignete Definition:

Definition 5.3.5. *Sei M ein metrischer Raum und $\Phi \subset CM$.*

(i) Für $x_0 \in M$ heißt Φ gleichgradig stetig bei x_0, *wenn das δ zum ε gleichzeitig für alle $f \in \Phi$ gewählt werden kann, wenn also* **gleichgradig stetig**

$$\forall_{\varepsilon>0}\ \exists_{\delta>0}\ \forall_{f\in\Phi}\ \forall_{\substack{x\in M\\ d(x,x_0)\leq\delta}} |f(x)-f(x_0)| \leq \varepsilon.$$

(ii) Φ heißt gleichgradig stetig auf M, *wenn Φ bei allen $x_0 \in M$ gleichgradig stetig ist.*

---

11) CESARE ARZELÀ, 1847 – 1912. Professor in Bologna. Erkannte als einer der Ersten, dass gleichmäßige Limites stetiger Funktionen wieder stetig sind. Von ihm stammt die heute übliche Fassung des Satzes von Arzelà-Ascoli.

GUILIO ASCOLI, 1843 – 1896. Professor in Mailand, führte den Begriff der gleichgradigen Stetigkeit ein, der im Satz von Arzelà-Ascoli eine fundamentale Rolle spielt.

12) Wie im $\mathbb{K}^n$ soll eine Teilmenge A eines normierten Raumes *beschränkt* heißen, wenn $\sup_{x\in A}\|x\| < +\infty$.

(iii) Φ *heißt* gleichmäßig gleichgradig stetig *auf* M, *wenn das* δ *auch noch unabhängig von* x_0 *gewählt werden kann, wenn also gilt*

$$\bigvee_{\varepsilon>0} \exists_{\delta>0} \bigvee_{f\in\Phi} \bigvee_{\substack{x_0,x\in M\\ d(x_0,x)\leq\delta}} |f(x_0)-f(x)| \leq \varepsilon.$$

Bemerkungen/Beispiele:

1. Verwechseln Sie Definition 5.3.5(i) nicht mit der Definition 3.3.12 für gleichmäßige Stetigkeit. Dort wird das δ gleichzeitig für alle $x_0 \in K$ (bei festgehaltener Funktion f) gewählt, hier jedoch gleichzeitig für alle $f \in \Phi$ (bei festgehaltenem $x_0 \in K$).

Mit Hilfe der Quantorenschreibweise lässt sich das noch deutlicher machen: Ist Φ eine Menge von Funktionen von M nach $\mathbb{R}$, so bedeutet

- „Alle $f \in \Phi$ sind stetig auf M", dass

$$\bigvee_{f\in\Phi} \bigvee_{x_0\in M} \bigvee_{\varepsilon>0} \exists_{\delta>0} \bigvee_{\substack{x\in M\\ d(x_0,x)\leq\delta}} |f(x_0)-f(x)| \leq \varepsilon.$$

- „Alle $f \in \Phi$ sind gleichmäßig stetig auf M", dass

$$\bigvee_{f\in\Phi} \bigvee_{\varepsilon>0} \exists_{\delta>0} \bigvee_{x_0\in M} \bigvee_{\substack{x\in M\\ d(x_0,x)\leq\delta}} |f(x_0)-f(x)| \leq \varepsilon.$$

- „Die Funktionenfamilie Φ ist gleichgradig stetig auf M", dass

$$\bigvee_{x_0\in M} \bigvee_{\varepsilon>0} \exists_{\delta>0} \bigvee_{f\in\Phi} \bigvee_{\substack{x\in M\\ d(x_0,x)\leq\delta}} |f(x_0)-f(x)| \leq \varepsilon.$$

- „Φ ist gleichmäßig gleichgradig stetig auf M", dass

$$\bigvee_{\varepsilon>0} \exists_{\delta>0} \bigvee_{f\in\Phi} \bigvee_{x_0\in M} \bigvee_{\substack{x\in M\\ d(x_0,x)\leq\delta}} |f(x_0)-f(x)| \leq \varepsilon.$$

2. Endliche Mengen stetiger Funktionen sind stets gleichgradig stetig bei allen $x_0 \in M$: Zu jeder einzelnen Funktion gehört bei vorgegebenem ε ein δ, man muss nur das kleinste δ wählen.

3. Es sei $f_n : \mathbb{R} \to \mathbb{R}$ durch $x \mapsto x+n$ erklärt ($n = 1, 2, \ldots$), alle diese Funktionen sind stetig. Dann ist $\Phi := \{f_n \mid n \in \mathbb{N}\}$ gleichgradig stetig.
Begründung: Bei vorgegebenem $x_0 \in \mathbb{R}$ und $\varepsilon > 0$ können wir $\delta := \varepsilon$ wählen, unabhängig von n. Es ist dann wirklich $|f_n(x) - f_n(x_0)| \leq \varepsilon$, falls $|x - x_0| \leq \delta$.

Nun betrachten wir – für $n \in \mathbb{N}$ – die stetigen Funktionen

$$f_n : \mathbb{R} \to \mathbb{R}, \quad x \mapsto nx.$$

Diesmal ist $\Phi := \{f_n \mid n \in \mathbb{N}\}$ *nirgendwo* gleichgradig stetig: Sei x_0 beliebig und $\varepsilon := 1$. Wie muss δ aussehen, damit aus $|x - x_0| \le \delta$ die Ungleichung $|f_n(x) - f_n(x_0)| \le \varepsilon$ folgt? Rückwärtsrechnen ergibt, dass $\delta \le 1/n$ gelten muss. Und kein positives δ schafft das *für alle n*.

4. $\Phi := \{x^n \mid n \in \mathbb{N}\} \subset C[0,1]$ ist gleichgradig stetig bei allen $x_0 \in [0,1[$, nicht jedoch bei 1. (Können Sie diese beiden Aussagen beweisen?) ?

5. Eine Folge (f_n) stetiger Funktionen konvergiere gleichmäßig gegen eine – wegen Satz 5.2.3(i) notwendig stetige – Funktion f.
Dann ist die Menge $\Phi := \{f_n \mid n \in \mathbb{N}\} \cup \{f\}$gleichgradig stetig auf M.

Beweis: Ist $\varepsilon > 0$ vorgegeben, wähle n_0 so, dass $\|f - f_n\| \le \varepsilon/3$ für $n \ge n_0$. Da f stetig ist, kann man ein $\delta' > 0$ so finden, dass $|f(x) - f(x_0)| \le \varepsilon/3$ für die x mit $d(x, x_0) \le \delta'$. Es folgt für diese x und $n \ge n_0$:

$$\begin{aligned} |f_n(x) - f_n(x_0)| &\le |f_n(x) - f(x)| + |f(x) - f(x_0)| + |f(x_0) - f_n(x_0)| \\ &\le \frac{\varepsilon}{3} + \frac{\varepsilon}{3} + \frac{\varepsilon}{3} \\ &= \varepsilon. \end{aligned}$$

Nun sind noch die f_n mit $n < n_0$ zu berücksichtigen: Wähle ein positives δ'', so dass $|f_i(x) - f_i(x_0)| \le \varepsilon$ für $i = 1, \ldots, n_0 - 1$ und $d(x, x_0) \le \delta''$. Mit $\delta := \min\{\delta', \delta''\}$ ist dann ein für *alle* f_n zulässiges δ gefunden.

Bevor wir das Hauptergebnis formulieren, beweisen wir zunächst *zwei Lemmata*. Das erste besagt, dass auf kompakten Räumen jede gleichgradig stetige Menge sogar gleichmäßig gleichgradig stetig ist. Das kann man als Verallgemeinerung von Satz 3.3.13 auffassen („Jede stetige Funktion auf einem kompakten Raum ist gleichmäßig stetig"). Im zweiten Lemma wird bewiesen, dass kompakte metrische Räume separabel sind: Es gibt eine abzählbare dichte Teilmenge, solche Räume sind also in einem gewissen Sinne „nicht zu groß". **separabel**

Lemma 5.3.6. *Sei K ein kompakter metrischer Raum und $\Phi \subset CK$ gleichgradig stetig. Dann ist Φ gleichmäßig gleichgradig stetig.*

Beweis: Angenommen, Φ wäre *nicht* gleichmäßig gleichgradig stetig, d.h.

$$\exists_{\varepsilon_0>0} \; \forall_{\delta>0} \; \exists_{f\in\Phi} \; \exists_{\substack{x,y\in K \\ d(x,y)\le\delta}} \; |f(x) - f(y)| > \varepsilon_0.$$

Wähle für $n \in \mathbb{N}$ zu $\delta = 1/n$ Punkte $x_n, y_n \in K$ und Funktionen $f_n \in \Phi$, so dass

$$d(x_n, y_n) \le \frac{1}{n} \text{ und } |f_n(x_n) - f_n(y_n)| > \varepsilon_0.$$

Da K kompakt ist, hat die Folge $(x_n)_{n\in\mathbb{N}}$ eine konvergente Teilfolge (x_{n_k}), gelte etwa $x_{n_k} \to x_0 \in K$. Wegen $d(x_{n_k}, y_{n_k}) \leq 1/n_k$ gilt dann auch $y_{n_k} \to x_0$.

Nun ist Φ nach Voraussetzung gleichgradig stetig bei x_0, also existiert $\delta > 0$, so dass $|f(x) - f(x_0)| \leq \varepsilon_0/3$ für alle $x \in K$ mit $d(x, x_0) \leq \delta$ und alle $f \in \Phi$. Wähle nun $k_0 \in \mathbb{N}$, so dass für alle $k \geq k_0$

$$d(x_{n_k}, x_0) \leq \delta \text{ und } d(y_{n_k}, x_0) \leq \delta$$

gilt. Es folgt

$$\begin{aligned} \varepsilon_0 &\leq \left|f_{n_{k_0}}(x_{n_{k_0}}) - f_{n_{k_0}}(y_{n_{k_0}})\right| \\ &\leq \left|f_{n_{k_0}}(x_{n_{k_0}}) - f_{n_{k_0}}(x_0)\right| + \left|f_{n_{k_0}}(x_0) - f_{n_{k_0}}(y_{n_{k_0}})\right| \\ &\leq \frac{\varepsilon_0}{3} + \frac{\varepsilon_0}{3} \\ &< \varepsilon_0, \end{aligned}$$

also der Widerspruch $\varepsilon_0 < \varepsilon_0$.

Das beweist, dass Φ gleichmäßig gleichgradig stetig ist. □

kompakt ⇒ separabel

Lemma 5.3.7. *Sei K ein kompakter metrischer Raum. Dann gibt es für jedes $\varepsilon > 0$ eine endliche Teilmenge A_ε von K mit der Eigenschaft: Für jedes $x \in K$ gibt es ein $y \in A_\varepsilon$ mit $d(x, y) \leq \varepsilon$; eine derartige Teilmenge heißt ein ε-*Netz.

Konstruiere solche A_ε für $\varepsilon = 1, 1/2, 1/3, \ldots$ Definiert man dann A als die Vereinigung dieser Netze $A_1, A_{1/2}, A_{1/3}, \ldots$, so ist A eine (höchstens) abzählbare dichte Teilmenge.
Kurz: Kompakte metrische Räume sind separabel.

Beweis: Sei $\varepsilon > 0$ vorgegeben. Wir behaupten, dass ein $m \in \mathbb{N}$ und Elemente $x_i \in K$, $i = 1, \ldots, m$ existieren, so dass

$$\bigcup_{i=1}^{m} K_\varepsilon(x_i) = K;$$

dabei bezeichnet $K_\varepsilon(x_i)$ wie in Kapitel 3 die Kugel um x_i mit dem Radius ε.

Gäbe es *kein* ε-Netz, so wäre für jedes $m \in \mathbb{N}$ und jede Auswahl von Elementen $x_1, \ldots, x_m \in K$ notwendig $\bigcup_{i=1}^{m} K_\varepsilon(x_i) \subsetneqq K$; man könnte dann induktiv eine Folge $(x_n)_{n\in\mathbb{N}}$ konstruieren, so dass $d(x_i, x_j) > \varepsilon$ für $i \neq j$:

> Wähle $x_1 \in K$ beliebig. Nach Annahme ist $K_\varepsilon(x_1) \subsetneqq K$, es gibt also ein x_2 mit $x_2 \notin K_\varepsilon(x_1)$. Das bedeutet $d(x_1, x_2) > \varepsilon$.
>
> Auch $K_\varepsilon(x_1) \cup K_\varepsilon(x_2)$ ist eine echte Teilmenge von K. So finden wir x_3 mit $x_3 \notin K_\varepsilon(x_1) \cup K_\varepsilon(x_2)$, es gilt also $d(x_1, x_3), d(x_2, x_3) > \varepsilon$. Und so weiter.

Das kann aber nicht sein, denn eine solche Folge enthielte bestimmt keine konvergente Teilfolge im Widerspruch zur Kompaktheit von K.

Wähle nun – für alle $r \in \mathbb{N}$ – zu $\varepsilon = 1/r$ ein ε-Netz A_ε und setze

$$A := \bigcup_{r \in \mathbb{N}} A_{1/r}.$$

Dann ist A als abzählbare Vereinigung endlicher Mengen höchstens abzählbar. Dieses A liegt dicht in K: Ist $x \in K$ und $\varepsilon > 0$, so wähle $r \in \mathbb{N}$ mit $1/r \leq \varepsilon$ und dann ein $y \in A_{1/r}$ mit $d(x, y) \leq 1/r$; dann ist $y \in A$ und $d(x, y) \leq 1/r \leq \varepsilon$, und so folgt, dass $x \in A^-$. Also ist $A^- = K$. □

Es folgt die wichtigste Charakterisierung von Kompaktheit in CK-Räumen:

Satz 5.3.8 (Arzelà-Ascoli). *Sei K kompakt und $\Phi \subset CK$. Dann sind äquivalent* **Satz von Arzelà-Ascoli**

(i) Φ ist kompakt.

(ii) Φ ist beschränkt, abgeschlossen und gleichgradig stetig.

Beweis: (i) $\Rightarrow$ (ii): Sei $\Phi \subset CK$ kompakt. Da jede kompakte Teilmenge eines metrischen Raumes beschränkt und abgeschlossen ist (Satz 3.2.2), bleibt nur die gleichgradige Stetigkeit bei allen $x_0 \in K$ zu zeigen.

Das geht am leichtesten indirekt. Wir nehmen also an, dass es ein $x_0 \in K$ und ein $\varepsilon_0 > 0$ gibt, so dass

$$\forall_{\delta > 0} \; \exists_{f \in \Phi} \; \exists_{\substack{x \in K \\ d(x, x_0) \leq \delta}} \; |f(x) - f(x_0)| > \varepsilon_0.$$

Dann gibt es insbesondere zu $\delta = 1/n$ für $n \in \mathbb{N}$ Funktionen $f_n \in \Phi$ und Elemente $x_n \in K$ mit

$$|f_n(x_n) - f_n(x_0)| > \varepsilon_0.$$

Nun ist Φ kompakt nach Voraussetzung, also gibt es eine Teilfolge $(f_{n_k})_{k \in \mathbb{N}}$ der (f_n) und ein $f \in \Phi$ mit $f_{n_k} \to f$ gleichmäßig.

Nun folgt leicht ein Widerspruch: Einerseits ist $\Phi' := \{f_{n_k} \mid k = 1, 2, \ldots\}$ gleichgradig stetig, das haben wir eben in Beispiel 5 auf Seite 29 nachgewiesen. Andererseits gilt

$$|f_{n_k}(x_{n_k}) - f_{n_k}(x_0)| > \varepsilon_0$$

nach Konstruktion, also ist Φ' *nicht* gleichgradig stetig auf M.

(ii) $\Rightarrow$ (i): Das ist der interessantere Beweisteil. Φ sei beschränkt, abgeschlossen und gleichgradig stetig, und wir haben zu beweisen, dass sich aus jeder Folge in Φ eine konvergente Teilfolge auswählen lässt.
Sei (f_n) in Φ vorgegeben, eine konvergente Teilfolge wird wie folgt gefunden:

- *Schritt 1:* Egal, wie man $x_1, x_2, \ldots$ in K vorgibt, immer lässt sich eine Teilfolge der Folge (f_n) wählen, die auf $x_1, x_2, \ldots$ *punktweise* konvergent ist.

- *Schritt 2:* Wenn man die $x_1, x_2, \ldots$ so wählt, dass $\{x_1, x_2, \ldots\}$ die Menge A aus Lemma 5.3.7 ist, so ist jede auf A punktweise konvergente Teilfolge der (f_n) sogar gleichmäßig konvergent auf K; hier spielt eine wichtige Rolle, dass Φ gleichmäßig gleichgradig stetig ist.

- *Schritt 3:* Die ersten beiden Schritte haben zu einer Teilfolge der (f_n) geführt, die (bezüglich der gleichmäßigen Konvergenz) einen Limes in CK hat. Dass der sogar in Φ liegt, folgt aus der Abgeschlossenheit.

Zu Schritt 1: Beliebige Elemente $x_1, x_2, \ldots$ seien vorgelegt. Die Idee zur Konstruktion einer Teilfolge (f_{n_k}), die bei allen x_j punktweise konvergent ist, erinnert stark an den Beweis des Charakterisierungssatzes kompakter Teilmengen des $\mathbb{K}^n$:

- Betrachte $\big(f_n(x_1)\big)_{n\in\mathbb{N}}$. Das ist, da Φ beschränkt ist, eine beschränkte Folge in $\mathbb{K}$. Also gibt es eine konvergente Teilfolge $\big(f_{n_{k_1}}(x_1)\big)_{k_1\in\mathbb{N}}$.

- Betrachte $\big(f_{n_{k_1}}(x_2)\big)_{k_1\in\mathbb{N}}$. Das ist wieder eine beschränkte Folge, folglich kann man eine konvergente Teilfolge $\big(f_{n_{k_2}}(x_2)\big)_{k_2\in\mathbb{N}}$ finden; man beachte, dass auch $\big(f_{n_{k_2}}(x_1)\big)_{k_2\in\mathbb{N}}$ als Teilfolge der konvergenten Folge $\big(f_{n_{k_1}}(x_1)\big)_{k_1\in\mathbb{N}}$ konvergiert.

- Sei für ein $m \in \mathbb{N}$ bereits eine Teilfolge $\big(f_{n_{k_m}}\big)_{k_m\in\mathbb{N}}$ gewählt, so dass $\big(f_{n_{k_m}}(x_i)\big)_{k_m\in\mathbb{N}}$ für $1 \le i \le m$ konvergiert. Wähle nun eine konvergente Teilfolge $\big(f_{n_{k_{m+1}}}(x_{m+1})\big)_{k_{m+1}\in\mathbb{N}}$ der Folge $\big(f_{n_{k_m}}(x_{m+1})\big)_{k_m\in\mathbb{N}}$.

Die so konstruierten Folgen können wir uns als Schema angeordnet denken; dabei setzen wir der Übersicht halber für die im j-ten Schritt ausgewählte Folge $(f_{n_{k_j}})_{k_j\in\mathbb{N}} =: \big(f_n^j\big)_{n\in\mathbb{N}}$:

$$\begin{array}{ccccc}
f_1^1 & f_2^1 & f_3^1 & f_4^1 & \cdots \\
f_1^2 & f_2^2 & f_3^2 & f_4^2 & \cdots \\
f_1^3 & f_2^3 & f_3^3 & f_4^3 & \cdots \\
f_1^4 & f_2^4 & f_3^4 & f_4^4 & \cdots \\
\vdots & \vdots & \vdots & \vdots &
\end{array}$$

Bild 5.11: Das Teilfolgenschema

In diesem Schema ist jede Zeile Teilfolge jeder höheren Zeile, und die Funktionen in der j-ten Zeile sind bei $x_1, \ldots, x_j$ konvergent.

Und nun die entscheidende Stelle: Wir definieren die gesuchte Teilfolge als $(f_n^n)_{n\in\mathbb{N}}$, das n-te Folgenelement ist das n-te Element der n-ten Teilfolge, es handelt sich also um die Folge der Diagonalelemente des Schemas. (Vgl. Bild 5.12.)

Für jedes j ist $\big(f_n^n(x_j)\big)$ spätestens nach dem j-ten Glied Teilfolge von $\big(f_n^j(x_j)\big)$ und damit konvergent.

(Hätte man naiv versucht, wie im $\mathbb{K}^n$-Fall vorzugehen, so hätte man so etwas wie die letzte Zeile in unserem Schema auffinden müssen, doch so etwas gibt es hier nicht, da unendlich viele Teilfolgenauswahlen vorzunehmen wären.)

Zu Schritt 2: Sei A wie im vorstehenden Lemma und (f_{n_k}) eine Teilfolge der in Φ vorgegebenen Folge (f_n), die punktweise auf A konvergent ist; eine derartige Teilfolge existiert, denn A ist höchstens abzählbar. Wir behaupten, dass (f_{n_k}) eine gleichmäßige Cauchy-Folge ist, mit Satz 5.3.4 wäre damit die gleichmäßige Konvergenz bewiesen.

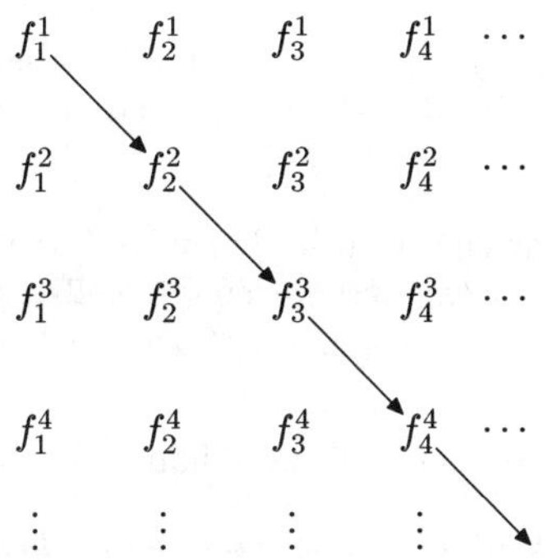

Bild 5.12: Die Diagonalfolge

Aus schreibtechnischen Gründen nehmen wir an, dass $(f_{n_k}) = (f_n)$ ist, dass also schon die Ausgangsfolge auf A konvergent ist. Wir geben $\varepsilon > 0$ vor und haben ein n_0 so anzugeben, dass $\|f_n - f_m\| \le \varepsilon$ für $n, m \ge n_0$.

Zunächst bestimmen wir ein $\delta > 0$ zum ε mit der Eigenschaft: Für beliebige $x, x_0 \in K$ und beliebige $f \in \Phi$ ist $|f(x) - f(x_0)| \le \varepsilon/3$. Zur Begründung ist an Lemma 5.3.6 zu erinnern, danach ist Φ gleichmäßig gleichgradig stetig. Als Nächstes wählen wir ein r mit $1/r \le \delta$ und betrachten die Menge $A_{1/r} \subset A$ aus Lemma 5.3.7: Sie ist endlich, und jedes $x \in K$ ist zu einem geeigneten $y \in A_{1/r}$ höchstens $(1/r)$-entfernt.

Die Folgen $\big(f_n(y)\big)_{n\in\mathbb{N}}$ sind für jedes $y \in A$ konvergent. Für die endlich vielen $\big(f_n(y)\big)$ mit $y \in A_{1/r}$ können wir deswegen ein n_0 so angeben, dass

$$|f_n(y) - f_m(y)| \le \varepsilon$$

für $n, m \ge n_0$ und alle $y \in A_{1/r}$. *Dieses* n_0 hat wirklich die verlangten Eigenschaften. Ist nämlich $x \in K$ beliebig, so wähle ein $y \in A_{1/r}$ mit $d(x, y) \le 1/r$.

Es folgt für $n, m \geq n_0$:

$$\begin{aligned}
|f_n(x) - f_m(x)| &\leq |f_n(x) - f_n(y)| + |f_n(y) - f_m(y)| + |f_m(y) - f_m(x)| \\
&\leq \frac{\varepsilon}{3} + \frac{\varepsilon}{3} + \frac{\varepsilon}{3} \\
&= \varepsilon.
\end{aligned}$$

Das zeigt, dass $\|f_n - f_m\| \leq \varepsilon$ für $n, m \geq n_0$.

Der Beweis von „(ii)⇒(i)" ist damit vollständig geführt. Da er ziemlich kompliziert war, fassen wir die wichtigsten Punkte noch einmal zusammen:

- Man starte mit einer Folge (f_n) in Φ. Ziel: Es gibt eine (in der gleichmäßigen Konvergenz) konvergente Teilfolge.
- Konstruiere die Menge $A = \bigcup A_{1/r}$ gemäß Lemma 5.3.7.
- Finde eine Teilfolge (f_{n_k}), die auf A punktweise konvergent ist. Das ist die spannendste Stelle des Beweises, man braucht ein Diagonalfolgen-Argument.
- (f_{n_k}) ist dann sogar eine Cauchy-Folge bzgl. der gleichmäßigen Konvergenz. Ihr Limes f – er existiert wegen der Vollständigkeit von CK – muss aufgrund der Abgeschlossenheit von Φ zu Φ gehören. □

Wir beschließen diesen Abschnitt mit zwei häufig angewandten Folgerungen:

Korollar 5.3.9. *Sei (K, d) ein kompakter metrischer Raum und $\Phi \subset CK$. Dann sind äquivalent:*

(i) Der Abschluss Φ^- von Φ ist kompakt[13]*.*

(ii) Φ ist beschränkt und gleichgradig stetig.

Beweis: Ist Φ^- kompakt, so ist Φ^- nach dem Satz von Arzelà-Ascoli beschränkt und gleichgradig stetig. Das gilt dann auch für die Teilmenge Φ von Φ^-.

Nun sei Φ beschränkt und gleichgradig stetig. Wir behaupten, dass auch Φ^- diese Eigenschaften hat.

Beschränktheit: Es gibt nach Voraussetzung ein R, so dass Φ in der abgeschlossenen Kugel um die Nullfunktion mit dem Radius R liegt. Dann muss – wegen der Abgeschlossenheit der Kugel – aber auch Φ^- darin liegen.

Gleichgradige Stetigkeit: Seien $x_0 \in K$ und $\varepsilon > 0$ vorgegeben. Dann gibt es nach Voraussetzung ein $\delta > 0$, so dass $|f(x) - f(x_0)| \leq \varepsilon$, falls $d(x, x_0) \leq \delta$ und $f \in \Phi$. Das gilt dann auch für Funktionen g, die gleichmäßig durch Funktionen

[13] Zur Erinnerung: Der Abschluss einer Teilmenge eines metrischen Raumes wurde in Definition 3.1.9 eingeführt.
Wenn Φ^- kompakt ist, wird Φ auch *relativ kompakt* genannt.

in Φ approximiert werden können: Ist $||f-g|| \le \eta$, so folgt (für ein x mit $d(x,x_0) \le \delta$)

$$\begin{aligned} |g(x)-g(x_0)| &\le |g(x)-f(x)|+|f(x)-f(x_0)|+|f(x_0)-g(x_0)| \\ &\le \varepsilon + 2\eta, \end{aligned}$$

also, da η beliebig vorgegeben werden kann, $|g(x)-g(x_0)| \le \varepsilon$.
Folglich ist Φ^- beschränkt, abgeschlossen und gleichgradig stetig, wegen des Satzes von Arzelà-Ascoli ist damit alles gezeigt. □

Korollar 5.3.10. *Sei (K,d) ein kompakter metrischer Raum und Φ eine beschränkte und gleichgradig stetige Teilmenge von CK. Dann besitzt jede Folge in Φ eine gleichmäßig konvergente Teilfolge.*

Beweis: Im Beweis des vorigen Korollars wurde gezeigt, dass Φ^- kompakt ist. Damit hat sogar jede Folge in Φ^- eine gleichmäßig konvergente Teilfolge. □

Zum Abschluss dieses Abschnitts greifen wir das Thema „Ordnung“ noch einmal auf. Der Körper $\mathbb{K}$ sei gleich $\mathbb{R}$, wir beschränken uns also auf den Spezialfall, dass es sich bei CK um den Raum der reellwertigen stetigen Funktionen handelt. Definiert man dann für $f,g \in CK$ eine Funktion $\sup\{f,g\}$ durch $x \mapsto \sup\{f(x),g(x)\}$, so ist $\sup\{f,g\}$ wieder ein Element von CK, das hatten wir in Satz 3.3.5(iii) bewiesen. Hier soll nur bemerkt werden, dass $\sup\{f,g\}$ wirklich das Supremum der Menge $\{f,g\}$ im Sinne von Definition 2.3.4 ist, wenn man CK mit der punktweisen Ordnung versieht[14)]: $\sup\{f,g\}$ ist eine obere Schranke von f und g, und jede andere obere Schranke dieser zwei Funktionen majorisiert $\sup\{f,g\}$. Das ist offensichtlich, es folgt unmittelbar aus der Definition.

Viel interessanter ist dagegen die Frage, in welchen Fällen Suprema von *unendlichen Teilmengen* von CK existieren. Das können wir hier nicht erschöpfend beantworten, es folgen nur zwei Beispiele im Raum $C\,[\,0,1\,]$ dafür, was für überraschende Phänomene auftreten können:

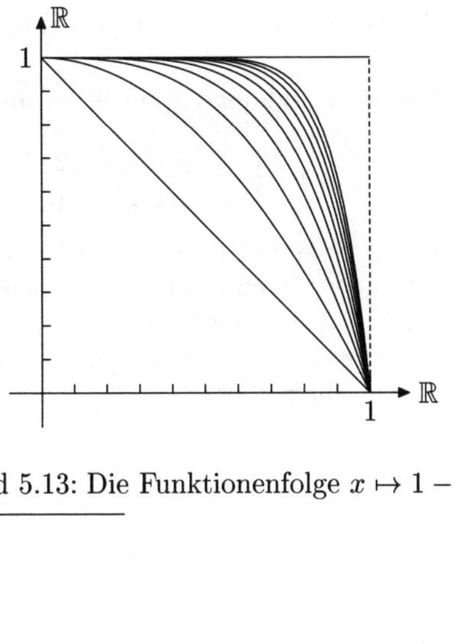

Bild 5.13: Die Funktionenfolge $x \mapsto 1 - x^n$

14)Vgl. Seite 3.

- Sei, für alle $n \in \mathbb{N}$, die Funktion f_n durch $x \mapsto 1 - x^n$ erklärt. Dann ist die konstante Funktion 1 Supremum von $\{f_n \mid n \in \mathbb{N}\}$. (Begründung: Die Einsfunktion ist sicher obere Schranke, und für jede obere Schranke g muss notwendig $g(x) \geq 1$ für $x < 1$ gelten; aus Stetigkeitsgründen ist dann auch $g(1) \geq 1$.)

  Das heißt: Es ist *nicht* so, dass $\big(\sup f_n\big)(x) = \sup f_n(x)$ für alle x gilt; in unserem Fall ist nämlich $(\sup f_n)(1) = 1$, aber $\sup f_n(1) = 0$.

- Es gibt beschränkte nicht leere Teilmengen von $C\,[0,1\,]$, die kein Supremum besitzen; dieser Raum verhält sich ordnungstheoretisch also viel komplizierter als $\mathbb{R}$.

  Als Beispiel definiere man $(f_n)_{n=2,3,\ldots}$ durch

$$f_n : x \mapsto \begin{cases} 0 & x \in [\,0, 1/2\,] \\ n(x - 1/2) & x \in [\,1/2, 1/2 + 1/n\,] \\ 1 & x \in [\,1/2 + 1/n, 1\,]. \end{cases}$$

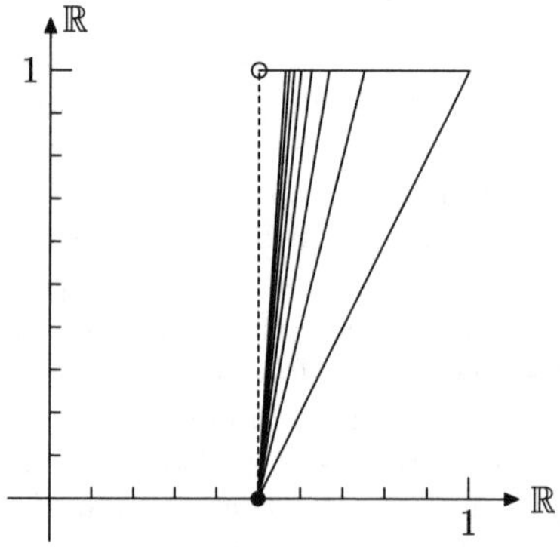

Bild 5.14: Die vorstehend definierte Folge (f_n)

Der einzige „natürliche“ Kandidat für ein Supremum dieser Folge ist die Funktion

$$f : x \mapsto \begin{cases} 0 & x \in [\,0, 1/2\,] \\ 1 & x \in \,]\,1/2, 1\,], \end{cases}$$

doch die ist bei $1/2$ nicht stetig, liegt also nicht in $C\,[0,1\,]$. (Wenn man den Beweis etwas strenger führen möchte, muss man nachweisen, dass ein potenzieller Kandidat f für ein Supremum der (f_n) bei allen $x \in [\,0, 1/2\,[$ höchstens gleich 0 und bei allen $x \in \,]\,1/2, 1\,]$ mindestens gleich 1 sein muss. Keine stetige Funktion schafft das!)

5.4 Vollständigkeit: Folgerungen

In Band 1 sollte an vielen Stellen klar geworden sein, dass die Vollständigkeit von $\mathbb{R}$ und $\mathbb{C}$ eine fundamentale Rolle spielt. Ohne Vollständigkeit gibt es zum Beispiel keine Wurzeln, auch könnte man keine der wichtigen Funktionen wie etwa die Exponentialfunktion oder Sinus und Cosinus definieren. Warum aber sollte die Vollständigkeit von CK so wichtig sein? Um das zu verstehen, muss man wissen, dass man in vollständigen metrischen Räumen sehr wirkungsvolle Beweismethoden einsetzen kann, die in allgemeinen metrischen Räumen nicht zur Verfügung stehen. Einige sollen hier vorgestellt werden:

- Banachscher Fixpunktsatz,
- Cantorscher Durchschnittssatz,
- Bairescher Kategoriensatz.

Diese drei Sätze sind *Existenzsätze*: Man kann sich etwas wünschen, und im Fall der Vollständigkeit kann dann – bei etwas Geschick und Glück – garantiert werden, dass der Wunsch erfüllbar ist. Der Banachsche Fixpunktsatz wird in Kapitel 7 und in Kapitel 8 eine wichtige Rolle spielen[15], die anderen Ergebnisse haben hier nur die Funktion, eine Antwort auf die Frage „Warum ist Vollständigkeit wichtig?“ zu geben. Die Einzelheiten der Beweise können daher beim ersten Lesen übersprungen werden.

STEFAN BANACH
1892 – 1945

Der Banachsche Fixpunktsatz[16]

Fixpunkt

Sei M eine Menge und $f : M \to M$ eine Abbildung. Ein $x \in M$ heißt dann ein *Fixpunkt von f*, wenn $f(x) = x$ gilt, wenn also x unter f auf sich selbst abgebildet wird. Manche Abbildungen haben Fixpunkte (zum Beispiel ist 1 Fixpunkt der Abbildung $x \mapsto x^7$), andere nicht (wie die Abbildung $x \mapsto x + 1$ auf $\mathbb{R}$).

Fixpunktsätze

Ein *Fixpunktsatz* ist ein Ergebnis der Form: Hat M die Eigenschaft E und f die Eigenschaft E', so gibt es einen Fixpunkt, manchmal ist dieser sogar eindeutig bestimmt.
Um ein derartiges Ergebnis auf ein mathematisches Problem anwenden zu können, muss letzteres erst einmal als Fixpunktproblem umgeschrieben werden.

---

[15] Im Beweis des Satzes 7.6.4 von Picard-Lindelöf und des Satzes 8.6.4 von der inversen Abbildung.

[16] Banach begründete die Funktionalanalysis, in dieser Theorie werden normierte Räume und die darauf definierten Abbildungen systematisch untersucht. Er war führendes Mitglied einer Gruppe polnischer Mathematiker in Lemberg (damals in Polen, heute in der Ukraine), die mit Vorliebe in einem Café über Fragen der Funktionalanalysis diskutierte.

Das ist manchmal ganz einfach: Um etwa für eine gegebene Funktion $g : \mathbb{R} \to \mathbb{R}$ ein x mit $g(x) = 0$ zu bestimmen, kann man doch genauso gut nach einem x mit $x = x + g(x)$, also nach einem Fixpunkt der Abbildung $x \mapsto x + g(x)$, suchen. Meist kommen Fixpunktsätze allerdings nach einer viel trickreicheren Vorbereitung zum Einsatz.

Es gibt einen ganzen Zoo von Fixpunktsätzen, die meisten Mathematiker lernen aber nur die zwei folgenden kennen:

- Den *Banachschen Fixpunktsatz:* Den finden Sie wenige Zeilen weiter unten.
- Den *Brouwerschen Fixpunktsatz:* Ist K eine kompakte und konvexe[17)] Teilmenge des $\mathbb{R}^n$ und $f : K \to K$ eine stetige Abbildung, so hat f einen Fixpunkt.

Banachscher Fixpunktsatz

Satz 5.4.1. *(*BANACH*scher Fixpunktsatz) Sei (M, d) ein nicht leerer vollständiger metrischer Raum und $f : M \to M$ eine Abbildung. Wir nehmen an, dass es ein $L < 1$ gibt, so dass*

$$d\big(f(x), f(y)\big) \leq Ld(x, y)$$

für alle $x, y \in M$ gilt. f ist also eine Lipschitzabbildung mit einer Lipschitzkonstante, die kleiner als Eins ist, solche Abbildungen heißen kontrahierend. *Dann gilt:*

(i) Es gibt einen eindeutig bestimmten Fixpunkt $x_0 \in M$ von f.

(ii) Ist x ein beliebiges Element von M, so konvergiert die Folge

$$x, f(x), f^2(x), f^3(x), \ldots$$

gegen x_0. Dabei ist $f^k(x)$ als die k-fache Anwendung von f auf x definiert, d.h. es ist $f^1(x) := f(x)$ und $f^{k+1}(x) := f\big(f^k(x)\big)$ für $k \geq 1$.

Beweis: Wir zeigen zunächst die *Eindeutigkeit*, dazu nehmen wir an, dass x_0 und y_0 beides Fixpunkte sind. Das impliziert, dass einerseits $d\big(f(x_0), f(y_0)\big) = d(x_0, y_0)$ gilt, denn es ist ja $f(x_0) = x_0$ und $f(y_0) = y_0$ nach Voraussetzung. Andererseits ist $d\big(f(x_0), f(y_0)\big) \leq L\,d(x_0, y_0)$. Damit ist $d(x_0, y_0)$ eine nichtnegative Zahl mit der Eigenschaft $d(x_0, y_0) \leq L\,d(x_0, y_0)$. Davon gibt es aber nur eine, nämlich die Null, denn für strikt positive Zahlen α ist $L\alpha < \alpha$. Es ist also $d(x_0, y_0) = 0$ und folglich $x_0 = y_0$.
Kurz: Es existiert *höchstens* ein Fixpunkt.

Es fehlt noch der Nachweis, dass es auch wirklich einen gibt. Dazu wählen wir ein beliebiges $x_0 \in M$, wegen $M \neq \emptyset$ ist das möglich. Setzen wir $x_n := f^n(x_0)$ für $n \in \mathbb{N}$, so erhalten wir eine Folge (x_n) in M. Wir zeigen jetzt:

17)Eine Menge $K \subset \mathbb{R}^n$ heißt *konvex*, wenn mit je zwei Punkten die ganze Verbindungsstrecke enthalten ist. So ist zum Beispiel eine Kreisscheibe konvex, eine dreipunktige Menge aber nicht.

- (x_n) ist eine Cauchy-Folge, es gibt also wegen der vorausgesetzten Vollständigkeit ein x_0 mit $x_n \to x_0$.
- Dieses x_0 ist ein Fixpunkt von f.

Damit wären dann (i) und (ii) vollständig bewiesen.

Wir betrachten zunächst den Abstand zweier benachbarter Folgenelemente. Stets ist

$$d(x_{n+1}, x_n) = d\big(f(x_n), f(x_{n-1})\big) \le L\, d(x_n, x_{n-1}),$$

und wenn man das iteriert, folgt

$$\begin{aligned} d(x_{n+1}, x_n) &\le L\, d(x_n, x_{n-1}) \\ &\le L^2 d(x_{n-1}, x_{n-2}) \\ &\le \cdots \\ &\le L^n d(x_1, x_0). \end{aligned}$$

Mit Hilfe der Dreiecksungleichung kann damit auch der Abstand beliebiger Folgenelemente kontrolliert werden:

$$\begin{aligned} d(x_n, x_{n+r}) &\le d(x_n, x_{n+1}) + d(x_{n+1}, x_{n+2}) + \cdots + d(x_{n+r-1}, x_{n+r}) \\ &\le (L^n + L^{n+1} + \cdots + L^{n+r-1}) d(x_1, x_0) \\ &\le (L^n + L^{n+1} + \cdots) d(x_1, x_0) \\ &= L^n(1 + L + L^2 + \cdots) d(x_1, x_0) \\ &= \frac{L^n}{1-L}\, d(x_1, x_0). \end{aligned}$$

Da $L < 1$ gilt, ist (L^n) eine Nullfolge, und daraus folgt sofort, dass (x_n) eine Cauchy-Folge ist.

Setze $x_0 := \lim x_n$. Da f als Lipschitzabbildung stetig ist und folglich Limites mit f vertauscht werden dürfen, können wir so schließen:

$$\begin{aligned} f(x_0) &= f(\lim x_n) \\ &= \lim f(x_n) \\ &= \lim x_{n+1} \\ &= x_0; \end{aligned}$$

das letzte Gleichheitszeichen gilt deswegen, weil (x_{n+1}) Teilfolge von (x_n) ist und deswegen den gleichen Limes hat.

Damit ist der Banachsche Fixpunktsatz vollständig bewiesen. □

Der Cantorsche Durchschnittssatz$^\diamond$

Durch den Banachschen Fixpunktsatz ist es möglich, die Existenz eines Elementes x_0 mit gewissen Eigenschaften dadurch nachzuweisen, dass man diese Eigenschaften umcodiert: Sie sollen dann erfüllt sein, wenn x_0 Fixpunkt einer geeigneten kontrahierenden Abbildung ist. Mit dem nachstehenden Satz lernen wir eine weitere Technik für Existenznachweise kennen:

Cantorscher Durchschnittssatz

Satz 5.4.2. *(Cantorscher Durchschnittssatz) Sei (M, d) ein vollständiger metrischer Raum und $K_n = K_{r_n}(x_n)$ eine abgeschlossene Kugel für $n = 1, 2, \ldots$ Ist dann*

$$K_1 \supset K_2 \supset K_3 \supset \cdots$$

und gilt $r_n \to 0$, so gibt es genau ein x_0, das in allen K_n enthalten ist.

Beweis: Wir zeigen zunächst, dass die Folge (x_n) der Kugel-Mittelpunkte eine Cauchy-Folge bildet. Sei dazu $\varepsilon > 0$ vorgelegt. Ist dann n_0 so gewählt, dass $r_{n_0} \leq \varepsilon/2$ gilt, so kann man für Indizes n, m mit $n, m \geq n_0$ so schließen: Sowohl x_n als auch x_m liegen in K_{n_0}, denn K_n und K_m sind nach Voraussetzung Teilmengen von K_{n_0}. Folglich gilt $d(x_n, x_{n_0})$, $d(x_m, x_{n_0}) \leq r_{n_0} \leq \varepsilon/2$, wegen der Dreiecksungleichung also auch $d(x_n, x_m) \leq \varepsilon$.

Setze $x_0 := \lim x_n$, dieser Limes existiert wegen der vorausgesetzten Vollständigkeit von M. Wir zeigen noch, dass x_0 in allen K_n liegt. Sei dazu n vorgegeben. Für $m \geq n$ liegt dann x_m in K_n, denn $K_m \subset K_n$. Das bedeutet, dass die konvergente Folge $(x_n, x_{n+1}, x_{n+2}, \ldots)$ in K_n liegt; und da K_n abgeschlossen ist (Beispiel 1 nach Definition 3.1.6) und Limites von Folgen abgeschlossener Mengen wieder dazugehören (Satz 3.1.7), gilt wirklich $x_0 \in K_n$.
Das beweist

$$x_0 \in \bigcap_n K_n.$$

Es fehlt noch der Beweis der Eindeutigkeit. Sind x_0, y_0 Elemente aus $\bigcap_n K_n$, so gilt $x_0, y_0 \in K_n$ und damit

$$d(x_0, y_0) \leq d(x_0, x_n) + d(y_0, x_n) \leq 2r_n$$

für jedes n. Da (r_n) eine Nullfolge ist, muss notwendig $d(x_0, y_0) = 0$ und folglich $x_0 = y_0$ sein. □

Bemerkungen:

1. Der Satz wurde unter *drei Voraussetzungen* gezeigt: *M ist vollständig; die (K_n) bilden eine absteigende Folge; die Folge (r_n) konvergiert gegen Null.* Alle drei sind wesentlich:

- *Die Vollständigkeit von M:* Im metrischen Raum $]\,0, 3\,[$ betrachten wir $x_n := r_n := 1/n$ für $n = 1, 2, \ldots$ Dann ist $K_n := K_{r_n}(x_n) = \,]\,0, 2/n\,]$.

  Es gilt zwar $r_n \to 0$ und $K_1 \supset K_2 \cdots$, aber $\bigcap K_n = \emptyset$.

- *Die Kugeln müssen absteigen:* Das ist eine offensichtliche Voraussetzung, man könnte als Gegenbeispiel etwa $K_n := K_{1/n}(n)$ in $\mathbb{R}$ betrachten; der Raum ist vollständig, es gilt $r_n = 1/n \to 0$, und trotzdem ist wieder $\bigcap K_n = \emptyset$.

- *$r_n \to 0$:* Dass das eine wesentliche Forderung ist, ist etwas schwieriger einzusehen. Gesucht ist ein vollständiger metrischer Raum M, in dem eine absteigende Kugelfolge mit leerem Schnitt existiert.

  Als metrischen Raum betrachten wir die Menge $\mathbb{N}$ der natürlichen Zahlen mit einer etwas ungewöhnlichen Metrik:

- Der Abstand von 1 zu allen $m \geq 2$ ist gleich 2.
- Der Abstand von 2 zu allen $m \geq 3$ ist gleich 3/2.
- Allgemein: Der Abstand von n zu allen $m \geq n+1$ ist $(n+1)/n$.

Die genaue Definition ist die folgende:

$$d(m,n) := \begin{cases} 0 & : \quad m = n \\ 1 + \frac{1}{\min\{n,m\}} & : \quad m \neq n. \end{cases}$$

Es ist dann leicht einzusehen, dass d wirklich eine Metrik ist. Wie im Fall der diskreten Metrik folgt aus $d(m,n) < 1$, dass $m = n$ gilt, und deswegen ist klar, dass die einzigen Cauchy-Folgen in (M,d) diejenigen sind, die von einer Stelle ab konstant sind. Solche Folgen sind aber konvergent, und deswegen ist M vollständig.

Betrachtet man nun als n-te Kugel K_n die Kugel um n mit dem Radius $(n+1)/n$, so ist nach Definition der Metrik

$$K_n = \{n, n+1, n+2, \ldots\}.$$

Es ist dann klar, dass $K_1 \supset K_2 \supset \cdots$. Es gibt aber kein Element aus M, das in allen K_n liegt, damit ist das gesuchte Gegenbeispiel gefunden.

2. Durch den Satz wird Vollständigkeit sogar charakterisiert: Gilt in einem metrischen Raum (M,d) der Cantorsche Durchschnittssatz, so ist M vollständig.

Beweisidee: Sei (x_n) eine Cauchy-Folge in M. Suche ein n_1, so dass für $n, m \geq n_1$ die Ungleichung $d(x_n, x_m) \leq 1/2$ gilt und setze $K_1 := K_1(x_{n_1})$. Bestimme dann ein $n_2 > n_1$ mit $d(x_n, x_m) \leq 1/2^2$ für die $n, m \geq n_2$. Die zweite Kugel ist $K_2 := K_{1/2}(x_{n_2})$. So geht es immer weiter, auf diese Weise ergibt sich eine Folge von Kugeln mit $K_1 \supset K_2 \supset \cdots$, für die die Radien gegen Null gehen.

Setzt man den Cantorschen Durchschnittssatz voraus, so folgt die Existenz eines x_0, das in allen Kugeln liegt. Insbesondere gilt $d(x_0, x_{n_k}) \leq 1/2^{k-1}$ und folglich $x_{n_k} \to x_0$.

Unsere Cauchy-Folge hat also eine konvergente Teilfolge; dann muss sie aber selbst schon konvergent sein.

Der Bairesche Kategoriensatz[18]

René Baire
1874 – 1932

In diesem Unterabschnitt geht es um eine dritte Antwort auf die Frage „Warum ist Vollständigkeit eine wesentliche Eigenschaft?“. Wir werden den Baireschen Kategoriensatz beweisen und eine überraschende Anwendung skizzieren.

[18] Baire war Professor in Dijon, ab 1914 beurlaubt. Heute ist er hauptsächlich bekannt wegen des Baireschen Kategoriensatzes und durch seine Untersuchungen zu punktweisen Limites von Folgen stetiger Funktionen (Bairesche Klassifikation).

Ausgangspunkt soll ein Versuch sein, die vagen qualitativen Begriffe „groß“ und „klein“ für Teilmengen eines metrischen Raumes zu präzisieren. Für unsere Zwecke ist die folgende Definition von „klein“ zweckmäßig:

Definition 5.4.3. *Sei* (M, d) *ein metrischer Raum und* $A \subset M$.

nirgends dicht

(i) A heißt nirgends dicht, *wenn* $(A^-)^\circ = \emptyset$ *gilt, wenn also der Abschluss von A keine inneren Punkte hat.*

1. Kategorie

(ii) A heißt von erster Kategorie, *wenn A als abzählbare Vereinigung nirgends dichter Mengen geschrieben werden kann.*

2. Kategorie

(iii) A heißt von zweiter Kategorie, *wenn A nicht von erster Kategorie ist.*

Bemerkungen und Beispiele:

1. Mengen, die nirgends dicht sind, sind im folgenden Sinn wirklich „klein“: Selbst wenn man sie durch Übergang zu A^- vergrößert, findet man kein x und kein $\varepsilon > 0$, so dass $K_\varepsilon(x) \subset A^-$. So sind endliche Teilmengen von $\mathbb{R}$ nirgends dicht, aber auch $\mathbb{N}$ und die abgeschlossenene Menge $\{0\} \cup \{1/n \mid n = 1, 2, \ldots\}$.

2. Abzählbare Vereinigungen solcher „kleinen“ Mengen können schon wesentlich umfangreicher sein. So ist zum Beispiel $\mathbb{Q}$ in $\mathbb{R}$ als abzählbare Vereinigung einpunktiger Mengen von erster Kategorie.

3. Es ist gar nicht so einfach, sich eine Teilmenge von $\mathbb{R}$ von erster Kategorie vorzustellen, die *nicht* abzählbar ist. So etwas gibt es aber, das bekannteste Beispiel ist das so genannte *Cantorsche Diskontinuum* $\mathbf{D}$.

Diese Menge ist so definiert: Man starte mit dem Intervall $[0, 1]$ und entferne daraus zunächst $]1/3, 2/3[$. Aus den verbleibenden beiden Intervallen nehme man ebenfalls jeweils das mittlere Drittel, also die Intervalle $]1/9, 2/9[$ bzw. $]7/9, 8/9[$ weg. Dieses Verfahren wird fortgesetzt, was am Ende übrig bleibt, ist die Menge $\mathbf{D}$[19].

Cantorsches Diskontinuum

Dieses $\mathbf{D}$ ist dann eine nirgends dichte überabzählbare Menge.

Begründung: $\mathbf{D}$ ist nach Definition abgeschlossen, es wurde ja aus einer abgeschlossenen Menge eine offene Teilmenge entfernt. $\mathbf{D}$ hat sicher auch keine inneren Punkte, da beim Herausnehmen der Teilintervalle kein Intervall positiver Länge übrig blieb.

Dass $\mathbf{D}$ nicht abzählbar ist, sieht man am besten, wenn man mit der Darstellung der Punkte von $\mathbf{D}$ zur Basis 3 arbeitet: Man kann genau so viele Punkte in $[0, 1]$ nur unter Verwendung der Ziffern 0 und 2 in der Basis 3 darstellen, wie es Folgen in der Menge $\{0, 2\}$ gibt, und das sind

[19] Wer etwas präziser vorgehen möchte, sollte mit $\mathbf{D}_n$ die im n-ten Schritt entstandene Menge bezeichnen und dann $\mathbf{D}$ als $\bigcap_{n=1}^\infty \mathbf{D}_n$ definieren. Noch eleganter ist es, $\mathbf{D}$ als die Menge derjenigen Punkte in $[0, 1]$ einzuführen, bei denen in der Darstellung zur Basis 3 die Ziffer 1 nicht vorkommt. Dazu müsste man sich allerdings etwas genauer mit dem Thema „g-adische Entwicklung“ auskennen, das in Kapitel 2 nur ganz am Rande nach Satz 2.5.1 erwähnt wurde.

überabzählbar viele: Es sind nämlich genau so viele, wie es Folgen in $\{0,1\}$ gibt, und die reichen, um alle Zahlen in der überabzählbaren Menge $[0,1]$ zur Basis 2 – also als Dualzahl – darzustellen[20].

4. Da auch im metrischen Raum $\mathbb{Q}$ die endlichen Mengen nirgends dicht sind, ist $\mathbb{Q}$ als Teilmenge von sich selber von erster Kategorie.

5. Mal angenommen, man weiß, dass irgendeine Teilmenge A von M von zweiter Kategorie ist. Entfernt man dann aus A eine Menge B *erster* Kategorie, so muss noch etwas übrig bleiben, es muss also $A \setminus B \neq \emptyset$ gelten: Denn andernfalls wäre ja $A = B$ und folglich A von erster Kategorie.

Das führt zur folgenden *Strategie für Existenznachweise*:

- Man verschaffe sich ein A von zweiter Kategorie.
- Angenommen, man möchte zeigen, dass A Elemente mit einer gewissen Eigenschaft E enthält.
- Weise dann nach, dass die Menge der $x \in A$, die E *nicht* haben, von erster Kategorie ist.

Ein Beispiel lernen wir weiter unten kennen.

Unser Hauptergebnis besagt, dass vollständige metrische Räume immer „groß" sind:

Bairescher Kategoriensatz

Satz 5.4.4. *(*BAIRE*scher Kategoriensatz) Sei (M,d) ein vollständiger metrischer Raum, es gelte $M \neq \emptyset$. Dann ist M (als Teilmenge von sich selber) von zweiter Kategorie. Man sagt auch, dass M „von zweiter Kategorie in sich" ist.*

Beweis: Angenommen, das wäre nicht der Fall: Dann ist $M = \bigcup_{n\in\mathbb{N}} A_n$, wobei die Teilmengen A_n von M nirgends dicht sind. Wir zeigen, dass das zu einem Widerspruch führt. Die Strategie wird darin bestehen, abgeschlossene Kugeln $K_1, K_2, \ldots$ in M mit den folgenden Eigenschaften zu konstruieren:

- Die Radien gehen gegen Null.
- Es ist $K_1 \supset K_2 \supset \cdots$
- $K_n \cap A_n = \emptyset$.

Wegen der Vollständigkeit müsste es dann aufgrund des Cantorschen Durchschnittssatzes ein x_0 geben, das in allen K_n liegt. Aber $K_n \cap A_n = \emptyset$ impliziert, dass x_0 in keinem A_n und damit auch nicht in $\bigcup A_n$ liegen kann. Da wir $\bigcup A_n = M$ vorausgesetzt haben, wäre das ein Widerspruch und der Satz wäre vollständig bewiesen.

[20] Ein bisschen wurde hier geschummelt, da die Darstellung einer Zahl in irgendeiner Basis nicht eindeutig ist. Dabei geht es aber nur um „wenige" Punkte, das Argument ist also im Wesentlichen korrekt.

Sei y irgendein Punkt von M; nur *hier* nutzen wir aus, dass M nicht leer ist. Nach Voraussetzung hat A_1^- keine inneren Punkte, insbesondere ist y kein innerer Punkt. Folglich ist keine Kugel $K_r(y)$ mit positivem Radius in A_1^- enthalten, für den Spezialfall $r = 1$ heißt das: $K_1(y)$ ist *nicht* Teilmenge von A_1^-, es gibt also ein x_1 mit $d(y, x_1) \leq 1$ und $x_1 \notin A_1^-$.

Da A_1^- abgeschlossen ist, können wir ein $\varepsilon_1 > 0$ mit $K_{\varepsilon_1}(x_1) \cap A_1^- = \emptyset$ finden. Diese Kugel wird die erste der gesuchten Kugeln sein: $K_1 := K_{\varepsilon_1}(x_1)$.

Was mit y und A_1 konstruiert wurde, wird nun mit x_1 und A_2 wiederholt: x_1 ist *nicht* innerer Punkt von A_2^- (denn es gibt keine), und damit ist $K_{\varepsilon_1/2}(x_1)$ keine Teilmenge von A_2^-: Wir finden ein x_2 mit $d(x_1, x_2) \leq \varepsilon_1/2$ und $x_2 \notin A_2^-$. Da A_2^- abgeschlossen ist, gibt es ein $\varepsilon_2 > 0$, so dass die Kugel $K_{\varepsilon_2}(x_2)$ die Menge A_2^- nicht trifft. Wir wollen dabei annehmen, dass $\varepsilon_2 \leq \varepsilon_1/2$, eventuell müssen wir das ε_2 dazu verkleinern. Durch diese Bedingung ist sichergestellt, dass die Kugel $K_2 := K_{\varepsilon_2}(x_2)$ in K_1 liegt, zur Begründung muss man sich nur an die Dreiecksungleichung erinnern.

So setzen wir die Konstruktion fort, auf diese Weise erhalten wir eine Kugelfolge $K_1 \supset K_2 \supset \cdots$ mit den benötigten Eigenschaften. (Dass die Radien ε_n gegen Null gehen, folgt daraus, dass wir das jeweils nächste ε_{n+1} mit der Eigenschaft $\varepsilon_{n+1} \leq \varepsilon_n/2$ wählen; damit ist $\varepsilon_n \leq \varepsilon_1/2^{n-1}$.) □

Manchmal sind folgende Umformulierungen des Satzes nützlich:

Korollar 5.4.5. *Es sei (M, d) ein nicht leerer vollständiger metrischer Raum.*

(i) Ist $(A_n)_{n \in \mathbb{N}}$ eine Folge abgeschlossener Teilmengen von M, so dass M mit $\bigcup A_n$ übereinstimmt, so gibt es ein n mit $(A_n)^\circ \neq \emptyset$.

(ii) Es seien $O_1, O_2, \ldots$ offene Teilmengen von M, jedes O_n sei dicht in M. Dann ist auch $\bigcap O_n$ eine dichte Teilmenge.

Beweis: Die Aussage (i) ist eine direkte Umschreibung von Satz 5.4.4: Wären alle $(A_n)^\circ$ leer, so wären die A_n nirgends dicht; damit wäre M von erster Kategorie im Widerspruch zum Satz von Baire.

Ähnlich einfach ist es im Beweis von (ii) einzusehen, dass $\bigcap O_n$ nicht leer ist. Nach Voraussetzung sind nämlich die abgeschlossenen Mengen $A_n := M \setminus O_n$ nirgends dicht, und folglich kann $\bigcup A_n (= M \setminus \bigcap O_n)$ nicht ganz M sein.

Zwischen „nicht leer“ und „dicht“ klafft aber noch eine scheinbar gewaltige Lücke, deswegen muss man etwas sorgfältiger argumentieren. Wir beginnen mit der Vorgabe eines $x_0 \in M$ und eines $\varepsilon > 0$.

Unser Ziel: Es gibt ein $x \in \bigcap O_n$ mit $d(x_0, x) \leq \varepsilon$. Dazu betrachten wir als metrischen Raum die abgeschlossene Kugel $K := K_\varepsilon(x_0)$ mit der von M geerbten Metrik. Da K abgeschlossen ist, liegt wieder ein vollständiger metrischer Raum vor; K ist auch nicht leer, denn mindestens x_0 gehört dazu.

In dem neuen metrischen Raum sind die Mengen $O_n' := O_n \cap K$ offen und dicht, das ist leicht einzusehen. Folglich ist, wie wir vor wenigen Zeilen gesehen haben, $\bigcap O'_n = K \cap \left(\bigcap O_n\right) \neq \emptyset$, und damit ist wirklich die Existenz eines Elementes $x \in \bigcap O_n$ mit $d(x_0, x) \leq \varepsilon$ gezeigt. □

Beispiele:

1. Zur Illustration betrachte man den vollständigen metrischen Raum $\mathbb{R}$. Da $\mathbb{Q}$ als abzählbare Teilmenge von erster Kategorie ist, muss $\mathbb{Q}$ eine echte Teilmenge von $\mathbb{R}$ sein. Anders ausgedrückt: Es gibt irrationale Zahlen. Ähnlich wie bei einem anderen Beweis dieser Aussage durch ein Kardinalzahlargument (Satz 1.10.4) wird auch durch das Kategorienargument nur die *Existenz* garantiert, eine *konkrete* irrationale Zahl ist damit noch nicht gefunden.

2. Als wesentlich anspruchsvollere Anwendung kann man mit einem Kategorienargument auch zeigen, *dass es stetige Funktionen auf* $[0,1]$ *gibt, die nirgendwo differenzierbar sind.* Die Einzelheiten sind sehr technisch, hier ist eine Skizze der wesentlichen Schritte:

- Wir betrachten den vollständigen metrischen Raum $C\,[0,1]$ aus dem vorigen Abschnitt, nach dem Satz von Baire ist er von zweiter Kategorie in sich. Darin definieren wir die folgende Teilmenge:

  $$A := \{f \mid \text{ es gibt ein } x, \text{ bei dem } f \text{ differenzierbar ist}\}.$$

  Es soll gezeigt werden, dass A eine „kleine" Teilmenge von $C\,[0,1]$ ist. Dazu wird bewiesen, dass A von erster Kategorie ist. Insbesondere muss es stetige Funktionen geben, die nicht in A liegen, die also nirgendwo differenzierbar sind.

- Dazu wird, für alle $n \in \mathbb{N}$, eine Menge A_n als die Teilmenge derjenigen Funktionen in $C\,[0,1]$ definiert, für die gilt:

  Es gibt ein $x < 1$, so dass für $0 < h$ mit $x + h \leq 1$ stets

  $$|f(x+h) - f(x)| \leq nh$$

  gilt. Oder es gibt ein $x > 0$, so dass für die $h < 0$ mit $x + h \geq 0$ stets gilt:

  $$|f(x+h) - f(x)| \leq n|h|.$$

- Dann beweist man $A \subset \bigcup A_n$. Das ist relativ einfach, denn die Differenzierbarkeit bei einer Stelle x bedeutet doch die stetige Ergänzbarkeit der Funktion $h \mapsto (f(x+h) - f(x))/h$ bei 0, und wenn man n größer wählt als das Maximum dieser stetigen Funktion, liegt f in A_n.

- Der schwierigste Teil ist der Nachweis, dass alle A_n nirgends dicht sind. Dann sind auch die $A \cap A_n$ nirgends dicht, und wegen $A = \bigcup A \cap A_n$ wäre damit gezeigt, dass A von erster Kategorie ist.

  Die Idee dazu:

Fixiere n. Ist f irgendeine stetige Funktion und $\varepsilon > 0$, so wählt man zunächst einen Streckenzug[21] g, der f bis auf $\varepsilon/2$ gleichmäßig approximiert. Das geht, weil f gleichmäßig stetig ist. Sei etwa M die maximal in g auftretende Steigung. Nun addieren wir zu g eine Funktion h, die ganz stark „zappelt" (vgl. Bild 5.15):

h soll eine Sägezahnfunktion sein, die zwischen Null und der Höhe $\varepsilon/2$ hin und her pendelt, und zwar so, dass ihre Steigung immer plus oder minus M' mit einem „sehr großen" M' ist. Dadurch hat dann $g + h$ überall eine Steigung von (betragsmäßig) mindestens $M' - M$.

Die Funktion $g + h$ liegt auch in der Kugel mit dem Radius ε um f. Hat man M' so gewählt, dass $M' - M$ größer als n ist, so kann $f + h$ nicht beliebig genau durch Elemente aus A_n approximiert werden, denn die haben ja irgendwo eine durch n beschränkte Steigung, die von $g + h$ dagegen ist überall mindestens $M' - M$.

Und das zeigt, dass f kein innerer Punkt von A_n^- sein kann; da f und ε beliebig waren, heißt das, dass A_n nirgends dicht ist.

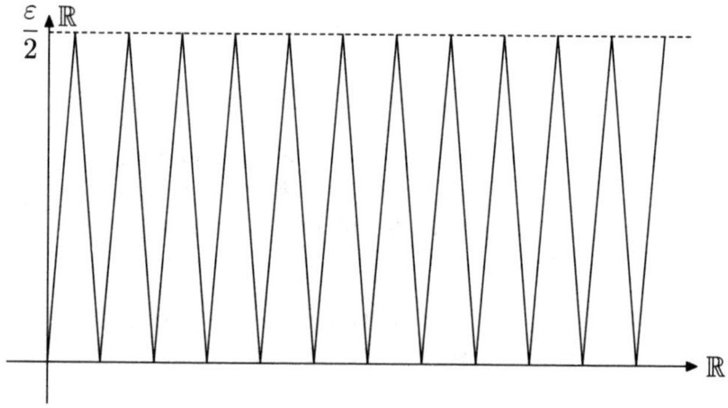

Bild 5.15: Die Funktion h

„Klein" oder „Groß"?

Es gibt verschiedene Möglichkeiten, für eine Teilmenge N einer Menge M zu sagen, dass sie „klein" ist, zwei haben wir bereits kennen gelernt:

- Man könnte N „klein im Kardinalzahlsinn in M" nennen, wenn N eine kleinere Kardinalzahl als M hat[22]. Das soll bedeuten, dass es zwar eine injektive, aber keine surjektive Abbildung von N nach M gibt. In diesem Sinn ist $\mathbb{Q}$ klein in $\mathbb{R}$, denn $\mathbb{Q}$ ist

[21] Ein Streckenzug auf $[0, 1]$ ist eine stetige Funktion, für die es eine Unterteilung $0 = x_0 < x_1 < \cdots < x_n = 1$ so gibt, dass die Einschränkung auf jedes Teilintervall $[x_i, x_{i+1}]$ eine Gerade, also eine Abbildung der Form $x \mapsto a_i x + b_i$, ist.

abzählbar und $\mathbb{R}$ ist überabzählbar. Es ist dann klar, dass M *nicht* klein in M ist.
Wenn dann von einer Menge N nachgewiesen werden kann, dass sie klein in M ist, so muss es eine echte Teilmenge sein. *So* folgte, dass es irrationale Zahlen geben muss.

- Für eine metrische Variante von „klein" könnte man die Kategorien-Definitionen verwenden. Man könnte also N klein „im Kategoriensinn" nennen, wenn N von erster Kategorie in M ist. Aufgrund des Satzes von Baire sind kleine N in vollständigen Räumen wieder echte Teilmengen, und das kann – wie schon betont – oft für Existenznachweise nutzbar gemacht werden.
- Einige weitere Kleinheits-Ansätze sind in Gebrauch. Neben den schon genannten ist der folgende der wichtigste: Ist M ein Wahrscheinlichkeitsraum und N eine messbare Teilmenge, so heißt N „klein im Sinn der Maßtheorie", wenn das Maß von N gleich Null ist.

Kleinheitsdefinitionen braucht man für Existenznachweise und um auszudrücken, dass man manchmal bereit ist, auf die Gültigkeit von Aussagen auf gewissen unwesentlichen – eben in einem geeigneten Sinn „kleinen" – Teilmengen zu verzichten.

Bemerkenswerterweise hängt das Attribut „klein" von der gewählten Definition ab. Wir haben zum Beispiel schon gesehen, dass es überabzählbare Teilmengen von $\mathbb{R}$ gibt, die von erster Kategorie sind. Solche Teilmengen sind klein im metrischen Sinn, nicht aber bezüglich des Kardinalzahl-Ansatzes.

Können Sie eine Situation angeben, wo es genau umgekehrt ist? (Gesucht wird also eine abzählbare Teilmenge von zweiter Kategorie in einem überabzählbaren Raum. Ein Tipp: Starten Sie mit einer „großen" Menge mit der diskreten Metrik.) ?

5.5 Verständnisfragen

Zu 5.1

Sachfragen

S1: Wie wird die Vektorraumstruktur auf dem Raum aller Abbildungen von M nach $\mathbb{R}$ (oder nach $\mathbb{C}$) erklärt?

S2: Was bedeutet $f \leq g$ im Fall reellwertiger Abbildungen?

S3: Wie sind die Vektorräume $C_{\mathbb{K}}(M)$, $C^k_{\mathbb{K}}(I)$ und $C^\infty_{\mathbb{K}}(I)$ definiert?

[22] S.a. Abschnitt 1.10.

Methodenfragen

M1: Nachprüfen können, ob eine Menge von Funktionen einen Vektorraum bildet: Welche der folgenden Mengen bildet einen Unterraum von $C[0,1]$?

1. $\{f \mid f(1) \geq 2\}$.
2. $\{f \mid f(1) + f(0) = 0\}$.
3. $\{f \mid |f(1/2)| < 1000\}$.
4. $\{f \mid 3f(1) - 4f(0) = f(1/2)\}$.
5. $\{f \mid f(x) = 0 \text{ für alle } x \text{ mit } 0 \leq x \leq 0.999\}$.

Zu 5.2

Sachfragen

S1: Was bedeutet punktweise bzw. gleichmäßige Konvergenz für Funktionenfolgen?

S2: Wie hängen beide Konvergenzbegriffe zusammen?

S3: Die Funktionenfolge $(f_n)_{n\in\mathbb{N}}$ konvergiere gegen f. Unter welchen Voraussetzungen an die Güte der Konvergenz und an die f_n können Sie schließen:

- f ist stetig,
- f ist differenzierbar,
- $\int_a^b f = \lim \int_a^b f_n$?

S4: Was besagt der Satz von DINI?

Methodenfragen

M1: Funktionenfolgen auf punktweise und gleichmäßige Konvergenz untersuchen können.

1. f_n bezeichne die Funktion $x \mapsto x^n$. Man charakterisiere diejenigen Teilmengen von $\mathbb{R}$, auf denen $(f_n)_{n\in\mathbb{N}}$ punktweise bzw. gleichmäßig konvergiert.
2. Die Funktionenfolge $(f_n)_{n\in\mathbb{N}}$ sei auf einem metrischen Raum M definiert, sie konvergiere punktweise auf einer Teilmenge D von M gegen Null. Geht dann diese Folge auch auf D^- punktweise gegen Null?
3. $(f_n)_{n\in\mathbb{N}}$ konvergiere auf $\mathbb{R}$ punktweise gegen f. Für welche der folgenden Eigenschaften E gilt: Alle f_n haben $E \Rightarrow f$ hat E?
    - E: $g(x) \geq 0$ für alle $x \in \mathbb{R}$.
    - E: $g(x) < 1$ für alle $x \in \mathbb{R}$.
    - E: Es gibt ein $x \in \mathbb{R}$ mit $g(x) \geq 2$.
    - E: g ist stetig bei 0.
    - E: $g(1) - g(3) + 2g(6) \geq 0$.
4. $(P_n)_{n\in\mathbb{N}}$ sei eine Folge von Polynomen auf $\mathbb{R}$. Man zeige, dass $(P_n)_{n\in\mathbb{N}}$ *nicht gleichmäßig* gegen die Exponentialfunktion konvergiert. Gibt es eine Folge von Polynomen, die *punktweise* auf $\mathbb{R}$ gegen e^x geht?

Zu 5.3

Sachfragen

S1: Wie sind die Norm und und die Metrik im Raum CK definiert? Wie hängt dieser metrische Raum mit dem Thema „gleichmäßige Konvergenz" zusammen?

S2: Was bedeutet die Aussage: CK ist vollständig. Wie beweist man sie?

S3: Was ist eine gleichgradig stetige Teilmenge von CM?

S4: Wie lautet die Charakterisierung kompakter Teilmengen im Raum CK (Satz von ARZELÀ-ASCOLI), Beweisidee?

S5: Was ist ein separabler metrischer Raum? Beispiele?

Methodenfragen

M1: Den Satz von ARZELÀ-ASCOLI anwenden können:

1. Ist $\{f \mid f \in C[0,1], 0 \leq f \leq 1\}$ kompakt in $C[0,1]$?
2. $\Phi \subset CM$ sei *gleichmäßig Lipschitzstetig*, d.h.
$$\exists_{L \geq 0} \; \forall_{f \in \Phi} \; \forall_{x,y \in M} \; |f(x) - f(y)| \leq L \cdot d(x,y).$$
Man zeige, dass Φ gleichmäßig gleichgradig stetig ist.
3. Sei $t_0 > 0$. Wir betrachten in $C[0,t_0]$ die Menge
$$\Phi := \{f_n \mid n \in \mathbb{N}\} \cup \{0\},$$
wobei $f_n(x) := x^n$. Für welche t_0 ist Φ kompakt?
4. Sei $(f_n)_{n\in\mathbb{N}}$ eine Folge in $\{f \mid f \in C[0,1], -1 \leq f \leq 1\}$. Man definiere Funktionen $F_n : [0,1] \to \mathbb{K}$ durch
$$F_n(x) := \int_0^x f_n(t)\,dt$$
und zeige, dass $(F_n)_{n\in\mathbb{N}}$ eine gleichmäßig konvergente Teilfolge hat (Anleitung: beachte „2.").

Zu 5.4

Sachfragen

S1: Was besagt der Banachsche Fixpunktsatz? Beweisidee?

S2: Unter welchen Bedingungen garantiert der Cantorsche Durchschnittssatz, dass der Schnitt einer Folge von Kugeln nicht leer ist?

S3: Was sind Mengen erster bzw. zweiter Kategorie? Was besagt der Bairesche Kategoriensatz?

Methodenfragen

M1: In einfachen Fällen den Banachschen Fixpunktsatz anwenden können:

1. Für $|a| < 1$ ist $x \mapsto a\cos x$ (von $\mathbb{R}$ nach $\mathbb{R}$) kontrahierend, und deswegen muss es genau ein x in $\mathbb{R}$ mit $x = a\cos x$ geben.
2. Stimmt der Banachsche Fixpunktsatz auch noch, wenn man die Kontraktionsbedingung durch
$$d\big(f(x), f(y)\big) < d(x,y)$$
für $x \neq y$ ersetzt?

5.6 Übungsaufgaben

Zu Abschnitt 5.1

5.1.1 Welche der folgenden Teilmengen von Abb$([0,1],\mathbb{R})$ ist ein Unterraum?
a) $\{f \mid f$ ist stetig bei 0 oder bei 1$\}$.
b) $\{f \mid f$ ist stetig bei 0 und bei 1$\}$.
c) $\{f \mid f$ ist eine Lipschitzabbildung$\}$.
d) $\{f \mid f$ ist unstetig bei 1/2$\}$.

5.1.2 Sei V ein Vektorraum von reellwertigen Funktionen auf einer Menge M. Dann ist die punktweise definierte Relation „$\le$" eine Ordnungsrelation auf V (vgl. Seite 3).
a) Sei V der Raum der stetigen Funktionen auf $\mathbb{R}$. Zeigen Sie, dass die konstante Einsfunktion $\mathbf{1}$ Supremum der Menge $\Delta = \{f_n \mid n \in \mathbb{N}\}$ ist. Dabei sei f_n die Funktion $x \mapsto \sin(nx)$.
(Zu zeigen ist also, dass erstens $\mathbf{1} \ge f_n$ für alle n gilt und dass $h \ge \mathbf{1}$ sein muss, wenn h eine stetige Funktion ist, für die $h \ge f_n$ für alle n gilt.)
b) In dem vorstehend definierten Raum hat jede endliche Menge ein Supremum.
c) Diesmal sei V der Raum $C^1[0,1]$. Zeigen Sie, dass zweielementige Teilmengen manchmal ein Supremum besitzen, manchmal aber auch nicht.

Zu Abschnitt 5.2

5.2.1 (f_n) sei eine Folge von Funktionen von $\mathbb{R}$ nach $\mathbb{R}$, die punktweise gegen eine Funktion f konvergiert. Für welche der folgenden Eigenschaften E gilt „Falls alle f_n die Eigenschaft E haben, so auch f"?
a) E: „Die Funktion ist bei 5 größer als bei 4.9".
b) E: „Die Funktion ist nichtnegativ bei allen ganzen Zahlen".
c) E: „Die Funktion ist stetig bei 0".
d) E: „Die Funktion ist konvex".

5.2.2 Sei $k \in \mathbb{N}$ und (P_n) eine Folge von Polynomen, für die der Grad $\le k$ ist. Die P_n sollen punktweise auf $\mathbb{R}$ gegen eine Funktion $f : \mathbb{R} \to \mathbb{R}$ konvergieren. Zeigen Sie, dass auch f ein Polynom mit Grad $\le k$ sein muss.

Anleitung: Es sei $P_n(x) = \sum_{j=0}^{k} a_{jn}x^j$ für $n \in \mathbb{N}$. Man zeige durch Induktion nach k, dass die Folgen $(a_{jn})_{n\in\mathbb{N}}$ der Koeffizienten konvergent sind. Dazu ist es sinnvoll, sich um die (nach Voraussetzung konvergenten) Folgen $\bigl(P_n(x+1) - P_n(x)\bigr)$ zu kümmern.

5.2.3 Sei M eine Menge. M ist genau dann endlich, wenn jede punktweise konvergente Folge reellwertiger Funktionen auf M bereits gleichmäßig konvergent ist.

5.2.4 Es seien $f_n : \mathbb{R} \to \mathbb{R}$ Funktionen, die alle Lipschitzabbildungen mit Lipschitzkonstante L_n sind. Wenn die f_n punktweise gegen eine Funktion f konvergieren und die Zahlen L_n beschränkt sind, so ist auch f eine Lipschitzabbildung.
Gilt das auch ohne die Voraussetzung der Beschränktheit der L_n?

5.2.5 Geben Sie ein Beispiel für eine Folge stetiger Funktionen an, die punktweise, aber nicht gleichmäßig gegen eine stetige Funktion konvergiert.

5.2.6 Muss der gleichmäßige Limes von Lipschitzabbildungen Lipschitzabbildung sein?

5.2.7 (f_n) sei eine aufsteigende Folge stetiger Funktionen auf $\mathbb{R}$, die punktweise gegen eine stetige Funktion f konvergiert. Dann ist f das Supremum der Menge $\{f_n \mid n \in \mathbb{N}\}$ im geordneten Raum $C\mathbb{R}$.

5.2.8 Es sei $f : \mathbb{R} \to \mathbb{R}$ eine Funktion, wir setzen $f_n := f/n$.
a) Gilt $f_n \to 0$ punktweise?
b) Für welche f geht (f_n) gleichmäßig gegen die Nullfunktion?

5.2.9 Definiere $f_n : \mathbb{R}^2 \to \mathbb{R}$ durch $f_n(x, y) := (x^2 + y^2)^n$. Auf welchen
a) punktweise gegen 0,
b)gleichmäßig gegen 0?

Zu Abschnitt 5.3

5.3.1 Es seien $h, g \in C[0,1]$ mit $h \leq g$. Zeigen Sie, dass im Fall $h \neq g$ die Menge

$$\{f \in C[0,1] \mid h \leq f \leq g\}$$

nicht gleichgradig stetig ist.

5.3.2 $f_1, f_2, \ldots$ seien stetige Funktionen auf $[0, 1]$, die punktweise gegen eine Funktion f konvergieren. Dann sind äquivalent:
a) (f_n) konvergiert gleichmäßig gegen die Funktion f. (Insbesondere ist dann f stetig.)
b) Für alle konvergenten Folgen (x_n) mit $\lim_{n\to\infty} x_n = x_0$, gilt

$$\lim_{n\to\infty} f_n(x_n) = f(x_0).$$

5.3.3 Man untersuche auf gleichgradige Stetigkeit:
a) $\{t \mapsto \sin(2^n t) \mid n \in \mathbb{N}\}$ auf $\mathbb{R}$,
b) $\{t \mapsto t^n \mid n \in \mathbb{N}\}$ auf $[0, a]$, wobei $a > 0$.

Bem.: Die Definition der gleichgradigen Stetigkeit für Funktionenfamilien auf nichtkompakten metrischen Räumen ist wörtlich diesselbe wie im Fall kompakter Räume.

5.3.4 Sei $f : [a, b] \times [c, d] \to \mathbb{R}$ eine Funktion. Genau dann ist f stetig, wenn die Menge $\{f(\cdot, t) \mid t \in [c, d]\}$ in $C[a, b]$ und $\{f(s, \cdot) \mid s \in [a, b]\}$ in $C[c, d]$ liegen und gleichgradig stetig sind.
(Hier ist $f(s, \cdot)$ die Funktion $t \mapsto f(s, t)$, analog für $f(\cdot, t)$.)

5.3.5 Sei (f_n) eine Folge stetig differenzierbarer Funktionen auf $[0, 1]$ mit

$$|f_n(0)| \leq 1 \quad \text{und} \quad \|f_n'\| \leq 1$$

für alle $n \in \mathbb{N}$. Dann besitzt (f_n) eine gleichmäßig konvergente Teilfolge.

5.3.6 Untersuchen Sie die folgende Teilmengen von $C[0, 1]$ auf Kompaktheit:
a) $M_1 = \{f_n \mid n \in \mathbb{N}\}$, $f_n(x) = (x/2)^n$
b) $M_2 = M_1 \cup \{0\}$
c) $M_3 = \{f \in C[0, 1] \mid f \text{ ist Lipschitzstetig}\}$
d) $M_4 = \{f \in C[0, 1] \mid f \text{ ist Lipschitzstetig mit Lipschitzkonstante } \leq 1\}$
e) $M_5 = \{f \in C[0, 1] \mid f \text{ ist Lipschitzstetig mit Lipschitzkonstante } \leq 1, |f| \leq 2\}$

Untersuchen Sie auf gleichgradige Stetigkeit:
f) $M = \{f_n \mid n \in \mathbb{N}\}$, wobei $f_n : \mathbb{R} \to \mathbb{R}$, $f_n(x) = x^2/n$

5.3.7 Zu $\gamma \in [0, 1]$ definieren wir eine Funktion $f_\gamma \in C[0, 1]$ durch

$$f_\gamma(x) = \exp(\gamma x).$$

Sei nun $M := \{f_\gamma \mid \gamma \in [0, 1]\}$ die Menge dieser Funktionen.
a) Man zeige, dass M gleichgradig stetig ist.
b) Ist M sogar kompakt in $C[0, 1]$?

Zu Abschnitt 5.4

5.4.1 Zeigen Sie, dass die Aussage des Banachschen Fixpunktsatzes ohne die Voraussetzung der Vollständigkeit nicht stimmen muss. Genauer: Geben Sie für $M =]\,0,1\,[$ und $M = \mathbb{Q}$ jeweils eine Kontraktion $f : M \to M$ an, die keinen Fixpunkt besitzt.

Bemerkenswerterweise gibt es aber auch nicht-vollständige Räume, für die der Satz gilt. Das einfachste Beispiel scheint der Graph der Funktion $\sin(1/x)$ auf $]\,0,1\,]$ zu sein, also die Menge

$$M = \{(x, \sin(1/x)) \mid x \in]\,0,1\,]\} \subset \mathbb{R}^2.$$

(Hier eine Anleitung, falls Sie das beweisen wollen: Zeigen Sie, dass das Bild jeder Kontraktion f eine kompakte Teilmenge K von M ist, wenden Sie dann den Banachschen Fixpunktsatz auf K und die Einschränkung von f auf K an. Damit ist gezeigt, dass jede Kontraktion einen Fixpunkt hat.)

Dank an den Kollegen A. Kirk für den Hinweis auf dieses elegante Gegenbeispiel.

5.4.2 Auch im Brouwerschen Fixpunktsatz sind alle Voraussetzungen wesentlich. Geben Sie ein f ohne Fixpunkte in den folgenden Fällen an (K soll dabei stets nicht leer sein):

a) f ist stetig, K ist konvex aber nicht kompakt.

b) K ist kompakt und konvex, f ist aber unstetig.

c) f ist stetig, K ist kompakt aber nicht konvex.

5.4.3 Gilt der Cantorsche Durchschnittssatz auch dann, wenn man ihn mit offenen Kugeln formuliert?

5.4.4 Sind die folgenden Aussagen richtig oder falsch?

a) Das Komplement einer Teilmenge von zweiter Kategorie ist von erster Kategorie.

b) Sind $A_1, A_2, \ldots$ von zweiter Kategorie in M und gilt $A_1 \supset A_2 \supset \cdots$, so ist der Durchschnitt der A_n ebenfalls von zweiter Kategorie.

5.4.5 Gibt es einen metrischen Raum, in dem die leere Menge von zweiter Kategorie ist?

5.4.6 Es gibt nicht-vollständige metrische Räume, die von zweiter Kategorie in sich sind. (Die Vollständigkeit ist im Satz von Baire also nur eine hinreichende Bedingung.)

Kapitel 6

Integration

Zahlreiche Fragestellungen aus der Mathematik und den Anwendungen führen auf Probleme, die nur durch die Einführung von *Integralbegriffen unterschiedlicher Komplexität* gelöst werden können, z.B.:

- Wie kann man sinnvollerweise krummlinig begrenzten Mengen der Ebene einen *Flächeninhalt* zuordnen?

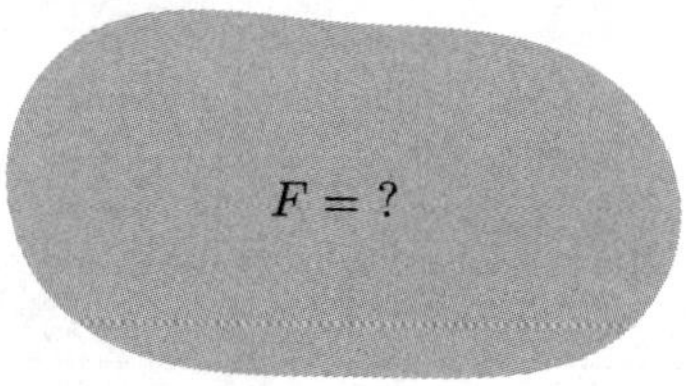

Bild 6.1: Krummlinig begrenzte Fläche mit Inhalt $F = ?$

- Wie ist die Gesamtmasse eines Körpers zu berechnen, dessen Massendichte von Punkt zu Punkt verschieden ist?
- Wie soll man die „Länge“ einer Kurve definieren?

Die in diesem Kapitel zu besprechende Integrationstheorie soll an dem zuerst genannten Problem motiviert werden. Dabei wollen wir uns zunächst auf einen einfachen Spezialfall beschränken, nämlich auf Flächen, die sich als

$$F = \{(x,y) \mid x \in [a,b], 0 \leq y \leq f(x)\}$$

schreiben lassen, wobei $a < b$ und $f : [a,b] \to [0,+\infty[$ eine Funktion ist (s. Bild 6.2).

Solche Flächen stellen, naiv betrachtet, kein Problem dar. Jeder weiß doch, dass auch krummlinig begrenzte Figuren einen wohldefinierten Flächeninhalt haben. Den kann man zwar nur in einfachen Fällen ausrechnen, wenn z.B. die obere Begrenzung kreisförmig ist, doch ist „offensichtlich", dass es den Flächeninhalt immer „gibt": Man kann ihn ja zur Not experimentell durch Aufmalen auf Papier mit anschließendem Ausschneiden und Wiegen oder durch Ausmalen und Bestimmung der verbrauchten Farbe bestimmen.

Wirklich gibt es für Anwender geschriebene Bücher, in denen das Integral ohne weitere Kommentare als Fläche *definiert* wird, die Fläche unter dem Graphen von f in der vorstehenden Figur würde dann als $\int_a^b f(x)\,dx$ bezeichnet werden. Für Mathematiker ist das nicht ausreichend, denn dadurch wird ja nur ein undefinierter Begriff (Integral) auf einen anderen (Fläche) zurückgeführt.

Legitim ist es natürlich, die Fläche durch $\int_a^b f(x)\,dx$ neu zu bezeichnen, doch erspart uns das nicht, uns über die Existenz Gedanken zu machen. Was wir brauchen, ist eine Definition, die einerseits unsere *naive Vorstellung von „Fläche" präzisiert* und die andererseits *im Axiomensystem der Analysis verankert* ist.

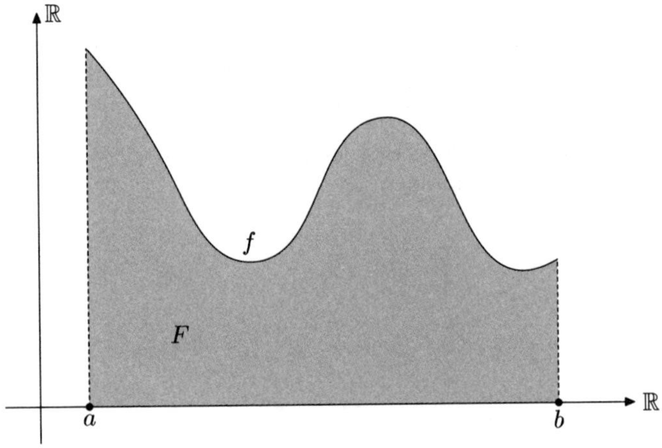

Bild 6.2: Fläche unter dem Graphen einer Funktion f

Formal handelt es sich bei dem Begriff „Fläche" einfach um eine *Abbildung:* Der Funktion f wird die Fläche zugeordnet, die vom Graphen, der x-Achse und den senkrechten Geraden durch a und b eingeschlossen wird[1)].

Da es leider nicht möglich sein wird, *allen* Funktionen eine Fläche zuzuordnen, muss zunächst gesagt werden, welche wir zulassen wollen. Ausgangspunkte einer Integrationstheorie sind daher:

- Erstens die Definition einer Menge Int $[a,b]$: Das soll eine Teilmenge der Menge Abb $([a,b],\mathbb{R})$ aller Abbildungen von $[a,b]$ nach $\mathbb{R}$ sein, Int $[a,b]$ soll diejenigen Funktionen enthalten, für die wir eine Integraldefinition vornehmen werden.

[1)] Das stimmt so für positive Funktionen. Es ist jedoch sinnvoll, das Integral auch für solche f zu erklären, die das Vorzeichen wechseln; dann muss die Interpretation etwas modifiziert werden; s.u., Seite 86.

- Zweitens die Definition einer Abbildung $I_{a,b} : \mathrm{Int}\,[a,b] \to \mathbb{R}$: Für f in $\mathrm{Int}\,[a,b]$ mit $f \geq 0$ soll $I_{a,b}(f)$ als Flächeninhalt zwischen dem Graphen von f und der x-Achse interpretiert werden können; die (vorläufige) Bezeichnung $I_{a,b}$ soll dabei an „**Integral**" erinnern.

Nun entsteht natürlich nicht bei beliebiger Wahl von $\mathrm{Int}\,[a,b]$ und $I_{a,b}$ eine sinnvolle Integrationstheorie. Wir werden deswegen *in zwei Schritten* verfahren: Wir werden zunächst einen *Wunschzettel* aufstellen, in den wir alle die Eigenschaften von $\mathrm{Int}\,[a,b]$ und $I_{a,b}$ aufnehmen, die man sinnvollerweise von einer vernünftigen Flächenmessungs-Definition verlangen kann, und dann muss nachgeprüft werden, ob es eine Möglichkeit gibt, alle Wünsche zu erfüllen.

Hier ist zunächst der *Wunschzettel*:

1. $\mathrm{Int}\,[a,b]$ *ist „möglichst groß":* Damit ist gemeint, dass unser Verfahren zur Flächenmessung in möglichst vielen Fällen anwendbar ist; z.B. sollten mindestens alle stetigen Funktionen $f : [a,b] \to \mathbb{R}$ zu $\mathrm{Int}\,[a,b]$ gehören.

2. *Linearitätsforderung:* Es ist plausibel zu verlangen, dass sich die Flächeninhalte bei Superposition von Funktionen addieren:

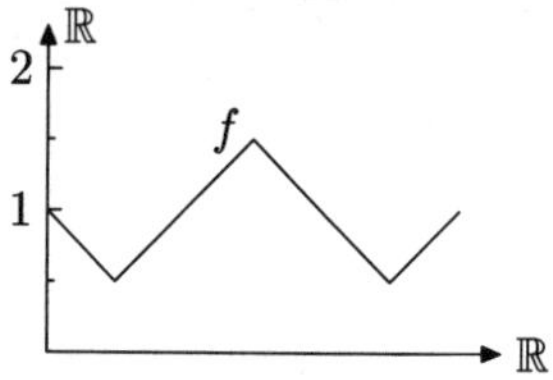

Bild 6.3: Die Funktion f

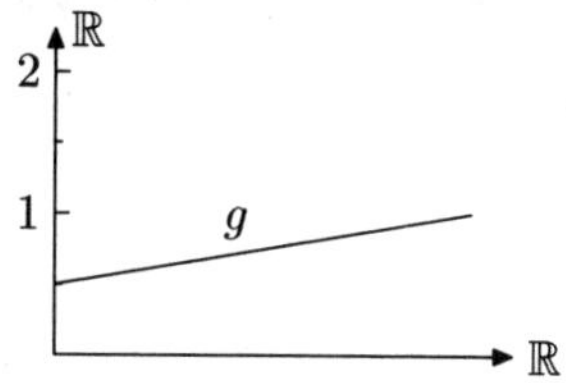

Bild 6.4: Die Funktion g

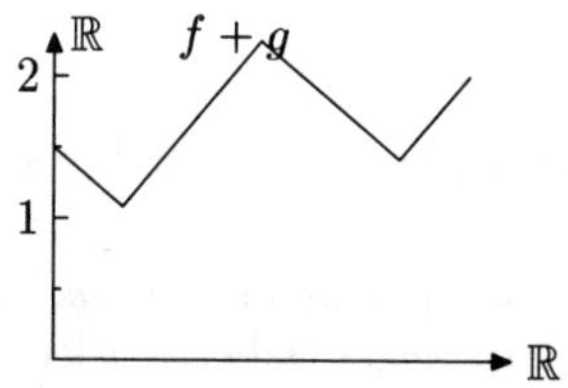

Bild 6.5: Die Funktion $f + g$

Mit f, g sollte also auch $f + g$ zu $\mathrm{Int}\,[a,b]$ gehören, und es sollte

$$I_{a,b}(f+g) = I_{a,b}(f) + I_{a,b}(g)$$

gelten. Zusammen mit einer analogen Forderung für skalare Vielfache bedeutet das, dass $\mathrm{Int}\,[a,b]$ ein $\mathbb{R}$-Vektorraum sein soll und $I_{a,b}$ eine lineare Abbildung.

3. *Zerlegungseigenschaft:* Beim Anbringen senkrechter „Hilfslinien" soll der Flächeninhalt durch Addition der einzelnen Teilflächen ermittelt werden können:

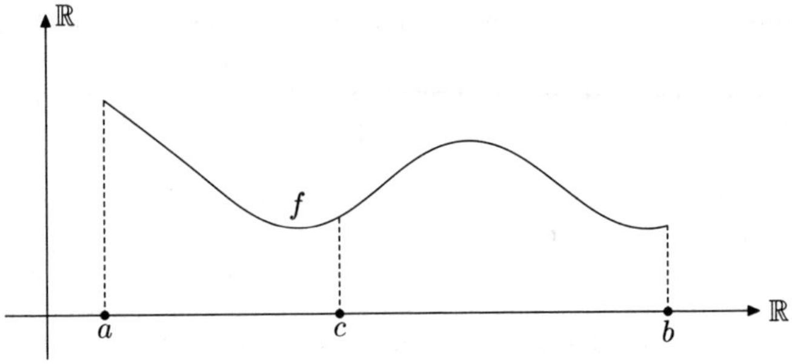

Bild 6.6: Vertikale Zerlegung

Genauer: Für $f \in \mathrm{Int}\,[a,b]$ und $c \in\,]a,b[$ ist $f|_{[a,c]}$ in $\mathrm{Int}\,[a,c]$ und $f|_{[c,b]}$ in $\mathrm{Int}\,[c,b]$, und es gilt:

$$I_{a,b}(f) = I_{a,c}\big(f|_{[a,c]}\big) + I_{c,b}\big(f|_{[c,b]}\big).$$

4. *Monotonie:* Im Falle $f \le g$ ist $I_{a,b}(f) \le I_{a,b}(g)$ zu erwarten:

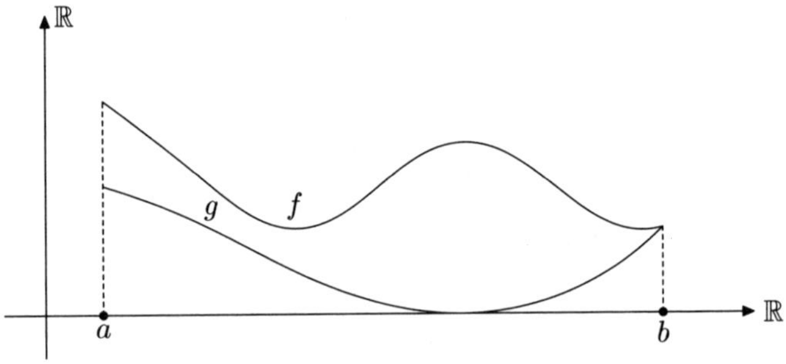

Bild 6.7: Monotonie des Integrals

5. *Stetigkeit:* Für $f, g \in \mathrm{Int}\,[a,b]$, f „nahe bei“ g, ist es plausibel zu fordern, dass $I_{a,b}(f)$ „nahe bei“ $I_{a,b}(g)$ liegt. Dabei werden wir „Nähe“ im Sinne der durch die Norm

$$\|f\|_\infty := \sup_{a \le x \le b} |f(x)|$$

induzierten Metrik interpretieren[2]. f „nahe bei“ g heißt also, dass der Abstand zwischen den Graphen von f und g auf dem ganzen Intervall $[a,b]$ klein ist. Die präzise Formulierung unseres fünften Wunsches besagt dann, dass die Abbildung $I_{a,b}$, aufgefasst als Abbildung zwischen den metrischen Räumen $\mathrm{Int}\,[a,b]$ und $\mathbb{R}$, stetig ist.

[2] Um sicherzustellen, dass $\|f\|_\infty$ stets existiert, werden wir (vorläufig) nur beschränkte Funktionen zulassen.

6. *Normierung:* Alle bisherigen Bedingungen sind auf triviale Weise durch

$$\begin{aligned}\mathrm{Int}\,[\,a,b\,] &:= \{f \mid f : [\,a,b\,] \to \mathbb{R} \text{ beschränkt}\} \\ I_{a,b} &:= \text{die Nullabbildung}\end{aligned}$$

zu erfüllen. Erst durch die Forderung, dass unsere Flächendefinition in einfachen Fällen den aus der Elementargeometrie bekannten Wert liefert, werden derartig triviale „Lösungen" des Integrationsproblems ausgeschlossen.

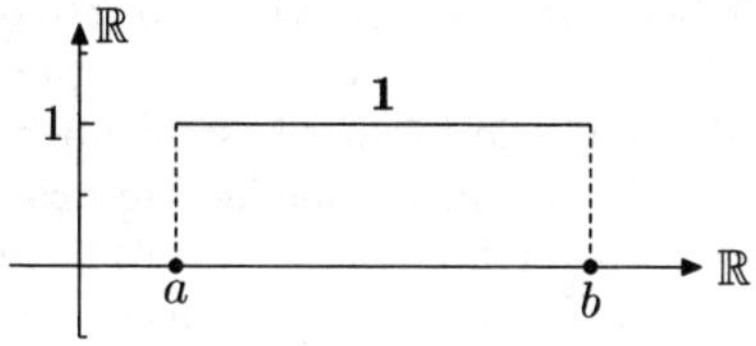

Bild 6.8: Fläche unter der Einsfunktion

Wir verlangen, dass $I_{a,b}(\mathbf{1}) = b - a$ ist, wobei $\mathbf{1}$ die konstante Funktion bezeichnet, die an jeder Stelle den Wert 1 hat; es wird also gefordert, dass ein Rechteck mit den Kantenlängen 1 und $b - a$ wirklich $b - a$ als Fläche zugeordnet bekommt. Insbesondere soll $\mathbf{1}$ zu $\mathrm{Int}\,[\,a,b\,]$ gehören.

Ziel dieses Kapitels ist es zunächst zu zeigen, dass durch geeignete Definition von $\mathrm{Int}\,[\,a,b\,]$ und $I_{a,b}$ alle Forderungen zu erfüllen sind: In *Abschnitt 6.1* wird *die wichtigste Lösungsmöglichkeit* vorgestellt, das RIEMANN-*Integral.* (Ein weiterer, davon unabhängiger Ansatz wird später ebenfalls skizziert.)

Durch Beispiele wird klar, dass die konkrete Berechnung von $I_{a,b}(f)$ sehr schwerfällig sein kann, wenn man direkt mit der Definition arbeitet. Viel einfacher geht es in der Regel, wenn *Stammfunktionen* verwendet werden: Es reicht im Fall stetiger f, eine Funktion F mit $F' = f$ zu finden. Das wird in *Abschnitt 6.2* bewiesen, dort besprechen wir auch die wichtigsten *Integrationsmethoden*, unter anderem Integration durch Substitution, partielle Integration und Integration durch Partialbruchzerlegung.

Durch Approximationstechniken kann die Definition des Integrals auf den Fall unbeschränkter Funktionen und unbeschränkter Definitionsbereiche übertragen werden, diese so genannten *uneigentlichen Integrale* werden in *Abschnitt 6.3* eingeführt.

In *Abschnitt 6.4* werden wir uns mit einer eher technischen Fragestellung auseinander zu setzen haben: Welche Eigenschaften haben Funktionen, die punktweise durch ein Integral definiert sind? Von besonderer Bedeutung wird dabei der Satz über die *„Differentiation unter dem Integral"* sein.

Mit Hilfe des Integralbegriffs lassen sich verschiedene Normen für Funktionen definieren. Diese „L^p-Normen" spielen in den Anwendungen eine wichtige Rolle, in *Abschnitt 6.5* werden sie eingeführt, auch werden einige häufig benötigte Ungleichungen bewiesen[3]. Das Kapitel schließt mit der Behandlung des Problems, ob man zu „genügend einfachen“ Funktionen immer eine geschlossen darstellbare Stammfunktion finden kann. In *Abschnitt 6.6* soll ein berühmter *Satz von Liouville* bewiesen werden, er besagt, dass bereits eine so einfache Funktion wie e^{x^2} ein Beispiel dafür ist, dass das nicht immer möglich sein muss.

6.1 Definition des Integrals

Wie kann man für beliebige Intervalle $[a, b]$ mit $a < b$ einen Funktionenraum $\mathrm{Int}\,[a, b]$ und eine Abbildung $I_{a,b}$ so definieren, dass alle in der Einleitung genannten Wünsche erfüllt sind? Die Lösung besteht überraschenderweise darin, einen *Umweg* zu machen. Wir beginnen nämlich ausdrücklich *nicht* damit, die uns am meisten interessierenden Funktionen – wie etwa die Polynome oder gleich alle stetigen Funktionen – in $\mathrm{Int}\,[a, b]$ aufzunehmen und dafür $I_{a,b}$ zu definieren, sondern wir kümmern uns zunächst um *Treppenfunktionen*: Das sind sehr spezielle, sehr einfache Funktionen, die bisher keine Rolle gespielt haben und die uns nach diesem Abschnitt auch nicht mehr begegnen werden. Sie haben aber den großen Vorteil, dass ihr Integral (wenigstens scheinbar) ganz problemlos definiert werden kann.

Schauen wir noch einmal auf den Wunschzettel. Ganz am Ende hatten wir gefordert, dass $\mathbf{1}$ zu $\mathrm{Int}\,[a, b]$ gehören und dass $I_{a,b}(\mathbf{1}) = b - a$ sein soll. Da man die konstante Funktion, die – für irgendeine reelle Zahl r – an jeder Stelle den Wert r hat, als $r\mathbf{1}$ schreiben kann, muss auch sie wegen des Vektorraumwunsches (Wunsch 2) in $\mathrm{Int}\,[a, b]$ liegen, außerdem muss wegen der Linearitätsforderung $I_{a,b}(r\mathbf{1}) = rI_{a,b}(\mathbf{1}) = r(b - a)$ gelten. Für solche Funktionen haben wir also überhaupt keine Wahl.

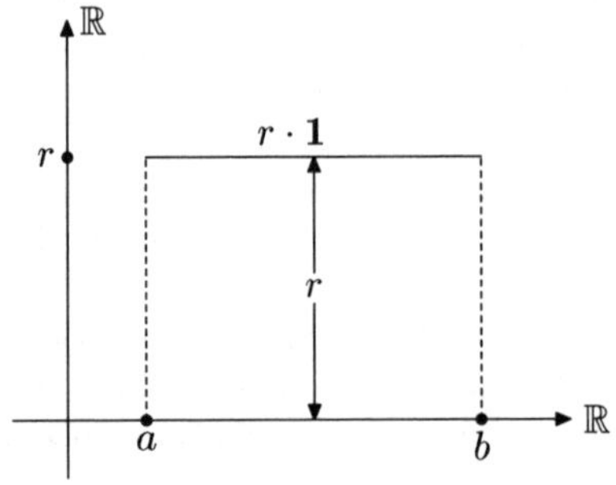

Bild 6.9: Die konstanten Funktionen $r\mathbf{1}$

Wie sieht es mit Funktionen aus, die aus konstanten Bausteinen zusammengesetzt sind, etwa mit der folgenden Funktion f?

[3]Dieser und der folgende Abschnitt gehören nicht unbedingt zum Pflichtprogramm der Analysis. Sie können – ohne große Nachteile für das weitere Verständnis – beim ersten Lesen übersprungen werden.

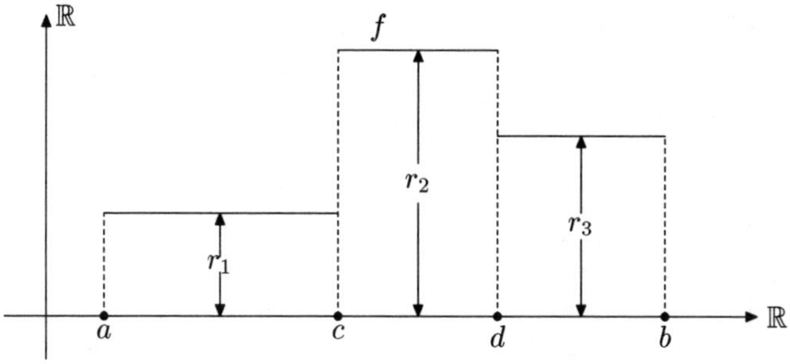

Bild 6.10: Eine aus konstanten Funktionen zusammengesetzte Funktion f

Da $I_{a,b}$ beim Zerlegen additiv sein soll (Wunsch 3), muss $I_{a,b}(f)$ die Summe aus den Integralwerten der Einschränkungen von f auf die Intervalle $[a,c]$, $[c,d]$ und $[d,b]$ sein. Auf diesen Teilintervallen aber ist f eine konstante Funktion[4)], und deswegen sollte $I_{a,b}(f)$ den Wert $r_1(c-a)+r_2(d-c)+r_3(b-d)$ haben.

Funktionen wie die eben diskutierte heißen *Treppenfunktionen*, damit werden wir uns als Erstes etwas genauer beschäftigen. Wir haben gesehen, dass es für solche f einen nahe liegenden Kandidaten für $I_{a,b}(f)$ gibt, und wirklich wird sich das Integrationsprogramm für Treppenfunktionen fast vollständig entwickeln lassen. Einziger Schönheitsfehler: Treppenfunktionen sind so gut wie nie stetig, es ist also eine richtige Theorie für die falsche Funktionenklasse. Man kann diese Schwierigkeit aber beheben, indem man die Definition erweitert, um dann das Integral auch für interessantere Funktionen behandeln zu können. Dabei wird die Monotonieforderung (Wunsch 4) als Motivationshilfe zur Integraldefinition herangezogen, so wird sich das Riemann[5)]-Integral ergeben. (Man kann stattdessen auch mit der Stetigkeitsforderung arbeiten, das wird kurz skizziert werden.)

BERNHARD RIEMANN
1826 – 1866

Vorbereitungen: Treppenfunktionen

Treppenfunktion

Definition 6.1.1. *Es sei $a<b$. Eine Funktion $\tau:[a,b]\to\mathbb{R}$ heißt* Treppenfunktion, *wenn es eine Unterteilung von $[a,b]$ so gibt, dass τ auf dem Inneren der Unterteilungsintervalle konstant ist, d.h. wenn $n\in\mathbb{N}$, $x_0,\ldots,x_n$ mit $a=x_0\le x_1\le\cdots\le x_n=b$ und Zahlen $r_0,\ldots,r_{n-1}$ so existieren, dass τ auf $]x_i,x_{i+1}[$ konstant gleich r_i ist (für $i=0,1,\ldots,n-1$).*

Man beachte insbesondere, dass τ nicht notwendig positiv sein muss, dass die r_i nicht verschieden zu sein brauchen (auch wenn sie benachbart sind) und dass τ an den Randpunkten der Intervalle $[x_i,x_{i+1}]$ nicht notwendig einen der Werte r_{i-1}, r_i oder r_{i+1} haben muss.

[4)]Eventuell mit Ausnahme der Randpunkte, eine Abänderung an endlich vielen Punkten sollte aber für den Flächeninhalt keine Auswirkungen haben.

[5)]Riemann: Professor in Göttingen, erste mathematisch präzise Fassung des Integrationsproblems, auch besonderes einflussreiche Arbeiten zur Geometrie (Riemannsche Flächen, Riemannsche Geometrie), Funktionentheorie und zur Zahlentheorie (Riemannsche Vermutung).

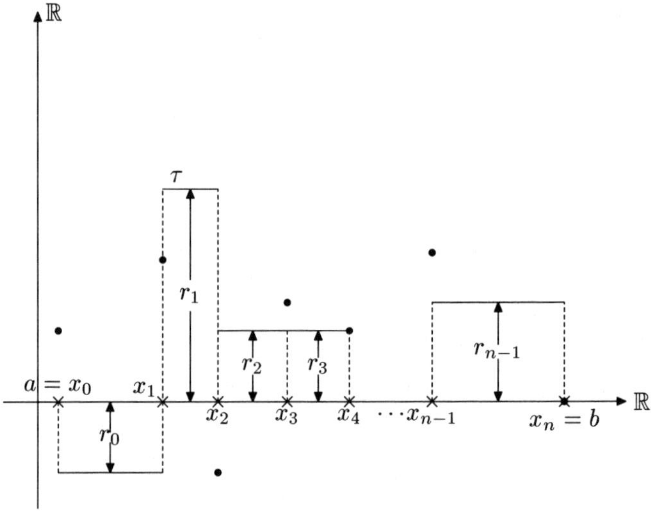

Bild 6.11: Eine „typische“ Treppenfunktion τ

Die Menge aller Treppenfunktionen auf $[a,b]$ *soll mit* $\mathrm{Tr}\,[a,b]$ *bezeichnet werden.*

Aufgrund der vorstehenden Motivation ist klar, wie wir das Integral für Treppenfunktionen definieren müssen, nämlich durch

$$I_{a,b}(\tau) := \sum_{i=0}^{n-1} r_i \cdot (x_{i+1} - x_i).$$

Vor der Definition ist aber noch *ein gut verstecktes Wohldefiniertheitsproblem* zu lösen, denn die Darstellung einer Treppenfunktion durch die Zerlegung ist nicht eindeutig:

> Vor der Wohldefiniertheitsfalle bei der Abbildungsdefinition ist auf Seite 14 in Band 1 ausdrücklich gewarnt worden: Wenn es zur Beschreibung eines Elements mehrere Möglichkeiten gibt und man bei der Abbildungsdefinition eine dieser Beschreibungen verwendet, so ist nachzuprüfen, dass die Definition unabhängig von der Darstellung ist; als Beispiel wurde der nicht zulässige Definitionsversuch $n/m \mapsto n - m$ für rationale Zahlen genannt.
>
> Und eine ähnliche Situation liegt hier vor, das Problem ist lediglich wesentlich besser versteckt. Hier ein Beispiel, wir betrachten einfach die Funktion τ, die konstant gleich 3 auf $[a,b] = [0,1]$ ist. Das ist sicher eine Treppenfunktion entsprechend Definition 6.1.1, man braucht ja nur $n = 1$, $x_0 = 0$, $x_1 = 1$ und $r_0 = 3$ zu setzen. Damit berechnet sich $I_{0,1}(\tau)$ zu
>
> $$I_{0,1}(\tau) = 3 \cdot (1 - 0).$$

Das ist aber nicht die einzige Möglichkeit. Man könnte doch genauso – allerdings unnötig kompliziert – die Aussage „τ ist Treppenfunktion" dadurch begründen, dass man $n = 3$, $x_0 = 0$, $x_1 = 0.2$, $x_2 = 0.7$, $x_3 = 1$ und $r_0 = r_1 = r_2 = 3$ wählt. Mit *dieser* Darstellung ist

$$I_{0,1}(\tau) = 3 \cdot (0.2 - 0) + 3 \cdot (0.7 - 0.2) + 3 \cdot (1 - 0.7).$$

Nun hat dieser Ausdruck genauso wie $3 \cdot (1 - 0)$ den Wert 3. Das war natürlich kein besonderer Glücksfall: Im nachstehenden Lemma wird gezeigt, dass man stets garantieren kann, dass die Definition von $I_{a,b}(\tau)$ von der Darstellung von τ als Treppenfunktion unabhängig ist.

Lemma 6.1.2. *Ist $\tau \in \mathrm{Tr}\,[a,b]$ auf zwei verschiedene Weisen als Treppenfunktion dargestellt, etwa durch die Zerlegung $a = x_0 \leq \cdots \leq x_n = b$ mit Werten r_i auf $]\,x_i, x_{i+1}\,[$ und durch $a = y_0 \leq \cdots \leq y_m = b$ mit den Werten s_j auf $]\,y_j, y_{j+1}\,[$, so ist*

$$\sum_{i=0}^{n-1} r_i \cdot (x_{i+1} - x_i) = \sum_{j=0}^{m-1} s_j \cdot (y_{j+1} - y_j).$$

Das heißt, dass $I_{a,b} : \mathrm{Tr}\,[a,b] \to \mathbb{R}$, definiert durch

$$I_{a,b}(\tau) := \sum_{i=0}^{n-1} r_i \cdot (x_{i+1} - x_i)$$

für irgendeine *Darstellung von τ als Treppenfunktion, eine wohldefinierte Abbildung ist.*

Beweis: Grund für die Richtigkeit des Satzes ist das *Distributivgesetz*, die Idee kann man schon an einer konstanten Funktion verdeutlichen: τ sei konstant gleich r auf $[a,b]$ und sowohl durch $n = 1$, $x_0 = a$, $x_1 = b$, $r_0 = r$ als auch durch $x_0, \ldots, x_n$ mit $a = x_0 \leq \cdots \leq x_n = b$ und $r_0 = r_1 = \cdots = r_{n-1} = r$ dargestellt. Für $I_{a,b}(\tau)$ ergibt sich dann in der ersten Darstellung $r(b-a)$ und in der zweiten

$$\begin{aligned}
r_0(x_1 - x_0) &+ r_1(x_2 - x_1) + \cdots + r_{n-1}(x_n - x_{n-1}) \\
&= r\big((x_1 - x_0) + (x_2 - x_1) + \cdots + (x_n - x_{n-1})\big) \\
&= r(x_n - x_0) \\
&= r(b - a);
\end{aligned}$$

beim ersten Gleichheitszeichen wurde r ausgeklammert, hier spielt also das Distributivgesetz eine entscheidende Rolle, danach wurde ausgenutzt, dass sich alle Summanden bis auf $x_n - x_0$ wegheben, da sie sowohl mit positivem als auch mit negativem Vorzeichen auftreten.

Der allgemeine Fall wird auf diese Situation zurückgeführt, indem wir eine Zerlegung betrachten, die „feiner“ ist als beide vorgelegten Zerlegungen. τ sei also gegeben durch

$$a = x_0 \leq \cdots \leq x_n = b,\ \tau|_{]\,x_i, x_{i+1}\,[} = r_i$$

und

$$a = y_0 \leq \cdots \leq y_m = b,\ \tau|_{]\,y_j, y_{j+1}\,[} = s_j.$$

Wir ordnen nun die Zahlen in $\{x_0, \ldots, x_n, y_0, \ldots, y_m\}$ der Größe nach und schreiben die sortierten Zahlen als

$$a = z_0 \leq z_1 \leq \cdots \leq z_\ell = b.$$

Für geeignete Indizes μ_i für $0 \leq i \leq n$ und ν_j für $0 \leq j \leq m$ ist dann $x_i = z_{\mu_i}$ und $y_j = z_{\nu_j}$.

Hier ein einfaches konkretes Beispiel:

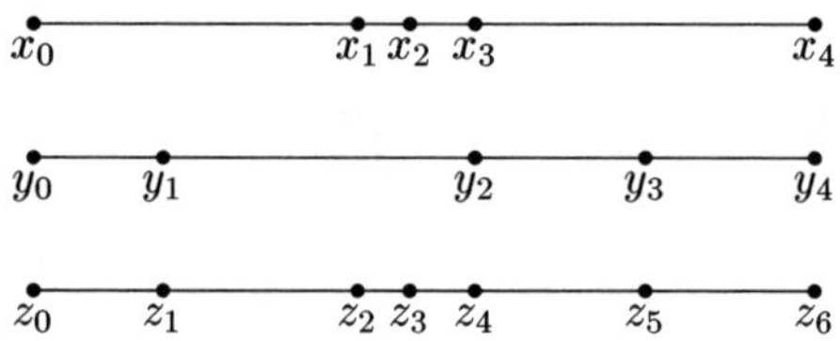

Bild 6.12: Zwei Zerlegungen und eine gemeinsame Verfeinerung

Es ist $\mu_0 = 0$, $\mu_1 = 2$, $\mu_2 = 3$, $\mu_3 = 4$ und $\mu_4 = 6$ sowie $\nu_0 = 0$, $\nu_1 = 1$, $\nu_2 = 4$, $\nu_3 = 5$ und $\nu_4 = 6$.

Für $k \in \{0, \ldots, \ell - 1\}$ und $i \in \{0, \ldots, n-1\}$ mit $\mu_i \leq k < \mu_{i+1}$ ist dann nach Konstruktion $]\,z_k, z_{k+1}\,[\subset\,]\,x_i, x_{i+1}\,[$, d.h. τ hat auf $]\,z_k, z_{k+1}\,[$ den Wert $t_k := r_i$.
Es ergibt sich durch Übergang zu einer anderen Klammerung der Summanden:

$$\begin{aligned}
\sum_{k=0}^{\ell-1} t_k \cdot (z_{k+1} - z_k) &= \sum_{i=0}^{n-1} \sum_{k=\mu_i}^{\mu_{i+1}-1} t_k \cdot (z_{k+1} - z_k) \\
&= \sum_{i=0}^{n-1} r_i \sum_{k=\mu_i}^{\mu_{i+1}-1} (z_{k+1} - z_k) \\
&= \sum_{i=0}^{n-1} r_i \cdot (x_{i+1} - x_i).
\end{aligned}$$

Ganz analog folgt, wenn man die ν_j verwendet, dass

$$\sum_{k=0}^{\ell-1} t_k \cdot (z_{k+1} - z_k) = \sum_{j=0}^{m-1} s_j \cdot (y_{j+1} - y_j).$$

Das zeigt die Behauptung. □

Nun können wir, nachdem die Wohldefiniertheit bewiesen wurde, das Integral für Treppenfunktionen erklären. Dabei wechseln wir von der Schreibweise $I_{a,b}$ – durch sie sollte betont werden, dass es um eine Abbildung geht – zur allgemein üblichen Integralschreibweise. Wir werden danach zeigen, dass fast alle von uns an eine Integraldefinition geforderten Bedingungen erfüllt sind: Treppenfunktionen erfüllen allerdings sicher nicht die Reichhaltigkeitsforderung (Wunsch 1), da so gut wie keine stetige Funktion eine Treppenfunktion ist.

Definition 6.1.3. *Es sei $\tau : [\,a,b\,] \to \mathbb{R}$ eine Treppenfunktion, geeignete x_i und r_i entsprechend der Definition 6.1.1 seien gewählt. Wir nennen* $\boldsymbol{\int_a^b \tau(x)\,dx}$

$$\int_a^b \tau(x)\,dx := \sum_{i=0}^{n-1} r_i \cdot (x_{i+1} - x_i)$$

das Integral von τ zwischen den Grenzen a und b.

Diese Definition erfüllt tatsächlich fast alle Forderungen unseres Wunschzettels:

Satz 6.1.4. *Für das in Definition 6.1.3 eingeführte Integral für Treppenfunktionen gilt:*

(i) $\mathrm{Tr}\,[\,a,b\,]$ *ist ein* $\mathbb{R}$*-Vektorraum und* $\tau \mapsto \int_a^b \tau(x)\,dx$ *ist eine lineare Abbildung.*

(ii) Für $\tau \in \mathrm{Tr}\,[\,a,b\,]$ *und* $c \in \,]\,a,b\,[$ *sind* $\tau|_{[\,a,c\,]}$ *in* $\mathrm{Tr}\,[\,a,c\,]$ *und* $\tau|_{[\,c,b\,]}$ *in* $\mathrm{Tr}\,[\,c,b\,]$, *und es gilt*

$$\int_a^b \tau(x)\,dx = \int_a^c \tau(x)\,dx + \int_c^b \tau(x)\,dx.$$

(iii) Für $\tau, \tau' \in \mathrm{Tr}\,[\,a,b\,]$ *gilt: Ist* $\tau \geq 0$, *so ist* $\int_a^b \tau(x)\,dx \geq 0$ *und* $\tau \leq \tau'$ *impliziert* $\int_a^b \tau(x)\,dx \leq \int_a^b \tau'(x)\,dx$.

(iv) Für $\tau \in \mathrm{Tr}\,[\,a,b\,]$ *gilt*

$$\left| \int_a^b \tau(x)\,dx \right| \leq (b-a) \cdot \sup_{a \leq x \leq b} |\tau(x)| = (b-a) \cdot \|\tau\|_\infty .$$

Versieht man also $\mathrm{Tr}\,[\,a,b\,]$ *mit der durch* $\|\cdot\|_\infty$ *induzierten Metrik, so ist* $\tau \mapsto \int_a^b \tau(x)\,dx$ *eine Lipschitzabbildung mit Lipschitzkonstante* $(b-a)$, *sie ist daher insbesondere stetig.*

(v) Ist $\tau = \mathbf{1}$ *auf* $[\,a,b\,]$, *so ist* $\int_a^b \tau(x)\,dx = b - a$.

Beweis: (i) Es seien τ und τ' vorgegeben, man kann dann o.B.d.A. annehmen, dass τ und τ' die gleichen Zerlegungspunkte haben (ansonsten konstruiere man wie im Beweis von Lemma 6.1.2 eine gemeinsame Verfeinerung der beiden Zerlegungen): Es sei also τ durch

$$a = x_0 < x_1 < \cdots < x_n = b,\ \tau|_{]\,x_i, x_{i+1}\,[} = r_i$$

und τ' durch

$$a = x_0 < x_1 < \cdots < x_n = b,\ \tau'|_{]\,x_i, x_{i+1}\,[} = r'_i$$

gegeben. Dann gilt für jedes $0 \le i \le n-1$ sicherlich

$$(\tau + \tau')|_{]\,x_i, x_{i+1}\,[} = \tau|_{]\,x_i, x_{i+1}\,[} + \tau'|_{]\,x_i, x_{i+1}\,[} = r_i + r'_i,$$

also ist $\tau + \tau' \in \mathrm{Tr}\,[\,a, b\,]$. Weiter gilt

$$\begin{aligned} \int_a^b (\tau + \tau')(x)\,dx &= \sum_{i=0}^{n-1} (r_i + r'_i) \cdot (x_{i+1} - x_i) \\ &= \sum_{i=0}^{n-1} r_i \cdot (x_{i+1} - x_i) + \sum_{i=0}^{n-1} r'_i \cdot (x_{i+1} - x_i) \\ &= \int_a^b \tau(x)\,dx + \int_a^b \tau'(x)\,dx. \end{aligned}$$

Sei nun $\lambda \in \mathbb{R}$ vorgegeben. Dann ist für $0 \le i \le n-1$ sicherlich

$$(\lambda\tau)\big|_{]\,x_i, x_{i+1}\,[} = \lambda r_i;$$

das zeigt, dass $\lambda\tau \in \mathrm{Tr}\,[\,a, b\,]$. Für die Integrale gilt

$$\begin{aligned} \int_a^b (\lambda\tau)(x)\,dx &= \sum_{i=0}^{n-1} \lambda r_i (x_{i+1} - x_i) \\ &= \lambda \sum_{i=0}^{n-1} r_i (x_{i+1} - x_i) \\ &= \lambda \cdot \int_a^b \tau(x)\,dx. \end{aligned}$$

Sicher ist $\mathrm{Tr}\,[\,a, b\,]$ nicht leer (die Nullfunktion ist eine Treppenfunktion), und damit ist nachgewiesen, dass $\mathrm{Tr}\,[\,a, b\,]$ als Unterraum des Vektorraums $\mathrm{Abb}\,[\,a, b\,]$ aller Abbildungen von $[\,a, b\,]$ nach $\mathbb{R}$ ein $\mathbb{R}$-Vektorraum ist. Nebenbei ist auch schon gezeigt worden, dass $\tau \mapsto \int_a^b \tau(x)\,dx$ eine lineare Abbildung ist.

(ii) Es sei $\tau \in \mathrm{Tr}\,[\,a, b\,]$ gegeben durch

$$a = x_0 < \cdots < x_n = b,\ \tau|_{]\,x_i, x_{i+1}\,[} = r_i.$$

Da – wie wir nach Lemma 6.1.2 wissen – die Hinzunahme von Zerlegungspunkten den Integralwert nicht ändert, dürfen wir o.B.d.A. annehmen, dass c ein Zerlegungspunkt ist: Es existiert $1 \le i_0 < n$ mit $c = x_{i_0}$. Damit ist dann klar, dass die Einschränkungen von τ auf $[a, c]$ und $[c, b]$ Treppenfunktionen sind, und für die Integrale folgt

$$\begin{aligned} \int_a^b \tau(x)\,dx &= \sum_{i=0}^{n-1} r_i \cdot (x_{i+1} - x_i) \\ &= \sum_{i=0}^{i_0-1} r_i \cdot (x_{i+1} - x_i) + \sum_{i=i_0}^{n-1} r_i \cdot (x_{i+1} - x_i) \\ &= \int_a^c \tau(x)\,dx + \int_c^b \tau(x)\,dx. \end{aligned}$$

(iii) Sei $\tau \ge 0$. Dann gilt notwendig $r_i \ge 0$ für die r_i aus der Darstellung von τ als Treppenfunktion, und folglich stehen in $\int_a^b \tau(x)\,dx = \sum r_i(x_{i+1} - x_i)$ nur nichtnegative Summanden: Das impliziert $\int_a^b \tau(x)\,dx \ge 0$.

Die Monotonie ergibt sich daraus leicht mit Hilfe der schon bewiesenen Vektorraumeigenschaft: Für $\tau, \tau' \in \mathrm{Tr}\,[a, b]$ gilt:

$$\begin{aligned} \tau \le \tau' \quad &\Rightarrow \quad \tau' - \tau \ge 0 \\ &\Rightarrow \quad \int_a^b (\tau' - \tau)(x)\,dx \ge 0 \\ &\overset{\text{(i)}}{\Rightarrow} \quad \int_a^b \tau(x)\,dx \le \int_a^b \tau'(x)\,dx. \end{aligned}$$

(iv) Sei $\tau \in \mathrm{Tr}\,[a, b]$ wie üblich durch die x_i, r_i beschrieben. Dann gilt

$$\begin{aligned} \left| \int_a^b \tau(x)\,dx \right| &= \left| \sum_{i=0}^{n-1} r_i \cdot (x_{i+1} - x_i) \right| \\ &\le \sum_{i=0}^{n-1} |r_i| \cdot (x_{i+1} - x_i) \\ &\le \max_{0 \le i \le n-1} |r_i| \cdot \sum_{i=0}^{n-1} (x_{i+1} - x_i) \\ &\le \|\tau\|_\infty \cdot (b - a). \end{aligned}$$

Aus dieser Abschätzung folgt sofort unter Verwendung der Linearität die Lipschitzeigenschaft, für beliebige τ_1, τ_2 ist nämlich

$$\begin{aligned} \left| \int_a^b \tau(x)\,dx - \int_a^b \tau'(x)\,dx \right| &= \left| \int_a^b (\tau - \tau')(x)\,dx \right| \\ &\le \|\tau - \tau'\|_\infty \cdot (b - a). \end{aligned}$$

(v) Das folgt sofort aus der Definition 6.1.3, wenn man **1** so einfach wie möglich als Treppenfunktion schreibt: $\int_a^b \mathbf{1}(x)\,dx = 1 \cdot (b-a) = b-a$. □

Die Lipschitzeigenschaft linearer Abbildungen
Die im vorstehenden Beweis von (iv) verwendete Technik ist ein Spezialfall eines allgemeinen Sachverhalts, man kann ihn sich oft zunutze machen, um die Stetigkeit von Abbildungen nachzuprüfen. Es sei $(X, ||\cdot||)$ ein normierter $\mathbb{K}$-Vektorrraum und $T : X \to \mathbb{K}$ eine lineare Abbildung. Gibt es dann eine Zahl L, so dass $|T(x)| \le L||x||$ für alle x ist, so gilt auch $|T(x) - T(y)| \le L \cdot ||x - y||$ für alle x, y, d.h. T ist Lipschitzabbildung mit Lipschitzkonstante L.
Zum Beweis muss man nur das eben verwendete Argument wiederholen:

$$|T(x) - T(y)| = |T(x-y)| \le L \cdot ||x-y||,$$

die Gleichung $T(x) - T(y) = T(x-y)$ ergibt sich dabei aus der Linearität von T.

Das Riemann-Integral

Die bisherigen Ergebnisse sind noch bescheiden. Um weiterzukommen, verfahren wir in *zwei Schritten*:

- Im ersten Schritt rechnen wir sozusagen rückwärts: *Wenn* es eine vernünftige Integraldefinition $f \mapsto I_{a,b}(f)$ gäbe, die „unser" Integral für Treppenfunktionen verallgemeinerte, was ließe sich dann über die Zahl $I_{a,b}(f)$ aussagen?
- Es wird sich herausstellen, dass $I_{a,b}(f)$ für viele f nur einen einzigen Wert annehmen kann. Diese Tatsache wird im zweiten Schritt für eine Integraldefinition ausgenutzt, *so* entsteht das Riemann-Integral.

Zum ersten Schritt: Mal angenommen, jemand hätte einen Raum $\mathrm{Int}\,[a,b]$ und eine Abbildung $I_{a,b} : \mathrm{Int}\,[a,b] \to \mathbb{R}$ so finden können, dass erstens alle Wunschzettelforderungen erfüllt sind, zweitens alle Treppenfunktionen τ in $\mathrm{Int}\,[a,b]$ liegen und drittens $I_{a,b}(\tau) = \int_a^b \tau(x)\,dx$ für alle diese τ gilt. Sei nun $f \in \mathrm{Int}\,[a,b]$ irgendeine beschränkte Funktion. Wählt man beliebige Treppenfunktionen τ_1, τ_2 auf $[a,b]$ mit $\tau_1 \le f \le \tau_2$, so muss wegen der Monotonieforderung (Wunsch 4) notwendig

$$\int_a^b \tau_1(x)\,dx \le I_{a,b}(f) \le \int_a^b \tau_2(x)\,dx$$

gelten.

Die Zahl $I_{a,b}(f)$ ist damit obere bzw. untere Schranke der möglichen $\int_a^b \tau_1(x)\,dx$ bzw. $\int_a^b \tau_2(x)\,dx$, und deswegen muss

$$\sup_{\substack{\tau_1 \in \mathrm{Tr}\,[a,b] \\ \tau_1 \le f}} \int_a^b \tau_1(x)\,dx \le I_{a,b}(f) \le \inf_{\substack{\tau_2 \in \mathrm{Tr}\,[a,b] \\ \tau_2 \ge f}} \int_a^b \tau_2(x)\,dx$$

sein (s. Bild 6.13).

Hier noch einmal die wichtigsten Rechenregeln für das Rechnen mit Supremum und Infimum (vgl. das graue Kästchen nach Lemma 4.4.2 in Band 1):

- Ist $\Delta \subset \mathbb{R}$ nicht leer und nach oben beschränkt, so existiert $\sup \Delta$.
- Falls y obere Schranke von Δ ist, so gilt $\sup \Delta \le y$.
- Für $x \in \Delta$ ist $x \le \sup \Delta$.
- Ist $y < \sup \Delta$, so gibt es ein $x \in \Delta$ mit $y < x$.

Vertauscht man „$<$“ und „$\le$“ mit „$>$“ und „$\ge$“, so ergeben sich entsprechende Regeln für das Infimum.

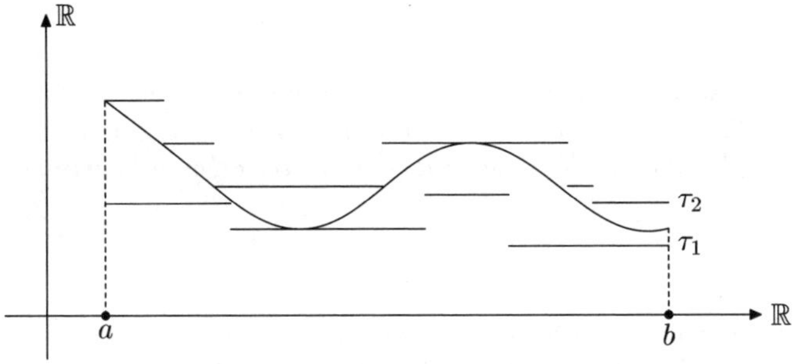

Bild 6.13: f und Treppenfunktionen τ_1, τ_2

Zum zweiten Schritt: Die *Idee bei der Definition des Riemann-Integrals* besteht nun darin, nur solche f zuzulassen, für die $I_{a,b}(f)$ durch die vorstehenden Ungleichungen schon eindeutig festgelegt ist.

Sei $f : [a, b] \to \mathbb{R}$ eine beliebige beschränkte Funktion. Dann gibt es natürlich – sogar konstante – Treppenfunktionen τ_1, τ_2 mit $\tau_1 \le f \le \tau_2$. Fixiere irgendein τ_2 mit $f \le \tau_2$. Für beliebiges τ_1 mit $\tau_1 \le f$ ist dann auch $\tau_1 \le \tau_2$ und folglich

$$\int_a^b \tau_1(x)\,dx \le \int_a^b \tau_2(x)\,dx.$$

Die Zahl $\int_a^b \tau_2(x)\,dx$ ist also obere Schranke der $\int_a^b \tau_1(x)\,dx$ für die $\tau_1 \in \mathrm{Tr}\,[a, b]$ mit $\tau_1 \le f$, und das impliziert

$$I_*(f) := \sup_{\substack{\tau_1 \in \mathrm{Tr}\,[a,b] \\ \tau_1 \le f}} \int_a^b \tau_1(x)\,dx \le \int_a^b \tau_2(x)\,dx;$$

Unterintegral
Oberintegral

wir nennen $I_*(f)$ das *Unterintegral von f*. Diese Zahl ist nach der vorstehenden

Ungleichung eine untere Schranke der $\int_a^b \tau_2(x)\,dx$, wenn τ_2 alle Treppenfunktionen mit $f \leq \tau_2$ durchläuft, und das bedeutet

$$I_*(f) \leq \inf_{\substack{\tau_2 \in \mathrm{Tr}\,[\,a,b\,] \\ \tau_2 \geq f}} \int_a^b \tau_2(x)\,dx =: I^*(f);$$

erwartungsgemäß heißt $I^*(f)$ das *Oberintegral von f.*

Stets ist also $I_*(f) \leq I^*(f)$. Im Fall der Gleichheit gibt das Anlass zu einer Definition, dabei verwenden wir wie im Fall der Treppenfunktionen gleich das Integralzeichen.

Riemann-Integral

Definition 6.1.5. *Sei $f : [\,a,b\,] \to \mathbb{R}$ eine beschränkte Funktion. Wir nennen f* Riemann-integrierbar *(kurz:* integrierbar*), falls $I_*(f) = I^*(f)$ gilt. In diesem Fall definieren wir*

$$\int_a^b f(x)\,dx := I_*(f) = I^*(f),$$

$\int_a^b f(x)\,dx$

für $\int_a^b f(x)\,dx$ sagt man „(Riemann-)Integral von a bis b über f von x dx". Dabei heißt die Funktion, über die integriert wird, der Integrand.

Mit Int $[\,a,b\,]$ *soll die Menge der Riemann-integrierbaren Funktionen bezeichnet werden.*

Bemerkungen:

1. Genau genommen ist noch zu klären, ob die Bezeichnungsweise mit der vorher verwendeten verträglich ist. Falls die Funktion f nämlich eine Treppenfunktion ist, hat $\int_a^b f(x)\,dx$ *zwei Bedeutungen*: Einmal könnte es das Treppenfunktionenintegral aus Definition 6.1.3 sein und dann – im Fall der Integrierbarkeit – das Riemann-Integral. Die Sorge ist unbegründet: Treppenfunktionen sind integrierbar, und das Riemann-Integral stimmt mit dem Treppenfunktionenintegral überein.

Begründung:

Sei f eine Treppenfunktion. Für Treppenfunktionen τ_1, τ_2 mit $\tau_1 \leq f \leq \tau_2$ ist dann nach Satz 6.1.4(iii)

$$\int_a^b \tau_1(x)\,dx \leq \int_a^b f(x)\,dx \leq \int_a^b \tau_2(x)\,dx;$$

das sind alles Treppenfunktions-Integrale.

Folglich gilt $I_*(f) \leq \int_a^b f(x)\,dx \leq I^*(f)$. Andererseits darf f selbst als τ_1 und als τ_2 gewählt werden, das zeigt $I^*(f) \leq \int_a^b f(x)\,dx \leq I_*(f)$ und damit

$$I^*(f) = \int_a^b f(x)\,dx = I_*(f).$$

Das beweist, dass Treppenfunktionen integrierbar sind und dass die Integrale gemäß Definition 6.1.3 und Definition 6.1.5 für solche Funktionen übereinstimmen.

2. Es kann nicht deutlich genug betont werden, dass unser Weg zum Riemann-Integral in keiner Weise garantiert, dass unser Wunschprogramm erfüllt wird. Wir wissen nur: *Wenn* es eine Integrationstheorie gibt, dann muss sie für integrierbare Funktionen (im Sinne von Definition 6.1.5) einen ganz bestimmten Wert liefern. Dass die Definition wirklich zum Ziel führt, ist noch völlig offen.

3. Die meisten Mathematik-Anfänger finden die Bezeichnungsweise verwirrend, warum schreibt man $\int_a^b f(x)\,dx$ und nicht $I_{a,b}(f)$ oder ähnlich? Man kann es *historisch* und *pragmatisch* erklären. Der historische Grund: Das von LEIBNIZ eingeführte Integralzeichen sollte an das Wort *Summe* erinnern, in der Frühzeit der Analysis stellte man sich die Fläche wahrscheinlich als unendliche Summe über die unendlich vielen Streifen mit der Höhe $f(x)$ und der „unendlich kleinen" Breite dx vor[6)].

Auch in pragmatischer Hinsicht hat die Bezeichnungsweise einen großen Vorteil, in konkreten Fällen kann nämlich übersichtlich gesagt werden, wie die Variable heißt. Das ist *so ähnlich wie beim Summenzeichen.* Auch da ist es ja völlig egal, ob wir $\sum_{i=1}^5 i^2$ oder $\sum_{j=1}^5 j^2$ schreiben, beides ist die Abkürzung für die Summe der ersten fünf Quadratzahlen. Wichtig wird die Angabe aber, wenn von 1 bis 5 z.B. über a^2k/l summiert werden soll: Ist $\sum_{k=1}^5 a^2k/l$ gemeint, also $a^2\cdot 1/l+\cdots+a^2\cdot 5/l$? Oder $\sum_{l=1}^5 a^2k/l$, d.h. $a^2\cdot k/1+\cdots+a^2\cdot k/5$? Oder etwa $\sum_{a=1}^5 a^2k/l = 1^2(k/l)+\cdots+5^2(k/l)$?

Entsprechend ist die Variable x in $\int_a^b f(x)\,dx$ eigentlich unwichtig, man könnte z.B. auch $\int_a^b f(r)\,dr$ oder $\int_a^b f(\alpha)\,d\alpha$ für das Riemann-Integral schreiben. Daran sollte man sich erinnern, wenn das x nicht verwendet werden kann, weil es schon eine andere Bedeutung hat oder wenn – wie im vorstehenden Summenbeispiel – mehrere Variable auftreten.

4. Es ist noch auf eine *nützliche Konvention* hinzuweisen. Bisher wurde $\int_a^b f(x)\,dx$ nur dann erklärt, wenn $a<b$ gilt, Integrale des Typs $\int_3^1 f(x)\,dx$ oder $\int_3^3 f(x)\,dx$ sind zunächst sinnlos. Wir vereinbaren: $\int_b^a = -\int_a^b$

> Ist $a<b$ und ist $f:[a,b]\to\mathbb{R}$ Riemann-integrierbar, so definieren wir
> $$\int_b^a f(x)\,dx := -\int_a^b f(x)\,dx\,;$$
> zum Beispiel ist $\int_3^1 f(x)\,dx = -\int_1^3 f(x)\,dx$. Und $\int_a^a f(x)\,dx$ wird für beliebige a und f als Null definiert.

Diese Vereinbarung wird uns hin und wieder Fallunterscheidungen ersparen, auch kann man einige Rechenregeln allgemeiner fassen.

[6)] Wenn Sie nicht genau verstehen, was damit wohl gemeint sein könnte, so sind Sie in guter Gesellschaft. Im heutigen Aufbau der Mathematik haben unendlich kleine Größen keinen Platz. (Vgl. auch das Kästchen vor Satz 4.1.3 in Band 1.)

Ein Beispiel dazu: Es wird gleich in Satz 6.1.7 bewiesen werden, dass für c mit $a < c < b$ die Gleichung

$$\int_a^b f(x)\,dx = \int_a^c f(x)\,dx + \int_c^b f(x)\,dx$$

gilt. Mit der neuen Bezeichnungsweise ist das auch dann richtig, wenn $c = a$ oder $c = b$ ist oder c sogar außerhalb des Intervalls $[\,a,b\,]$ liegt. Ist z.B. $c < a$, kann man so argumentieren: Es ist (wegen der üblichen Zerlegungseigenschaft)

$$\int_c^b f(x)\,dx = \int_c^a f(x)\,dx + \int_a^b f(x)\,dx.$$

Wenn man dann auf beiden Seiten $\int_c^a f(x)\,dx$ abzieht und die neue Konvention beachtet, wird daraus wirklich

$$\int_a^b f(x)\,dx = \int_a^c f(x)\,dx + \int_c^b f(x)\,dx.$$

(Solche pragmatischen Definitionen tauchten auch schon in Band 1 auf; im grauen Kästchen nach Korollar 3.3.7 gab es dazu einige Kommentare.)

Zunächst stellen wir eine Möglichkeit bereit, die Integrierbarkeit leicht festzustellen:

Riemannsches Integrabilitäts-Kriterium

Lemma 6.1.6. *(Riemannsches Integrabilitätskriterium) Sei $f : [\,a,b\,] \to \mathbb{R}$ eine beschränkte Funktion. Dann ist f genau dann integrierbar, wenn*

$$\underset{\varepsilon>0}{\forall}\ \underset{\substack{\tau_1,\tau_2\in \mathrm{Tr}\,[\,a,b\,]\\ \tau_1\le f\le \tau_2}}{\exists}\ \int_a^b \tau_2(x)\,dx - \int_a^b \tau_1(x)\,dx \le \varepsilon.$$

Das heißt, dass man für jedes ε die Funktion f so zwischen Treppenfunktionen τ_1 und τ_2 „einschachteln“ kann, dass die Fläche zwischen τ_1 und τ_2 kleiner als ε ist.

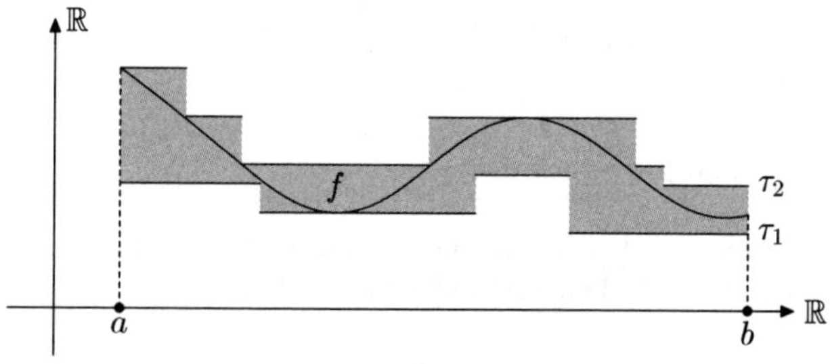

Bild 6.14: Fläche zwischen τ_1 und τ_2

Beweis: Sei $I_*(f) = I^*(f)$ und $\varepsilon > 0$. Aufgrund der auf Seite 67 zusammengestellten Eigenschaften von Supremum und Infimum gibt es Treppenfunktionen $\tau_1 \le f$ und $\tau_2 \ge f$ mit

$$\begin{aligned} I_*(f) - \frac{\varepsilon}{2} &\le \int_a^b \tau_1(x)\,dx \\ I^*(f) + \frac{\varepsilon}{2} &\ge \int_a^b \tau_2(x)\,dx. \end{aligned}$$

Dann gilt aber wegen $I_*(f) = I^*(f)$:

$$\int_a^b \tau_2(x)\,dx - \int_a^b \tau_1(x)\,dx \le \varepsilon.$$

Umgekehrt: Sei $\varepsilon > 0$, wir wählen Treppenfunktionen τ_1, τ_2 mit $\tau_1 \le f \le \tau_2$ und

$$\int_a^b \tau_2(x)\,dx - \int_a^b \tau_1(x)\,dx \le \varepsilon.$$

Aus $\int_a^b \tau_1(x)\,dx \le I_*(f)$ und $I^*(f) \le \int_a^b \tau_2(x)\,dx$ folgt dann

$$\begin{aligned} I^*(f) - I_*(f) &\le \int_a^b \tau_2(x)\,dx - \int_a^b \tau_1(x)\,dx \\ &\le \varepsilon. \end{aligned}$$

Da $\varepsilon > 0$ beliebig war, ist notwendig $I_*(f) = I^*(f)$. □

Um die Definition besser kennen zu lernen, diskutieren wir ein einfaches

Beispiel: Betrachte die Funktion $f : [0,1] \to \mathbb{R}$, $x \mapsto x$:

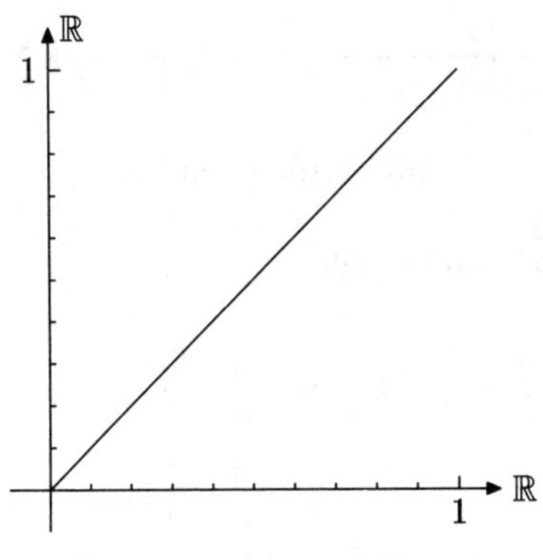

Bild 6.15: Die Beispielfunktion $x \mapsto x$

Wir behaupten, dass f integrierbar ist mit

$$\int_0^1 f(x)\,dx = \frac{1}{2}.$$

Um die Integrierbarkeit von f zu zeigen, zerlegen wir $[0,1]$ in n gleiche Teile (für beliebiges, aber fest gewähltes $n \in \mathbb{N}$) und betrachten die beiden Treppenfunktionen τ_1^n, τ_2^n, gegeben durch

$$\tau_1^n(x) \quad := \quad \begin{cases} \dfrac{i}{n} & x \in \left[\dfrac{i}{n}, \dfrac{i+1}{n}\right[, \ 0 \le i \le n-1 \\ 1 & x = 1 \end{cases}$$

und

$$\tau_2^n(x) \quad := \quad \begin{cases} \dfrac{i+1}{n} & x \in \left[\dfrac{i}{n}, \dfrac{i+1}{n}\right[, \ 0 \le i \le n-1 \\ 1 & x = 1 \end{cases}$$

Man kann sich das so vorstellen:

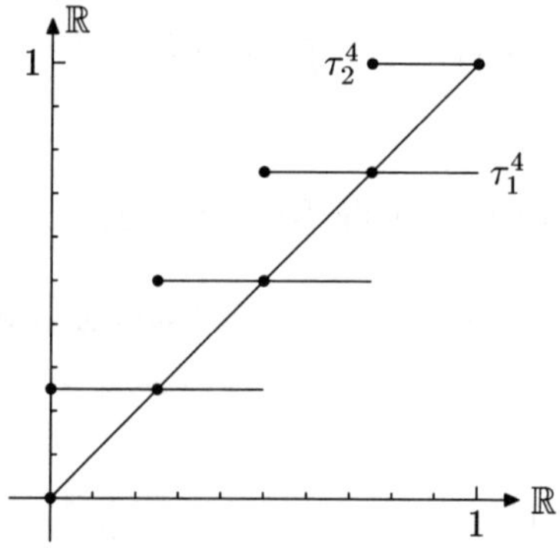

Bild 6.16: τ_1^4 und τ_2^4

Es ist dann $\tau_1^n \le f \le \tau_2^n$, und es gilt

$$\begin{aligned} \int_0^1 \tau_1^n(x)\,dx &= \frac{1}{n^2} \cdot \sum_{i=0}^{n-1} i \\ &= \frac{1}{n^2} \cdot \frac{1}{2} \cdot n(n-1) \\ &= \frac{1}{2} \cdot \left(1 - \frac{1}{n}\right). \end{aligned}$$

$$\begin{aligned}\int_0^1 \tau_2^n(x)\,dx &= \frac{1}{n^2}\cdot\sum_{i=1}^n i\\ &= \frac{1}{n^2}\cdot\frac{1}{2}\cdot n(n+1)\\ &= \frac{1}{2}\cdot\left(1+\frac{1}{n}\right).\end{aligned}$$

Daraus folgt

$$\begin{aligned}I_*(f) &\geq \sup_{n\in\mathbb{N}}\frac{1}{2}\left(1-\frac{1}{n}\right)=\frac{1}{2}\\ I^*(f) &\leq \sup_{n\in\mathbb{N}}\frac{1}{2}\left(1+\frac{1}{n}\right)=\frac{1}{2}.\end{aligned}$$

Da stets $I_*(f) \leq I^*(f)$ gilt, heißt das $I_*(f) = I^*(f) = 1/2$, d.h. f ist integrierbar mit $\int_0^1 f(x)\,dx = 1/2$.

Das ist, zugegeben, ein recht mühsames Verfahren, Integrale konkret zu berechnen. Im nächsten Abschnitt werden wir zeigen, dass man die Berechnung von $\int_a^b f(x)\,dx$ in praktisch allen wichtigen Fällen auf das Lösen der Differentialgleichung $y' = f$ zurückführen kann; das vorstehende Beispiel wird dann in einer Zeile zu erledigen sein.

Wir beweisen nun, dass durch Definition 6.1.5 ein Integralbegriff mit allen in der Einleitung zu diesem Kapitel geforderten Eigenschaften zur Verfügung steht:

Satz 6.1.7. *Für die Menge* Int $[a,b]$ *der Riemann-integrierbaren Funktionen und das Riemann-Integral gilt:*

(i) Int $[a,b]$ *ist ein* $\mathbb{R}$*-Vektorraum, und* $f \mapsto \int_a^b f(x)\,dx$ *ist eine lineare Abbildung.*

(ii) $C[a,b] \subset \mathrm{Int}\,[a,b]$, *d.h. alle stetigen Funktionen auf* $[a,b]$ *sind Riemann-integrierbar.*

(iii) Für $f \in \mathrm{Int}\,[a,b]$ *und* $c \in\,]a,b[$ *gehört* $f|_{[a,c]}$ *zu* Int $[a,c]$ *und* $f|_{[c,b]}$ *zu* Int $[c,b]$. *Es gilt*

$$\int_a^b f(x)\,dx = \int_a^c f(x)\,dx + \int_c^b f(x)\,dx.$$

(iv) Für $f,g \in \mathrm{Int}\,[a,b]$ *gilt: Ist* $f \leq g$, *so ist* $\int_a^b f(x)\,dx \leq \int_a^b g(x)\,dx$.

(v) Für $f \in \mathrm{Int}\,[a,b]$ *gilt*

$$\left|\int_a^b f(x)\,dx\right| \leq (b-a)\cdot\sup_{a\leq x\leq b}|f(x)| = (b-a)\cdot\|f\|_\infty.$$

Versieht man also Int$\,[a,b]$ *mit der durch* $\|\cdot\|_\infty$ *induzierten Metrik, so ist* $f \mapsto \int_a^b f(x)\,dx$ *eine Lipschitzabbildung mit Lipschitzkonstante* $(b-a)$*, folglich ist sie stetig.*

(vi) Ist $f = \mathbf{1}$ *auf* $[a,b]$*, so ist* $\int_a^b f(x)\,dx = b-a$.

Beweis: (i) Es seien $f, g \in \operatorname{Int}[a,b]$. Um die Integrierbarkeit von $f+g$ zu zeigen, soll Lemma 6.1.6 angewendet werden. Sei also $\varepsilon > 0$ vorgegeben. Wähle nach diesem Lemma Treppenfunktionen τ_1^f, τ_2^f, τ_1^g und τ_2^g mit $\tau_1^f \le f \le \tau_2^f$, $\tau_1^g \le g \le \tau_2^g$ und

$$\int_a^b (\tau_2^f - \tau_1^f)(x)\,dx \le \frac{\varepsilon}{2}, \quad \int_a^b (\tau_2^g - \tau_1^g)(x)\,dx \le \frac{\varepsilon}{2}.$$

Es ist dann $\tau_1^f + \tau_1^g \le f+g \le \tau_2^f + \tau_2^g$, und wegen 6.1.4(i) ist

$$\begin{aligned}\int_a^b \big((\tau_2^f + \tau_2^g) - (\tau_1^f + \tau_1^g)\big)(x)\,dx &= \int_a^b (\tau_2^f - \tau_1^f)(x)\,dx + \int_a^b (\tau_2^g - \tau_1^g)(x)\,dx \\ &\le \frac{\varepsilon}{2} + \frac{\varepsilon}{2} \\ &= \varepsilon.\end{aligned}$$

Das zeigt nach Lemma 6.1.6 die Integrierbarkeit von $f+g$. Außerdem ergibt sich aufgrund der Definition des Riemann-Integrals, dass

$$\int_a^b (\tau_1^f + \tau_1^g)(x)\,dx \le \int_a^b (f+g)(x)\,dx \le \int_a^b (\tau_2^f + \tau_2^g)(x)\,dx,$$

$$\int_a^b \tau_1^f(x)\,dx \le \int_a^b f(x)\,dx \le \int_a^b \tau_2^f(x)\,dx,$$

$$\int_a^b \tau_1^g(x)\,dx \le \int_a^b g(x)\,dx \le \int_a^b \tau_2^g(x)\,dx.$$

Damit folgt weiter

$$\begin{aligned}&\int_a^b (f+g)(x)\,dx - \int_a^b f(x)\,dx - \int_a^b g(x)\,dx \\ &\quad\le \int_a^b (\tau_2^f + \tau_2^g)(x)\,dx - \int_a^b \tau_1^f(x)\,dx - \int_a^b \tau_1^g(x)\,dx \\ &\quad= \int_a^b (\tau_2^f - \tau_1^f)(x)\,dx + \int_a^b (\tau_2^g - \tau_1^g)(x)\,dx \\ &\quad\le \varepsilon\end{aligned}$$

und

$$\begin{aligned}
&\int_a^b f(x)\,dx + \int_a^b g(x)\,dx - \int_a^b (f+g)(x)\,dx \\
&\quad\leq \int_a^b \tau_2^f(x)\,dx + \int_a^b \tau_2^g(x)\,dx - \int_a^b (\tau_1^f + \tau_1^g)(x)\,dx \\
&\quad= \int_a^b (\tau_2^f - \tau_1^f)(x)\,dx + \int_a^b (\tau_2^g - \tau_1^g)(x)\,dx \\
&\quad\leq \varepsilon,
\end{aligned}$$

und das beweist

$$\left|\int_a^b (f+g)(x)\,dx - \int_a^b f(x)\,dx - \int_a^b g(x)\,dx\right| \leq \varepsilon.$$

Da ε beliebig war, folgt

$$\int_a^b (f+g)(x)\,dx = \int_a^b f(x)\,dx + \int_a^b g(x)\,dx,$$

$f \mapsto \int_a^b f(x)\,dx$ ist also additiv.
Analog zeigt man $\lambda f \in \mathrm{Int}\,[\,a,b\,]$ und

$$\int_a^b (\lambda f)(x)\,dx = \lambda \cdot \int_a^b f(x)\,dx$$

für $\lambda \in \mathbb{R}$, wobei man wegen der zu behandelnden Ungleichungen die Fälle $\lambda > 0$, $\lambda < 0$ und $\lambda = 0$ zu unterscheiden hat.
(Können Sie den Beweis nachtragen?) ?

Folglich ist $\mathrm{Int}\,[\,a,b\,]$ ein Unterraum von $\mathrm{Abb}([\,a,b\,],\mathbb{R})$, und $f \mapsto \int_a^b f(x)\,dx$ ist linear.

(ii) Sei $f \in C\,[\,a,b\,]$ und $\varepsilon > 0$. Da $[\,a,b\,]$ kompakt ist, ist f wegen Satz 3.3.13 sogar *gleichmäßig stetig*[7]. Folglich gibt es ein $\delta > 0$ mit

$$\underset{x,y\in[\,a,b\,]}{\forall} |x-y| \leq \delta \Rightarrow |f(x)-f(y)| \leq \frac{\varepsilon}{b-a}.$$

Wähle nun $n \in \mathbb{N}$ mit $(b-a)/n \leq \delta$ und bezeichne für $0 \leq i \leq n$ mit x_i die Zahl $a + i \cdot (b-a)/n$; die $x_0, x_1, \ldots, x_n$ bilden damit eine Zerlegung von $[\,a,b\,]$, für die der Abstand zweier benachbarter Zerlegungspunkte höchstens gleich δ ist.

[7] Das ist ganz wesentlich für das nachfolgende Argument. Man kann das Ergebnis aber auch ohne Verwendung des Konzepts der gleichmäßigen Stetigkeit beweisen, das werden wir auf Seite 99 zeigen.

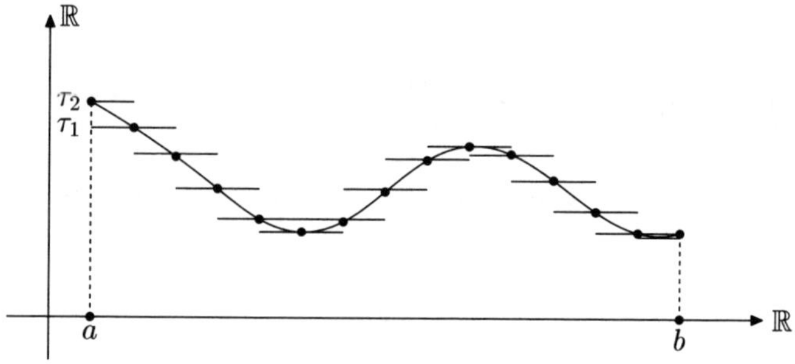

Bild 6.17: Stetige Funktionen sind integrierbar

Wir definieren Treppenfunktionen $\tau_1, \tau_2 : [\,a, b\,] \to \mathbb{R}$ durch die Vorschrift, dass τ_1 bzw. τ_2 bei den x_i den Wert $f(x_i)$ haben und auf den Intervallen $]\,x_i, x_{i+1}\,[$ konstant sind; und zwar soll τ_1 dort den kleinstmöglichen Wert von f auf $[\,x_i, x_{i+1}\,]$ haben und τ_2 den größtmöglichen[8)]. Da $[\,x_i, x_{i+1}\,]$ kompakt und f stetig ist, werden beide Werte auch angenommen (vgl. Satz 3.3.11): Es gibt also $y_i, z_i \in [\,x_i, x_{i+1}\,]$, so dass $f(y_i)$ bzw. $f(z_i)$ der Wert von τ_1 bzw. τ_2 auf $]\,x_i, x_{i+1}\,[$ ist. Der Abstand von y_i zu z_i ist höchstens gleich δ, und das heißt, dass sich τ_1 und τ_2 auf $]\,x_i, x_{i+1}\,[$ höchstens um $\varepsilon/(b-a)$ unterscheiden.

Wir haben also zwei Treppenfunktionen so gefunden, dass $\tau_1 \le f \le \tau_2$ und dass $0 \le (\tau_2 - \tau_1)(x) \le \varepsilon/(b-a)$ für alle x gilt. Das impliziert

$$\int_a^b (\tau_2 - \tau_1)(x)\,dx \le (b-a)\varepsilon/(b-a) = \varepsilon,$$

und folglich ist f wegen Lemma 6.1.6 integrierbar.

(iii) Sei $f \in \operatorname{Int}[\,a, b\,]$ und $\varepsilon > 0$. Wählt man Treppenfunktionen τ_1, τ_2 auf $[\,a, b\,]$ mit $\tau_1 \le f \le \tau_2$ und $\int_a^b (\tau_2 - \tau_1)\,dx \le \varepsilon$, so sind nach Satz 6.1.4(ii) für $i = 1, 2$ auch $\tau_i|_{[\,a,c\,]}$ Treppenfunktionen, weiter folgt wegen $\tau_2 - \tau_1 \ge 0$ nach Satz 6.1.4(iii), dass

$$\int_a^c (\tau_2 - \tau_1)(x)\,dx = \int_a^b (\tau_2 - \tau_1)(x) - \int_c^b (\tau_2 - \tau_1)(x)\,dx \le \varepsilon.$$

Also ist $f|_{[\,a,c\,]}$ wegen $\tau_1|_{[\,a,c\,]} \le f|_{[\,a,c\,]} \le \tau_2|_{[\,a,c\,]}$ integrierbar, analog wird $f|_{[\,c,b\,]}$ behandelt.

---

8) In Formeln: τ_1 hat auf $[\,x_i, x_{i+1}\,]$ den Wert $\min_{x_i \le x \le x_{i+1}} f(x)$ und τ_2 den Wert $\max_{x_i \le x \le x_{i+1}} f(x)$.

Weiter folgt nach Satz 6.1.4

$$\begin{aligned}
\int_a^b f(x)\,dx - \int_a^c f(x)\,dx - \int_c^b f(x)\,dx \\
&\leq \int_a^b \tau_2(x)\,dx - \int_a^c \tau_1(x)\,dx - \int_c^b \tau_1(x)\,dx \\
&\overset{6.1.4}{=} \int_a^b (\tau_2 - \tau_1)(x)\,dx \\
&\leq \varepsilon
\end{aligned}$$

und

$$\begin{aligned}
\int_a^c f(x)\,dx + \int_c^b f(x)\,dx - \int_a^b f(x)\,dx \\
&\leq \int_a^c \tau_2(x)\,dx + \int_c^b \tau_2(x)\,dx - \int_a^b \tau_1(x)\,dx \\
&\overset{6.1.4}{=} \int_a^b (\tau_2 - \tau_1)(x)\,dx \\
&\leq \varepsilon.
\end{aligned}$$

Damit gilt

$$\left| \int_a^b f(x)\,dx - \int_a^c f(x)\,dx - \int_c^b f(x)\,dx \right| \leq \varepsilon$$

für beliebige $\varepsilon > 0$, und deswegen ist $\int_a^b f(x)\,dx = \int_a^c f(x)\,dx + \int_c^b f(x)\,dx$.

(iv) Wegen der Linearität reicht es wie in Satz 6.1.4(iii), die Positivität zu zeigen. Sei also $f \in \operatorname{Int}[a,b]$ und $f \geq 0$, dann ist die Nullfunktion eine Treppenfunktion, die unter f liegt, also ist $\int_a^b f(x)\,dx = I_*(f) \geq \int_a^b 0\,dx = 0$.

(v) Es ist $-\|f\|_\infty \leq f \leq \|f\|_\infty$, mit (iv) folgt[9)]

$$-\|f\|_\infty(b-a) \leq \int_a^b f(x)\,dx \leq \|f\|_\infty(b-a),$$

also

$$\left| \int_a^b f(x)\,dx \right| \leq (b-a)\cdot\|f\|_\infty.$$

Wie aus dieser Eigenschaft die behauptete Lipschitzstetigkeit folgt, ist in Satz 6.1.4(iii) begründet worden.

(vi) Das wurde schon in Satz 6.1.4(v) gezeigt. □

---

9) Beachte, dass wegen 6.1.4(i), (v) sicher $\int_a^b \|f\|_\infty\,dx = \|f\|_\infty(b-a)$ ist.

Weitere Eigenschaften des Riemann-Integrals, Ergänzungen

Stückweise stetige Funktionen

Bisher hatten wir nur sichergestellt, dass stetige Funktionen integrierbar sind. In den Anwendungen kommen aber auch etwas allgemeinere Funktionen vor, solche, die aus stetigen Bausteinen zusammengesetzt sind:

stückweise stetig

Definition 6.1.8. *Eine Funktion* $f : [a, b] \to \mathbb{R}$ *heißt* stückweise stetig, *wenn es* $n \in \mathbb{N}$ *und* $a = x_0 < \cdots < x_n = b$ *gibt, so dass* $f|_{]x_i, x_{i+1}[}$ *stetig ist und für jedes* $0 \le i \le n-1$ *stetig auf* $[x_i, x_{i+1}]$ *fortgesetzt werden kann.*

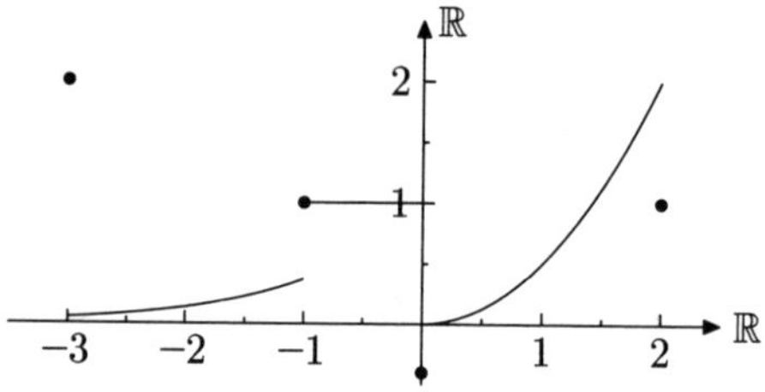

Bild 6.18: Eine stückweise stetige Funktion

Die Definition ist sehr genau zu lesen: Es wird ausdrücklich verlangt, dass f an den Zerlegungspunkten von links und von rechts – mit möglicherweise verschiedenem Wert – stetig ergänzt werden kann.

So sind zum Beispiel alle Treppenfunktionen stückweise stetig, die Funktion $1/x$ kann aber nicht zu einer stückweise stetigen Funktion auf $[0, 1]$ ergänzt werden:

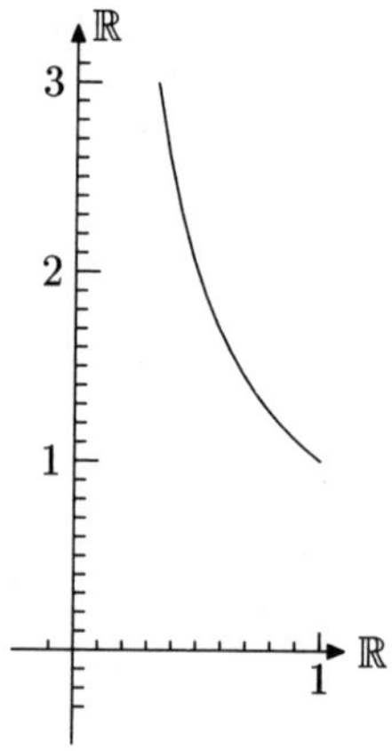

Bild 6.19: $x \mapsto 1/x$ ist *nicht* stückweise stetig

? Können Sie das begründen?

Dadurch wird sichergestellt, dass sich f auf den $[x_i, x_{i+1}]$ wie eine stetige Funktion verhält, und deswegen ist es auch nicht besonders schwer zu zeigen, dass ***stückweise stetige Funktionen integrierbar*** sind.

Begründung: Ist $\varepsilon > 0$ vorgegeben, wähle für jedes i Treppenfunktionen τ_1^i, τ_2^i auf $[x_i, x_{i+1}]$ mit

$$\tau_1^i \leq f|_{[x_i, x_{i+1}]} \leq \tau_2^i$$

und $\int_{x_i}^{x_{i+1}} (\tau_2^i - \tau_1^i)(x)\, dx \leq \varepsilon/n$; solche Treppenfunktionen gibt es wegen Satz 6.1.7(ii). Nun muss man nur noch die τ_1^i bzw. die τ_2^i zu einer Treppenfunktion τ_1 bzw. τ_2 auf $[a, b]$ zusammensetzen, es ist dann $\tau_1 \leq f \leq \tau_2$ und $\int_a^b (\tau_2 - \tau_1)(x)\, dx \leq \varepsilon$.

Das Riemann-Integral:
das Integral für alle praktischen Fälle
Natürlich wurde auch schon integriert, bevor Bernhard Riemann in der Mitte des 19. Jahrhunderts seine Definition vorschlug. Seit dieser Zeit gilt das Riemann-Integral als eine für alle konkreten Zwecke ausreichende Lösung des Integrationsproblems: Es ist präzise definiert und alle Funktionen, die in Schulbüchern oder bei praktischen Anwendungen vorkommen, lassen sich – wenn es dafür überhaupt ein Integral gibt – mit dem Riemann-Integral behandeln.
Wer sich später in spezialisiertere Gebiete der Analysis einarbeitet, wird allerdings feststellen, dass man dort eher mit dem *Lebesgue-Integral*[10] statt mit dem Riemann-Integral arbeitet. Einige Informationen zu diesem „Integral für Fortgeschrittene" findet man im Anhang (Seite 339).

Eine „Dreiecksungleichung für Integrale"

Ist τ eine Treppenfunktion, die wie üblich durch $a = x_0 \leq x_1 \leq \cdots \leq x_n = b$ und $r_0, \ldots, r_{n-1}$ dargestellt sein soll, so könnte man für die Darstellung von $x \mapsto |\tau(x)|$ doch die gleichen Zerlegungspunkte und die Zahlen $|r_0|, \ldots, |r_{n-1}|$ wählen[11]. Folglich ist

$$\begin{aligned} \left| \int_a^b \tau(x)\, dx \right| &= \left| \sum_{i=0}^{n-1} r_i (x_{i+1} - x_i) \right| \\ &\leq \sum_{i=0}^{n-1} |r_i| (x_{i+1} - x_i) \\ &= \int_a^b |\tau|(x)\, dx, \end{aligned}$$

[10] Nach dem französischen Mathematiker H. LEBESGUE, 1875 – 1941.
[11] Die Funktion $x \mapsto |\tau(x)|$ werden wir mit $|\tau|$ - gesprochen „τ Betrag" – bezeichnen.

dabei wurde im zweiten Schritt die Dreiecksungleichung ausgenutzt.

Die vorstehende Ungleichung für τ ist Spezialfall einer allgemeineren „Dreiecksungleichung für Integrale“:

Satz 6.1.9. *Ist $f \in \operatorname{Int}[a,b]$, so gilt $|f| \in \operatorname{Int}[a,b]$ und*

$$\left|\int_a^b f(x)\,dx\right| \le \int_a^b |f(x)|\,dx.$$

Beweis: Man definiert zunächst $f^+ := \max\{f,0\}$ und $f^- := \max\{-f,0\}$; diese Definitionen sind punktweise zu verstehen, so ist etwa $f^+(x) := \max\{f(x),0\}$. Dann ist offenbar $f^+ + f^- = |f|$ und $f^+ - f^- = f$. Wir behaupten, dass f^+ (und analog f^-) integrierbar ist.

Sei dazu $\varepsilon > 0$. Wir wählen Treppenfunktionen τ_1, τ_2 mit $\tau_1 \le f \le \tau_2$ und

$$\int_a^b (\tau_2 - \tau_1)(x)\,dx \le \varepsilon.$$

Dann ist $\tau_1^+ \le f^+ \le \tau_2^+$, und τ_1^+ und τ_2^+ sind wieder Treppenfunktionen. Für $x \in [a,b]$ ist

$$(\tau_2^+ - \tau_1^+)(x) \le (\tau_2 - \tau_1)(x),$$

und deswegen folgt aus Satz 6.1.4(iii), dass

$$\int_a^b (\tau_2^+ - \tau_1^+)(x)\,dx \le \int_a^b (\tau_2 - \tau_1)(x)\,dx \le \varepsilon.$$

Das zeigt die Integrierbarkeit von f^+, entsprechend kann f^- behandelt werden[12]. Damit ist auch $|f| = f^+ + f^-$ integrierbar, der Rest des Beweises ist einfach: Es ist $-|f| \le f \le |f|$, mit Satz 6.1.7(iv) folgt

$$-\int_a^b |f(x)|\,dx \le \int_a^b f(x)\,dx \le \int_a^b |f(x)|\,dx,$$

und das besagt gerade

$$\left|\int_a^b f(x)\,dx\right| \le \int_a^b |f(x)|\,dx.$$

□

Mehrfachintegrale

Manchmal ist es wichtig, den Integrationsprozess zu iterieren. Angenommen etwa, f ist eine Funktion, die von zwei Variablen abhängt; formal heißt das, dass f auf einer Teilmenge des $\mathbb{R}^2$ definiert ist. So ein f braucht man zum Beispiel,

[12] Da $\operatorname{Int}[a,b]$ ein Vektorraum ist, kann man die Integrierbarkeit von f^- auch aus der Integrierbarkeit von f und f^+ und der Gleichung $f^- = f - f^+$ folgern.

um die Temperaturverteilung auf einer rechteckigen Platte zu beschreiben. Oder dann, wenn man ein mathematisches Modell für die Auslenkung einer Gitarrensaite benötigt: In diesem Fall steht der erste Parameter x für die Position des betrachteten Saitenpunkts, der zweite (das t) für die Zeit, und $f(x,t)$ soll dann die Auslenkung bei x zur Zeit t sein.

Hier werden wir die Variablen mit x und y bezeichnen. Wenn man dann ein x festhält, ist $y \mapsto f(x,y)$ eine Funktion in nur einer Variablen, und die kann man evtl. integrieren. Man kann also – zum Beispiel – für jedes x die Zahl

$$\int_0^1 f(x,y)\,dy$$

ausrechnen. Das Ergebnis wird in der Regel von x abhängen, wir wollen es für den Augenblick $g(x)$ nennen. Auf die Funktion g kann der Integrationsprozess noch einmal angewendet werden, es könnte etwa $\int_3^5 g(x)\,dx$ bestimmt werden. *Diese* Zahl ist gemeint, wenn man irgendwo den Ausdruck

$$\int_3^5 \Big(\int_0^1 f(x,y)\,dy \Big)\,dx$$

oder kürzer

$$\int_3^5 \int_0^1 f(x,y)\,dy\,dx$$

findet, man spricht vom *Doppelintegral über f*. **Doppelintegral**

Wenn man das sinngemäß fortsetzt, kommt man zu Dreifachintegralen, Vierfachintegralen usw., stets handelt es sich um die iterierte Integration einer Funktion in einer einzigen Veränderlichen.

Was kann man sich denn darunter vorstellen? So, wie Integrale mit Flächenberechnungen zusammenhängen, spielen Doppelintegrale bei *Volumenberechnungen* eine Rolle. (Für Dreifachintegrale oder noch kompliziertere Mehrfachintegrale habe ich keine anschauliche Interpretation anzubieten.)

Zunächst brauchen wir ein Bild von f, dieses f soll auf $[\,a,b\,] \times [\,c,d\,]$, dem Produkt der Intervalle $[\,a,b\,]$ und $[\,c,d\,]$, definiert sein. So, wie wir uns bisher Funktionen in einer Veränderlichen durch den Graphen veranschaulicht haben, betrachten wir jetzt über jedem Punkt (x,y) des Definitionsbereichs den Punkt $\big(x,y,f(x)\big) \in \mathbb{R}^3$. Die Gesamtheit aller dieser $\big(x,y,f(x)\big) \in \mathbb{R}^3$ stellt eine Fläche im $\mathbb{R}^3$ dar, und man kann sich fragen, welches Volumen eingeschlossen wird, wenn man den Raum zwischen dieser Fläche und der (x,y)-Ebene betrachtet.

Ist etwa f die konstante Funktion r, so geht es um eine Säule mit den Seitenlängen $b-a$, $d-c$ und r.

Um einzusehen, dass das Doppelintegral über f ein geeignetes Maß für dieses Volumen ist, stelle man es sich in Gedanken bei $x_0, x_1, \ldots, x_n$ in y-Richtung aufgeschnitten vor, wobei $a = x_0 < x_1 \cdots < x_n = b$ eine „sehr feine“ Zerlegung von $[\,a,b\,]$ ist. Das zwischen den Schnitten bei x_i und x_{i+1} liegende Gebilde ist dann ein „Scheibchen“ mit Grundfläche $\int_c^d f(x_i,y)\,dy$ und Höhe $x_{i+1} - x_i$, sollte also ziemlich genau das Volumen $\left(\int_c^d f(x_i, y)\,dy\right)(x_{i+1} - x_i)$ haben. Für das Gesamtvolumen erhalten wir so den approximativen Wert

$$\sum_{i=0}^{n-1}\Big(\int_c^d f(x_i, y)\,dy\Big)(x_{i+1} - x_i),$$

also, mit der obigen Bezeichnung, $\sum_{i=0}^{n-1} g(x_i)(x_{i+1} - x_i)$. Das war aber unsere Approximation für $\int_a^b g(x)\,dx$, und deswegen sollte das Doppelintegral wirklich mit dem vom Graphen von f und der (x, y)-Ebene eingeschlossenen Volumen übereinstimmen.

Es bleiben zwei Fragen:

1. Wie kann man das Doppelintegral denn ausrechnen?

   Da wir selbst gewöhnliche Integrale nur in sehr einfachen Fällen bestimmen können, muss die Behandlung von Beispielen auf den nächsten Abschnitt verschoben werden[13].

2. Dem Volumen kann es doch egal sein, dass wir es in Gedanken in y-Richtung aufgeschnitten haben. Genauso hätte es die x-Richtung sein können, und deswegen ist eigentlich eine Formel des Typs

$$\int_a^b \int_c^d f(x, y)\,dy\,dx = \int_c^d \int_a^b f(x, y)\,dx\,dy$$

   zu erwarten. Das stimmt wirklich, wir werden den Beweis in Korollar 6.4.2 führen.

Weitere Permanenzeigenschaften

In unserem Wunschprogramm hatten wir nur verlangt, dass Summen und Vielfache integrierbarer Funktionen wieder integrierbar sind; das hatten wir für das Riemann-Integral in Satz 6.1.4 verifiziert. Wir wissen aufgrund des vorstehenden Satzes auch schon, dass mit f auch f^+, f^- und $|f|$ Riemann-integrierbar sind. Es folgen noch zwei weitere Permanenzeigenschaften, die wir später benötigen werden[14]:

Satz 6.1.10. *Es seien f und g integrierbare Funktionen auf $[a, b]$.*

(i) Auch fg ist integrierbar.

(ii) Die Bildwerte von f seien in einem Intervall $[c, d]$ enthalten, und die Funktion $h : [c, d] \to \mathbb{R}$ sei stetig. Dann ist auch $h \circ f$ integrierbar.

---

[13] S. Seite 102.

[14] Genau genommen werden sie nur benötigt, um in Abschnitt 6.3 zeigen zu können, dass der Betrag beliebiger komplexwertiger integrierbarer Funktionen ebenfalls integrabel ist. Wer sich nur für die Integration stetiger – oder auch stückweise stetiger – Funktionen interessiert, kann den Satz überspringen. Für solche Integranden ist die Aussage klar, denn mit (stückweise) stetigen f und g sind auch die Funktionen $f \cdot g$ und $h \circ f$ in Teil (i) und (ii) des Satzes (stückweise) stetig und folglich integrierbar.

Beweis: (i) Wir kümmern uns zunächst um den Fall $f = g$, zusätzlich soll $f \geq 0$ gelten. Nach Voraussetzung ist f beschränkt, wir wählen ein $M > 0$, so dass $0 \leq f(x) \leq M$ für alle x gilt.

Nun geben wir ein $\varepsilon > 0$ vor, gesucht sind Treppenfunktionen τ_1, τ_2 mit $\tau_1 \leq f^2 \leq \tau_2$ und $\int_a^b (\tau_2(x) - \tau_1(x))\, dx \leq \varepsilon$.

Jetzt wird die Integrierbarkeits-Voraussetzung für f ausgenutzt. Wenn wir also ein $\eta > 0$ vorgelegt bekommen, können wir Treppenfunktionen $\tilde\tau_1, \tilde\tau_2$ mit $\tilde\tau_1 \leq f \leq \tilde\tau_2$ und $\int_a^b (\tilde\tau_2(x) - \tilde\tau_1(x))\, dx \leq \eta$ wählen; sicher können wir dabei auch noch $0 \leq \tilde\tau_1$ und $\tilde\tau_2 \leq M$ fordern.

Noch wissen wir nicht, welches η in unserem Fall geeignet sein wird, wir arbeiten also zunächst mit einem allgemeinen η weiter und setzen es erst später fest. Es ist nicht besonders überraschend, dass wir die gesuchten τ_1, τ_2 durch

$$\tau_1 := \tilde\tau_1^2, \ \tau_2 := \tilde\tau_2^2$$

definieren werden: Es handelt sich um Treppenfunktionen, für die $\tau_1 \leq f^2 \leq \tau_2$ gilt[15]. Wie steht es aber mit $\int_a^b (\tau_2(x) - \tau_1(x))\, dx$?

Wir verwenden eine geeignete Umformung. Wenn man sich nämlich an die bekannte Identität $a^2 - b^2 = (a - b)(a + b)$ erinnert, kann man $\tau_2 - \tau_1$ als $(\tilde\tau_2 - \tilde\tau_1)(\tilde\tau_2 + \tilde\tau_1)$ schreiben. Dabei ist der zweite Faktor durch $2M$ beschränkt, und wenn man diese Überlegungen zusammenfasst, gelangt man zu

$$\int_a^b (\tau_2(x) - \tau_1(x))\, dx \leq 2M \int_a^b (\tilde\tau_2(x) - \tilde\tau_1(x))\, dx \leq 2M\eta.$$

Damit das durch ε abgeschätzt werden kann, muss nur $\eta \leq \varepsilon/2M$ gelten. Wenn wir also die vorstehenden Konstruktionen mit $\eta := \varepsilon/2M$ durchführen, erhalten wir wirklich geeignete τ_1, τ_2.

Damit ist die Aussage im Fall $f = g \geq 0$ gezeigt. Ist f nicht notwendig positiv, schreiben wir f wie auf Siete 80 als $f = f^+ - f^-$. Sowohl f^+ als auch f^- sind integrierbar, nach dem eben geführten Beweis sind es dann auch die Quadrate. Damit folgt aber, dass f^2 ebenfalls integrierbar ist, denn wegen $f^+ f^- = 0$ ist $f^2 = (f^+)^2 + (f^-)^2$.

Nun fehlt nur noch der Fall beliebiger f, g. Der ist erfreulich einfach zu behandeln, man muss sich nur an die Formel $(f+g)^2 = f^2 + 2fg + g^2$ erinnern. Damit kann man dann fg als

$$fg = \frac{1}{2}\big((f+g)^2 - f^2 - g^2\big)$$

schreiben, und nach schon bekannten Resultaten ist die rechte Seite integrierbar.

(ii) Wie findet man bei gegebenem $\varepsilon > 0$ Treppenfunktionen τ_1, τ_2, so dass

$$\tau_1 \leq h \circ f \leq \tau_2 \text{ und } \int_a^b (\tau_2(x) - \tau_1(x))\, dx \leq \varepsilon$$

---

15) *Hier* wird wichtig, dass alle Funktionen ihre Werte in $[0, +\infty[$ annehmen, denn nur dort erhält der Übergang zu Quadraten die Ungleichungen.

gilt? Wie im vorigen Beweisteil starten wir mit Treppenfunktionen $\tilde{\tau}_1, \tilde{\tau}_2$, für die $\tilde{\tau}_1 \le f \le \tilde{\tau}_2$ und $\int_a^b \bigl(\tilde{\tau}_2(x) - \tilde{\tau}_1(x)\bigr)\,dx \le \eta$ gilt. Dabei dürfen wir sicher $c \le \tilde{\tau}_1$ und $\tilde{\tau}_2 \le d$ annehmen, und von η setzen wir zunächst nur voraus, dass es positiv ist; wie klein es genau sein soll, legen wir erst später fest.

Es wäre nun schön, wenn wir die gesuchten Treppenfunktionen einfach als $h \circ \tilde{\tau}_1$ und $h \circ \tilde{\tau}_2$ definieren könnten. Das klappt leider nur, wenn h eine monoton steigende Funktion ist, und deswegen müssen wir etwas sorgfältiger argumentieren. Wir schauen uns dazu genauer die Funktionen $\tilde{\tau}_1, \tilde{\tau}_2$ an. Indem wir bei Bedarf weitere Zerlegungspunkte einfügen, darf angenommen werden, dass beide Treppenfunktionen bezüglich der gleichen Zerlegung $a = x_0 \le \cdots \le x_n = b$ definiert sind. $\tilde{\tau}_1$ bzw. $\tilde{\tau}_2$ soll auf $]\,x_i, x_{i+1}\,[$ den Wert r_i bzw. s_i haben. Es ist also $r_i \le f(x) \le s_i$ für $x \in\,]\,x_i, x_{i+1}\,[$, und $\sum_{i=0}^{n-1}(s_i - r_i)(x_{i+1} - x_i) \le \eta$.

Damit diese Summe klein ist, können die $s_i - r_i$ nicht allzu oft „zu groß“ sein. Schauen wir uns das etwas genauer an, dazu geben wir irgendeine Fehlertoleranz $t > 0$ vor: Wie oft kann $s_i - r_i \ge t$ sein? Sei I_t die Menge derjenigen Indizes i, wo das stimmt (I_t ist möglicherweise die leere Menge). Mit L_t bezeichnen wir die „Länge“ derjenigen Teilmenge von $[\,a, b\,]$, auf der $\tilde{\tau}_1$ und $\tilde{\tau}_2$ mindestens den Abstand t haben, d.h.

$$L_t := \sum_{i \in I_t} (x_{i+1} - x_i).$$

Dann gilt

$$\begin{aligned} tL_t &= \sum_{i \in I_t} t(x_{i+1} - x_i) \\ &\le \sum_{i \in I_t} (s_i - r_i)(x_{i+1} - x_i) \\ &\le \sum_{i=0}^{n-1} (s_i - r_i)(x_{i+1} - x_i) \\ &\le \eta, \end{aligned}$$

und folglich können wir L_t durch η/t abschätzen.

Wir behalten die Bezeichnungen bei und schauen uns nun h genauer an. h ist gleichmäßig stetig auf $[\,c, d\,]$, folglich findet man ein $\delta > 0$ so, dass

$$|h(y_1) - h(y_2)| \le \eta'$$

ist, falls $|y_1 - y_2| \le \delta$ gilt; dabei ist η' eine positive Zahl, die wir uns wünschen dürfen. Wählt man also das t als $t := \delta$, so hat das eine wichtige Konsequenz: Ist i eine Zahl in $\{0, \ldots, n-1\}$, die *nicht* in I_t liegt, so ist für $x \in\,]\,x_i, x_{i+1}\,[$ der gegenseitige Abstand der Zahlen $h\bigl(f(x)\bigr), h(r_i), h(s_i)$ höchstens η'. Definiert man also für diese i die Zahlen r_i' und s_i' durch

$$r_i' := \min\{h(r_i), h(s_i)\} - \eta', \;\; s_i' := \max\{h(r_i), h(s_i)\} + \eta',$$

so ist $s_i' - r_i' \le 3\eta'$, und $h \circ f$ liegt auf $]\,x_i, x_{i+1}\,[$ zwischen r_i' und s_i'.

Erklärt man noch r'_i bzw. s'_i für die $i \in I_t$ als c bzw. d und bezeichnet mit τ_1 bzw. τ_2 die durch die r'_i bzw. die s'_i definierten Treppenfunktionen[16], so gilt *überall* $\tau_1(x) \le f(x) \le \tau_2(x)$.

Ist der Abstand der Integrale klein genug? Aufgrund der bisherigen Ergebnisse ist

$$\begin{aligned}
\int_a^b \big(\tau_2(x) - \tau_1(x)\big)\, dx &= \sum_{i=0}^{n-1} (s'_i - r'_i)(x_{i+1} - x_i) \\
&= \sum_{i \in I_t} (s'_i - r'_i)(x_{i+1} - x_i) + \sum_{i \notin I_t} (s'_i - r'_i)(x_{i+1} - x_i) \\
&\le L_t(d-c) + 3\eta' \sum_{i \notin I_t} (x_{i+1} - x_i) \\
&\le L_t(d-c) + 3\eta'(b-a) \\
&\le \eta \frac{d-c}{\delta} + 3\eta'(b-a).
\end{aligned}$$

Wir kommen endlich zum *Finale*, die leider etwas länglichen Vorüberlegungen hatten den Zweck zu vermeiden, dass der nachstehende eigentliche Beweis einfach „vom Himmel" fällt:

- *Erster Schritt:* Wir geben $\varepsilon > 0$ vor und wählen η' so, dass $3\eta'(b-a) \le \varepsilon/2$.
- *Zweiter Schritt:* Mit *diesem* η' wählen wir aufgrund der gleichmäßigen Stetigkeit von h das δ.
- *Dritter Schritt:* Erst jetzt wählen wir ein $\eta > 0$: Es soll $\eta(d-c)/\delta \le \varepsilon/2$ gelten.
- *Vierter Schritt:* Zu *diesem* η werden aufgrund der Integrierbarkeit von f die Funktionen $\tilde{\tau}_1$ und $\tilde{\tau}_2$ gewählt, die dann wie vorstehend zur Konstruktion von τ_1 und τ_2 verwendet werden. Die obige Rechnung zeigt, dass dann wirklich gilt:

$$\int_a^b \big(\tau_2(x) - \tau_1(x)\big)\, dx \le \eta(d-c)/\delta + 3\eta'(b-a) \le \varepsilon.$$

□

Bemerkung: Die in Satz 6.1.9 bewiesene Integrierbarkeit von $|f|$ folgt noch einmal aus dem vorstehenden Satz, man muss nur $h(x) := |x|$ setzen. Genau genommen hätte es auch gereicht, Teil (ii) des Satzes zu beweisen: Mit f ist dann auch f^2 integrierbar, denn $h(x) = x^2$ ist stetig, und aus der Gleichung $fg = \big((f+g)^2 - f^2 - g^2\big)/2$ folgt dann die Integrierbarkeit von fg. Ein eigener Beweis wurde hier trotzdem aufgenommen, weil der Beweis von (i) besser zu verstehen ist als der Beweis für die allgemeine Situation.

[16]Auf den Punkten x_i soll τ_1 als c und τ_2 als d definiert sein.

Integrale und Flächenmessung

Wir hatten Integration als Flächenmessungsproblem motiviert: Für Funktionen f mit $f \geq 0$ soll $\int_a^b f(x)\,dx$ als die in Abbildung 6.2 skizzierte Fläche aufgefasst werden können. Welche Bedeutung hat aber $\int_a^b f(x)\,dx$ für beliebige nicht notwendig positive f?

Beginnen wir mit einer Funktion f, deren Graph *unter* der x-Achse liegt, es soll also $f \leq 0$ sein. Dann ist $-f \geq 0$, das Integral $\int_a^b (-f)(x)\,dx$ ist also die Fläche, die unter $-f$ liegt. Andererseits ist $\int_a^b (-f)(x)\,dx = -\int_a^b f(x)\,dx$, und es folgt:

> Ist $f \leq 0$, so ist $\int_a^b f(x)\,dx$ der mit dem Faktor -1 multiplizierte Flächeninhalt, der von der Kurve, der x-Achse und den zur y-Achse parallelen Geraden durch a und b eingeschlossen wird.

Ist, allgemeiner, f eine Funktion, die sowohl positive als auch negative Werte annimmt, so kann man f wie im vorigen Unterabschnitt als $f = f^+ - f^-$ schreiben, wobei $f^+, f^- \geq 0$. Zusammen mit der eben hergeleiteten Regel heißt das unter Berücksichtigung der Gleichung $\int_a^b f(x)\,dx = \int_a^b f^+(x)\,dx - \int_a^b f^-(x)\,dx$:

> $\int_a^b f(x)\,dx$ misst den Flächeninhalt zwischen dem Graphen von f, der x-Achse und den zur y-Achse parallelen Geraden durch a und b; dabei wird die Fläche unterhalb der x-Achse negativ gewertet.

Sollte es wirklich einmal vorkommen, dass die Gesamtfläche als wirkliche Fläche auszurechnen ist – also ohne ± 1-Wichtung – so muss man den Definitionsbereich in Teile zerlegen, auf denen f das Vorzeichen nicht wechselt, auf diesen Teilen integrieren und dann die so entstehenden Zahlen betragsmäßig addieren.

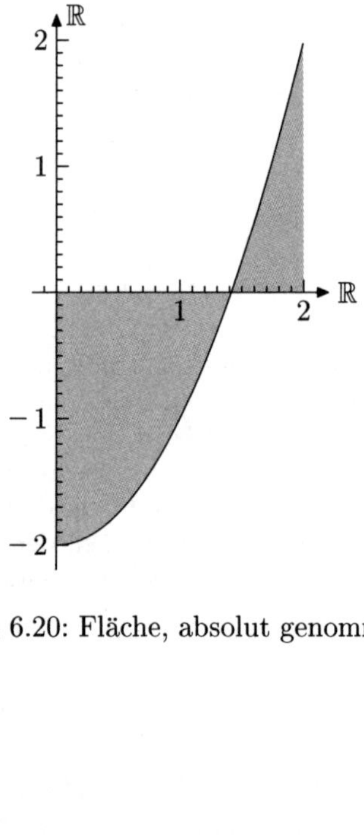

Bild 6.20: Fläche, absolut genommen

Hier ein *Beispiel* dazu: Man möchte wissen, wie groß die vorstehend skizzierte Fläche ist, es geht um die auf $[0,2]$ durch $f(x) := x^2 - 2$ definierte Funktion.

f wechselt bei $\sqrt{2}$ das Vorzeichen, und deswegen ist die gesuchte Fläche gleich

$$-\int_0^{\sqrt{2}} (x^2 - 2)\, dx + \int_{\sqrt{2}}^2 (x^2 - 2)\, dx.$$

(Um das bequem auszurechnen, muss die Theorie noch weiterentwickelt werden: Auf Seite 99 wird die Rechnung nachgeholt werden.)

Vertauschbarkeit von Limes und Integral

Nun zeigen wir, dass sich Integrierbarkeit auf gleichmäßige Limites überträgt und dass – wie schon in Kapitel 5 angekündigt – die Integration mit dem Limes vertauscht werden kann:

Satz 6.1.11. *Seien $f_n \in \operatorname{Int}[a,b]$ und $f : [a,b] \to \mathbb{R}$ mit $\|f - f_n\|_\infty \to 0$. Dann ist auch $f \in \operatorname{Int}[a,b]$, und es gilt* **$\int \lim = \lim \int$**

$$\int_a^b f(x)\, dx = \lim_{n\to\infty} \int_a^b f_n(x)\, dx.$$

Beweis: Zunächst bemerken wir, dass f beschränkt ist: Wähle $n \in \mathbb{N}$ mit $\|f - f_n\|_\infty \leq 1$, dann ist aufgrund der Dreiecksungleichung

$$\|f\|_\infty = \|f_n + (f - f_n)\|_\infty \leq \|f_n\|_\infty + 1.$$

f_n ist als integrierbare Funktion aber beschränkt, also ist auch f beschränkt, denn für jedes x ist

$$|f(x)| \leq \|f\|_\infty \leq \|f_n\|_\infty + 1.$$

Sei nun $\varepsilon > 0$, wir wählen $n \in \mathbb{N}$ mit $\|f_n - f\|_\infty \leq \varepsilon$ und Treppenfunktionen $\tau_1 \leq f_n \leq \tau_2$ mit

$$\int_a^b (\tau_2 - \tau_1)(x)\, dx \leq \varepsilon.$$

Es folgt

$$\tau_1 - \varepsilon \leq f_n - \varepsilon \leq f \leq f_n + \varepsilon \leq \tau_2 + \varepsilon$$

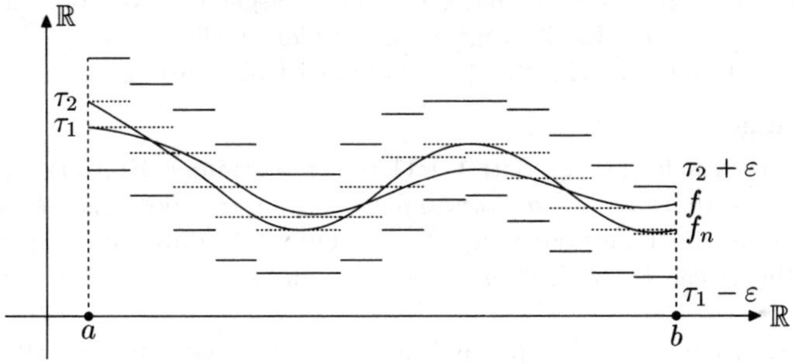

Bild 6.21: f, f_n und einschachtelnde Treppenfunktionen

und

$$\begin{aligned}\int_a^b \big((\tau_2+\varepsilon)-(\tau_1-\varepsilon)\big)(x)\,dx &= \int_a^b (\tau_2-\tau_1)(x)\,dx + 2\varepsilon(b-a)\\ &\leq \varepsilon\cdot\big(1+2(b-a)\big).\end{aligned}$$

Nach Lemma 6.1.6 ergibt sich daraus die Integrierbarkeit von f.

Es fehlt noch der Nachweis der behaupteten Limes-Vertauschung. Sei dazu $\varepsilon > 0$, wir bestimmen n_0 so, dass $\|f - f_n\|_\infty \leq \varepsilon$ für $n \geq n_0$. Nach Definition der Supremumsnorm heißt das, dass die Funktion f für diese n zwischen den Funktionen $f_n - \varepsilon$ und $f_n + \varepsilon$ liegt. Die Monotonie des Integrals (Satz 6.1.7(iii)) impliziert dann

$$\begin{aligned}\int_a^b f_n(x)\,dx - \varepsilon(b-a) &= \int_a^b \big(f_n(x)-\varepsilon\big)\,dx\\ &\leq \int_a^b f(x)\,dx\\ &\leq \int_a^b \big(f_n(x)+\varepsilon\big)\,dx\\ &= \int_a^b f_n(x)\,dx + \varepsilon(b-a),\end{aligned}$$

und das heißt

$$\left|\int_a^b f(x)\,dx - \int_a^b f_n(x)\,dx\right| \leq \varepsilon(b-a).$$

Damit ist die behauptete Konvergenz bewiesen. □

Es folgt nun leicht:

Korollar 6.1.12. *Der Raum* $(\mathrm{Int}\,[\,a,b\,]\,, \|\cdot\|_\infty)$ *ist ein vollständiger normierter Raum, d.h. ein Banachraum.*

Beweis: Sei $(f_n)_{n\in\mathbb{N}}$ eine Cauchy-Folge bezüglich der Supremumsnorm auf dem Raum $\mathrm{Int}\,[\,a,b\,]$. Wie im Beweis von 5.3.4 setzt man $f(x) := \lim f_n(x)$ für jedes $x \in [\,a,b\,]$, dabei wird die Vollständigkeit von $\mathbb{R}$ ausgenutzt. Wie dort zeigt man, dass $\|f - f_n\|_\infty \to 0$, d.h. die Konvergenz ist gleichmäßig.
Aus Satz 6.1.11 folgt $f \in \mathrm{Int}\,[\,a,b\,]$, und damit ist alles gezeigt. □

Bemerkungen:

1. Es ist wesentlich, dass in Satz 6.1.11 die *gleichmäßige* Konvergenz vorausgesetzt wurde, die *punktweise Konvergenz reicht nicht aus*. Als Gegenbeispiel betrachte man die Funktionenfolge f_n, die auf $[\,0,1\,]$ durch die folgende Vorschrift definiert ist: f_n ist gleich n auf $]\,0,1/n\,[$ und sonst überall gleich 0 (s. Bild 6.22).

Dann sind die f_n als Treppenfunktionen integrierbar mit Integral 1. Andererseits konvergieren sie punktweise gegen die Nullfunktion, die das Integral 0 hat.

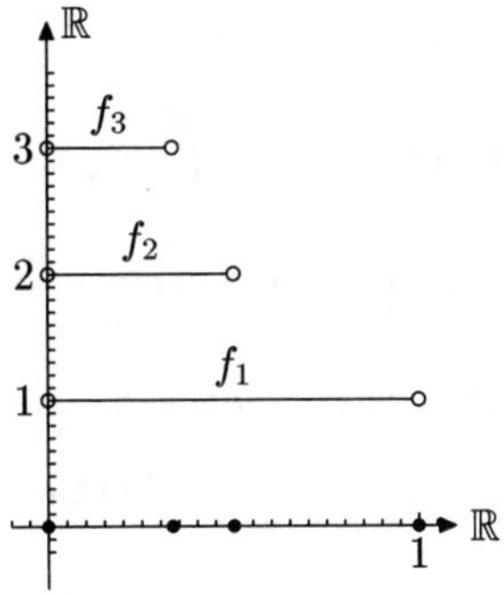

Bild 6.22: Die Funktionenfolge $(f_n)_{n\in\mathbb{N}}$

2. Unter einer *Zusatzvoraussetzung* reicht punktweise Konvergenz doch aus: Es muss eine integrierbare Funktion g geben, so dass $|f_n| \le g$ für alle n gilt. Das ist ein Spezialfall des Satzes von der majorisierten Konvergenz (vgl. S. 345).

Ein alternativer Zugang zum Integrationsproblem$^\diamond$

Zur Definition des Riemann-Integrals waren wir durch „Rückwärtsrechnen" unter Ausnutzung der Monotonie (Wunsch 4 des Wunschzettels) des Integrals gekommen. Alternativ kann man von Wunsch 5, der Stetigkeitsforderung, ausgehen. Dieser Weg soll hier kurz skizziert werden.

Wir nehmen also wieder an, dass irgendjemand eine Lösung des Integrationsproblems gefunden hat. Wieder soll es dabei so sein, dass das Integral für Treppenfunktionen erklärt ist und den „richtigen" Wert gemäß Definition 6.1.3 hat.

Schritt 1: Motivation
Sei f eine Funktion, für die das Integral $I_{a,b}(f)$ erklärt ist und für die es eine Folge (τ_n) von Treppenfunktionen so gibt, dass die τ_n gleichmäßig auf $[a,b]$ gegen f konvergieren. Wegen der Stetigkeitsforderung muss dann

$$I_{a,b}(f) = \lim_{n\to\infty} I_{a,b}(\tau_n) = \lim_{n\to\infty} \int_a^b \tau_n(x)\,dx$$

gelten.

Schritt 2: Die Definition
Die vorstehende Beobachtung soll nun zu einer Definition ausgenutzt werden. Wir sagen, dass eine Funktion $f : [a,b] \to \mathbb{R}$ durch Treppenfunktionen approximierbar ist, wenn f der gleichmäßige Limes einer geeigneten Folge von Treppenfunktionen ist. Mit $\mathrm{Int}^*[a,b]$ soll die Gesamtheit dieser f bezeichnet werden[17)].

[17)] In manchen Büchern werden die $f \in \mathrm{Int}^*[a,b]$ *Regelfunktionen* genannt.

Liegt f in $\text{Int}^*[a,b]$, so soll das Integral durch

$$I^*_{a,b}(f) := \lim_{n\to\infty} \int_a^b \tau_n(x)\,dx$$

erklärt werden, wobei die Treppenfunktionenfolge entsprechend der Definition gewählt ist.

Wieder stellt sich ein *Wohldefiniertheitsproblem:*

> Woher weiß man, dass $\lim_n \int_a^b \tau_n(x)$ überhaupt existiert, und wer garantiert, dass
>
> $$\lim_{n\to\infty} \int_a^b \tau_n(x)\,dx = \lim_{n\to\infty} \int_a^b \tau'_n(x)\,dx$$
>
> gilt, wenn f sowohl der gleichmäßige Limes der Folge (τ_n) als auch der Folge (τ'_n) ist?

Das muss wirklich bewiesen werden: Wenn f der gleichmäßige Limes der τ_n ist, so ist (τ_n) eine gleichmäßige Cauchy-Folge, die Normen der $\tau_n - \tau_m$ werden also beliebig klein. Nun gilt wegen Satz 6.1.4(iv), dass:

$$\left| \int_a^b \tau_n(x)\,dx - \int_a^b \tau_m(x)\,dx \right| \le (b-a)\|\tau_n - \tau_m\|_\infty,$$

und deswegen ist $(\int_a^b \tau_n(x))$ eine Cauchy-Folge in $\mathbb{R}$. Wegen der Vollständigkeit von $\mathbb{R}$ kann man also wirklich die Existenz von $\lim_n \int_a^b \tau_n(x)$ garantieren.

Was passiert, wenn eine weitere Folge (τ'_n) betrachtet wird, die ebenfalls gleichmäßig gegen f konvergiert? Dann geht doch $(\tau_n - \tau'_n)$ gleichmäßig gegen Null, aus der Abschätzung

$$\left| \int_a^b \tau_n(x)\,dx - \int_a^b \tau'_n(x)\,dx \right| \le (b-a)\|\tau_n - \tau'_n\|_\infty$$

folgt dann, dass $\lim_{n\to\infty}\left(\int_a^b \tau_n(x)\,dx - \int_a^b \tau'_n(x)\,dx\right) = 0$. Folglich muss

$$\lim_{n\to\infty} \int_a^b \tau_n(x)\,dx = \lim_{n\to\infty} \int_a^b \tau'_n(x)\,dx$$

sein, die Existenz der Limites ist durch den ersten Beweisteil garantiert.

Man beachte noch: Ist τ eine Treppenfunktion, so wird τ von der Folge $(\tau_n) = (\tau, \tau, \ldots)$ gleichmäßig approximiert. Deswegen liegt τ in $\text{Int}^*[a,b]$, und die vorstehende Definition führt zu $I^*_{a,b}(\tau) = \int_a^b \tau_n(x)\,dx$.

Schritt 3: Sind alle Wünsche erfüllt?

Ja, doch dazu sind wieder ziemlich langwierige – und recht elementare – Beweise zu führen. Bemerkenswert ist eigentlich nur, dass auch hier die Tatsache eine wesentliche Rolle spielt, dass stetige Funktionen auf kompakten Intervallen gleichmäßig stetig sind: Nur so lässt sich die gleichmäßige Approximation durch Treppenfunktionen nachweisen.

Schritt 4: Vergleich mit dem Riemann-Integral:
Angenommen, f ist gleichmäßig durch Treppenfunktionen (τ_n) zu approximieren. Dann kann man doch zu $\varepsilon > 0$ ein τ_n so finden, dass $\|f - \tau_n\|_\infty \leq \varepsilon$. Die Treppenfunktionen $\tau_n - \varepsilon$ bzw. $\tau_n + \varepsilon$ liegen dann unter bzw. über f, und die Differenz der Integrale ist $2\varepsilon(b-a)$. Damit ist f nach dem Kriterium 6.1.6 (Riemann-)integrierbar, es gilt also $\mathrm{Int}^*[a,b] \subset \mathrm{Int}[a,b]$. Auch muss $I^*_{a,b}(f)$ gleich dem Riemann-Integral $I_{a,b}(f)$ von f sein, denn beide Zahlen liegen zwischen $\int_a^b \tau_n(x)\,dx - (b-a)\varepsilon$ und $\int_a^b \tau_n(x)\,dx + (b-a)\varepsilon$. Damit ist

$$\left|I_{a,b}(f) - I^*_{a,b}(f)\right| \leq 2\varepsilon(b-a),$$

und da ε dabei beliebig klein sein darf, muss $I_{a,b}(f) = I^*_{a,b}(f)$ gelten.

Umgekehrt: Es ist *nicht* richtig, dass alle Riemann-integrierbaren Funktionen in $\mathrm{Int}^*[a,b]$ liegen. Ein Beispiel findet man so:

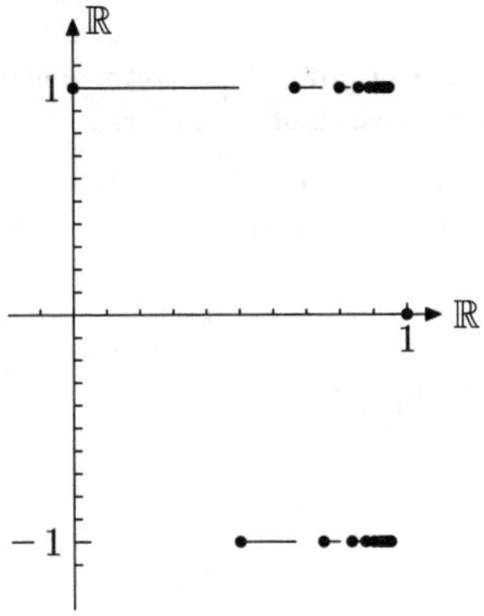

Bild 6.23: f ist Riemann-integrierbar, $I^*_{0,1}(f)$ existiert aber nicht

Definiere $f : [0,1] \to \mathbb{R}$ dadurch, dass $f(1) = 0$ gilt und f auf den Intervallen $[0, 1-\frac{1}{2}[$, $[1-\frac{1}{2}, 1-\frac{1}{3}[$, $[1-\frac{1}{3}, 1-\frac{1}{4}[, \ldots$ abwechselnd die Werte $+1$ und -1 hat.

Können Sie beweisen, dass f integrierbar ist, aber nicht gleichmäßig durch Treppenfunktionen approximiert werden kann? ?

Wozu ist dieser alternative Zugang dann zu gebrauchen, wenn das Riemann-Integral weitergehender ist? Seine Vorteile werden erst dann deutlich, wenn man Funktionen integrieren möchte, die ihre Werte nicht in $\mathbb{R}$, sondern in einer komplizierteren Menge haben. Falls die Bildmenge ein vollständiger normierter Raum – also ein Banachraum – ist, kann man die eben skizzierten Schritte ohne Mühe wörtlich übertragen und damit ein Integral für vektorwertige Funktionen definieren: So stehen sofort Integrale für z.B. matrixwertige Funktionen zur Verfügung.

Das geht mit dem Riemann-Integral nicht so ohne weiteres, denn dafür wurden hier Eigenschaften von $\mathbb{R}$ verwendet, die in allgemeineren Situationen nicht zur Verfügung stehen (Ordnung, Existenz von Suprema und Infima).

Riemannsche Summen

Es gibt einen alternativen, technisch etwas aufwändigeren Zugang, der besser verallgemeinerungsfähig ist.

Dazu startet man wieder mit einer Funktion $f : [a,b] \to \mathbb{R}$, betrachtet werden Zerlegungen $a = x_0 \leq x_1 \leq \cdots \leq x_n = b$ von $[a,b]$. Zusätzlich zu den Zerlegungspunkten $x_0, \ldots, x_n$ gibt es aber nun *Zwischenpunkte* $\xi_0, \ldots, \xi_{n-1}$, wobei $x_i \leq \xi_i \leq x_{i+1}$ für alle i gilt.

Riemannsche Summe

Zu f und solchen x_i, ξ_i definiert man dann die zugehörige *Riemannsche Summe* als

$$S_{x_0,\ldots,x_n,\xi_0,\ldots,\xi_{n-1}} := \sum_{i=0}^{n-1} f(\xi_i)(x_{i+1} - x_i).$$

(Man mache sich klar, dass diese Summe sicher eine Näherung für die Fläche unter f ist, denn der Summand entspricht der Fläche eines Rechtecks mit den Seiten $x_{i+1} - x_i$ und $f(\xi_i)$, repräsentiert also ungefähr den Anteil der Fläche unter f zwischen x_i und x_{i+1}.)

Und dann kann man zeigen: Ist f beschränkt, so ist f genau dann Riemann-integrierbar, wenn die Riemannschen Summen bei immer feiner werdender Zerlegungslänge konvergieren. Das soll bedeuten, dass es ein $\alpha \in \mathbb{R}$ gibt, so dass für alle $\varepsilon > 0$ ein $\delta > 0$ mit der folgenden Eigenschaft existiert: Wann immer $x_0, \ldots, x_n, \xi_0, \ldots, \xi_{n-1}$ eine Zerlegung mit Zwischenpunkten ist, für die $x_{i+1} - x_i \leq \delta$ für alle i ist, so gilt

$$\left| S_{x_0,\ldots,x_n,\xi_0,\ldots,\xi_{n-1}} - \alpha \right| \leq \varepsilon.$$

Dabei ist die Zahl α eindeutig bestimmt, sie entspricht natürlich dem Integral $\int_a^b f(x)\,dx$.

Sind alle Funktionen integrierbar?

Die Menge $\operatorname{Int}[a,b]$ der integrierbaren Funktionen ist ein riesiger Vektorraum. Es wurde schon gesagt, dass alle für konkrete Probleme wichtigen Funktionen darin enthalten sind.

Dirichletfunktion

Trotzdem ist es nicht so, dass *alle* beschränkten Funktionen von $[a,b]$ nach $\mathbb{R}$ integrierbar sind, das berühmteste Beispiel ist die so genannte *Dirichletfunktion* f_D. Diese ist dadurch definiert, dass sie an rationalen bzw. irrationalen Stellen den Wert Null bzw. Eins hat. (Erwarten Sie nun bitte keine Skizze!) Ist dann τ, gegeben durch $x_0, \ldots, x_n$ und $r_0, \ldots, r_{n-1}$, eine Treppenfunktion mit $f \leq \tau$, so muss $1 \leq r_i$ für alle i gelten: In $]\,x_i, x_{i+1}\,[$ gibt es nämlich irrationale Zahlen[18],

[18] Vgl. Übung 1.7.1.

wir wählen eine aus, sie soll x heißen. Es ist $1 = f_D(x) \leq \tau(x) = r_i$, und das beweist, dass

$$\int_a^b \tau(x)\,dx = \sum_{i=0}^{n-1} r_i(x_{i+1} - x_i) \geq \sum_{i=0}^{n-1} 1 \cdot (x_{i+1} - x_i) = b - a.$$

Das ist für *beliebige* τ mit $\tau \geq f$ so, und deswegen gilt für das Oberintegral $I^*(f) \geq b - a$.

Genau so zeigt man, dass $I_*(f) \leq 0$ gilt; hier wird wichtig, dass die rationalen Zahlen in $\mathbb{R}$ dicht liegen. Damit ist $I_*(f) < I^*(f)$, und das heißt, dass f nicht integrierbar ist.

In der Theorie des Lebesgue-Integrals, auf das wir im Anhang (Seite 339) kurz eingehen werden, wird f_D einen Integralwert bekommen. Aber es gibt beschränkte Funktionen, für die auch die Lebesgue-Theorie versagt. Die sind allerdings so kompliziert, dass sie nicht so richtig vermisst werden. Ein Integral mit vernünftigen Eigenschaften, das auf wirklich *jede* Funktion anwendbar ist, kann sowieso nicht gefunden werden. Zum Verständnis des Beweises fehlen uns zwei Voraussetzungen (Was ist ein Maß? Was besagt das Zornsche Lemma?), und deswegen soll hier nicht mehr dazu gesagt werden.

6.2 Die Berechnung von Integralen

Wir haben bisher als einziges konkretes Beispiel zur Integration die Funktion $x \mapsto x$ behandelt. Die Rechnung auf Seite 71 war recht mühsam, obwohl die zu integrierende Funktion nicht gerade kompliziert war. In diesem Abschnitt werden wir ein Verfahren kennen lernen, durch das sich die Ermittlung von $\int_a^b f(x)\,dx$ ganz wesentlich vereinfacht.

Der Ausgangspunkt ist das folgende Ergebnis:

Satz 6.2.1. *Sei $f : [a, b] \to \mathbb{R}$ eine Riemann-integrierbare Funktion; f ist also beschränkt, und Ober- und Unterintegral stimmen überein. Wir definieren mit Hilfe von f eine weitere (in Bild 6.24 skizzierte) Funktion $F_0 : [a, b] \to \mathbb{R}$ durch*

$$F_0(x) := \int_a^x f(t)\,dt;$$

wegen Satz 6.1.7 ist F_0 für alle x definiert[19]*.*
Dann gilt:

(i) F_0 ist stetig. F_0 ist sogar eine Lipschitzabbildung mit Lipschitzkonstante $\|f\|_\infty$.

---

[19] Hier wird erstmals wichtig, dass wir statt der Integrationsvariablen x – dieser Buchstabe ist hier schon belegt – auch andere Zeichen verwenden dürfen; vgl. die Bemerkung 3 auf Seite 69.

(ii) Ist f bei $x_0 \in [a,b]$ stetig, so ist F_0 bei x_0 differenzierbar; in diesem Fall gilt $F_0'(x_0) = f(x_0)$.

Falls f überall stetig ist, ist F_0 also differenzierbar mit $F_0' = f$.

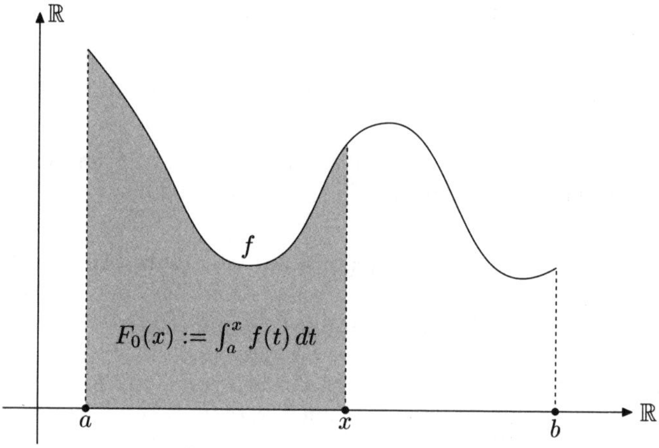

Bild 6.24: $F_0(x)$: Die Fläche unter f zwischen a und x

Beweis:

(i) Wir zeigen, dass F_0 einer Lipschitzbedingung mit der Konstanten $\|f\|_\infty$ genügt; dann ist nur noch zu beachten, dass nach Satz 3.3.3 Lipschitzabbildungen stetig sind.

Dazu seien $x_1, x_2 \in [a,b]$ vorgegeben, es sei etwa $x_1 < x_2$. Dann ist

$$\begin{aligned}
|F_0(x_2) - F_0(x_1)| &= \left| \int_a^{x_2} f(t)\,dt - \int_a^{x_1} f(t)\,dt \right| \\
&\overset{6.1.7(iii)}{=} \left| \int_{x_1}^{x_2} f(t)\,dt \right| \\
&\overset{6.1.7(v)}{\leq} (x_2 - x_1) \cdot \|f\|_\infty \\
&= |x_2 - x_1| \cdot \|f\|_\infty .
\end{aligned}$$

(ii) Die Idee zum Beweis ist recht einfach: Der „typische" Differenzenquotient, der zur Ermittlung von $F_0'(x_0)$ gebildet werden muss, ist

$$\frac{F_0(x_0 + h) - F_0(x_0)}{h}.$$

Sei etwa $h > 0$. Dann ist der Zähler nach Definition gerade die Fläche unter der Kurve zwischen den Punkten x_0 und $x_0 + h$, denn

$$F_0(x_0 + h) = F_0(x_0) + \int_{x_0}^{x_0+h} f(x)\,dx \;:$$

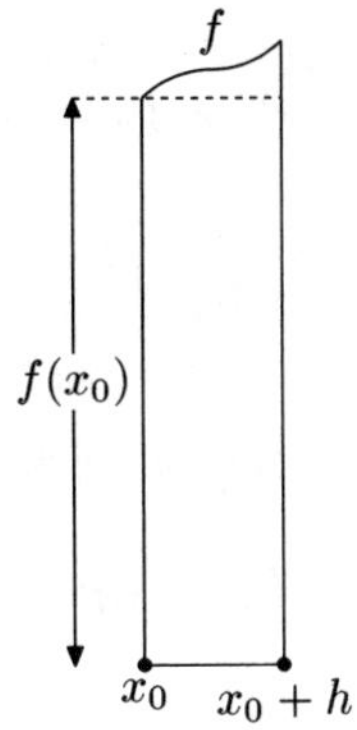

Bild 6.25: $F_0(x_0 + h) - F_0(x_0)$

Diese Fläche kann im Falle der Stetigkeit von f gut durch $h \cdot f(x_0)$ angenähert werden, denn sie unterscheidet sich nur unwesentlich von einem Rechteck mit den Seitenlängen h und $f(x_0)$. Folglich sollte der Quotient aus $F_0(x_0+h)-F_0(x_0)$ und h ziemlich genau gleich $f(x_0)$ sein, was gerade zu der behaupteten Gleichung $F_0'(x_0) = f(x_0)$ führen würde.

Die präzise Ausführung dieser Idee macht keine großen Schwierigkeiten. Wir gehen aus von einer Folge $(x_n)_{n\in\mathbb{N}}$ in $[a, b]$ mit $x_n \to x_0$ ($x_n \neq x_0$ für alle $n \in \mathbb{N}$), und wir haben

$$\frac{F_0(x_n) - F_0(x_0)}{x_n - x_0} \to f(x_0)$$

zu zeigen. Sei dazu $\varepsilon > 0$ vorgegeben, wir wählen $\delta > 0$ so, dass für alle $x \in [a, b]$ mit $|x - x_0| \leq \delta$ die Ungleichung $|f(x) - f(x_0)| \leq \varepsilon$ gilt. Wegen $x_n \to x_0$ gibt es dann ein $n_0 \in \mathbb{N}$ mit $|x_n - x_0| \leq \delta$ für $n \geq n_0$.
Nach Konstruktion ist für diese n und alle t zwischen x_0 und x_n

$$f(x_0) - \varepsilon \leq f(t) \leq f(x_0) + \varepsilon.$$

Sei zunächst $x_0 < x_n$, durch Integration ergibt sich

$$\int_{x_0}^{x_n} \big(f(x_0) - \varepsilon\big)\, dt \leq \int_{x_0}^{x_n} f(t)\, dt \leq \int_{x_0}^{x_n} \big(f(x_0) + \varepsilon\big)\, dt,$$

d.h. es gilt

$$\big(f(x_0) - \varepsilon\big)(x_n - x_0) \leq \int_{x_0}^{x_n} f(t)\, dt \leq \big(f(x_0) + \varepsilon\big)(x_n - x_0)$$

und folglich

$$f(x_0) - \varepsilon \leq \frac{\int_{x_0}^{x_n} f(t)\, dt}{x_n - x_0} \leq f(x_0) + \varepsilon.$$

Nun ist $F_0(x_n) - F_0(x_0) = \int_{x_0}^{x_n} f(t)\,dt$, das ist nur eine Umformulierung von $\int_a^{x_n} f(x)\,dx = \int_a^{x_0} f(x)\,dx + \int_{x_0}^{x_n} f(x)\,dx$. Das beweist

$$\left|\frac{F_0(x_n) - F_0(x_0)}{x_n - x_0} - f(x_0)\right| = \left|\frac{\int_{x_0}^{x_n} f(x)\,dx}{x_n - x_0} - f(x_0)\right| \leq \varepsilon.$$

Ist $x_n < x_0$, so argumentieren wir ganz ähnlich. Wie eben folgt

$$\big(f(x_0) - \varepsilon\big)(x_0 - x_n) \leq \int_{x_n}^{x_0} f(t)\,dt \leq \big(f(x_0) + \varepsilon\big)(x_0 - x_n),$$

d.h.

$$f(x_0) - \varepsilon \leq \frac{\int_{x_n}^{x_0} f(t)\,dt}{x_0 - x_n} \leq f(x_0) + \varepsilon.$$

Nun ist nur noch zu beachten, dass

$$F_0(x_n) - F_0(x_0) = -\int_{x_n}^{x_0} f(t)\,dt$$

gilt. Deswegen liegt der Quotient $\big(F_0(x_n) - F_0(x_0)\big)/(x_n - x_0)$ wieder ε-nahe bei $f(x_0)$, und daher gilt für die x_n mit $n \geq n_0$ *stets* (also für $x_0 < x_n$ und $x_n < x_0$)

$$\left|\frac{F_0(x_n) - F_0(x_0)}{x_n - x_0} - f(x_0)\right| \leq \varepsilon.$$

□

„Gütehebung" durch Integration

Der vorstehende Satz ist hier hauptsächlich wegen seiner Bedeutung für konkrete Integrationen interessant. Es ist aber auch unabhängig davon wichtig, dass man – ausgehend von einer Funktion f – durch „Aufintegrieren" zu einer Funktion F_0 kommt, die bessere analytische Eigenschaften hat als f. Ist zum Beispiel f fünfmal differenzierbar, so wird F_0 eine Funktion sein, für die sogar die sechste Ableitung existiert. Man sagt zu diesem Phänomen auch: *„Integration glättet"*.

Überhaupt hat der Übergang von f zu F_0 viel bessere Eigenschaften als der (im Fall differenzierbarer f) von f zu f':

1. Ist $f \geq 0$, so ist auch $F_0 \geq 0$. Das stimmt für das Ableiten *nicht* immer. (Warum nicht: Finden Sie ein Gegenbeispiel?)
2. Ist f „klein", so ist auch F_0 „klein". Genauer: Ist $|f(x)| \leq \varepsilon$ für alle x, so gilt wegen Satz 6.1.7(v), dass $|F_0(x)| \leq (b-a)\varepsilon$ für $x \in [a,b]$.

   ? Andererseits kann auch für „kleine" f die Ableitung f' beliebig groß sein. (Können Sie sich solche f vorstellen?)

Die wichtigste Konsequenz von Satz 6.2.1 für die Berechnung konkreter Integrale ist die folgende:

Satz 6.2.2 (Hauptsatz der Differential- und Integralrechnung). *Sei $f : [a,b] \to \mathbb{R}$ eine stetige Funktion. Ist dann $F : [a,b] \to \mathbb{R}$ eine differenzierbare Funktion mit $F' = f$, so gilt*

Hauptsatz der Differential- und Integralrechnung

$$\int_a^b f(x)\,dx = F(b) - F(a).$$

Ein F mit dieser Eigenschaft heißt Stammfunktion *zu f.*

Stammfunktion

Beweis: Dieses sehr bemerkenswerte Ergebnis wird dadurch bewiesen, dass man wieder die Funktion $F_0 : [a,b] \to \mathbb{R}$ betrachtet, die durch $x \mapsto \int_a^x f(t)\,dt$ definiert ist. Nach Satz 6.2.1(ii) ist F_0 differenzierbar mit $F_0' = f$. Somit sind sowohl F_0 als auch F Funktionen, deren Ableitung gleich f ist. Und nun die Pointe: Solche Funktionen sind bis auf eine Konstante eindeutig bestimmt. Genauer: Aus

$$(F - F_0)' = F' - F_0' = f - f = 0$$

folgt wegen Korollar 4.2.3(i), dass $F - F_0$ konstant ist. Es gibt also ein $c \in \mathbb{R}$, so dass $F(x) - F_0(x) = c$ für alle x gilt. Setzt man insbesondere $x = a$ und $x = b$ ein, so folgt

$$c = F(a) - F_0(a) = F(b) - F_0(b).$$

Und unter Berücksichtigung von $F_0(a) = 0$ und $F_0(b) = \int_a^b f(x)\,dx$ (beides sollte klar sein) heißt das

$$F(b) - F(a) = F_0(b) - F_0(a) = \int_a^b f(x)\,dx\,.$$ □

Bemerkungen:

1. Stammfunktionen tauchten schon einmal auf: In Abschnitt 4.6 haben wir gezeigt, dass man recht komplizierte Differentialgleichungen lösen kann, wenn es gelingt, Stammfunktionen zu speziellen, mit dem Problem zusammenhängenden Funktionen zu finden.

2. Wir haben mitbewiesen, dass sich je zwei Stammfunktionen zu einer stetigen Funktion f höchstens um eine Konstante unterscheiden. Und da Satz 6.2.1(ii) besagt, dass jede stetige Funktion f eine Stammfunktion besitzt, ist die Lösungsmenge der Differentialgleichung $y' = f$ vollständig charakterisiert. (Doch Achtung: Auch für „einfache" f muss eine Stammfunktion F nicht in geschlossener Form darstellbar sein; mehr dazu finden Sie in Abschnitt 6.6.)

3. Aufgrund des vorstehenden Satzes ist es für die Berechnung von $\int_a^b f(x)\,dx$ für stetige f hinreichend, die Differentialgleichung $y' = f$ zu lösen, und die Integration stückweise stetiger f lässt sich durch Zerlegung des Definitionsbereiches darauf zurückführen (mehr dazu auf Seite 102). Wirklich werden praktisch alle

konkret zu berechnenden Integrale mit Hilfe von Stammfunktionen ausgewertet[20].
In gewisser Weise ist damit Integrieren so etwas wie die *Umkehrung des Differenzierens*.

4. Als einfaches Beispiel betrachten wir noch einmal die Berechnung von $\int_0^1 x\,dx$ (vgl. Seite 71). Durch Raten finden wir eine Stammfunktion F zu $f(x) = x$ als $F(x) = x^2/2$. So folgt

$$\int_0^1 x\,dx = F(1) - F(0) = \frac{1^2}{2} - \frac{0^2}{2} = \frac{1}{2}.$$

Man beachte die dramatische Vereinfachung der Integralbestimmung im Vergleich zur Rechnung auf Seite 71.

5. Es hat sich eingebürgert, Stammfunktionen zu f mit

unbestimmtes Integral

$$\int f(x)\,dx \quad (\textit{unbestimmtes Integral})$$

zu bezeichnen. Da solche Stammfunktionen nur bis auf eine Konstante bestimmt sind, sollte man im Falle $F' = f$ statt $\int f(x)\,dx = F(x)$ sicherheitshalber $\int f(x)\,dx = F(x) + c$, $c \in \mathbb{R}$, schreiben oder mindestens – so werden wir verfahren – bei der Benutzung des Gleichheitszeichen im Zusammenhang mit unbestimmten Integralen Vorsicht walten lassen. (So darf man aus $\int x\,dx = x^2/2$ und $\int x\,dx = x^2/2 + 3$ sicher nicht folgern, dass $3 = 0$ gilt.)

6. Hier noch eine *weitere Konvention:* Der beim Integrieren häufig auftretende Ausdruck $F(b) - F(a)$ wird als $F(x)\big|_a^b$ abgekürzt und als „F in den Grenzen von a bis b" gesprochen[21]. Das vorstehende Beispiel kann man dann übersichtlich als

$$\int_0^1 x\,dx = \frac{x^2}{2}\bigg|_0^1 = \frac{1^2}{2} - \frac{0^2}{2} = \frac{1}{2}$$

schreiben.

7. Als weitere Illustration berechnen wir noch die in der Abbildung 6.20 auf Seite 86 skizzierte Fläche. Da $(x^3/3) - 2x$ sicher eine Stammfunktion zu $x^2 - 2$ ist (wir haben mangels noch fehlender allgemeiner Resultate einfach geraten), folgt

$$\int_0^{\sqrt{2}} (x^2 - 2)\,dx = \frac{x^3}{3} - 2x\bigg|_0^{\sqrt{2}} = \frac{\left(\sqrt{2}\right)^3}{3} - 2\sqrt{2} = -\frac{4}{3}\sqrt{2}$$

[20] In vielen Fällen kann der exakte Wert allerdings nicht ermittelt werden. Die numerische Mathematik stellt Methoden zur Bestimmung praktisch ausreichender Approximationen bereit.

[21] Manche schreiben statt $F(x)\big|_a^b$ auch $\left[F(x)\right]_a^b$. Wenn nicht klar ist, um welche Variable es geht, kann man auch die Variante $F(x)\big|_{x=a}^b$ verwenden. Das ist zum Beispiel bei dem Ausdruck $(3x^2y^4 - 12xy)\big|_{x=4}^7$ sinnvoll, wo auch die Variable y gemeint sein könnte: Das würde als $(3x^2y^4 - 12axy)\big|_{y=4}^7$ notiert werden.

sowie

$$\int_{\sqrt{2}}^{2} (x^2 - 2)\,dx = \frac{x^3}{3} - 2x\Big|_{\sqrt{2}}^{2} = \frac{4}{3}(\sqrt{2} - 1).$$

Die gesuchte grau schraffierte Fläche hat also den Wert

$$\frac{4}{3}\sqrt{2} + \frac{4}{3}(\sqrt{2} - 1) = \frac{4}{3}(2\sqrt{2} - 1).$$

8. Die im Hauptsatz der Differential- und Integralrechnung verwendete Technik kann man auch für einen neuen Beweis dafür verwenden, dass *stetige Funktionen integrierbar* sind; dieses Ergebnis wurde in Satz 6.1.7(ii) unter Ausnutzung der gleichmäßigen Stetigkeit stetiger Funktionen bewiesen. Das folgende Argument, das *ohne* gleichmäßige Stetigkeit auskommt, scheint nicht allgemein bekannt zu sein, obwohl es schon vor fast 100 Jahren hin und wieder in Lehrbüchern zu finden war[22]. **$C\,[a,b] \subset$ Int $[a,b]$**

Sei $f : [a,b] \to \mathbb{R}$ eine stetige Funktion. Für $x \in\,]a,b]$ definieren wir die Zahlen $I_*(x)$ bzw. $I^*(x)$ als das Unter- bzw. das Oberintegral der Einschränkung von f auf $[a,x]$ (vgl. Seite 68). Setzt man noch $I_*(a) := I^*(a) := f(a)$, so sind I_* und I^* wohldefinierte Funktionen von $[a,b]$ nach $\mathbb{R}$, von denen uns eigentlich nur eins interessiert, wenn wir die Integrierbarkeit von f beweisen wollen:

$$\boxed{\text{Ist } I_*(b) = I^*(b)?}$$

Das liegt einfach daran, dass $I_*(b)$ bzw. $I^*(b)$ das Unterintegral $I_*(f)$ bzw. das Oberintegral $I^*(f)$ von f ist.

Dass das stimmt, zeigt man analog zum Beweis von Satz 6.2.1(ii). Wie dort kann man nämlich problemlos nachprüfen, dass I_* und I^* differenzierbare Funktionen auf $[a,b]$ sind und dass

$$(I_*)'(x) = (I^*)'(x) = f(x)$$

für alle x gilt. Folglich unterscheiden sich I_* und I^* nur durch eine Konstante, wie im Beweis des Hauptsatzes wird hier Korollar 4.2.3(i) herangezogen.

Diese Konstante muss aber Null sein, denn aus $I_*(a) = I^*(a)$ folgt, dass auch $I_*(b) = I^*(b)$ gelten muss. Damit ist die Integrierbarkeit stetiger f (noch einmal) bewiesen.

Aufgrund der Definition ist es leicht, Formeln für unbestimmte Integrale in Hülle und Fülle zu produzieren: Man braucht lediglich Differentiationsformeln rückwärts zu lesen. Hat man z.B. mit Hilfe der bekannten Differentiationsregeln

$$\left(e^{x \sin x}\right)' = (\sin x + x\cos x)e^{x \sin x}$$

[22] Wer die Einzelheiten erst später einmal durchgehen möchte, kann gleich im nächsten Absatz weiterlesen.

ermittelt, so kann man das als

$$\int (\sin x + x\cos x) e^{x \sin x}\, dx = e^{x \sin x}$$

lesen und anschließend für beliebige $a, b \in \mathbb{R}$ mit $a \leq b$ das Integral

$$\int_a^b (\sin x + x\cos x) e^{x \sin x}\, dx$$

ausrechnen. Doch leider hilft das in konkreten Fällen recht wenig, denn dort ist nur f vorgegeben und eine Stammfunktion ist nicht in Sicht.

Trotzdem: Das *Rückwärtslesen von Differentiationsregeln* ist praktisch das einzige Mittel, unbestimmte Integrale zu bestimmen. Betrachten wir zum Beispiel die in Satz 4.1.4(i) bewiesene Aussage, dass die Ableitung einer Summe gleich der Summe der Ableitungen ist. Das soll hier als $(F+G)' = F' + G'$ notiert werden. (Wir verwenden große Buchstaben für die Funktionen, um sie mit den zu integrierenden Funktionen nicht zu verwechseln.) Das bedeutet doch für stetige f und g: Hat man – wie auch immer – Stammfunktionen zu f und g, also differenzierbare Funktionen F und G mit $F' = f$ und $G' = g$, gefunden, so braucht man sich nicht mehr anzustrengen, um eine Stammfunktion zu $f + g$ zu finden: Man kann einfach $F + G$ verwenden.

Die vorstehenden Überlegungen kann man als

$$\int \big(f(x) + g(x)\big)\, dx = \int f(x)\, dx + \int g(x)\, dx$$

zusammenfassen, ganz analog ergeben sich die weiteren Formeln in der nachstehenden nützlichen *Tabelle für Stammfunktionen.*

$$\int \big(f(x) + g(x)\big)\, dx = \int f(x)\, dx + \int g(x)\, dx$$

$\big($folgt aus $(F+G)' = F' + G'\big)$

$$\int (\lambda f)(x)\, dx = \lambda \int f(x)\, dx$$

$\big($folgt aus $(\lambda F)' = \lambda F'\big)$

$$\int f'(x) \cdot g(x)\, dx = f(x) \cdot g(x) - \int f(x) \cdot g'(x)\, dx$$

$\big($folgt aus $(fg)' = f'g + fg'\big)$

sog. *partielle Integration*

$$\int g'(x) \cdot (f \circ g)(x)\, dx = (F \circ g)(x)\,; \qquad \text{dabei ist } F' = f$$

$\big($folgt aus $(F \circ g)' = (F' \circ g) \cdot g'\big)$

sog. *Integration durch Substitution*

Liest man entsprechende Formeln für die Ableitung spezieller Funktionen rückwärts, so erhält man sofort eine *weitere Tabelle:*

$$\begin{aligned}
\int x^\alpha \, dx &= \begin{cases} \dfrac{1}{\alpha+1} \cdot x^{\alpha+1} & \alpha \in \mathbb{R} \setminus \{-1\} \\ \log|x| & \alpha = -1 \end{cases} \\
\int \mathrm{e}^x \, dx &= \mathrm{e}^x \\
\int \sin x \, dx &= -\cos x \\
\int \cos x \, dx &= \sin x \\
\int \frac{dx}{\sqrt{1-x^2}} &= \arcsin x \\
\int \frac{dx}{1+x^2} &= \arctan x .
\end{aligned}$$

(Die zugehörigen Formeln für die Ableitungen wurden in Kapitel 4 hergeleitet. Dass $\log|x|$ eine Stammfunktion zu $1/x$ auf $\mathbb{R} \setminus \{0\}$ ist, wurde für $x > 0$ in Korollar 4.5.5(ii) bewiesen; für $x < 0$ ist $|x|$ als $-x$ zu schreiben, dann ist nur noch die Kettenregel anzuwenden.)

Es wird Sie vielleicht überraschen zu erfahren, dass damit schon die wichtigsten Methoden beschrieben sind, mit denen Integrale in konkreten Berechnungen exakt ausgewertet werden können[23]. Diese Methoden werden nachstehend noch ausführlich erläutert, vorher finden Sie einige Bemerkungen und „einfache" Beispiele:

Bemerkungen und Beispiele:

1. Als erstes Beispiel soll $\int_1^5 (14x^2 + 16x^3)\, dx$ bestimmt werden, man kann durch Kombination der in den beiden Tabellen zusammengefassten Ergebnisse wie folgt rechnen:

$$\begin{aligned}
\int_1^5 (14x^2 + 16x^3)\, dx &= \frac{14}{3} x^3 + 4x^4 \Big|_1^5 \\
&= \frac{14}{3} x^3 \Big|_1^5 + 4x^4 \Big|_1^5 \\
&= \frac{14}{3}(5^3 - 1^3) + 4(5^4 - 1^4) \\
&= \frac{9224}{3} .
\end{aligned}$$

[23] Computerprogramme wie etwa MATHEMATICA stützen sich beim Integrieren zusätzlich auf anspruchsvolle Ergebnisse aus der Algebra, einen ersten Einblick in die dabei relevanten Techniken können Sie in Abschnitt 6.6 bekommen.

2. Nun können wir auch konkrete Beispiele zu den auf Seite 80 eingeführten Mehrfachintegralen berechnen. Sei etwa f die durch $f(x,y) := xy - 2x^2y^2$ definierte Funktion in zwei Veränderlichen, wir wollen

$$\int_3^5 \int_0^1 f(x,y)\, dy\, dx$$

bestimmen. Dazu muss man zunächst das „innere" Integral auswerten: Bei festgehaltenem x ist

$$\begin{aligned}
\int_0^1 f(x,y)\, dy &= \int_0^1 (xy - 2x^2y^2)\, dy \\
&= \left(\frac{xy^2}{2} - \frac{2x^2y^3}{3}\right)\Bigg|_{y=0}^1 \\
&= \frac{x1^2}{2} - \frac{x0^2}{2} - \frac{2x^21^3}{3} + \frac{2x^20^3}{3} \\
&= \frac{x}{2} - \frac{2x^2}{3}.
\end{aligned}$$

Und diese Funktion ist nun noch von 3 bis 5 zu integrieren:

$$\int_3^5 \left(\frac{x}{2} - \frac{2x^2}{3}\right) dx = \left(\frac{x^2}{4} - \frac{2x^3}{9}\right)\Bigg|_3^5 = -\frac{160}{9}.$$

Das gleiche Ergebnis hätte man – in Übereinstimmung mit der Plausibilitätsbetrachtung von Seite 82 – bei der Auswertung von

$$\int_0^1 \int_3^5 f(x,y)\, dx\, dy$$

erhalten[24)].

3. Die Tabellen (wie auch die ausführlicheren, die Sie in Tafelwerken finden) sollten nicht allzu formal angewandt werden. So sollte man z.B. bei der partiellen Integration voraussetzen, dass f und g differenzierbar und dass f' und g' stetig sind (um die Integrierbarkeit zu garantieren). Auch ist bei der konkreten Auswertung von $\int_a^b f(x)\, dx$ sicherzustellen, dass f auf $[\,a,b\,]$ definiert und stetig ist. Verboten ist also z.B. die folgende „Integration"

$$\text{(falsch!)} \qquad \int_{-1}^{+1} \frac{dx}{x^2} = -\frac{1}{x}\Bigg|_{-1}^1 = \cdots$$

4. Das Integral einer Treppenfunktion, die nur an endlich vielen Stellen von Null verschiedene Werte annimmt, hat nach Definition den Wert Null. Wegen

24) Dass die Vertauschung der Integrationsreihenfolge wirklich so gut wie immer legitim ist, werden wir in Korollar 6.4.2 beweisen.

$\int (f+g)(x)\,dx = \int f(x)\,dx + \int g(x)\,dx$ folgt daraus, dass die Abänderung einer Funktion an endlich vielen Stellen den Wert des Integrals nicht ändert. Insbesondere darf man in den Fällen, in denen man f in den Randpunkten stetig fortsetzen kann, f durch diese stetige Ergänzung ersetzen und folglich ebenfalls die Methoden dieses Abschnitts anwenden. Damit ist auch klar, dass alle stückweise stetigen Funktionen durch Auffinden von Stammfunktionen integriert werden können.

Beispiel:

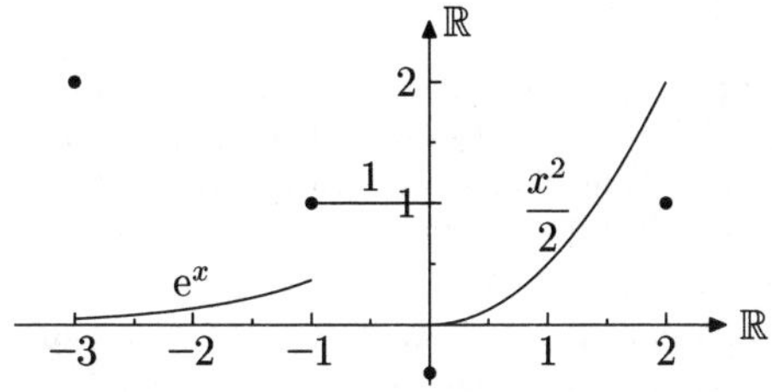

Bild 6.26: Eine stückweise stetige Funktion

Für diese Funktion ist

$$\begin{aligned}\int_{-3}^{2} f(x)\,dx &= \int_{-3}^{-1} f(x)\,dx + \int_{-1}^{0} f(x)\,dx + \int_{0}^{2} f(x)\,dx \\ &= \int_{-3}^{-1} e^x\,dx + \int_{-1}^{0} 1\,dx + \int_{0}^{2} \frac{x^2}{2}\,dx \\ &= e^x\Big|_{-3}^{-1} + x\Big|_{-1}^{0} + \frac{x^3}{6}\Big|_{0}^{2} \\ &= e^{-1} - e^{-3} + \frac{7}{3}.\end{aligned}$$

Wir beschreiben nun etwas ausführlicher *drei Verfahren zur Berechnung konkreter unbestimmter Integrale:*

- Partielle Integration
- Integration durch Substitution
- Integration durch Partialbruchzerlegung

Partielle Integration

In Kurzfassung hatten wir die partielle Integration als

$$\int f'(x)g(x)\,dx = f(x)g(x) - \int f(x)g'(x)\,dx$$

notiert. Diese Integrationsmethode ist manchmal anwendbar, wenn die zu integrierende Funktion ein Produkt ist. Genau genommen wird dabei das Problem nur verlagert: Das Auffinden einer Stammfunktion von $f'g$ wird auf die Bestimmung einer Stammfunktion von fg' zurückgeführt. Das hilft natürlich nur dann weiter, wenn $\int f(x)g'(x)\,dx$ einfacher auszurechnen ist als $\int f'(x)g(x)\,dx$.

Das Verfahren:

1. Man muss entscheiden, wie die zu integrierende Funktion als $f'g$ dargestellt werden soll.

   Das ist durchaus nicht immer nahe liegend. Soll zum Beispiel die Funktion xe^x integriert werden, so könnte man $f'(x)$ als x und $g(x)$ als e^x wählen. Man könnte es auch genau umgekehrt machen oder noch viel komplizierter: $f'(x) = (x^7+1)e^x$, $g(x) := x/(x^7+1)$.

   In diesem Fall wäre die Wahl $f'(x) = e^x$ und $g(x) = x$ die richtige (s.u.), man kann aber nur durch Erfahrung lernen, wann und wie partielle Integration eingesetzt werden kann. Als *Faustregel* kann man sich merken: Schreibe die zu integrierende Funktion *so* als $f'g$, dass g durch Differenzieren einfacher wird und eine Stammfunktion zu f' leicht gefunden werden kann. Typische Anwendungsbeispiele, bei denen das geht, sind die unbestimmten Integrale $\int x \sin x\,dx$ (mit $f'(x) = \sin x$ und $g(x) = x$) und $\int xe^x\,dx$ (mit $f'(x) = e^x$ und $g(x) = x$).

2. Für das weitere Vorgehen werden f, g, f', g' benötigt; da f' und g bekannt sind, muss g differenziert und eine Stammfunktion zu f' gefunden werden. (Man sollte diese vier Funktionen übersichtlich, zum Beispiel auf einem Extra-Blatt, notieren.)

3. Als Nächstes wird alles in die Formel für die partielle Integration eingesetzt.

4. Schließlich ist zu prüfen, ob das unbestimmte Integral $\int(fg')(x)\,dx$ ausgewertet werden kann. Evtl. geht das nicht, z.B. weil man f' und g ungeschickt gewählt hat, evtl. ist auch nochmals partielle Integration oder ein anderes Integrationsverfahren anzuwenden.

5. Die auf diese Weise gefundene Stammfunktion zu $f'g$ sollte sicherheitshalber abgeleitet werden; natürlich sollte $f'g$ herauskommen.

Hier ein Beispiel dazu:

$$\int xe^x\,dx = ?$$

zu 1: Wir entscheiden uns für $f'(x) = e^x$ und $g(x) = x$; dabei lassen wir uns von der Faustregel leiten, dass g in der Regel diejenige Funktion ist, die durch Ableiten „einfacher" wird.

zu 2: Es ist $f(x) = f'(x) = \mathrm{e}^x$ und $g(x) = x$, $g'(x) = 1$.

zu 3: Die Anwendung der Formel für partielle Integration liefert

$$\int x\mathrm{e}^x\,dx = x\mathrm{e}^x - \int \mathrm{e}^x\,dx.$$

zu 4: Es ist $\int \mathrm{e}^x\,dx = \mathrm{e}^x$; zusammen erhalten wir

$$\int x\mathrm{e}^x\,dx = x\mathrm{e}^x - \mathrm{e}^x = \mathrm{e}^x \cdot (x-1).$$

zu 5: Ableiten (die „Probe“) ergibt

$$\big(\mathrm{e}^x(x-1)\big)' = \mathrm{e}^x(x-1) + \mathrm{e}^x = x\mathrm{e}^x,$$

$\mathrm{e}^x(x-1)$ ist also wirklich eine Stammfunktion zu $x\mathrm{e}^x$.

So ausführlich wird man das üblicherweise nicht aufschreiben, die ersten vier Schritte hätte man wie folgt abkürzen können:

$$\begin{aligned} \int x\mathrm{e}^x\,dx &= x\mathrm{e}^x - \int \mathrm{e}^x\,dx \\ &= x\mathrm{e}^x - x; \end{aligned} \qquad \boxed{\begin{array}{ll} f' = \mathrm{e}^x & f = \mathrm{e}^x \\ g = x & g' = 1 \end{array}}$$

die Rechnung im Kästchen ist natürlich gleich am Anfang durchzuführen.

Falls wir übrigens $\int x^2\mathrm{e}^x\,dx$ zu behandeln gehabt hätten, wären wir mit partieller Integration bei Festsetzung von $g(x) = x^2$, $f'(x) = \mathrm{e}^x$ bei

$$\int x^2\mathrm{e}^x\,dx = x^2\mathrm{e}^x - 2\int x\mathrm{e}^x\,dx$$

angelangt, und erst eine nochmalige partielle Integration (die wir vorstehend durchgeführt haben) hätte uns eine Stammfunktion zu $x^2\mathrm{e}^x$ geliefert:

$$\begin{aligned} \int x^2\mathrm{e}^x\,dx &= x^2\mathrm{e}^x - 2\int x\mathrm{e}^x\,dx \\ &\overset{\text{s.o.}}{=} x^2\mathrm{e}^x - 2(x-1)\mathrm{e}^x \\ &= (x^2 - 2x + 2)\cdot\mathrm{e}^x. \end{aligned}$$

Als ein Beispiel, bei dem partielle Integration zwar zum Ziel führt, die Darstellung des Integranden als $f'g$ aber nicht nahe liegend ist, betrachten wir

$$\int \log x\,dx = \,?$$

Nur wenn man $\log x$ etwas gekünstelt als Produkt, nämlich als $1 \cdot \log x$ schreibt, kann man mit partieller Integration eine Stammfunktion finden:

$$\begin{aligned} \int \log x\,dx &= x\log x - \int 1\,dx \\ &= x\log x - x. \end{aligned} \qquad \boxed{\begin{array}{ll} f' = 1 & f = x \\ g = \log x & g' = 1/x \end{array}}$$

Vom Regen in die Traufe
Manchmal dreht sich partielle Integration scheinbar im Kreis, als Beispiel betrachten wir das Problem, eine Stammfunktion zu $(\cos x)\,\mathrm{e}^x$ zu finden. Übliche partielle Integration (mit $g(x) = \cos x$ und $f'(x) = \mathrm{e}^x$) führt zu

$$\int (\cos x)\,\mathrm{e}^x\,dx = (\cos x)\,\mathrm{e}^x + \int (\sin x)\,\mathrm{e}^x\,dx.$$

Wenn man auf das rechts stehende Integral ebenfalls partielle Integration anwendet (natürlich mit $f'(x) = \mathrm{e}^x$ und $g(x) = \sin x$), ergibt sich

$$\int (\cos x)\,\mathrm{e}^x\,dx = (\cos x)\,\mathrm{e}^x + (\sin x)\,\mathrm{e}^x - \int (\cos x)\,\mathrm{e}^x\,dx.$$

Und nun? Es bleibt genau das Integral übrig, das wir doch eigentlich finden wollten.
Um doch weiter zu kommen, wendet man *einen kleinen Trick* an. Wir wissen zwar immer noch nicht, was $I := \int (\cos x)\,\mathrm{e}^x\,dx$ eigentlich ist, aber wir haben die Gleichung $I = (\cos x + \sin x)\,\mathrm{e}^x - I$ gefunden, woraus

$$I = \int (\cos x)\,\mathrm{e}^x\,dx = \frac{\cos x + \sin x}{2}\,\mathrm{e}^x$$

folgt. Eine Probe durch Ableiten bestätigt, dass das wirklich eine Stammfunktion von $(\cos x)\,\mathrm{e}^x$ ist.

Integration durch Substitution

In Kurzfassung kann man dieses Integrationsverfahren als

$$\int g'(x)\cdot(f\circ g)(x)\,dx = (F\circ g)(x)$$

notieren, dabei ist F eine Stammfunktion zu f.

Es folgt eine *Anleitung*, um damit effektiv arbeiten zu können:

1. Entscheide, welche Funktionen $f(x)$ und $g(x)$ sein sollen.

   Faustregel: Das Integral muss sich, evtl. bis auf einen konstanten Faktor, als $f\big(g(x)\big)\cdot g'(x)$ schreiben lassen; danach wird es nur dann weitergehen, wenn eine Stammfunktion zu f gefunden werden kann.

2. Bestimme so eine Stammfunktion F; das gesuchte unbestimmte Integral ist dann $(F\circ g)(x)$.

3. Probe.

Leider ist dieses Verfahren für das Aufschreiben viel zu unhandlich. Es empfiehlt sich daher ein (inhaltlich gleichwertiger) anderer Weg:

1. Wie oben: g „geschickt" wählen.

2. Überall $g(x)$ durch das Symbol „u" ersetzen. Die Ableitung $u'(x)$ ausrechnen und formal mit dem „Quotienten" du/dx gleichsetzen; dann nach dx auflösen[25]. Nun sollte das Integral die Gestalt $\int f(u)\,du$ für eine geeignete Funktion f haben (es darf also kein x mehr auftreten!). Das setzt voraus, dass wir im ersten Schritt $g(x)$ gut gewählt haben. Es sind also die folgenden Schritte durchzuführen:

$$\begin{aligned} u &= g(x); \\ \frac{du}{dx} &= g'(x)\,; \\ dx &= \frac{du}{g'(x)}\,; \\ \int g'(x)(f \circ g)(x)\,dx &= \int f(u)\,du\,. \end{aligned}$$

3. $\int f(u)\,du$ bestimmen, wobei u als Variable – so wie sonst x oder t – aufzufassen ist. (Das ist für Anfänger manchmal verwirrend, da u doch eigentlich eine Funktion ist; hier ist aber u so wie sonst x zu behandeln.)

4. Im Ergebnis ist wieder u durch $g(x)$ zu ersetzen (*Resubstitution*).

5. Probe.

Dazu ein einfaches *Beispiel*:

$$\int \cos x\, \mathrm{e}^{\sin x}\,dx = ?$$

zu 1. Wir entscheiden uns für $u(x) = \sin x$, denn $\cos x$ (die Ableitung) tritt als Faktor auf.

zu 2. Es ist $u'(x) = du/dx = \cos x$, also $dx = du/\cos x$. Damit ergibt sich

$$\int \cos x\, \mathrm{e}^{\sin x}\,dx = \int \cos x\, \mathrm{e}^{u}\,\frac{du}{\cos x} = \int \mathrm{e}^{u}\,du.$$

zu 3. $\int \mathrm{e}^u\,du = \mathrm{e}^u$.

zu 4.: $\mathrm{e}^u = \mathrm{e}^{\sin x}$, *das* ist unser Kandidat für eine Stammfunktion von $\cos x\, \mathrm{e}^{\sin x}$.

---

[25] Schon in Band 1 wurde nach der Definition der Ableitung darauf hingewiesen, dass man sich $f'(x)$ in der Frühzeit der Analysis als Quotient der „unendlich kleinen Größen" df und dx vorstellte und deswegen den Ausdruck df/dx verwendete (vgl. das graue Kästchen nach Definition 4.1.2).

Die Schreibweise hat sich erhalten, sie hat einige Vorteile. Zum Beispiel ist klar, wie die Variable heißt, nach der abgeleitet wird, außerdem ist sie für manche formale Rechnungen (wie hier bei der partiellen Integration) günstig.

Übrigens: Es gibt durchaus Möglichkeiten, mit dx, dy, du usw. „sauber" zu rechnen. Dazu wurde die Theorie der „Differentialformen" entwickelt.

zu 5.: Die Probe ergibt wirklich $\left(e^{\sin x}\right)' = \cos x \cdot e^{\sin x}$.

Auch hier wird man nach einiger Übung mit einer abgekürzten Schreibweise auskommen:

$$\begin{aligned}\int \cos x\, e^{\sin x}\, dx &= \int \cos x\, e^u \frac{du}{\cos x} \qquad \boxed{\begin{array}{c} u = \sin x \\ du/dx = \cos x \end{array}}\\ &= \int e^u\, du \\ &= e^u \\ &= e^{\sin x}.\end{aligned}$$

Es kann durchaus vorkommen, dass Substitution und partielle Integration (evtl. sogar beide mehrfach) bei der Bestimmung einer Stammfunktion anzuwenden sind, so führt etwa die Behandlung von $\int x \sin(2x)\, dx$ bei Wahl von $g(x) = x$, $f'(x) = \sin(2x)$ auf das Problem, eine Stammfunktion zu $\sin(2x)$ zu finden, und das gelingt leicht (bei Wahl von $u = 2x$) mit Substitution.

Als *Ergänzung zum Thema „Substitution“* soll noch darauf hingewiesen werden, wie diese Integrationsmethode direkt mit dem Hauptsatz der Differential- und Integralrechnung kombiniert werden kann.

Mal angenommen, es ist $\int_a^b g'(x)(f \circ g)(x)\, dx$ zu bestimmen. Mit etwas Glück findet man eine Stammfunktion F zu f, dann ist $F \circ g$ Stammfunktion zu $g'(x)(f \circ g)(x)$, und das gesuchte Integral kann als $F \circ g\big|_a^b = F\big(g(b)\big) - F\big(g(a)\big)$ berechnet werden. Das ist aber der gleiche Wert, der bei der Bestimmung von

$$\int_{g(a)}^{g(b)} f(u)\, du$$

zu ermitteln ist, und deswegen ist die Resubstitution im obigen vierten Schritt eigentlich entbehrlich[26].

Die vorstehenden Überlegungen können als

$$\int_a^b g'(x)(f \circ g)(x)\, dx = \int_{g(a)}^{g(b)} f(u)\, du$$

zusammengefasst werden. (Man beachte noch, dass wieder die auf Seite 69 eingeführte Konvention anzuwenden ist, falls dabei $g(a) \geq g(b)$ sein sollte: Im Fall $g(a) = g(b)$ ist das Integral Null, und im Fall $g(a) > g(b)$ muss man die Integrationsgrenzen vertauschen und ein Minuszeichen davor setzen.)

Wäre also im vorstehenden Beispiel

$$\int_{-\pi/2}^{\pi/2} \cos x\, e^{\sin x}\, dx$$

auszurechnen gewesen, hätte man dieses Integral nach „3.“ gleich als $e^{\sin(\pi/2)} - e^{\sin(-\pi/2)}$, also als $e - 1/e$, auswerten können.

---

[26] Sie ist trotzdem dringend zu empfehlen, da dadurch eine Fehlerquelle bei der Veränderung der Integrationsgrenzen entfällt.

Integration durch Partialbruchzerlegung

Die vorstehenden Integrationsmethoden lassen sich auf allgemeine Situationen anwenden, zum Abschluss dieses Abschnitts soll noch ein *Verfahren zur Integration von rationalen Funktionen* angegeben werden. (Eine Funktion heißt *rational*, wenn sie für geeignete Polynome P und Q als P/Q geschrieben werden kann[27].)

Die Idee ist leicht zu verstehen, die Durchführung kann allerdings im Einzelfall recht kompliziert sein.

Wir betrachten zunächst ein einfaches *Beispiel*:

$$\int \frac{2}{1-x^2}\,dx = ?$$

Das ist mit den bisher betrachteten Methoden nicht zu lösen. Beachtet man aber, dass

$$\frac{2}{1-x^2} = \frac{1}{1+x} + \frac{1}{1-x},$$

so ergibt sich mit Integration durch Substitution:

$$\begin{aligned} \int \frac{2}{1-x^2}\,dx &= \int \frac{dx}{1+x} + \int \frac{dx}{1-x} \\ &= \int \frac{du}{u} - \int \frac{dv}{v} \qquad \boxed{\begin{array}{ll} u = 1+x & v = 1-x \\ du/dx = 1 & dv/dx = -1 \end{array}} \\ &= \log|u| - \log|v| \\ &= \log|1+x| - \log|1-x| \\ &= \log\left|\frac{1+x}{1-x}\right|. \end{aligned}$$

Wir konnten also zu $2/(1-x^2)$ deswegen eine Stammfunktion bestimmen, weil $2/(1-x^2)$ als Summe von Funktionen geschrieben werden kann, für die die schon bereitgestellten Methoden zum Ziel führen. So lassen sich wirklich *beliebige rationale Funktionen* behandeln, denn es gilt der folgende Satz der Algebra, den wir hier ohne Beweis verwenden[28]:

Satz 6.2.3. *Es sei f eine rationale Funktion. Dann ist f Linearkombination*[29] *von Funktionen der folgenden Form:*

(i) x^k, *dabei ist* $k \in \mathbb{N}_0$.

[27] In Band 1 tauchten rationale Funktionen schon einmal auf, der „Körper der rationalen Funktionen über $\mathbb{R}$" wurde in Abschnitt 1.7 als Beispiel für einen geordneten Körper angegeben, der nicht archimedisch geordnet ist.

[28] Das Ergebnis findet man zum Beispiel als Satz 59.11 im „Lehrbuch der Algebra, Teil 2" von G. Scheja und U. Storch, das im Teubner-Verlag erschienen ist.

[29] Zur Erinnerung: Eine Linearkombination von Elementen $v_1, \ldots, v_n$ eines Vektorraums ist jeder Vektor der Form $a_1 v_1 + \cdots + a_n v_n$ mit beliebigen Elementen $a_1, \ldots, a_n$ des Skalarenkörpers.

(ii) $\dfrac{1}{(x-a)^k}$ *, dabei ist* $a \in \mathbb{R}$*,* $k \in \mathbb{N}$*.*

(iii) $\dfrac{ax+b}{(x^2+2xc+d)^k}$ *, dabei ist* $k \in \mathbb{N}$ *und* $a,b,c,d \in \mathbb{R}$ *und* $c^2 < d$*.*

f lässt sich also als

$$f(x) = \sum_{i=0}^{r_1} u_i x^i + \sum_{\rho=0}^{r_2} \sum_{i=1}^{k_\rho} \frac{\alpha_i^{(\rho)}}{(x-a_\rho)^i} + \sum_{\sigma=0}^{r_3} \sum_{i=1}^{\ell_\sigma} \frac{\beta_i^{(\sigma)} x + \gamma_i^{(\sigma)}}{(x^2+2c_\sigma x + d_\sigma)^i}$$

darstellen, dabei sind u_i, a_ρ, $\alpha_i^{(\rho)}$, $\beta_i^{(\sigma)}$, $\gamma_i^{(\sigma)}$, c_σ, d_σ *geeignete reelle Zahlen. Diese Darstellung heißt* Partialbruchzerlegung von f.

Partialbruchzerlegung

Wegen der Linearität des Integrals reicht es damit, Stammfunktionen zu den in Satz 6.2.3(i), (ii) und (iii) angegebenen Funktionen zu bestimmen:

zu (i): Das ist leicht: $\int x^k\,dx = x^{k+1} \,/\, (k+1)$.

zu (ii): Substituiert man $u = x - a$, so ergibt sich $\int u^{-k}\,du$, also

$$\int \frac{dx}{(x-a)^k}\,dx = \begin{cases} -\dfrac{1}{k-1} \cdot \dfrac{1}{(x-a)^{k-1}} & k > 1 \\ \log|x-a| & k = 1. \end{cases}$$

zu (iii): In Spezialfällen lässt sich das Integral durch Substitution lösen. Ist nämlich $b = ac$, so ist bei der Substitution $u = x^2 + 2cx + d$ die Ableitung gleich $du/dx = 2x + 2c$, man erhält also:

$$\int \frac{ax+ac}{(x^2+2cx+d)^k}\,dx = \begin{cases} -\dfrac{a}{2(k-1)} \cdot \dfrac{1}{(x^2+2cx+d)^{k-1}} & k > 1 \\ \dfrac{a}{2} \cdot \log(x^2+2cx+d) & k = 1. \end{cases}$$

(Dabei ist zu beachten, dass wegen $c^2 < d$ stets $x^2 + 2cx + d > 0$ für alle $x \in \mathbb{R}$ ist, der Logarithmus ist also wirklich wohldefiniert.)

Im Allgemeinen wird die vorstehende Bedingung nicht erfüllt sein. Es ist aber

$$\frac{ax+b}{(x^2+2cx+d)^k} = \frac{ax+ac}{(x^2+2cx+d)^k} + \frac{b-ac}{(x^2+2cx+d)^k}.$$

Zum ersten Summanden findet man eine Stammfunktion wie im vorigen Absatz beschrieben, und so bleibt nur noch der zweite Summand zu behandeln. Was also ist

$$\int \frac{dx}{(x^2+2cx+d)^k}\,?$$

Durch die Substitution $u(x) = (x+c) \,/\, \sqrt{d-c^2}$ ergibt sich

$$\int \frac{dx}{(x^2+2cx+d)^k} = \frac{\sqrt{d-c^2}}{(d-c^2)^k} \cdot \int \frac{du}{(u^2+1)^k},$$

man muss also nur noch die unbestimmten Integrale

$$\int \frac{du}{(u^2+1)^k}$$

auswerten (und danach wieder u durch $(x+c) \,/\, \sqrt{d-c^2}$ ersetzen).

Das ist der schwierigste Teil des Integrationsverfahrens. Wir beginnen mit der Formel

$$\int \frac{2ku^2}{(u^2+1)^{k+1}}\,du = \frac{-u}{(u^2+1)^k} + \int \frac{du}{(u^2+1)^k},$$

die sich durch partielle Integration ergibt: Der Integrand wird dazu als Produkt der Funktionen u und $2ku/(1+u^2)^{k+1}$ geschrieben; dabei ist $2ku/(1+u^2)^{k+1}$ leicht zu integrieren, es ist die Ableitung von $-1/(u^2+1)^k$.

Nun gibt es einen kleinen Trick: Wir schreiben das u^2 im Zähler der linken Seite als $(u^2+1)-1$, das linke unbestimmte Integral wird dabei zu

$$\int \frac{2k\big((u^2+1)-1\big)}{(u^2+1)^{k+1}}\,du = \int \frac{2k}{(u^2+1)^k}\,du - \int \frac{2k}{(u^2+1)^{k+1}}\,du\,.$$

Wenn man dann die beiden letzten Formeln nach $\int \frac{du}{(u^2+1)^{k+1}}$ auflöst, erhält man die bemerkenswerte Gleichung

$$\int \frac{du}{(u^2+1)^{k+1}} = \frac{u}{2k(1+u^2)^k} + \frac{2k-1}{2k}\int \frac{du}{(u^2+1)^k}\,.$$

(Da man beim Rechnen mit unbestimmten Integralen wegen der Mehrdeutigkeit aufgrund möglicher additiver Konstanten vorsichtig sein sollte, empfiehlt sich noch eine Probe: Der linke Integrand ist wirklich die Ableitung der Funktion $\frac{u}{2k(1+u^2)^k}$ plus dem Integranden des rechts stehenden Integrals.)

Mit dieser Formel ist es möglich, Stammfunktionen zu den $1/(1+u^2)^k$ rekursiv zu berechnen. Hat man zum Beispiel eine zu $1/(1+u^2)^8$ gefunden, so kann man wegen der Formel eine zu $1/(1+u^2)^9$ sofort hinschreiben.

Es fehlt allerdings noch eine kleine Ergänzung, irgendwo muss man ja anfangen: Wie sieht denn eine Stammfunktion zu $1/(1+u^2)^1$ aus? Glücklicherweise brauchen wir nur zu der Tabelle auf Seite 101 zurückzublättern, dort finden wir $\arctan u$ als Lösung unseres Problems. Damit ist auch Fall (iii) vollständig behandelt.

Die Bestimmung von $\int P/Q\,dx$ ist durch die vorstehenden Überlegungen *theoretisch* vollständig gelöst, die *praktische* Ausführung, kann jedoch recht mühsam sein.

Hier wieder eine *Verfahrensanleitung:*

1. Schreibe P/Q als $P_1 + (P_2/Q)$, wo P_1 und P_2 Polynome sind und der Grad von P_2 kleiner als der Grad von Q ist.

2. Die Bestimmung von $\int P_1\,dx$ sollte keine größeren Schwierigkeiten bereiten, also kümmern wir uns nur noch um $\int P_2/Q\,dx$. Dazu schreibe Q in der Form

$$Q(x) = \prod_{\rho=1}^{r} (x - a_\rho)^{k_\rho} \cdot \prod_{\sigma=1}^{s} (x^2 + 2c_\sigma x + d_\sigma)^{\ell_\sigma},$$

wobei sowohl die a_ρ als auch die (c_σ, d_σ) paarweise verschieden sind und stets $c_\sigma^2 < d_\sigma$ gilt.

Ohne Einschränkung ist Q *normiert*, d.h. der höchste Koeffizient ist 1. Dass so eine Produktdarstellung existiert, folgt aus dem Fundamentalsatz der Algebra 4.6.1. Die a_ρ sind gerade die reellen Nullstellen von Q, die c_σ, d_σ ergeben sich aus den komplexen Nullstellen von Q: Ist w eine nichtreelle Nullstelle von Q, so auch $\overline{w}$, und $(x - w)(x - \overline{w})$ ist ein reelles quadratisches Polynom. *So* entstehen die c_σ, d_σ.

Dann lässt sich P_2/Q mit geeigneten Koeffizienten in der Form

$$\frac{P_2(x)}{Q(x)} = \sum_{\rho=0}^{r} \sum_{i=1}^{k_\rho} \frac{\alpha_i^{(\rho)}}{(x - a_\rho)^i} + \sum_{\sigma=0}^{s} \sum_{i=1}^{\ell_\sigma} \frac{\beta_i^{(\sigma)} x + \gamma_i^{(\sigma)}}{(x^2 + 2c_\sigma + d_\sigma)^i} \tag{6.1}$$

darstellen.

Die – zunächst unbekannten – Koeffizienten findet man so: Man macht einen Ansatz entsprechend der vorstehenden Darstellung (6.1), multipliziert mit Q und kann die Koeffizienten dann durch Koeffizientenvergleich der beiden Seiten ermitteln (hier ist ein lineares Gleichungssystem zu lösen).

3. Die in (6.1) auftretenden Summanden können wie oben beschrieben integriert werden.

   Auf jeden Fall empfiehlt sich eine Probe.

Dazu zwei **Beispiele**:

Beispiel 1:

$$\int \frac{x^3 + 2x^2 + 3x - 1}{x^2 + 2x + 1}\,dx = ?$$

1. Es ist

$$\frac{x^3 + 2x^2 + 3x - 1}{x^2 + 2x + 1} = x + \frac{2x - 1}{x^2 + 2x + 1}$$

2. Unter Beachtung von $Q(x) = x^2 + 2x + 1 = (x + 1)^2$ setzen wir gemäß (6.1) an:

$$\frac{2x - 1}{x^2 + 2x + 1} = \frac{a}{x + 1} + \frac{b}{(x + 1)^2}.$$

Multipliziert man aus, so folgt

$$2x - 1 = a(x+1) + b = ax + (a+b)\,,$$

d.h. $a = 2$ und $-1 = a + b$, also $b = -3$.

3. Aufgrund der vorstehenden Überlegungen ist

$$\frac{x^3 + 2x^2 + 3x - 1}{x^2 + 2x + 1} = x + \frac{2}{x+1} - \frac{3}{(x+1)^2}\,;$$

damit lässt sich sofort eine Stammfunktion bestimmen:

$$\int \frac{x^3 + 2x^2 + 3x - 1}{x^2 + 2x + 1}\,dx = \frac{x^2}{2} + 2\log|x+1| + \frac{3}{x+1}\,.$$

Beispiel 2:

$$\int \frac{x+2}{x^2 + x + 1}\,dx = \,?$$

Hier ist die zu integrierende Funktion bereits vom Typ 6.2.3(iii), wir haben also nur die oben für diesen Typ beschriebenen Schritte nachzuvollziehen:
Zunächst ergibt sich (durch die Substitution $u = x^2 + x + 1$)

$$\int \frac{2x+1}{x^2 + x + 1}\,dx = \log(x^2 + x + 1)\,,$$

wegen

$$\frac{x+2}{x^2 + x + 1} = \frac{1}{2}\,\frac{2x+1}{x^2 + x + 1} + \frac{3/2}{x^2 + x + 1}$$

muss also nur noch $\int dx \,/\, (x^2 + x + 1)$ bestimmt werden.
Mit der Substitution $u = (2x+1) \,/\, \sqrt{3}$ wird dieses Integral zu

$$\int \frac{\sqrt{3}/2}{\frac{3}{4} \cdot (u^2 + 1)}\,du = \frac{2}{\sqrt{3}} \int \frac{du}{u^2 + 1} = \frac{2}{\sqrt{3}} \arctan u\,.$$

Zusammen erhält man

$$\begin{aligned} \int \frac{x+2}{x^2 + x + 1}\,dx &= \frac{1}{2}\log(x^2 + x + 1) + \frac{3}{2} \cdot \frac{2}{\sqrt{3}} \arctan \frac{2x+1}{\sqrt{3}} \\ &= \log \sqrt{x^2 + x + 1} + \sqrt{3} \cdot \arctan \frac{2x+1}{\sqrt{3}}\,. \end{aligned}$$

6.3 Erweiterungen der Integraldefinition

Die bisherigen Ergebnisse kann man so zusammenfassen: Für „sehr viele" beschränkte $f : [a,b] \to \mathbb{R}$ wissen wir, was $\int_a^b f(x)\,dx$ bedeuten soll; diese Zahl kann für positive f als Flächeninhalt gedeutet werden, der Integralbegriff hat „vernünftige" Eigenschaften, und stückweise stetigen Funktionen kann immer ein Integral zugeordnet werden.

In diesem Abschnitt soll darauf eingegangen werden, wie man – ausgehend vom Riemann-Integral – sinnvolle Integraldefinitionen auch in allgemeineren Situationen erhalten kann. Wir behandeln die folgenden Themen:

- Das Integral für komplexwertige Funktionen
- Uneigentliche Integrale
- Der Cauchysche Hauptwert$^\diamond$ eines Integrals

Problem und Lösungsansatz sind in allen drei Fällen ähnlich: Es soll ein Integral für eine Funktion f definiert werden, die evtl. *nicht* als beschränkte Funktion von einem Intervall $[a,b]$ nach $\mathbb{R}$ gegeben ist (so dass die Frage, ob f Riemann-integrierbar ist, nicht sinnvoll untersucht werden kann). Irgendwie ist das neue Integral auf das Riemann-Integral zurückzuführen, dabei sollten möglichst viele Eigenschaften des Integrals erhalten bleiben. In gewisser Weise ist die Situation damit so wie am Ende von Abschnitt 3.2, wo wir durch den Übergang zu $\hat{\mathbb{R}}$ auch gewissen eigentlich nicht konvergenten Folgen einen Limes zuordnen konnten.

Das Integral für komplexwertige Funktionen

Es sei $f : [a,b] \to \mathbb{C}$ gegeben, was könnte $\int_a^b f(x)\,dx$ bedeuten? Zur Motivation der folgenden Definition beachte man, dass man f als $f = f_1 + if_2$ mit *reellen* Funktionen f_1, f_2 schreiben kann: Dazu ist nur für jedes x die komplexe Zahl $f(x)$ als $f_1(x)+if_2(x)$ mit reellen $f_1(x), f_2(x)$ zu schreiben[30]. Möchte man, dass das neue, noch zu definierende Integral im Fall reeller f zum Riemann-Integral führt und dass Integrieren weiterhin eine lineare Operation ist, so kommt man zwangsläufig auf

$$\int_a^b f(x)\,dx = \int_a^b \big(f_1(x) + if_2(x)\big)\,dx = \int_a^b f_1(x)\,dx + i\int_a^b f_2(x)\,dx.$$

Liest man diese Motivation von rechts nach links, so ergibt sich die

Definition 6.3.1. *Sei $f : [a,b] \to \mathbb{C}$ eine beschränkte Funktion*[31]*. Sind dann die (punktweise definierten) Funktionen* $\operatorname{Re} f$, $\operatorname{Im} f$, *der* Realteil *und der* Imaginärteil *von f, Riemann-integrierbar, so nennen wir f* Riemann-integrierbar

[30] $f_1(x)$ bzw. $f_2(x)$ ist also der ***Realteil*** bzw. der ***Imaginärteil*** von $f(x)$.

[31] Das heißt: Es gibt ein $M \geq 0$, so dass $|f(x)| \leq M$ für alle x gilt.

(kurz: integrierbar) und setzen

$$\int_a^b f(x)\,dx := \int_a^b (\operatorname{Re} f)(x)\,dx + i\int_a^b (\operatorname{Im} f)(x)\,dx.$$

Als erste *Beispiele* berechnen wir $\int_0^2 (x+3ix^2)\,dx$ und $\int_0^{2\pi} \mathrm{e}^{ix}\,dx$:

$$\int_0^2 (x+3ix^2)\,dx = \int_0^2 x\,dx + i\int_0^2 3x^2\,dx = \frac{x^2}{2}\Big|_0^2 + i\cdot x^3\Big|_0^2 = 2+8i;$$

$$\int_0^{2\pi} \mathrm{e}^{ix}\,dx = \int_0^{2\pi} \cos x\,dx + i\int_0^{2\pi} \sin x\,dx = 0+0i = 0.$$

Beim zweiten Integral haben wir die in Satz 4.5.20(iii) bewiesene Formel $e^{ix} = \cos x + i\sin x$ ausgenutzt.

Man kann nun die in Satz 6.1.7 bewiesenen Aussagen verwenden, um zu zeigen, dass der neue Integralbegriff im Wesentlichen die gleichen Eigenschaften hat wie der alte für reelle Funktionen:

Satz 6.3.2. *Für das vorstehend eingeführte Integral komplexwertiger Funktionen gilt:*

(i) *Sei $f : [a,b] \to \mathbb{R}$ eine beschränkte Funktion. Fasst man f als Funktion mit Werten in $\mathbb{C}$ auf, so ist f genau dann im Sinne von Definition 6.3.1 integrierbar, wenn f Riemann-integrierbar ist.*
Im Fall der Riemann-Integrierbarkeit ist das Integral gemäß Definition 6.3.1 gerade das Riemann-Integral von f.

Kurz: Die neue Definition ist mit der alten verträglich.

(ii) *Sind $f, g : [a,b] \to \mathbb{C}$ integrierbar, so ist $f+g$ ebenfalls integrierbar. Es gilt dann*

$$\int_a^b \big(f(x)+g(x)\big)\,dx = \int_a^b f(x)\,dx + \int_a^b g(x)\,dx.$$

(iii) *Für integrierbare Funktionen f und $\lambda \in \mathbb{C}$ ist λf integrierbar mit*

$$\int_a^b \lambda f(x)\,dx = \lambda\int_a^b f(x)\,dx.$$

(iv) *Alle stetigen Funktionen $f : [a,b] \to \mathbb{C}$ sind integrierbar.*

(v) *Für integrierbare Funktionen f und $a \le c \le b$ ist*

$$\int_a^b f(x)\,dx = \int_a^c f(x)\,dx + \int_c^b f(x)\,dx.$$

(vi) Ist f eine integrierbare Funktion, so ist $x \mapsto |f(x)|$ ebenfalls integrierbar. Es gilt wieder die Integralversion der Dreiecksungleichung:

$$\left| \int_a^b f(x)\,dx \right| \le \int_a^b |f(x)|\,dx.$$

Bemerkung: Haben Sie die Aussage vermisst, dass aus $f \le g$ die Ungleichung $\int_a^b f(x)\,dx \le \int_a^b g(x)\,dx$ folgt? Haben Sie einen Verdacht, warum die hier nicht ? zu finden ist?

Beweis: (i) Das liegt daran, dass im vorliegenden Fall der Realteil von f gleich f und der Imaginärteil gleich Null ist.

(ii) Hier ist nur zu beachten, dass der Realteil (bzw. der Imaginärteil) von $f+g$ die Summe der Realteile (bzw. Imaginärteile) von f und g ist: Dann folgt das Ergebnis sofort aus Satz 6.1.7.

(iii) Es empfiehlt sich, die Aussage in drei Schritten zu beweisen. Wir schreiben f als $f_1 + if_2$ mit reellen f_1, f_2 und nehmen zunächst an, dass $\lambda \in \mathbb{R}$. Dann ist das Ergebnis eine Konsequenz aus Satz 6.1.7, denn der Real- bzw. Imaginärteil von λf ist λf_1 bzw. λf_2.
Nun sei $\lambda = i$. Es ist

$$if = i(f_1 + if_2) = -f_2 + if_1,$$

und folglich ist der Realteil bzw. der Imaginärteil von if gleich $-f_2$ bzw. f_1. Es folgt

$$\begin{aligned} \int_a^b if(x)\,dx &= -\int_a^b f_2(x)\,dx + i\int_a^b f_1(x)\,dx \\ &= i\left(\int_a^b f_1(x)\,dx + i\int_a^b f_2(x)\,dx\right) \\ &= i\int_a^b f(x)\,dx. \end{aligned}$$

Zusammen heißt das, dass reelle Zahlen und die Zahl i vor das Integral gezogen werden können. Da das Integral auch mit Summen vertauschbar ist, sind wir fertig: Ist λ eine beliebige komplexe Zahl, so schreiben wir λ als $\lambda = \alpha + i\beta$ mit reellen α, β, es ist dann $\lambda f = \alpha f + i\beta f$. Bei der Berechnung von $\int_a^b \lambda f(x)\,dx$ muss dann nur noch die Additivität der Integration ausgenutzt werden; anschließend zieht man α, i und β vor das Integral und fasst die vorgezogenen Faktoren wieder zu λ zusammen.

(iv) Mit f sind auch $\operatorname{Re} f$ und $\operatorname{Im} f$ stetig. Das sieht man am leichtesten dadurch ein, dass man z.B. $\operatorname{Re} f$ als Verknüpfung der Funktionen f (stetig nach Voraussetzung) und $z \mapsto \operatorname{Re} z$ (stetig als Lipschitzabbildung) auffassen kann. Damit folgt die Aussage aus der schon bewiesenen Tatsache, dass reellwertige stetige Funktionen integrierbar sind (Satz 6.1.7(ii)).

(v) Das ergibt sich sofort aus dem entsprechenden Ergebnis für reellwertige Funktionen (Satz 6.1.7(iii)).

(vi) Zunächst geht es um die Integrierbarkeit von $|f|$. Ist f stetig, ist das klar, denn dann ist $|f|$ als Komposition der stetigen Funktionen f und $z \mapsto |z|$ ebenfalls stetig und folglich integrierbar. (Das Argument lässt sich leicht auf stückweise stetige Funktionen verallgemeinern, denn mit f ist auch $|f|$ stückweise stetig.)

Der Beweis im allgemeinen Fall ist viel schwieriger, die Arbeit steckt aber bereits im Beweis von Satz 6.1.10: Mit f_1 und f_2 ist wegen Satz 6.1.10(i) auch $f_1^2 + f_2^2$ integrierbar, und – da $x \mapsto \sqrt{x}$ auf $[\,0, +\infty\,[$ stetig ist – muss die Funktion $|f| = \sqrt{f_1^2 + f_2^2}$ wegen Satz 6.1.10(ii) ebenfalls integrierbar sein.

Der zweite Teil, der Beweis der behaupteten Ungleichung, kann erfreulich elegant geführt werden. Wir beachten zunächst, dass für eine integrierbare Funktion $g = g_1 + ig_2$ (mit reellwertigen g_1 und g_2) sicher $g_1 \le |g|$ und folglich $\int_a^b g_1(x)\,dx \le \int_a^b |g(x)|\,dx$ gilt. Das kann man als

$$\operatorname{Re} \int_a^b g(x)\,dx \le \int_a^b |g(x)|\,dx$$

umschreiben.

Und nun die elegante Pointe: Ist ein integrierbares f vorgegeben, so wählen wir ein komplexes λ mit $|\lambda| = 1$, so dass $\operatorname{Re}\left(\lambda \int_a^b f(x)\,dx\right) = \left|\int_a^b f(x)\,dx\right|$. (Mit $z := \int_a^b f(x)\,dx$ muss man nur $\lambda := \overline{z}/|z|$ setzen.) Dann folgt wirklich, indem wir die Vorbereitung für $g := \lambda f$ anwenden:

$$\begin{aligned}
\left|\int_a^b f(x)\,dx\right| &= \lambda \int_a^b f(x)\,dx \\
&= \operatorname{Re}\left(\lambda \int_a^b f(x)\,dx\right) \\
&= \operatorname{Re} \int_a^b g(x)\,dx \\
&\le \int_a^b |g(x)|\,dx \\
&= \int_a^b |\lambda||f(x)|\,dx \\
&= \int_a^b |f(x)|\,dx.
\end{aligned}$$

□

Uneigentliche Integrale

Ist f reellwertig und auf einem Intervall definiert, das nicht von der Form $[a, b]$ ist, so kann das Integral in vielen Fällen durch einen Grenzprozess erklärt werden. Es empfiehlt sich, zur Definition der Ausdrücke $\lim_{c \to b^-}$, $\lim_{c \to a^+}$ usw. noch einmal den Anfang von Kapitel 4 zu konsultieren. (Zum Beispiel bedeutet $\lim_{c \to b^-} f(c) = \alpha$, dass $f(c_n) \to \alpha$ für alle Folgen in $[a, b[$ mit $c_n \to b$.)

Definition 6.3.3.

(i) *Es seien $a, b \in \mathbb{R}$ mit $a < b$ und $f : [a, b[\to \mathbb{R}$ eine Funktion. Ist dann für jedes c mit $a \leq c < b$ die Funktion $f|_{[a,c]}$ Riemann-integrierbar und existiert*

$$\lim_{c \to b^-} \int_a^c f(x)\, dx \in \mathbb{R},$$

uneigentlich integrierbar

so nennen wir f uneigentlich integrierbar über *$[a, b[$ und setzen*

$$\int_a^b f(x)\, dx := \lim_{c \to b^-} \int_a^c f(x)\, dx.$$

Dieses Integral wird das uneigentliche Integral von *f* über *$[a, b[$ genannt.*

(ii) *Ist $f : [a, +\infty[\to \mathbb{R}$, so kann man analog das uneigentliche Integral $\int_a^{+\infty} f(x)\, dx$ definieren: Es wird als*

$$\int_a^{+\infty} f(x)\, dx := \lim_{c \to +\infty} \int_a^c f(x)\, dx \in \mathbb{R}$$

erklärt, falls für alle $c > a$ die Einschränkungen von f auf $[a, c]$ integrierbar sind und der Limes in der Definition existiert.

(iii) *Ebenso lässt sich unter geeigneten Voraussetzungen an f ein uneigentliches Integral definieren, wenn f auf einem Intervall des Typs $]a, b]$ oder $]-\infty, b]$ erklärt ist.*

(iv) *Durch Kombination der vorhergehenden Definitionen lassen sich auch Funktionen betrachten, die auf offenen Intervallen definiert sind:*
Ist $f :]a, b[\to \mathbb{R}$, existieren für irgendein $d \in]a, b[$ die uneigentlichen Integrale

$$\int_a^d f(x)\, dx \text{ und } \int_d^b f(x)\, dx,$$

so nennen wir f uneigentlich integrierbar über *$]a, b[$ und setzen*

$$\int_a^b f(x)\, dx := \int_a^d f(x)\, dx + \int_d^b f(x)\, dx.$$

Aus Satz 6.1.7 und bekannten Ergebnissen für Grenzwerte ergibt sich nun leicht, dass das unbestimmte Integral viele Eigenschaften mit dem schon bekannten Integral teilt. Z.B.: Sind f und g uneigentlich über $]a,b]$ integrierbar, so ist auch $f+g$ uneigentlich integrierbar mit

$$\int_a^b (f+g)(x)\,dx = \int_a^b f(x)\,dx + \int_a^b g(x)\,dx.$$

Hier soll auf eine systematische Aufstellung verzichtet werden, alle Übertragungen sind leicht durchzuführen.

Wir diskutieren nun einige

Bemerkungen und Beispiele:

1. Betrachte für $\alpha \in \mathbb{R}$ die Abbildung $f : [1,+\infty[\to \mathbb{R},\ x \mapsto x^\alpha$. Dann gilt für $c \geq 1$:

$$\int_1^c x^\alpha\,dx = \begin{cases} \log c & \alpha = -1 \\ \dfrac{c^{\alpha+1}-1}{\alpha+1} & \alpha \neq -1. \end{cases}$$

Für $c \to +\infty$ geht $\log c$ gegen $+\infty$, und c^β geht gegen $+\infty$ für $\beta > 0$ und gegen 0 für $\beta < 0$. Folglich ist x^α genau für die $\alpha < -1$ uneigentlich über $[0,+\infty[$ integrierbar. Es gilt dann

$$\int_1^{+\infty} x^\alpha\,dx = \frac{-1}{\alpha+1}.$$

2. Betrachte $f : [0,+\infty[\to \mathbb{R},\ x \mapsto \mathrm{e}^{-x}$. Es ist

$$\begin{aligned} \int_0^{+\infty} \mathrm{e}^{-x}\,dx &= \lim_{c\to+\infty} \int_0^c \mathrm{e}^{-x}\,dx \\ &= -\lim_{c\to+\infty} \mathrm{e}^{-x}\Big|_0^c \\ &= -\lim_{c\to+\infty} \left(\mathrm{e}^{-c}-1\right) \\ &= 1. \end{aligned}$$

3. Sei wieder $\alpha \in \mathbb{R}$ fest gewählt. Betrachte $f :]0,1] \to \mathbb{R},\ x \mapsto x^\alpha$. Hier ist für jedes $0 < c \leq 1$:

$$\int_c^1 x^\alpha\,dx = \begin{cases} -\log c & \alpha = -1 \\ \dfrac{1-c^{\alpha+1}}{\alpha+1} & \alpha \neq -1. \end{cases}$$

Also existiert das uneigentliche Integral genau für $\alpha > -1$, und es gilt dann

$$\int_0^1 x^\alpha\,dx = \frac{1}{\alpha+1}.$$

4. Nun betrachten wir $\log x$ auf $]\,0,1\,]$. Diese Funktion geht sehr langsam gegen $-\infty$, wenn sich x der Null nähert: Für die unglaublich winzige Zahl $x = \mathrm{e}^{-100}$ hat $\log x$ gerade den Wert -100 erreicht.

Deswegen sollte das uneigentliche Integral $\int_0^1 \log x\,dx$ existieren. Und wirklich: Ist $\varepsilon > 0$, so ergibt sich mit der auf Seite 105 berechneten Stammfunktion, dass

$$\begin{aligned}\int_\varepsilon^1 \log x\,dx &= (x\log x - x)\big|_\varepsilon^1\\ &= -1 + \varepsilon - \varepsilon\log\varepsilon,\end{aligned}$$

und dieser Ausdruck geht für $\varepsilon \to 0$ gegen -1; die zugehörige Begründung kann mit den l'Hôpitalschen Regeln leicht gegeben werden, wir hatten nämlich am Ende von Abschnitt 4.2 gezeigt, dass $\lim_{\varepsilon\to 0} \varepsilon \cdot \log\varepsilon = 0$ ist.

5. Durch Betrachtung von Real- und Imaginärteil kann man die Definition auch auf den Fall komplexwertiger Funktionen übertragen.

6. In Teil (iv) der Definition spielt das „d" eine relativ unbedeutende Rolle: Wenn die fraglichen Limites für *irgendein* d existieren, tun sie das auch *für alle* d. Das liegt daran, dass sich die zu untersuchenden Ausdrücke für verschiedene d, d' nur um eine Konstante (nämlich $\int_d^{d'} f(x)\,dx$) unterscheiden.

Analysiert man das Verfahren, das in diesen Beispielen bei der Berechnung des uneigentlichen Integrals zum Ziel geführt hat, so gelangt man zu dem folgenden

Satz 6.3.4. *Es sei $f : [\,a,+\infty\,[\, \to \mathbb{R}$ eine stetige Funktion. Dann sind die folgenden Aussagen äquivalent:*

(i) Das uneigentliche Integral $\int_a^{+\infty} f(x)\,dx$ existiert.

(ii) Es gibt eine Stammfunktion F von f, für die $\lim_{c\to+\infty} F(c)$ existiert.

(iii) Wie (ii), die Aussage soll aber für jede *Stammfunktion gelten.*

Entsprechende Aussagen gelten für Funktionen, die auf anderen halboffenen Intervallen definiert sind.

Beweis: Die Äquivalenz von (i) und (ii) folgt daraus, dass

$$\int_a^c f(x)\,dx = F(c) - F(a)$$

gilt; damit ist die Konvergenz (für $c \to +\infty$) von $F(c)$ gleichwertig zu der von $F(c) - F(a)$.

Dass (ii) und (iii) äquivalent sind, ergibt sich aus der Tatsache, dass sich je zwei Stammfunktionen nur bis auf eine Konstante unterscheiden. □

Leider kann man nur in sehr einfach gelagerten Fällen die Existenz des uneigentlichen Integrals durch explizite Rechnung garantieren. Das ist so ähnlich wie in der Reihenrechnung in Abschnitt 2.4, wo es ja auch nur bei sehr wenigen konkreten Reihen gelang, die Reihenkonvergenz direkt zu zeigen. In den allermeisten Fällen wird man bei uneigentlichen Integralen wie damals in der Reihenrechnung die *Vollständigkeit* von $\mathbb{R}$ zur Garantie der Existenz heranziehen müssen.

Als Vorbereitung gehen wir zunächst noch einmal auf das Thema „stetige Ergänzbarkeit“ ein. Mal angenommen, $g : [\,a, +\infty\,[\; \to \mathbb{R}$ ist eine Funktion, von der wir zeigen wollen, dass $\lim_{x\to+\infty} g(x)$ in $\mathbb{R}$ existiert. Dann ist doch zu zeigen, dass es ein $\alpha \in \mathbb{R}$ gibt, so dass $g(x_n) \to \alpha$, wann immer (x_n) eine Folge mit $x_n \to +\infty$ ist. Überraschenderweise ist das gleichwertig dazu, dass jedesmal für solche (x_n) der Grenzwert $\lim g(x_n)$ existiert[32)].

Für unsere Zwecke heißt das: Das uneigentliche Integral $\int_a^{+\infty} f(x)\,dx$ wird genau dann existieren und in $\mathbb{R}$ liegen, wenn die Folge der Integrale $\left(\int_a^{x_n} f(x)\,dx\right)_n$ für $x_n \to +\infty$ eine Cauchy-Folge bildet, wenn also – bei vorgelegtem $\varepsilon > 0$ – für genügend große n, m die Ungleichung

$$\left|\int_a^{x_n} f(x)\,dx - \int_a^{x_m} f(x)\,dx\right| = \left|\int_{x_m}^{x_n} f(x)\,dx\right| \le \varepsilon$$

gilt. Kombiniert man das mit der Dreiecksungleichung für Integrale (Satz 6.1.9), so sieht man, dass sich die Bedingung von Funktionen auf „kleinere“ Funktionen vererbt. Zusammengefasst heißt das:

Satz 6.3.5. *Es seien* $f : [\,a, +\infty\,[\; \to \mathbb{R}$ *und* $g : [\,a, +\infty\,[\; \to [\,0, +\infty\,[$ *Funktionen, so dass gilt:*

(i) Das uneigentliche Integral $\int_a^{+\infty} g(x)\,dx$ *existiert in* $\mathbb{R}$.

(ii) f *ist auf allen Intervallen* $[\,a, c\,]$ *integrierbar.*

(iii) Es ist $|f(x)| \le g(x)$ *für alle* x.

Dann existiert auch das uneigentliche Integral $\int_a^{+\infty} f(x)\,dx$ *in* $\mathbb{R}$.

Für Funktionen, die auf anderen halboffenen Intervallen definiert sind, gelten entsprechende Ergebnisse.

Beweis: Es sei (x_n) ein Folge mit $x_n \to +\infty$ und $\varepsilon > 0$. Wir müssen aufgrund der Vorüberlegungen nur zeigen, dass es ein n_0 gibt, so dass

$$\left|\int_{x_n}^{x_m} f(x)\,dx\right| \le \varepsilon$$

für $n, m \ge n_0$ gilt.

---

32) Darauf wurde schon in Bemerkung 3 nach Definition 4.1.1 hingewiesen. Die Idee: Sind (x_n) und (y_n) gegen $+\infty$ konvergente Folgen, so hat auch $(x_1, y_1, x_2, y_2, \ldots)$ diese Eigenschaft. Und wenn die Anwendung von g in allen drei Fällen zu einer konvergenten Folge führt, so müssen die drei Grenzwerte übereinstimmen, da $(g(x_n))$ und $(g(y_n))$ Teilfolgen von $(g(x_1), g(y_1), g(x_2), g(y_2), \ldots)$ sind.

Nun ist g nach Voraussetzung uneigentlich in $\mathbb{R}$ integrierbar, die Folge $\left(\int_a^{x_n} g(x)\,dx\right)$ bildet also eine Cauchy-Folge. Diese Tatsache verschafft uns ein n_0, so dass

$$\left|\int_{x_m}^{x_n} g(x)\,dx\right| \leq \varepsilon$$

für $n, m \geq n_0$. Da g positiv ist, können die Betragsstriche weggelassen werden (o.B.d.A sei auch $x_n \leq x_m$). Wegen

$$\left|\int_{x_m}^{x_n} f(x)\,dx\right| \leq \int_{x_m}^{x_n} |f(x)|\,dx \leq \int_{x_m}^{x_n} g(x)\,dx$$

ist alles gezeigt. □

Ähnlich wie in der Reihenrechnung braucht man nun eine Menge Erfahrung, um durch Wahl der richtigen Funktion g im konkreten Fall weiterzukommen: g muss „einfach“ und „nicht zu groß“ sein (für g muss ja die Existenz des uneigentlichen Integrals ohne weitere Hilfsmittel gezeigt werden), andererseits muss g aber auch „groß genug“ gewählt werden, damit $|f|$ noch darunter passt.

Beispiele:

1. Es ist $\mathrm{e}^{-x^2} \leq \mathrm{e}^{-x}$ für $x \geq 1$, da die Funktion $x \mapsto \mathrm{e}^{-x}$ monoton fällt. Weil $\int_0^{+\infty} \mathrm{e}^{-x}\,dx$ existiert – das wurde auf Seite 119 nachgewiesen –, existiert auch $\int_0^{+\infty} \mathrm{e}^{-x^2}\,dx$. (Der Wert des Integrals ist übrigens $\sqrt{\pi}/2$, s.S. 359.)

2. Für $x \in \,]0,1]$ ist

$$\left|\frac{\cos(100x^{12})}{\sqrt{x}}\right| \leq \frac{1}{\sqrt{x}},$$

also existiert mit $\displaystyle\int_0^1 \frac{dx}{\sqrt{x}}$ auch $\displaystyle\int_0^1 \frac{\cos(100x^{12})}{\sqrt{x}}\,dx$.

3. Als einfache Folgerung erhält man: g sei so wie in Satz 6.3.5, und h sei eine beschränkte Funktion; sind dann g und h stetig, so existiert das uneigentliche Integral über die Funktion $h \cdot g$.

(*Begründung:* Die Funktion $||h||_\infty g$ ist positiv und als konstantes Vielfaches von g integrabel. Außerdem gilt punktweise $|h \cdot g| \leq ||h||_\infty g$, und folglich ist $h \cdot g$ integrabel.)

Damit ist zum Beispiel klar, dass $\int_0^{+\infty} \mathrm{e}^{-x^2} \sin(1 + x^{25})\,dx$ existiert; hier ist h die durch 1 beschränkte Funktion $\sin(1 + x^{25})$.

4. Sei $n \in \mathbb{N}$. Mit partieller Integration und vollständiger Induktion ergibt sich leicht, dass $\int_0^{+\infty} \mathrm{e}^{-x} x^n\,dx$ existiert (das sollten Sie zur Übung gleich nachrechnen).
? Nach Satz 6.3.5 existiert dann für $t \geq 1$ auch

$$\Gamma(t) := \int_0^{+\infty} \mathrm{e}^{-x}\, x^{t-1}\,dx,$$

man muss als Vergleichsfunktion nur $\mathrm{e}^{-x}\,x^n$ mit $n \geq t - 1$ wählen.

Entsprechend kann man durch Ausnutzen der Abschätzung

$$\left|e^{-x}x^{t-1}\right| \leq x^{t-1}$$

auf $]\,0,1\,]$ zeigen, dass $\Gamma(t)$ sogar für alle $t > 0$ existiert[33)].

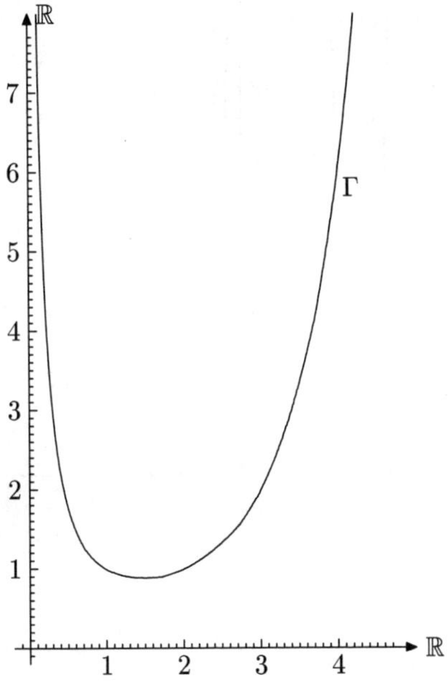

Bild 6.27: Graph der Gamma-Funktion

Gamma-Funktion

Die auf diese Weise definierte Funktion (die so genannte *Gamma-Funktion*) spielt eine wichtige Rolle in der höheren Analysis. Neben der Tatsache, dass $\Gamma(t)$ für jedes $t > 0$ definiert werden kann, wissen wir noch fast nichts darüber. Es ist aber leicht zu sehen, dass $\Gamma(1) = 1$ gilt und dass man für jedes $t > 0$ die Zahl $\Gamma(t+1)$ leicht aus $\Gamma(t)$ berechnen kann:

$$\begin{aligned} \Gamma(t+1) &= \lim_{\substack{\varepsilon\to 0^+ \\ c\to +\infty}} \int_\varepsilon^c \mathrm{e}^{-x}\, x^t\, dx \\ &\overset{\text{part. Int.}}{=} \lim_{\substack{\varepsilon\to 0^+ \\ c\to +\infty}} \left(-\mathrm{e}^{-x}\, x^t\Big|_\varepsilon^c\right) + \lim_{\substack{\varepsilon\to 0^+ \\ c\to +\infty}} t \int_\varepsilon^c \mathrm{e}^{-x}\, x^{t-1}\, dx \\ &= t\,\Gamma(t). \end{aligned}$$

33) Liegt t im Intervall $]\,0,1\,]$, so ist die Existenz von $\int_1^{+\infty} \mathrm{e}^{-x}\, x^{t-1}\, dx$ klar, denn auf $[\,1,+\infty\,[$ ist dann $e^{-x}x^{t-1} \leq \mathrm{e}^{-x}$. Auf $]\,0,1\,]$ dagegen muss man wirklich mit der Abschätzung $e^{-x}x^{t-1} \leq x^{t-1}$ arbeiten, um die Existenz von $\int_0^1 \mathrm{e}^{-x}\, x^{t-1}\, dx$ zu garantieren. Setzt man beide Anteile von $\int_0^{+\infty} \mathrm{e}^{-x}\, x^{t-1}\, dx$, also das Integral von 0 bis 1 und das von 1 bis $+\infty$ zusammen, so hat man die Existenz von $\int_0^{+\infty} \mathrm{e}^{-x}\, x^{t-1}\, dx$ bewiesen.

Durch vollständige Induktion folgt damit, dass $\Gamma(n) = (n-1)!$ für jedes $n \in \mathbb{N}$ gilt, die Gammafunktion ist damit so etwas wie die kontinuierliche Variante der Fakultät.

Erweiterung des Definitionsbereichs

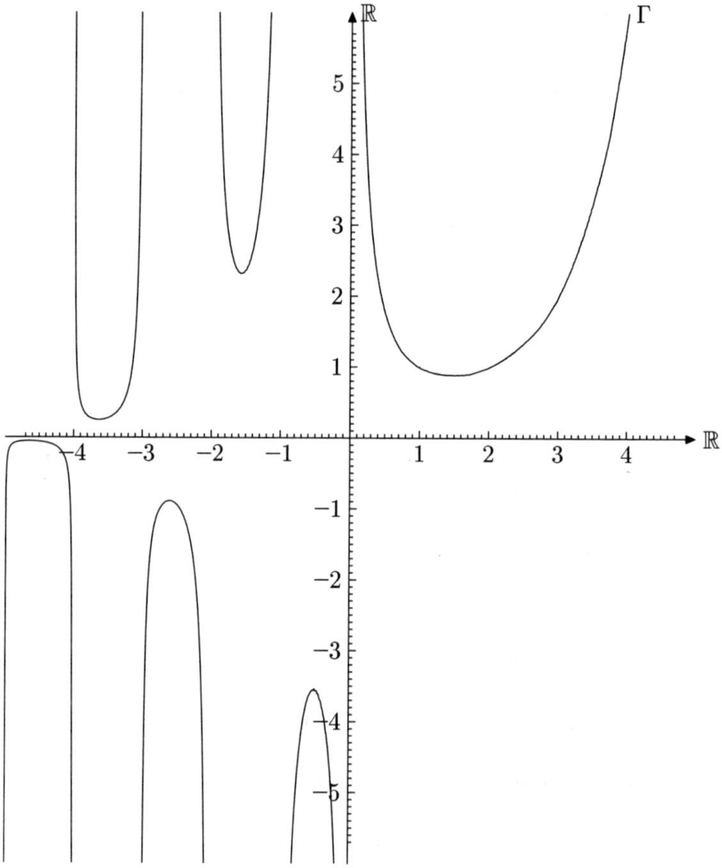

Bild 6.28: Gamma-Funktion: erweiterter Definitionsbereich

Die Definition der Gamma-Funktion durch ein Integral ist nur für positive Werte von t sinnvoll. Man kann $\Gamma(t)$ allerdings unter Ausnutzung der Funktionalgleichung $\Gamma(t+1) = t\Gamma(t)$ auch für gewisse $t < 0$ erklären.

Genauer: *Wenn* es möglich ist, $\Gamma(t)$ auch manchmal für $t < 0$ zu definieren und *wenn* dann immer noch die Funktionalgleichung gilt, so kann man daraus Rückschlüsse auf die $\Gamma(t)$ ziehen. Zum Beispiel müsste dann

$$\Gamma(0.2) = \Gamma(-0.8+1) = -0.8 \cdot \Gamma(-0.8)$$

gelten, es wäre also notwendig $\Gamma(-0.8) = -\Gamma(0.2)/0.8$. Diese Beobachtung kann man zum Anlass nehmen, den Definitionsbereich zu erweitern, zunächst auf die $t \in \,]-1, 0\,[$, dann analog auf die $t \in\ ]-2,-1[$ usw., am Ende ist Γ auf $\{t \mid t \neq 0,-1,-2,\ldots\}$ erklärt. Der Graph der erweiterten Funktion sieht dann so aus wie im vorstehenden Bild 6.28.

Es ist aufgrund der Definition möglich, aus den Eigenschaften von Γ auf $]0,+\infty[$ Rückschlüsse auf das Verhalten auf dem erweiterten Definitionsbereich zu ziehen. Zum Beispiel ist klar, dass Γ auf den Intervallen $]-1,0[$, $]-2,-1[$, ... abwechselnd negativ und positiv ist und dass Γ überall auf dem Definitionsbereich differenzierbar sein wird, wenn die Differenzierbarkeit auf $]0,+\infty[$ nachgewiesen ist.

Der Cauchysche Hauptwert eines Integrals$^{\diamond}$

Zum Schluss dieses Abschnitts soll noch kurz auf eine Technik eingegangen werden, die in der Distributionentheorie und anderen Teilen der höheren Analysis eine gewisse Rolle spielt. Wer lieber gleich zum nächsten Abschnitt übergehen möchte, kann das Studium der nächsten Zeilen auf später verschieben, ohne dass sich für diese „Analysis“ Nachteile ergeben werden.

Zur Motivation der gleich folgenden Definition sehen wir uns die Funktion $f(x) = 1/x$ auf dem Intervall $]-1,1[$ (aus dem natürlich der Nullpunkt entfernt werden muss) an. Welche „Fläche“ liegt unter f? Da wir ja schon bemerkt haben, dass der Anteil unterhalb der x-Achse negativ gezählt wird und die uneigentlichen Integrale $\int_0^1 dx/x$ bzw. $\int_{-1}^0 dx/x$ den Wert $+\infty$ und $-\infty$ haben, ist mit den bisherigen Methoden nichts zu machen, denn $(+\infty)+(-\infty)$ ist nicht vernünftig definierbar.

Das ist im vorliegenden Fall aber sehr unbefriedigend, denn man hat doch das Gefühl, dass die Flächen ober- und unterhalb der x-Achse haargenau gleich groß sind, und deswegen sollte der Wert Null für das Integral herauskommen.

Wirklich kann man $1/x$ ein Integral über $[-1,1]$ zuordnen, indem man nicht, wie es das bisherige Vorgehen nahelegen würde, einzeln die Integrale $\int_0^1 (1/x)\,dx$ und $\int_{-1}^0 (1/x)\,dx$ ausrechnet, sondern die kritische Stelle 0 von beiden Seiten *symmetrisch* annähert. Hier ist die präzise Fassung dieser Idee:

Definition 6.3.6. *Es sei $[a,b]$ ein Intervall und x_0 eine Zahl in $]a,b[$. Ist dann $f : [a,b]\setminus\{x_0\} \to \mathbb{R}$ eine stetige Funktion, für die*

$$\lim_{\varepsilon\to 0}\left(\int_a^{x_0-\varepsilon} f(x)\,dx + \int_{x_0+\varepsilon}^b f(x)\,dx\right)$$

existiert, so nennt man diese Zahl den Cauchyschen Hauptwert *des Integrals von f über $[a,b]$ und schreibt dafür* CH-$\int_a^b f(x)\,dx$. **Cauchyscher Hauptwert**

$1/x$ auf $[-1,1]$ liefert unser erstes Beispiel, wirklich ist CH-$\int_a^b (1/x)\,dx = 0$. Weitere Beispiele ergeben sich durch den

Satz 6.3.7. *Es sei $0 \in\ ]a,b[$ und $\varphi : [a,b] \to \mathbb{R}$ eine stetige Funktion, die bei Null differenzierbar ist. Dann existiert*

$$\text{CH-}\int_a^b \frac{\varphi(x)}{x}\,dx.$$

Beweis: Sei (ε_n) eine gegen Null konvergente Folge positiver Zahlen. Wir müssen zeigen, dass

$$g_n := \int_a^{-\varepsilon_n} \frac{\varphi(x)}{x}\,dx + \int_{\varepsilon_n}^b \frac{\varphi(x)}{x}\,dx$$

konvergent ist. Wir zeigen, dass eine Cauchy-Folge vorliegt.

Dazu beginnen wir mit der Vorgabe eines $\varepsilon > 0$. Aufgrund der Differenzierbarkeit von φ bei 0 können wir eine Funktion h und eine Zahl $\delta > 0$ finden, so dass $\varphi(x) = \varphi(0) + x\varphi'(0) + h(x)$, wobei $|h(x)| \le \varepsilon|x|$ für $|x| \le \delta$ [34].
Das bedeutet, dass man für $|x| \le \delta$ den Ausdruck $\varphi(x)/x$ durch

$$\frac{\varphi(0)}{x} + \varphi'(0) + \frac{h(x)}{x}$$

ersetzen darf, wobei $|h(x)/x| \le \varepsilon$.

Damit unterscheidet sich, falls $\varepsilon_n, \varepsilon_m \le \delta$ gilt, $g_n - g_m$ höchstens um einen Fehler 2ε von

$$\int_{-\varepsilon_n}^{-\varepsilon_m} \left(\frac{\varphi(0)}{x} + \varphi'(0)\right) dx + \int_{\varepsilon_m}^{\varepsilon_n} \left(\frac{\varphi(0)}{x} + \varphi'(0)\right) dx = 2(\varepsilon_n - \varepsilon_m)\varphi'(0),$$

wird also wegen $\varepsilon_n \to 0$ beliebig klein werden. Das ist die Cauchy-Folgen-Bedingung, und damit ist der Beweis vollständig geführt. □

6.4 Parameterabhängige Integrale

Im vorherigen Abschnitt haben wir die Gamma-Funktion eingeführt. Das in der Definition auftretende Integral kann nicht in geschlossener Form ausgewertet werden. Trotzdem ist es in diesem und in vergleichbaren Fällen wichtig, Aussagen über die analytischen Eigenschaften der durch einen Integrationsprozess gewonnenen Funktionen zu erhalten. Dieser Problematik ist der vorliegende Abschnitt gewidmet.

Zunächst kümmern wir uns um *Bezeichnungsweisen*, hin und wieder wurde auch schon in früheren Kapiteln darauf hingewiesen.

Differentiation: In den allermeisten Fällen war es ausreichend zu wissen, dass f' die Ableitung einer Funktion f bezeichnet. Manchmal treten in f aber mehrere Parameter auf, und dann muss man irgendwie ausdrücken, welche Variable denn gemeint ist, nach der abgeleitet werden soll. Man hilft sich so, dass man statt f' gleichwertig den Ausdruck $\frac{df}{dx}$ (oder $\frac{d}{dx}f$) verwendet, wenn nach x abgeleitet werden soll.

[34] Auf diese Umformulierung der Differenzierbarkeit hatten wir in Bemerkung 2 nach Definition 4.1.2 hingewiesen.

Genau genommen müsste man von einer auf einer Teilmenge Δ des $\mathbb{R}^n$ definierten Funktion f ausgehen, dann die bei Festhalten von $n-1$ Variablen entstehende Funktion betrachten und diese dann auf ganz gewöhnliche Weise differenzieren. Hier könnte der berechtigte spitzfindige Einwand kommen, dass der Definitionsbereich dieser von einer Variablen abhängenden Funktion so sein muss, dass die Betrachtung der Ableitung sinnvoll ist. Er darf also z.B. nicht nur aus einem einzigen Punkt bestehen. (Das könnte passieren, z.B. dann, wenn Δ die Menge $\{(x,y) \in \mathbb{R}^2 \mid y \geq x^2\}$ ist und die Ableitung einer auf Δ definierten Funktion in x-Richtung am Nullpunkt gebraucht wird.)

Wir wollen ab jetzt stillschweigend voraussetzen, dass solche Probleme nicht auftreten. Eine mögliche hinreichende Bedingung wäre etwa, dass Δ als Teilmenge des $\mathbb{R}^n$ offen ist.

So wäre zum Beispiel

$$\frac{d}{dx}\big(x^3 - 2a^2x + b\big) = 3x^2 - 2a^2.$$

Es könnte aber auch sein, dass in dieser Formel x ein fester Parameter ist und die Abhängigkeit von a studiert werden soll. Dann könnte die Ableitung nach a, also

$$\frac{d}{da}\big(x^3 - 2a^2x + b\big) = -4ax$$

von Interesse sein.

Diese Konvention wird verwendet, wenn eigentlich nur eine Variable eine wichtige Rolle spielt. Oft ist es aber so, dass mehrere gleichberechtigt sind, und dann verwendet man *die runden Differentiationssymbole* „∂", die sowohl in der Form $\dfrac{\partial f}{\partial x}$ als auch $\dfrac{\partial}{\partial x} f$ vorkommen, aus schreibtechnischen Gründen auch als $\partial f/\partial x$ [35]; man spricht dann von der *partiellen Ableitung von f nach x*. So hätte man die beiden vorigen Beispiele auch als

partielle Ableitungen

$$\frac{\partial}{\partial x}(x^3 - 2a^2x + b) = 3x^2 - 2a^2, \quad \frac{\partial}{\partial a}(x^3 - 2a^2x + b) = -4ax$$

notieren können, als Ergänzung könnte man noch

$$\frac{\partial}{\partial b}(x^3 - 2a^2x + b) = 1$$

sowie

$$\frac{\partial}{\partial c}(x^3 - 2a^2x + b) = 0$$

ausrechnen. (Die letzte Rechnung wird vielleicht manche verwirren, aber da c nicht als Variable vorkommt, muss die Ableitung einer konstanten Funktion berechnet werden; daher ergibt sich die Nullfunktion.) Wer differenzieren kann,

[35] Das runde ∂ wird als „d" ausgesprochen, man sagt also wieder „*df* nach dx".

sollte mit dieser Konvention keine Schwierigkeiten haben, man muss sich die bekannten Regeln ja nur in anderen Variablen vorstellen.

? Hier einige Test-Differentiationen für Sie, die sollten Sie unbedingt vor dem Weiterlesen durchführen (und bei Problemen die Antworten am Ende des Buches konsultieren): Welche Funktionen ergeben sich als

$$\frac{\partial}{\partial y}(x^3 + xy)\,,\ \frac{\partial}{\partial x}\left(\frac{\sin(x+z)}{(y+z)^2}\right),$$

$$\frac{\partial}{\partial a}\left(\mathrm{e}^{\sqrt{y/z+x^{2004}}} - 2yz + 19a\right),\ \frac{\partial}{\partial \varepsilon}(a + b\varepsilon)\ ?$$

Integration: Auch da spielt es eine Rolle, welcher Parameter als Integrationsvariable aufgefasst werden soll, das war in den vorigen Abschnitten schon einige Male von Bedeutung. Sie sollten ohne Schwierigkeiten die folgenden Rechnungen nachvollziehen und die nachstehenden Integrale auswerten können:

$$\int_1^3 (v^2 - 4h^3)\,dh = (v^2 h - h^4)\Big|_{h=1}^{3} = 2v^2 - 80.$$

$$\int_0^2 \varepsilon^2\,d\varepsilon = \frac{1}{3}\varepsilon^3\Big|_0^2 = \frac{8}{3}.$$

? Welchen Wert haben die folgenden Integrale?

$$\int_0^\pi \big(3 + \sin(5\nu)\big)\,d\nu\,,\ \int_0^{+\infty} \mathrm{e}^{-\alpha}\,d\alpha\ ?$$

Parameterabhängige Integrale der Form $\int_a^b f(x,t)\,dt$

Nach diesen Vorbereitungen kommen wir zum *eigentlichen Thema* dieses Abschnitts. Wir werden uns auf die *Behandlung stetiger Funktionen* beschränken, denn praktisch nur die kommen in den Anwendungen vor[36]. Wir verfahren dabei *in zwei Schritten*: Zunächst entwickeln wir die Theorie für den Fall, dass über beschränkte abgeschlossene Intervalle integriert wird, und dann studieren wir die Modifikationen, die beim Übergang zu uneigentlichen Integralen erforderlich sind; dabei werden wir dann noch einmal auf die Gamma-Funktion zurückkommen.

I und $[\,a,b\,]$ seien Intervalle (I muss nicht notwendig beschränkt oder abschlossen sein) und $f : I \times [\,a,b\,] \to \mathbb{R}$ eine stetige Funktion[37]. Die Elemente aus I werden wir mit $x, x_0, \ldots$ bezeichnen, die aus $[\,a,b\,]$ mit $t, t_0, \ldots$

---

[36] Die meisten Ergebnisse können dann auch leicht auf stückweise stetige Funktionen übertragen werden.

[37] „Stetig" und andere metrische Begriffe beziehen sich ab jetzt auf die Maximumsnorm des $\mathbb{R}^2$, es ist also $d\big((x,t),(x',t')\big) = ||(x,t) - (x',t')|| = \max\{|x - x'|, |t - t'|\}$.

Dann lässt sich eine neue Funktion $g : I \to \mathbb{R}$ durch

$$g(x) := \int_a^b f(x,t)\,dt$$

definieren.

Im Fall $f(x,t) = t + x$, $a = 0$ und $b = 1$ etwa ist

$$g(x) = \int_0^1 (t+x)\,dt = x + \frac{1}{2},$$

die Funktion g kann also explizit ausgerechnet werden. Dagegen führt die Vorgabe $f(x,t) = \mathrm{e}^{x^2 t^3}$, $a = 0$ und $b = 1$ auf

$$g(x) = \int_0^1 \mathrm{e}^{x^2 t^3}\,dt,$$

ein Integral, das nicht weiter vereinfacht werden kann.

Da wir uns auf stetige f beschränken, ist insbesondere $t \mapsto f(x,t)$ für jedes x stetig[38], und deswegen ist die Existenz des Integrals sichergestellt.

Durch den folgenden Satz werden die analytischen Eigenschaften von Funktionen g beschrieben, die so definiert sind:

Satz 6.4.1. *Seien $I, [\,a,b\,] \subset \mathbb{R}$ Intervalle und $f : I \times [\,a,b\,] \to \mathbb{R}$ eine stetige Abbildung. Wird dann $g : I \to \mathbb{R}$ durch*

$$g(x) := \int_a^b f(x,t)\,dt$$

definiert, so gilt:

(i) g ist stetig auf I.

(ii) f sei stetig und überall bzgl. der Variablen x differenzierbar. Weiter wird angenommen, dass die Funktion $\partial f / \partial x$ ebenfalls stetig ist.

Differentiation unter dem Integral

Dann ist g auf I differenzierbar, und für $x \in I$ gilt:

$$g'(x) = \int_a^b \frac{\partial f}{\partial x}(x,t)\,dt.$$

Kurz: Die Ableitung nach x darf unter das Integral gezogen werden.

Beweis: In beiden Beweisteilen wird die Kompaktheit von $[\,a,b\,]$ eine wichtige Rolle spielen.

---

[38] Als Komposition der stetigen Funktionen $t \mapsto (x,t)$ und f.

(i) Es seien $x_0 \in I$ und $\varepsilon > 0$ vorgegeben. Wir müssen ein $\delta > 0$ finden, so dass $|g(x) - g(x_0)| \leq \varepsilon$ für alle $x \in I$ mit $|x - x_0| \leq \delta$ gilt. Nach Definition heißt das, dass

$$\int_a^b f(x,t)\,dt - \int_a^b f(x_0,t)\,dt = \int_a^b \big(f(x,t) - f(x_0,t)\big)\,dt$$

„klein" sein muss, und das soll dadurch bewiesen werden, dass wir nachweisen, dass die zu integrierende Funktion „klein" ist. Da f stetig ist, ist natürlich für jedes t die Zahl $f(x,t)$ nahe bei $f(x_0,t)$, wenn nur x nahe genug bei x_0 ist. Es könnte jedoch sein, dass man für unterschiedliche t mit immer kleineren Abständen arbeiten muss, und deswegen muss man die *gleichmäßige* Stetigkeit von f ausnutzen.

Um die garantieren zu können, wählen wir eine kompakte Teilmenge K von I, die – für ein geeignetes $\delta_0 > 0$ – alle $x \in I$ mit $|x - x_0| \leq \delta_0$ enthält[39]; ist zum Beispiel x_0 ein linker Randpunkt (bzw. ein innerer Punkt) von I, kann man K als $[\,x_0, x_0 + \delta_0\,]$ (bzw. $[\,x_0 - \delta_0, x_0 + \delta_0\,]$) definieren.

Die Menge $K \times [\,a,b\,]$ ist dann als beschränkte abgeschlossene Teilmenge von $\mathbb{R}^2$ eine kompakte Teilmenge des Definitionsbereiches, und deswegen ist f nach Satz 3.3.13 darauf gleichmäßig stetig. Das bedeutet: Zu jedem $\eta > 0$ gibt es ein $\delta > 0$, so dass δ-nahe Urbildpunkte stets η-nahe Bilder haben. Insbesondere finden wir ein $\delta > 0$ (von dem wir annehmen wollen, dass $\delta \leq \delta_0$ ist), für das

$$|f(x,t) - f(x_0,t)| \leq \frac{\varepsilon}{b-a},$$

falls $x \in I$ mit $|x - x_0| \leq \delta$ und $t \in [\,a,b\,]$.
Für diese x gilt damit nach Satz 6.1.9:

$$\begin{aligned}
|g(x_0) - g(x)| &= \left|\int_a^b \big(f(x_0,t) - f(x,t)\big)\,dt\right| \\
&\leq \int_a^b |f(x_0,t) - f(x,t)|\,dt \\
&\leq \frac{\varepsilon}{b-a} \cdot (b-a) \\
&= \varepsilon.
\end{aligned}$$

Das beweist die Stetigkeit von g bei x_0.

(ii) Sei $x_0 \in I$ und $(x_n)_{n\in\mathbb{N}}$ eine gegen x_0 konvergente Folge in I mit $x_n \neq x_0$ für alle n. Wir haben zu zeigen, dass

$$\begin{aligned}
&\frac{g(x_n) - g(x_0)}{x_n - x_0} - \int_a^b \frac{\partial f}{\partial x}(x_0,t)\,dt \\
&\quad = \int_a^b \left(\frac{f(x_n,t) - f(x_0,t)}{x_n - x_0} - \frac{\partial f}{\partial t}(x_0,t)\right)\,dt
\end{aligned}$$

---

[39]Kurz: K ist eine kompakte Umgebung von x_0 in I.

mit $n \to \infty$ gegen Null geht.

Wir wählen ein kompaktes $K \subset I$ wie im Beweisteil (i) und nutzen diesmal – bei vorgegebenem $\varepsilon > 0$ – die gleichmäßige Stetigkeit von $\partial f/\partial x$ auf $K \times [a, b]$ aus: Es gibt ein $\delta > 0$, so dass insbesondere

$$\underset{\substack{x \in K \\ t \in [a,b]}}{\forall} \quad |x - x_0| \leq \delta \;\Rightarrow\; \left|\frac{\partial f}{\partial x}(x,t) - \frac{\partial f}{\partial x}(x_0,t)\right| \leq \frac{\varepsilon}{b-a}$$

gilt.

Wegen $x_n \to x_0$ ist $x_n \in K$ sowie $|x_n - x_0| \leq \delta$ für alle hinreichend großen $n \in \mathbb{N}$. Wähle für diese n und $t \in [a, b]$ nach dem Mittelwertsatz (angewandt auf $f(\,\cdot\,, t)$) ein $\xi_{n,t}$ zwischen x_0 und x_n mit

$$\frac{f(x_n,t) - f(x_0,t)}{x_n - x_0} = \frac{\partial f}{\partial x}(\xi_{n,t}, t).$$

Da $|x_0 - x_n| \leq \delta$ ist, muss auch $|x_0 - \xi_{n,t}| \leq \delta$ für jedes t gelten, und da deswegen der Abstand von $\dfrac{\partial f}{\partial x}(\xi_{n,t}, t)$ zu $\dfrac{\partial f}{\partial x}(x_0, t)$ höchstens gleich $\varepsilon/(b-a)$ ist, folgt

$$\begin{aligned}
&\left|\int_a^b \left(\frac{f(x_n,t) - f(x_0,t)}{x_n - x_0} - \frac{\partial f}{\partial x}(x_0,t)\right) dt\right| \\
&\quad = \left|\int_a^b \left(\frac{\partial f}{\partial x}(\xi_{n,t},t) - \frac{\partial f}{\partial x}(x_0,t)\right) dt\right| \\
&\quad \leq \int_a^b \left|\frac{\partial f}{\partial x}(\xi_{n,t},t) - \frac{\partial f}{\partial x}(x_0,t)\right| dt \\
&\quad \leq \int_a^b \frac{\varepsilon}{b-a}\, dx \\
&\quad = \varepsilon.
\end{aligned}$$

Damit ist alles gezeigt. □

Bemerkungen und Beispiele:

1. Durch mehrmalige Anwendung von (ii) ergibt sich, wie die höheren Ableitungen von g zu berechnen sind (wobei natürlich vorauszusetzen ist, dass genügend viele partielle Ableitungen von $f(\,\cdot\,, t)$ existieren und dass diese Ableitungen stetig sind).

2. Ist $g(x) := \int_2^3 \mathrm{e}^{tx}\, dt$, so folgt $g'(x) = \int_2^3 t\mathrm{e}^{tx}\, dt$, denn die partielle Ableitung von e^{tx} nach x ist $t\mathrm{e}^{tx}$. Die höheren Ableitungen sind hier auch leicht zu bestimmen, so ist $g''(x) = \int_2^3 t^2\mathrm{e}^{tx}\, dt$, allgemein $g^{(k)}(x) = \int_2^3 t^k\mathrm{e}^{tx}\, dt$.

(In diesem einfachen Fall hätte man g auch explizit als $\left(\mathrm{e}^{3x} - \mathrm{e}^{2x}\right)/x$ berechnen können. Die Ableitung ist damit gleich $\left(\mathrm{e}^{3x}(3x-1) - \mathrm{e}^{2x}(2x-1)\right)/x^2$, und das ist die gleiche

Funktion, die man auch bei Auswertung des vorstehenden Integrals für $g'(x)$ durch partielle Integration erhält.)

3. Ist $\Phi(s) = \int_0^1 \sin(s^2 + t^3)\,dt$, so ist[40] $\Phi'(s) = \int_0^1 2s\cos(s^2 + t^3)\,dt$.

   Man beachte: Auch wenn dieses Integral nicht geschlossen ausgewertet werden kann, lassen sich trotzdem wichtige Informationen über Φ ablesen. Es ist zum Beispiel jetzt klar, dass die Ableitung von Φ bei Null verschwindet und dass die Ableitung im Bereich $0 < s < \sqrt{\pi/2 - 1}$ positiv ist, denn für diese s ist $t \mapsto 2s\cos(s^2 + t^3)$ eine positive Funktion auf $[0,1]$.

Als interessante Folgerung aus Satz 6.4.1 zeigen wir noch, dass bei Mehrfachintegralen die Integrationsreihenfolge keine Rolle spielt; auf Seite 82 hatten wir schon darauf hingewiesen, dass das zu erwarten ist:

Korollar 6.4.2. *Ist $f : [a,b] \times [c,d] \to \mathbb{R}$ eine stetige Funktion, so gilt*

$$\int_a^b \int_c^d f(x,y)\,dy\,dx = \int_c^d \int_a^b f(x,y)\,dx\,dy.$$

Beweis: Im Beweis spielt wieder die Tatsache eine wichtige Rolle, dass sich zwei (auf dem gleichen Intervall definierte) differenzierbare Funktionen h_1 und h_2 nur um eine Konstante unterscheiden können, wenn ihre Ableitungen übereinstimmen[41]. Wir brauchen dieses Ergebnis hier in der folgenden Form:

> Gilt $h_1' = h_2'$ und stimmen h_1 und h_2 an einer Stelle überein, so muss $h_1 = h_2$ sein.

In unserem Fall betrachten wir die Funktionen $h_1, h_2 : [a,b] \to \mathbb{R}$, die durch

$$h_1(z) := \int_a^z \int_c^d f(x,y)\,dy\,dx, \;\; h_2(z) := \int_c^d \int_a^z f(x,y)\,dx\,dy$$

definiert sind[42]. Es ist klar, dass $h_1(a) = h_2(a)$ gilt, beide Zahlen sind offensichtlich Null. Die Behauptung läuft auf $h_1(b) = h_2(b)$ hinaus, und wir zeigen das, indem wir $h_1' = h_2'$ beweisen.

Zur Berechnung von h_1' ist an Satz 6.2.1 zu erinnern: Die Ableitung bei z ist der Wert der „inneren“ Funktion an der Stelle $x = z$, also gleich $\int_c^d f(z,y)\,dy$. Der gleiche Wert kommt für $h_2'(z)$ heraus, wenn wir diesmal unter dem Integral nach z ableiten – also Satz 6.4.1 anwenden – und dabei nochmals Satz 6.2.1 ausnutzen. □

Manchmal wird eine *Variante* der vorstehenden Definitionen und Ergebnisse benötigt. Wieder ist I vorgelegt, und für die $x \in I$ soll eine Funktion g durch

---

[40] Beachte: Hier ist partiell nach s zu differenzieren.

[41] Das folgt aus Korollar 4.2.3(i), angewandt auf $h_1 - h_2$.

[42] Ausnahmsweise ist hier z keine komplexe, sondern eine reelle Variable. Uns gehen die Buchstaben aus ...

Integration erklärt werden. Anders als bisher darf das Integrationsintervall aber von x abhängen.

Etwas genauer: Gegeben sind stetige Funktionen $\varphi, \psi : I \to \mathbb{R}$ mit $\varphi \leq \psi$, und f ist eine auf $\Delta_{I,\varphi,\psi} := \{(x,t) \mid x \in I,\ \varphi(x) \leq t \leq \psi(x)\}$ erklärte stetige Funktion. Dann definiert man

$$g(x) := \int_{\varphi(x)}^{\psi(x)} f(x,t)\, dt$$

für $x \in I$; die weiter oben betrachtete Funktion g entspricht offensichtlich dem Spezialfall, in dem φ bzw. ψ konstant gleich a bzw. b sind.

Der folgende Satz verallgemeinert Satz 6.4.1(i):

Satz 6.4.3. *Es seien φ, ψ, f und g wie vorstehend. Sind dann φ und ψ stetig, so ist g stetig.*

Beweis: Sei $x_0 \in I$, wir zeigen die Stetigkeit von g bei x_0. Zu vergleichen sind dabei die Zahlen $\int_{\varphi(x)}^{\psi(x)} f(x,t)\, dt$ und $\int_{\varphi(x_0)}^{\psi(x_0)} f(x_0,t)\, dt$ für x „in der Nähe“ von x_0. Eine direkte Übertragung des Beweises von Satz 6.4.1 würde auf die Integrale $\int_{\varphi(x_0)}^{\psi(x_0)} f(x,t)\, dt$ und $\int_{\varphi(x)}^{\psi(x)} f(x_0,t)\, dt$ führen, doch sind diese Zahlen möglicherweise nicht definiert: $(x_0, \varphi(x))$ etwa braucht nicht zu $\Delta_{I,\varphi,\psi}$ zu gehören. Deswegen müssen wir etwas sorgfältiger argumentieren, wir betrachten zwei Fälle.

Fall 1: Es ist $\varphi(x_0) = \psi(x_0)$.

In diesem Fall ist $g(x_0) = 0$. Wir geben $\varepsilon > 0$ vor und zeigen, dass sich ein $\delta > 0$ mit der folgenden Eigenschaft angeben lässt: Ist $x \in I$ und $|x - x_0| \leq \delta$, so ist $|g(x)| \leq \varepsilon$.

Zunächst wählen wir wie im Beweis von Satz 6.4.1(i) eine kompakte Umgebung K von x_0. Die Menge

$$\Delta_K := \{(x,t) \mid x \in K,\ \varphi(x) \leq t \leq \psi(x)\}$$

ist dann eine kompakte Teilmenge des $\mathbb{R}^2$, denn sie ist beschränkt (da φ und ψ als stetige Funktionen auf der kompakten Menge K beschränkt sind) und abgeschlossen (das folgt aus der Stetigkeit von φ und ψ). Folglich ist f auf Δ_K beschränkt, es gibt also ein R, so dass $|f(x,t)| \leq R$ für alle $(x,t) \in \Delta_K$ gilt.

Das gesuchte δ wählen wir so, dass $x \in K$ und $\psi(x) - \varphi(x) \leq \varepsilon / R$ für die $x \in I$ mit $|x - x_0| \leq \delta$ gilt. Das geht, da K eine Umgebung von x_0 ist, φ und ψ stetig sind und wir $\varphi(x_0) = \psi(x_0)$ vorausgesetzt haben.
Für die $x \in I$ mit $|x - x_0| \leq \delta$ können wir $g(x)$ so abschätzen:

$$|g(x)| \quad = \quad \left| \int_{\varphi(x)}^{\psi(x)} f(x,t)\, dt \right|$$

$$
\begin{aligned}
&\le \int_{\varphi(x)}^{\psi(x)} |f(x,t)|\,dt \\
&\le \int_{\varphi(x)}^{\psi(x)} R\,dt \\
&= R\big(\psi(x) - \varphi(x)\big) \\
&\le \varepsilon.
\end{aligned}
$$

Fall 2: Es ist $\varphi(x_0) < \psi(x_0)$.

Wir geben ein x_0 und ein $\varepsilon > 0$ vor; es soll dann $|g(x) - g(x_0)| \le \varepsilon$ gelten, wenn nur $x \in I$ „nahe genug" bei x_0 ist. Wir fixieren nun ein η, das wir später so wählen werden, dass die gewünschte Ungleichung herauskommt. (Zurzeit wollen wir nur annehmen, dass $2\eta \le \psi(x_0) - \varphi(x_0)$ ist.) Wir bestimmen ein $\delta > 0$, so dass gilt:

- Für $x \in I$ mit $|x - x_0| \le \delta$ ist $x \in K$; dabei ist K wieder eine fest gewählte kompakte Umgebung von x_0.
- Für derartige x ist auch $|\varphi(x) - \varphi(x_0)| \le \eta$ und $|\psi(x) - \psi(x_0)| \le \eta$; das ist wegen der Stetigkeit von φ und ψ möglich.

Auf diese Weise sind wir sicher, dass die kompakte Menge

$$\Delta_\eta := \{(x,t) \mid x \in K,\ |x - x_0| \le \delta,\ \varphi(x_0) + \eta \le t \le \psi(x_0) - \eta\}$$

eine Teilmenge von $\Delta_{I,\varphi,\psi}$ ist; folglich ist f dort gleichmäßig stetig. Deswegen dürfen wir – evtl. nach Übergang zu einem kleineren δ – annehmen, dass $|f(x,t) - f(x_0,t)| \le \eta$ gilt, wenn nur $|x - x_0| \le \delta$ ist.

Wir wählen noch eine obere Schranke R von $|f|$ auf Δ_K (diese Menge ist wie im ersten Schritt definiert) und kommen zur eigentlichen Abschätzung. Dazu betrachten wir ein $x \in I$ mit $|x - x_0| \le \delta$, es folgt:

$$
\begin{aligned}
g(x) - g(x_0) &= \int_{\varphi(x)}^{\psi(x)} f(x,t)\,dt - \int_{\varphi(x_0)}^{\psi(x_0)} f(x_0,t)\,dt \\
&= \int_{\varphi(x_0)+\eta}^{\psi(x_0)-\eta} \big(f(x,t) - f(x_0,t)\big)\,dt + \int_{\varphi(x)}^{\varphi(x_0)+\eta} f(x,t)\,dt + \\
&\quad + \int_{\psi(x_0)-\eta}^{\psi(x)} f(x,t)\,dt - \int_{\varphi(x_0)}^{\varphi(x_0)+\eta} f(x_0,t)\,dt - \int_{\psi(x_0)-\eta}^{\psi(x_0)} f(x_0,t)\,dt.
\end{aligned}
$$

Dabei ist das erste Integral durch $\eta\big(\psi(x_0) - \varphi(x_0)\big)$ abschätzbar, *hier* wird die gleichmäßige Stetigkeit von f wichtig. Die anderen vier Integrale sind durch „Intervall-Länge mal Maximalwert von f", also durch $R\eta$ beschränkt, wir erhalten also die Abschätzung

$$|g(x) - g(x_0)| \le \eta\big(\psi(x_0) - \varphi(x_0)\big) + 4\eta R.$$

Nun wissen wir auch, wie wir η wählen sollten: Es muss $\eta \le \varepsilon/2\big(\psi(x_0)-\varphi(x_0)\big)$ sowie $\eta \le \varepsilon/8R$ sein. Wenn wir dann mit so einem η das obige δ bestimmen, kommen wir wirklich zur Abschätzung $|g(x)-g(x_0)| \le \varepsilon$.
Damit ist die Stetigkeit von g bei x_0 bewiesen. □

Nun soll die *Differenzierbarkeit von g* behandelt werden, es geht also um eine Verallgemeinerung von Satz 6.4.1(ii). Da gibt es nun allerdings – anders als im obigen Spezialfall – das Problem, dass die Aussage „f ist partiell nach x differenzierbar" nicht immer sinnvoll formuliert werden kann, da der Definitionsbereich von $x \mapsto f(x,t)$ für gewisse t möglicherweise nur aus einem einzigen Punkt besteht[43].
Um dieses Problem zu vermeiden, setzen wir voraus:

> Es ist eine im $\mathbb{R}^2$ offene Menge
>
> $$O_f \supset \Delta_{I,\varphi,\psi} := \{(x,t) \mid x \in I,\ \varphi(x) \le t \le \psi(x)\}$$
>
> vorgegeben, $f : O_f \to \mathbb{R}$ ist eine stetige Funktion, und $x \mapsto f(x,t)$ ist für diejenigen t differenzierbar, für die $\{x \mid (x,t) \in O_f\}$ nicht leer ist[44].
>
> Damit ist $\partial f/\partial x$ eine auf O_f definierte Funktion; wir setzen noch voraus, dass sie stetig ist.

Unter diesen Voraussetzungen gilt:

Satz 6.4.4. *Sind φ und ψ differenzierbar, so ist die durch $g(x) := \int_{\varphi(x)}^{\psi(x)} f(x,t)\,dt$ auf I definierte Funktion differenzierbar. Es gilt*

Differentiation unter dem Integral (2)

$$g'(x) = \int_{\varphi(x)}^{\psi(x)} \frac{\partial f}{\partial x}(x,t)\,dt + \psi'(x) f\big(x,\psi(x)\big) - \varphi'(x) f\big(x,\varphi(x)\big)$$

für jedes $x \in I$.

Beweis: Der Beweis soll hier nicht geführt werden. Die Technik ist ganz ähnlich wie die im Beweis von Satz 6.4.1, *so* ergibt sich das Integral über die partielle Ableitung von f. Zusätzlich entstehend noch die beiden letzten Summanden wie im Beweis von Satz 6.2.1(ii).
(Wer die Einzelheiten nicht selbst nachrechnen möchte, sollte sich bis Kapitel 8 gedulden. Dort werden wir das vorstehende Ergebnis auf Seite 290 sehr elegant als Korollar zur Kettenregel für Funktionen in mehreren Veränderlichen erhalten.) □

[43] Das passiert etwa für $I = [-1,1]$, $\varphi(x) = 0$, $\psi(x) = 1-|x|$ bei $t = 1$.

[44] Das klingt sehr technisch. In den meisten Fällen wird man aber $O_f = \mathbb{R}^2$ wählen können, und dann ist $\{x \mid (x,t) \in O_f\} = \mathbb{R}$ für alle t.

Bemerkungen und Beispiele:

1. Wenn φ und ψ konstant sind, erhalten wir noch einmal Satz 6.4.1(ii). Aber auch die Aussage $\left(\int_a^x f(t)\,dt\right)' = f(x)$ aus Satz 6.2.1 ist als Spezialfall enthalten. Da hängt der Integrand nicht von x ab, und deswegen ist der erste Summand in der Formel für g' gleich Null.

2. Hier einige einfache Rechenbeispiele:

$$\begin{aligned}
\frac{d}{dx}\int_{x/2}^{x^3} \sin(xt^2)\,dt &= \int_{x/2}^{x^3} t^2\cos(xt^2)\,dt + 3x^2\sin(x^7) - \frac{1}{2}\sin\left(\frac{x^3}{4}\right).\\
\frac{d}{dy}\int_{y^2+4a}^{1000} y^3x^7\,dx &= \int_{y^2+4a}^{1000} 3y^2x^7\,dx - 2y\cdot\left(y^3(y^2+4a)^7\right).
\end{aligned}$$

? Berechnen Sie die folgenden Ableitungen zur Übung selber: Was ergibt sich als Ableitung von

$$\int_{-1-x}^{\cos x} \mathrm{e}^{x^2t^2}\,dt \text{ und von } \int_{-\mathrm{e}^x}^{\mathrm{e}^{x^2}} \sqrt{1+t^2x^2}\,dt\ ?$$

gebrochene Ableitungen

3. Als etwas aufwändigere Anwendung des Satzes soll noch auf *gebrochene Ableitungen*$^\diamond$ eingegangen werden.

Wir betrachten eine stetige Funktion $f:\mathbb{R}\to\mathbb{R}$, und wir sind zunächst an „höheren Stammfunktionen" interessiert. Genauer: Ist $n\in\mathbb{N}$, so suchen wir eine Funktion φ_n mit $\varphi_n^{(n)} = f$; so ein φ_n könnte man eine *n-te Stammfunktion von f* nennen.

Ein derartiges φ_n kann immer gefunden werden, man muss nur die Formel aus Satz 6.2.1 iterieren[45]. Es geht aber auch eleganter, die n-te Ableitung der durch

$$\varphi_n(x) := \int_0^x \frac{(x-t)^{n-1}}{(n-1)!}f(t)\,dt$$

? definierten Funktion ist nämlich gleich f: Können Sie das unter Verwendung von Satz 6.4.4 begründen? Wir schreiben $f^{(-n)} := \varphi_n$, durch diese Schreibweise soll hervorgehoben werden, dass das Auffinden von Stammfunktionen so etwas wie eine inverse Operation zum Differenzieren ist.

Das n taucht unter dem Integral als Exponent einer positiven Zahl und im Ausdruck $(n-1)!$ auf. Diese Operationen sind aber auch sinnvoll, wenn man *beliebige* positive Zahlen einsetzt: Für die Potenz ist das klar, und die Fakultät kann durch die Gammafunktion interpoliert werden (s. S. 124). Daher ist es nahe liegend, für jedes $a>0$ *eine a-te Stammfunktion von f* durch

$$f^{(-a)}(x) := \int_0^x \frac{(x-t)^{a-1}}{\Gamma(a)}f(t)\,dt$$

[45]Das soll bedeuten: φ_1 definiert man als $x\mapsto\int_0^x f(t)\,dt$, φ_2 durch $x\mapsto\int_0^x \varphi_1(t)\,dt$ usw.

zu definieren, dabei ist das Integral für $a \in]0,1]$ als uneigentliches Integral auszuwerten; weil $a-1 > -1$ ist, ist die Existenz sichergestellt.

Das ermöglicht uns, nun auch *beliebige Ableitungen* einzuführen, zum Beispiel die π-te Ableitung der Sinusfunktion. Sei dazu ein $b > 0$ vorgegeben, wir wollen die b-fache Ableitung von f ausrechnen; f soll dabei genügend oft differenzierbar sein, und für $b = n \in \mathbb{N}$ soll $f^{(n)}$ herauskommen.

Das geht so. Wir wählen ein $m \in \mathbb{N}$ mit $m > b$ und definieren dann $f^{(b)}$ als die m-te Ableitung von $f^{(b-m)}$, also

$$f^{(b)} := \left(f^{(b-m)}\right)^{(m)}.$$

(Diese Definition ist von der Wahl von m unabhängig, $f^{(b)}$ ist also wirklich *wohldefiniert*.)

Ergänzt man die Definition noch um $f^{(0)} := f$, so ist $f^{(a)}$ für alle $a \in \mathbb{R}$ definiert.

Im Allgemeinen sind die auftretenden Integrale zu kompliziert, um sie geschlossen auszuwerten. Manchmal geht es aber, zum Beispiel für die Funktion, die durch $f(x) := 1$ für alle x definiert ist. Dann ist für $a > 0$:

$$\begin{aligned} f^{(-a)}(x) &= \int_0^x \frac{(x-t)^{a-1}}{\Gamma(a)}\,dt \\ &= -\frac{1}{a\Gamma(a)}(x-t)^a \,\Big|_{t=0}^{x} \\ &= \frac{1}{\Gamma(a+1)}x^a. \end{aligned}$$

(Das ist, wenn a die positiven Zahlen durchläuft, eine Kurvenschar, die für $a = n \in \mathbb{N}$ auch die n-fachen Stammfunktionen $x^n/n!$ enthält.)

Für dieses f können auch leicht gebrochene Ableitungen ausgerechnet werden. Zum Beispiel ist $f^{(1/2)}$ die Ableitung von $f^{(-1/2)}$, also gleich

$$\left(\frac{x^{1/2}}{\Gamma(3/2)}\right)' = \frac{x^{-1/2}}{2\cdot\Gamma(3/2)}.$$

Es ist für dieses Beispiel übrigens *nicht* richtig, dass $\left(f^{(1)}\right)^{(-1/2)} = f^{(1/2)}$ gilt, denn da f' die Nullfunktion ist, muss auch $\left(f^{(1)}\right)^{(-1/2)} = 0$ sein. Daraus folgt insbesondere, dass die Formel $\left(f^{(a)}\right)^{(b)} = f^{(a+b)}$ nicht allgemein richtig sein kann.[46)]

Und wozu? Wirklich lassen sich zu diesem Zeitpunkt beim besten Willen mit dem neuen Konzept keine neuen Ergebnisse beweisen oder interessante Zusammenhänge aufzeigen. Das passiert hin und wieder in sehr spezialisierten Teilbereichen, hier war dieser Exkurs nur als Beispiel dafür gedacht, wie man

[46)] Sie stimmt aber dann, wenn a und b negativ sind. Zum Beweis muss man mehr über Mehrfachintegrale wissen, als hier behandelt wurde, auch wird eine Formel für $\Gamma(\alpha)\Gamma(\beta)$ benötigt.

Definitionen, die für natürliche Zahlen sinnvoll sind, auf größere Zahlenbereiche erweitern kann.

Parameterabhängige Integrale: Uneigentliche Integrale

Eine Analyse der vorstehenden Beweise zeigt, dass die Kompaktheit des Integrationsbereiches $[a, b]$ eine wichtige Rolle spielte, um aus der Stetigkeit die gleichmäßige Stetigkeit folgern zu können. Folglich ist die Übertragung der vorstehenden Ergebnisse auf den Fall uneigentlicher Integrale nicht zu erwarten. Erst durch zusätzliche Bedingungen wird eine ähnliche Argumentation möglich; diese Bedingungen garantieren, dass man die wesentlichen Teile der Berechnungen schon durch Integration über kompakte Teilbereiche durchführen kann.

Wir formulieren die Aussage nur für uneigentliche Integrale vom Typ 6.3.3(i), die anderen Fälle sind analog zu behandeln.

Satz 6.4.5. *Es seien $a, b \in \mathbb{R}$ mit $a < b$ und $I \subset \mathbb{R}$ ein Intervall. Weiter sei $f : I \times [a, b[\to \mathbb{R}$ eine stetige Abbildung, so dass für jedes $x \in I$ das uneigentliche Integral $\int_a^b f(x,t)\,dt$ existiert. Definieren wir dann $g : I \to \mathbb{R}$ durch*

$$g(x) := \int_a^b f(x,t)\,dt,$$

so gilt:

(i) Gibt es zu jedem $x_0 \in I$ eine Umgebung U und eine uneigentlich über $[a, b[$ integrierbare Funktion $h : [a, b[\to \mathbb{R}$ mit

$$\forall_{\substack{x \in U \\ t \in [a,b[}} |f(x,t)| \le h(t),$$

so ist g stetig.

Differentiation unter dem Integral (3)

(ii) Die Funktion $\dfrac{\partial f}{\partial x}$ möge existieren und stetig sein, ferner gebe es für jedes $x_0 \in I$ eine Umgebung U und uneigentlich über $[a, b[$ integrierbare Funktionen $h_1, h_2 : [a, b[\to \mathbb{R}$, so dass

$$\forall_{\substack{x \in U \\ t \in [a,b[}} |f(x,t)| \le h_1(t) \text{ und } \left|\frac{\partial f}{\partial x}(x,t)\right| \le h_2(t)$$

gilt. Dann ist g differenzierbar mit

$$g'(x) = \int_a^b \frac{\partial f}{\partial x}(x,t)\,dt.$$

Beweis: Wir beweisen hier nur (i), der Beweis von (ii) ist durch analoge Abschätzungen auf Satz 6.4.1(ii) zurückzuführen.

Sei also $x_0 \in I$ und $\varepsilon > 0$, wir wählen U und h nach Voraussetzung. Für jedes $c \in [\,a, b\,[$ ist dann die Funktion $g_c : U \to \mathbb{R}$, definiert durch

$$g_c(x) := \int_a^c f(x,t)\, dt,$$

nach Satz 6.4.1(i) stetig bei x_0.

Als Nächstes bestimmen wir ein $c \in [\,a, b\,[$ mit $\int_c^b h(t)\, dt \leq \varepsilon$, da $\int_a^b h(t)\, dt$ endlich ist, gibt es so ein c. Dann wählen wir zu diesem c ein $\delta > 0$, so dass aus $x \in I$, $|x - x_0| \leq \delta$ stets $x \in U$ und $|g_c(x) - g_c(x_0)| \leq \varepsilon$ folgt. Für solche x ist dann

$$\begin{aligned}
|g(x) - g(x_0)| &= \left| \int_a^b \big(f(x,t) - f(x_0,t)\big)\, dt \right| \\
&= \left| \int_a^c \big(f(x,t) - f(x_0,t)\big)\, dt + \int_c^b \big(f(x,t) - f(x_0,t)\big)\, dt \right| \\
&\leq |g_c(x) - g_c(x_0)| + 2 \int_c^b h(t)\, dt \\
&\leq 3\varepsilon.
\end{aligned}$$

Das beweist die Stetigkeit von g. □

Beispiel:

Wir wollen dieses Ergebnis auf die *Gammafunktion* anwenden.

Es sei $x_0 > 1$. Dann gibt es eine Umgebung U von x_0 und ein $n \in \mathbb{N}$, so dass die Funktion $\mathrm{e}^{-t}\, t^{x-1}$ für alle $x \in U$ und alle $t \geq 0$ durch $\mathrm{e}^{-t}\, t^n$ abgeschätzt werden kann. Diese Funktion ist uneigentlich integrierbar, und deswegen ist die Gammafunktion stetig bei x_0.

Genauer: Ist $x_0 > 1$, wähle $\eta > 1$ und $n \in \mathbb{N}$ so, dass $x_0 \in U := \,]\,\eta, n+1\,[$ gilt. Für $x \in U$ ist dann $x - 1 > 0$ und $x - 1 < n$, folglich ist $t^{x-1} \leq t^n$ für $t \geq 0$.

Durch eine analoge Abschätzung für $0 < x_0 \leq 1$ folgt, dass Γ auch bei diesen x_0 stetig ist.

Entsprechend ergibt sich (durch mehrfache Anwendung) aus Teil (ii), dass Γ beliebig oft differenzierbar ist, für die n-te Ableitung erhält man die Formel

$$\Gamma^{(n)}(x) = \int_0^{+\infty} \log^n t\, \mathrm{e}^{-t}\, t^{x-1}\, dt.$$

6.5 L^p-Normen$^\diamond$

Wie „groß“ ist eine Funktion? Das ist eine wichtige Frage, wenn man eine Funktion durch eine andere approximieren möchte: Die Annäherung wird dann als gut zu bezeichnen sein, wenn der Unterschied „nicht groß“ ist.

Bisher kennen wir eigentlich nur eine einzige Möglichkeit, dieses Problem zu behandeln, nämlich die Betrachtung der in Definition 5.3.1 eingeführten *Supremumsnorm*: Die „Größe“ einer Funktion ist das Supremum der Beträge der Funktionswerte. Die Integralrechnung stellt viele weitere Möglichkeiten bereit, „Größe“ und damit „Abstand“ zu quantifizieren, je nach Situation wird man sich das richtige Konzept heraussuchen müssen.

Dass der Abstand in der Supremumsnorm nicht immer die angemessene Wahl zur Messung der Entfernung zweier Funktionen ist, soll an dem folgenden Beispiel motiviert werden:

Wann sind zwei Sommer etwa gleich gut?

Begeben Sie sich in Ihren Lieblings-Ferienort $\mathcal{F}$ und bezeichnen Sie mit I das Zeitintervall vom 1. Mai bis zum 31. August eines bestimmten Jahres. $f : I \to \mathbb{R}$ soll diejenige Funktion sein, die einem Zeitpunkt t die Temperatur in $\mathcal{F}$ zur Zeit t zuordnet. Das machen wir für zwei verschiedene Jahre, die zugehörigen Funktionen sollen mit f_1 und f_2 bezeichnet werden. Wann wird man sagen, dass das Wetter in beiden Jahren „in etwa gleich“ war?

Dazu überlegen wir uns zunächst, was an der Temperaturfunktion f aus der Sicht von Eisverkäufern, Urlaubern und Pensionswirten eigentlich interessant ist. Sicher ist es nicht das Supremum von f, also die Maximaltemperatur. Ein besserer Wert zur Beurteilung ist

$$\int_I f(t)\,dt,$$

denn ein großer Integralwert garantiert, dass die Temperatur im Mittel recht angenehm gewesen sein muss.

Folglich sollte man ein Abstandskonzept in diesem Fall so wählen, dass kleine Werte dazu führen, dass die Integrale in etwa gleich sind. Und dafür bietet sich die Zahl

$$\int_I |f_1(t) - f_2(t)|\,dt$$

an. Es handelt sich um die in der folgenden Abbildung grau eingezeichnete Fläche, und wenn die klein ist, sollten auch die Flächen unter f_1 und f_2, also die Zahlen $\int_I f_1(t)\,dt$ und $\int_I f_2(t)\,dt$ nahe beieinander liegen (ein Beweis folgt gleich in Bemerkung 6).

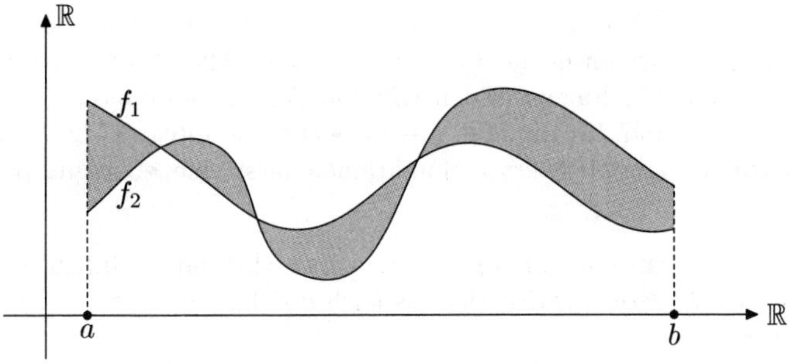

Bild 6.29: Abstand in der L^1-Norm

Ganz ähnliche Situationen treten auf, wenn man Gesamteinschätzungen anderer zeitlich oder räumlich veränderlicher Größen abgeben soll: Stromverbrauch, Bewertung der Auslastung einer Wasserleitung usw.

Wir definieren nun „Größe" so, dass der eben betrachtete Abstand zweier Funktionen die Größe der Differenz ist: Ist die „Größe" der Differenz klein, so haben die Funktionen ungefähr die gleiche Fläche.

Definition 6.5.1. *Es sei $f : [a,b] \to \mathbb{R}$ eine integrierbare Funktion*[47]*. Wir definieren dann die* L^1-Norm *von f als* $\|f\|_1$

$$\|f\|_1 := \int_a^b |f(x)|\,dx.$$

Bemerkungen und Beispiele:

1. Obwohl es „L^1-Norm" heißt, handelt es sich streng genommen *nicht* um eine Norm. Warum man trotzdem beinahe wie mit einer Norm rechnen kann, wird in wenigen Zeilen klar werden (Vgl. Satz 6.5.2).

2. Die „1" in der L^1-Norm soll daran erinnern, dass die jeweilige Funktion zur *ersten* Potenz integriert wird. Später werden wir noch L^p-Normen für beliebige $p \geq 1$ betrachten.

3. Die L^1-Norm für Funktionen ist eine Variante der Norm $\|\cdot\|_1$ für Elemente des $\mathbb{R}^n$, die wir in Band 1 nach Definition 3.1.2 kennen gelernt haben. Implizit wurde in Kapitel 2 auch schon mit der durch $\|(x_n)\|_1 := \sum_k |x_k|$ auf dem l^1 definierten Norm gerechnet (vgl. Abschnitt 2.4).

4. Hier ein einfaches Beispiel: Es sei $f : [-1,+1] \to \mathbb{R}$ durch $f(x) := x^n$ definiert, wobei n irgendeine natürliche Zahl ist. Dann hat $\int_{-1}^1 f(x)\,dx$ in Abhängigkeit davon, ob n gerade oder ungerade ist, den Wert $2/(n+1)$ oder 0, die L^1-Norm von f ist aber $2/(n+1)$ für alle n.

[47] „Integrierbar" heißt wie bisher „Riemann-integrierbar"; f ist also beschränkt und Ober- und Unterintegral sind identisch.

5. Wir haben die L^1-Norm nur für integrierbare reellwertige Funktionen erklärt, um nicht von den wesentlichen Ideen abzulenken. Alles lässt sich aber unter milden Vorsichtsmaßnahmen auf den Fall von Funktionen übertragen, die zwar nicht integrierbar sind, für die aber das uneigentliche Integral von $|f|$ existiert. Die L^1-Norm für komplexwertige Funktionen lässt sich ebenfalls problemlos definieren.

6. Der gewünschte Zusammenhang zwischen dem Abstand der Integrale und dem Abstand in der L^1-Norm ergibt sich als leichte Folgerung aus der Ungleichung in Satz 6.1.9:

$$\begin{aligned}\left|\int_a^b f_1(x)\,dx - \int_a^b f_2(x)\,dx\right| &= \left|\int_a^b \big(f_1(x) - f_2(x)\big)\,dx\right| \\ &\leq \int_a^b |f_1(x) - f_2(x)|\,dx \\ &= \|f_1 - f_2\|_1 .\end{aligned}$$

Der Name „*L^1-Norm*“ ist leider ein bisschen irreführend, es ist nur beinahe eine Norm:

Satz 6.5.2. *Für die L^1-Norm gilt:*

(i) Es ist $\|f\|_1 \geq 0$ für jedes integrierbare f.

(ii) Es gilt $\|\lambda f\|_1 = |\lambda|\|f\|_1$ für $\lambda \in \mathbb{R}$ und integrierbare f.

(iii) Für integrierbare f, g ist $\|f+g\|_1 \leq \|f\|_1 + \|g\|_1$.

Beweis: (i) folgt aus Satz 6.1.7(iv), denn $|f|$ ist eine nichtnegative Funktion. (ii) ergibt sich aus der Identität $|\lambda f(x)| = |\lambda||f(x)|$ in Verbindung mit Satz 6.1.7(i), und zum Beweis von (iii) ist nur die Monotonie des Integrals mit der Ungleichung $|(f+g)(x)| \leq |f(x)| + |g(x)|$ zu kombinieren. □

Wer sich noch an die definierenden Eigenschaften einer Norm[48] erinnert, vermisst hier die Aussage, dass aus $\|f\|_1 = 0$ gefolgert werden kann, dass f die Nullfunktion ist. *Das stimmt aber leider nicht!* Ist zum Beispiel f diejenige Treppenfunktion auf $[0,1]$, die bei $1/2$ den Wert 1 und sonst überall den Wert Null hat, so ist f nicht die Nullfunktion, obwohl $\|f\|_1 = 0$ gilt. Das ist schade, denn damit stehen die in Kapitel 3 erarbeiteten Ergebnisse über metrische Räume nicht unmittelbar zur Verfügung. Wir können also zum Beispiel die in der vorstehenden Bemerkung 6 hergeleitete Ungleichung *nicht* als Lipschitzbedingung für die Abbildung $f \mapsto \int_a^b f(x)\,dx$ (vom Raum der integrierbaren Funktionen nach $\mathbb{R}$) interpretieren, da wir Lipschitzfunktionen nur für metrische Räume eingeführt haben.

---

[48] Vgl. Definition 3.1.2.

Es kommt häufiger vor, dass für eine auf einem Vektorraum definierte Funktion $H : X \to [\,0, +\infty\,[$ nur die in Satz 6.5.2 zusammengestellten Eigenschaften erfüllt sind: $H(\lambda x) = |\lambda| H(x)$ und $H(x+y) \le H(x)+H(y)$. Eine derartige Abbildung H heißt dann eine *Halbnorm*.

Halbnorm

Für eine Halbnorm H ist $N := \{x \mid H(x) = 0\}$ ein Unterraum von X, und auf dem Quotienten X/N ist $[x] \mapsto H(x)$ eine (wohldefinierte) Norm. Alle für metrische Räume bekannten Begriffe und Ergebnisse sind deswegen mit geringen Modifikationen leicht übertragbar.

Es gibt *drei Auswege*, um mit diesem Problem fertig zu werden:

- Man spricht weiter von der L^1-Norm, obwohl es sich „eigentlich" nicht um eine Norm handelt. Dann muss man aber ein bisschen aufpassen, man darf z.B. nicht aus $\|f - g\|_1 = 0$ auf $f = g$ schließen.

  99% aller Mathematiker verfahren so, wenn sie mit dieser „Norm" arbeiten.

- Eine weitere Möglichkeit besteht darin, den kleinen Trick aus der Linearen Algebra anzuwenden, auf den vor wenigen Zeilen schon hingewiesen wurde: Man identifiziert einfach zwei Funktionen f und g, wenn $\|f - g\|_1 = 0$ gilt.

  Genauer: Wir nennen f und g *äquivalent* (und schreiben dann $f \sim g$), wenn $\|f - g\|_1 = 0$. Die Relation „$\sim$" ist dann eine Äquivalenzrelation, das folgt sofort aus Satz 6.5.2(iii).

  Statt der Funktionen betrachten wir dann die zugehörigen Äquivalenzklassen. Das sind dann zwar leider keine Funktionen mehr – es sind Mengen von Funktionen –, aber im Raum dieser Klassen kann man wirklich ganz präzise mit Normen arbeiten.

  Diesen schwerfälligen Weg beschreiten Mathematiker, wenn sie es ausnahmsweise einmal mit dem Normbegriff ganz genau nehmen müssen.

- Hier noch *ein Kompromissangebot:* Man betrachte das Integral nicht auf der Menge *aller* integrierbaren, sondern nur auf der Menge der stetigen Funktionen. Da ist $\|\cdot\|_1$ wirklich eine Norm: Ist nämlich f stetig und *nicht* die Nullfunktion, so muss es aus Stetigkeitsgründen ein $x_0 \in \,]\,a, b\,[$ und positive δ, ε geben, so dass $|f(x)| \ge \varepsilon$ für alle x mit $|x - x_0| \le \delta$ gilt. Damit ist

$$\begin{aligned} \|f\|_1 &= \int_a^b |f(x)|\,dx \\ &\ge \int_{x_0-\delta}^{x_0+\delta} |f(x)|\,dx \\ &\ge \int_{x_0-\delta}^{x_0+\delta} \varepsilon\,dx \\ &= 2\delta\varepsilon; \end{aligned}$$

diese Zahl ist positiv, und damit ist die noch fehlende Normbedingung wirklich erfüllt.

Nun soll der vorstehende *Ansatz verfeinert* werden. Dazu erinnern wir daran, dass „$||f||_1$ ist klein“ bedeutet, dass die Zahlen $|f(x)|$ im Mittel nahe bei Null sind. Das kann bedeuten, dass die $|f(x)|$ stets klein sind, zugelassen sind aber auch große $|f(x)|$, wenn das nur auf kleinen Teilmengen des Definitionsbereichs vorkommt.

Es gibt nun Situationen, wo man die Größe der Abweichung noch wichten möchte, das soll durch Potenzieren der $|f(x)|$ geschehen. Zunächst soll auf die folgenden elementaren Tatsachen hingewiesen werden:

- Ist $0 < x < 1$ und $1 < p$, so ist $x^p < x$; und zwar ist x^p umso kleiner, je größer p ist.
- Ist $1 < x$ und $1 < p$, so ist $x^p > x$; und zwar ist x^p umso größer, je größer p ist.

Ein allgemeiner Beweis ist nicht schwierig, man muss nur daran erinnern, dass die Logarithmus- und die Exponentialfunktion monoton steigend sind: Für $x < 1$ ist $\log x < 0$, also gilt $p \log x < \log x$; so folgt $x^p = \mathrm{e}^{p \log x} < \mathrm{e}^{\log x} = x$.

Die Ungleichung für die x mit $1 < x$ wird ganz ähnlich bewiesen.

Ludwig Otto Ernst Hölder
1859 - 1937

Hermann Minkowski
1864 - 1909

Fixiert man also ein $p > 1$, so werden beim Übergang von $|f|$ zu $|f|^p$ die Funktionswerte abgeschwächt (falls $|f(x)| < 1$) bzw. verstärkt (falls $|f(x)| > 1$); dabei ist der Effekt umso stärker, je größer p ist. So eine Modifikation kann dann erwünscht sein, wenn man kleine Abweichungen tolerieren, große aber so weit wie möglich vermeiden möchte.

Diese Überlegungen motivieren die folgende Definition; die dort auftretende p-te Wurzel dient nur dazu, dass f und $||f||_p$ die gleiche Dimension haben[49].

Definition 6.5.3. *Es sei $p \geq 1$ eine reelle Zahl. Ist dann $f : [a,b] \to \mathbb{R}$ eine integrierbare Funktion, so wird $||f||_p$, die* L^p-Norm von f, *durch*

$$||f||_p := \left(\int_a^b |f(x)|^p \, dx \right)^{1/p}$$

erklärt[50].

Als *Beispiel* betrachten wir die Funktion $f(x) = \mathrm{e}^x$ auf $[0,1]$. Dann ist

$$\int_0^1 |f(x)|^p \, dx = \int_0^1 \mathrm{e}^{px} \, dx = \frac{1}{p} \mathrm{e}^{px} \Big|_0^1 = \frac{1}{p} (\mathrm{e}^p - 1)$$

[49]Würde etwa f eine Größe in Euro sein, so hätte – wenn z.B. $p = 2$ ist – $\int_a^b |f(x)|^p \, dx$ die Dimension Quadrat-Euro.

[50]Beachte, dass die Funktion $x \mapsto |f(x)|^p$ integrabel ist; das folgt aus Satz 6.1.10(ii), denn $y \mapsto y^p$ ist stetig auf $[0, +\infty[$.

und folglich

$$\|f\|_p = \frac{(e^p - 1)^{1/p}}{p^{1/p}}.$$

(Für p gegen Unendlich geht der Zähler gegen e und der Nenner gegen 1; dazu sollte man sich an die am Ende von Abschnitt 2.2 bewiesene Aussage $\sqrt[n]{n} \to 1$ erinnern. Im vorliegenden Fall ist also $\|f\|_p \to e$, und diese Zahl ist gerade die Supremumsnorm $\|f\|_\infty$ von f; siehe dazu auch Aufgabe 6.5.1.)

Wie die L^1-Norm haben die L^p-Normen fast alle Eigenschaften einer Norm. Dieses Ergebnis sowie einige wichtige Zusammenhänge für den Fall, wenn es um mehrere solcher Normen gleichzeitig geht, findet man im folgenden

Satz 6.5.4. *Es sei $p > 1$ vorgegeben. Eine Zahl $q > 1$ soll dadurch definiert sein, dass $1/p + 1/q = 1$ gilt*[51]*.*
Für integrierbare Funktionen f, g und $\lambda \in \mathbb{R}$ gilt:

(i) $\|f\|_p \geq 0$.

(ii) $\|\lambda f\|_p = |\lambda| \|f\|_p$.

(iii) HÖLDERsche[52] Ungleichung: $\int_a^b |f(x)g(x)|\, dx \leq \|f\|_p \|g\|_q$.

(iv) MINKOWSKIsche[53] Ungleichung: $\|f + g\|_p \leq \|f\|_p + \|g\|_p$.

Beweis: (i) sollte klar sein, da eine nichtnegative Funktion integriert wird.

Für den Beweis von (ii) werden nur elementare Formeln für das Rechnen mit der p-ten Potenz benötigt:

$$\begin{aligned} \int_a^b |\lambda f(x)|^p\, dx &= \int_a^b |\lambda|^p\, |f(x)|^p\, dx \\ &= |\lambda|^p \int_a^b |f(x)|^p\, dx, \end{aligned}$$

und nach Ziehen der p-ten Wurzel ergibt sich wirklich die behauptete Formel.

(iii) Dieser Beweis ist etwas schwieriger, wir beweisen die Aussage in mehreren Schritten.

Behauptung 1: Ist $\|f\|_p = 0$, so ist auch $\|f\|_1 = 0$.

Beweis dazu: Sei $\varepsilon > 0$, wir wollen eine Treppenfunktion τ so finden, dass $|f| \leq \tau$ und $\int_a^b \tau(x)\, dx \leq \varepsilon$; wenn das gezeigt ist, muss nach Definition $\|f\|_1 = 0$ sein.

[51] Das geht natürlich auch explizit: Es ist $q = p/(p-1)$. Beachte, dass im Spezialfall $p = 2$ auch $q = 2$ ist.

[52] Hölder: Professor in Königsberg und Leipzig; wichtige Arbeiten zur Algebra, zur Funktionentheorie und zur Mechanik.

[53] Minkowski: Professor in Königsberg und Göttingen, intensive Zusammenarbeit mit Hilbert, Begründer der Konvexgeometrie und der „Geometrie der Zahlen“, geometrische Deutung der speziellen Relativitätstheorie als „vierdimensionale Welt“.

τ soll natürlich so gefunden werden, dass $\|f\|_p = 0$ ausgenutzt wird: Wir können also zu beliebig kleinem $\eta > 0$ eine Treppenfunktion τ' wählen[54]), so dass $|f|^p \leq \tau'$ und $\int_a^b \tau'(x)\,dx \leq \eta$ ist.

Klar, dass wir es mit der durch $\tau(x) := \big(\tau'(x)\big)^{1/p}$ definierten Treppenfunktion versuchen werden. Für τ gilt sicher $|f| \leq \tau$, und wir hoffen, dass ein genügend kleines η die richtige Ungleichung garantiert.

Das Integral über τ' ist durch η abschätzbar. Ähnlich wie im Beweis von Satz 6.1.10(ii) kontrollieren wir zunächst die „zu großen" Werte von τ'. Genauer: Wir betrachten wieder für ein (noch freies) $t > 0$ die Menge I_t der Indizes i, so dass τ' auf $]\,x_i, x_{i+1}\,[$ größer oder gleich t ist. Die Gesamtlänge L_t der zugehörigen Teilintervalle ist – das haben wir im damaligen Beweis gesehen – durch η/t abschätzbar.

Nun ist $|f|$ nach Voraussetzung durch eine Zahl M beschränkt, es gilt also $|f|^p \leq M^p$. Deswegen dürfen wir annehmen, dass wir τ' so gewählt haben, dass $\tau' \leq M^p$ ist. Damit ist $\tau \leq M$, und auf den Intervallen, die zu den $i \notin I_t$ gehören, ist τ durch $t^{1/p}$ nach oben abschätzbar. Es folgt:

$$\begin{aligned}
\int_a^b \tau(x)\,dx &= \sum_{i=0}^{n-1} r_i^{1/p}(x_{i+1} - x_i) \\
&= \sum_{i\in I_t} r_i^{1/p}(x_{i+1} - x_i) + \sum_{i\notin I_t} r_i^{1/p}(x_{i+1} - x_i) \\
&\leq M\sum_{i\in I_t}(x_{i+1} - x_i) + t^{1/p}\sum_{i\notin I_t}(x_{i+1} - x_i) \\
&\leq ML_t + t^{1/p}(b-a) \\
&\leq M\eta/t + t^{1/p}(b-a).
\end{aligned}$$

Nun lässt sich der Beweis zu Ende führen: Wähle zunächst ein $t > 0$, so dass $t^{1/p}(b-a) \leq \varepsilon/2$. Bestimme anschließend ein η mit der Eigenschaft $M\eta/t \leq \varepsilon/2$. Und wenn man dann die Funktion τ' zu *diesem* η wählt, liefert die vorstehende Rechnung ein τ mit den behaupteten Eigenschaften.

Behauptung 2: Die Ungleichung ist richtig, wenn $\|f\|_p = 0$ oder $\|g\|_q = 0$.

Beweis dazu: Sei etwa $\|f\|_p = 0$. Wegen Schritt 1 ist $\int_a^b |f(x)|\,dx = 0$, und da $|g|$ durch eine Konstante M' beschränkt ist, können wir daraus wegen der Monotonie des Integrals

$$\int_a^b |f(x)g(x)|\,dx \leq M' \int_a^b |f(x)|\,dx = 0$$

folgern.

Behauptung 3: Für $\alpha, \beta \geq 0$ gilt $\alpha^p/p + \beta^q/q \geq \alpha\beta$.

---

[54]) τ' soll durch die Unterteilung $a = x_0 \leq \ldots \leq x_n = b$ und die Werte $r_0, \ldots, r_{n-1}$ definiert sein.

Beweis dazu: Für $\alpha = 0$ oder $\beta = 0$ ist die Aussage klar, wir brauchen also nur den Fall $\alpha, \beta > 0$ zu berücksichtigen. Zum Beweis der Ungleichung betrachten wir die Funktion $\varphi(x) := x^p/p + 1/q - x$ auf $[\,0, +\infty\,[$.

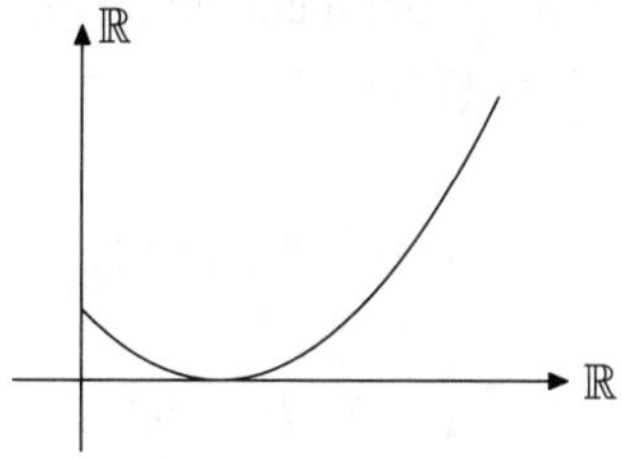

Bild 6.30: Die Funktion φ

Es ist $\varphi(0) = 1/q > 0$, und für $x \to +\infty$ geht φ wegen $p > 1$ gegen $+\infty$. (Der Quotient aus x^p/p und x, also x^{p-1}/p, wird nämlich für große x beliebig groß. Und wenn er größer oder gleich R für ein vorgegebenes R ist, gilt $x^p/p \geq Rx$, also $x^p/p + 1/q - x \geq (R-1)x + 1/q$.)

Sei c ein Wert, so dass $\varphi(x) \geq 1$ für $c \leq x$ und x_0 eine Zahl in $[\,0, c\,]$, an der φ das Minimum auf diesem Intervall annimmt. Da $\varphi'(0) = -1$ ist, muss $0 < x_0 < c$ sein, und wegen Satz 4.3.3(i) wird die Ableitung dort verschwinden.

Es gibt aber nur ein einziges x_0 mit $\varphi'(x_0) = x_0^{p-1} - 1 = 0$, nämlich $x_0 = 1$, und φ hat dort den Wert 0.

Zusammen heißt das: *Stets* ist $\varphi(x) \geq 0$. Definiert man insbesondere x als $\alpha\beta^{1/(1-p)}$, so folgt

$$\frac{\alpha^p \beta^{p/(1-p)}}{p} + \frac{1}{q} - \alpha\beta^{1/(1-p)} \geq 0,$$

und das kann in die behauptete Ungleichung umgeformt werden: Multipliziere mit β^q und beachte, dass $q + 1/(1-p) = 1$ und $q + p/(1-p) = 0$ gilt.

Behauptung 4: Es gilt die Höldersche Ungleichung.
Beweis dazu: Setze $A := \|f\|_p$ und $B := \|g\|_q$, der Beweis von Behauptung 2 uns anzunehmen, dass $A, B > 0$ ist. Für jedes x gilt

$$\frac{|f(x)g(x)|}{AB} \leq \frac{|f(x)|^p}{pA^p} + \frac{|g(x)|^q}{qB^q};$$

man muss in die Ungleichung aus Behauptung 3 nur speziell $\alpha := |f(x)|/A$ und $\beta := |g(x)|/B$ einsetzen. Wenn man die links und rechts stehenden Funktionen integriert, gilt wegen der Monotonie des Integrals

$$\frac{\int_a^b |f(x)g(x)|\,dx}{AB} \leq \frac{\int_a^b |f(x)|^p\,dx}{pA^p} + \frac{\int_a^b |g(x)|^q\,dx}{qB^q}.$$

Dabei ist die rechte Seite gleich $1/p + 1/q$ und folglich gleich 1, zur Begründung muss man sich nur an die Definition von $\|\cdot\|_p$ und $\|\cdot\|_q$ erinnern. Durch Multiplikation mit AB entsteht aus dieser Ungleichung die Höldersche Ungleichung, und damit ist (iii) gezeigt.

(iv) Es soll hier vorausgesetzt werden, dass $||f+g||_p \neq 0$ ist; wenn diese Norm gleich Null ist, gilt die Ungleichung trivialerweise.

Wir wenden die Höldersche Ungleichung zweimal an, und zwar zuerst auf die Funktionen $|f|$ und $|f+g|^{p/q}$ und dann auf $|g|$ und $|f+g|^{p/q}$. So folgt unter Beachtung von $\left\| |f+g|^{p/q} \right\|_q = \left(||f+g||_p\right)^{p/q}$, dass

$$\int_a^b |f(x)||f(x)+g(x)|^{p/q}\,dx \le ||f||_p \left(||f+g||_p\right)^{p/q},$$

$$\int_a^b |g(x)||f(x)+g(x)|^{p/q}\,dx \le ||g||_p \left(||f+g||_p\right)^{p/q}.$$

Nun wird eine weitere der vielen Beziehungen zwischen p und q ausgenutzt: Es ist $p = 1 + p/q$ (bitte nachrechnen!), und deswegen gilt

$$|f(x)+g(x)|^p \le |f(x)+g(x)||f(x)+g(x)|^{p/q}.$$

Diese Zahl kann man aufgrund der Dreiecksungleichung durch den Ausdruck $\left(|f(x)| + |g(x)|\right)|f(x)+g(x)|^{p/q}$ abschätzen, in Kombination mit den eben bewiesenen Ungleichungen führt das auf

$$\begin{aligned}
\left(||f+g||_p\right)^p &= \int_a^b |f(x)+g(x)|^p\,dx \\
&\le \int_a^b \left(|f(x)|+|g(x)|\right)|f(x)+g(x)|^{p/q}\,dx \\
&= \int_a^b |f(x)||f(x)+g(x)|^{p/q}\,dx + \int_a^b |g(x)||f(x)+g(x)|^{p/q}\,dx \\
&\le \left(||f||_p + ||g||_p\right)\left(||f+g||_p\right)^{p/q}.
\end{aligned}$$

Wir kommen zum Finale: Wenn diese Ungleichung durch $\left(||f+g||_p\right)^{p/q}$ geteilt wird[55)], ergibt sich wegen $p - \frac{p}{q} = 1$ wirklich

$$\begin{aligned}
||f+g||_p &= \left(||f+g||_p\right)^{p-p/q} \\
&\le ||f||_p + ||g||_p.
\end{aligned}$$

□

Bemerkungen:

1. Wie im Fall der L^1-Norm fehlt von den Normbedingungen die Eigenschaft „Aus $||f||_p = 0$ folgt $f = 0$“. Man hat die auf Seite 143 beschriebenen drei Möglichkeiten, um mit diesem Problem fertig zu werden.

2. Viele Mathematiker, die sich nicht in einem Teilgebiet der Analysis spezialisieren, werden es nur mit dem Fall $p = 2$ zu tun haben, denn der spielt in vielen Gebieten eine wichtige Rolle[56)].

[55)] Diese Zahl ist aufgrund unserer Annahme nicht Null.

[56)] In der Wahrscheinlichkeitstheorie etwa ist $||f||_2$ die mittlere quadratische Abweichung (die *Streuung*) einer Zufallsvariablen mit Erwartungswert Null.

In diesem Fall nimmt die Höldersche Ungleichung die Form

$$\int_a^b |f(x)g(x)|\,dx \le \|f\|_2\|g\|_2$$

an, sie heißt dann auch *Cauchy-Schwarz-Ungleichung*.

Cauchy-Schwarz-Ungleichung

3. Mit den Ungleichungen des vorigen Satzes kann man oft zu interessanten Abschätzungen kommen, als Beispiel betrachten wir ein beliebiges integrierbares f und als g die konstante Funktion $\mathbf{1}$. Dann folgt aus der Hölderschen Ungleichung, dass

$$\|f\|_1 = \int_a^b |f(x)|\,dx \le \|f\|_p\|\mathbf{1}\|_q = (b-a)^{1/q}\|f\|_p.$$

4. Wir haben uns hier wieder auf die Betrachtung integrierbarer Funkionen beschränkt. Lässt man auch uneigentliche Integrale zu oder wählt man einen anderen allgemeineren Ansatz, gelten die Ungleichungen ebenfalls, wenn die Existenz der auftretenden Ausdrücke garantiert werden kann.

6.6 $\exp(x^2)$ hat keine „einfache“ Stammfunktion$^\diamond$

In diesem Abschnitt spielen Methoden aus der *Algebra* eine wichtige Rolle. Die Begriffe, die man zum Verständnis der Argumentation kennen sollte, werden hier eingeführt. (Um alle Einzelheiten der Beweise nachvollziehen zu können, sind algebraische Grundkenntnisse allerdings von Vorteil.)

JOSEPH LIOUVILLE
1809 – 1882

In Abschnitt 6.2 haben wir verschiedene Möglichkeiten erarbeitet, zu einer vorgelegten Funktion eine Stammfunktion zu finden. Man kann geschickt substituieren oder die zu integrierende Funktion als Produkt auffassen, um dann mit partieller Integration zum Ziel zu kommen, außerdem kann man zu allen rationalen Funktionen mit Hilfe der Partialbruchzerlegung leicht eine Stammfunktion finden.

Leider ist nicht immer klar, welches dieser Verfahren denn nun zum Ziel führt. So konnten wir zum Beispiel das unbestimmte Integral $\int \log x\,dx$ erst dadurch lösen, dass wir $\log x$ als $1 \cdot \log x$ aufgefasst und auf dieses Produkt dann partielle Integration angewendet haben. Und deswegen bleibt auch nach dem Lösen vieler Beispiele immer die Ungewissheit, ob man nur einfach den richtigen Trick nicht gefunden hat, wenn man in einem konkreten Fall keine Lösung herausbekommt.

Das berühmteste Beispiel, für das es *nicht* geht, ist die Funktion e^{x^2}. Der Beweis, der zuerst von Liouville[57] gefunden wurde, soll hier vorgeführt werden[58].

[57] Joseph Liouville, 1809–1882. Professor an der Ecole Polytechnique und am Collège de France. Er schrieb über 400 Arbeiten, seine Arbeitsgebiete waren Algebra, Zahlentheorie, Analysis und Mathematische Physik.

[58] Die Darstellung folgt dem Aufbau in der Arbeit „Integration in finite terms“ von M. Rosenlicht; Am. Math. Monthly 9, 1972, Seite 963–972.

Das Problem wird aus zwei Teilproblemen bestehen, nämlich erstens der exakten Formulierung und zweitens dem Nichtexistenz-Beweis. Das wird erwartungsgemäß nur recht mühsam zu zeigen sein, die *Nichtexistenz* ist meist schwieriger als die Existenz. (Man denke an den Beweis der Tatsache, dass keine $n, m \in \mathbb{N}$ mit $\sqrt{2} = n/m$ existieren.)

ALEXANDER OSTROWSKI 1893 - 1986

Zuerst wird *in Teil 1* dieses Abschnitts gesagt, was es genau bedeuten soll, dass es „nicht geht", bei dieser Gelegenheit wird das Problem in eine algebraische Fragestellung übersetzt.

Dann beweisen wir *in Teil 2* das erste Hauptergebnis, eine Charakterisierung derjenigen Funktionen, die eine „einfache" Stammfunktion haben. Diese Charakterisierung stammt schon von Liouville, wir lernen sie aber in einer moderneren Fassung kennen, die auf den russischen Mathematiker OSTROWSKI[59] zurückgeht.

In *Teil 3* wird die Charakterisierung dann ausgenutzt, um das Stammfunktions-Problem in einem konkreten Fall dadurch zu lösen, dass man es auf die Lösbarkeit einer Differentialgleichung zurückführt: Sind $f(x)$ und $g(x)$ rationale Funktionen, so gibt es eine „einfache" Stammfunktion zu

$$f(x)\mathrm{e}^{g(x)}$$

genau dann, wenn eine rationale Funktion $a(x)$ mit der Eigenschaft $f = a' + ag'$ existiert[60].

Das Hauptergebnis steht dann in *Teil 4*:
Im Spezialfall $f(x) = 1$ und $g(x) = x^2$, also für den Fall der Funktion e^{x^2}, ergibt sich die Differentialgleichung $1 = a' + 2xa$, und die ist nicht durch eine rationale Funktion lösbar. Deswegen kann auch niemand eine einfache Stammfunktion zu e^{x^2} finden.

Teil 1: Die Problemstellung (exakte Formulierung)

Was soll es genau heißen, dass e^{x^2} keine *einfache* Stammfunktion hat? Dabei liegt die Betonung auf „einfach", es geht also nicht um die Frage, ob es überhaupt eine Stammfunktion gibt. Nach dem Hauptsatz der Differential- und Integralrechnung braucht man ja nur

$$x \mapsto \int_0^x \mathrm{e}^{t^2}\,dt$$

zu betrachten, die Ableitung dieser Funktion stimmt mit dem Integranden überein.

Die naive Bedeutung von „einfach" ist doch, dass man sich Funktionen wünscht, die aus den bekannten „Bausteinen" Polynome, Sinus- und Cosinusfunktion, beliebige Wurzeln, Exponentialfunktion und Logarithmus mit Hilfe der üblichen algebraischen Operationen aufgebaut sind, etwa

$$\sqrt[7]{1 + x^6 \sin(\mathrm{e}^x)}/(1 + \log x).$$

[59] Alexander Ostrowski, 1893–1986. Habilitation in Hamburg, Professor in Basel. Arbeitsgebiete Algebra, Zahlentheorie, Analysis, Funktionentheorie.

[60] Rationale Funktionen sind solche, die sich als Quotient von Polynomen schreiben lassen.

Unser Ziel ist zu zeigen, dass die Ableitung von keinem derartigen Ausdruck, und wäre er noch so umfangreich, die Funktion e^{x^2} ist.

Körper mit Differentiation

Wir beginnen mit einer *algebraischen Umformulierung* des Problems. Zunächst muss man wissen, was ein *Körper mit Differentiation* ist. Das soll einfach ein Körper K sein, auf dem eine Abbildung

$$' : K \to K$$

mit den folgenden zwei Eigenschaften definiert ist. Erstens darf $(f+g)'$ stets durch $f' + g'$ ersetzt werden, und zweitens gilt immer $(fg)' = fg' + f'g$. Man postuliert also, dass die Differentiation additiv ist und dass die bekannte Produktregel der Differentiation gilt.

Es ist klar, dass die übliche Ableitung auf einem aus differenzierbaren Funktionen bestehenden Körper zu einem Körper mit Differentiation führt, wenn die Ableitung jedes Körperelements wieder im Körper liegt. (Beispiel: der Körper der rationalen Funktionen. Es gibt aber weitere Beispiele, man kann etwa als „Ableitung“ die Nullabbildung auf einem beliebigen Körper betrachten.)

Überraschenderweise ist es dann so, dass die doch recht bescheidenen Forderungen an die Differentiation zu fast allen bekannten Differentiationsregeln führen:

- Es ist $1' = 0$.

  Begründung: $1' = (1 \cdot 1)' = 1 \cdot 1' + 1' \cdot 1 = 1' + 1'$, also $1' = 0$.

- $(1/g)' = -g'/g^2$ für $g \neq 0$.

  Begründung: Man muss nur $g \cdot (1/g) = 1$ ableiten.

- $(f/g)' = (gf' - fg')/g^2$ für $g \neq 0$.

  Begründung: Schreibe $f/g = f \cdot (1/g)$.

- $(f^n)' = n(f^{n-1})f'$ für $n \in \mathbb{Z}$ (für negative n muss natürlich $f \neq 0$ sein).

  Begründung: Vollständige Induktion unter Verwendung der Produktregel.

- Nennt man ein $c \in K$ eine *Konstante*, falls $c' = 0$, so kann man leicht nachweisen, dass die Teilmenge der Konstanten ein Unterkörper ist.

  Im Fall der gewöhnlichen Differentiation bestehen die Konstanten aus den lokal konstanten Funktionen[61)].

Zwei Körper mit Differentiation

Ab hier betrachten wir Situationen, in denen es um *zwei Körper K und $\hat{K}$ mit Differentiation* geht, dabei soll K ein Unterkörper von $\hat{K}$ sein. Die Differentiationen auf K und $\hat{K}$ sollen in dem Sinn miteinander verträglich sein, dass die Differentiation auf K gerade die Einschränkung der Differentiation von $\hat{K}$ ist. Wir werden voraussetzen, dass die folgenden beiden Bedingungen erfüllt sind:

[61)]Das sind Funktionen, die für jeden Punkt auf einer geeigneten Umgebung konstant sind.

- Ist $f \in \hat{K}$ mit $f' = 0$, so ist $f \in K$. Anders ausgedrückt: In K und $\hat{K}$ sind die gleichen Funktionen konstant.

- Die Charakteristik von K und damit auch die von $\hat{K}$ ist Null: Das bedeutet, dass – wie von $\mathbb{R}$ her gewohnt – eine Summe aus n Einsen stets von Null verschieden ist.

Für den uns interessierenden Fall, in dem K und $\hat{K}$ Körper von Funktionen sind, auf denen die gewöhnliche Differentiation betrachtet wird, sind diese Bedingungen keine wesentliche Einschränkung.

Körpererweiterungen

Nun wollen wir spezielle Elemente aus $\hat{K}$ betrachten, es geht um die abstrakte Version des Übergangs von einer Funktion f zu ihrer n-ten Wurzel bzw. zu e^f und $\log f$.

Sei $L \subset \hat{K}$ ein Unterkörper, L soll unter Differentiation invariant sein[62]. Weiter sei t ein Element aus $\hat{K}$.

- t heißt *algebraisch über* L, wenn es $a_0, \ldots, a_n \in L$ so gibt, dass $a_n \neq 0$ gilt und
$$a_0 + a_1 t + \cdots + a_n t^n = 0.$$

- t heißt *transzendent über* L, wenn t nicht algebraisch ist.

- t heißt *exponentiell über* L, wenn ein $f \in L$ mit $t'/t = f'$ existiert.

  Heimlich ist natürlich $t = \exp(f)$. Die Definition ergibt sich aus dem Versuch, diese Gleichheit ohne Verwendung der analytischen Definition der Exponentialfunktion als Potenzreihe auszudrücken.

- t heißt *logarithmisch über* L, wenn $t' = f'/f$ für ein geeignetes $f \in L$.

  Für diese Definition sollte man sich vorstellen, dass „eigentlich" das t gleich $\log f$ ist.

Beispiele: In den Beispielen sei $L = K_{\text{rat}}$ der Körper der rationalen Funktionen.

1. $\sqrt[21]{x^{12} - 4x}$ ist algebraisch.

   Begründung: Setzt man $t := \sqrt[21]{x^{12} - 4x}$, so ist t Nullstelle des Polynoms $P(t) = t^{21} - (x^{12} - 4x)$, wobei die Koeffizienten dieses Polynoms wirklich in K_{rat} liegen.

2. $\exp(x)$ ist transzendent und exponentiell, $\exp(x^4 - 12x)$ ebenfalls.

[62] D.h., mit f liegt auch f' in L.

Begründung: Das ist etwas schwieriger einzusehen, hier die Idee. Wäre $t = \exp(x)$ Nullstelle eines Polynoms mit Koeffizienten in K_{rat}, so könnte man – nach Multiplikation mit dem Produkt der Nenner – auch annehmen, dass alle Koeffizienten Polynome sind:

$$P_n(x)\mathrm{e}^{nx} + P_{n-1}(x)\mathrm{e}^{(n-1)x} + \cdots + P_1(x)\mathrm{e}^x + P_0 = 0$$

gilt für gewisse Polynome P_j und alle x.

Teilt man diesen Ausdruck durch e^{nx} und betrachtet das Verhalten für große x, so ergibt sich ein Widerspruch: P_n ist eine von Null verschiedene Konstante oder geht sogar gegen $+\infty$ oder $-\infty$, die anderen Ausdrücke gehen aber gegen Null, da e^x schneller wächst als jedes Polynom.

3. $\log(x^4 + 2x^3 - 2)$ ist logarithmisch.

   Begründung: Mit $t = \log(x^4 + 2x^3 - 2)$ und $f = x^4 + 2x^3 - 2$ ist wirklich $f \in K_{\text{rat}}$ und $t' = f'/f$.

Eine letzte Vorbereitung: Sind L, $\hat{L}$ Unterkörper von $\hat{K}$ mit

$$K \subset L \subset \hat{L},$$

so sagen wir, dass $\hat{L}$ *algebraisch bzw. exponentiell bzw. logarithmisch über* L ist, wenn es ein $t \in \hat{L}$ so gibt, dass erstens $\hat{L} = L(t)$ der kleinste Körper ist, der L und t enthält, und zweitens t algebraisch bzw. exponentiell bzw. logarithmisch über L ist.

Es folgt die wichtigste Definition dieses Abschnitts: Ein $t \in \hat{K}$ heißt *elementar über* K, wenn man Unterkörper $K = K_0 \subset K_1 \subset \cdots \subset K_s$ so finden kann, dass $t \in K_s$ und K_{j+1} jeweils algebraisch oder exponentiell oder logarithmisch über K_j ist (für $j = 0, \ldots, s-1$).

Das ist ziemlich technisch, für unsere Zwecke ist eigentlich nur Folgendes wichtig:

> Ist $K = K_{\text{rat}}$, so sind alle Funktionen elementar, die man in endlich vielen Schritten unter Verwendung von beliebigen Wurzeln, $+, -, \cdot, :$ und Bildung von Exponentialfunktionen und Logarithmen aufbauen kann, z.B.
>
> $$-x^3 + \frac{\sqrt[1000]{-2x^{33}} + 4}{1 - \exp(x)}.$$

Erinnert man sich noch daran, dass $\big(\exp(i\cdot x) + \exp(-i\cdot x)\big)/2 = \cos x$ und wendet man entsprechende Tricks für $\sin x$ und die Umkehrfunktionen der trigonometrischen Funktionen an, so erweisen sich auch sämtliche Ausdrücke als elementar, in denen diese Funktionen als Bausteine verwendet wurden. Schlussfolgerung:

Sämtliche Funktionen, die man naiv als Kandidaten für eine Stammfunktion von $\exp(x^2)$ zulassen würde, sind elementar über K_{rat}; dazu müssen allerdings Funktionen mit komplexen Veränderlichen zugelassen werden.

Es soll gezeigt werden, dass keine elementare Stammfunktion zu $\exp(x^2)$ existiert, wir wollen noch einmal die wichtigsten Schritte dahin hervorheben:

- Es sei $\alpha \in K$. Zu α gebe es ein über K elementares f mit $f' = \alpha$. Wodurch lassen sich solche α charakterisieren? (Satz von Liouville und Ostrowski, Teil 2; das ist ein rein algebraischer Abschnitt.)
- Welche Funktionen des Typs $f \exp(g)$ haben eine elementare Stammfunktion, wenn f und g rationale Funktionen sind? (Teil 3)
- Was ergibt dieses Kriterium im konkreten Fall $f = 1$ und $g(x) = x^2$? (Teil 4)

Teil 2: Der Satz von Liouville und Ostrowski

Wir gehen von der in Abschnitt 1 beschriebenen Situation der zwei Körper $K \subset \hat{K}$ mit Differentiation aus. Ein $\alpha \in K$ sei fixiert, und wir fragen, ob es ein über K elementares $f \in \hat{K}$ mit $f' = \alpha$ gibt. Es folgt der Charakterisierungssatz von Liouville und Ostrowski.

Theorem 6.6.1. *Es gebe ein über K elementares f in $\hat{K}$ mit $f' = \alpha$. Dann kann man Elemente $v, u_1, \ldots, u_n$ und Konstanten $c_1, \ldots, c_n$ in K so finden, dass*

$$\alpha = \sum_{j=1}^{n} c_j \frac{u_j'}{u_j} + v'.$$

Beweis: Zunächst soll bemerkt werden, dass – mindestens im Fall von Funktionen – die Umkehrung auch gilt: Hat α so eine Darstellung, so ist $\sum_j c_j \log u_j + v$ eine Stammfunktion zu α.

Viel schwieriger ist es, aus der Existenz eines elementaren f auf die Existenz der behaupteten Darstellung von α mit den c_j, u_j, v zu schließen. Wir erinnern uns, dass „f ist elementar über K" bedeutet, dass f in einem Unterkörper K_s liegt, wobei K_s das letzte Glied einer Kette $K = K_0 \subset \cdots \subset K_s$ ist, für die jeweils K_{j+1} algebraisch oder exponentiell oder logarithmisch über K_j ist.

Wir wollen den Beweis durch vollständige Induktion nach s führen. Der Induktionsanfang $s = 0$ ist erfreulich einfach: Gibt es eine Stammfunktion f bereits in K, so brauchen wir als Darstellung von α nur die leere Summe für die u_j, c_j und $v = f$ einzusetzen.

Es bleibt, den Induktionsschritt $s \to s + 1$ zu verifizieren, hier gibt es, was die Beweisstruktur anlangt, schon einen ersten Höhepunkt. Mal angenommen, wir hätten das folgende Lemma bewiesen:

Lemma: *Es sei L ein Körper mit $K \subset L \subset \hat{K}$, es gebe ein $t \in \hat{K}$, so dass L der von K und t erzeugte Unterkörper ist. Sei weiter $\alpha \in K$, und α sei schreibbar als*

$$\alpha = \sum_{j=1}^{n} C_j \frac{U_j'}{U_j} + V',$$

wobei die C_j Konstanten sind und die U_j, V zu L gehören. Ist dann t algebraisch oder exponentiell oder logarithmisch über K, so kann man α auch als

$$\alpha = \sum_{j=1}^{m} c_j \frac{u_j'}{u_j} + v'$$

mit Konstanten c_j und $u_j, v \in K$ schreiben[63]*.*

Der Beweis folgt gleich, der fehlende Induktionsschritt von s nach $s+1$ zu Theorem 6.6.1 kann dann sehr elegant wie folgt geführt werden. Wir nehmen an, dass es ein f so gibt, dass $f' = \alpha$, und f liegt in einem K_{s+1} für eine geeignete Kette $K = K_0 \subset \cdots \subset K_s \subset K_{s+1}$ mit den verlangten Eigenschaften.

> Und nun *der Trick:* Wir vergessen, dass α „eigentlich“ in K liegt, es liegt ja auch in K_1. Und von K_1 aus gesehen erreichen wir f in s Körpererweiterungen.

Damit dürfen wir die Induktionsvoraussetzung anwenden: α ist schreibbar als

$$\alpha = \sum_{j=1}^{n} C_j \frac{U_j'}{U_j} + V',$$

wobei die C_j Konstanten sind und die U_j und V zu K_1 gehören. Das Lemma – man wendet es mit $L := K_1$ an – verschafft uns dann eine Darstellung

$$\alpha = \sum_{j=1}^{m} c_j \frac{u_j'}{u_j} + v'$$

mit Konstanten c_j und $u_j, v \in K$, und das ist gerade die zu zeigende Behauptung: Auch im Fall von $s+1$ Körpererweiterungen gibt es eine entsprechende Darstellung von α.
(Ende des Beweises von Theorem 6.6.1.) □

Es ist nun noch das Lemma zu beweisen.

Vorbereitung 1: Erinnerung an Primzahlen

Um die Beweisidee zu motivieren, wollen wir Teilmengen der Menge der rationalen Zahlen betrachten, die *mit Hilfe von Primzahlen* definiert sind. Elemente der Menge $\mathbb{Q}$ der rationalen Zahlen sollen als gekürzte Brüche dargestellt sein. Wir definieren dann:

- $\mathbb{Q}_{\text{Nenner quadratfrei}} :=$ Menge der ganzen Zahlen vereinigt mit den echten Brüchen m/n, für die in der Primzahlzerlegung von n jede Primzahl nur zur ersten Potenz auftritt.

  Beispiele: 13, 33/5, $-1/1001$, nicht jedoch 1/4.

---

[63] Man beachte, dass die Summe einen anderen Laufbereich hat, es kann sein, dass viel mehr Summanden erforderlich sind.

- $\mathbb{Q}_{\text{Nenner quadratisch}}$:= Menge der ganzen Zahlen vereinigt mit den echten Brüchen m/n, für die in der Primzahlzerlegung von n mindestens eine Primzahl mindestens quadratisch auftritt.

  Beispiele: 13, 7/12, 1/4, nicht jedoch $-15/77$.

Es ist dann eine triviale Beobachtung, dass

$$\mathbb{Q}_{\text{Nenner quadratfrei}} \cap \mathbb{Q}_{\text{Nenner quadratisch}}$$

genau aus den ganzen Zahlen besteht.

Vorbereitung 2: Transzendente Elemente, irreduzible Polynome

Wir kehren zurück zu K, $\hat{K}$ und einem über K transzendenten Element $t \in \hat{K}$; L sei der von t und K erzeugte Unterkörper. L besteht aus allen Elementen der Form $P(t)/Q(t)$ mit Polynomen P und Q, deren Koeffizienten in K liegen; dabei darf Q nicht das Nullpolynom sein. Begründung: Die Menge dieser Quotienten *ist* ein Körper, und sie müssen in jedem Körper enthalten sein, der t und K enthält.

Betrachte nun $K[x]$, die Menge der Polynome mit Koeffizienten aus K. Ein Polynom soll *irreduzibel* genannt werden, wenn es nicht als Produkt von Polynomen kleineren Grades geschrieben werden kann. Irreduzible Polynome in $K[x]$ verhalten sich genau so wie die Primzahlen in $\mathbb{Z}$; das liegt daran, dass die Technik der Polynomdivision die gleichen Möglichkeiten impliziert wie das Teilen mit Rest[64]. Insbesondere gilt: Teilt ein irreduzibles Polynom f ein Produkt PQ, so ist f Teiler von P oder von Q.

Ist nun t – wie vorausgesetzt – transzendent, so verschwindet $P(t)$ nur für das Nullpolynom P, und das hat zwei wichtige Konsequenzen: Erstens ist *Koeffizientenvergleich* möglich (ist $P(t) = Q(t)$, so müssen die Koeffizienten von P und Q übereinstimmen), und zweitens ist die Menge der $P(t)$ algebraisch gleichwertig zur Menge der Polynome $P(x)$.

Für uns ist die wichtigste Folgerung, dass wir alle Elemente aus L als Quotient schreiben können, wobei Zähler und Nenner Produkte von Ausdrücken der Form $P(t)$ mit irreduziblen P sind, auch ist diese Darstellung (nach Kürzen) im Wesentlichen eindeutig.
Wieder definieren wir

- $L_{\text{Nenner quadratfrei}}$:= Menge der $P(t)$ (P Polynom) vereinigt mit den echten Brüchen $P(t)/Q(t)$, für die in der Zerlegung von $Q(t)$ in irreduzible Bausteine jeder Anteil nur zur ersten Potenz auftritt.

  Beispiele: $13t$, $1/t$, nicht jedoch $1/t^9$.

- $L_{\text{Nenner quadratisch}}$:= Menge der $P(t)$ vereinigt mit den echten Brüchen $P(t)/Q(t)$, für die in der Zerlegung des Nenners in irreduzible Bausteine mindestens ein Anteil mindestens quadratisch auftritt.

[64] Der Fachausdruck: Beides sind euklidische Ringe.

Dann ist klar, dass $L_{\text{Nenner quadratfrei}} \cap L_{\text{Nenner quadratisch}}$ genau aus den $P(t)$ besteht, diese einfache Beobachtung wird der Schlüssel zum Beweis des Lemmas sein.

Wir beginnen den eigentlichen Beweis mit der Vorgabe eines α, für das

$$\alpha = \sum_{j=1}^{n} C_j \frac{U_j'}{U_j} + V'$$

mit Konstanten C_j und $U_j, V \in L$, und $L = K(t)$. Wir müssen drei Fälle unterscheiden:

- Fall 1: t algebraisch.
- Fall 2: t exponentiell.
- Fall 3: t logarithmisch.

Da man Fall 1 unabhängig von den anderen Fällen beweisen kann, dürfen wir in Fall 2 und Fall 3 die Bedingung „und transzendent“ ergänzen.

Wir kümmern uns exemplarisch um Fall 3. Da ist also t transzendent, und es gibt ein $b \in K$ mit $t' = b'/b$. Das Lemma wird dann so gezeigt.

Behauptung 1: Für jedes V liegt V' in $L_{\text{Nenner quadratisch}}$.

Das ist eine überraschende Tatsache, die aber ganz einfach aus den Differentiationsregeln folgt: Jeder nichttriviale Faktor im Nenner geht aus dem Ableiten mit einer höheren Potenz hervor. Wir zeigen die Aussage für Polynome, im vorliegenden Fall ist der Beweis fast wortwörtlich zu übertragen[65].

> P, Q und R seien Polynome in x. Wir setzen voraus, dass R irreduzibel ist und dass R weder P noch Q teilt. Wir wollen, für irgendeinen Exponenten r, das Polynom
>
> $$V(x) := \frac{P(x)}{Q(x)R(x)^r}$$
>
> betrachten. Ableiten ergibt
>
> $$V' = \frac{P'QR^r - P(Q'R^r + rQR^{r-1}R')}{Q^2R^{2r}}.$$
>
> Wenn man den Bruch ausrechnet, tritt auch der Summand
>
> $$\frac{-rPQR'}{Q^2R^{r+1}}$$
>
> auf. Da sich in dem kein weiteres R kürzen lässt – denn R geht ja nicht in P, Q und R' auf[66] – kommt im Nenner von V' wirklich R^{r+1} vor.

[65] Es sind natürlich Feinheiten zu beachten. Die Tatsache, dass t logarithmisch ist, geht dadurch ein, dass die „innere Ableitung“ t' zu K gehört und deswegen keine neuen t's ins Spiel bringt.

[66] Hier ist die Irreduzibilität von R wichtig: Teilt R keinen der Faktoren, so auch nicht das Produkt.

Behauptung 2: Für beliebige $\alpha \in K$, beliebige Konstanten C_j und beliebige rationale Funktionen U_j liegt $\alpha - \sum_j C_j U_j'/U_j$ in $L_{\text{Nenner quadratfrei}}$.

Das folgt sofort aus den folgenden elementaren Rechenregeln:

$$\frac{(a/b)'}{a/b} = \frac{a'}{a} - \frac{b'}{b}, \quad \frac{(a \cdot b)'}{a \cdot b} = \frac{a'}{a} + \frac{b'}{b}.$$

Dadurch darf nämlich angenommen werden, dass die U_j nicht irgendwelche rationalen Funktionen, sondern voneinander verschiedene irreduzible und normierte Polynome sind. Damit ist der Hauptnenner des Ausdrucks das Produkt der U_j, die alle in der ersten Potenz auftreten.

Es gibt hier noch einen wichtigen Zusatz: Sollte ein Polynom herauskommen, muss es konstant sein, da für echte Polynome U der Nennergrad (also der Grad von U) immer größer als der Zählergrad (der Grad von U') ist.

Und nun die Pointe: Kombiniert man beide Behauptungen mit der vorausgesetzten Identität

$$\alpha - \sum_{j=1}^{n} C_j \frac{U_j'}{U_j} = V'$$

und erinnert man sich daran, dass der Schnitt von $L_{\text{Nenner quadratfrei}}$ und $L_{\text{Nenner quadratisch}}$ nur aus den Polynomen in t besteht (die wegen des Zusatzes sogar konstant sein müssen), so folgt: Sowohl $\alpha - \sum_{j=1}^{n} C_j U_j'/U_j$ als auch V' müssen in K liegen.

Der Rest ist einfach. Wir wissen, dass $V(t)$ in Wirklichkeit ein Polynom in t war, und dass die Ableitung konstant ist. Daraus folgt dann, dass $V = a_0 + a_1 t$ gelten muss[67]. Außerdem müssen, damit U_j'/U_j in K liegt, die U_j selbst schon in K liegen.

Schluss des Beweises des Lemmas: Es ist

$$V' = a_0' + (a_1 t)' = a_0' + a_1' t + a_1 b'/b.$$

Koeffizientenvergleich ergibt, dass $a_1' = 0$ sein muss. a_1 ist also eine Konstante.

Wenn wir also die zwei Summanden so sortieren, dass das a_0' als das gesuchte v' aufgefasst und der zweite Summand als zusätzlicher Summand in der U_j-Summe interpretiert wird, so haben wir für α die gesuchte Darstellung gefunden.

Das beendet den Beweis des Lemmas im Fall von Elementen t, die transzendent und logarithmisch sind. Für exponentielle t führt eine ähnliche Idee zum Ziel, für algebraische muss man noch einige Fakten aus der Algebra bemühen.

Hier die Idee.

t sei algebraisch, das Minimalpolynom P für t habe den Grad m. Ohne Einschränkung kann dann angenommen werden, dass P in $\hat{K}$ zerfällt, das

[67] Wie bei Polynomen verringert sich der Grad beim Ableiten nämlich höchstens um Eins, ein höherer Grad als Eins ist also für V nicht möglich.

liegt im Wesentlichen daran, dass es für algebraische Körpererweiterungen nur eine Fortsetzung der Differentiation gibt. Auch weiß man, dass der von t erzeugte Körper aus Polynomen besteht, die höchstens Grad $m-1$ haben.

Es seien $t_1, \ldots, t_m$ die Nullstellen von P, wobei $t = t_1$. Die Voraussetzung besagt dann, dass

$$\alpha = \sum_{j=1}^{n} C_j \frac{U_j(t)'}{U_j(t)} + V(t)'$$

mit Polynomen U_j und V, und daraus folgt

$$\alpha = \sum_{j=1}^{n} C_j \frac{U_j(t_\mu)'}{U_j(t_\mu)} + V(t_\mu)'$$

für $\mu = 1, \ldots, m$. Das liegt an der Existenz eines Körperisomorphismus, der mit der Differentiation vertauscht und K fest lässt.

Addiert man diese m Gleichungen und setzt man $U_j := U_j(t_1) \cdots U_j(t_m)$ und $V := \big(V(t_1) + \cdots + V(t_m)\big)/m$, so gilt

$$\alpha = \sum_{j=1}^{n} C_j \frac{U_j'}{U_j} + V'.$$

Dazu muss man sich noch einmal an die Gleichung $a'/a + b'/b = (ab)'/ab$ erinnern. Nun sind die U_j und V symmetrische Polynome in den Nullstellen von P, aus dem Hauptsatz über symmetrische Polynome folgt dann sofort, dass diese Ausdrücke in K liegen müssen. Fertig.

Damit sind das Lemma – und folglich auch der Satz von Liouville und Ostrowski – bewiesen. □

Teil 3: Hat $f \cdot e^g$ eine einfache Stammfunktion?

Im vorstehenden Abschnitt ging es um eine rein algebraische Situation: Körper mit Differentiation, elementare Funktionen und die Charakterisierung von Elementen aus K, die eine elementare Stammfunktion haben.

Nun behandeln wir wieder „richtige“ Funktionen, es wird um Abbildungen der Form $f \cdot e^g$ gehen, wobei f und g rationale Funktionen sind. Wann gibt es eine elementare Stammfunktion?

Theorem 6.6.2. *Die folgenden Aussagen sind äquivalent:*

(i) $f \cdot e^g$ *hat eine über den rationalen Funktionen elementare Stammfunktion.*

(ii) Es gibt eine rationale Funktion a*, so dass* $a' + ag' = f$.

Beweis: Es ist fast trivial, dass (i) aus (ii) folgt: Die gesuchte elementare Stammfunktion kann sofort als $a \cdot e^g$ hingeschrieben werden.

Nun beweisen wir die Umkehrung. Da alle rationalen Funktionen elementar integrierbar sind (Stichwort: Partialbruchzerlegung), können wir uns auf den Fall konzentrieren, dass g nicht konstant ist. Dann ist e^g transzendent über den rationalen Funktionen, das wird gleich wichtig werden.

Beweisidee: Sei $t := \mathrm{e}^g$. Angenommen, t ist Nullstelle eines Polynoms mit algebraischen Koeffizienten:

$$a_0 + a_1 t + \cdots + a_m t^m = 0.$$

Das ist eine Gleichung für Funktionen. Sei zunächst g ein Polynom. Betrachtet man die Gleichung für $z \to \infty$, so kann das nicht stimmen, denn der höchste Term geht schneller gegen ∞ als die anderen. Hat hingegen g einen nichttrivialen Nenner, so führt die gleiche Idee zum Ziel, wenn man nur das Argument gegen eine Nullstelle des Nenners gehen lässt.

Natürlich soll der Hauptsatz des vorigen Kapitels angewendet werden. Wir betrachten $K :=$ „der von K_{rat} und $t := \mathrm{e}^g$ erzeugte Körper“, $\hat{K} :=$ „alle geschlossen darstellbaren Funktionen“ und setzen $\alpha := f \cdot t$. Es gebe eine elementare Stammfunktion, nach dem Hauptsatz bedeutet das die Existenz von Konstanten c_j und $u_1, \ldots, u_n, v \in K$ mit

$$f \cdot t = \sum c_j u_j'/u_j + v'.$$

Nun argumentieren wir wie im vorigen Beweis, wieder wird wichtig, dass man alles als rationale Funktionen in t interpretiert und folgende Tatsachen beachtet:

- Ausdrücke der Form u'/u sind entweder konstant oder als rationale Funktion in t auffassbar, für die der Nenner quadratfrei ist und einen höheren Grad als der Zähler hat.
- Aus nichttrivialen Nennern in v werden durch Differenzieren rationale Funktionen, die im Nenner mindestens quadratische Faktoren haben.

Man muss allerdings eine kleine Modifikation beachten: Irreduzible Ausdrücke der Form t werden beim Differenzieren zu $g't$, und das kann man gegen t kürzen. Man muss das Argument also noch einmal sorgfältig durchgehen, man gelangt dann mit Koeffizientenvergleich zu dem folgenden Ergebnis:

Notwendig liegen alle u_j in K, und v ist ein Ausdruck der Form

$$v = \sum_{j=-N}^{N} a_j t^j.$$

Da, für $a \neq 0$, die Funktion $(at^n)'$ gleich $(a' + nag')t^n$ ist und $a' + nag'$ notwendig von Null verschieden ist[68], verschwinden beim Ableiten von v keine Terme. Anders ausgedrückt: Da beim Ableiten ein Ausdruck der Form $b_0 + ft$ herauskommt, muss v die Form $d_0 + d_1 t$ haben (mit rationalen Funktionen b_0, d_0, d_1).

Nun sind wir gleich fertig, wir leiten noch ab und machen einen Koeffizientenvergleich: Es ist

$$b_0 + f \cdot t = d_0' + d_1' t + d_1 t' = d_0' + d_1' t + d_1 g' t,$$

[68] Andernfalls wäre nämlich at^n konstant, t also algebraisch.

also müssen auch die bei t stehenden Terme übereinstimmen:

$$f = d_1' + d_1 g'.$$

Das aber beweist (ii), die fragliche Differentialgleichung ist durch eine rationale Funktion (nämlich d_1) lösbar. □

Teil 4: e^{x^2} hat keine einfache Stammfunktion

Es folgt das Finale. Wer behauptet, dass e^{x^2} keine elementare Stammfunktion hat, muss sich aufgrund der bisherigen Ergebnisse nur auf den Fall $f = 1$ und $g(x) = x^2$ konzentrieren, also beweisen, dass die Differentialgleichung

$$a' + 2xa = 1$$

keine Lösung im Raum der rationalen Funktionen hat. Und genau das zeigen wir jetzt noch.

Mal angenommen, es gäbe als Lösung eine rationale Funktion a, wir schreiben sie in gekürzter Form als $P(x)/Q(x)$.

Fall 1: Q ist konstant.

Dann sieht man schnell, dass das nicht gehen kann: Hat P den Grad n, so hat $2P(x)x$ den Grad $n+1$, die Addition des Polynoms a' (mit Grad $n-1$) kann also nicht 1 ergeben.

Fall 2: Q hat eine Nullstelle x_0. Ist x_0 eine k-fache Nullstelle, so lässt sich a als

$$a(x) = \frac{b_{-k}}{(x-x_0)^k} + \cdots + \frac{b_{-1}}{x-x_0} + b_0 + b_1(x-x_0) + b_2(x-x_0)^2 + \cdots$$

schreiben, dabei sind die b's geeignete komplexe Zahlen. Wenn wir nun ableiten, beginnt a' mit $(-k)b_{-k}/(x-x_0)^{k+1}$, und dieser Summand kann durch Addition von $2xa$ bestimmt nicht zu 1 werden, da in $2xa$ die Zahl x_0 nur Pol der Ordnung k ist[69].

Und damit ist wirklich gezeigt:

Kein über den rationalen Funktionen elementares f genügt der Gleichung $f' = e^{x^2}$.

Quod erat demonstrandum.

---

[69] Ist $x_0 = 0$, so liegt sogar nur ein Pol der Ordnung $k-1$ vor.

6.7 Verständnisfragen

Zu 6.1

Sachfragen

S1: Welcher Begriff soll durch das Integral präzisiert werden?

S2: Was ist eine Treppenfunktion? Wie wird das Integral für Treppenfunktionen definiert? Warum gibt es ein Wohldefiniertheits-Problem?

S3: Was ist das Oberintegral (bzw. das Unterintegral) einer beschränkten Funktion?

S4: Wann heißt eine Funktion Riemann-integrierbar? Wie ist in diesem Fall das Riemann-Integral erklärt?

S5: Wie lautet das Riemannsche Integrabilitäts-Kriterium?

S6: Welche wichtige Eigenschaft stetiger Funktionen spielte bei unserem Nachweis der Integrabilität solcher Funktionen eine fundamentale Rolle.

S7: Was ist eine stückweise stetige Funktion?

S8: Wodurch kann man $\left|\int_a^b f(x)\,dx\right|$ abschätzen?

S9: Was ist zu beachten, wenn man Flächen durch Integration berechnen möchte?

S10: Wann sind Limes und Integral vertauschbar?

S11: Was ist ein Doppelintegral?

S12: Sind alle Funktionen Riemann-integrierbar?

Methodenfragen

M1: Einfache Beweise zur Integrierbarkeit führen können.

Zum Beispiel:

1. Zeigen Sie direkt, dass mit f auch $f+c$ integrierbar ist, wenn c eine Konstante ist.
2. Es sei $f : [\,-a, a\,] \to \mathbb{R}$ Riemann-integrierbar. Wenn f symmetrisch ist, falls also $f(-x) = f(x)$ für alle x gilt, so ist
$$\int_{-a}^{a} f(x)\,dx = 2\int_0^a f(x)\,dx.$$
3. $f : [\,a, b\,] \to \mathbb{R}$ sei eine beschränkte Funktion, c sei eine Zahl zwischen a und b. Ist dann f sowohl auf $[\,a, c\,]$ als auch auf $[\,c, b\,]$ Riemann-integrierbar, so ist f Riemann-integrierbar.

Zu 6.2

Sachfragen

S1: f sei Riemann-integrierbar auf $[\,a, b\,]$. Welche Eigenschaften hat dann die Funktion $x \mapsto \int_a^x f(t)\,dt$?

S2: Was besagt der Hauptsatz der Differential- und Integralrechnung? Wie ist die Beweisidee? (Ist es eher wichtig zu wissen, dass die Ableitung konstanter Funktionen gleich Null ist, oder möchte man umgekehrt aus dem Verschwinden der Ableitung schließen, dass die Funktion konstant ist?)

S3: Was versteht man unter dem Schlagwort „Gütehebung durch Integration“?

S4: Was ist eine Stammfunktion, was ist ein unbestimmtes Integral?

S5: Wie lauten Stammfunktionen zu x^α für $\alpha \neq -1$, zu $1/x$, e^x, $\cos x$, $\sin x$?

S6: Welche Differentiationsregeln liegen der partiellen Integration bzw. der Integration durch Substitution zugrunde?

S7: Für welche Funktionen kann man unbestimmte Integrale mit Hilfe der Technik der Partialbruchzerlegung ausrechnen? Welches algebraische Ergebnis wird hier verwendet?

Methodenfragen

M1: Bestimmung von Stammfunktionen und Berechnung konkreter Integrale unter Verwendung der Ergebnisse aus den Sachfragen 2, 5, 6 und 7.

Zum Beispiel:

1. Bestimmen Sie Stammfunktionen zu
   $3x^4 + 4\cos x$, $2.5\mathrm{e}^x - \sqrt{x}$, $4/x + \sqrt[47]{x^{11}}$.
2. Werten Sie $\int_1^3 x^5\,dx$ und $\int_0^5 (2.5\mathrm{e}^x - \sqrt{x})\,dx$ aus.
3. Bestimmen Sie Stammfunktionen zu $x\sin(x^2)$ und zu $x\mathrm{e}^x$.
4. Finden Sie durch Partialbruchzerlegung eine Stammfunktion zu
   $2/(x^3 - x^2 + x - 1)$.

Zu 6.3

Sachfragen

S1: Wie ist das Integral für Funktionen $f : [a,b] \to \mathbb{C}$ definiert?

S2: Was ist ein uneigentliches Integral?

S3: Nennen Sie ein hinreichendes Kriterium für die Existenz uneigentlicher Integrale.

S4: Wie ist die Gamma-Funktion definiert?

Methodenfragen

M1: Integrale von $\mathbb{C}$-wertigen Funktionen und uneigentliche Integrale auswerten können.

Zum Beispiel:

1. Man bestimme $\int_1^3 (2x^3 + i\sqrt[3]{x})\,dx$ und $\int_0^\pi \mathrm{e}^{ix}\,dx$.
2. Welchen Wert hat $\int_1^{+\infty} \mathrm{e}^{-4x}\,dx$?
3. Für welche $\alpha \in \mathbb{R}$ existiert das uneigentliche Integral $\int_0^3 x^\alpha\,dx$?

M2: Das hinreichende Kriterium aus Sachfrage 3 anwenden können.

Zum Beispiel:

1. Warum existiert $\int_0^{+\infty} \sin(x^{12})\mathrm{e}^{-x}\,dx$?
2. Für welche α ist die Existenz von $\int_1^{+\infty} x^\alpha \sqrt{1+\frac{1}{x}}\,dx$ sichergestellt?

Zu 6.4

Sachfragen

S1: Wie sind partielle Ableitungen definiert?

S2: Welche analytischen Eigenschaften hat eine Funktion g, die durch die Gleichung $g(x) = \int_a^b f(x,t)\,dt$ definiert ist? Wann ist sie stetig? Unter welchen Voraussetzungen an f ist sie differenzierbar, und wie rechnet man in diesem Fall die Ableitung aus?

S3: Was gilt in der allgemeineren Situation, in der g als $g(x) = \int_{\varphi(x)}^{\psi(x)} f(x,t)\,dt$ definiert ist?

Methodenfragen

M1: Partielle Ableitungen ausrechnen können.

Zum Beispiel:

1. Was sind $\partial f/\partial x$ und $\partial f/\partial y$ für $f(x,y) = x\mathrm{e}^y$?
2. Sei $\Psi(\alpha,\beta,\varepsilon) = \alpha + \sin(\alpha\beta^3\varepsilon^5)$. Bestimmen Sie alle partiellen Ableitungen von Ψ.

M2: Durch Integration definierte Funktionen ableiten können.

Bestimmen Sie die Ableitungen der folgenden Funktionen:

1. $g(x) = \int_0^4 \sin(tx^3 + xt^3)\,dt$.
2. $g(\alpha) = \int_0^4 \mathrm{e}^{\alpha\beta^2\gamma^3}\,d\beta$.
3. $g(x) = \int_{-x}^{x^3} \sin(tx^3 + xt^3)\,dt$.

Zu 6.5$^\diamond$

S1: Wie sind, für integrierbare Funktionen f, die Normen $\|f\|_1$ und $\|f\|_p$ definiert?

S2: Handelt es sich wirklich um Normen?

S3: Was besagen die Höldersche und die Minkowskische Ungleichung?

6.8 Übungsaufgaben

Zu Abschnitt 6.1

6.1.1 Man zeige direkt (ohne Verwendung des Hauptsatzes der Differential- und Integralrechnung):
a) $t \mapsto t^2$ ist integrierbar auf $[0,1]$, und $\int_0^1 t^2 dt = 1/3$.
b) $t \mapsto 1/t$ ist integrierbar auf $[1,\mathrm{e}]$, und $\int_1^{\mathrm{e}} \frac{dt}{t} = 1$.

6.1.2 Man zeige, dass

$$t \mapsto \begin{cases} t & \text{falls } t \text{ rational} \\ 0 & \text{falls } t \text{ irrational} \end{cases}$$

nicht integrierbar auf $[0,1]$ ist.

6.1.3 Wir haben bewiesen, dass $\mathrm{Tr}\,[a,b]$ $(a < b)$ ein Vektorraum ist.
a) Man zeige, dass $\mathrm{Tr}\,[a,b]$ unendlich-dimensional ist.
b) Zeigen Sie, dass mit $f,g \in \mathrm{Tr}\,[a,b]$ auch $f \cdot g$ in $\mathrm{Tr}\,[a,b]$ liegt.

6.1.4 Beweisen oder widerlegen Sie: Für $f,g \in \mathrm{Int}\,[a,b]$ gilt

$$\int_a^b (f \cdot g)(x)\,dx = \left(\int_a^b f(x)\,dx\right) \cdot \left(\int_a^b g(x)\,dx\right).$$

(Siehe dazu auch Aufgabe 6.1.6.)

6.1.5 Man finde eine Folge Riemann-integrierbarer Funktionen (f_n) auf $[0,1]$, so dass (f_n) punktweise gegen 0 konvergiert, die Integrale $\int_0^1 f_n(x)\,dx$ aber mit $n \to \infty$ gegen Unendlich gehen.

6.1.6 Für welche $f \in \mathrm{Tr}\,[0,1]$ gilt

$$\int_a^b f^2(x)\,dx = \left(\int_a^b f(x)\,dx\right)^2 ?$$

6.1.7 Sei $g \in C\,[a,b]$. Falls g nichtnegativ ist und $\int_a^b g(t)\,dt = 0$ gilt, so ist $g = 0$.

6.1.8 Sei $f : \mathbb{R} \to \mathbb{R}$ stetig. Wir nehmen an, dass $\int_{-\infty}^{+\infty} f(t)\varphi(t)\,dt = 0$ für alle $\varphi \in C\mathbb{R}$ mit kompaktem Träger ist. Dann ist $f = 0$.
(Bemerkung: Der Träger einer stetigen Funktion ϕ ist als der Abschluss der Menge $\{t \mid \varphi(t) \neq 0\}$ definiert.)

6.1.9 Als wir das Wunschprogramm für eine Integrationstheorie zusammengestellt haben, wäre es doch auch sinnvoll gewesen zu fordern, dass die Integration *translationsinvariant* ist. Formaler: Ist $f \in \mathrm{Int}\,[a,b]$ und $g : [a+c, b+c] \to \mathbb{R}$ durch $g(x) = f(x-c)$ definiert, so ist $g \in \mathrm{Int}\,[a+c, b+c]$ und es gilt

$$\int_{a+c}^{b+c} g(x)\,dx = \int_a^b f(x)\,dx.$$

Man zeige, dass das für das Riemann-Integral richtig ist.

Zu Abschnitt 6.2

6.2.1 Es sei $f \in C\,[a,b]$. Definiere $F : [a,b] \to \mathbb{R}$ durch

$$F(x) := \int_x^b f(t)\,dt.$$

Zeigen Sie, dass F differenzierbar ist und dass $F' = -f$ gilt.

6.2.2 Berechnen Sie die folgenden unbestimmten Integrale:

(a) $\int \frac{\ln(x)}{x}\,dx$	(b) $\int \sin^2(x)\,dx$	(c) $\int \arcsin(x)\,dx$
(d) $\int \mathrm{e}^{ax}\sin(x)\,dx$	(e) $\int \sqrt{1-x^2}\,dx$	(f) $\int x^3\cos(x)\,dx$
(g) $\int \frac{x-1}{x^4+x^2}\,dx$	(h) $\int \tan(x)\,dx$.	

Tipp zu (e): Verwenden Sie die Substitution $x = \sin(t)$.

6.2.3 Auf $]\,0, +\infty\,[$ definieren wir eine Funktion Log durch

$$\operatorname{Log}(x) := \int_1^x \frac{dt}{t}.$$

(Für $x < 1$ ist $\int_1^x(\cdots) := -\int_x^1(\cdots)$.)
Zeigen Sie direkt (d.h. ohne Verwendung der Logarithmusgesetze):
a) $\operatorname{Log}(x \cdot y) = \operatorname{Log}(x) + \operatorname{Log}(y)$
b) Log ist differenzierbar, streng monoton wachsend und

$$\frac{d\operatorname{Log}(x)}{dx} \neq 0 \quad \text{für alle } x \in \,]\,0, +\infty\,[\,.$$

Weiter ist

$$\lim_{x\to 0} \operatorname{Log}(x) = -\infty \quad \text{sowie} \quad \lim_{x\to\infty} \operatorname{Log}(x) = +\infty.$$

Es existiert also eine differenzierbare Umkehrfunktion $\operatorname{Exp} : \mathbb{R} \to \,]\,0, +\infty\,[$.
c) Die so definierte Funktion Exp erfüllt $\operatorname{Exp}(0) = 1$ und $\operatorname{Exp}'(x) = \operatorname{Exp}(x)$.

6.2.4 Man definiere $a_m := \int_0^{\pi/2} \sin^m x \, dx$ $(m = 0, 1, \ldots)$. Zeigen Sie, dass die Rekursionsgleichung

$$a_{m+2} = \frac{m+1}{m+2} a_m$$

gilt. Das soll mit der (ebenfalls zu beweisenden) Ungleichung

$$1 \leq \frac{a_{2m}}{a_{2m+1}} \leq \frac{a_{2m-1}}{a_{2m+1}} \quad \text{für } m \in \mathbb{N}$$

kombiniert werden, um die folgende Formel (das *Wallis-Produkt*) herzuleiten:

$$\frac{\pi}{2} = \lim_{m\to\infty} \frac{1}{2m+1} \cdot \frac{(2m)^2(2m-2)^2 \cdots 2^2}{(2m-1)^2(2m-3)^2 \cdots 1^2}.$$

6.2.5 Gewinnen Sie die Potenzreihenentwicklung von $\arctan(x)$ und $\log(1+x)$. Dazu soll $\frac{1}{1+x^2}$ bzw. $\frac{1}{1+x}$ als Summe einer geometrischen Reihe aufgefasst und gliedweise integriert werden. Begründen Sie die Korrektheit dieser Vorgehensweise.

Zu Abschnitt 6.3

6.3.1 Berechnen Sie $\int_\pi^{2\pi} (2x + i) \sin(x) \, dx$.

6.3.2 Existiert $\int_1^\infty \frac{2}{\log x} \, dx$?

6.3.3 Zeigen Sie:
a) $\int_0^{+\infty} \frac{\sin x}{x} dx$ existiert.
b) $\int_0^{+\infty} \frac{|\sin x|}{x} dx$ existiert nicht.

6.3.4 Zeigen Sie, dass die Gammafunktion konvex ist.

Zu Abschnitt 6.4

6.4.1 Berechnen Sie die Ableitungen der folgenden Funktionen:
a) $g(x) = \int_0^5 \cos(x^2 t^4) \, dt$,
b) $g(x) = \int_{-x}^{e^x} \sqrt{1 + t^2 x^2} \, dt$.

6.4.2 Zeigen Sie durch Berechnung der Ableitung, dass die durch

$$g(x) = \int_0^5 (1 + x^3 t^4)^2 \, dt$$

definierte Funktion auf $[0, 1]$ monoton steigend ist.

6.4.3 Bestimmen Sie die Ableitung von $g(x) = \int_0^{+\infty} \cos(x^2 t^4) \mathrm{e}^{-2t} \, dt$ auf $\mathbb{R}$.

Zu Abschnitt 6.5

6.5.1 Sei $f(x) = x$ für $x \in [0, 1]$. Berechnen Sie die L^p-Normen für $p \in [1, +\infty]$. Es zeigt sich, dass $\|f\|_p$ für $p \to \infty$ gegen $\|f\|_\infty$ geht. Beweisen Sie, dass das für alle Intervalle $[a, b]$ und alle $f \in C[a, b]$ richtig ist.

6.5.2 Für $f \in C[0, 1]$ und $p \in [1, +\infty[$ gilt $\|f\|_p \leq \|f\|_\infty$. Für welche f gilt sogar $\|f\|_p = \|f\|_\infty$?

6.5.3 Setzen Sie in der Hölderschen Ungleichung $f = g$ und finden Sie so eine Beziehung zwischen den Normen $\|f\|_2$, $\|f\|_p$ und $\|f\|_q$.

Zu Abschnitt 6.6

6.6.1 Sei K ein Körper mit Differentiation. Zeigen Sie, dass die Menge der Konstanten einen Unterkörper bildet.

6.6.2 Beweisen Sie, dass $\sqrt[3]{x+1} - x$ algebraisch über K_{rat} ist.

6.6.3 Geben Sie ein Beispiel für ein t, das gleichzeitig algebraisch, logarithmisch und exponentiell ist.

6.6.4 Begründen Sie, dass $\mathrm{e}^{x^2/2}$ keine einfache Stammfunktion hat.

6.6.5 Für $k \in \mathbb{N}$ mit $k \geq 2$ hat e^{x^k} keine einfache Stammfunktion.

Kapitel 7

Anwendungen der Integralrechnung

Wir haben die Integralrechnung am Anfang von Kapitel 6 mit dem Problem der Flächenmessung motiviert. Bei dieser Fragestellung spielt Integration wirklich eine wichtige Rolle, doch betrifft das nur einen Bruchteil der Anwendungsmöglichkeiten. In diesem Kapitel soll gezeigt werden, dass mit Integralen auch viele Fragen beantwortet werden können, die mit Flächen selbst bei genauestem Hinsehen nichts zu tun haben.

Die hier vorgestellte Auswahl ist bei weitem nicht vollständig. Sie, liebe Leserinnen und Leser dieses Buches, werden im Laufe Ihrer zukünftigen Beschäftigung mit der Mathematik noch viele weitere Beispiele kennen lernen. Ich habe versucht, Anwendungen auf sehr verschiedene Fragestellungen zusammenzustellen, das, was sie finden, ist von persönlichen Vorlieben beeinflusst. Die hier behandelten Themen haben deswegen auch ein anderes Gewicht als die anderer Kapitel, einige sind „Kür"; zur „Pflicht" gehören die Abschnitte 7.1, 7.2 und 7.3. Meine Empfehlung: Schauen Sie sich vorläufig nur die hier behandelten Ergebnisse an, es hängt von Ihrer Belastbarkeit und Ihrer Zeit ab, ob und wann Sie die Beweise genauer durcharbeiten.

Das Kapitel beginnt in *Abschnitt 7.1* mit der Beschreibung eines allgemeinen Approximationsverfahrens: Kann man stetige Funktionen f so durch Funktionen g annähern, dass g „besonders gute" Eigenschaften hat? Ja, das geht, und was „besonders gut" bedeuten soll, darf man sich innerhalb gewisser Grenzen sogar aussuchen. Als wichtiger Spezialfall wird sich der *Approximationssatz von Weierstraß* ergeben; er besagt, dass stetige Funktionen auf kompakten Intervallen beliebig genau durch Polynome approximiert werden können.

Als Nächstes nehmen wir in *Abschnitt 7.2* das Thema *„Kurvendiskussion"* aus Abschnitt 4.3 noch einmal auf. Unter anderem wird eine Integral-Variante des Restglieds in der Taylorformel hergeleitet.

Dann kümmern wir uns noch einmal um die *trigonometrischen Funktionen.* In der Schule lernt man – zum Beispiel – den Sinus als „Gegenkathete durch Hypotenuse“ kennen. Wie diese Definition mit dem in Abschnitt 4.5 eingeführten Sinus zusammenhängt, soll in *Abschnitt 7.3* untersucht werden.

Es folgt, in *Abschnitt 7.4*, die Beschreibung einer wichtigen Technik, durch die man sehr wirkungsvoll gewisse Differentialgleichungen lösen kann: Mit Hilfe der *Laplacetransformation* – einer speziellen Integraltransformation – ist es möglich, Differentiationsprobleme in algebraische Probleme zu verwandeln, ganz genau so, wie durch die Logarithmenrechnung multiplikative in additive Aufgaben umformuliert werden.

In *Abschnitt 7.5* soll demonstriert werden, dass es Querverbindungen von der Analysis zur *Zahlentheorie* gibt. Wir konstruieren „konkrete“ transzendente Zahlen, und die zahlentheoretischen Eigenschaften von e und π werden näher untersucht.

Als letzte Anwendung der Integralrechnung beweisen wir in *Abschnitt 7.6* ein für die Theorie der Differentialgleichungen fundamentales Ergebnis: Der *Satz von Picard-Lindelöf* besagt, dass unter gewissen Voraussetzungen Existenz und Eindeutigkeit für die Lösungen garantiert werden kann. Eine wichtige Rolle werden dabei die hier behandelten Eigenschaften der Abbildung $f \mapsto \int_a^b f(t)\,dt$ und der Banachsche Fixpunktsatz spielen.

7.1 Faltungen und der Approximationssatz von Weierstraß

In diesem Abschnitt geht es darum, vorgelegte Funktionen durch andere zu approximieren, die gewisse wünschenswerte Eigenschaften haben. Wir werden ein allgemeines Verfahren angeben und dann ein konkretes Beispiel diskutieren: Stetige Funktionen auf kompakten Intervallen können beliebig genau durch Polynome angenähert werden (*Satz von Weierstraß*).

Die Idee

Das nachstehend zu beschreibende allgemeine Verfahren beruht auf der *Kombination von zwei Tatsachen*:

1. Approximation

Sei $\varphi : [\,a,b\,] \to [\,0,+\infty\,[$ eine stetige Funktion mit Integral 1. Weiter soll $f : [\,a,b\,] \to \mathbb{R}$ eine weitere stetige Funktion sein, so dass $\alpha \leq f(x) \leq \beta$ für alle x gilt.

Dann ist stets $\alpha\varphi(x) \leq f(x)\varphi(x) \leq \beta\varphi(x)$, und aus der Monotonieeigenschaft der Integration ergibt sich

$$\alpha = \int_a^b \alpha\varphi(x)\,dx \leq \int_a^b f(x)\varphi(x)\,dx \leq \int_a^b \beta\varphi(x)\,dx = \beta.$$

Schwankt also insbesondere f wenig auf $[\,a,b\,]$, gilt etwa

$$f\left(\frac{a+b}{2}\right) - \varepsilon \leq f(x) \leq f\left(\frac{a+b}{2}\right) + \varepsilon$$

für ein „kleines“ $\varepsilon > 0$ und alle x, so ist

$$\left| f\left(\frac{a+b}{2}\right) - \int_a^b f(x)\varphi(x)\,dx \right| \leq \varepsilon.$$

Als *Variation dieser Idee* betrachten wir nun ein stetiges $f : \mathbb{R} \to \mathbb{R}$ und ein $x_0 \in \mathbb{R}$. Wenn man $\varepsilon > 0$ vorgibt, kann man ein $\delta > 0$ so finden, dass

$$f(x_0) - \varepsilon \leq f(x) \leq f(x_0) + \varepsilon$$

für alle $x \in [\,x_0 - \delta, x_0 + \delta\,]$ gilt. Und ist dann $\varphi : [\,x_0 - \delta, x_0 + \delta\,] \to [\,0, +\infty\,[$ integrierbar mit $\int_{x_0-\delta}^{x_0+\delta} \varphi(x)\,dx = 1$, so wird wieder

$$\left| f(x_0) - \int_{x_0-\delta}^{x_0+\delta} f(x)\varphi(x)\,dx \right| \leq \varepsilon$$

gelten. Da unter dem Integral nur die Werte von f in der Nähe von x_0 auftreten, kann man das Ergebnis so interpretieren, dass φ die f-Werte über das Intervall $[\,x_0 - \delta, x_0 + \delta\,]$ „gemittelt“ hat.

Solche φ sind leicht zu finden. Man könnte zum Beispiel diejenige Funktion wählen, die konstant gleich $1/(2\delta)$ ist, denkbar sind aber auch Funktionen, die sich stetig oder gar differenzierbar auf ganz $\mathbb{R}$ fortsetzen lassen.

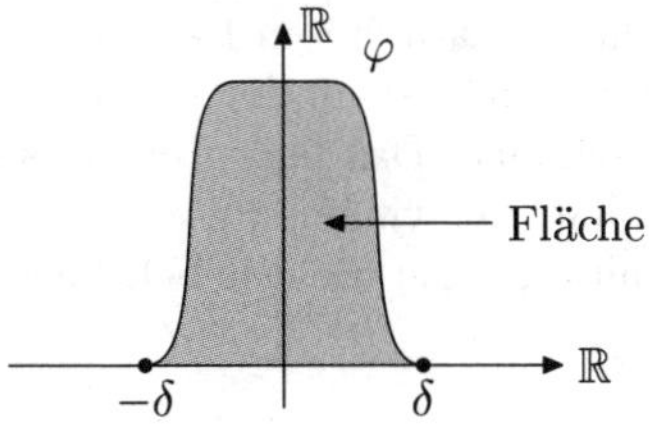

Bild 7.1: Ein Beispiel mit $x_0 = 0$

2. Übertragung von Güteeigenschaften

Wenn eine Funktion g durch Integration definiert ist, also etwa

$$g(x) = \int_a^b f(t)\psi(x,t)dt$$

gilt, so ist aufgrund der Ergebnisse von Abschnitt 6.4 für die analytischen Eigenschaften von g nur wichtig, wie sich die Funktionen $x \mapsto \psi(x,t)$ verhalten. Wenn also zum Beispiel für alle t die $\psi(\cdot, t)$ n-mal differenzierbar sind, so wird g n-mal differenzierbar sein[1)].

Durch Kombination dieser beiden Aspekte gelangt man zu der folgenden *Strategie*, um ein vorgegebenes f durch Funktionen mit vorgegebenen Eigenschaften zu approximieren:

[1)] Zur Erinnerung: $\psi(\,\cdot\,, t)$ ist die Abkürzung für die Funktion $x \mapsto \psi(x,t)$.

Wähle ψ so, dass gilt:

- Für jedes x ist $t \mapsto \psi(x,t)$ eine positive Funktion, das Integral ist gleich 1 und nur in der Nähe von x gibt es von Null verschiedene Werte. Dann wird
$$g : x \mapsto \int_a^b f(t)\psi(x,t)dt$$
eine Funktion sein, die nahe bei f liegt.
- Die Abbildungen $x \mapsto \psi(x,t)$ sind so bestimmt, dass
$$x \mapsto \int_a^b f(t)\psi(x,t)dt$$
die im konkreten Einzelfall gerade gewünschten Eigenschaften hat.

Ein allgemeines Approximationsverfahren

Die eben beschriebene Strategie soll nun etwas präziser umgesetzt werden. Wir beginnen mit einer Funktion φ wie der in Bild 7.1. Wenn man dann irgendein x aus $\mathbb{R}$ vorgibt, so sieht der Graph von $t \mapsto \varphi(x-t)$ im Wesentlichen so aus wie der von φ: Er ist nur zunächst an der y-Achse gespiegelt worden, und dann wurde alles um x verschoben. Das bedeutet, dass die Funktion $\varphi(x-t)$ die erste der Eigenschaften hat, die wir uns für ψ eben gewünscht haben. Und daher ist die folgende Definition – die für fast beliebige f und φ sinnvoll ist – nicht überraschend:

Definition 7.1.1. *Es seien $\varphi, f : \mathbb{R} \to \mathbb{R}$ stückweise stetig und f oder φ verschwinde außerhalb eines kompakten Intervalls*[2]*. Wir erklären dann eine Funktion $\varphi * f : \mathbb{R} \to \mathbb{R}$ durch*
$$(\varphi * f)(x) := \int_{-\infty}^{+\infty} \varphi(x-t)f(t)\,dt.$$
(Man beachte dabei: Aufgrund unserer Voraussetzungen ist das in der Definition auftretende Integral eigentlich ein Integral des Typs $\int_a^b$, wobei a und b von x abhängen können; deswegen ist die Existenz für jedes x sichergestellt.)

Faltung

Die Funktion $\varphi * f$ heißt die Faltung von φ mit f.

Bemerkungen und Beispiele:

1. In den meisten Fällen wird $\varphi * f$ nicht explizit zu bestimmen sein. Als einfaches Beispiel nehmen wir an, dass f und φ beide auf $[0,1]$ den Wert 1 haben und sonst verschwinden. Dann gilt für die Funktion $t \mapsto \varphi(x-t)f(t)$: Sie ist genau

[2] Man sagt dann auch, dass f einen *kompakten Träger* hat.

dann gleich 1 (und sonst Null), wenn sowohl t als auch $x-t$ in $[0,1]$ liegen, also genau dann, wenn t im Schnitt der Intervalle $[0,1]$ und $[x-1,x]$ liegt. Daraus folgt:

$$(\varphi * f)(x) = \begin{cases} x & x \in [0,1] \\ 2-x & x \in [1,2] \\ 0 & \text{sonst.} \end{cases}$$

2. Aus den Eigenschaften des Integrals ergeben sich Folgerungen für die Faltung: Zum Beispiel ist klar, dass stets $\varphi*(f_1+f_2) = \varphi*f_1+\varphi*f_2$ und $\varphi*(rf) = r(\varphi*f)$ für reelle Zahlen r gilt.

Überraschender ist die *Kommutativität der Faltung*: $(\varphi * f)(x) = (f * \varphi)(x)$. Diese Gleichung ergibt sich – bei festem x – durch die Substitution $u = x-t$, man muss dazu a, b bei vorgegebenem x so wählen, dass die auftretenden Funktionen außerhalb der Integrationsgrenzen verschwinden:

PAUL DIRAC
1902 – 1984

$$\begin{aligned} (\varphi * f)(x) &= \int_a^b \varphi(x-t)f(t)\,dt \\ &= -\int_{x-a}^{x-b} \varphi(u)f(x-u)\,du \\ &= \int_{x-b}^{x-a} \varphi(u)f(x-u)\,du \\ &= (f*\varphi)(x). \end{aligned}$$

Aufgrund unserer Vorüberlegungen sollte $\varphi*f$ die Funktion f approximieren, wenn φ „sehr stark bei Null konzentriert" ist. Wir wollen nun präzisieren, was das für Funktionenfolgen bedeuten soll[3]:

Diracfolge

Definition 7.1.2. *Sei* $K_n : \mathbb{R} \to [0,+\infty[$ *für jedes* $n \in \mathbb{N}$ *eine stetige Funktion. Die Folge* $(K_n)_{n\in\mathbb{N}}$ *heißt* Diracfolge[4]*, wenn gilt*

$$\forall_{\varepsilon,\delta>0}\ \exists_{n_0\in\mathbb{N}}\ \forall_{n\geq n_0}\ \int_{-\infty}^{-\delta} K_n(x)\,dx + \int_{\delta}^{+\infty} K_n(x)\,dx \leq \varepsilon$$

und

$$\forall_{n\in\mathbb{N}} \int_{-\infty}^{+\infty} K_n(x)\,dx = 1.$$

[3] Funktionen, die durch Faltung zu neuen Funktionen Anlass geben, heißen aus traditionellen Gründen *Kernfunktionen*; deswegen verwenden wir den Buchstaben K statt φ, die Verwechslungsmöglichkeiten mit kompakten Mengen sind gering.

[4] Dirac: Professor in Cambridge und Oxford; Mitbegründer der Quantentheorie; die hier eingeführten Dirac-Folgen sind eine Möglichkeit, mit der Dirac-„Funktion" ohne Verwendung von Distributionentheorie exakt zu arbeiten.

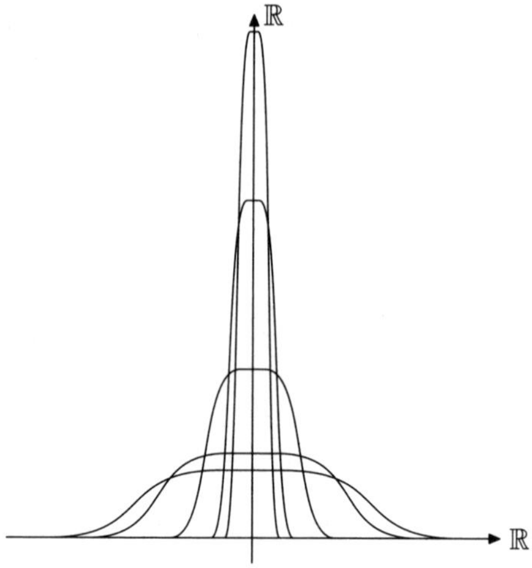

Bild 7.2: Eine Diracfolge

(Beispiele für Diracfolgen sind schnell gefunden. Man könnte K_n zum Beispiel als n auf $[0, 1/n]$ und als Null sonst definieren.) Dass durch Faltungen mit Diracfolgen das in der Einleitung zu diesem Abschnitt formulierte Ziel wirklich erreicht wird, steht in

Satz 7.1.3. *Sei $f : [a, b] \to \mathbb{R}$ stetig und $(K_n)_{n\in\mathbb{N}}$ eine Diracfolge. Wir setzen f zu einer stetigen Funktion von $\mathbb{R}$ nach $\mathbb{R}$ fort, indem wir f links von a (bzw. rechts von b) als $f(a)$ (bzw. $f(b)$) definieren.*
Dann konvergiert die Folge $(f * K_n)_{n\in\mathbb{N}}$ auf $[a, b]$ gleichmäßig gegen f.

Beweis: Es sei $\varepsilon > 0$. Wir werden zeigen, dass

$$|(f * K_n)(x) - f(x)| \leq \varepsilon(2\|f\|_\infty + 1)$$

für alle $x \in [a, b]$ gilt, wenn nur n genügend groß ist.

Zunächst wählen wir ein $\delta > 0$, so dass

$$\underset{s,t\in[a-1,b+1]}{\forall} \quad |s - t| \leq \delta \Rightarrow |f(s) - f(t)| \leq \varepsilon;$$

das ist wegen der gleichmäßigen Stetigkeit von f auf $[a-1, b+1]$ möglich[5]. Nun bestimmen wir gemäß Definition 7.1.2 ein n_0 zu ε, δ mit der Eigenschaft

$$\underset{n\geq n_0}{\forall} \int_{-\infty}^{-\delta} K_n(x)\,dx + \int_{\delta}^{+\infty} K_n(x)\,dx \leq \varepsilon.$$

[5] Wir wollen annehmen, dass $\delta \leq 1$ gilt.

Es fehlt nur noch der Nachweis, dass die Zahlen $(f * K_n)(x)$ für $n \geq n_0$ und $x \in [a, b]$ gleichmäßig nahe bei $f(x)$ sind. Wir beginnen die Rechnung damit, dass wir den Betrag der Differenz durch drei Integrale abschätzen:

$$\begin{aligned}
|(K_n * f)(x) - f(x)| &= \\
&= \left| \int_{-\infty}^{+\infty} K_n(t) f(x-t)\, dt - f(x) \int_{-\infty}^{+\infty} K_n(t)\, dt \right| \\
&= \left| \int_{-\infty}^{+\infty} \big(f(x-t) - f(x)\big) K_n(t)\, dt \right| \\
&\leq \int_{-\infty}^{+\infty} |f(x-t) - f(x)| K_n(t)\, dt \\
&= \int_{-\infty}^{-\delta} |f(x-t) - f(x)| K_n(t)\, dt + \\
&\quad + \int_{-\delta}^{\delta} |f(x-t) - f(x)| K_n(t)\, dt + \int_{\delta}^{+\infty} |f(x-t) - f(x)| K_n(t)\, dt .
\end{aligned}$$

Im ersten und dritten Integral nutzen wir für den zu f gehörigen Faktor die Ungleichung

$$|f(x-t) - f(x)| \leq |f(x-t)| + |f(x)| \leq 2 \, \|f\|_\infty$$

aus. Beim zweiten überlegen wir, dass die dort auftretenden t-Werte betragsmäßig höchstens gleich δ sind, nach Wahl von δ also stets $|f(x-t) - f(x)| \leq \varepsilon$ gilt[6]. Folglich können wir die Abschätzung so fortsetzen:

$$\begin{aligned}
&\leq \int_{-\infty}^{-\delta} 2 \, \|f\|_\infty K_n(t)\, dt + \int_{-\delta}^{\delta} \varepsilon K_n(t)\, dt + \int_{\delta}^{+\infty} 2 \, \|f\|_\infty K_n(t)\, dt \\
&\leq 2 \, \|f\|_\infty \left(\int_{-\infty}^{-\delta} K_n(t)\, dt + \int_{\delta}^{+\infty} K_n(t)\, dt \right) + \varepsilon \int_{-\delta}^{\delta} K_n(t)\, dt \\
&\leq \varepsilon (2 \, \|f\|_\infty + 1).
\end{aligned}$$

Damit ist die gleichmäßige Konvergenz von $(f * K_n)$ gegen f auf $[a, b]$ bewiesen. □

Der Weierstraßsche Approximationssatz

Das vorstehende allgemeine Ergebnis soll nun dazu verwendet werden, die Approximierbarkeit stetiger Funktionen durch Polynome zu beweisen. Man muss dazu die Kerne K_n nur so wählen, dass die $K_n * f$ Polynome sind. Unser Hauptergebnis ist der

Approximationssatz von Weierstraß

Satz 7.1.4. (WEIERSTRASS) *Seien $a, b \in \mathbb{R}$ mit $a < b$ und $f : [a, b] \to \mathbb{R}$ stetig. Dann gibt es zu jedem $\varepsilon > 0$ ein Polynom P, so dass*

$$|f(x) - P(x)| \leq \varepsilon \text{ für alle } x \in [a, b]$$

[6] Hier wird wichtig, dass wir $\delta \leq 1$ angenommen haben, dadurch liegt $x - t$ in $[a-1, b+1]$.

gilt. Das ist gleichwertig zu $||f - P||_\infty \le \varepsilon$*, und deswegen kann man die Aussage auch als „Die Menge der Polynome auf* $[a,b]$ *liegt dicht in* $(C[a,b], ||\cdot||_\infty)$*" formulieren.*

Beweis: Wir beweisen den Satz zunächst für den Spezialfall $[a,b] = [-1,1]$, die allgemeine Situation wird sich leicht darauf zurückführen lassen.

1. *Die Definition geeigneter Kerne:*
Wir definieren $L_n : \mathbb{R} \to \mathbb{R}$ durch

$$L_n(t) := \begin{cases} \left(1 - \dfrac{t^2}{9}\right)^n & -3 \le t \le 3 \\ 0 & \text{sonst.} \end{cases}$$

Es ist dann $L_n \ge 0$ für jedes n, und die Werte werden sich – bei großem n – nur in der Nähe von Null wesentlich von Null unterscheiden. Das Integral ist sicher nicht 1, aber indem wir dadurch teilen, kann das leicht erreicht werden: Wir definieren $K_n : \mathbb{R} \to \mathbb{R}$ durch

$$K_n(t) := L_n(t) \Big/ \int_{-\infty}^{+\infty} L_n(s)\, ds,$$

dann ist das Integral über K_n offensichtlich gleich 1. Beachte, dass die Funktion K_n auf dem Intervall $[-3,3]$ mit dem Polynom

$$P_n(t) := \left(1 - \frac{t^2}{9}\right)^n \Big/ \int_{-\infty}^{+\infty} L_n(s)\, ds$$

übereinstimmt, wir schreiben

$$P_n(t) = \sum_{k=0}^{2n} a_k^{(n)} t^k$$

mit geeigneten $a_k^{(n)} \in \mathbb{R}$.

2. $f * K_n|_{[-1,1]}$ *ist ein Polynom für jedes* n*:*
Wir betrachten nun Faltungen, sei dazu $f : [-1,1] \to \mathbb{R}$ stetig. Wir setzen f zu einer stetigen Funktion auf $\mathbb{R}$ fort, die außerhalb des Intervalls $[-2,2]$ verschwindet. Ist dann $x \in [-1,1]$, so ist die Funktion $t \mapsto f(t)K_n(x-t)$ außerhalb von $[-2,2]$ gleich Null. Für die t mit $|t| \le 2$ ist aber $|x-t| \le 3$, bei der Berechnung des Integrals darf folglich K_n durch P_n ersetzt werden. Es folgt für $|x| \le 1$:

$$\begin{aligned} (K_n * f)(x) &= \int_{-\infty}^{+\infty} K_n(x-t) f(t)\, dt \\ &= \int_{-2}^{2} K_n(x-t) f(t)\, dt \\ &= \int_{-2}^{2} \sum_{k=0}^{2n} a_k^{(n)} (x-t)^k \cdot f(t)\, dt \end{aligned}$$

$$
\begin{aligned}
&= \sum_{k=0}^{2n} \int_{-2}^{2} a_k^{(n)} \left(\sum_{j=0}^{k} \binom{k}{j} x^j \, t^{k-j} \right) \cdot f(t)\, dt \\
&= \sum_{k=0}^{2n} a_k^{(n)} \sum_{j=0}^{k} \binom{k}{j} \left(\int_{-2}^{2} t^{k-j} \cdot f(t)\, dt \right) \cdot x^j .
\end{aligned}
$$

Das ist ein Ausdruck der Form $\sum_{j=0}^{2n} b_j x^j$, die Funktion $K_n * f|_{[-1,1]}$ ist also ein Polynom.

3. $(K_n)_{n\in\mathbb{N}}$ *ist eine Diracfolge:*
Nach Konstruktion gilt $\int_{-\infty}^{+\infty} K_n(t)\,dt = 1$. Vor dem Nachweis der noch fehlenden Bedingungen zeigen wir, dass $\int_{-\infty}^{+\infty} L_n(t)\,dt$ „nicht zu klein“ wird. Bei der folgenden Rechnung nutzen wir aus, dass L_n symmetrisch ist: Deswegen ist $\int_{-3}^{0} L_n(t)\,dt = \int_0^3 L_n(t)\,dt$[7].

$$
\begin{aligned}
\int_{-\infty}^{+\infty} L_n(t)\,dt &= \int_{-3}^{3} \left(1 - \frac{t^2}{9}\right)^n dt \\
&= 2\int_0^3 \left(1 - \frac{t^2}{9}\right)^n dt \\
&= 2\int_0^3 \left(1 - \frac{t}{3}\right)^n \left(1 + \frac{t}{3}\right)^n dt \\
&\geq 2\int_0^3 \left(1 - \frac{t}{3}\right)^n dt \\
&= -\frac{6}{n+1}\left(1 - \frac{t}{3}\right)^{n+1} \Bigg|_0^3 \\
&= \frac{6}{n+1}.
\end{aligned}
$$

Damit ist für jedes $\delta > 0$:

$$
\begin{aligned}
\int_{-\infty}^{-\delta} K_n(t)\,dt + \int_{\delta}^{+\infty} K_n(t)\,dt &= 2\int_{\delta}^{\infty} K_n(t)\,dt \\
&= 2\int_{\delta}^{3} K_n(t)\,dt \\
&= 2\int_{\delta}^{3} \frac{(1 - t^2/9)^n}{\int_{-\infty}^{+\infty} L_n(s)\,ds}\,dt \\
&\leq \frac{n+1}{3}\int_{\delta}^{3} \left(1 - \frac{t^2}{9}\right)^n dt \\
&\leq \frac{n+1}{3}\cdot\left(1 - \frac{\delta^2}{9}\right)^n \cdot (3-\delta).
\end{aligned}
$$

[7] Bei einem formalen Beweis würde man $u = -t$ substituieren, wegen der Symmetrie ergeben sich die gleichen Integrale.

Dabei haben wir ausgenutzt, dass wegen der Symmetrie von K_n die Integrale $\int_{-\infty}^{-\delta} K_n(t)\,dt$ und $\int_{\delta}^{+\infty} K_n(t)\,dt$ übereinstimmen; in der letzten Ungleichung haben wir die auf dem Intervall $[\,\delta, 3\,]$ fallende Funktion $(1-t^2/9)^n$ durch den größten Wert $(1-\delta^2/9)^n$ abgeschätzt, das Integral konnte danach einfach als „Wert der Funktion mal Intervalllänge", also als $(1-\delta^2/9)^n(3-\delta)$ ausgerechnet werden.

Erinnert man sich nun daran, dass nq^n für $|q| < 1$ mit $n \to \infty$ gegen Null geht[8], so ist damit gezeigt, dass (K_n) eine Diracfolge ist. Und damit ist aufgrund von Satz **??** der Satz von Weierstraß für den Fall $[\,a, b\,] = [\,-1, 1\,]$ vollständig bewiesen.

Nun seien a und b beliebig, wir betrachten die durch

$$h(x) := a + \frac{x+1}{2} \cdot (b-a)$$

definierte Funktion $h : [\,-1, 1\,] \to [\,a, b\,]$.

Ist dann $f \in C[\,a, b\,]$, so ist $f \circ h \in C[\,-1, 1\,]$, d.h. zu $\varepsilon > 0$ gibt es ein Polynom P auf $[\,-1, 1\,]$ mit $\|f \circ h - P\|_\infty \le \varepsilon$. Da h^{-1} explizit als die Funktion $y \mapsto 2(y-a)/(b-a) - 1$ geschrieben werden kann, ist $Q(y) := P \circ h^{-1}(y)$ ein Polynom. Und weil für jedes x die Gleichung $Q\big(h(x)\big) = P\big((h \circ h^{-1})(x)\big) = P(x)$ gilt, folgt für $y \in [\,a, b\,]$:

$$\begin{aligned} |f(y) - Q(y)| &= \big|(f \circ h)\big(h^{-1}(y)\big) - (Q \circ h)\big(h^{-1}(y)\big)\big| \\ &= \big|(f \circ h)\big(h^{-1}(y)\big) - P\big(h^{-1}(y)\big)\big| \\ &\le \varepsilon. \end{aligned}$$

Damit ist der Satz von Weierstraß vollständig bewiesen. □

Bemerkungen:

1. Man sollte sich klarmachen, dass das Ergebnis eigentlich nicht zu erwarten war: *Polynome* sind Funktionen, die sich durch Additionen und Multiplikationen, also durch *algebraische Operationen* definieren lassen. *Stetige Funktionen* dagegen sind mit Hilfe der *Metrik* des Grundraums erklärt. Warum sollte das eine mit dem anderen etwas zu tun haben?

2. In diesem Zusammenhang ist noch einmal daran zu erinnern, dass für mathematische Modellierungen zwar die verschiedensten stetigen Funktionen eine Rolle spielen (Sinus, Logarithmus usw.), dass man mit Computern aber eigentlich nur Polynome berechnen kann. Deswegen sind Ergebnisse von großem Interesse, durch die die Approximierbarkeit von Funktionen durch Polynome garantiert wird.

3. Es ist wichtig zu betonen, dass der Satz *nur für kompakte Intervalle* gilt. Es ist – zum Beispiel – nicht richtig, dass jedes stetige $f : \mathbb{R} \to \mathbb{R}$ beliebig genau durch Polynome approximiert werden kann.

---

[8] Die Reihe der nq^n ist sogar konvergent, das folgt sofort aus dem Quotientenkriterium.

a) Begründung: Betrachte etwa $f(x) = \sin x$. Da die einzigen beschränkten Polynome die konstanten Abbildungen sind, ist die Nullfunktion die beste Polynom-Approximation an f. Für sie (und nur für sie) ist der Abstand zu f gleich 1, und bessere Aproximationen durch Polynome sind nicht möglich.

Auch $\exp x$ kann nicht durch Polynome approximiert werden: $\exp x$ geht nämlich schneller gegen Unendlich als jedes Polynom P, und deswegen ist stets $\sup_x |\exp x - P(x)| = +\infty$.

b) Die ganze Wahrheit: Es ist sogar noch dramatischer, denn die einzigen Funktionen von $\mathbb{R}$ nach $\mathbb{R}$, die beliebig genau durch Polynome approximiert werden können, sind die Polynome selber. Um das einzusehen, betrachten wir ein f, für das eine Folge (P_n) von Polynomen so existiert, dass $\sup_x |f(x) - P_n(x)| \to 0$. Ist dann n_0 so groß, dass der Abstand zu f für die P_n mit $n \geq n_0$ höchstens gleich 1 ist, so ist $\|P_n - P_m\|_\infty \leq 2$ für die n, m mit $n, m \geq n_0$. P_n und P_m unterscheiden sich also höchstens um eine Konstante, es ist also $P_n = P_{n_0} + c_n$.

Wegen der vorausgesetzten Konvergenz existiert $c_0 = \lim c_n$, und notwendig ist $f = P_{n_0} + c_0$.

4. Es ist verführerisch, eine überraschende (falsche!) Folgerung anzugeben: Wir behaupten nämlich, dass sich jede stetige Funktion $f : [a, b] \to \mathbb{R}$ in eine Potenzreihe entwickeln lässt. Die (falsche!) Begründung könnte so aussehen:

> Wähle zu $\varepsilon = 1$, $\varepsilon = 1/2$ usw. Polynom-Approximationen und nenne das zu $\varepsilon = 1/k$ gehörige Polynom P_k. Schreibe
>
> $$\begin{aligned} P_1(x) &= a_0 + a_1 x + \cdots + a_{n_1} x^{n_1}, \\ P_2(x) &= a_0 + a_1 x + \cdots + a_{n_1} x^{n_1} + \cdots + a_{n_2} x^{n_2}, \\ &\vdots \\ P_k(x) &= a_0 + a_1 x + \cdots + a_{n_1} x^{n_1} + \cdots + \cdots + a_{n_k} x^{n_k}, \\ &\vdots \end{aligned}$$
>
> Da die P_k gegen f konvergieren, stimmt f mit der Potenzreihe $a_0 + a_1 x + a_2 x^2 + \cdots$ überein.

Können Sie die *zwei* Fehler finden, die sich in dieses Argument eingeschlichen haben? ?

Der Satz von Weierstraß war das letzte der Ergebnisse zum Thema „Polynome“ dieses Analysis-Buches. Wir fassen zusammen:

Polynome: Die wichtigsten Fakten

1. Die Definition: Ein *Polynom mit Koeffizienten in* $\mathbb{K}$ ist eine Funktion[9]) von (einer Teilmenge von) $\mathbb{K}$ nach $\mathbb{K}$, für die das Bildungsgesetz durch einen Ausdruck der Form

$$x \mapsto a_0 + a_1 x + \cdots + a_n x^n$$

gegeben ist, wobei die $a_0, \ldots, a_n$, die so genannten *Koeffizienten*, zu $\mathbb{K}$ gehören.

2. Der Grad: Der Grad eines Polynoms ist die größte Zahl k mit $a_k \neq 0$. Das Nullpolynom, bei dem alle a_k verschwinden, hat nach Definition den Grad $-\infty$. Mit dieser Definition ist sichergestellt, dass der Grad eines Produktes stets die Summe der Grade der Faktoren ist.

3. Taylorapproximation: Für Funktionen, die genügend oft differenzierbar sind, kann man oft eine Approximation durch Polynome finden, die auf kleinen Teilintervallen bemerkenswert gut ist. Genauere Abschätzungen müssen im Einzelfall mit der Restgliedformel bestimmt werden.

4. Nullstellen: Über die Nullstellen von Polynomen weiß man gut Bescheid. Der Fundamentalsatz der Algebra besagt, dass jedes Polynom n-ten Grades mit Koeffizienten aus $\mathbb{C}$ genau n Nullstellen in $\mathbb{C}$ besitzt (die allerdings nicht notwendig verschieden sein müssen). Achtung: Ersetzt man $\mathbb{C}$ durch $\mathbb{R}$, so stimmt dieser Satz nicht. Polynome mit reellen Koeffizienten haben evtl. überhaupt keine reellen Nullstellen.

5. Bedeutung: Die Kenntnis von Nullstellen von Polynomen spielt in vielen Bereichen eine wichtige Rolle. Wir haben in Abschnitt 4.6 die Lösbarkeit von Differentialgleichungen darauf zurückgeführt, in Abschnitt 6.2 wurde die Zerlegung eines Polynoms in lineare und quadratische Faktoren bei der Integration durch Partialbruchzerlegung benötigt, in der Linearen Algebra sind Eigenwerte einer Matrix die Nullstellen eines geeigneten Polynoms usw.

6. Satz von Weierstraß: Stetige reellwertige Funktionen auf kompakten Intervallen können beliebig genau durch Polynome approximiert werden.

7.2 Kurvendiskussion

In diesem Abschnitt soll das Thema „Kurvendiskussion“ fortgesetzt werden: Welche zusätzlichen Resultate lassen sich mit Hilfe der Integralrechnung zeigen?

Wir hatten in Abschnitt 4.3 mit Hilfe der Mittelwertsätze und der Taylorformel eine Reihe von Ergebnissen bewiesen, durch die man aus lokalen Eigenschaften einer differenzierbaren Funktion f auf ihr globales Verhalten schließen kann. Zum Beispiel muss bei Extremwerten ξ im Innern des Definitionsbereiches $f'(\xi) = 0$ sein, und f ist genau dann monoton steigend, wenn $f' \geq 0$ gilt.

Beim Beweis spielten die *Mittelwertsätze* eine wesentliche Rolle. Durch sie werden die Funktionswerte an den Rändern eines Intervalls mit der Ableitung

---

[9]) Achtung: In der Algebra werden Polynome etwas anders aufgefasst. Es sind dann nicht in erster Linie Funktionen, sondern Elemente eines Polynomrings.

an einer Zwischenstelle ξ in Verbindung gebracht, dabei weiß man über das ξ im Allgemeinen gar nichts. Hier sollen nun einige „explizite“ Ergebnisse behandelt werden, durch die ebenfalls eine Verbindung zwischen f' und f hergestellt wird.

Als Erstes erinnern wir uns daran, dass man wegen Satz 6.2.2 die Integration stetiger Funktionen auf das Auffinden von Stammfunktionen zurückführen kann. Insbesondere folgt: Ist $f : [\,a, b\,] \to \mathbb{R}$ eine Funktion, für die f' existiert und stetig ist, so muss

$$f(x) = f(a) + \int_a^x f'(t)\,dt \tag{7.1}$$

gelten, denn da f sicher eine Stammfunktion zu f' ist, lässt sich $\int_a^x f'(t)\,dt$ als $f(t)\big|_a^x = f(x) - f(a)$ berechnen. Aus (7.1) kann man sofort zwei schon bekannte Ergebnisse ablesen, nämlich

- Ist $f' = 0$, so ist f eine konstante Funktion (Korollar 4.2.3(i)).
- Ist $f' \geq 0$, so ist f monoton steigend (Korollar 4.2.3(ii)).

Wer nun meint, wir hätten mit der Kurvendiskussion bis nach der Behandlung der Integration warten sollen, um uns den Beweis der Mittelwertsätze zu ersparen, sollte zwei Punkte bedenken: Erstens wurden die Mittelwertsätze im Integrationskapitel schon mehrfach benutzt (zum Beispiel im Beweis von Satz 6.2.2), und zweitens gilt Korollar 4.2.3 für beliebige differenzierbare Funktionen, während bei dem neuen Ansatz f' stetig sein muss.

Diese Umformulierungen kann man fortsetzen. Auf Seite 136 haben wir doch bemerkt, dass die zweite Ableitung der Funktion

$$x \mapsto \int_a^x (x - t) f(t)\,dt$$

gleich f ist. Wenn f'' stetig ist, wissen wir damit, dass

$$\varphi(x) := \int_a^x (x - t) f''(t)\,dt$$

die gleiche zweite Ableitung hat wie f, nämlich f''. Nun haben wir in Bemerkung 4 nach dem Beweis der Taylorformel (Satz 4.3.2) gesehen, dass die einzigen Funktionen mit verschwindender zweiter Ableitung die Funktionen der Form $\alpha + \beta x$ sind. Also muss $f - \varphi$ auch so darstellbar sein. α und β ergeben sich durch Einsetzen[10], es folgt, dass für alle $x \in [\,a, b\,]$ die Gleichung

$$f(x) = f(a) + f'(a)(x - a) + \int_a^x (x - t) f''(t)\,dt \tag{7.2}$$

gelten muss. Daraus ergibt sich eine interessante Folgerung, als Vorbereitung definieren wir:

[10] Wenn $f(x) - \varphi(x) = \alpha + \beta x$ ist, so folgt $\alpha + \beta a = f(a)$, indem man $x = a$ setzt (beachte, dass $\varphi(a) = 0$ gilt). Entsprechend ergibt sich $\beta = f'(a)$, wenn man ableitet und $x = a$ einsetzt.

konvexe Funktion

Definition 7.2.1. *Eine Funktion $f : [a,b] \to \mathbb{R}$ heißt* konvex, *wenn*

$$f\big(\lambda x + (1-\lambda)y\big) \le \lambda f(x) + (1-\lambda)f(y)$$

für alle $x, y \in [a,b]$ und alle $\lambda \in [0,1]$ gilt. Konvexe Funktionen sind damit dadurch charakterisiert, dass ihr Graph jeweils unter der Verbindungsstrecke zwischen zwei Punkten des Graphen liegt[11]*.*

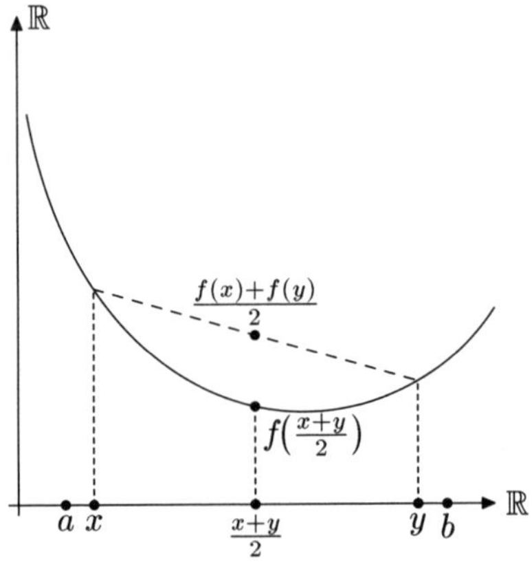

Bild 7.3: Eine konvexe Funktion

f heißt konkav, *wenn $-f$ konvex ist.*

Korollar 7.2.2. *Die Funktion $f : [a,b] \to \mathbb{R}$ sei zweimal differenzierbar, wir setzen voraus, dass f'' stetig ist. Dann sind äquivalent:*

(i) f ist konvex.

(ii) Es ist $f''(x) \ge 0$ für jedes x.

Beweis: Wir modifizieren die eben hergeleitete Darstellung für f etwas, indem wir eine Funktion ψ durch

$$\psi(x,t) = \begin{cases} x - t & t \in [a,x] \\ 0 & t \in [x,b] \end{cases}$$

definieren ($x, t \in [a,b]$); vgl. Bild 7.4.

Diese Funktion ist stetig, und unter Verwendung von ψ können wir Gleichung (7.2) als

$$f(x) = f(a) + f'(a)(x-a) + \int_a^b \psi(x,t) f''(t)\,dt \tag{7.3}$$

schreiben.

[11] Dazu muss man sich daran erinnern, dass die Punkte der Verbindungsstrecke von x nach y genau diejenigen sind, die die Fom $\lambda x + (1-\lambda)y$ mit $\lambda \in [0,1]$ haben.

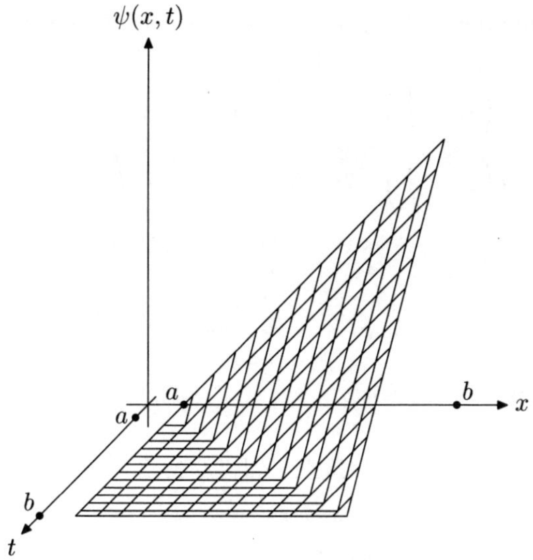

Bild 7.4: Die Funktion ψ

Nun ist der Beweis von „(ii)⇒ (i)“ leicht zu führen. Sind $x, y \in [\,a, b\,]$ und $\lambda \in [\,0, 1\,]$, so gilt für jedes t die Ungleichung

$$\psi\big(\lambda x + (1-\lambda)y, t\big) \leq \lambda\psi(x,t) + (1-\lambda)\psi(y,t).$$

Für festes t kann die Funktion $x \mapsto \psi(x,t)$ nämlich explizit als

$$\psi(x,t) = \begin{cases} 0 & x \leq t \\ x-t & x \geq t \end{cases}$$

beschrieben werden, und diese Funktion ist offensichtlich konvex.

Da f'' nach Voraussetzung nichtnegativ ist, bleibt die Ungleichung bei Multiplikation mit $f''(t)$ erhalten, und deswegen folgt durch Integration:

$$\int_a^b \psi\big(\lambda x + (1-\lambda)y, t\big) f''(t)\,dt \leq \lambda \int_a^b \psi(x,t) f''(t)\,dt + (1-\lambda)\int_a^b \psi(y,t) f''(t)\,dt.$$

Durch Addition der Gleichung

$$f(a) + f'(a)\big(\lambda x + (1-\lambda)y - a\big) = \lambda\big(f(a) - f'(a)(x-a)\big) + (1-\lambda)\big(f(a) - f'(a)(y-a)\big)$$

ergibt sich mit (7.3) die Konvexität von f.

Sei nun umgekehrt f konvex. Wir geben ein $x_0 \in \,]\,a, b\,[$ vor und entwickeln für $n \in \mathbb{N}$ die Funktionswerte $f(x_0 \pm \frac{1}{n})$ gemäß der Taylorformel 4.3.2[12]:

$$\begin{aligned} f\left(x_0 + \frac{1}{n}\right) &= f(x_0) + \frac{f'(0)}{n} + \frac{f''(\xi_n^+)}{2n^2}, \\ f\left(x_0 - \frac{1}{n}\right) &= f(x_0) - \frac{f'(0)}{n} + \frac{f''(\xi_n^-)}{2n^2}; \end{aligned}$$

dabei ist

$$x_0 - \frac{1}{n} < \xi_n^- < x_0 < \xi_n^+ < x_0 + \frac{1}{n}.$$

Wegen der Konvexität von f ist

$$f(x_0) \le \frac{f(x_0 - 1/n) + f(x_0 + 1/n)}{2},$$

und das impliziert (durch Einsetzen)

$$\frac{1}{2n^2}\big(f''(\xi_n^-) + f''(\xi_n^+)\big) \ge 0\,.$$

Dann muss aber $\big(f''(\xi_n^-)+f''(\xi_n^+)\big)/2 \ge 0$ gelten, und wenn man noch beachtet, das ξ_n^+, ξ_n^- gegen x_0 konvergieren, folgt aus der Stetigkeit von f'', dass f'' auch bei x_0 nichtnegativ ist.

Damit gilt $f''|_{]\,a,b\,[} \ge 0$, und eine nochmalige Erinnerung an die Stetigkeit zeigt, dass f'' dann auch auf ganz $[\,a,b\,]$ nichtnegativ sein muss. □

Der Konvexitätsbaukasten
Ist die Funktion g durch eine Integration der Form

$$g(x) := \int_a^b \psi(x,t)\rho(t)\,dt$$

definiert, so heißt das nach Definition des Integrals, dass $g(x)$ bei genügend feiner Unterteilung von $[\,a,b\,]$ in $a = t_0 \le t_1 \le \cdots \le t_n = b$ durch die Summe

$$\sum_i \psi(x,t_i)\rho(t_i)(t_{i+1} - t_i)$$

approximiert werden kann.

---

[12] n soll so groß sein, dass $x_0 \pm \frac{1}{n} \in [\,a,b\,]$.

Das bedeutet doch, dass g so etwas wie eine gewichtete Mischung aus den Funktionen $\psi(\cdot, t)$ ist, wobei die Wichtung durch die Funktion ρ gegeben ist.
Der vorstehende Satz kann dann so gelesen werden: Jede zweimal stetig differenzierbare konvexe Funktion mit $f(a) = f'(a) = 0$ kann aus den nachstehend skizzierten konvexen Funktionen $\psi(\cdot, t)$ gemäß (7.3) aufgebaut werden, wobei die Wichtung durch f'' gegeben ist.

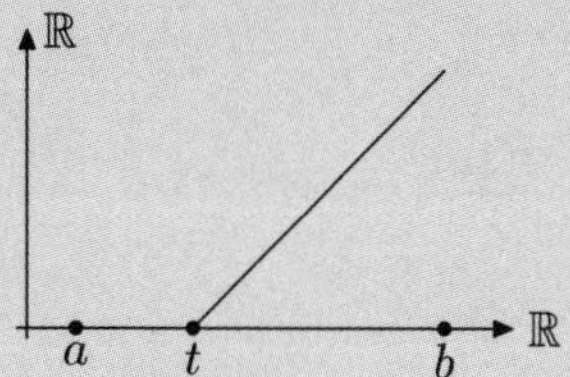

Bild 7.5: Die Funktion $\psi(\cdot, t)$

Ein derartiges „Zusammensetzen aus typischen, einfachen Bausteinen" findet man in vielen Bereichen der Mathematik. In der Fourieranalyse wird zum Beispiel versucht, vorgelegte Funktionen aus den $\sin(\lambda t), \cos(\lambda t)$ mit $\lambda \in \mathbb{R}$ zusammenzusetzen.

Wir kommen nun zu einer Verallgemeinerung von Formel (7.2), nach welcher das Restglied in der Taylorformel immer durch ein Integral ausgedrückt werden kann:

Satz 7.2.3. *Sei $f : [x_0, x] \to \mathbb{R}$ eine $(n+1)$-mal stetig differenzierbare Funktion. Dann gilt*

$$f(x) = \sum_{k=0}^{n} \frac{f^{(k)}(x_0)}{k!}(x - x_0)^k + \frac{1}{n!}\int_{x_0}^{x} (x - t)^n f^{(n+1)}(t)\, dt, \qquad (7.4)$$

Integralform des Restglieds

d.h. das Restglied in der Taylorentwicklung ist gegeben durch

$$R_n(x) = \frac{1}{n!}\int_{x_0}^{x} (x - t)^n f^{(n+1)}(t)\, dt.$$

Beweis: Wir zeigen den Satz durch vollständige Induktion nach n.
Induktionsanfang: Für $n = 0$ gilt nach Satz 6.2.2

$$f(x) = f(x_0) + \int_{x_0}^{x} f'(t)\, dt,$$

und das war zu zeigen.

Induktionsvoraussetzung: Für ein festes $n \in \mathbb{N}$ gelte die Aussage von (7.4):

$$f(x) = \sum_{k=0}^{n} \frac{f^{(k)}(x_0)}{k!}(x - x_0)^k + \frac{1}{n!}\int_{x_0}^{x} (x - t)^n f^{(n+1)}(t)\, dt.$$

Induktionsschluss: Wir schreiben den Integranden in der vorstehenden Formel als $\varphi'\psi$, wobei $\varphi'(t) = (x-t)^n$, $\psi(t) = f^{(n+1)}(t)$. Wegen

$$\varphi(t) = -\frac{(x-t)^{n+1}}{n+1} \text{ und } \psi'(t) = f^{(n+2)}(t)$$

ergibt sich durch partielle Integration

$$\begin{aligned}\int_{x_0}^{x} \varphi'(t)\psi(t)\,dt &= \varphi(t)\psi(t)\big|_{x_0}^{x} - \int_{x_0}^{x} \varphi(t)\psi'(t)\,dt \\ &= \frac{f^{(n+1)}(x_0)}{n+1}(x-x_0)^{n+1} + \frac{1}{n+1}\int_{x_0}^{x}(x-t)^{n+1} f^{(n+2)}(t)\,dt.\end{aligned}$$

Es folgt

$$f(x) = \sum_{k=0}^{n+1} \frac{f^{(k)}(x_0)}{k!}(x-x_0)^k + \frac{1}{(n+1)!}\int_{x_0}^{x}(x-t)^{n+1} f^{(n+2)}(t)\,dt,$$

und das ist gerade (7.4) für $n+1$. □

Mit Hilfe von Satz 6.4.3 (Differentiation unter dem Integral bei variablen Grenzen) kann man auch einen alternativen Beweis geben. Man definiere eine Funktion g durch

$$g(x) := \sum_{k=0}^{n} \frac{f^{(k)}(x_0)}{k!}(x-x_0)^k + \frac{1}{n!}\int_{x_0}^{x}(x-t)^n f^{(n+1)}(t)\,dt$$

und dann h durch $h := f - g$. Mit Satz 6.4.3 folgt, dass $h^{(n+1)} = 0$ gilt. Also muss h ein Polynom höchstens n-ten Grades sein, und da – wieder nach dem gleichen Satz – $h(x_0) = h'(x_0) = \cdots = h^{(n)}(x_0) = 0$ ist, ergibt sich $h = 0$.

Das bedeutet $f = g$, und damit ist die Behauptung gezeigt.

Zwischen der Integralform des Restglieds und den schon bekannten Darstellungen besteht ein enger Zusammenhang. Um den behandeln zu können, zeigen wir zunächst:

Mittelwertsatz der Integralrechnung

Satz 7.2.4. *(Mittelwertsatz der Integralrechnung)*
Es sei $f : [a,b] \to \mathbb{R}$ stetig und $g : [a,b] \to [0,+\infty[$ Riemann-integrierbar. Dann gibt es ein $\xi \in]a,b[$ mit

$$\int_a^b f(x)g(x)\,dx = f(\xi)\cdot\int_a^b g(x)\,dx.$$

Bemerkung: Im speziellen Fall $g = \mathbf{1}$ besagt das Ergebnis, dass man $\int_a^b f(x)\,dx$ als Fläche eines Rechtecks mit den Seitenlängen $b-a$ und $f(\xi)$ für ein geeignetes ξ schreiben kann:

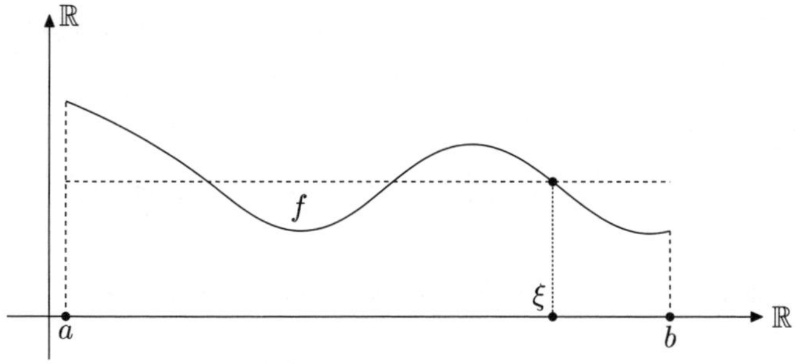

Bild 7.6: Mittelwertsatz der Integralrechnung im Fall $g = \mathbf{1}$

Beweis: Ist $\int_a^b g(x)\,dx = 0$, so gilt auch

$$\left|\int_a^b f(x)g(x)\,dx\right| \le \|f\|_\infty \int_a^b g(x)\,dx = 0,$$

wir können also jedes beliebige ξ wählen.

Sei nun $\int_a^b g(x)\,dx > 0$. Aufgrund des Satzes vom Maximum 3.3.11 gibt es $x_1, x_2 \in [\,a,b\,]$ mit

$$\forall_{x\in[\,a,b\,]} \; f(x_1) \le f(x) \le f(x_2).$$

Wegen $g \ge 0$ folgt

$$\forall_{x\in[\,a,b\,]} \; f(x_1)g(x) \le f(x)g(x) \le f(x_2)g(x),$$

und Satz 6.1.7(iv) impliziert, dass

$$f(x_1)\cdot \int_a^b g(x)\,dx \le \int_a^b f(x)g(x)\,dx \le f(x_2)\cdot \int_a^b g(x)\,dx$$

gilt. Nach Teilen durch $\int_a^b g(x)\,dx$ ergibt sich

$$f(x_1) \le \frac{\int_a^b f(x)g(x)\,dx}{\int_a^b g(x)\,dx} \le f(x_2),$$

und der Zwischenwertsatz (Satz 3.3.6) liefert ein $\xi \in [\,a,b\,]$ mit

$$f(\xi) = \frac{\int_a^b f(x)g(x)\,dx}{\int_a^b g(x)\,dx}.$$

Das zeigt die Behauptung. □

Auf diese Weise erhalten wir noch einmal die schon mit anderen Mitteln hergeleiteten Formeln für das Restglied (vgl. Satz 4.3.2 und das Beispiel nach Definition 4.4.10):

Korollar 7.2.5. *Sei $f : [x_0, x] \to \mathbb{R}$ eine $(n+1)$-mal stetig differenzierbare Funktion. Dann gilt*

Restglied: Lagrange

(i) Restglied nach LAGRANGE: *Es gibt ein $\xi \in [x_0, x]$ mit*

$$R_n(x) = \frac{1}{(n+1)!} \cdot f^{(n+1)}(\xi) \cdot (x - x_0)^{n+1}.$$

Restglied: Cauchy

(ii) Restglied nach CAUCHY: *Es gibt ein $\xi \in [x_0, x]$ mit*

$$R_n(x) = \frac{1}{n!} \cdot (x - x_0) \cdot f^{(n+1)}(\xi) \cdot (x - \xi)^n.$$

Beweis:
(i) Nach Satz 7.2.3 ist

$$R_n(x) = \frac{1}{n!} \cdot \int_{x_0}^{x} (x-t)^n f^{(n+1)}(t)\, dt.$$

Dieses Integral werten wir mit dem Mittelwertsatz der Integralrechnung aus, wir wenden ihn auf die Funktionen $f^{(n+1)}$ und $t \mapsto (x-t)^n$ an. Es gibt also ein $\xi \in [x_0, x]$, so dass

$$\begin{aligned} R_n(x) &= \frac{1}{n!} \cdot f^{(n+1)}(\xi) \cdot \int_{x_0}^{x} (x-t)^n\, dt \\ &= \frac{1}{n!} \cdot f^{(n+1)}(\xi) \cdot \left(- \frac{(x-t)^{n+1}}{n+1} \Bigg|_{x_0}^{x} \right) \\ &= \frac{1}{(n+1)!} \cdot f^{(n+1)}(\xi) \cdot (x - x_0)^{n+1}. \end{aligned}$$

(ii) Wieder ist nur Satz 7.2.4 auf Satz 7.2.3 anzuwenden, diesmal mit $g(t) = 1$.

7.3 Sinus und Cosinus: der geometrische Ansatz

Als Motivation der trigonometrischen Funktionen hatten wir in Kapitel 4 nach Lösungen der Schwingungsgleichung $x'' = -x$ gesucht. Lösungen mit gewissen Anfangsbedingungen wurden „Sinus“ und „Cosinus“ getauft, es blieb aber noch offen, wie diese neuen Funktionen mit dem „Schulsinus“ und dem „Schulcosinus“ – da wählt man einen geometrischen Ansatz – zusammenhängen.

Mit Hilfe der Integralrechnung kann gezeigt werden, dass beide Zugänge erwartungsgemäß zum gleichen Ergebnis führen. Das wird in diesem Abschnitt hergeleitet, der Aufbau ist wie folgt:

- Argumentationen, die zu Integralen führen.
- Was ist die Länge einer Kurve?

- Der „geometrische“ Sinus.

Argumentationen, die zu Integralen führen

Aus den Untersuchungen des Abschnitts 6.1 wissen wir, dass das Integral $\int_a^b \varphi(x)\,dx$ für stetiges $\varphi : [\,a,b\,] \to \mathbb{R}$ durch $\sum_{i=0}^{n-1} \varphi(x_i)(x_{i+1}-x_i)$ approximiert werden kann, wenn $a = x_0 < \cdots < x_n = b$ eine genügend feine Unterteilung von $[\,a,b\,]$ ist (vgl. den Beweis zu 6.1.7(ii)).

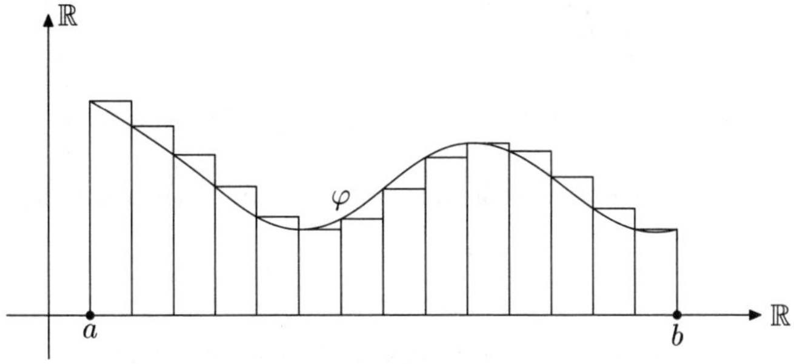

Bild 7.7: Approximation des Integrals durch Rechtecke

Umgekehrt bedeutet das: Soll irgendein neuer Begriff sinnvoll definiert werden und stellt sich heraus, dass „gute“ Approximationen durch die Summe $\sum_{i=0}^{n-1} \varphi(x_i)(x_{i+1} - x_i)$ zu erhalten sind (wobei φ eine von der Problemstellung abhängige Funktion und $a = x_0 \le \cdots \le x_n = b$ eine hinreichend feine Unterteilung ist), so wird man den neuen Begriff am plausibelsten durch $\int_a^b \varphi(x)\,dx$ erklären.

Die Bedeutung dieser elementaren Beobachtung ist kaum zu überschätzen, viele Definitionen, in denen Integrale auftreten, kommen so zustande. Als typisches Beispiel behandeln wir das Problem, die Länge einer Kurve zu messen.

Was ist die Länge einer Kurve?

Die Situation ist ganz ähnlich wie zu Beginn von Kapitel 6, da ging es um ein vernünftiges Konzept zur Flächenmessung. Wieder könnte man ein Wunschprogramm aufstellen: Die Länge soll eine nichtnegative reelle Zahl sein, beim „Zerschneiden“ von Kurven sollen sich die Längen addieren, eine Einheitsstrecke hat die Länge 1 usw.

So ausführlich soll das hier nicht entwickelt werden, wir kümmern uns nur um den Spezialfall, dass die Kurve der Graph einer stetig differenzierbaren Funktion $f : [\,a,b\,] \to \mathbb{R}$ ist und folglich die Form $\{(x, f(x)) \mid x \in [\,a,b\,]\}$ hat.

Wir kombinieren dann die folgenden vier Punkte:

1. *Wenn* es eine vernünftige Definition für die Länge des Graphen von f gibt, muss doch gelten: Ist $a = x_0 \le \cdots \le x_n = b$ eine sehr feine Unterteilung von $[\,a,b\,]$, so sollte die Gesamtlänge aus den Längen der Graphen von $f|_{[\,x_i,x_{i+1}\,]}$ additiv zusammengesetzt sein.

2. Ist die Unterteilung fein genug, so sollte es keinen großen Unterschied machen, ob man auf den Unterteilungsintervallen die Kurve selbst oder die Tangente betrachtet. Ein typischer Anteil würde dann so aussehen:

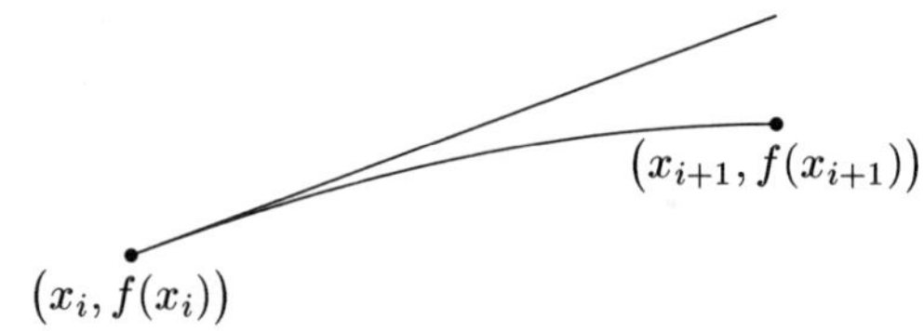

Bild 7.8: Die Länge eines winzigen Graphenstückchens

3. Wir ersetzen also den Graphen zwischen x_i und x_{i+1} durch die Strecke

$$\left\{\left(x, f(x_i) + f'(x_i)(x - x_i)\right) \mid x_i \leq x \leq x_{i+1}\right\}.$$

4. Die Länge von Strecken kann man nach dem Satz von Pythagoras ausrechnen, man erhält hier den Wert

$$\sqrt{(x_{i+1} - x_i)^2 + \left(f'(x_i)(x_{i+1} - x_i)\right)^2} = \sqrt{1 + \left(f'(x_i)\right)^2}(x_{i+1} - x_i).$$

Zusammen: Wenn es überhaupt sinnvoll geht, so sollte man als Näherung für die Länge den Wert

$$\sum_{i=0}^{n-1} \sqrt{1 + \left(f'(x_i)\right)^2}(x_{i+1} - x_i)$$

erhalten.

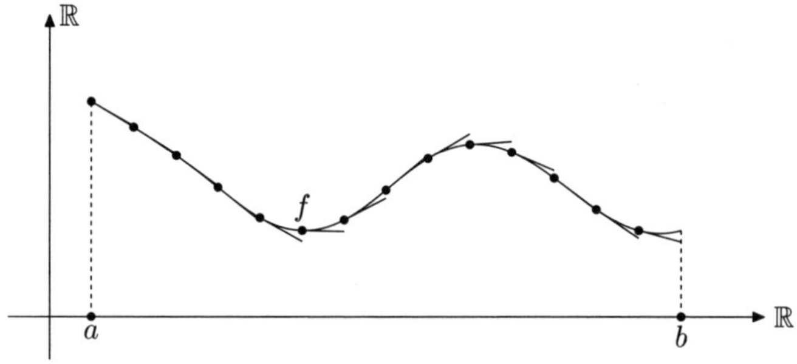

Bild 7.9: Approximation der Gesamtlänge

Das ist aber ein Ausdruck der Form $\sum_{i=0}^{n-1} \varphi(x_i)(x_{i+1} - x_i)$, aufgrund des obigen Definitionsprinzips ist es also sehr nahe liegend, die Länge von Graphen wie folgt zu definieren:

Ist $f : [a, b] \to \mathbb{R}$ eine stetig differenzierbare Funktion, so versteht man unter der *Länge des Graphen von f* die Zahl

$$\int_a^b \sqrt{1 + \big(f'(x)\big)^2}\, dx.$$

Länge eines Graphen

Man kann dann leicht zeigen, dass damit ein Längenbegriff mit sinnvollen Eigenschaften erklärt ist. Wir berechnen ein

Beispiel: Länge von $x \mapsto \sqrt{1-x^2}$ zwischen -1 und 1; der Graph ist ein Halbkreis mit Radius 1, es sollte also π herauskommen:

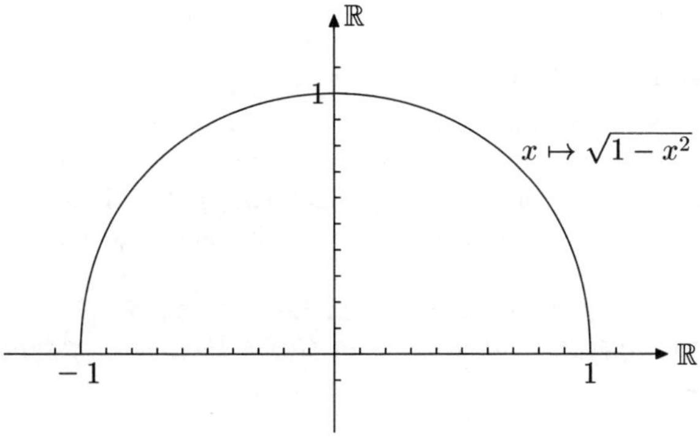

Bild 7.10: Halbkreis als Funktionsgraph

Wirklich ist

$$f'(x) = -\frac{x}{\sqrt{1-x^2}},$$

für die Länge L ergibt sich also:

$$\begin{aligned} L &= \int_{-1}^{1} \sqrt{1 + \frac{x^2}{1-x^2}}\, dx \\ &= \int_{-1}^{1} \frac{dx}{\sqrt{1-x^2}} \\ &= \arcsin x \Big|_{-1}^{1} \\ &= \pi. \end{aligned}$$

(Dass $\arcsin x$ eine Stammfunktion zu $1/\sqrt{1-x^2}$ ist, haben wir nach Satz 4.5.17 ausgerechnet.)

Das Bogenmaß

Es ist nun möglich, die Länge von Kurven – insbesondere die Länge von Kreisbögen – zu messen. Man kann den Begriff „Winkel“ darauf zurückführen, indem man sagt, dass zwei vom Nullpunkt ausgehende Strahlen den Winkel x

Bogenmaß

im Bogenmaß einschließen, wenn der von diesen Strahlen auf dem Einheitskreis herausgeschnittene Kreisbogen die Länge x hat. So ist zum Beispiel der Winkel zwischen den positiven Richtungen der x- und y-Achse gleich $\pi/2$ im Bogenmaß, das entspricht einem Winkel von 90 Grad im Gradmaß.

Allgemein kann man sich merken:

$$\begin{aligned}\text{Winkel in Grad} &= \frac{360 \text{ mal Winkel im Bogenmaß}}{2\pi}\\ \text{Winkel im Bogenmaß} &= \frac{2\pi \text{ mal Winkel in Grad}}{360}.\end{aligned}$$

Der „geometrische" Sinus

Nun soll der Sinus geometrisch eingeführt werden. Dazu sei x ein Winkel, wir messen ihn in Gegen-Uhrzeigerrichtung von der positiven Richtung der x-Achse aus. Motiviert an der Definition der trigonometrischen Funktionen (Sinus α = Gegenkathete durch Hypotenuse) aus der Elementargeometrie könnte man definieren:

Sinus im Bogenmaß

Für jedes x sei Sinus x *(=* Sinus im Bogenmaß*) die Ordinate desjenigen Punktes, der – auf dem Einheitskreis in Gegen-Uhrzeigerrichtung gemessen – den Abstand x von* $(0,1)$ *hat:*

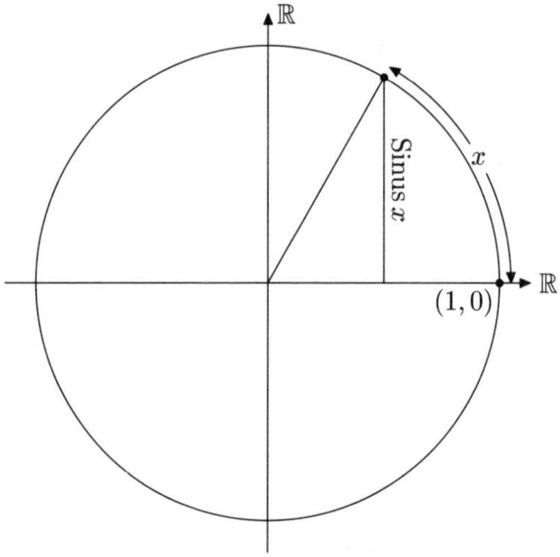

Bild 7.11: Sinus im Bogenmaß

Dann kann man zeigen:

Satz 7.3.1. *Alte und neue Definition des Sinus führen zum gleichen Ergebnis, d.h. es ist* $\sin x = \text{Sinus}\, x$ *für alle* x.

Beweis: Sei x_0 vorgegeben, etwa $x_0 > 0$. (a,b) bezeichne denjenigen Punkt, für den der auf dem Einheitskreis gemessene Abstand zu $(1,0)$ gleich x_0 ist[13]. Dann ist nach Definition gerade $b = \text{Sinus}\, x_0$, andererseits gibt es $y \in \,]0, 2\pi]$ mit $a = \cos y$ und $b = \sin y$; es ist $y = x_0$ zu beweisen (vgl. Satz 4.5.16).

Wir zeigen das für den Fall $a, b \geq 0$ (die anderen Fälle sind analog zu behandeln), die Aussage läuft dann auf „y = Bogenlänge des Graphen von $x \mapsto \sqrt{1-x^2}$ zwischen $\cos y$ und 1" hinaus, denn dann hat y die Eigenschaften, durch die x_0 definiert ist; wir müssen also

$$y = \int_{\cos y}^{1} \sqrt{1 + \left((\sqrt{1-x^2})' \right)^2}\, dx$$

zeigen. Nun ist aber

$$\begin{aligned}
\int_{\cos y}^{1} \sqrt{1 + \left((\sqrt{1-x^2})' \right)^2}\, dx &= \int_{\cos y}^{1} \frac{1}{\sqrt{1-x^2}}\, dx \\
&= \arcsin x \Big|_{\cos y}^{1} \\
&= \frac{\pi}{2} - \arcsin \cos y \\
&= \frac{\pi}{2} - \arcsin \sin \left(\frac{\pi}{2} - y \right) \\
&= \frac{\pi}{2} - \left(\frac{\pi}{2} - y \right) \\
&= y.
\end{aligned}$$

und damit ist alles gezeigt. □

Eine entsprechende Definition von „Cosinus x" hätte zu $\text{Cosinus}\, x = \cos x$ geführt, das ist analog einzusehen bzw. aus den Beziehungen $\sin^2 x + \cos^2 x = 1$ und $\text{Sinus}^2\, x + \text{Cosinus}^2\, x = 1$ (Pythagoras) direkt herleitbar.

7.4 Die Laplacetransformation$^\diamond$

Pierre Simon Laplace
1749 - 1827

Erinnern Sie sich an die im Anschluss an Korollar 4.5.5 beschriebene *Logarithmenrechnung*? Ihre Bedeutung beruht darin, dass damit multiplikative Probleme in additive Probleme transformiert werden können. Das ist ein großer Vorteil, denn addieren ist leichter als multiplizieren.

Ersetzt man im vorletzten Satz „multiplikative Probleme" bzw. „additive Probleme" durch „Differentialgleichungsprobleme" bzw. „algebraische Proble-

[13] Beachte, dass die auf dem Kreis zurückgelegte Entfernung eine stetige Funktion von (a,b) ist. *So* findet man unter Verwendung des Zwischenwertsatzes ein Tupel (a,b), durch das der Abstand x_0 realisiert wird. (Falls $x_0 \geq \pi$ ist, muss man das Argument etwas modifizieren.)

me“, so ist damit die *Rolle der Laplacetransformation* [14] ziemlich gut beschrieben. In diesem Abschnitt soll dieses wichtige analytische Verfahren kurz vorgestellt werden.

Die Laplacetransformation

Definition 7.4.1. *Sei* $f : [\,0, +\infty\,[\, \to \mathbb{R}$ *stetig. Es gebe* $M \geq 0$ *und* $s_0 \geq 0$*, so dass*

$$\forall_{t \in [\,0,+\infty\,[} \quad |f(t)| \leq M \cdot \mathrm{e}^{s_0 t};$$

das bedeutet, dass f *„nicht zu schnell“ wächst.*
Dann wird eine neue Funktion $\mathcal{L}f : \,]\, s_0, +\infty\,[\, \to \mathbb{R}$ *durch*

$$(\mathcal{L}f)(s) := \int_0^{+\infty} f(t)\mathrm{e}^{-st}\,dt$$

Laplacetransformation

definiert. $\mathcal{L}f$ *heißt die* Laplacetransformation *von* f.

Bemerkungen und Beispiele:

1. Die Funktion $f(t)\mathrm{e}^{-st}$ kann nach Voraussetzung für $s > s_0$ durch $M\mathrm{e}^{-(s-s_0)t}$ abgeschätzt werden, und diese Funktion hat ein endliches Integral über $]\,0, +\infty\,[$. Folglich existiert $(\mathcal{L}f)(s)$ nach Satz 6.4.5.

Für $s \leq s_0$ kann man die Existenz des Integrals nicht garantieren, und deswegen wird die Laplacetransformation nur für $s > s_0$ definiert.

2. Da die Exponentialfunktionen sehr schnell gegen Unendlich gehen, kann die Laplacetransformation auf alle praktisch wichtigen Funktionen angewendet werden. Auch sehr rasant wachsende Funktionen wie zum Beispiel $\mathrm{e}^{100000t}$ sind zugelassen, man muss das s_0 nur größer als 100000 wählen.

$\mathcal{L}f$ ist aber nicht für alle f erklärt. So ist etwa e^{t^2} für noch so große M und

? s_0 nicht durch $M\mathrm{e}^{s_0 t}$ abschätzbar. (Können Sie das begründen?)

3. Explizit rechnen kann man nur in wenigen Fällen, Integration durch Substitution und partielle Integration müssen geschickt eingesetzt werden. Hier einige *typische Beispiele*:

- Die Laplacetransformation für $f = \mathbf{1}$: Für $s > 0$ ist

$$\begin{aligned}(\mathcal{L}\mathbf{1})(s) &= \int_0^{+\infty} \mathrm{e}^{-st}\,dt \\ &= -\lim_{c \to +\infty} \frac{1}{s}\mathrm{e}^{-st}\Big|_{s=0}^{c} \\ &= \frac{1}{s}.\end{aligned}$$

[14] Laplace hatte verschiedene wissenschaftliche und politische Positionen in der Zeit der Revolution, unter Napoleon und unter den Bourbonen inne. Von ihm stammen viele interessante Anwendungen der damals noch jungen Analysis auf Fragen der Wahrscheinlichkeitsrechnung und zahlreiche physikalische Probleme (insbesondere aus der Astronomie). Er gilt als typisches Beispiel einer zu Beginn des 19. Jahrhunderts häufig anzutreffenden Fortschrittsgläubigkeit: Wirklich alle Phänomene schienen mit guten analytischen Kenntnissen beherrschbar zu sein.

- Ist $f(t) = \mathrm{e}^{at}$, so gilt für $s > a$

$$\begin{aligned}(\mathcal{L}f)(s) &= \int_0^{+\infty} \mathrm{e}^{at}\,\mathrm{e}^{-st}\,dt \\ &= \int_0^{+\infty} \mathrm{e}^{-(s-a)t}\,dt \\ &= \frac{1}{s-a}.\end{aligned}$$

(Für $a = 0$ ergibt sich noch einmal das vorige Beispiel.)

- Sei $f(t) = t$. Wenn man mit partieller Integration das unbestimmte Integral

$$\int t\mathrm{e}^{-st}\,dt = -\left(\frac{t}{s} + \frac{1}{s^2}\right)\mathrm{e}^{-st}$$

ermittelt hat, folgt leicht

$$(\mathcal{L}f)(s) = \frac{1}{s^2}.$$

- Mit dem auf Seite 105 beschriebenen Verfahren erhält man für jedes $a \in \mathbb{R}$ die Funktion

$$\frac{a\cos t + \sin t}{a^2+1}\mathrm{e}^{at}$$

als Stammfunktion zu $(\cos t)\,\mathrm{e}^{at}$. Das impliziert für $f(t) = \cos t$, dass

$$(\mathcal{L}f)(s) = \frac{s}{s^2+1}$$

für $s > 0$ gilt.

Wenn man die Laplacetransformation auch für komplexwertige Funktionen definiert hätte, wäre der folgende alternative Beweis möglich: $\cos t$ ist doch aufgrund der Eulerschen Identitäten (Satz 4.5.20(iii)) der Realteil von e^{it}. Die zugehörige Laplacetransformation ist nach dem vorigen Beispiel $1/(s-i)$. Diese Funktion kann nach Erweitern mit $s+i$ als $(s+i)/(s^2+1)$ geschrieben werden, der Realteil ist also $s/(s^2+1)$. *Das* sollte die Laplacetransformation von $\cos t$ sein.

Dieses Argument führt auch zu $1/(s^2+1)$ als Laplacetransformation für $\sin t$, was auch leicht direkt bestätigt werden kann.

Gerechtfertigt wird die Schlussweise, weil $\mathrm{Re}\,(\mathcal{L}f)(s) = \mathcal{L}(\mathrm{Re}\,f)(s)$ gilt. Diese Gleichung ergibt sich sofort aus der Definition des Integrals für komplexwertige Funktionen. Hier soll die Laplacetransformation allerdings nur für reellwertige f behandelt werden.

4. Formal gesehen ist die Laplacetransformation eine Abbildung, die einer Funktion f eine Funktion $\mathcal{L}f$ zuordnet. Deswegen sollte es auch $(\mathcal{L}f)(s)$ und nicht $\big(\mathcal{L}f(t)\big)(s)$ heißen, denn $f(t)$ ist eine Zahl.

Soweit die reine Lehre. Beim praktischen Rechnen ist es aber bequem, es in diesem Punkt nicht ganz so genau zu nehmen.

Es ist nämlich viel ökonomischer, sich die Formel $(\mathcal{L}e^{at})(s) = 1/(s-a)$ (oder noch kürzer $\mathcal{L}e^{at} = 1/(s-a)$) zu merken, als erst in Gedanken $f(t) := e^{at}$ zu definieren und das mit $(\mathcal{L}f)(s) = 1/(s-a)$ zu assoziieren.

Ein ähnliches Problem gab es schon in Kapitel 4 bei den Differentiationsregeln, auch da ist die Formel $(x^n)' = nx^{n-1}$ eigentlich nicht korrekt, da eine Ableitung nur von der Funktion $x \mapsto x^n$, nicht aber von der Zahl x^n berechnet werden kann.

Aus den Eigenschaften der Exponentialfunktion ergeben sich einige sehr nützliche Aussagen für die Laplacetransformation. Sie bilden den Schlüssel für ihre große Bedeutung.

Satz 7.4.2. *$f, g : [0, +\infty[\to \mathbb{R}$ seien stetig und es gelte $|f(t)|, |g(t)| \le Me^{s_0 t}$; die Laplacetransformationen von f und g sind also für $s > s_0$ definiert.*

(i) Für $s > s_0$ ist $\mathcal{L}(f+g)(s) = \mathcal{L}f(s) + \mathcal{L}g(s)$. Es ist auch $\mathcal{L}(af) = a\mathcal{L}f$ für jedes $a \in \mathbb{R}$.

(ii) Sei $a \in \mathbb{R}$ und $h(t) := f(t)e^{at}$. Dann existiert $(\mathcal{L}h)(s)$ für $s > s_0 + a$, und es gilt $(\mathcal{L}h)(s) = (\mathcal{L}f)(s-a)$. (Eine Multiplikation mit e^{at} bewirkt also eine Translation der Laplacetransformation.)

(iii) f sei differenzierbar, und auch für f' soll die Abschätzung $|f'(t)| \le Me^{s_0 t}$ gelten. Dann ist $(\mathcal{L}f')(s) = s \cdot (\mathcal{L}f)(s) - f(0)$.

(iv) Allgemeiner gilt (falls die Laplacetransformationen der auftretenden Ableitungen existieren):

$$(\mathcal{L}f^{(n)})(s) = s^n(\mathcal{L}f)(s) - \sum_{k=0}^{n-1} f^{(k)}(0)s^{n-1-k};$$

in dieser Formel ist $f^{(0)}$ wieder als f zu interpretieren.

(v) $\mathcal{L}f$ ist differenzierbar, und $(\mathcal{L}f)'$ ist gerade die Laplacetransformation von $-tf(t)$.

Beweis: (i) folgt unmittelbar aus der Linearität der Integration.

(ii) Für $s > s_0 + a$ ist $s - a > s_0$. Für die Laplacetransformationen folgt:

$$\begin{aligned}(\mathcal{L}f)(s-a) &= \int_0^{+\infty} f(t)e^{-(s-a)t}\,dt \\ &= \int_0^{+\infty} e^{at}f(t)e^{-st}\,dt \\ &= \int_0^{+\infty} h(t)e^{-st}\,dt \\ &= (\mathcal{L}h)(s).\end{aligned}$$

(iii) Hier spielt partielle Integration eine wesentliche Rolle:

$$\begin{aligned}
(\mathcal{L}f')(s) &= \int_0^{+\infty} f'(t)\mathrm{e}^{-st}\,dt \\
&= \lim_{c\to+\infty}\left(f(t)\mathrm{e}^{-st}\Big|_{s=0}^{c} + s\int_0^c f(t)\mathrm{e}^{-st}\,dt\right) \\
&= -f(0) + s\int_0^{+\infty} f(t)\mathrm{e}^{-st}\,dt \\
&= s\cdot(\mathcal{L}f)(s) - f(0).
\end{aligned}$$

(iv) Das folgt sofort durch vollständige Induktion aus (iii). Zum Beispiel ist

$$\begin{aligned}
\mathcal{L}(f'') &= s\mathcal{L}(f') - f'(0) \\
&= s\big(s\mathcal{L}f - f(0)\big) - f'(0) \\
&= s^2\mathcal{L}f - f'(0) - sf(0).
\end{aligned}$$

(v) Wenn $f(t)$ durch $M\mathrm{e}^{s_0 t}$ abschätzbar ist, so gilt $|tf(t)| \le M\mathrm{e}^{(s_0+1)t}$; man beachte nur, dass $t \le 1+t+t^2/2!+\cdots = \mathrm{e}^t$. Folglich hat auch $tf(t)$ eine Laplacetransformation. Man kann sie sogar berechnen: Leitet man $f(t)\mathrm{e}^{-st}$ partiell nach s ab, so ergibt sich $-tf(t)\mathrm{e}^{-st}$, und diese Funktion ist nach der eben hergeleiteten Abschätzung für $s > s_0 + 1$ uneigentlich integrabel.

Nun ist nur noch Satz 6.4.5 zu zitieren, danach ist $-\int_0^{+\infty} tf(t)\mathrm{e}^{-st}\,dt$ die Ableitung von $\mathcal{L}f$. Das ist gerade die Behauptung. □

Bemerkungen und Beispiele:

1. Die Aussage (i) des Satzes darf, wenn man es genau nimmt, nicht als Linearität der Laplacetransformation interpretiert werden. Für beliebige f, g, für die $\mathcal{L}f$ und $\mathcal{L}g$ definiert sind, können die Definitionsbereiche verschieden sein. Das tritt zum Beispiel bei $\mathrm{e}^{1000t} + \mathrm{e}^{-1000t}$ auf: Die Laplacetransformation der ersten Funktion ist für $s > 1000$, die der zweiten für $s > -1000$ definiert. Man hilft sich dadurch, dass man s_0 so groß wählt, dass alle bei einer konkreten Fragestellung vorkommenden Funktionen durch $M\mathrm{e}^{s_0 t}$ abschätzbar sind und dann die Laplacetransformation nur auf $]\,s_0, +\infty\,[$ betrachtet wird.

In diesem eingeschränkten Sinn ist $f \mapsto \mathcal{L}f$ dann wirklich eine lineare Abbildung. Wir wissen also zum Beispiel schon, dass gilt:

$$\mathcal{L}(12\cos t - \pi\mathrm{e}^{21t}) = 12s/(s^2+1) - \pi/(s-21).$$

2. Mit dem Satz kann man sich viel Arbeit sparen. Es ist zum Beispiel nicht erforderlich, das bei der Berechnung von $\mathcal{L}t^2$ auftretende Integral mit (doppelter) partieller Integration auszuwerten. Aus $(t^2)' = 2t$ folgt nämlich mit (ii), dass

$$\frac{2}{s^2} = \big(\mathcal{L}(2t)\big)(s) = \Big(\mathcal{L}\big((t^2)'\big)\Big)(s) = s\big(\mathcal{L}(t^2)\big)(s).$$

Deswegen muss $\mathcal{L}(t^2) = 2/s^3$ gelten, allgemeiner erhält man $\mathcal{L}(t^n) = n!/s^{n+1}$.

? 3. Berechnen Sie zur Übung mit Teil (iii) des Satzes noch einmal die Laplacetransformation von $\sin t$ unter der Voraussetzung, dass $\mathcal{L}(\cos t)$ schon bekannt ist (vgl. Seite 195).

Transformation von Anfangswertproblemen

Teil (ii) des vorigen Satzes soll nun verwendet werden, um gewisse Anfangswertprobleme für Differentialgleichungen zu behandeln. Mal angenommen, wir wollen das Problem

$$f'' - f = 0, \quad f(0) = 1, \quad f'(0) = 1$$

lösen. f ist unbekannt, aber wenn wir annehmen, dass f und f'' eine Laplacetransformation besitzen, muss wegen des Satzes

$$\mathcal{L}(f'') - \mathcal{L}f = s^2\mathcal{L}f - f'(0) - sf(0) - \mathcal{L}f = s^2\mathcal{L}f - s - 1 - \mathcal{L}f = 0$$

gelten. Das ist eine Gleichung für $\mathcal{L}f$, man erhält $\mathcal{L}f = 1/(s-1)$. Nun reicht eine Erinnerung an die oben berechneten Beispiele: Das gesuchte f hat die gleiche Laplacetransformation wie e^t, und deswegen ist diese Funktion unser aussichtsreichster Kandidat[15]. Es ist wirklich leicht nachzuprüfen, dass e^t unser Problem löst.

Allgemeiner kann diese Technik bei Problemen des folgenden Typs eingesetzt werden:

> Gegeben seien reelle Zahlen $a_{n-1}, \ldots, a_0, b_{n-1}, \ldots, b_0$ und eine Funktion g. Es soll ein f so bestimmt werden, dass
>
> $$f^{(n)} + a_{n-1}f^{(n-1)} + \cdots + a_1 f' + a_0 f = g,$$
>
> $$f(0) = b_0, \ldots, f^{(n-1)}(0) = b_{n-1}.$$

Eine solche Funktion f findet man wie folgt:

1. Schritt: Wir nehmen an, dass es so ein f gibt und dass alle jetzt auftretenden Laplacetransformationen existieren. Dann muss

$$\mathcal{L}(f^{(n)} + a_{n-1}f^{(n-1)} + \cdots + a_1 f' + a_0 f) = \mathcal{L}g$$

gelten. Wegen der „Linearität" von $\mathcal{L}$ und Satz 7.4.2 kann die linke Seite als $P\mathcal{L}f + Q$ geschrieben werden, wobei P und Q Polynome sind, die man aus den a_i, b_i berechnen kann. Folglich ist $\mathcal{L}f$ bekannt:

$$\mathcal{L}f = \frac{\mathcal{L}g - Q}{P}.$$

(Im vorstehenden Beispiel war $P(s) = s^2 - 1$ und $Q(s) = s + 1$.)

---

[15] Um aus $\mathcal{L}f = \mathcal{L}\mathrm{e}^t$ auf $f(t) = \mathrm{e}^t$ zu schließen, müsste man vorher die Injektivät von $\mathcal{L}$ bewiesen haben. Es gibt zwar entsprechende Ergebnisse, doch da wir die nicht behandelt haben, können wir nur durch eine Probe nachweisen, dass wir bei der richtigen Lösung angekommen sind.

2. Schritt: Nun muss man „nur“ noch ein f finden, das gerade diese Laplacetransformation hat. Dafür gibt es keine allgemeine Regel. Wenn allerdings $\mathcal{L}g$ eine rationale Funktion (also ein Quotient zweier Polynome) ist, wird auch $\mathcal{L}f$ rational sein. Folglich kann man f mit Hilfe der Technik der Partialbruchzerlegung[16)] in eine Summe „einfacher“ Funktionen aufspalten, für die man dann aufgrund der Linearität einzeln die inverse Laplacetransformation berechnen kann. Wir wissen aus Abschnitt 6.2, dass die Schwierigkeiten aus dem Nullstellenverhalten des Nennerpolynoms resultieren. Sind die zum Beispiel alle verschieden und reell, werden nur Summanden des Typs $\alpha/(s-\beta)$ auftauchen. Zu denen kann man aber aufgrund unserer obigen Rechnungen sofort eine inverse Laplacetransformation hinschreiben, nämlich $\alpha e^{\beta t}$.

3. Schritt: Am Ende empfiehlt sich eine Probe: Hat das mit Hilfe der Laplacetransformation gefundene f die richtigen Eigenschaften? Erstens, weil man nie sicher sein kann, ob man sich nicht verrechnet hat, und zweitens, weil wir die Injektivität von $\mathcal{L}$ nicht nachgewiesen haben.

Haben Sie die Parallelen zur Logarithmenrechnung erkannt? Der Hauptunterschied zur Technik der Laplacetransformation besteht darin, dass Zahlen sehr übersichtlich tabellarisch erfasst werden können, deswegen kommt man mit einer schmalen Logarithmentafel aus.

Bei Funktionen gibt es viel mehr Möglichkeiten, man kann sie nicht in eine natürliche Reihenfolge bringen. Deswegen braucht man auch eine Menge Erfahrung, um in den entsprechenden Tafeln das Richtige zu finden.

Wir behandeln noch ein *Beispiel*, bei dem man die Lösung wohl nicht durch Raten finden kann. Gesucht ist ein f mit

$$f'' + f' - 2f = \cos t - 3\sin t, \quad f(0) = 2, \ f'(0) = 3.$$

Indem wir zur Laplacetransformation dieser Gleichung übergehen, die rechte Seite ausrechnen und $\mathcal{L}f''$ und $\mathcal{L}f'$ mit Hilfe von Satz 7.4.2(iv) durch $\mathcal{L}f$ ausdrücken, folgt

$$(s^2+s-2)\mathcal{L}f - 2s - 5 = \frac{s-3}{s^2+1}.$$

Diese Gleichung wird nun zunächst nach $\mathcal{L}f$ aufgelöst:

$$\mathcal{L}f = \frac{2s^2+s+1}{(s^2+1)(s-1)};$$

dabei haben wir zunächst s^2+s-2 als $(s-1)(s+2)$ geschrieben und später den Faktor $s+2$ in Zähler und Nenner gekürzt.

Mit den bei der Einführung der Partialbruchzerlegung beschriebenen Techniken (allgemeiner Ansatz, Gleichungssystem lösen) wird $\mathcal{L}f$ in

$$\frac{2}{s-1} + \frac{1}{s^2+1}$$

16) Vgl. Seite 109.

umgeformt, und da wir wissen, welche Laplacetransformation die beiden Summanden haben, erhalten wir $f(t) = 2e^t + \sin t$.

Eine Berechnung von f' und f'' zeigt, dass wirklich $f''+f'-2f = \cos t-3\sin t$ sowie $f'(0) = 3$ und $f(0) = 2$ gilt. Das Verfahren hat also zu einer Lösung des Problems geführt.

Schlusskommentar: Die Laplacetransformation ist bei Ingenieuren aller Fachrichtungen sehr beliebt. Mathematiker verwenden eher die *Fouriertransformation*. Sie hat ganz ähnliche Eigenschaften wie die Laplacetransformation; die Funktionenräume, auf denen sie definiert ist, sind jedoch mathematisch viel vorteilhafter als die, die bei einer systematischen Begründung der Laplacetransformation auftreten würden.

Einige Informationen zu Fourierreihen und zur Fouriertransformation sind im Anhang zu finden.

7.5 Anwendung analytischer Verfahren in der Zahlentheorie$^\diamond$

1 ist die kleinste natürliche Zahl

Diese elementare Tatsache haben wir schon in Kapitel 1 als eine der ersten Übungen in vollständiger Induktion kennen gelernt (Satz 1.5.7(iii)). Hier wird deswegen noch einmal daran erinnert, weil sie ein fundamentaler Baustein bei den folgenden Beweisen sein wird.

Die Argumentation wird dabei direkt oder indirekt sein:

- *Direkt:* Für ganze Zahlen z kann man aus $z \neq 0$ schon auf $|z| \geq 1$ schließen.
- *Indirekt:* Man möchte zeigen, dass eine spezielle Zahl die Eigenschaft E hat. Dazu nimmt man an, dass E *nicht* gilt, und konstruiert unter Verwendung dieser Annahme eine natürliche Zahl in $]\,0,1\,[$. Mit diesem Widerspruch ist dann E bewiesen.

In diesem Abschnitt soll an einigen Beispielen gezeigt werden, wie analytische Methoden – insbesondere Integration – zum Beweis zahlentheoretischer Tatsachen herangezogen werden können. Das hat eine lange Tradition, die Anfänge der *analytischen Zahlentheorie* reichen bis ins 18. Jahrhundert zurück.

Zunächst fassen wir noch einmal zusammen, was wir an zahlentheoretischen Begriffen und Resultaten schon in der „Analysis 1" erarbeitet haben:

- Wir wissen, was rationale und irrationale Zahlen sind. $\sqrt{2}$ ist irrational (Abschnitt 1.6).
- Es gibt viel mehr irrationale als rationale Zahlen, denn $\mathbb{Q}$ ist abzählbar, $\mathbb{R}$ aber nicht (Satz 1.10.3, 1.10.4).

- e ist irrational (Satz 4.5.9).
- Die Unterteilung in „rational" und „irrational" ist sehr grob. Eine komplexe Zahl wird *algebraisch* genannt, wenn sie Nullstelle eines nichttrivialen Polynoms[17] mit ganzzahligen Koeffizienten ist. Zahlen, die nicht algebraisch sind, heißen *transzendent*.

  Es muss transzendente Zahlen geben, da die Menge der algebraischen Zahlen abzählbar ist; damit sind sogar viel mehr Zahlen transzendent als algebraisch. (Siehe Abschnitt 4.6, nach dem Beweis des Fundamentalsatzes der Algebra.) Leider ist durch dieses Ergebnis noch keine einzige transzendente Zahl konkret angebbar.

algebraische Zahl

transzendente Zahl

Diese Untersuchungen werden nun fortgesetzt. Zunächst wird ein *Satz von Liouville* bewiesen, nach dem irrationale Zahlen, die besonders gut durch rationale Zahlen approximiert werden können, transzendent sein müssen. Als Folgerung werden wir eine Formel herleiten, durch die überabzählbar viele verschiedene *transzendente Zahlen explizit beschrieben* werden. Das sind zwar viele Beispiele, doch sind sie recht gekünstelt. Wie sieht es mit den wirklich wichtigen Zahlen aus, was ist mit e und π? Die *Transzendenz von* e wird hier gezeigt werden, der entsprechende Beweis für π ist deutlich komplizierter und soll hier nicht geführt werden. Wir werden allerdings noch zeigen, dass π *irrational* ist.

Approximierbarkeit und algebraische Zahlen

Im ersten Kapitel hatten wir als Folgerung aus dem Archimedesaxiom den *Dichtheitssatz 1.7.4* bewiesen: Zu jedem $x \in \mathbb{R}$ und jedem $\varepsilon > 0$ gibt es eine rationale Zahl p/q mit $\left|x - \frac{p}{q}\right| \leq \varepsilon$. Nun kann man sich für den *quantitativen Aspekt* dieses Satzes interessieren. Darunter wollen wir die Frage verstehen, was sich denn für eine Approximationsgüte erreichen lässt: Wenn man nur Zahlen p/q zulässt, bei denen q eine vorgegebene Schranke nicht überschreitet, wie nahe kommt dann p/q einem vorgegebenem x?

Solche Fragen sind deswegen interessant, weil man bei guter Approximierbarkeit die Zahl x mit wenig Aufwand (d.h. mit kleinem q) gut beschreiben kann. So ist zum Beispiel seit mehreren Jahrtausenden bekannt, dass man die Zahl π für die meisten praktischen Zwecke durch den Bruch 22/7 ersetzen kann, der Fehler ist nur wenig mehr als ein Tausendstel[18]. Geht das immer so gut?

Sei $q \in \mathbb{N}$ beliebig. Die Menge der p/q mit $p \in \mathbb{Z}$ bildet ein „$1/q$-Raster": Sie reicht von $-\infty$ bis $+\infty$, und zwei benachbarte Elemente haben jeweils den Abstand $1/q$. Folglich gibt es zu jedem x ein p/q mit $\left|x - \frac{p}{q}\right| \leq 1/(2q)$.

Wer diese offensichtliche Tatsache ganz streng begründen möchte, sollte mit p_0 die größte ganze Zahl mit $p_0 \leq xq$ bezeichnen; so ein p_0 gibt es

[17] Das Polynom soll ausdrücklich *nicht* das Nullpolynom sein. Wenn man diesen Fall nicht aussschließen würde, wären alle Zahlen algebraisch.

[18] Etwas genauer: $\frac{22}{7} - \pi = 0.0012644\ldots$

wegen Satz 1.5.7(viii). Eine der Zahlen $p = p_0$ oder $p = p_0 + 1$ hat dann die geforderten Eigenschaften.

Geht es auch besser? Kann man etwa $\left|x - \frac{p}{q}\right| \leq 1/q^2$ erreichen? Oder eine Abschätzung der Form $\left|x - \frac{p}{q}\right| \leq 1/q^3$? Der gleich folgende Satz gibt eine Teilantwort auf diese Fragen, wir beginnen mit einer

Definition 7.5.1. *Sei x eine reelle Zahl und $m \in \mathbb{N}$.*

(i) x sei sogar algebraisch. Unter dem algebraischen Grad *von x verstehen wir die kleinste natürliche Zahl n, so dass x Nullstelle eines Polynoms n-ten Grades mit ganzzahligen Koeffizienten ist.*

(ii) x heißt zur m-ten Ordnung rational approximierbar, *wenn es ein $M > 0$ mit der folgenden Eigenschaft gibt:*

Für jedes $q_0 \in \mathbb{N}$ existieren ein $q \in \mathbb{N}$ mit $q \geq q_0$ und ein $p \in \mathbb{Z}$, so dass

$$\left|x - \frac{p}{q}\right| \leq \frac{M}{q^m}.$$

Bemerkungen:

1. Da jede nichtleere Teilmenge der natürlichen Zahlen ein kleinstes Element enthält (Satz 1.5.7(vii)), ist der algebraische Grad wirklich wohldefiniert.

2. Obere Schranken für den algebraischen Grad einer Zahl x sind leicht zu finden, man muss ja nur irgendein Polynom mit ganzzahligen Koeffizienten angeben, das x als Nullstelle hat. Die exakte Bestimmung kann viel schwieriger sein. Ein Beispiel: Der algebraische Grad von $\sqrt{2}$ ist gleich 2, denn einerseits ist 2 Nullstelle von $x^2 - 2$ (d.h. der Grad ist ≤ 2), andererseits ist $\sqrt{2}$ nicht rational (also ist der Grad > 1).

3. Offensichtlich sind die rationalen Zahlen gerade diejenigen algebraischen Zahlen, für die der algebraische Grad gleich 1 ist. Auch ist klar, dass rationale Zahlen p_0/q_0 zu beliebig hoher Ordnung rational approximierbar sind, denn

$$\left|\frac{p_0}{q_0} - \frac{kp_0}{kq_0}\right| = 0 \leq \frac{1}{(kq_0)^m}$$

ist für jedes k und m richtig.

4. Das „m" in der Aussage „x ist zur m-ten Ordnung rational approximierbar" ist ein Maß für die Güte der rationalen Approximation, die sich schon bei mäßigem Aufwand erreichen lässt.

Sei etwa $m = 3$. Wir nehmen $M = 1$ an und wählen $q_0 = 500$. Wenn dann $q = 1000$ mit einem geeigneten p das Verlangte leistet, so bedeutet das, dass x von einer Zahl mit drei Stellen nach dem Komma schon bis auf 9 Stellen genau approximiert wird.

5. Das vor der Definition skizzierte Argument garantiert, dass alle Zahlen zur Ordnung 1 approximierbar sind. Mit etwas mehr Aufwand (Stichwort: Kettenbruchentwicklung[19]) lässt sich sogar beweisen, dass stets Ordnung 2 möglich ist.

Der Zusammenhang zwischen algebraischem Grad und Approximierbarkeit wird durch den folgenden Satz hergestellt. Da bei dieser Frage die Approximierbarkeit rationaler Zahlen nicht interessant ist, gehen wir gleich von irrationalen Zahlen aus.

Approximierbarkeit irrationaler Zahlen

Satz 7.5.2. *(Satz von Liouville) Sei x eine irrationale algebraische reelle Zahl mit algebraischem Grad n. Falls x zur Ordnung m rational approximierbar ist, so gilt $m \leq n$.*

Beweis: Wir nehmen an, dass x zur Ordnung m approximierbar ist und folgern daraus $m \leq n$. Es wird also davon ausgegangen, dass ein M existiert, so dass man beliebig große q findet, für die – mit geeigneten p – die Ungleichung $\left|x - \frac{p}{q}\right| \leq M/q^m$ gilt[20].

Sei $P(z) = a_n z^n + \cdots + a_1 z + a_0$ ein Polynom n-ten Grades mit ganzzahligen Koeffizienten, so dass $P(x) = 0$ gilt. Auch die Ableitung P' von P hat ganzzahlige Koeffizienten, und der Grad ist $n - 1$. Da n der minimale Grad eines ganzzahligen Polynoms war, das x zu Null macht, muss folglich $P'(x) \neq 0$ gelten.

P hat nur endlich viele Nullstellen. Deswegen gibt es ein $\delta > 0$, so dass x die einzige Nullstelle von P im Intervall $I_\delta := [\,x - \delta, x + \delta\,]$ ist. Wir bezeichnen noch mit K eine obere Schranke von P' auf diesem Intervall und kombinieren dann die folgenden drei Tatsachen:

1. Die Approximation $\left|x - \frac{p}{q}\right| \leq M/q^m$ impliziert $p/q \in I_\delta$, wenn wir fordern, dass $q \geq q_0$. Dabei sei q_0 so gewählt, dass $M/q_0^m \leq \delta$.

2. Ist $p/q \in I_\delta$, so ist $P(p/q) \neq 0$: Die Zahl x ist nach Voraussetzung nicht rational, also gilt $x \neq p/q$. Damit ist auch $q^n P(p/q) \neq 0$.

Da aber P ganzzahlige Koeffizienten hat, ist $q^n P(p/q)$ ganzzahlig, und deswegen darf man von „Die Zahl ist von Null verschieden" auf „Der Betrag ist größer oder gleich Eins" schließen (vgl. Satz 1.5.7(iii)): $|q^n P(p/q)| \geq 1$.

3. Für $p/q \in I_\delta$ folgt aus dem Mittelwertsatz:

$$\begin{aligned} \left|P\left(\frac{p}{q}\right)\right| &= \left|P(x) - P\left(\frac{p}{q}\right)\right| \\ &= |P'(\xi)|\left|x - \frac{p}{q}\right| \\ &\leq K\left|x - \frac{p}{q}\right|; \end{aligned}$$

[19] Die wichtigsten Tatsachen zu Kettenbrüchen findet man – zum Beispiel – im Buch „Einführung in die Zahlentheorie" von P. Bundschuh (Springer Verlag).

[20] In diesem Beweis bezeichnet q stets eine natürliche und p eine ganze Zahl.

dabei ist ξ eine geeignet gewählte Zahl zwischen x und p/q.

Es gibt also beliebig große q, so dass

$$\frac{1}{q^n} \leq \left|P\left(\frac{p}{q}\right)\right| \leq K\left|x - \frac{p}{q}\right| \leq \frac{KM}{q^m}.$$

Anders ausgedrückt: q^{m-n} ist durch KM beschränkt, auch wenn man noch so große q einsetzt. Das geht aber nur dann, wenn $m \leq n$ ist. □

Als unmittelbare Folgerung erhalten wir das

Korollar 7.5.3. *Sei $x \in \mathbb{R}$ eine irrationale Zahl, die zu jeder Ordnung m rational approximierbar ist. Dann ist x transzendent.*

Es gibt „viele“ transzendente Zahlen

Das vorstehend formulierte Korollar soll nun ausgenutzt werden, um transzendente Zahlen zu konstruieren. Die Idee besteht darin, Zahlen der Form

$$x = \frac{b_1}{10^{n_1}} + \frac{b_2}{10^{n_2}} + \frac{b_3}{10^{n_3}} + \cdots$$

zu betrachten, wobei die b_i in $\{1, \ldots, 9\}$ liegen und die n_i sehr schnell wachsen. In der Dezimaldarstellung sollte man sich x typischerweise wie

$$0.02001000000700000000000001000000000000000000000000000000000090\ldots$$

vorstellen[21)].

Wir zeigen nun, dass irrationale Zahlen entstehen, wenn die n_i „schnell“ wachsen, und dass sich sogar transzendente Zahlen ergeben, wenn die n_i „sehr schnell“ gegen Unendlich gehen.

Satz 7.5.4. *Es sei $n_1, n_2, \ldots$ eine wachsende Folge natürlicher Zahlen, und es sei $b_k \in \{1, \ldots, 9\}$ für $k = 1, 2, \ldots$ Eine Zahl x werde durch $x := \sum_{k=1}^{\infty} b_k/10^{n_k}$ definiert[22)].*

(i) Gilt $n_{k+1} \geq 2n_k$ für jedes k, so ist x irrational.

(ii) Ist sogar stets $n_{k+1} \geq n_k^2$, so ist x transzendent.

Beweis: (i) Angenommen, x wäre von der Form p/q mit $p, q \in \mathbb{N}$:

$$\frac{p}{q} = \frac{b_1}{10^{n_1}} + \frac{b_2}{10^{n_2}} + \frac{b_3}{10^{n_3}} + \cdots.$$

21) Alle folgenden Überlegungen lassen sich auch allgemeiner durchführen: Man kann die Zahl 10 durch irgendeine natürliche Zahl $g > 2$ ersetzen, dann sind die b_i in $\{1, \ldots, g-1\}$ zu wählen.

22) Der k-te Term ist durch $9/10^k$ abschätzbar, deswegen liegt eine konvergente Reihe vor.

Wir fixieren ein $r \in \mathbb{N}$, multiplizieren die Gleichung

$$\frac{p}{q} - \frac{b_1}{10^{n_1}} - \cdots - \frac{b_r}{10^{n_r}} = \frac{b_{r+1}}{10^{n_{r+1}}} + \frac{b_{r+2}}{10^{n_{r+2}}} + \cdots$$

mit $q10^{n_r}$ und erhalten so

$$\begin{aligned} a &:= 10^{n_r}p - qb_1 10^{n_r-n_1} - qb_2 10^{n_r-n_2} - \cdots - qb_r \\ &= q\left(\frac{b_{r+1}}{10^{n_{r+1}-n_r}} + \frac{b_{r+2}}{10^{n_{r+2}-n_r}} + \cdots\right). \end{aligned}$$

Dann ist a sicher eine natürliche Zahl, denn die rechte Seite ist strikt positiv, und in der Definition von a werden nur natürliche Zahlen mit „+", „−" und „·" miteinander verknüpft. Andererseits ist

$$\begin{aligned} a &= q\left(\frac{b_{r+1}}{10^{n_{r+1}-n_r}} + \frac{b_{r+2}}{10^{n_{r+2}-n_r}} + \cdots\right) \\ &\leq \frac{9q}{10^{n_{r+1}-n_r}}\left(1 + \frac{1}{10} + \frac{1}{100} + \cdots\right) \\ &\leq \frac{10q}{10^{n_r}}; \end{aligned}$$

dabei wurde neben der Formel für die geometrische Reihe nur ausgenutzt, dass $n_{r+1} - n_r \geq n_r$ gilt. Es ist nun leicht, zu einem Widerspruch zu kommen. Wählt man n_r groß genug, so hätte man mit a eine natürliche Zahl in $]\,0,1\,[$ gefunden. So etwas gibt es aber nach Satz 1.5.7(iii) nicht.

(ii) Die Aussage soll auf Korollar 7.5.3 zurückgeführt werden. Es ist also zu zeigen, dass x zu beliebig hoher Ordnung rational approximiert werden kann. Dass x irrational ist, wird durch Teil (i) sichergestellt.

Wir betrachten dazu für irgendein r die r-te Partialsumme der zu x gehörigen Reihe, also

$$\frac{b_1}{10^{n_1}} + \cdots + \frac{b_r}{10^{n_r}} = \frac{b_1 10^{n_r-n_1} + \cdots + b_r}{10^{n_r}}.$$

Zähler und Nenner des rechts stehenden Bruches sind natürliche Zahlen, wir nennen sie p und q.

Wie gut wird x durch p/q approximiert? Eine Abschätzung unter Ausnutzung der Voraussetzung ergibt

$$\begin{aligned}
\left|x - \frac{p}{q}\right| &= x - \frac{p}{q} \\
&= \frac{b_{r+1}}{10^{n_{r+1}}} + \frac{b_{r+2}}{10^{n_{r+2}}} + \cdots \\
&\leq \frac{9}{10^{n_{r+1}}}\left(1 + \frac{1}{10} + \cdots\right) \\
&= \frac{10}{10^{n_{r+1}}} \\
&\leq \frac{10}{10^{n_r n_r}} \\
&= \frac{10}{q^{n_r}}.
\end{aligned}$$

Wünscht man sich also für irgendein m rationale Approximierbarkeit der Ordnung m, so muss man nur Zahlen n_r mit $n_r > m$ einsetzen. Damit muss x wegen Korollar 7.5.3 transzendent sein. □

„viele“ konkrete transzendente Zahlen

Korollar 7.5.5. *Durch die in Satz 7.5.4 beschriebene Konstruktion lassen sich überabzählbar viele verschiedene transzendente Zahlen finden.*

Beweis: Wir fixieren eine Folge (n_k) mit der in Satz 7.5.4(ii) beschriebenen Wachstumsbedingung, zum Beispiel die Folge $n_k = 2^{(2^k)}$. Lässt man die b_k nur in $\{1, 2\}$ zu, so werden durch diese Konstruktion so viele x erzeugt, wie es Folgen (b_k) in $\{1, 2\}$ gibt. Die sind auch alle voneinander verschieden: Betrachtet man nämlich zwei unterschiedliche b-Folgen (b_k), (b'_k) und nennt die zugehörigen x-Werte x und x', so gilt

$$\begin{aligned}
|x - x'| &= \left|\frac{b_{k_0} - b'_{k_0}}{10^{n_{k_0}}} + \frac{b_{k_0+1} - b'_{k_0+1}}{10^{n_{k_0+1}}} + \cdots\right| \\
&\geq \frac{1}{10^{n_{k_0}}}\left(1 - \frac{1}{10} - \frac{1}{100} - \cdots\right) \\
&> 0;
\end{aligned}$$

dabei ist k_0 der erste Index k mit $b_k \neq b'_k$. (Man beachte auch: Aus

$$\begin{aligned}
|a_1| &= |a_1 + a_2 + \cdots - a_2 - \cdots| \\
&\leq |a_1 + a_2 + \cdots| + |a_2| + \cdots
\end{aligned}$$

folgt $|a_1 + a_2 + \cdots| \geq |a_1| - |a_2| - \cdots$ für konvergente Reihen.)

Nun gibt es aber überabzählbar viele derartige Folgen, das folgt zum Beispiel daraus, dass man mit Hilfe der Dualdarstellung die Zahlen in $]0, 1[$ mit den Folgen in $\{0, 1\}$ identifizieren kann[23]. Es entstehen also wirklich überabzählbar viele konkrete transzendente Zahlen auf diese Weise. □

[23] Vgl. die Argumentation auf Seite 42.

e ist transzendent

Durch den vorstehenden Satz sind viele transzendente Zahlen explizit beschrieben worden. Ob ein vorgegebenes x transzendent ist, wird damit allerdings im Allgemeinen nicht beantwortet. Das kann im Einzelfall sehr schwierig zu entscheiden sein, für einige „prominente“ Zahlen ist die Antwort allerdings bekannt. Hier soll jetzt durch eine Kombination elementarer zahlentheoretischer und analytischer Methoden gezeigt werden, dass e transzendent ist.

Von f zu F für beliebige Polynome

Wir betrachten zunächst ein beliebiges Polynom f mit reellen Koeffizienten, also eine Funktion der Form

$$f(x) = b_0 + b_1 x + \cdots + b_n x^n$$

wobei $b_0, \ldots, b_n$ reelle Zahlen sind. (Wir nehmen dabei an, dass $b_n \neq 0$ gilt, n ist also der Grad von f.) f soll eine weitere Funktion F zugeordnet werden, später wird diese Konstruktion für eine ganz spezielle Wahl von f wichtig werden.

Die Funktion F wird als Summe der ersten n Ableitungen von f definiert, also als

$$F(x) := \sum_{k=0}^{n} f^{(k)}(x) = f(x) + f'(x) + \cdots + f^{(n)}(x).$$

(Im Fall $f(x) = x^2+1$ etwa wäre $F(x) = (x^2+1)+2x+2$, also gleich x^2+2x+3.) Die Exponentialfunktion, F und f sind durch die folgende Beziehung miteinander verknüpft:

Lemma 7.5.6. *Für jedes $b > 0$ ist*

$$\mathrm{e}^b F(0) - F(b) = \mathrm{e}^b \cdot \int_0^b \mathrm{e}^{-x} f(x)\, dx.$$

Beweis: Wir definieren eine Hilfsfunktion g durch $g(x) := \mathrm{e}^{-x} F(x)$. Aufgrund der Produktregel ist

$$\begin{aligned} g'(x) &= -\mathrm{e}^{-x} F(x) + \mathrm{e}^{-x} F'(x) \\ &= -\mathrm{e}^{-x} \big(f(x) + \cdots + f^{(n)}(x)\big) + \mathrm{e}^{-x} \big(f'(x) + \cdots + f^{(n+1)}(x)\big). \end{aligned}$$

Die meisten Summanden heben sich weg, und da f als Polynom n-ten Grades eine verschwindende $(n+1)$-te Ableitung hat, folgt

$$-g'(x) = \mathrm{e}^{-x} f(x).$$

g ist also eine Stammfunktion zu $x \mapsto -\mathrm{e}^{-x} f(x)$, für jedes b muss daher

$$\begin{aligned} \int_0^b \mathrm{e}^{-x} f(x)\, dx &= -\int_0^b g'(x)\, dx \\ &= -g(b) + g(0) \\ &= -\mathrm{e}^{-b} F(b) + F(0) \end{aligned}$$

gelten. Multipliziert man diese Gleichung mit e^b, erhält man die Behauptung. □

Was folgt, wenn e algebraisch wäre?

Angenommen nun, e wäre algebraisch. Dann gäbe es ganze Zahlen $a_0, \ldots, a_k$ mit $a_k \neq 0$, so dass

$$a_0 + a_1\mathrm{e} + \ldots + a_k\mathrm{e}^k = 0\,. \tag{7.5}$$

Mit einem – noch – beliebigen Polynom f konstruieren wir F wie vorstehend beschrieben und setzen in Lemma 7.5.6 speziell $b = j$ für $j = 0, 1, \ldots, k$. Nach Multiplikation der j-ten Gleichung mit a_j folgt

$$a_j\mathrm{e}^j F(0) - a_j F(j) = a_j \mathrm{e}^j \cdot \int_0^j \mathrm{e}^{-x} f(x)\, dx.$$

Mit der Abkürzung

$$c_j := -\mathrm{e}^j \int_0^j \mathrm{e}^{-x} f(x)\, dx \tag{7.6}$$

haben wir damit

$$a_j\mathrm{e}^j F(0) - a_j F(j) = -a_j c_j$$

gezeigt. Wenn man die sich so für $j = 0, 1, \ldots, k$ ergebenden Gleichungen addiert, folgt

$$\sum_{j=0}^{k} a_j F(j) = \sum_{j=0}^{k} a_j c_j; \tag{7.7}$$

man muss sich nur daran erinnern, dass

$$a_0 + a_1\mathrm{e} + \ldots + a_k\mathrm{e}^k = 0$$

gilt. Die Identität (7.7) wird der *Schlüssel zum Transzendenzbeweis* sein. Wir werden nämlich zeigen, dass bei geschickter Wahl des Polynoms f die linke Seite eine von Null verschiedene ganze Zahl ist, die rechte Seite aber in $]-1,1[$ liegt. Das ist nicht möglich, und durch diesen Widerspruch wird die Transzendenz von e dann bewiesen sein.

Das „richtige" Polynom f

Wir betrachten nun für eine beliebige Primzahl p, die größer als a_0 und k ist, das Polynom

$$f(x) := \frac{1}{(p-1)!} x^{p-1} \left[(x-1)(x-2)\cdots(x-k)\right]^p.$$

Dieses f wird das Verlangte leisten, wenn nur p groß genug gewählt wurde[24]. Aus der speziellen Wahl von f ergeben sich die folgenden Eigenschaften:

[24] Wahrscheinlich kommt allen Leserinnen und Lesern die Wahl von f wenig nahe liegend vor. Warum ausgerechnet so? Warum muss es eine Primzahl sein? Wirklich ist bei der von mehreren Mathematiker-Generationen geleisteten Arbeit, einen elementaren Transzendenzbeweis zu führen, die Motivation irgendwo unterwegs verloren gegangen.

Lemma 7.5.7.

(i) *Es ist $f^{(m)}(0) = 0$ für $m \le p-2$, und für $m \ge p$ ist $f^{(m)}(0)$ ganzzahlig und durch p teilbar. Auch $f^{(p-1)}(0)$ ist ganzzahlig, aber diese Zahl ist* nicht *durch p teilbar.*

(ii) *Sei $j \in \{1, \ldots, k\}$. Dann ist $f^{(m)}(j) = 0$ für $m \le p-1$, und für $m \ge p$ ist $f^{(m)}(j)$ eine durch p teilbare ganze Zahl.*

(iii) *$F(j)$ ist ganzzahlig für $j = 0, \ldots, k$ und für $j \ge 1$ sogar durch p teilbar.*

(iv) *$F(0)$ ist ganzzahlig und nicht durch p teilbar.*

(v) *Definiert man wie oben $c_j := -e^j \int_0^j e^{-x} f(x)\, dx$ für $j = 0, \ldots, k$, so werden die c_j für große p beliebig klein[25].*

(vi) *$\sum_{j=0}^k a_j F(0)$ ist eine von Null verschiedene ganze Zahl.*

Beweis: (i) $g := (p-1)!f$ ist ein Polynom $(kp+p-1)$-ten Grades mit ganzzahligen Koeffizienten. Die kleinste auftretende Potenz ist $p-1$, wir schreiben g als

$$g(x) = d_{p-1}x^{p-1} + d_p x^p + \cdots + d_{kp+p-1}x^{kp+p-1}$$

mit $d_j \in \mathbb{Z}$.

Damit ist klar, dass die ersten $p-2$ Ableitungen von f bei Null verschwinden. Ist $m \ge p-1$, so ist $g^{(m)}(0) = m!d_m$, und folglich ist

$$f^{(m)}(0) = g^{(m)}(0)/(p-1)! = d_m \left[p(p+1)\cdots m\right]$$

ganzzahlig (im Fall $m = p-1$ ist die eckige Klammer durch 1 zu ersetzen). Für $m = p-1$ kann man diese Zahl noch genauer bestimmen: Ausrechnen des niedrigsten Koeffizienten von g führt zu

$$f^{(p-1)}(0) = d_{p-1} = (-1)^{kp}k!\,.$$

Jetzt wird wichtig, dass p *als Primzahl vorausgesetzt* war. Für Primzahlen p gilt nämlich, dass p mindestens einen der Faktoren teilt, wenn p Teiler eines Produkts ist.

Für uns hat das folgende Konsequenz: Da p die Zahlen $1, 2, \ldots, k$ *nicht* teilt (denn p ist nach Voraussetzung größer als k), kann p auch nicht $f^{(p-1)}(0)$ teilen.

(ii) Wir fixieren ein $j \in \{1, \ldots, k\}$. Die Analyse ist ähnlich wie im vorstehenden Beweisteil, diesmal entwickeln wir $g(x)$ um j. Am einfachsten geht das so, dass wir ein neues Polynom h durch $h(x) := g(x+j)$ definieren:

$$h(x) = (x+j)^{p-1}\left[(x+j-1)(x+j-2)\cdots(x+j-k)\right]^p.$$

[25]Genauer: Zu jedem $\varepsilon > 0$ gibt es ein p_0, so dass unsere Konstruktion zu $|c_j| \le \varepsilon$ (für $j = 0, \ldots, k$) führt, wenn nur $p \ge p_0$ gewählt war.

h ist damit ein Polynom mit ganzzahligen Koeffizienten $(pk+p-1)$-ten Grades, die kleinste auftretende Potenz ist diesmal p, denn x^p ist als Faktor enthalten[26]:

$$h(x) = d_p x^p + d_{p+1} x^{p+1} + \cdots + d_{kp+p-1} x^{kp+p-1}.$$

Nun kann die Aussage leicht bewiesen werden: Es ist (nach Kettenregel)

$$f^{(m)}(j) = \frac{g^{(m)}(j)}{(p-1)!} = \frac{h^{(m)}(0)}{(p-1)!},$$

und diese Zahl ist gleich 0 für $m \leq p-1$ und gleich $d_m p(p-1)\cdots m$ für $m \geq p$.

Charles Hermite
1822 - 1901

(iii) und (iv) folgen aus den schon bewiesenen Ergebnissen. Man muss nur beachten: Teilt p in einer Summe s alle Summanden bis auf einen, so ist s nicht durch p teilbar.

(v) Die Funktion $\mathrm{e}^{-x} f(x)$ ist doch auf $[0, k]$ durch $\left(k^{k+1}\right)^p/(p-1)!$ beschränkt. Deswegen ist

$$|c_j| \leq k\mathrm{e}^k \left(k^{k+1}\right)^p/(p-1)! = kp\mathrm{e}^k \left(k^{k+1}\right)^p/p!,$$

mit einer (gigantischen!) Konstanten C gilt also $|c_j| \leq C^p/p!$. Nun muss man sich nur noch daran erinnern, dass $a^n/n! \to 0$ für jedes noch so große a[27].

(vi) Die zu den $j \neq 0$ gehörigen Summanden sind wegen (v) durch p teilbar. Für $j = 0$, also für den Summanden $a_0 F(0)$, liegt Teilbarkeit durch p aber nicht vor, denn weder a_0 noch $F(0)$ haben p als Teiler. (Wieder wird also wichtig, dass p eine Primzahl ist.) □

Der Transzendenzbeweis

Nach diesen Vorbereitungen ist es leicht, das Hauptergebnis dieses Unterabschnitts zu beweisen. Es wurde erstmals von dem französischen Mathematiker Charles Hermite[28] mit einem anderen Beweis im Jahre 1873 gezeigt.

e ist transzendent

Satz 7.5.8. e *ist transzendent.*

Beweis: Wäre e algebraisch, würde die vorstehende Konstruktion (von f über F und die c_j) für beliebige Primzahlen p zur Gleichung (7.7) führen. Wenn p größer als k und a_0 ist, steht auf der linken Seite eine von Null verschiedene ganze Zahl (Lemma 7.5.7(vi)), die rechte Seite wird für große p beliebig klein (Lemma 7.5.7(v)).

[26] Man beachte, dass unter den Faktoren $(x+j-1), (x+j-2), \ldots, (x+j-k)$ an der j-ten Stelle auch der Faktor x vorkommt.

[27] Am elegantesten konnte man das durch die Beobachtung einsehen, dass $a^n/n!$ der n-te Summand der konvergenten Reihe für die Exponentialfunktion ist und folglich für jedes a mit $n \to \infty$ gegen Null geht.

[28] Hermite: Professor in Paris, wichtige Beiträge zur Algebra, 1873 Nachweis der Transzendenz von e.

Es gibt aber unendlich viele Primzahlen[29)], also auch beliebig große. Folglich kann man wirklich erreichen, dass die rechte Seite in (7.7) beliebig klein wird; man würde also eine von Null verschiedene ganze Zahl in $]-1,1[$ erhalten, wenn e algebraisch wäre. So etwas gibt es aber nicht, die Behauptung ist damit vollständig bewiesen. □

π ist irrational

Wir betrachten die Funktionen $(1-x^2)^n \cos(\alpha x)$; dabei haben wir zur Abkürzung $\alpha := \pi/2$ gesetzt, und n durchläuft die Zahlen $0, 1, 2, \ldots$

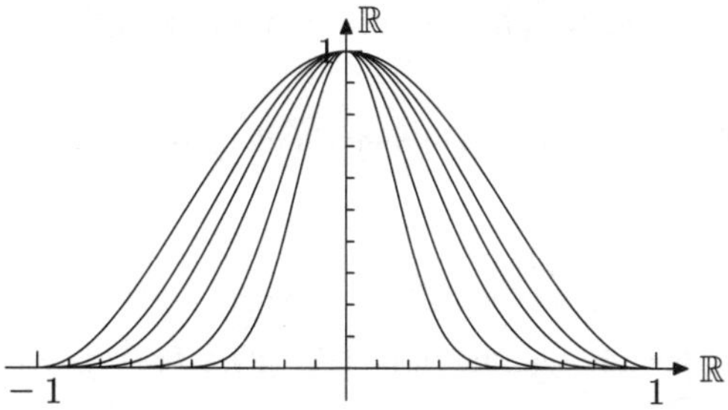

Bild 7.12: Die Funktionen $(1 - x^2)^n \cos(\alpha x)$

Für die Integrale

$$I_n := \int_{-1}^{1} (1 - x^2)^n \cos(\alpha x)\, dx$$

gilt dann:

Lemma 7.5.9. *Es ist $I_0 = 2/\alpha$ und $I_1 = 4/\alpha^3$, für alle n gilt $0 < I_n \leq 2$, und es ist*

$$I_n = \frac{n}{\alpha^2}\big((4n-2)I_{n-1} - (4n-4)I_{n-2}\big)$$

für $n \geq 2$.

Beweis: Da man leicht Stammfunktionen zu $\cos(\alpha x)$ und $x^2 \cos(\alpha x)$ finden kann (partielle Integration!), lassen sich I_0 und I_1 direkt ausrechnen. Die Ungleichung $0 < I_n \leq 2$ ist ebenfalls offensichtlich, denn der Integrand ist auf $]-1,1[$ strikt positiv und durch 1 beschränkt.

Etwas mehr muss man sich für den Beweis der Rekursionsformel anstrengen. Dazu wird der Integrand zunächst als Produkt fg' mit $f(x) = (1-x^2)^n$ und $g'(x) = \cos(\alpha x)$ geschrieben. Partielle Integration führt auf

$$I_n = \frac{2n}{\alpha} \int_{-1}^{+1} x(1-x^2)^{n-1} \sin(\alpha x)\, dx,$$

---

29) Dieses elementare über 2000 Jahre alte Ergebnis verwenden wir hier ohne Beweis. Es sollte mit analytischen Hilfsmitteln in Aufgabe 2.4.4 gezeigt werden.

denn fg verschwindet bei ± 1.

Danach ist eine weitere partielle Integration erforderlich, diesmal setzen wir $f(x) = x(1-x^2)^{n-1}$ und $g'(x) = \sin(\alpha x)$. So erhält man

$$I_n = \frac{2n}{\alpha^2}\int_{-1}^{1}\left[(1-x^2)^{n-1} - 2x^2(n-1)(1-x^2)^{n-2}\right]\cos(\alpha x)\,dx.$$

Nun ist nur noch der Faktor x^2 vor dem rechts stehenden $(1-x^2)^{n-2}$ in der Form $1-(1-x^2)$ zu schreiben, das führt nach Ausmultiplizieren zu den Potenzen $(1-x^2)^{n-2}$ und $(1-x^2)^{n-1}$. Wegen des Faktors $\cos(\alpha x)$ können die auftretenden Integrale durch I_{n-1} und I_{n-2} ausgedrückt werden; so ergibt sich die behauptete Formel. □

Nach diesen Vorbereitungen können wir den Satz von LAMBERT aus dem Jahre 1768 zeigen:

π ist irrational

Satz 7.5.10. *π ist irrational.*

Beweis: Das vorstehende Lemma impliziert, dass I_n stets von der Form

$$n!\left(\frac{k_1}{\alpha} + \frac{k_2}{\alpha^2} + \cdots + \frac{k_{2n+1}}{\alpha^{2n+1}}\right)$$

ist, wobei die k_j ganzzahlig sind. Das stimmt nämlich offensichtlich für $n = 0$ und $n = 1$, und aufgrund der Rekursionsgleichung des Lemmas dürfen wir aus der Gültigkeit der Aussage für $n-1$ und $n-2$ auf die Richtigkeit für n schließen.

Angenommen nun, es wäre $\pi = 2\alpha = p/q$ mit $p, q \in \mathbb{N}$; dann müsste

$$\frac{p^{2n+1}I_n}{n!} = \frac{(2q)^{2n+1}\alpha^{2n+1}I_n}{n!} = (2q)^{2n+1}(k_1\alpha^{2n} + k_2\alpha^{2n-1} + \cdots + k_{2n+1})$$

gelten. Einerseits ist die rechte Seite eine natürliche Zahl. Andererseits geht die linke Seite gegen Null, da die Fakultät stärker wächst als jede Potenz[30]. Für große n könnten wir damit eine natürliche Zahl in $]\,0,1\,[$ finden, was – wie hier schon mehrfach betont – nicht möglich ist. Damit ist der Satz vollständig bewiesen. □

CARL LOUIS FERDINAND VON LINDEMANN 1852 – 1939

Die Quadratur des Kreises
Im Sprachgebrauch ist die „Quadratur des Kreises“ die Lösung eines eigentlich unlösbaren Problems. Der mathematische Hintergrund reicht weit zurück, irgendwann im alten Griechenland wurde die Frage aufgeworfen, ob man einen Kreis mit Zirkel und Lineal in ein flächengleiches Quadrat verwandeln kann. Das ist äquivalent zu der Frage, ob man bei Vorgabe einer Einheitsstrecke eine Strecke der Länge π konstruieren kann.

[30] Vgl. das Ende des Beweises von Lemma 7.5.7.

Für über zweitausend Jahre war das ein offenes Problem, gelöst wurde es durch Kombination der folgenden Tatsachen:

- 1 ist (offensichtlich) eine algebraische Zahl.
- Führt man eine Konstruktion mit Zirkel und Lineal durch, bei der nur Strecken verwendet werden, deren Längen algebraische Zahlen sind, so erhält man als Ergebnis ebenfalls nur Strecken, deren Länge algebraisch ist.

  (Dazu muss man sich ein bisschen intensiver mit algebraischen Zahlen auseinander setzen. Zum Beispiel kann man doch mit Zirkel und Lineal zwei Strecken addieren. Die Behauptung ist für diese Konstruktion eine Konsequenz der Tatsache, dass Summen algebraischer Zahlen wieder algebraisch sind. Schneidet man zwei Kreise miteinander, so läuft das auf das Lösen einer quadratischen Gleichung hinaus.

  Alles, was benötigt wird, folgt daraus, dass die Menge der algebraischen Zahlen einen Körper bildet und dass jede Nullstelle eines Polynoms mit algebraischen Koeffizienten wieder algebraisch ist.)
- Fasst man die ersten beiden Punkte zusammen, so heißt das, dass man mit Zirkel und Lineal nur Strecken konstruieren kann, deren Länge eine algebraische Zahl ist.
- Der deutsche Mathematiker *Ferdinand von Lindemann*[31)] zeigte 1882, dass π nicht algebraisch, sondern transzendent ist.

Seit 1882 weiß man also: In der Mathematik ist die Quadratur des Kreises nicht möglich.

7.6 Der Satz von Picard-Lindelöf für gewöhnliche Differentialgleichungen◇

Wir nehmen das Thema „Differentialgleichungen" aus Abschnitt 4.6 noch einmal auf. Damals ging es um gewisse einfache Typen von Differentialgleichungen: Man darf eine Gleichung zwischen einer Funktion und ihren Ableitungen vorschreiben und sich noch Werte für die Funktion und einige Ableitungen an einer vorgegebenen Stelle wünschen; mit etwas Glück lässt sich dann eine konkrete Funktion y finden, die alle Forderungen erfüllt.

Wie sieht es aber im allgemeinen Fall aus, sind Differentialgleichungen immer lösbar? Ist die Lösung eindeutig? In diesem Abschnitt soll ein grundlegendes Ergebnis dazu hergeleitet werden, der *Existenz- und Eindeutigkeitssatz von Picard-Lindelöf*.

Wir beginnen mit einigen Bezeichnungsweisen:

---

31) Professor in Königsberg und München, sein wichtigster Beitrag zur Mathematik ist zweifellos sein Nachweis der Transzendenz von π.

Anfangswert-Problem

Definition 7.6.1. *Es sei $U \subset \mathbb{R}^2$ eine offene Menge und $f : U \to \mathbb{R}$ eine stetige Funktion. Weiter sei (x_0, y_0) ein Punkt in U. Unter dem* zu f und (x_0, y_0) gehörigen Anfangswertproblem *verstehen wir die Aufgabe, eine auf einem Intervall $[\,x_0 - \delta, x_0 + \delta\,]$ definierte und dort differenzierbare Funktion y zu finden, so dass:*

- *Für alle $x \in [\,x_0 - \delta, x_0 + \delta\,]$ ist $\bigl(x, y(x)\bigr) \in U$.*
- *$y'(x) = f\bigl(x, y(x)\bigr)$ für alle $x \in [\,x_0 - \delta, x_0 + \delta\,]$.*
- *$y(x_0) = y_0$.*

lokale Lösung

(i) Das Anfangswertproblem heißt lokal lösbar, *wenn es eine derartige Lösung gibt.*

(ii) Es heißt lokal eindeutig lösbar, *wenn es lösbar ist und je zwei Lösungen auf einem Intervall $[\,x_0 - \eta, x_0 + \eta\,]$ übereinstimmen, das im Durchschnitt ihrer Definitionsbereiche liegt.*

Bemerkungen und Beispiele:

1. $y'(x)$ soll also durch irgendeine fast beliebig allgemeine Gleichung mit x und $y(x)$ zusammenhängen, außerdem wünscht man sich, dass die Funktion y durch einen vorgeschriebenen Punkt geht. Beispiele für Anfangswertprobleme sind:

- $y'(x) = y(x)$, $y(0) = 1$.
  (Kurz: $y' = y$, $y(0) = 1$; hier ist $U = \mathbb{R}^2$ und $f(x, y) = y$.)
- $y'(x) = \sqrt{2 + \sin(y(x)\mathrm{e}^x)}$, $y(11) = \pi$.
  (Kurz: $y' = \sqrt{2 + \sin(y\mathrm{e}^x)}$, $y(11) = \pi$.
  Auch hier ist $U = \mathbb{R}^2$, es ist $f(x, y) = \sqrt{2 + \sin(y\mathrm{e}^x)}$.)

2. Durch Einschränkung einer Lösung auf kleinere Intervalle kann man beliebig viele weitere erzeugen. Deswegen ist höchstens lokal eindeutige Lösbarkeit zu erwarten.

3. Zum ersten der vorstehenden Probleme können wir sofort Lösungen angeben, man muss die Exponentialfunktion nur auf ein Intervall einschränken, das die 0 enthält. Wirklich ergibt sich aus dem Satz von Picard-Lindelöf[32)], dass das Problem lokal eindeutig lösbar ist, weitere Lösungen sind also nicht möglich.

4. Interessant wären natürlich auch Lösungen, die auf ganz $\mathbb{R}$ definiert sind. Die sind im Allgemeinen jedoch nicht zu erwarten. (So hat das Anfangswertproblem $y' = y^2$, $y(0) = 1$ die Lösung $1/(1 - x)$; diese Funktion ist jedoch bei 1 nicht definiert.)

---

32) Man kann es mit elementaren Methoden auch direkt einsehen: Ist y eine Lösung, so muss y/e^x die Ableitung Null haben und bei 0 den Wert 1 annehmen. Also ist y/e^x die konstante Einsfunktion, folglich gilt $y(x) = \mathrm{e}^x$ auf dem Definitionsbereich.

5. Das Problem ist scheinbar insofern speziell, als dass nur erste Ableitungen auftreten. Sie werden in der Vorlesung „Gewöhnliche Differentialgleichungen“ lernen, dass es nicht besonders schwierig ist, den Fall höherer Ableitungen darauf zurückzuführen.

Es soll gezeigt werden, dass unter gewissen schwachen Bedingungen Anfangswertprobleme stets lokal eindeutig lösbar sind. Für den Beweis dieses wichtigen Ergebnisses werden die folgenden Tatsachen zu kombinieren sein:

- Es ist möglich, das Anfangswertproblem in ein Fixpunktproblem umzuformen (s.u.).
- CK ist vollständig für kompakte Räume K (Satz 5.3.4).
- Der Banachsche Fixpunktsatz (Satz 5.4.1).

Die Kunst wird darin bestehen, nach Festsetzung der richtigen Zusatzvoraussetzungen die Lösbarkeit des Fixpunktproblems auf den Banachschen Fixpunktsatz zurückzuführen.

Umformulierung des Problems

Wir erinnern uns: Ist $g : \mathbb{R} \to \mathbb{R}$ eine differenzierbare Funktion, so dass g' stetig ist, so gilt wegen des Hauptsatzes der Differential- und Integralrechnung die Gleichung $\int_{x_0}^x g'(t)\,dt = g(x) - g(x_0)$. Das hat für unser Problem eine wichtige Konsequenz:

Lemma 7.6.2. *Vorgelegt sei das zu f und (x_0, y_0) gehörige Anfangswertproblem; weiter sei $I_\delta := [\,x_0 - \delta, x_0 + \delta\,]$ ein Intervall.*

(i) Ist y eine auf I_δ definierte Lösung, so gilt für $x \in I_\delta$:
$\int_{x_0}^x f\big(t, y(t)\big)\,dt$ existiert, und

$$y(x) = y_0 + \int_{x_0}^x f\big(t, y(t)\big)\,dt\,. \tag{7.8}$$

(ii) Umgekehrt: Wenn $y : I_\delta \to \mathbb{R}$ stetig ist und für jedes $x \in I_\delta$ die Gleichung (7.8) gilt, so ist y eine auf I_δ definierte Lösung des Anfangswertproblems.

Beweis: (i) Als differenzierbare Funktion ist y insbesondere stetig. Deswegen ist $t \mapsto f\big(t, y(t)\big)$ als Verknüpfung stetiger Funktionen stetig und folglich integrierbar.

Nach Voraussetzung ist y Stammfunktion von $t \mapsto f\big(t, y(t)\big)$, auch gilt $y(x_0) = y_0$. Deswegen ist das Integral gleich $y(x) - y(x_0)$.

(ii) Wenn y stetig ist, existiert das Integral $\int_{x_0}^x f\big(t, y(t)\big)\,dt$ für jedes x. Die Funktion

$$x \mapsto y_0 + \int_{x_0}^x f\big(t, y(t)\big)\,dt$$

hat bei x_0 offensichtlich den Wert y_0, auch ist sie nach Satz 6.2.1 differenzierbar und ihre Ableitung ist gleich $f\big(x, y(x)\big)$. Da sie nach Annahme mit y übereinstimmt, muss y Lösung des Anfangswertproblems sein. □

Ein erster Versuch, den Banachschen Fixpunktsatz anzuwenden

Wir fixieren $\delta_0 > 0$ und betrachten eine stetige Funktion $y : I_{\delta_0} \to \mathbb{R}$, dabei ist wieder $I_{\delta_0} = [\,x_0 - \delta_0, x_0 + \delta_0\,]$. Um nicht vom Wesentlichen abzulenken, werden wir erst einmal annehmen, dass f auf dem ganzen $\mathbb{R}^2$ definiert ist, dass also $U = \mathbb{R}^2$ gilt.

Aufgrund des Lemmas ist es sinnvoll, die Funktion $x \mapsto y_0 + \int_{x_0}^{x} f\big(t, y(t)\big)\, dt$ zu betrachten. Wir nennen sie Ty.

Eigentlich sollte man $T(y)$ schreiben, um zu betonen, dass wir gerade eine Abbildung $y \mapsto T(y)$ definiert haben; wie im Fall der Laplace-Transformation wird eine Funktion auf eine Funktion abgebildet. Das Einsparen der Klammern wird jedoch zu einer besseren Lesbarkeit führen.

Das Lemma besagt dann, dass eine Funktion y genau dann Lösung des Anfangswertproblems ist, wenn $Ty = y$ gilt, wenn also y Fixpunkt von T ist. Diese Beobachtung ist auf den ersten Blick wenig hilfreich. Wir haben uns jedoch schon mit Fixpunktsätzen beschäftigt und mit dem Banachschen Fixpunktsatz ein Ergebnis zur Verfügung, das Existenz und Eindeutigkeit des Fixpunktes unter gewissen Voraussetzungen sicherstellt.

Unsere Strategie soll darin bestehen, durch geeignete Wahl des Definitionsbereiches Δ von T diesen Satz anwenden zu können. Zur Erinnerung: Wir benötigen einen vollständigen metrischen Raum und darauf eine kontrahierende Abbildung.

Ein Kandidat für einen hier vielversprechenden vollständigen metrischen Raum ist schnell gefunden: $C(I_{\delta_0})$ ist vollständig, jede abgeschlossene Teilmenge hat die gleiche Eigenschaft. Wir sind auch nur an Funktionen y interessiert, für die $y(x_0) = y_0$ gilt. Ein erster Versuch könnte also sein:

Definiere eine Menge Δ durch

$$\Delta := \{y \mid y \in C(I_{\delta_0}),\ y(x_0) = y_0\}.$$

Als Metrik betrachten wir auf Δ die durch die Supremumsnorm induzierte Metrik, dann ist Δ vollständig[33)].

Wir definieren $T : \Delta \to C(I_{\delta_0})$ durch

$$(Ty)(x) := y_0 + \int_{x_0}^{x} f\big(t, y(t)\big)\, dt\,.$$

[33)]Man beachte nur, dass $y \mapsto y(x_0)$ stetig auf $C(I_{\delta_0})$ ist. Δ ist das Urbild der einelementigen Menge $\{y_0\}$ unter dieser Abbildung und folglich abgeschlossen (Satz 3.3.4(ii)). Solche Teilmengen vollständiger Räume sind aber offensichtlich wieder vollständig.

T ist dann wohldefiniert, denn Ty ist sogar stets eine differenzierbare Funktion mit Ableitung $f\big(x, y(x)\big)$. Es soll garantiert werden, dass T einen Fixpunkt hat, und dazu soll der Banachsche Fixpunktsatz herangezogen werden. Es muss also durch geeignete Wahl von δ_0 sichergestellt werden, dass gilt:

1. Für $y \in \Delta$ ist $Ty \in \Delta$.
2. Es gibt ein $q < 1$, so dass
$$||Ty - T\tilde{y}||_\infty \leq q||y - \tilde{y}||_\infty$$
für alle $y, \tilde{y} \in \Delta$.

Die erste Bedingung ist sicher erfüllt, offensichtlich gilt $(Ty)(x_0) = y_0$ für alle $y \in \Delta$. Beim Nachweis der zweiten gibt es aber ein Problem: Woher weiß man, dass Ty und $T\tilde{y}$ nahe beieinander liegen, wenn $||y - \tilde{y}||_\infty$ klein ist? Zu untersuchen ist doch

$$\int_{x_0}^{x} f\big(t, y(t)\big)\, dt - \int_{x_0}^{x} f\big(t, \tilde{y}(t)\big)\, dt = \int_{x_0}^{x} \big[f\big(t, y(t)\big) - f\big(t, \tilde{y}(t)\big)\big]\, dt\,,$$

und man wird sicher nur dann weiterkommen, wenn man die Größe des Integranden durch den Abstand von y und $\tilde{y}$ abschätzen kann. Außerdem kann man diese Zahl natürlich auch dadurch kontrollieren, dass man für kleine Integrationsintervalle sorgt, also eventuell von δ_0 zu einem kleineren δ übergeht. Wirklich wird sich mit diesen beiden Ideen das Ziel verwirklichen lassen, alles auf den Banachschen Fixpunktsatz zurückzuführen.

Das Hauptergebnis

Aufgrund der Vorüberlegung ist es sicher sinnvoll, nur Funktionen zuzulassen, für welche die folgende Eigenschaft erfüllt ist:

Definition 7.6.3. *Es seien δ_0 und r positive Zahlen und $R_{\delta_0,r}$ das Rechteck $\big\{(x, y) \;\big|\; |x - x_0| \leq \delta_0,\, |y - y_0| \leq r\big\}$. Wir nehmen an, dass δ_0 und r so klein sind, dass $R_{\delta_0,r}$ im Definitionsbereich U von f liegt.*

Man sagt, dass f auf $R_{\delta_0,r}$ einer Lipschitzbedingung in der zweiten Komponente *genügt, wenn es eine Zahl $L \geq 0$ so gibt, dass*

Lipschitz-bedingung in y

$$|f(x, y_1) - f(x, y_2)| \leq L|y_1 - y_2|$$

für alle $(x, y_1), (x, y_2) \in R_{\delta_0,r}$ gilt.

Bemerkungen:

1. Man mache sich klar, dass das bedeutet, dass f in y-Richtung „gleichmäßig nicht zu steil" ist.

Emile Picard
1846 - 1951

Ernst Leonard Lindelöf
1870 - 1946

2. Mal angenommen, $\partial f/\partial y$ existiert auf $R_{\delta_0,r}$ und ist durch eine Zahl L beschränkt[34]. Dann ist sicher eine Lipschitzbedingung in y-Richtung erfüllt, man muss zum Nachweis nur den Mittelwertsatz der Differentialrechnung auf die Funktion $t \mapsto f(x,t)$ auf dem Intervall $[\,y_1, y_2\,]$ anwenden (vgl. Korollar 4.2.3(vi)).

Da $R_{\delta_0,r}$ kompakt ist, wird das schon dann erfüllt sein, wenn $\partial f/\partial y$ eine stetige Funktion ist. Das hat die tröstliche Konsequenz, dass wir immer dann von einer Lipschitzbedingung in der zweiten Komponente ausgehen können, wenn f durch einen geschlossenen Ausdruck vorgegeben ist, in dem nur differenzierbare Funktionen vorkommen. (Zum Beispiel im Fall der Funktion f aus unserem zweiten Beispiel vom Beginn dieses Abschnitts.)

3. Hier noch eine Feinheit für alle, die es ganz genau wissen wollen.

$R_{\delta_0,r}$ ist doch als Teilmenge des $\mathbb{R}^2$ auch ein metrischer Raum, folglich ist die Aussage „f ist Lipschitzabbildung" sinnvoll. Beim Nachprüfen der Lipschitzbedingung muss man *alle* $|f(x_1,y_1) - f(x_2,y_2)|$ durch ein Vielfaches des Abstands $\|(x_1,y_1) - (x_2,y_2)\|$ abschätzen, für die Bedingung in Definition 7.6.3 nur diejenigen mit $x_1 = x_2$.

Deswegen ist klar, dass aus der Lipschitzbedingung für f die Abschätzung in 7.6.3 folgt. Die Umkehrung gilt aber nicht, wie man zum Beispiel an der Funktion $f(x,y) = yx^{1/3}$ sieht.

Nun sind alle Vorbereitungen bereitgestellt, um den Existenzsatz mit Hilfe des Banachschen Fixpunktsatzes zu beweisen:

Satz von Picard-Lindelöf

Satz 7.6.4. *(Satz von* Picard-Lindelöf[35]*,) Es sei $U \subset \mathbb{R}^2$ offen, und die Funktion $f: U \to \mathbb{R}$ sei stetig. Weiter sei $(x_0,y_0) \in U$. Es gebe $\delta_0, r > 0$, so dass $R_{\delta_0,r}$ in U liegt und f auf $R_{\delta_0,r}$ einer Lipschitzbedingung in der zweiten Komponente genügt.*
Dann ist das Anfangswertproblem $y' = f(x,y)$, $y(x_0) = y_0$ lokal eindeutig lösbar.

Beweis: Sei M eine obere Schranke für $|f|$ auf $R_{\delta_0,r}$. So ein M gibt es, denn f ist stetig und $R_{\delta_0,r}$ ist kompakt. Mit einem $\delta \in \,]0,\delta_0]$, das wir erst später festsetzen werden, definieren wir $I_\delta := [\,x_0 - \delta, x_0 + \delta\,]$ und

$$\Delta_\delta := \{y \mid y \in C(I_\delta),\, y(x_0) = y_0,\, |y(x) - y_0| \le r \text{ für alle } x \in I_\delta\};$$

Δ_δ enthält damit diejenigen stetigen Funktionen auf I_δ, die durch (x_0,y_0) gehen und deren Graph ganz in $R_{\delta_0,r}$ liegt.

[34]Achtung: Das „y" in $\partial f/\partial y$ bezeichnet einfach die zweite Veränderliche und *nicht* eine der Funktionen y, die uns hier interessieren. Das ist einer der wenigen Fälle, wo die Differentialgleichungs-Terminologie bei Anfängern zu Irritationen führen kann.

[35]Picard: Professor an der Sorbonne in Paris, in seinem einflussreichen Buch „Traité d'analyse" ist auch der heute nach Picard und Lindelöf benannte Existenz- und Eindeutigkeitssatz für Differentialgleichungen enthalten.
Lindelöf: Professor in Helsinki, wichtige Arbeiten zur Funktionentheorie, Nachweis von Existenz und Eindeutigkeit für Lösungen von Differentialgleichungen unter Voraussetzung einer Lipschitzeigenschaft.

Wir betrachten nun den weiter oben eingeführten Integraloperator T auf Δ_δ, also

$$(Ty)(x) := y_0 + \int_{x_0}^{x} f\big(t, y(t)\big)\,dt\,.$$

Wie ist zu erreichen, dass T die Menge Δ_δ in sich abbildet und kontrahierend ist? Ty ist stets wieder eine stetige Funktion, und sicher gilt auch $(Ty)(x_0) = y_0$. Einzig kritisch ist also, ob $|(Ty)(x) - y_0|$ immer durch r abgeschätzt werden kann. Nun ist[36)]

$$\begin{aligned}
|(Ty)(x) - y_0| &= \left|\int_{x_0}^{x} f\big(t, y(t)\big)\,dt\right| \\
&\le \int_{x_0}^{x} \big|f\big(t, y(t)\big)\big|\,dt \\
&\le \int_{x_0}^{x} M\,dt \\
&\le M|x - x_0| \\
&\le M\delta\,.
\end{aligned}$$

Und das heißt: Wir können $Ty \in \Delta_\delta$ für alle $y \in \Delta_\delta$ dann garantieren, wenn $M\delta \le r$. Unsere erste Forderung wird also sein, dass δ höchstens gleich r/M sein darf.

Nun zur Kontraktionsbedingung. Dazu ist, für $y, \tilde{y} \in \Delta_\delta$, die Supremumsnorm von $Ty - T\tilde{y}$ abzuschätzen. (Wir setzen $x \ge x_0$ voraus, andernfalls muss man in den Zeilen 2, 3 und 4 der folgenden Abschätzung die Beträge der dort auftretenden Integrale betrachten.)

$$\begin{aligned}
|(Ty)(x) - (T\tilde{y})(x)| &= \left|\int_{x_0}^{x} f\big(t, y(t)\big)\,dt - \int_{x_0}^{x} f\big(t, \tilde{y}(t)\big)\,dt\right| \\
&= \left|\int_{x_0}^{x} \Big(f\big(t, y(t)\big) - f\big(t, \tilde{y}(t)\big)\Big)\,dt\right| \\
&\le \int_{x_0}^{x} \big|f\big(t, y(t)\big) - f\big(t, \tilde{y}(t)\big)\big|\,dt \\
&\le L\int_{x_0}^{x} |y(t) - \tilde{y}(t)|\,dt \\
&\le L||y - \tilde{y}||_\infty \int_{x_0}^{x} \mathbf{1}\,dt \\
&= L||y - \tilde{y}||_\infty |x - x_0| \\
&\le L||y - \tilde{y}||_\infty \delta\,.
\end{aligned}$$

36) Diese Abschätzung gilt für $x \ge x_0$. Im Fall $x < x_0$ müsste man die Integrationsgrenzen vertauschen oder mit der folgenden allgemeinen Fassung der Integralungleichung arbeiten:

$$\left|\int_a^b f(x)\,dx\right| \le \left|\int_a^b |f(x)|\,dx\right|;$$

sie gilt für $a \le b$ und $b \le a$.

Das bedeutet, dass

$$\|Ty - T\tilde{y}\|_\infty = \sup_{x \in I_\delta} |(Ty)(x) - (T\tilde{y})(x)| \leq L\delta \|y - \tilde{y}\|_\infty$$

gilt; T wird also dann eine Kontraktion sein, wenn wir für $L\delta < 1$ sorgen. Damit sind wir am Ziel: Wählt man δ (zum Beispiel) als

$$\delta := \min\left\{\frac{1}{2L}, \frac{r}{M}, \delta_0\right\},$$

so hat T nach dem Banachschen Fixpunktsatz 5.4.1 (sogar genau) einen Fixpunkt, und der entspricht aufgrund von Lemma 7.6.2 einer Lösung des Anfangswertproblems.

Es fehlt noch der Nachweis der (lokalen) *Eindeutigkeit*, dazu seien y, $\tilde{y}$ Lösungen; ihre jeweiligen Definitionsbereiche bezeichnen wir mit I_τ und $I_{\tilde{\tau}}$. Man wähle ein η, das kleiner ist als τ, $\tilde{\tau}$ und das im vorstehenden Absatz definierte δ. Außerdem soll

$$|y(x) - y_0|,\ |\tilde{y}(x) - y_0| \leq r$$

für alle $x \in I_\eta$ gelten. (Das lässt sich wegen der Stetigkeit von $y, \tilde{y}$ und der Bedingung $y(x_0) = \tilde{y}(x_0) = y_0$ erreichen.)

Für *dieses* η führen wir die vorstehend beschriebenen Konstruktionen noch einmal durch, wobei wir der Einfachheit halber den Integraloperator wieder mit T bezeichnen.

Wegen $\eta \leq \delta$ gibt es genau eine Funktion in Δ_η, die Fixpunkt von T ist; das ist die Eindeutigkeitsaussage im Banachschen Fixpunktsatz. Da die Einschränkungen von y und $\tilde{y}$ auf I_η als Lösungen des Anfangswertproblems solche Fixpunkte sind, folgt wirklich $y(x) = \tilde{y}(x)$ für $|x - x_0| \leq \eta$.

Damit ist gezeigt, dass das Anfangswertproblem lokal eindeutig lösbar ist. □

Da stetig differenzierbare Funktionen einer Lipschitzbedingung genügen, erhalten wir noch das

Korollar 7.6.5. *Es sei U eine offene Teilmenge des $\mathbb{R}^2$ und $(x_0, y_0) \in U$. Weiter sei $f : U \to \mathbb{R}$ eine stetige Funktion, für die $\partial f/\partial y$ auf U existiert und stetig ist. Das ist insbesondere dann der Fall, wenn f geschlossen durch stetig differenzierbare Funktionen dargestellt ist.*

Dann ist das zu f und (x_0, y_0) gehörige Anfangswertproblem lokal eindeutig lösbar.

7.7 Verständnisfragen

Zu 7.1

Sachfragen

S1: Was besagt der Approximationssatz von Weierstraß?

S2: Was ist eine Faltung?

S3: Was ist eine Diracfolge?

Zu 7.2

Sachfragen

S1: Was ist eine konvexe Funktion? Wie kann man Konvexität durch die zweite Ableitung charakterisieren?

S2: Wie ist die Integralform des Restglieds in der Taylorformel?

S3: Was besagt der Mittelwertsatz der Integralrechnung?

Zu 7.3

Sachfragen

S1: Es sei $\varphi : [a,b] \to \mathbb{R}$ eine Funktion und $a = x_0 < x_1 < \cdots < x_n = b$ eine „sehr feine" Unterteilung von $[a,b]$. Wodurch kann man dann $\sum_{i=0}^{n-1} \varphi(x_i)(x_{i+1} - x_i)$ sehr gut approximieren?

S2: Wie ist die Länge des Graphen einer stetig differenzierbaren Funktion definiert? Warum ist diese Definition nahe liegend?

S3: Wie misst man Winkel im Bogenmaß?

S4: Wie ist der „geometrische" Sinus definiert?

Methodenfragen

M1: Winkel vom Gradmaß ins Bogenmaß umrechnen können und umgekehrt.

Zum Beispiel:

1. Was sind 12 Grad, wenn man diesen Winkel im Bogenmaß ausdrückt?
2. Welcher Winkel (in Grad) hat im Bogenmaß den Wert 1?

Zu 7.4

Sachfragen

S1: Wie stark dürfen Funktionen wachsen, damit man dafür eine Laplacetransformation definieren kann? Wie ist für solche Funktionen die Laplacetransformation erklärt?

S2: Warum ist die Laplacetransformation ein geeignetes Hilfsmittel, um Differentialgleichungen zu lösen?

Methodenfragen

M1: Einfache Ergebnisse zur Laplacetransformation beweisen und einfache Differentialgleichungen mit dieser Technik lösen können.

Zum Beispiel:

1. Sei f_a die Funktion $t \mapsto f(at)$. Wie kann man $\mathcal{L}f_a$ durch $\mathcal{L}f$ ausdrücken?
2. Finden Sie ein f mit $f'' - f = t$, $f(0) = f'(0) = 1$?

Zu 7.5

Sachfragen

S1: Was ist eine transzendente Zahl? Wie gut kann man algebraische (nicht rationale) Zahlen höchstens durch rationale Zahlen approximieren (Satz von Liouville)?

S2: Welche zahlentheoretische Eigenschaft haben die Zahlen e und π?

S3: Was versteht man unter dem Problem der „Quadratur des Kreises“?

Zu 7.6

Sachfragen

S1: Wann heißt ein Anfangswertproblem lösbar, wann eindeutig lösbar?

S2: Was besagt der Satz von Picard-Lindelöf?

S3: Wie wird der Satz auf den Banachschen Fixpunktsatz zurückgeführt (Beweisidee)?

7.8 Übungsaufgaben

Zu Abschnitt 7.1

7.1.1 Man folgere aus dem Approximationssatz von Weierstraß, dass die Polynome mit rationalen Koeffizienten in $C\,[\,a,b\,]$ dicht liegen. Weiter soll gezeigt werden, dass die Menge dieser Polynome abzählbar ist.
Insgesamt heißt das: $C\,[\,a,b\,]$ ist separabel.

7.1.2 Sei $X \subset C\,[\,1,2\,]$ die Menge derjenigen Polynome, für die alle Exponenten durch 5 teilbar sind; z.B. liegen $3x^5 - 10.2x^{100}$ und $2x^{100005}$ in X, das Polynom $x^5 - 2x$ aber nicht. Zeigen Sie, dass X in der Supremumsnorm dicht in $C\,[\,1,2\,]$ liegt.

7.1.3 Sei $\varphi : \mathbb{R} \to [\,0, +\infty\,[$ eine stetige Funktion mit $\int_{\mathbb{R}} \varphi(x)\,dx = 1$;
es soll $\varphi(x) = 0$ für $|x| \geq 1$ sein.
Man definiere $f_n(x) := n\varphi(nx)$ für $x \in \mathbb{R}$ und $n \in \mathbb{N}$. Dann ist (f_n) eine Diracfolge.

Zu Abschnitt 7.2

7.2.1 Zeigen Sie für eine stetig differenzierbare Funktion, dass aus $f'(x) > 0$ (alle x) die strenge Monotonie folgt, und zwar einmal mit Hilfe des Mittelwertsatzes der Differentialrechnung und dann unter Verwendung der Gleichung (7.1) aus Abschnitt 7.2.

7.2.2 Sei $f :]\,a, b\,[\to \mathbb{R}$ konvex. Dann ist f stetig. Muss f auch eine Lipschitzabbildung sein?

7.2.3 Zeigen Sie unter Verwendung der Gleichung (7.1), dass jede stetig differenzierbare Funktion $f : \mathbb{R} \to \mathbb{R}$ als Differenz zweier monoton steigender Funktionen geschrieben werden kann.

7.2.4 Mit Hilfe von Korollar 7.2.1 ist zu zeigen, dass jede zweimal stetig differenzierbare Funktion Differenz konvexer Funktionen ist.

Zu Abschnitt 7.3

7.3.1 Wir haben in Abschnitt 7.3 die Länge für Kurven definiert, die als Graphen geschrieben werden können. Zeigen Sie, das diese Länge linear ist: Wird eine Kurve mit dem Faktor $a > 0$ multipliziert, so ist auch die Länge mit a zu multiplizieren. Außerdem ist die Längendefinition translationsinvariant: Ersetzt man f durch $f + c$ für eine Konstante c, so ergibt sich die gleiche Länge.

7.3.2 Die Längendefinition ist verträglich: Zeigen Sie, dass sich für Strecken der richtige Wert ergibt.

7.3.3 Berechnen Sie die Länge des Graphen der durch $f(x) := x^{3/2}$ definierten Funktion $f : [\,1, 2\,] \to \mathbb{R}$. (Das ist eines der ganz wenigen Beispiele, für die das zur Länge führende Integral wirklich ausgerechnet werden kann.)

Zu Abschnitt 7.4

7.4.1 Sei f eine Funktion, für die $\mathcal{L}f$ definiert ist. Zeigen Sie, dass $(\mathcal{L}f)(s) \to 0$ für $s \to \infty$.

7.4.2 Finden Sie die Laplacetransformation von $t \mapsto e^{at}$.

7.4.3 Bestimmen Sie eine Lösung des Anfangswertproblems

$$y'' - 3y' + 2y = e^{3t}, \quad y(0) = 1, \; y'(0) = 0$$

mit der Methode der Laplacetransformation.

Zu Abschnitt 7.5

7.5.1 Sei $m \in \mathbb{N}$. Die Zahlen, die für jedes m zu m-ter Ordnung rational approximierbar sind, liegen dicht in $\mathbb{R}$.

7.5.2 Es seien $a > 0$ und $b > 0$ mit Zirkel und Lineal konstruierbar. Zeigen Sie, dass dann auch ab, $a + b$, a/b und $\sqrt{a}$ konstruierbar sind.

7.5.3 Die Zahl $\sqrt[22]{\pi}$ ist nicht mit Zirkel und Lineal konstruierbar.

Zu Abschnitt 7.6

7.6.1 Man betrachte das Anfangswertproblem $y' = 3|y|^{2/3}$, $y(0) = 0$. Prüfen Sie nach, dass sowohl $y = 0$ als auch $y = x^3$ Lösungen sind. Warum widerspricht das nicht dem Satz von Picard-Lindelöf?

7.6.2 Wir verwenden die Bezeichnungen aus Abschnitt 7.6, betrachtet wird das Anfangswertproblem $y' = y$, $y(0) = 1$. Für jede Funktion y konvergieren die Iterationen $y, Ty, T^2y, \ldots$ auf einem genügend kleinen Intervall gegen eine Lösung. Berechnen Sie diese Funktionen[37)] für den Fall, dass y die konstante Funktion $\mathbf{1}$ ist.

7.6.3 Sei $x_0 \in \mathbb{R}$ und $\delta > 0$. Geben Sie eine Differentialgleichung an, für die der Satz von Picard-Lindelöf anwendbar ist, die eine Lösung auf $]\,x_0 - \delta, x_0 + \delta\,[$, aber auf keinem Intervall $]\,x_0 - \eta, x_0 + \eta\,[$ mit $\eta > \delta$ besitzt.

[37)] Sie heißen die *Picard-Iterationen*.

Kapitel 8

Differentialrechnung für Funktionen in mehreren Veränderlichen

Eine wichtige Motivation, sich mit Mathematik zu beschäftigen, besteht doch darin, Modelle für die Beschreibung realer Phänomene bereitzustellen. Bisher haben wir uns sehr ausführlich mit Funktionen beschäftigt, die auf einer Teilmenge von $\mathbb{R}$ definiert sind und ihre Bildwerte in $\mathbb{R}$ haben: Aus einer Zahl entsteht auf irgendeine angebbare Weise eine neue Zahl.

Solche Funktionen sind gut geeignet, Phänomene zu beschreiben, bei denen eine Größe von einer einzigen Eingabe abhängt: Temperatur des ausfließenden Wassers in Abhängigkeit von der Stellung des Warmwasserhahns, Wurfweite eines Balles als Funktion des Abwurfwinkels usw.

In Wirklichkeit ist die Welt aber nicht so einfach. Häufig beeinflussen mehrere Eingangsdaten eine Größe. Man denke etwa an die Temperatur an einem Raumpunkt in Abhängigkeit von den drei Raumkoordinaten oder an die Wurfweite, wenn man neben dem Abwurfwinkel auch noch die Abwurfgeschwindigkeit (und evtl. auch noch den Gegenwind) berücksichtigen möchte.

Es ist sogar noch komplizierter, denn manchmal beeinflussen mehrere Eingangsgrößen nicht nur eine, sondern eine Vielzahl von Ausgangsgrößen. So hängen die drei Komponenten des Vektors „Windgeschwindigkeit" in der Regel von den drei Raumkoordinaten ab.

Das bedeutet, dass es nicht ausreicht, sich um Funktionen $f : U \to \mathbb{R}$ mit $U \subset \mathbb{R}$ zu kümmern, es wird auch eine Theorie für die $f : U \to \mathbb{R}$ mit $U \subset \mathbb{R}^n$ oder – noch allgemeiner – für die $f : U \to \mathbb{R}^m$ (wieder mit $U \subset \mathbb{R}^n$) benötigt.

Diese Theorie der „Funktionen in mehreren Veränderlichen" soll nun entwickelt werden. Soweit es um die allgemeinen Aspekte geht, ist nicht viel zu sagen. Zum Beispiel braucht Stetigkeit für solche Funktionen nicht noch einmal behandelt zu werden, weil es sich um einen Spezialfall von Funktionen zwischen metrischen Räumen handelt und deswegen in Kapitel 3 schon alles Notwendige zu diesem Thema gesagt wurde.

Viel interessanter ist der Differenzierbarkeitsbegriff. Die bisherige Definition der Ableitung, also

$$f'(x_0) := \lim_{h \to 0} \frac{f(x_0 + h) - f(x_0)}{h},$$

kann nicht so ohne weiteres auf die vektorwertige Situation übertragen werden, da ein von Null verschiedenes h im Nenner zwar sinnvoll ist, wenn h eine Zahl ist, nicht jedoch, wenn es sich um einen Vektor handelt.

Deswegen wird hier eine andere Interpretation in den Vordergrund gestellt werden: Danach heißt Differenzierbarkeit für eine Abbildung f an einer Stelle x_0, dass f *in der Nähe von* x_0 *sehr gut durch eine lineare Abbildung approximierbar* ist. (Im Eindimensionalen bedeutet das, dass man f in einer kleinen Umgebung von x_0 näherungsweise durch die Tangente in x_0 ersetzen kann.)

Das Kapitel besteht aus neun Abschnitten, wir beginnen in *Abschnitt 8.1* mit einem *Resumée und einigen Ergänzungen aus der Linearen Algebra*: Welche Ergebnisse über Funktionen in mehreren Veränderlichen stehen schon zur Verfügung, was muss man über Vektoren und Matrizen wissen, um das Folgende zu verstehen?

In *Abschnitt 8.2 beginnt die systematische Untersuchung*, zunächst geht es um Funktionen in mehreren Veränderlichen, die ihre Bildwerte in $\mathbb{R}$ haben. Das entspricht Situationen, bei denen mehrere Eingangsgrößen eine einzige Ausgabe beeinflussen können. Eines der wichtigsten Ergebnisse dieses Abschnitts besagt, dass man das neue Differenzierbarkeitskonzept in so gut wie allen Fällen mit Hilfe partieller Ableitungen untersuchen kann. Und da partielle Ableitungen ja eigentlich nichts weiter als gewöhnliche Ableitungen konkreter Funktionen sind, stehen alle Techniken und Ergebnisse aus Kapitel 4 zur Verfügung.

So kann man zum Beispiel den *Satz von Taylor* auf mehrere Veränderliche übertragen, das soll in *Abschnitt 8.3* geschehen. Durch diesen Satz können „gutartige“ Funktionen wieder „im Kleinen“ durch ein Polynom – diesmal ein Polynom in mehreren Veränderlichen – sehr gut approximiert werden, die Berechnung der Koeffizienten ist allerdings recht aufwändig.

Wie im Fall der Funktionen einer einzigen Veränderlichen impliziert der Satz von Taylor die Möglichkeit, Eigenschaften von Funktionen mit Hilfe der Ableitungen zu untersuchen. Diesen Folgerungen ist *Abschnitt 8.4* gewidmet, dort studieren wir insbesondere, wie sich Extremwerte finden und charakterisieren lassen: Liegt ein Minimum oder ein Maximum vor?

In *Abschnitt 8.5* beginnen wir dann damit, die Differentialrechnung für *vektorwertige Funktionen in mehreren Veränderlichen* zu untersuchen. Das wird im Wesentlichen dadurch geschehen, dass eine Funktion in den $\mathbb{R}^m$ als m-Tupel von Funktionen mit Werten in $\mathbb{R}$ aufgefasst wird. Wie im Eindimensionalen gibt es wieder eine *Kettenregel*, man kann die Ableitung einer Verknüpfung $f \circ g$ auf die Ableitungen von f und g zurückführen.

Danach folgt mit *Abschnitt 8.6* der wohl schwierigste Abschnitt dieses Kapitels, wir behandeln den *Satz von der inversen Abbildung*. Es geht dabei um eine Verallgemeinerung des Ergebnisses aus der Analysis 1, dass die Formel $(f^{-1})'(f(x)) = 1/f'(x)$ für differenzierbare Funktionen mit $f'(x) \neq 0$ gilt. Der Beweis wird wesentlich vom Banachschen Fixpunktsatz Gebrauch machen, den wir in Abschnitt 5.4 bewiesen haben.

Durch einige Anwendungsbeispiele soll die Tragweite des Ergebnisses demonstriert werden. Wir werden in *Abschnitt 8.7* zeigen, dass man damit alle Berechnungen durchführen kann, die bei einem *Wechsel zu neuen Koordinatensystemen* erforderlich werden. Es ist damit oft möglich, schwierige Differentialgleichungsprobleme durch eine Veränderung des Blickwinkels in einfache zu verwandeln.

In *Abschnitt 8.8* geht es dann um *implizite Funktionen*. Wie kann man entscheiden, ob man eine Gleichung nach einer Veränderlichen auflösen kann? Durch den Satz von der inversen Abbildung lässt sich zeigen, dass man zur Entscheidung dieser Frage nur partielle Ableitungen berechnen muss.

Das Thema „Extremwerte“ wird dann am Ende des Kapitels noch einmal aufgenommen: In *Abschnitt 8.9* studieren wir *Extremwerte mit Nebenbedingungen*, darunter hat man sich eine höherdimensionale Verallgemeinerung von Aufgaben des Typs „Finde ein Rechteck mit Umfang U größten Flächeninhalts“ vorzustellen.

8.1 Erinnerungen und Vorbereitungen

In diesem Abschnitt soll zunächst an diejenigen *Begriffe und Tatsachen im Zusammenhang mit dem* $\mathbb{R}^n$ erinnert werden, die wir in früheren Kapiteln kennen gelernt haben. Es wird ab sofort auch eine wichtige Rolle spielen, dass dieser Raum ein *Vektorraum* ist. Insbesondere interessieren uns *die darauf definierten linearen Abbildungen*. Das ist üblicherweise Stoff der Vorlesung „Lineare Algebra“, trotzdem sollen hier die wichtigsten Fakten im Interesse einer besseren Zitierbarkeit zusammengefasst werden.

Viele der hier zu findenden Punkte werden Ihnen folglich bekannt vorkommen. Wenn Sie beim Durchblättern nur Bekanntes finden, können Sie gleich in Abschnitt 8.2 weiterlesen.

Der $\mathbb{R}^n$ als Menge

Sei $n \in \mathbb{N}$ für den Rest dieses Abschnitts eine fest vorgegebene Zahl. Der $\mathbb{R}^n$ ist dann die Menge aller n-Tupel. Bisher haben wir diese n-Tupel als *Zeilenvektoren* geschrieben, ein 4-Tupel etwa als $(2, -0.2, \pi, 0)$. Das war ausreichend und platzsparend, ist aber für die späteren Rechnungen unpraktisch. Ab jetzt sind die Elemente des $\mathbb{R}^n$ nämlich *Spaltenvektoren*, der eben angegebene Vektor **Vektoren** sollte also als

$$\begin{pmatrix} 2 \\ -0.2 \\ \pi \\ 0 \end{pmatrix}$$

notiert werden. Das ist offensichtlich sehr unökonomisch, und deswegen vereinbart man, dass ein von links nach rechts geschriebenes Tupel durch den Exponenten „$\top$" in einen Spaltenvektor verwandelt wird[1]. Den eben angegebenen Vektor könnten wir also in Zukunft $(2, -0.2, \pi, 0)^\top$ nennen.

$\boldsymbol{x}^\top$

Die Elemente des $\mathbb{R}^n$ werden meist mit $x, y, \ldots$ bezeichnet werden, die Komponenten mit $x_1, \ldots, x_n$ bzw. $y_1, \ldots, y_n$.

Wird also z.B. irgendwo x als $(x_1, x_2, x_3, x_4)^\top$ eingeführt, so geht es um einen Vektor im $\mathbb{R}^4$. (Man spricht auch von einem „vierdimensionalen Vektor", was – genau genommen – natürlich nicht stimmt: Nur Vektorräume haben eine Dimension.)

Soweit *die reine Lehre*. Bemerkenswert häufig wird allerdings dagegen verstoßen. Der Grund ist das Dilemma, sich zwischen *Exaktheit* auf der einen und *Übersichtlichkeit* auf der anderen Seite entscheiden zu müssen. Im konkreten Fall der Vektoren des $\mathbb{R}^n$ gilt:

- Fast niemals wird eine Funktion f auf dem $\mathbb{R}^2$ unter Verwendung der Koordinaten x_1, x_2 definiert.

  Man schreibt also nicht $f(x_1, x_2) := x_1 + x_1 x_2^2$, allgemein üblich wäre die Notation $f(x, y) := x + xy^2$. Ähnlich ist es bei drei Dimensionen, wo eher die Buchstaben x, y, z als x_1, x_2, x_3 verwendet werden.

  Wenn Sie also irgendwo ein „x" sehen, wird das bei allgemeinen Untersuchungen ein Vektor sein. Es könnte sich aber auch um eine Variable $x \in \mathbb{R}$ handeln.

  (Mit dem „y" ist es sogar noch schlimmer. Das kann bei der Untersuchung von Differentialgleichungen – wie bei uns schon in Abschnitt 4.7 – zusätzlich auch noch der Name für eine Funktion sein.)

- Zweitens ist es für einen Vektor eigentlich nur dann wichtig, ihn als Spaltenvektor aufzufassen, wenn man ihn mit einer Matrix multipliziert. Da das „$\top$"-Zeichen Formeln eher unübersichtlich macht, *werden wir es meist weglassen.*

Der $\mathbb{R}^n$ als Vektorraum

Der $\mathbb{R}^n$ ist auch ein $\mathbb{R}$-*Vektorraum*, man kann die Summe von zwei Vektoren und die Multiplikation eines Vektors mit einer reellen Zahl so definieren,

---

[1] Das „$\top$" soll an „Transponieren" erinnern. Allgemeiner ist die transponierte Matrix $A^\top$ einer reellen $(n \times m)$-Matrix (a_{ij}) als die $(m \times n)$-Matrix (a_{ji}) definiert. Vektoren sind Spaltenvektoren, entsprechen also dem Spezialfall der Transponierten von $(1 \times n)$-Matrizen.

dass alle Axiome eines Vektorraums erfüllt sind (s. Definition 2.5.4). Beide Verknüpfungen werden *komponentenweise* definiert:

$$(x_1,\ldots,x_n)+(y_1,\ldots,y_n) \;:=\; (x_1+y_1,\ldots,x_n+y_n),$$
$$a\cdot(x_1,\ldots,x_n) \;:=\; (ax_1,\ldots,ax_n).$$

So ist zum Beispiel $(0,3,4)+(-1,0,2)=(-1,3,6)$ und $12\cdot(1,2,3,4,5)=(12,24,36,48,60)$.

Eine wichtige Rolle werden die so genannten *Einheitsvektoren* spielen. Für $j=1,\ldots,n$ ist der j-te Einheitsvektor $\boldsymbol{e}_j$ als derjenige Vektor definiert, der an der j-ten Stelle eine 1 und sonst lauter Nullen hat: **$\boldsymbol{e}_1,\ldots,\boldsymbol{e}_n$**

$$\begin{aligned}\boldsymbol{e}_1 &= (1,0,0,\ldots,0),\\ \boldsymbol{e}_2 &= (0,1,0,\ldots,0),\\ &\vdots\\ \boldsymbol{e}_n &= (0,0,0,\ldots,1).\end{aligned}$$

Die $\boldsymbol{e}_1,\ldots,\boldsymbol{e}_n$ bilden dann eine *Basis des* $\mathbb{R}^n$.

Der $\mathbb{R}^n$ als metrischer Raum

Für uns sind nur Metriken interessant, die durch eine Norm entstehen. Wir werden hier nur eine einzige benötigen, wir haben sie schon in Beispiel 2 nach Definition 3.1.2 kennen gelernt: Für $x=(x_1,\ldots,x_n)\in\mathbb{R}^n$ hatten wir

$$\|x\|_2 \;:=\; \sqrt{x_1^2+\cdots+x_n^2}$$

definiert ($\|\cdot\|_2$ wird auch die *euklidische Norm* genannt). Da keine anderen Normen vorkommen werden, verabreden wir: **euklidische Norm: $\|\cdot\|$**

Für Elemente $x\in\mathbb{R}^n$ soll $\|x\|$ immer $\|x\|_2$ bedeuten.

In Bemerkung 2 nach Satz 3.2.5 ist schon darauf hingewiesen worden, dass es in Hinblick auf Konvergenzuntersuchungen egal ist, durch welche der damals eingeführten Normen wir die Metrik definieren, da die gleichen Folgen konvergent sind. Es ist sogar so, dass in *allen* möglichen Normen auf dem $\mathbb{R}^n$ die gleichen Folgen konvergent sind.

Um das präziser formulieren zu können, definieren wir: Zwei Normen $\|\cdot\|'$ und $\|\cdot\|''$ auf dem $\mathbb{R}^n$ heißen *äquivalent*, wenn es Zahlen $c,C>0$ so gibt, dass

$$c\|x\|'\le\|x\|''\le C\|x\|'$$

für alle x gilt. Es ist dann nicht schwer zu sehen, dass äquivalente Normen die gleichen Cauchy-Folgen und die gleichen konvergenten Folgen haben und dass für diesen Äquivalenzbegriff die Eigenschaften einer Äquivalenzrelation erfüllt sind (siehe Abschnitt 1.11). Für den $\mathbb{R}^n$ gilt:

Satz 8.1.1. *Je zwei Normen auf dem $\mathbb{R}^n$ sind äquivalent*[2]*.*

Beweis: Es bezeichne $||\cdot||'$ irgendeine Norm auf dem $\mathbb{R}^n$. Wir zeigen, dass die euklidische Norm $||\cdot||$ und $||\cdot||'$ äquivalent sind. Daraus würde dann sofort die Behauptung folgen: Sind $||\cdot||'$ und $||\cdot||''$ beliebige Normen, so findet man positive Zahlen c', c'', C', C'' mit

$$c'||x||' \leq ||x|| \leq C'||x||',$$
$$c''||x||'' \leq ||x|| \leq C''||x||''$$

(für alle x). Damit gilt dann offensichtlich stets

$$\frac{c''}{C'}||x||'' \leq ||x||' \leq \frac{C''}{c'}||x||''.$$

Sei $M := \max_i ||e_i||'$. Beachtet man, dass

$$|x_i| = \sqrt{x_i^2} \leq \sqrt{x_1^2 + \cdots + x_n^2} = ||x||$$

für $i = 1, \ldots, n$ gilt, so folgt für beliebiges $x = (x_1, \ldots, x_n)$:

$$\begin{aligned} ||x||' &= ||x_1 e_1 + \cdots + x_n e_n||' \\ &\leq |x_1|\,||e_1||' + \cdots + |x_n|\,||e_n||' \\ &\leq M(|x_1| + \cdots + |x_n|) \\ &\leq M\big(||x|| + \cdots + ||x||\big) \\ &= nM||x||. \end{aligned}$$

Insbesondere ergibt sich daraus, dass Folgen, die bzgl. $||\cdot||$ konvergent sind, auch bzgl. $||\cdot||'$ konvergent sein müssen.

Wir betrachten nun den Rand der euklidischen Einheitskugel, also die Menge

$$S := \{x \mid ||x|| = 1\}.$$

In der durch $||\cdot||$ induzierten Metrik ist S beschränkt und abgeschlossen und folglich kompakt. Dann ist S aber auch in der von $||\cdot||'$ erzeugten Metrik kompakt: Ist eine Folge in S vorgegeben, so hat sie eine bzgl. $||\cdot||$ konvergente Teilfolge; diese Teilfolge ist aber auch bzgl. $||\cdot||'$ konvergent.

Nun sind wir gleich fertig: Die Abbildung $x \mapsto ||x||'$ ist als Lipschitzabbildung stetig, wenn man den $\mathbb{R}^n$ mit der eukidischen Norm versieht[3], auch nimmt sie

---

[2] Achtung: Dieses Ergebnis gilt wirklich nur für ***endlich-dimensionale*** Räume. Auf dem unendlich-dimensionalen Raum $C([0,1])$ zum Beispiel sind die Supremumsnorm und die L^1-Norm nicht äquivalent: Es gibt zu jedem $\varepsilon > 0$ eine Funktion f mit Betrags-Maximum Eins, für welche die (in Definition 6.5.1 eingeführte) L^1-Norm $||f||_1$ höchstens gleich ε ist: Man kann zum Beispiel $f(x) = x^n$ für ein „genügend großes“ n wählen. Deswegen existiert kein positives c, so dass $c||f||_\infty \leq ||f||_1$ für alle f gilt.

[3] Aus den Normbedingungen folgt nämlich die „umgekehrte Dreiecksungleichung“: $\big|||x||' - ||y||'\big| \leq ||x - y||'$. (Normen sind damit stets Lipschitzabbildungen mit Lipschitzkonstante Eins bzgl. der von dieser Norm induzierten Metrik.) Die rechte Seite können wir noch weiter durch $nM||x - y||$ abschätzen.

auf S nur strikt positive Werte an, da $\|\cdot\|'$ eine Norm ist und alle $x \in S$ von Null verschieden sind. Da stetige Abbildungen auf kompakten Räumen ihr Minimum annehmen, findet man ein $c > 0$, so dass $\|x\|' \geq c$ für alle $x \in S$.

Ist $x \in \mathbb{R}^n$ beliebig, so gehört $x/\|x\|$ zu S, es gilt also $\big\|x/\|x\|\big\|' \geq c$ und folglich $\|x\|' \geq c\|x\|$. (Der Fall $x = 0$ ist gesondert zu behandeln: Dafür ist die Ungleichung trivialerweise erfüllt.)

Insgesamt haben wir damit

$$c\|x\| \leq \|x\|' \leq nM\|x\|$$

für alle x gezeigt, und deswegen sind $\|\cdot\|$ und $\|\cdot\|'$ äquivalent. □

Sei nun $\big(x^{(k)}\big)_{k\in\mathbb{N}}$ eine Folge[4)] im $\mathbb{R}^n$ und $x \in \mathbb{R}^n$; wir schreiben $x^{(k)}$ als $(x_1^{(k)}, \ldots, x_n^{(k)})$ und x als $(x_1, \ldots, x_n)$.

Konvergenz im $\mathbb{R}^n$

Die Konvergenz in $\mathbb{R}^n$ kann dann auf die Konvergenz in $\mathbb{R}$ zurückgeführt werden: Es gilt genau dann $x^{(k)} \to x$ (im $\mathbb{R}^n$), wenn $x_i^{(k)} \to x_i$ (in $\mathbb{R}$) für $i = 1, \ldots, n$; das haben wir in Lemma 3.2.4 bewiesen.

Stetigkeit

Es reicht, sich an die folgenden zwei Tatsachen zu erinnern:

- $x \mapsto x_i$ ist für jedes i eine stetige Abbildung von $\mathbb{R}^n$ nach $\mathbb{R}$, und Verknüpfungen stetiger Funktionen sind stetig. Folglich ist jede Funktion auf dem $\mathbb{R}^n$ stetig, die man in geschlossener Form als Funktion der Komponenten definieren kann. Ohne zu vorgegebenem ε ein δ finden zu müssen, ist damit klar, dass z.B.

$$f(x_1, x_2, x_3, x_4) := x_1 + x_2^2 + x_3^3 + x_4^4$$

  auf dem $\mathbb{R}^4$ und

$$f(x, y, z) := \frac{\mathrm{e}^x + \sin(xyz^3)}{\sqrt{1 - (x^2 + y^2 + z^2)}}$$

  auf $\{(x, y, z) \mid x, y, z \in \mathbb{R},\ x^2 + y^2 + z^2 < 1\} \subset \mathbb{R}^3$ stetig sind.

- Ist (M, d) ein metrischer Raum und $f : M \to \mathbb{R}^n$ eine Funktion, so kann man doch f als $f(x) = \big(f_1(x), \ldots, f_n(x)\big)$ schreiben, wobei $f_i : M \to \mathbb{R}$ für $i = 1, \ldots, n$; die $f_1, \ldots, f_n$ heißen die *Komponentenfunktionen* von f. Da Stetigkeit durch Folgen charakterisiert werden kann (Satz 3.3.4(i)), ergibt sich aus der vorstehenden Charakterisierung für Folgenkonvergenz im $\mathbb{R}^n$ sofort: *f ist genau dann stetig, wenn die Funktionen $f_1, \ldots, f_n$ stetig sind.*

Man kann beide Teile übrigens auch kombinieren und so zum Beispiel sofort die Stetigkeit der Abbildung $f(x, y, z) := \big(x^3y^{12} - z, 0, 3x + \mathrm{e}^x, \log(1 + x^6)\big)$ vom $\mathbb{R}^3$ in den $\mathbb{R}^4$ einsehen.

[4)] Folgen-Indizes werden nun mit „k“ bezeichnet, der Buchstabe „n“ ist ja schon verbraucht.

Differenzierbarkeit

Wir haben uns in Kapitel 4 sehr ausführlich mit differenzierbaren Funktionen beschäftigt, die auf einer Teilmenge von $\mathbb{R}$ definiert sind. Es ist nicht schwer, die entsprechende Definition auf den Fall von Funktionen zu übertragen, die eine Menge $I \subset \mathbb{R}$ in den $\mathbb{R}^n$ abbilden. Weil solche Funktionen eigentlich nur n-Tupel von Funktionen sind, die I nach $\mathbb{R}$ abbilden, ist es nahe liegend, die Ableitung komponentenweise zu erklären: Ist $f : I \to \mathbb{R}^n$ durch

$$f(x) := \big(f_1(x), \ldots, f_n(x)\big)$$

gegeben und sind die $f_1, \ldots, f_n$ differenzierbar, so erklärt man die Ableitung von f durch

$$f'(x) := \big(f_1'(x), \ldots, f_n'(x)\big).$$

Da Konvergenz im $\mathbb{R}^n$ mit Konvergenz in jeder Komponente identisch ist, hätte man $f'(x)$ auch – wie im eindimensionalen Fall – als $\lim_{h\to 0}\big(f(x+h) - f(x)\big)/h$ erklären können.
(Ein Beispiel: Die Ableitung von $(3x^2, 1-x, 0, \mathrm{e}^x)$ ist gleich $(6x, -1, 0, \mathrm{e}^x)$.)

Diese Definition hat eine interessante *physikalische Interpretation*: Ist $f(x)$ die Position eines Planeten (eines Flugzeugs, einer Stechmücke, ...) zur Zeit x, so ist $f'(x)$ der Vektor der momentanen Geschwindigkeit zu diesem Zeitpunkt. Die Länge von $f'(x)$, also die Zahl $\|f'(x)\|$, gibt dann die absolute Geschwindigkeit an.

partielle Ableitungen

Es soll noch an die *partiellen Ableitungen* erinnert werden, über die am Anfang von Abschnitt 6.4 einiges gesagt wurde. Wichtig ist eigentlich nur zu wissen, dass partielle Ableitungen ganz gewöhnliche Ableitungen sind. Man muss nur konsequent die Größe, nach der abgeleitet wird, als die Variable und die anderen als Konstanten auffassen.

So ist etwa

$$\begin{aligned} \frac{\partial}{\partial x_3}(x_1 - 4x_1x_3 + 19) &= -4x_1\,; \\ \frac{\partial}{\partial \eta}(\tau \mathrm{e}^{3\eta} + 4xy) &= 3\tau\mathrm{e}^{3\eta}\,; \\ \frac{\partial}{\partial x}(y \sin x) &= y\cos x. \end{aligned}$$

(Beim zweiten und dritten Beispiel steht das „x“ also für eine Variable, es ist hier *kein* Vektor.)

Das kann man übrigens iterieren, man kann eine Funktion z.B. zuerst nach der ersten und das Ergebnis dann dreimal nach der zweiten Variablen ableiten. Wenn man x^3y^5 etwa einmal nach x und dann dreimal nach y ableitet, erhält man $180x^2y^2$.

Das Skalarprodukt

Sind $x, y \in \mathbb{R}^n$, so definiert man das (euklidische) *Skalarprodukt*[5] *von x und y* als die Zahl

Skalarprodukt

$$\langle x, y \rangle := x_1 y_1 + \cdots + x_n y_n.$$

So ist zum Beispiel

$$\langle (1,2,3,4), (-1,0,\pi,1) \rangle = 1 \cdot (-1) + 2 \cdot 0 + 3 \cdot \pi + 4 \cdot 1 = 3 + 3\pi.$$

Die wichtigsten (und elementar einzusehenden) Eigenschaften des Skalarprodukts sind (für $x, \tilde{x}, y, \tilde{y} \in \mathbb{R}^n$ und $a \in \mathbb{R}$):

- $\langle x + \tilde{x}, y \rangle = \langle x, y \rangle + \langle \tilde{x}, y \rangle$.
- $\langle x, y + \tilde{y} \rangle = \langle x, y \rangle + \langle x, \tilde{y} \rangle$.
- $\langle ax, y \rangle = a \langle x, y \rangle$.
- $\langle x, ay \rangle = a \langle x, y \rangle$.
- $\langle x, y \rangle = \langle y, x \rangle$.
- $\langle x, x \rangle = ||x||^2$.

Interessanter ist eine *geometrische Interpretation*. Um die zu verstehen, betrachten wir den Fall $n = 2$. Es soll $x = (1, 0)$ und $y = (a, b)$ irgendein Vektor der Länge Eins sein. (Es gilt also $a^2 + b^2 = 1$.) Dann ist $\langle x, y \rangle = a$, und das ist nach Definition des Cosinus der Cosinus des Winkels zwischen x und y. Verändert man die Länge von x bzw. y durch Multiplikation mit den positiven Zahlen l_x bzw. l_y, so ist $\langle l_x x, l_y y \rangle = l_x l_y a$, also gleich „Länge von x mal Länge von y mal Cosinus des eingeschlossenen Winkels“.

Diese Vorstellung übertragen wir in den $\mathbb{R}^n$: Auch für Vektoren x, y eines beliebig hochdimensionalen $\mathbb{R}^n$ stellen wir uns einen Winkel α_{xy} zwischen x und y vor, der durch die Gleichung

$$\langle x, y \rangle = ||x|| \, ||y|| \cos \alpha_{xy}$$

implizit definiert ist[6]. Das ist deswegen stets möglich, weil für beliebige x, y die Ungleichung

Cauchy-Schwarz-Ungleichung

$$|\langle x, y \rangle| \le ||x|| \, ||y||$$

(die *Cauchy-Schwarzsche Ungleichung*) und folglich

$$-1 \le \frac{\langle x, y \rangle}{||x|| \, ||y||} \le 1$$

gilt; ein geeignetes α_{xy} kann deswegen stets gefunden werden.

[5] „Skalar“produkt, weil das Ergebnis der Produktbildung kein Vektor, sondern eine Zahl ist. Man sagt übrigens auch *inneres Produkt* statt Skalarprodukt.

[6] Die explizite Definition wäre $\alpha_{xy} := \arccos(\langle x, y \rangle / ||x|| \, ||y||)$.

Für $x := (1,4,0,-2)$ und $y := (-4,1,15.2,0)$ z.B. ist $\langle x,y\rangle = 0$. Da der Cosinus bei $\pi/2$, also bei 90 Grad, gleich Null wird, können wir x und y als aufeinander senkrecht stehende Vektoren ansehen.

Diese Interpretation kann noch etwas verfeinert werden. Es ist doch $\cos\alpha$ genau dann positiv (bzw. negativ), wenn α im Intervall $]-\pi/2,\pi/2[$ (bzw. in $]\pi/2,3\pi/2[$) liegt, wenn also der Winkel spitz (bzw. stumpf) ist. Für uns bedeutet das: Wir sagen, dass

- x und y *senkrecht aufeinander stehen*, wenn $\langle x,y\rangle = 0$ ist;
- *der Winkel zwischen x und y spitz ist*, wenn $\langle x,y\rangle > 0$ gilt;
- *der Winkel zwischen x und y stumpf ist*, wenn $\langle x,y\rangle < 0$ gilt.

Lineare Abbildungen von $\mathbb{R}^n$ nach $\mathbb{R}$

Im nächsten Abschnitt wollen wir Differenzierbarkeit als „Approximierbarkeit durch lineare Abbildungen" definieren. Dazu muss zunächst geklärt werden, wie die reellwertigen linearen Abbildungen[7)] auf dem $\mathbb{R}^n$ aussehen:

Charakterisierung linearer Abbildungen

Satz 8.1.2. *Die linearen Abbildungen $f:\mathbb{R}^n\to\mathbb{R}$ sind wie folgt charakterisiert:*

(i) Für jedes $y\in\mathbb{R}^n$ ist die durch $x\mapsto\langle x,y\rangle$ definierte Abbildung f_y linear.

(ii) Umgekehrt: Für jedes lineare $f:\mathbb{R}^n\to\mathbb{R}$ gibt es genau ein $y\in\mathbb{R}^n$ mit $f=f_y$; es gilt also $f(x)=\langle x,y\rangle$ für alle x.

Beweis: (i) Das folgt sofort aus den weiter oben zusammengestellten Eigenschaften von $\langle\cdot,\cdot\rangle$.

(ii) f sei linear. Definiere $y_i\in\mathbb{R}$ als Bild des i-ten Einheitsvektors, d.h. es ist $y_i := f(\boldsymbol{e}_i)$ (für $i=1,\ldots,n$). Mit $y := (y_1,\ldots,y_n)$ gilt dann für beliebige $x=(x_1,\ldots,x_n)$:

$$\begin{aligned} f(x) &= f\Big(\sum_{i=1}^n x_i\boldsymbol{e}_i\Big) \\ &= \sum_{i=1}^n x_i f(\boldsymbol{e}_i) \\ &= \sum_{i=1}^n x_i y_i \\ &= \langle x,y\rangle. \end{aligned}$$

Um die Eindeutigkeit zu zeigen, nehmen wir an, dass für zwei $y,\tilde{y}\in\mathbb{R}^n$ die Abbildungen $f_y, f_{\tilde{y}}$ übereinstimmen. Nutzt man die Gleichheit speziell für den

---

[7)] Zur Erinnerung: $f:\mathbb{R}^n\to\mathbb{R}$ heißt linear, wenn stets $f(x+y)=f(x)+f(y)$ sowie $f(ax)=af(x)$ gilt (Definition 2.5.8).

i-ten Einheitsvektor aus, so folgt, dass die i-te Komponente von y mit der i-ten Komponente von $\tilde{y}$ übereinstimmen muss. Da das für jedes i gilt, folgt $y = \tilde{y}$. □

Matrizen

Eine $(m \times n)$-*Matrix* A ist ein rechteckiges Schema reeller Zahlen, das aus m Zeilen und n Spalten besteht. Wir schreiben $A = (a_{ij})_{i=1,\ldots,m,\, j=1,\ldots,n}$ (oder kurz $A = (a_{ij})$), wobei in diesem Buch die a_{ij} stets reelle Zahlen sein werden. a_{ij} bezeichnet diejenige Zahl, die in der i-ten Zeile an der j-ten Stelle steht. Ist zum Beispiel A als

$$A = \begin{pmatrix} 3 & -0.2 & 4 \\ -2 & 0 & 2 \end{pmatrix}$$

gegeben, so handelt es sich um eine (2×3)-Matrix (a_{ij}), die man auch durch $a_{11} = 3$, $a_{12} = -0.2, \ldots$ definieren könnte.

Die Vektoren x des $\mathbb{R}^n$ sind damit $(n \times 1)$-Matrizen, die $x^\top$ entsprechen den $(1 \times n)$-Matrizen. Auch kann man – das ist allerdings ziemlich gekünstelt – die Elemente aus $\mathbb{R}$ als (1×1)-Matrizen auffassen.

Multiplikation von Matrizen

Matrizen kann man (manchmal) *multiplizieren*: Ist $A = (a_{ij})$ eine $(m \times n)$-Matrix und $B = (b_{jk})$ eine $(n \times l)$-Matrix, so wird AB als $(m \times l)$-Matrix wie folgt definiert: Es ist $AB = (c_{ik})_{i=1,\ldots,m,\, k=1,\ldots,l}$, wobei

$$c_{ik} := \sum_{j=1}^{n} a_{ij} b_{jk}.$$

Bemerkungen und Beispiele:

1. Man kann AB also nur dann definieren, wenn die Anzahl der Spalten in A mit der Anzahl der Zeilen in B übereinstimmt.

2. Obwohl es nur um die Multiplikation und Addition reeller Zahlen geht, ist die Gefahr groß, sich zu verrechnen. Das folgende Rechenschema ist empfehlenswert: Schreibe A auf, rechts daneben soll gleich AB ausgerechnet werden; schreibe B über den noch freien Platz. Und dann wird AB Element für Element bestimmt, das Element c_{ik} ist gerade das Skalarprodukt der i-ten Zeile von A (die steht links von der gerade zu berechnenden Position) und der k-ten Spalte von B (die steht darüber):

$$\begin{array}{ccc|ccc|c|cc}
 & & & b_{11} & \cdots & & b_{1j} & \cdots & b_{1k} \\
 & & & & \vdots & & & \vdots & \\
 & & & b_{m1} & \cdots & & b_{mj} & \cdots & b_{mk} \\
\hline
a_{11} & \cdots & a_{1m} & & & & \vdots & & \\
 & \vdots & & & & & \vdots & & \\
\hline
a_{i1} & \cdots & a_{im} & \cdots & \cdots & & c_{ij} = \sum_{\mu=1}^{m} a_{i\mu} b_{\mu j} & & \\
\hline
 & \vdots & & & & & & & \\
a_{n1} & \cdots & a_{nm} & & & & & &
\end{array}$$

3. Hier ein Beispiel: Mit

$$A = \begin{pmatrix} 1 & 2 & 3 & 4 \\ 5 & 6 & 7 & 8 \end{pmatrix}, \ B = \begin{pmatrix} 1 & 2 & 3 \\ 4 & 5 & 6 \\ 7 & 8 & 9 \\ 10 & 11 & 12 \end{pmatrix}$$

ist

$$AB = \begin{pmatrix} 70 & 80 & 90 \\ 158 & 184 & 210 \end{pmatrix};$$

zum Beispiel ist das Element in der zweiten Zeile und dritten Spalte von AB, also die Zahl 210, als $5 \cdot 3 + 6 \cdot 6 + 7 \cdot 9 + 8 \cdot 12$ berechnet worden.

4. Mit Hilfe des Matrizenprodukts kann man das innere Produkt neu interpretieren: $\langle x, y \rangle$ ist gerade das Produkt der Matrizen $x^\top$ und y.

5. Auch wenn AB und BA definiert sind, können das völlig verschiedene Matrizen sein. So ist für $x, y \in \mathbb{R}^n$ das Produkt $x^\top y$ eine Zahl, das Produkt $yx^\top$ dagegen ist die $(n \times n)$-Matrix $(y_i x_j)$.

Und auch dann, wenn beide Matrizen $(n \times n)$-Matrizen sind, wird nur ausnahmsweise $AB = BA$ gelten, wenn $n \geq 2$ ist.

6. Das Produkt ist *assoziativ*: Wenn für Matrizen A, B, C die Produkte $(AB)C$ und $A(BC)$ definiert sind, stimmen sie überein; das lässt sich mit Hilfe der Körpereigenschaften von $\mathbb{R}$ leicht beweisen.

Einheitsmatrix E_n

Schließlich ist noch eine Bezeichnungsweise einzuführen: Mit E_n bezeichnen wir die $(n \times n)$-*Einheitsmatrix*. Das ist diejenige Matrix (a_{ij}), bei der $a_{ii} = 1$ für alle i und $a_{ij} = 0$ für $i \neq j$ gilt. Diese Matrizen verhalten sich wie die 1 in $\mathbb{R}$, es sind die *neutralen Elemente der Multiplikation*: Ist A eine $(m \times n)$-Matrix, so gilt

$$E_m A = A = A E_n.$$

inverse Matrix

Wegen dieser Eigenschaft ist es plausibel, für eine gegebene $(n \times n)$-Matrix A eine $(n \times n)$-Matrix B *eine zu A inverse Matrix* zu nennen, wenn

$$AB = BA = E_n$$

gilt. Wenn so ein B existiert, heißt A *invertierbar*. Das B ist dann eindeutig bestimmt, man schreibt dafür A^{-1}.

Lineare Abbildungen von $\mathbb{R}^n$ nach $\mathbb{R}^m$

Matrizen sind für uns deswegen so wichtig, weil durch sie lineare Abbildungen charakterisiert werden können. Der folgende Satz verallgemeinert Satz 8.1.2:

Charakterisierung linearer Abbildungen

Satz 8.1.3. *Der Zusammenhang zwischen linearen Abbildungen und Matrizen ist wie folgt:*

(i) Sei A eine $(m \times n)$-Matrix. Definiert man dann $f_A : \mathbb{R}^n \to \mathbb{R}^m$ durch $f_A(x) := Ax$, so ist f_A eine lineare Abbildung.

(ii) *Für jede lineare Abbildung* $f : \mathbb{R}^n \to \mathbb{R}^m$ *gibt es genau eine* $(m \times n)$*-Matrix* A*, so dass* $f = f_A$ *gilt.*

Beweis: (i) Das ist klar, man muss nur Distributiv-, Assoziativ- und Kommutativgesetz anwenden.

(ii) Sei f linear. Für $i = 1, \ldots, n$ verwenden wir den Spaltenvektor $f(\boldsymbol{e}_i) \in \mathbb{R}^m$ als i-te Spalte einer Matrix A. Mit dieser Definition von A stimmen f und f_A auf allen $\boldsymbol{e}_i \in \mathbb{R}^n$ überein. Da beides lineare Abbildungen sind, gilt die Gleichheit auch für alle Vektoren, die sich in der Form $\sum_i x_i \boldsymbol{e}_i$ darstellen lassen. Das sind aber alle $x \in \mathbb{R}^n$. Die Matrix A ist auch eindeutig bestimmt, denn in der i-ten Spalte *muss* $f(\boldsymbol{e}_i)$ stehen. □

Bemerkung: Ist $(x_1, \ldots, x_n) \in \mathbb{R}^n$ und A eine $(m \times n)$-Matrix, so ist das Matrizenprodukt $A(x_1, \ldots, x_n)^\top \in \mathbb{R}^m$. Dagegen wäre das Produkt $A(x_1, \ldots, x_n)$ nicht definiert, und deswegen sollte man eigentlich sorgfältig zwischen Spalten- und Zeilenvektoren unterscheiden.

Andererseits machen zu viele „$\top$“ die Formeln unübersichtlich, und deswegen wird das Symbol im Folgenden nur in Zweifelsfällen verwendet.

Der intelligente Weg zum Nachweis der Gleichheit von zwei Abbildungen

Eben haben wir ein in der Linearen Algebra häufig angewandtes Beweisprinzip benutzt: Stimmen zwei lineare Abbildungen auf einer Teilmenge überein, so auch auf der linearen Hülle. Insbesondere sind also zwei lineare Abbildungen genau dann identisch, wenn sie auf einer Basis übereinstimmen.

Ähnliche Techniken gibt es in allen mathematischen Teilgebieten, sehr oft kann man den Nachweis von $f = g$ dadurch vereinfachen, dass man die Gleichheit nur auf einer Teilmenge nachprüft und dann die spezielle Struktur der beteiligten Abbildungen ausnutzt. Z.B. haben wir auch schon von der Tatsache Gebrauch gemacht, dass zwei auf einem metrischen Raum definierte stetige Abbildungen genau dann gleich sind, wenn sie auf einer dichten Teilmenge übereinstimmen.
Genauso braucht man für den Nachweis der Gleichheit von zwei Gruppenmorphismen nur die Gleichheit auf einem Erzeuger der Gruppe nachzuweisen.

Determinanten

Es wird für uns später wichtig sein zu entscheiden, ob eine vorgelegte $(n \times n)$-Matrix A invertierbar ist. Das geht in der Regel am einfachsten, indem man die *Determinante von* A bestimmt. Man sollte wissen:

1. Die Determinante einer $(n \times n)$-Matrix ist eine reelle Zahl, wir nennen sie $\det A$. (Für $(m \times n)$-Matrizen mit $m \neq n$ kann die Determinante nicht definiert werden.)

2. $\det A$ kann man ausrechnen, das ist für größere n allerdings recht mühsam. Es gilt:

Leibniz-formel

- Für beliebige n kann die Determinante mit der Leibnizformel berechnet werden:

$$\det A = \sum_{\pi} \operatorname{sgn}(\pi) a_{1\pi_1} \cdots a_{n\pi_n};$$

Signum

dabei erstreckt sich die Summe über alle Permutationen von $\{1, \ldots, n\}$, und $\operatorname{sgn}(\pi) \in \{-1, 1\}$ bezeichnet das *Signum* der Permutation π[8)].

- Die Determinante einer (2×2)-Matrix A ist gleich $a_{11}a_{22} - a_{12}a_{21}$.
- Die Determinante einer (3×3)-Matrix A ist gleich

$$a_{11}a_{22}a_{33} + a_{12}a_{23}a_{31} + a_{13}a_{21}a_{32} - a_{11}a_{23}a_{32} - a_{12}a_{21}a_{33} - a_{13}a_{22}a_{31}.$$

Diese Formel kann man sich mit Hilfe eines kleinen Schemas besser merken: Man schreibe A in Gedanken dreimal nebeneinander. Dann rechne man die Produkte so aus, dass man von der ersten Zeile des mittleren A die Produkte nach rechts unten bildet (Vorzeichen positiv) und dann die Produkte nach links unten (Vorzeichen negativ).

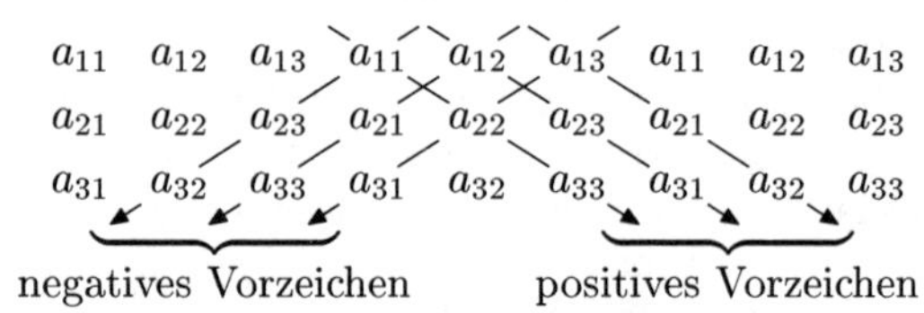

Bild 8.1: Die Sarrussche Regel

Sarrussche Regel

Die Determinantenberechnung mit diesem Schema heißt auch die *Sarrussche Regel.* (Achtung: Sie gilt nur für (3×3)-Determinanten.)

- Es gibt eine Reihe von Techniken, um Determinanten auch für größere n schnell ausrechnen zu können: Entwicklung nach Zeilen oder Spalten, Diagonalisierungen, ... Sie werden in der Linearen Algebra behandelt.

  Eine Berechnung mit Hilfe der Leibnizformel ist in den allermeisten Fällen viel zu aufwändig, da die Anzahl der Summanden mit n exponentiell wächst.

3. Es gilt der *Determinantenproduktsatz*: $\det(AB) = (\det A)(\det B)$.
4. Das Wichtigste: A ist genau dann invertierbar, wenn $\det A \neq 0$ gilt.

[8)] Die Definition des Signums ist ziemlich technisch. Zunächst überlegt man sich, dass jede Permutation durch mehrfaches Vertauschen zweier Elemente entsteht. Das Signum wird dann als 1 definiert, wenn eine gerade Anzahl von Vertauschungen erforderlich ist; braucht man eine ungerade Anzahl, ist das Signum -1. (Das Signum ist also gleich $(-1)^k$ im Fall von k Vertauschungen. k selbst ist nicht eindeutig bestimmt, die Zahl $(-1)^k$ hängt aber nur von der Permutation ab.)

8.2 Differenzierbarkeit, Charakterisierung durch partielle Ableitungen

Dieser Abschnitt ist sicher der wichtigste dieses Kapitels, der Differenzierbarkeitsbegriff soll auf Funktionen in mehreren Veränderlichen übertragen werden. Der mathematische Schwierigkeitsgrad ist nicht höher als in den anderen Kapiteln dieses Buches, die wichtigste Technik – das „gewöhnliche“ Differenzieren – haben wir sogar schon kennen gelernt.

Zwei Aspekte tragen jedoch dazu bei, dass Anfänger hier meist mehr Schwierigkeiten haben als bei anderen Themen. Zum einen kann man nicht an irgendwelche Schulerfahrungen anknüpfen; die Analysis mehrerer Veränderlicher wird auch in Leistungskursen kaum angeboten. Und dann wird es erstmals wichtig, analytische und algebraische Techniken gleichzeitig anzuwenden, also nicht nur mit Epsilons und Konvergenz, sondern parallel dazu mit Skalarprodukten und linearen Abbildungen zu arbeiten.

Beim ersten Kennenlernen sollen Sie sich in diesem Abschnitt mit den folgenden Punkten vertraut machen:

- Was bedeutet „Differenzierbarkeit“ für reellwertige Funktionen in mehreren Veränderlichen?
- Wie kann man einer Abbildung schnell ansehen, ob sie differenzierbar ist?
- Welche anschauliche Bedeutung hat der Gradient einer Funktion an einer Stelle?

Differenzierbarkeit für Funktionen mehrerer Veränderlicher

Wir betrachten Funktionen $f : U \to \mathbb{R}$, wobei $U \subset \mathbb{R}^n$ eine offene Teilmenge sein soll. Die Voraussetzung „U ist offen“ ist bei Differenzierbarkeitsuntersuchungen üblich, um die $x \in U$ aus allen Richtungen approximieren zu können.

Wie kann, für ein $x_0 \in U$, die Aussage „f ist differenzierbar bei x_0“ sinnvoll definiert werden?

Es kommt häufig vor, dass eine Definition zunächst nur eine spezielle Situation betrifft und dann verallgemeinert werden soll. Dazu muss der ursprüngliche Ansatz meistens unter einem neuen Blickwinkel betrachtet werden, d.h., man hat eine äquivalente Umformulierung zu finden, die sich zur Verallgemeinerung eignet.

Zum Beispiel ist bei gegebenem $a > 0$ die Definition von a^n zunächst nur für $n \in \mathbb{N}$ sinnvoll. Wenn man aber nach Einführung der Exponentialfunktion nachgewiesen hat, dass $a^n = \exp(n \log a)$ ist, hat man einen nahe liegenden Kandidaten für eine Definition von a^x für beliebige x zur Verfügung: Man muss nur $a^x := \exp(x \log a)$ setzen.

Genau so war es bei der Verallgemeinerung von $n!$ zu $\Gamma(n-1)$ und bei der Einführung gebrochener Ableitungen (vgl. Seite 124 und Seite 137).

Die ursprüngliche Definition von Differenzierbarkeit, also die Forderung nach der Existenz von

$$\lim_{h\to 0} \frac{f(x_0+h)-f(x_0)}{h},$$

kann *nicht* verwendet werden, da $1/h$ für Vektoren h nicht sinnvoll definiert werden kann.

Es ist aber schon bemerkt worden[9], dass das umformuliert werden kann: Die Funktion f ist bei x_0 genau dann differenzierbar mit Ableitung a, wenn es zu jedem $\varepsilon > 0$ ein $\delta > 0$ so gibt, dass

$$|f(x_0+h)-f(x_0)-ha| \le \varepsilon |h|$$

für alle h mit $|h| \le \delta$ gilt.

Wir haben das so interpretiert, dass „das Verhalten von f bei x_0", also der Ausdruck $f(x_0+h)-f(x_0)$ für „kleine" h, sehr gut durch die Abbildung $h \mapsto ah$ beschrieben werden kann.

Diese Abbildungen sind aber genau *die linearen Abbildungen auf* $\mathbb{R}$, und deswegen ist es in Hinblick auf Satz 8.1.2 nahe liegend, Differenzierbarkeit auf dem $\mathbb{R}^n$ wie folgt zu definieren:

Definition 8.2.1. *Sei $U \subset \mathbb{R}^n$ offen und $f : U \to \mathbb{R}$. Weiter sei $x_0 \in U$.*

differenzierbare Funktionen

(i) f heißt differenzierbar bei x_0, *falls es ein $g \in \mathbb{R}^n$ so gibt, dass die lineare Abbildung $\langle \cdot , g\rangle$ die Abbildung f in der Nähe von x_0 in folgendem Sinne gut approximiert:*

$$\lim_{\substack{h\to 0\\ h\neq 0}} \frac{1}{||h||}|f(x_0+h)-f(x_0)-\langle h,g\rangle| = 0\,.^{10)}$$

Das bedeutet:

$$\forall_{\varepsilon>0}\ \exists_{\delta>0}\ \forall_{\substack{h\in\mathbb{R}^n\\ x_0+h\in U\\ ||h||\le\delta}} |f(x_0+h)-f(x_0)-\langle h,g\rangle| \le \varepsilon ||h||\,.$$

(ii) f heißt differenzierbar auf U, *wenn f bei jedem $x_0 \in U$ differenzierbar ist.*

Wenn es überhaupt eine approximierende Abbildung gibt, so ist sie eindeutig bestimmt:

Lemma 8.2.2. *Sei $U \subset \mathbb{R}^n$ offen, $f : U \to \mathbb{R}$ und $x_0 \in U$. Ist f bei x_0 differenzierbar, so gibt es genau ein $g \in \mathbb{R}^n$, für das die Bedingung aus Definition 8.2.1(i) erfüllt ist.*
Kurz: Es gibt höchstens eine lineare Abbildung, die f bei x_0 approximiert.

---

[9] Vgl. Bemerkung 2 nach Definition 4.1.2.

[10] Zur Erinnerung: Für $h \in \mathbb{R}^n$ ist $||h|| := \sqrt{\sum_{i=1}^n h_i^2}$ die euklidische Norm.

Beweis: Angenommen, zwei Vektoren $g, \tilde{g} \in \mathbb{R}^n$ genügen den geforderten Bedingungen. Sei $\varepsilon > 0$ beliebig. Für h mit genügend kleiner Norm gilt dann sowohl

$$|f(x_0 + h) - f(x_0) - \langle h, g\rangle| \leq \varepsilon ||h||$$

als auch

$$|f(x_0 + h) - f(x_0) - \langle h, \tilde{g}\rangle| \leq \varepsilon ||h|| \,.$$

Deswegen ist

$$\begin{aligned} |\langle h, g - \tilde{g}\rangle| &= |\langle h, g\rangle - \langle h, \tilde{g}\rangle| \\ &= \big|\big(f(x_0 + h) - f(x_0) - \langle h, \tilde{g}\rangle\big) - \big(f(x_0 + h) - f(x_0) - \langle h, g\rangle\big)\big| \\ &\leq 2\,\varepsilon\,||h||. \end{aligned}$$

Das gilt insbesondere für $h = t(g - \tilde{g})$, wenn t genügend klein ist, und so erhält man mit Hilfe der Cauchy-Schwarzschen Ungleichung

$$|t|\,||g - \tilde{g}||^2 = |\langle t(g - \tilde{g}), g - \tilde{g}\rangle| \leq 2\varepsilon |t| ||g - \tilde{g}||;$$

das impliziert $||g - \tilde{g}|| \leq 2\varepsilon$.

Weil diese Abschätzung für jedes $\varepsilon > 0$ durchgeführt werden kann, muss $||g - \tilde{g}|| = 0$ und damit $g = \tilde{g}$ gelten. □

Bemerkungen/Beispiele:

1. Aufgrund der Motivation ist klar, dass Definition 8.2.1 im Fall $n = 1$ mit der Differenzierbarkeitsdefinition in Kapitel 4 übereinstimmt.

2. Etwas ausführlicher formuliert, bedeutet Differenzierbarkeit doch die Möglichkeit, im folgenden Sinn gut zu approximieren. Man sucht sich als Erstes ein $\varepsilon > 0$ aus. Und dann soll es ein δ so geben, dass man für die h mit $||h|| \leq \delta$ den wirklichen Wert $f(x_0 + h)$ der Funktion durch den approximativen (also $f(x_0)$ plus lineare Abbildung, angewendet auf h) ersetzen darf. Der Fehler ist dann höchstens $\varepsilon||h||$. Das heißt, dass man nicht nur eine Approximation der Güte ε erreichen kann (d.h. einen kleinen ***absoluten*** Fehler), sondern sogar eine, bei der der Fehler durch εh abgeschätzt werden kann (d.h. einen kleinen *relativen* Fehler).

3. Sei $f = \langle\,\cdot\,, g_0\rangle$ eine beliebige lineare Abbildung auf dem $\mathbb{R}^n$. Dann ist f bei allen $x_0 \in \mathbb{R}^n$ differenzierbar und g_0 ist das g der Definition 8.2.1.
Um das einzusehen, ist nur zu beachten, dass

$$f(x_0 + h) - f(x_0) - \langle h, g_0\rangle = \langle x_0 + h, g_0\rangle - \langle x_0, g_0\rangle - \langle h, g_0\rangle = 0\,.$$

Wir wissen damit: Lineare Abbildungen sind differenzierbar. Das ist natürlich wenig spektakulär, denn lineare Abbildungen sollten doch gut durch lineare Abbildungen zu approximieren sein.

4. Fast noch leichter ist einzusehen, dass konstante Abbildungen f differenzierbar sind: Wenn man g als Nullvektor wählt, ist

$$f(x_0 + h) - f(x_0) - \langle h, g\rangle = 0.$$

5. Ist eine reellwertige Funktion φ auf einer Umgebung von $0 \in \mathbb{R}^n$ definiert, so sagt man, dass φ ein $o(h)$ ist[11], falls gilt:

$$\lim_{\substack{h\to 0\\ h\neq 0}} \frac{\varphi(h)}{||h||} = 0.$$

Differenzierbarkeit bedeutet unter Verwendung dieser Schreibweise gerade, dass

$$f(x_0 + h) = f(x_0) + \langle h, g\rangle + o(h)$$

für ein geeignetes $g \in \mathbb{R}^n$.

6. Den *Graphen* der Abbildung $f : U \to \mathbb{R}$, also die Menge

$$\{(x, f(x)) \mid x \in U\} \subset \mathbb{R}^{n+1},$$

kann man sich als Fläche im $\mathbb{R}^{n+1}$ vorstellen, und der Graph der Abbildung $x_0 + h \mapsto f(x_0) + \langle h, g\rangle$ ist eine n-dimensionale Hyperebene im $\mathbb{R}^{n+1}$. Differenzierbarkeit besagt, dass sich diese Ebene an den Graphen von f „anschmiegt".

Ist zum Beispiel $f(x, y) = x^2 + y^2$, so ist der Graph ein Rotationsparaboloid. Die eben beschriebene Hyperebene ist dann für den Punkt $(0, 0)$ die Menge $\{(h_1, h_2, 0) \mid (h_1, h_2) \in \mathbb{R}^2\}$ (also die (x, y)-Ebene), und für $x_0 = (1, 1)$ ergibt sich die Ebene

$$\{(1 + h_1, 1 + h_2, 2 + 2h_1 + 2h_2) \mid h_1, h_2 \in \mathbb{R}\}.$$

Die geometrische Interpretation des Vektors g

Aufgrund der Differenzierbarkeitsdefinition ist doch

$$f(x_0 + h) \approx f(x_0) + \langle h, g\rangle.$$

Und für $\langle h, g\rangle$ haben wir in Abschnitt 8.1 eine Interpretationsmöglichkeit hergeleitet: Es ist

$$\langle h, g\rangle = ||h|| \cdot ||g|| \cdot \cos \alpha_{h,g}.$$

Daraus folgt, dass ein Übergang von x_0 zu $x_0 + h$ die zugehörigen f-Werte dann am stärksten vergrößern wird, wenn h in die Richtung von g zeigt (der eingeschlossene Winkel also Null ist). In Kurzfassung:

g gibt die *Richtung des stärksten Anstiegs* von f bei x_0 an.

(Analog gilt natürlich: $\langle h, g\rangle$ ist am kleinsten, wenn g und h in entgegengesetzte Richtungen zeigen, wenn also h parallel zu $-g$ ist. f fällt also bei x_0 am stärksten in Richtung $-g$.) Diese Interpretation kann man noch ein bisschen verfeinern: $\langle h, g\rangle$ ist doch proportional zur Länge von g, wird etwa g mit dem Faktor 3 multipliziert, wächst $\langle h, g\rangle$ auf das Dreifache. Das bedeutet, dass g nicht nur die

---

[11] Gesprochen wird das als: „φ ist ein klein o von h".

Richtung des stärksten Anstiegs angibt, sondern dass die Länge von g auch ein Maß für die Intensität dieses stärksten Anstiegs ist.

Wir betrachten nun den Zusammenhang zwischen Differenzierbarkeit und Stetigkeit. Wie im Fall $n = 1$ gilt:

Satz 8.2.3. *Ist f bei x_0 differenzierbar, so ist f bei x_0 stetig.*

Beweis: Für beliebige x, y gilt stets $|\langle x, y\rangle| \leq ||x|| \cdot ||y||$ (Cauchy-Schwarzsche Ungleichung). Hier wenden wir das so an: Ist $\varepsilon > 0$, so findet man ein $\delta > 0$, so dass für $||h|| \leq \delta$ die Ungleichung

$$\begin{aligned} |f(x_0 + h) - f(x_0)| &= |f(x_0 + h) - f(x_0) - \langle h, g\rangle + \langle h, g\rangle| \\ &\leq \varepsilon \cdot ||h|| + |\langle h, g\rangle| \\ &\leq \varepsilon \cdot ||h|| + ||h|| ||g|| \end{aligned}$$

gilt. Daraus folgt sofort die Stetigkeit von f bei x_0: Ist $\tilde{\varepsilon} > 0$ vorgelegt, muss man nur die vorstehenden Überlegungen mit $\varepsilon = 1$ durchführen und dafür sorgen, dass das $\delta \leq \tilde{\varepsilon}/(1 + ||g||)$ ist; für $||h|| \leq \delta$ ist dann $|f(x_0 + h) - f(x_0)| \leq \tilde{\varepsilon}$. □

Wie kann man Differenzierbarkeit schnell feststellen?

Die bisherigen Beispiele für differenzierbare Funktionen sind nicht besonders eindrucksvoll. Wirklich fehlt uns noch ein gut anwendbares Verfahren, um die Differenzierbarkeit einer gegebenen Funktion nachzuprüfen und den zugehörigen Vektor g zu ermitteln. Diese Lücke kann dadurch geschlossen werden, dass man das Problem auf *Eigenschaften partieller Ableitungen* zurückführt[12)].

Wir werden gleich einen Satz beweisen, durch den dieser Zusammenhang beschrieben wird. Im nachstehenden „Kleingedruckten“ wird erläutert, wie dabei partielle Ableitungen ins Spiel kommen.

Wir betrachten eine Funktion $f : \mathbb{R}^2 \to \mathbb{R}$, fixieren $(\tilde{x}_1, \tilde{x}_2) \in \mathbb{R}^2$, geben Zahlen h_1, h_2 vor und wollen $f(\tilde{x}_1 + h_1, \tilde{x}_2 + h_2) - f(\tilde{x}_1, \tilde{x}_2)$ untersuchen. Beim Übergang von $(\tilde{x}_1, \tilde{x}_2)$ zu $(\tilde{x}_1 + h_1, \tilde{x}_2 + h_2)$ verändern sich gleich *zwei* Koordinaten (s. Bild 8.2).

Durch einen kleinen Trick kann man sich auf die Behandlung von Situationen beschränken, bei denen sich *nur eine* Koordinate verändert. Dazu schreiben wir die Differenz um:

$$\begin{aligned} f(\tilde{x}_1 + h_1, \tilde{x}_2 + h_2) - f(\tilde{x}_1, \tilde{x}_2) &= \\ \big(f(\tilde{x}_1 + h_1, \tilde{x}_2 + h_2) - f(\tilde{x}_1 + h_1, \tilde{x}_2)\big) &+ \big(f(\tilde{x}_1 + h_1, \tilde{x}_2) - f(\tilde{x}_1, \tilde{x}_2)\big). \end{aligned}$$

Und jetzt muss man zur Behandlung der beiden Summanden nur noch genau hinsehen, um den *Mittelwertsatz der Differentialrechnung* anwenden zu können:

[12)] Die tauchten in diesem Buch schon mehrfach auf. Falls Sie die Erinnerung auffrischen wollen, brauchen Sie nur zum Beginn von Abschnitt 6.4 zurückzublättern.

- Für differenzierbare $\varphi : [a, b] \to \mathbb{R}$ ist nach dem Mittelwertsatz
$$\varphi(b) - \varphi(a) = \varphi'(\xi)(b - a)$$
für ein geeignetes ξ zwischen a und b.
- Definiert man $\varphi : [\tilde{x}_2, \tilde{x}_2 + h_2] \to \mathbb{R}$ durch $\varphi(t) := f(\tilde{x}_1 + h_1, t)$, so ist also
$$f(\tilde{x}_1 + h_1, \tilde{x}_2 + h_2) - f(\tilde{x}_1 + h_1, \tilde{x}_2) = \varphi(\tilde{x}_2 + h_2) - \varphi(\tilde{x}_2) = \varphi'(\xi)h_2$$
für ein ξ zwischen $\tilde{x}_2$ und $\tilde{x}_2 + h_2$.
- Nach Definition der partiellen Ableitungen von f ist
$$\varphi'(t) = (\partial f / \partial x_2)(\tilde{x}_1 + h_1, t).$$

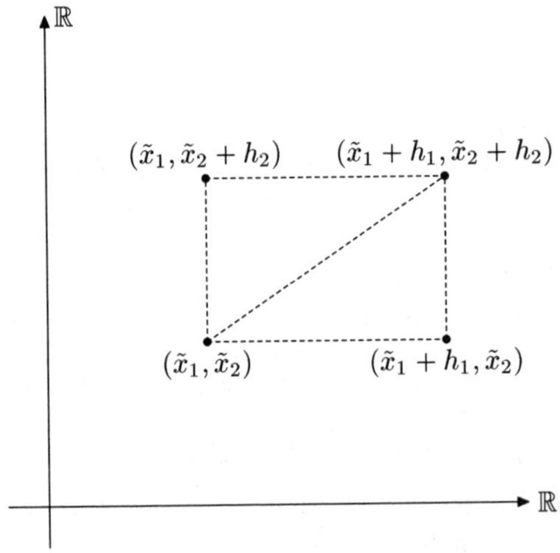

Bild 8.2: f wird an diesen vier Punkten ausgewertet

Fasst man diese Überlegungen zusammen, so haben wir den ersten Summanden als
$$f(\tilde{x}_1 + h_1, \tilde{x}_2 + h_2) - f(\tilde{x}_1 + h_1, \tilde{x}_2) = h_2(\partial f / \partial x_2)(\tilde{x}_1 + h_1, \xi)$$
geschrieben, wo ξ zwischen $\tilde{x}_2$ und $\tilde{x}_2 + h_2$ liegt. Ganz analog erhält man
$$f(\tilde{x}_1 + h_1, \tilde{x}_2) - f(\tilde{x}_1, \tilde{x}_2) = h_1(\partial f / \partial x_1)(\eta, \tilde{x}_2)$$
mit einem η zwischen $\tilde{x}_1$ und $\tilde{x}_1 + h_1$.

Im Falle *stetiger* partieller Ableitungen und *kleinen* h_1, h_2 darf man sicher $(\partial f / \partial x_2)(\tilde{x}_1 + h_1, \xi)$ durch $(\partial f / \partial x_2)(\tilde{x}_1, \tilde{x}_2)$ und $(\partial f / \partial x_1)(\eta, \tilde{x}_2)$ durch $(\partial f / \partial x_1)(\tilde{x}_1, \tilde{x}_2)$ ersetzen, und damit ist es plausibel, dass die Differenz $f(\tilde{x}_1 + h_1, \tilde{x}_2 + h_2) - f(\tilde{x}_1, \tilde{x}_2)$ durch
$$h_1(\partial f / \partial x_1)(\tilde{x}_1, \tilde{x}_2) + h_2(\partial f / \partial x_2)(\tilde{x}_1, \tilde{x}_2)$$
approximiert werden kann.

Wenn man diese Idee auf n Veränderliche überträgt, erhält man Teil (ii) des folgenden Satzes:

partielle Ableitungen und Differenzierbarkeit

Satz 8.2.4. *Sei $U \subset \mathbb{R}^n$ offen, $f : U \to \mathbb{R}$ und $x_0 \in U$.*

(i) Ist f bei x_0 differenzierbar, so existieren alle partiellen Ableitungen von f bei x_0; in diesem Fall gilt für das g aus Definition 8.2.1:

$$g = \left(\frac{\partial f}{\partial x_1}(x_0), \ldots, \frac{\partial f}{\partial x_n}(x_0) \right)^{13)}.$$

(ii) Falls alle partiellen Ableitungen von f in einer Umgebung von x_0 existieren und stetig sind, so ist f bei x_0 differenzierbar; der Vektor g ist durch

$$g = \left(\frac{\partial f}{\partial x_1}(x_0), \ldots, \frac{\partial f}{\partial x_n}(x_0) \right)$$

gegeben.

Beweis: (i) Wir schreiben x_0 in der Form $\left(x_1^{(0)}, \ldots, x_n^{(0)}\right)$, der Vektor g wird als $g = (g_1, \ldots, g_n)$ notiert. Wir haben zu zeigen, dass für jedes $1 \le i \le n$ gilt:

$$\lim_{\substack{\tau \to 0 \\ \tau \neq 0}} \frac{f\left(x_1^{(0)}, \ldots, x_{i-1}^{(0)}, x_i^{(0)} + \tau, x_{i+1}^{(0)}, \ldots, x_n^{(0)}\right) - f(x_0)}{\tau} = g_i. \tag{8.1}$$

Sei dazu $1 \le i \le n$ vorgegeben und (τ_n) eine gegen Null konvergente Folge, deren Glieder alle von Null verschieden sind.

Wir definieren für $k \in \mathbb{N}$ den Vektor h_k als τ_k-faches des i-ten Einheitsvektors, also

$$h_k = \tau_k e_i = (0, \ldots, 0, \tau_k, 0, \ldots, 0) \in \mathbb{R}^n,$$

wobei die Zahl τ_k an der i-ten Stelle steht. Wegen $h_k \to 0$ erhalten wir aufgrund unserer Differenzierbarkeitsdefinition

$$\lim_{k \to \infty} \frac{1}{||h_k||} |f(x_0 + h_k) - f(x_0) - \langle h_k, g \rangle| = 0,$$

und das bedeutet wegen $||h_k|| = |\tau_k|$ und $\langle h_k, g \rangle = \tau_k g_i$, dass

$$\begin{aligned} \lim_{k \to \infty} \left| \frac{f(x_0 + h_k) - f(x_0)}{\tau_k} - g_i \right| &= \frac{1}{|\tau_k|} \cdot |f(x_0 + h_k) - f(x_0) - \tau_k g_i| \\ &= 0. \end{aligned}$$

Damit ist (8.1) bewiesen.

[13] Achtung: Es handelt sich eigentlich um einen *Spaltenvektor*. Wir hatten jedoch im Interesse einer besseren Lesbarkeit in Abschnitt 8.1 vereinbart, auf das „T"-Zeichen im Regelfall zu verzichten.

(ii) Wir haben, mit

$$g := \Big(\frac{\partial f}{\partial x_1}(x_0), \ldots, \frac{\partial f}{\partial x_n}(x_0)\Big),$$

die Gleichung

$$\lim_{h \to 0} \frac{1}{||h||} |f(x_0 + h) - f(x_0) - \langle h, g\rangle| = 0$$

zu beweisen.

Dazu schreiben wir wieder $x_0 = \big(x_1^{(0)}, \ldots, x_n^{(0)}\big)$, die Komponenten von h sollen $h_1, \ldots, h_n$ heißen. Wie in der Überlegung vor der Formulierung dieses Satzes wird die Differenz $f(x_0 + h) - f(x_0)$ als Summe (diesmal von n Summanden) geschrieben, so dass jeder Summand eine Differenz zweier Funktionswerte darstellt, bei der sich die Urbildwerte *nur an einer Komponente* unterscheiden:

$$\begin{aligned} f(x_0 + h) &- f(x_0) - \langle h, g\rangle \\ &= f(x_1^{(0)} + h_1, \ldots, x_n^{(0)} + h_n) - f(x_1^{(0)}, \ldots, x_n^{(0)}) - \sum_{i=1}^n h_i \cdot \frac{\partial f}{\partial x_i}(x_0) \\ &= \sum_{i=1}^n \Big(f\big(x_1^{(0)}, \ldots, x_{i-1}^{(0)}, x_i^{(0)} + h_i, \ldots, x_n^{(0)} + h_n\big) \\ &\qquad - f\big(x_1^{(0)}, \ldots, x_i^{(0)}, x_{i+1}^{(0)} + h_{i+1}, \ldots, x_n^{(0)} + h_n\big) \\ &\qquad - h_i \frac{\partial f}{\partial x_i}(x_0)\Big). \end{aligned}$$

Wendet man nun für jedes $1 \le i \le n$ den Mittelwertsatz auf die Funktion

$$x \mapsto f\big(x_1^{(0)}, \ldots, x_{i-1}^{(0)}, x, x_{i+1}^{(0)} + h_{i+1}, \ldots, x_n^{(0)} + h_n\big)$$

an, so erhält man für $1 \le i \le n$ ein ξ_i zwischen $x_i^{(0)}$ und $x_i^{(0)} + h_i$, so dass gilt:

$$\begin{aligned} f(x_0 + h) &- f(x_0) - \langle h, g\rangle \\ &= \sum_{i=1}^n \Big(h_i \frac{\partial f}{\partial x_i}\big(x_1^{(0)}, \ldots, x_{i-1}^{(0)}, \xi_i, x_{i+1}^{(0)} + h_{i+1}, \ldots, x_n^{(0)} + h_n\big) \\ &\qquad - h_i \frac{\partial f}{\partial x_i}(x_0)\Big). \end{aligned}$$

Da alle $\partial f / \partial x_i$ bei x_0 stetig sind, gibt es zu vorgegebenem $\varepsilon > 0$ ein $\delta > 0$, so dass

$$\mathop{\forall}_{1 \le i \le n} \ \mathop{\forall}_{\substack{h \\ ||h|| \le \delta}} \left| \frac{\partial f}{\partial x_i}(x_0 + h) - \frac{\partial f}{\partial x_i}(x_0)\right| \le \frac{\varepsilon}{n}.$$

Falls nun $||h|| \le \delta$ gilt, ist

$$\Big\|(0, \ldots, 0, \xi_i - x_i^{(0)}, h_{i+1}, \ldots, h_n)\Big\| \le \delta,$$

denn ξ_i liegt zwischen $x_i^{(0)}$ und $x_i^{(0)} + h_i$. Damit ist nach Wahl von δ auch für jedes $1 \leq i \leq n$

$$\left| \frac{\partial f}{\partial x_i}(x_1^{(0)}, \ldots, x_{i-1}^{(0)}, \xi_i, x_{i+1}^{(0)} + h_{i+1}, \ldots, x_n^{(0)} + h_n) - \frac{\partial f}{\partial x_i}(x_0) \right| \leq \frac{\varepsilon}{n},$$

und wir können die oben begonnene Abschätzung von $f(x_0+h) - f(x_0) - \langle h, g\rangle$ fortsetzen:

$$\begin{aligned} |f(x_0+h) - f(x_0) - \langle h, g\rangle| &\leq \sum_{i=1}^n |h_i| \cdot \frac{\varepsilon}{n} \\ &\leq ||h|| \cdot \sum_{i=1}^n \frac{\varepsilon}{n} \\ &= ||h|| \cdot \varepsilon. \end{aligned}$$

Wir haben also gezeigt:

$$\bigforall_{\varepsilon>0} \; \bigexists_{\delta>0} \; \bigforall_{\substack{h \\ ||h|| \leq \delta}} |f(x_0+h) - f(x_0) - \langle h, g\rangle| \leq \varepsilon ||h||.$$

Das war aber gerade zu beweisen. □

Bemerkung: Schreibt man das Skalarprodukt aus, so besagt Satz 8.2.4, dass

$$f(x_0+h) \approx f(x_0) + h_1 \frac{\partial f}{\partial x_1}(x_0) + \cdots + h_n \frac{\partial f}{\partial x_n}(x_0)$$

für „kleine“ $h_1, \ldots, h_n$ ist.

Fasst man $f(x_0+h) - f(x_0)$ als „Änderung von f“ und h_i für $i = 1, \ldots, n$ als „Änderung von x_i“ auf und schreibt dafür Δf bzw. $\Delta x_1, \ldots \Delta x_n$, so bedeutet das

$$\Delta f \approx \frac{\partial f}{\partial x_1}(x_0)\Delta x_1 + \cdots + \frac{\partial f}{\partial x_n}(x_0)\Delta x_n.$$

Wenn man bedenkt, dass der Fehler mit immer winzigeren Δx_i immer kleiner wird, und wenn man sich auch noch die Auswertung bei x_0 spart, kann man mit etwas Mut daraus die Beziehung

$$df = \frac{\partial f}{\partial x_1} dx_1 + \cdots + \frac{\partial f}{\partial x_n} dx_n$$

herleiten und sie als Identität zwischen den „unendlich kleinen Größen“ *df* und $dx_1, \ldots, dx_n$ auffassen. *So* findet man Differenzierbarkeit in manchen Büchern für Anwender (Ingenieure Physiker, ...) beschrieben, unter Mathematikern bevorzugt man die ausführliche Variante[14)].

Der Gradient

Der Vektor, dessen Komponenten die partiellen Ableitungen von f bei x_0 sind, spielt im Folgenden eine wichtige Rolle.

[14)] Alles kann man mit der Theorie der Differentialformen „retten“, doch das ist eine andere Geschichte.

Definition 8.2.5. *Sei $U \subset \mathbb{R}^n$ eine offene Teilmenge und $f : U \to \mathbb{R}$ bei $x_0 \in U$ partiell nach allen Variablen differenzierbar.*

(i) Der Vektor

$$(\operatorname{grad} f)(x_0) := \left(\frac{\partial f}{\partial x_1}(x_0), \ldots, \frac{\partial f}{\partial x_n}(x_0) \right)$$

Gradient

heißt Gradient von f bei x_0.

(ii) Sind die Funktionen $\partial f / \partial x_1, \ldots, \partial f / \partial x_n$ sogar stetig auf U, so heißt f stetig differenzierbar.

Das für uns wichtigste Ergebnis des vorigen Satzes kann dann so formuliert werden:

> Die Funktion $f : U \to \mathbb{R}$ sei stetig differenzierbar. Das ist sicher immer dann erfüllt, wenn $f(x_1, \ldots, x_n)$ in geschlossener Form unter Verwendung der bekannten stetig differenzierbaren Funktionen (also Polynome, trigonometrische Funktionen, Exponentialfunktion, ...) aus den $x_1, \ldots, x_n$ aufgebaut ist.
>
> Für jedes $x_0 \in U$ gibt dann der Vektor $(\operatorname{grad} f)(x_0)$ die Richtung des stärksten Anstiegs von f in der Nähe von x_0 an.
>
> Für „kleine" $h \in \mathbb{R}^n$ darf $f(x_0 + h)$ durch $f(x_0) + \langle h, (\operatorname{grad} f)(x_0) \rangle$ approximiert werden, also
>
> $$f(x_0 + h) \approx f(x_0) + \sum_{i=1}^{n} h_i \frac{\partial f}{\partial x_i}(x_0).$$

Bemerkungen und Beispiele:

1. Der Gradient von f bei x_0 sollte eigentlich als Spalte geschrieben werden, da es sich um ein Element des $\mathbb{R}^n$ handelt. Es wurde schon bemerkt, dass man aus Gründen der Übersichtlichkeit solche Vektoren lieber als Zeilen notiert.

Es ist noch auf eine *weitere Vereinfachung der Schreibweise* hinzuweisen. Von f gelangt man doch zunächst zu $\operatorname{grad} f$ – das ist ein n-Tupel von Funktionen – und dann zu $(\operatorname{grad} f)(x_0)$ (ein Vektor). Und deswegen sollte es eigentlich immer $(\operatorname{grad} f)(x_0)$ heißen. Wir werden aber, wie alle anderen auch, einfach $\operatorname{grad} f(x_0)$ schreiben[15].

2. Für $f(x, y, z) := 3x - 4x^2yz$ soll $\operatorname{grad} f(-1, 1, 2)$ berechnet werden.

Zunächst bestimmen wir $\operatorname{grad} f(x, y, z)$ an einer beliebigen Stelle (x, y, z) durch Berechnung der partiellen Ableitungen:

$$\operatorname{grad} f(x, y, z) = (3 - 8xyz, -4x^2z, -4x^2y).$$

[15] Ähnliche Vereinbarungen hatten wir schon bei der Differenzierbarkeit für Funktionen einer Veränderlichen getroffen. Nur so kann man zum Beispiel die bekannte Differentiationsregel $(x^n)' = nx^{n-1}$ übersichlich formulieren.

Setzt man $(x, y, z) = (-1, 1, 2)$ ein, so erhält man

$$\operatorname{grad} f(-1,1,2) = (19,-8,-4).$$

3. Nun soll die vorstehende Rechnung verwendet werden, um eine Näherungsformel für f in der Nähe von $(-1, 1, 2)$ zu erhalten. Dazu ist noch

$$f(-1,1,2) = -3 - 4(-1)^2 \cdot 1 \cdot 2 = -11$$

zu berechnen. Wir erhalten

$$\begin{aligned} f(-1+h_1, 1+h_2, 2+h_3) &\approx -11 + \langle h, (19,-8,-4)\rangle \\ &= -11 + 19h_1 - 8h_2 - 4h_3. \end{aligned}$$

Beispielsweise ergibt sich mit dieser Approximation, dass

$$\begin{aligned} f(-0.994, 1.001, 2.02) &= f(-1+0.006, 1+0.001, 2+0.02) \\ &\approx -11 + 19(0.006) - 8(0.001) - 4(0.02) \\ &= -11 + 0.114 - 0.008 - 0.08 \\ &= -10.974; \end{aligned}$$

ein genauerer Wert ist -10.9733314. Ähnlich erhält man

$$f(-1, 0.98, 2.02) \approx -10.92$$

als Approximation von $f(-1, 0.98, 2.02) = -10.9184\ldots$

4. Eine rechteckige Platte sei aufgeheizt, die Temperatur bei (x, y) sei durch $T(x, y) = 50 - x^2 y$ gegeben.

Eine Maus befinde sich an der Stelle $(1, 2)$. Sie fühlt sich dort wegen $T(x, y) = 48$ nicht sehr wohl. In welche Richtung empfehlen Sie der Maus wegzulaufen?

Die Lösung: T fällt doch am schnellsten in Richtung des negativen Gradienten, und hier ist $\operatorname{grad} T(x, y) = (-2xy, -x^2)$, d.h. $\operatorname{grad} T(1, 2) = (-4, -1)$. Die Empfehlung lautet daher, sich in Richtung des Vektors $-\operatorname{grad} T(1, 2) = (4, 1)$ zu entfernen (vgl. Bild 8.3).

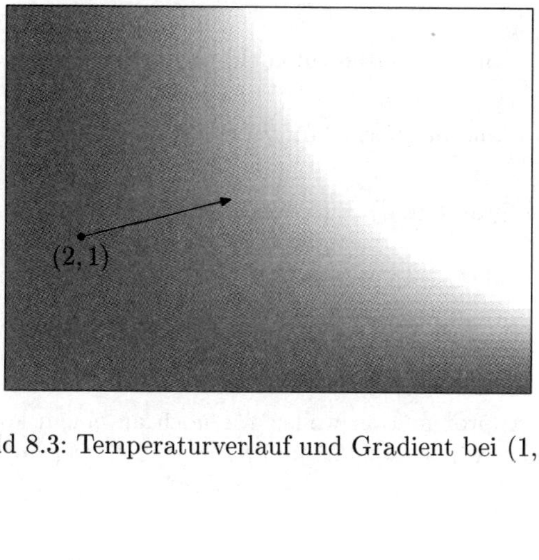

Bild 8.3: Temperaturverlauf und Gradient bei $(1, 2)$

Vektorfeld

5. Für jedes x_0 ist grad $f(x_0)$ ein Vektor. Unter grad f verstehen wir die Abbildung $x \mapsto \operatorname{grad} f(x)$. Formal handelt es sich um eine Abbildung, die U in den $\mathbb{R}^n$ abbildet (ein so genanntes *Vektorfeld*). Ist f stetig differenzierbar, so heißt das gerade, dass grad $f : U \to \mathbb{R}^n$ eine stetige Abbildung ist.

Eine Veranschaulichung ist dadurch möglich, dass man für „genügend viele" Punkte – evtl. unter Maßstabsänderung – grad $f(x_0)$ in x_0 einzeichnet.

Nachstehend finden Sie eine Skizze von grad f für $f(x, y) := xy$, also eine Veranschaulichung des Gradientenfelds grad $f : (x, y) \mapsto (y, x)$:

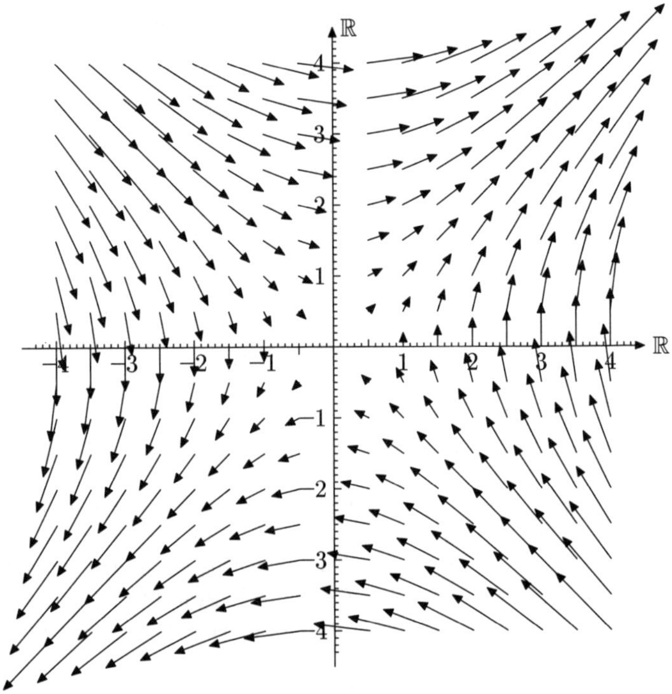

Bild 8.4: Gradientenfeld von $(x, y) \mapsto xy$

6. Man finde eine Näherungsformel für $f : (\alpha, \beta) \mapsto \sqrt{1 + \alpha\beta}$ bei $(\alpha, \beta) = (3, 1)$. Hier ist

$$\operatorname{grad} f(\alpha, \beta) = \left(\frac{\beta}{2\sqrt{1 + \alpha\beta}}, \frac{\alpha}{2\sqrt{1 + \alpha\beta}} \right),$$

also grad $f(3, 1) = (1/4, 3/4)$. Wegen $f(3, 1) = 2$ ergibt sich daraus

$$\sqrt{1 + (3 + h_1)(1 + h_2)} \approx 2 + \frac{h_1}{4} + \frac{3h_2}{4}.$$

Die Güte dieser Approximation wollen wir noch an einem konkreten Beispiel testen, dazu wählen wir $h_1 = 0.005$ und $h_2 = -0.006$. Der auf 7 Stellen exakte

Wert von $f(3.005, 0.994)$ ist $1.9967398\ldots$, als Approximation erhält man

$$2 + \frac{0.005}{3} - \frac{3 \cdot 0.006}{4} = 1.99675.$$

Das ist ein Fehler in der Größenordnung von etwa 10^{-5}.

Der Gradient als Lebenserfahrung

Es wurde schon in der Einleitung zu diesem Kapitel hervorgehoben, dass wir es in der Realität sehr oft mit Funktionen zu tun haben, die von mehreren Veränderlichen abhängen. Sehr viele Beispiele ergeben sich daraus, dass Größen von den drei Raumkoordinaten abhängen können.

Für solche Fälle hat die Natur im Laufe der Evolution dafür gesorgt, dass der Gradient intuitiv und oft in Sekunden-Bruchteilen erkannt wird. Außerdem veranlasst das Unterbewusstsein – je nach Situation – eine Bewegung in Richtung des Gradienten oder gerade entgegengesetzt (also in Richtung des negativen Gradienten). Im obigen Beispiel 3 der Maus auf der heißen Platte würde die Maus natürlich nicht anfangen, partielle Ableitungen auszurechnen, sie würde vielmehr instinktiv auf schnellstem Weg in kühlere Regionen laufen. Hier noch einige weitere Beispiele:

- Wenn es einem im Winter zu kalt ist, „weiß“ der Körper, in welche Richtung der Gradient der Temperaturfunktion zeigt.

- Angenommen, Sie befinden sich in einem hügeligen Gelände, und bzgl. irgendeines rechtwinkligen Koordinatensystems bedeutet $f(x)$ die Höhe über dem Meeresspiegel an der Stelle $x \in \mathbb{R}^2$. (Ist das Gelände nicht zu groß, könnte man $x = (x_1, x_2)$ zum Beispiel durch Breitengrad x_1 und Längengrad x_2 beschreiben.)

  Dann ist der Gradient $f(x)$ bei x derjenige horizontale Vektor, der die Richtung angibt, in der es von x aus gesehen am stärksten aufwärts geht.

- Wenn Sie sich plötzlich im Urwald einem Tiger gegenübersehen, wird schlagartig die Funktion $f(x) :=$ „Abstand vom Punkt x zum Tiger“ interessant. Auch wenn Sie diesen Abschnitt nicht gelesen hätten und auch wenn Sie jetzt nicht konkret rechnen wollen, ist klar: Der Gradient in x wird ein Vektor sein, der vom Tiger weg zeigt.

  Der Instinkt hat Recht: Wenn sich der Tiger – zum Beispiel – im Nullpunkt befindet, ist der Abstand zu einem Punkt (x_1, x_2) der Ebene durch $f(x_1, x_2) = \sqrt{x_1^2 + x_2^2}$ gegeben. Der Gradient von diesem f bei (x_1, x_2) ist $\left(x_1/\sqrt{x_1^2 + x_2^2}, x_2/\sqrt{x_1^2 + x_2^2}\right)$, und das ist ein Vektor der Länge 1, der ein Vielfaches von (x_1, x_2) ist.

  (Gäbe es ein ähnliches Problem im $\mathbb{R}^n$ für andere Dimensionen, so würde man auch – bei gleichem Beweis – zeigen können: Die Norm eines Vektors nimmt am stärksten in Richtung dieses Vektors zu.)

- Schon Kleinstlebewesen haben Sensoren dafür, Gradienten von z.B. Temperatur, Säurekonzentration oder Lichtintensität zu messen und entsprechend zu reagieren. Auch unsere Sinnesorgane sind hervorragende Gradienten-Messinstrumente. (Denken Sie daran, wenn auf der nächsten Party ein interessantes Parfüm in der Luft liegt oder es auf dem Weihnachtsmarkt plötzlich nach Glühwein riecht.)

? 7. Interpretieren Sie die vorstehenden Überlegungen im Fall $n = 1$: Welcher Vektor ist $\operatorname{grad} f(4)$ für $f(x) = x^2 - 1$, was bedeutet im Eindimensionalen die Aussage „$\operatorname{grad} f(x_0)$ zeigt in die Richtung des stärksten Anstiegs von f an der Stelle x_0“?

8.3 Höhere partielle Ableitungen und der Satz von Taylor

Im vorigen Abschnitt haben wir unter Verwendung des Konzepts der Differenzierbarkeit (fast) beliebige Funktionen auf dem $\mathbb{R}^n$ im Kleinen „gut“ durch lineare Abbildungen approximiert: $f(x_0 + h) \approx f(x_0) + \langle \operatorname{grad} f(x_0), h\rangle$. Was heißt aber „gut“ genau?

Ähnlich wie in Kapitel 4 lassen sich mit dem *Satz von Taylor* quantitative Aussagen gewinnen, wieder wird die Güte der Approximation vom Verhalten der höheren Ableitungen abhängen. Hier sind – natürlich – höhere partielle Ableitungen gemeint, die studieren wir als Erstes. Anschließend wird eine überraschende Eigenschaft dieser höheren Ableitungen bewiesen. Der *Satz von Schwarz* garantiert, dass es auf die Reihenfolge nicht ankommt: Zuerst nach x_i und dann nach x_j abzuleiten führt zum gleichen Ergebnis wie umgekehrt.

Es ist dann noch eine weitere Vorbereitung erforderlich, wir führen als neues Symbol den *Nabla-Operator* ein. Damit werden wir dann in der Lage sein, den Satz von Taylor übersichtlich zu formulieren. Der Beweis ist danach nicht besonders schwierig, er wird auf den „eindimensionalen“ Satz zurückgeführt. (Genau genommen, haben wir dann wesentlich mehr erreicht als eigentlich geplant. Wir haben nicht nur für den Unterschied zwischen $f(x_0 + h)$ und der Näherung $f(x_0) + \langle \operatorname{grad} f(x_0), h\rangle$ eine Fehlerabschätzung ermittelt, wir können nun die Funktion f in der Nähe von x_0 durch Polynome[16)] approximieren.)

Am Ende dieses Abschnitts werden noch einige *erste Folgerungen* aus dem Satz von Taylor gezogen, auch wird ein *Beispiel* ausführlich behandelt werden.

Höhere partielle Ableitungen

Inhaltlich sollte klar sein, was es zum Beispiel für eine Funktion in den drei Veränderlichen x, y, z bedeutet, dass sie einmal nach x, dann zweimal nach y, anschließend noch einmal nach x und am Ende einmal nach z abgeleitet wird.

16) Hier sind Polynome in mehreren Veränderlichen gemeint, s.u.

Ist etwa $f(x,y,z) = x^4y^6e^{3z}$, so ergibt sich über die Zwischenrechnungen $4x^3y^6e^{3z}$, $24x^3y^5e^{3z}$, $120x^3y^4e^{3z}$, $360x^2y^4e^{3z}$ das Ergebnis $1080x^2y^4e^{3z}$. In diesem konkreten Fall würde man dafür

$$\frac{\partial^5 f}{\partial z \partial x \partial y^2 \partial x}$$

schreiben[17]. Im Zähler erkennt man aus dem Exponenten beim „∂", wie oft insgesamt abgeleitet wird, und im Nenner werden die dort stehenden Variablen von rechts nach links abgearbeitet; ist eine mehrfache Ableitung nach der gleichen Variablen vorgeschrieben – wie hier beim y – drückt man das durch den entsprechenden Exponenten bei dieser Variablen (und nicht, wie es vielleicht logischer wäre, bei dem entsprechenden „∂") aus.

Hier *zwei weitere Beispiele* dazu:

1. Sei $f(x,y) = \sin(xy)$. Dann ist

$$\frac{\partial^3 f}{\partial x^2 \partial y} = \frac{\partial^3 f}{\partial x \partial y \partial x} = \frac{\partial^3 f}{\partial y \partial x^2} = -xy^2 \cos(xy).$$

2. Für $f(x_1,\ldots,x_n) = x_1^4 + \cdots + x_n^4$ ist

$$\frac{\partial^2 f}{\partial x_i^2} = 12x_i^2$$

für jedes i.

Der Exponent bei „∂" im Zähler heißt übrigens die *Ordnung* der Ableitung, die vorstehenden Beispiele waren von fünfter, dritter und zweiter Ordnung. Ist $m \in \mathbb{N}$, so sagt man, dass f m-mal *stetig partiell differenzierbar* ist, wenn alle Ableitungen bis zur m-ten Ordnung existieren und stetig sind.

Für die meisten Zwecke reicht es, sich zu merken: Ist f als geschlossener Ausdruck aus differenzierbaren Bausteinen dargestellt, so ist f m-mal stetig partiell differenzierbar für beliebig große m.

Hermann Amandus Schwarz
1843 – 1921

Der Satz von H.A. Schwarz[18]

Bei der Berechnung der höheren partiellen Ableitungen fällt auf, dass es bei den Beispielen auf die *Reihenfolge* der partiellen Ableitungen *gar nicht ankam*, also etwa stets $\partial^2 f/\partial x \partial y = \partial^2 f/\partial y \partial x$ galt. Das ist ein beim ersten Kennenlernen unerwartetes merkwürdiges Phänomen: Bei naiver Betrachtung ist nicht einzusehen, dass $\partial^2 f/\partial x \partial y$ und $\partial^2 f/\partial y \partial x$ etwas miteinander zu tun haben sollten.

---

[17] Gesprochen wird das als: „d fünf f nach d z, d x, d y Quadrat, d x".

[18] Ein wenig Lokalpatriotismus darf sein: Hermann Amandus Schwarz (1843 bis 1921) begann als Gymnasiallehrer, später war er Professor an mehreren Universitäten, zuletzt an der Friedrich-Wilhelms-Universität – heute Humboldt-Universität – in Berlin als Nachfolger von Weierstraß; er schrieb wichtige Arbeiten zu verschiedenen Gebieten der Analysis.

Es lassen sich zwar mit etwas Einfallsreichtum Funktionen angeben, für die $\partial^2 f/\partial x \partial y$ von $\partial^2 f/\partial y \partial x$ verschieden ist[19], doch stellen derartige Situationen pathologische Ausnahmefälle dar. Für alle praktisch wichtigen Funktionen darf die Differentiationsreihenfolge vertauscht werden, das wird im Folgenden wichtige Konsequenzen haben.

Ein genügend allgemeines Ergebnis finden Sie im folgenden

Satz von Schwarz

Satz 8.3.1 (H.A. Schwarz). *Sei $U \subset \mathbb{R}^n$ offen und $f : U \to \mathbb{R}$. Sind dann, für zwei i, j mit $1 \leq i, j \leq n$, die Funktionen $\partial f/\partial x_i$, $\partial f/\partial x_j$, $\partial^2 f/\partial x_i \partial x_j$ und $\partial^2 f/\partial x_j \partial x_i$ auf U definiert und stetig, so gilt für jedes $x_0 \in U$:*

$$\frac{\partial^2 f}{\partial x_i \partial x_j}(x_0) = \frac{\partial^2 f}{\partial x_j \partial x_i}(x_0).$$

Beweis: Für $i = j$ ist nichts zu zeigen, und für $i \neq j$ werden bis auf zwei Komponenten (nämlich die i-te und die j-te) alle anderen bei sämtlichen Rechnungen festgehalten. Das bedeutet, dass wir uns nur um den Fall $n = 2$ kümmern müssen. Zu zeigen ist also:

> Es sei $U \subset \mathbb{R}^2$ offen und $f : U \to \mathbb{R}$. Setzt man voraus, dass $\partial f/\partial x$, $\partial f/\partial y$, $\partial^2 f/\partial x \partial y$ und $\partial^2 f/\partial y \partial x$ existieren und auf U stetig sind, so gilt
> $$\frac{\partial^2 f}{\partial x \partial y}(x_0) = \frac{\partial^2 f}{\partial y \partial x}(x_0)$$
> für alle $x_0 \in U$.

Zum Beweis dieser Aussage sei $x_0 = \left(x_1^{(0)}, x_2^{(0)}\right) \in U$ beliebig vorgegeben und $n_0 \in \mathbb{N}$ so groß, dass für $n \geq n_0$ die folgenden vier Punkte in U liegen[20]:

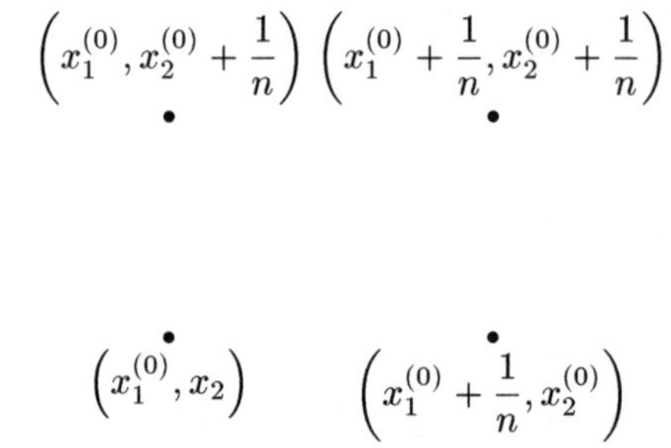

Bild 8.5: f wird an diesen vier Punkten ausgewertet

[19] Vgl. Übung 8.3.2.

[20] Man muss nur dafür sorgen, dass die Kugel um x_0 mit dem Radius $1/(\sqrt{2}n_0)$ in U enthalten ist.

Zur Berechnung der gemischten partiellen Ableitungen bestimmen wir für $n \geq n_0$ die Zahl

$$\begin{aligned} \alpha_n &:= f\big(x_1^{(0)}, x_2^{(0)}\big) - f\Big(x_1^{(0)}, x_2^{(0)} + \frac{1}{n}\Big) \\ &\quad - f\Big(x_1^{(0)} + \frac{1}{n}, x_2^{(0)}\Big) + f\Big(x_1^{(0)} + \frac{1}{n}, x_2^{(0)} + \frac{1}{n}\Big) \end{aligned}$$

auf zwei verschiedene Weisen, nämlich:

- Erstens definieren wir für $n \geq n_0$ die Funktion $g_n : \Big[x_1^{(0)}, x_1^{(0)} + 1/n\Big] \to \mathbb{R}$ durch

  $$g_n(x) := f\Big(x, x_2^{(0)} + \frac{1}{n}\Big) - f(x, x_2^{(0)}).$$

  Dann ist $\alpha_n = g_n(x_1^{(0)} + 1/n) - g_n(x_1^{(0)})$, und aufgrund des Mittelwertsatzes gibt es ein $s_n \in \Big]\, x_1^{(0)}, x_1^{(0)} + 1/n \,\Big[$ mit

  $$\begin{aligned} \alpha_n &= \frac{1}{n} \cdot g_n'(s_n) \\ &= \frac{1}{n} \cdot \Big(\frac{\partial f}{\partial x}(s_n, x_2^{(0)} + \frac{1}{n}) - \frac{\partial f}{\partial x}(s_n, x_2^{(0)})\Big). \end{aligned}$$

  Eine erneute Anwendung des Mittelwertsatzes auf die Funktion

  $$x \mapsto \frac{\partial f}{\partial x}(s_n, x)$$

  liefert die Existenz eines $\sigma_n \in \Big]\, x_2^{(0)}, x_2^{(0)} + 1/n \,\Big[$ mit

  $$\begin{aligned} \alpha_n &= \frac{1}{n} \cdot \Big(\frac{\partial f}{\partial x}(s_n, x_2^{(0)} + \frac{1}{n}) - \frac{\partial f}{\partial x}(s_n, x_2^{(0)})\Big) \\ &= \frac{1}{n^2} \frac{\partial^2 f}{\partial y \partial x}(s_n, \sigma_n). \end{aligned}$$

- Zweitens kann man analog von der Funktion

  $$h_n(x) := f\left(x_1^{(0)} + \frac{1}{n}, x\right) - f(x_1^{(0)}, x)$$

  ausgehen und durch zweimalige Anwendung des Mittelwertsatzes eine Zahl $t_n \in \Big]\, x_1^{(0)}, x_1^{(0)} + 1/n \,\Big[$ und ein $\tau_n \in \Big]\, x_2^{(0)}, x_2^{(0)} + 1/n \,\Big[$ so finden, dass gilt:

  $$\alpha_n = \frac{1}{n^2} \frac{\partial^2 f}{\partial x \partial y}(t_n, \tau_n).$$

Für $n \to \infty$ konvergieren (s_n, σ_n) und (t_n, τ_n) gegen x_0, und damit folgt aus

$$\underset{n \geq n_0}{\forall} \frac{\partial^2 f}{\partial x \partial y}(t_n, \tau_n) = n^2 \alpha_n = \frac{\partial^2 f}{\partial y \partial x}(s_n, \sigma_n)$$

und der Stetigkeit von $\partial^2 f/\partial x\partial y$ und $\partial^2 f/\partial y\partial x$, dass

$$\frac{\partial^2 f}{\partial x\partial y}(x_0) = \frac{\partial^2 f}{\partial y\partial x}(x_0)$$

sein muss. Das war aber zu zeigen. □

Bemerkung: Durch mehrfache Anwendung des Satzes von Schwarz lassen sich komplizierte Differentialausdrücke vereinfachen, etwa

$$\frac{\partial^6 f}{\partial x\partial y\partial z\partial y\partial x\partial x} \text{ zu } \frac{\partial^6 f}{\partial x^3\partial y^2\partial z};$$

dazu ist natürlich vorauszusetzen, dass die auftretenden Ableitungen nicht nur existieren, sondern auch stetig sind.

Differenzierbar oder stetig differenzierbar?

Für Funktionen in einer Veränderlichen lassen sich so gut wie alle interessanten Folgerungen aus der Differenzierbarkeit schon dann beweisen, wenn man nur die *Existenz* der betreffenden Ableitungen voraussetzt: Mittelwertsätze, Satz von Taylor, ...

Hier in Kapitel 8 dagegen werden wir es fast immer mit *stetig differenzierbaren* Funktionen zu tun haben. Nur für sie kann man leicht die Differenzierbarkeit durch partielle Ableitungen beschreiben, im Satz von Schwarz wurde Stetigkeit der auftretenden Ableitungen vorausgesetzt, und auch später wird es viele weitere entsprechende Ergebnisse geben.

Der Nabla-Operator

Als Vorbereitung zur Formulierung des Satzes von Taylor benötigen wir etwas *Übung im formalen Umgang mit Differentiationssymbolen*:

∇

Definition 8.3.2. *Wir wollen unter dem Symbol ∇ (lies:* Nabla*) die Abkürzung für den Ausdruck*

$$\nabla := \left(\frac{\partial}{\partial x_1}, \dots, \frac{\partial}{\partial x_n}\right)$$

verstehen.

Natürlich ist ∇, für sich genommen, eigentlich nicht sinnvoll; verfährt man damit jedoch formal wie mit einem Vektor des $\mathbb{R}^n$, so ergeben sich Ausdrücke, die man berechnen kann.

Erstens:

Der Ausdruck

$$\nabla f := \left(\frac{\partial f}{\partial x_1}, \dots, \frac{\partial f}{\partial x_n}\right)$$

ist für eine differenzierbare Funktion $f : U \to \mathbb{R}$ das zugehörige Gradientenfeld. f wird also formal wie eine Zahl rechts an den „Vektor“ ∇ multipliziert.

Zweitens:

Für $x_0 \in U$ ist $\nabla f(x_0)$ derjenige Vektor des $\mathbb{R}^n$, der entsteht, wenn man x_0 in das Gradientenfeld ∇f einsetzt. $\nabla f(x_0)$ ist also der Vektor $\operatorname{grad} f(x_0)$.

Drittens:

Für $h = (h_1, \ldots, h_n) \in \mathbb{R}^n$ verstehen wir unter $\langle h, \nabla \rangle$ das formale innere Produkt von h mit ∇, also den Ausdruck

$$\sum_{i=1}^{n} h_i \frac{\partial}{\partial x_i}.$$

$\langle h, \nabla \rangle$ ist, für sich genommen, genauso wenig sinnvoll wie ∇, dieser Ausdruck „wartet" sozusagen auf eine differenzierbare Funktion. Es ist nämlich wieder klar, was unter $\langle h, \nabla \rangle f$ für eine Funktion f in n Veränderlichen zu verstehen ist:

$$\langle h, \nabla \rangle f = h_1 \frac{\partial f}{\partial x_1} + \cdots + h_n \frac{\partial f}{\partial x_n}.$$

So ist etwa für $f : (x, y, z) \mapsto x^2 - 2y^3 z$ und $h = (1, 2, 3)$:

$$\begin{aligned} \langle h, \nabla \rangle f(x, y, z) &= \left(\left(\frac{\partial}{\partial x} + 2\frac{\partial}{\partial y} + 3\frac{\partial}{\partial z} \right) f \right)(x, y, z) \\ &= \left(\frac{\partial f}{\partial x} + 2\frac{\partial f}{\partial y} + 3\frac{\partial f}{\partial z} \right)(x, y, z) \\ &= 2x - 12y^2 z - 6y^3. \end{aligned}$$

Viertens:

Nun wird es etwas komplizierter, wir benötigen auch noch die formalen Potenzen: Was ist $\langle h, \nabla \rangle^k$ für $k \in \mathbb{N}_0$?

Dazu multipliziere man $\langle h, \nabla \rangle^k$ so aus, als wenn es sich um gewöhnliche Klammerausdrücke handeln würde. Es ist zu beachten, dass Produkte der Komponenten von ∇ vereinfacht geschrieben werden dürfen und dass die Komponenten untereinander kommutieren. Unter Verwendung der Formel[21)]

$$(a_1 + \cdots + a_n)^k = \sum_{\substack{0 \le j_1, \ldots, j_n \le k \\ j_1 + \cdots + j_n = k}} \frac{k!}{j_1! \cdots j_n!} a_1^{j_1} \cdots a_n^{j_n}$$

ergibt sich

$$\langle h, \nabla \rangle^k = \sum_{\substack{0 \le j_1, \ldots, j_n \le k \\ j_1 + \cdots + j_n = k}} \frac{k!}{j_1! \cdots j_n!} h_1^{j_1} \cdots h_n^{j_n} \frac{\partial^k}{\partial x_1^{j_1} \cdots \partial x_n^{j_n}}.$$

[21)] Für $n = 2$ ist das die bekannte Formel für $(a + b)^k$. Der Induktionsbeweis für den allgemeinen Fall soll hier nicht geführt werden.

Beispiele:

1. Im Fall $n = k = 2$ ist

$$\begin{aligned} \langle h, \nabla \rangle^2 &= \left(h_1 \frac{\partial}{\partial x} + h_2 \frac{\partial}{\partial y} \right)^2 \\ &= h_1^2 \frac{\partial^2}{\partial x^2} + 2h_1 h_2 \frac{\partial^2}{\partial x \partial y} + h_2^2 \frac{\partial^2}{\partial y^2}. \end{aligned}$$

2. Für $n = k = 3$ und $h = (1, -2, 0)$ ist

$$\begin{aligned} \langle (1, -2, 0), \nabla \rangle^3 &= \left(\frac{\partial}{\partial x} - 2 \frac{\partial}{\partial y} \right)^3 \\ &= \frac{\partial^3}{\partial x^3} - 6 \frac{\partial^3}{\partial x^2 \partial y} + 12 \frac{\partial^3}{\partial x \partial y^2} - 8 \frac{\partial^3}{\partial y^3}. \end{aligned}$$

3. Für $n = 2$ vereinfacht sich obige allgemeine Formel zu

$$\langle h, \nabla \rangle^k = \sum_{i=0}^{k} \binom{k}{i} h_1^i h_2^{k-i} \frac{\partial^k}{\partial x^i \partial y^{k-i}}.$$

Wer auf eine nicht bloß formale Erklärung Wert legt, kann $\langle h, \nabla \rangle$ als *Differentialoperator* auffassen, also als Abbildung, die jeder differenzierbaren Funktion f die Funktion $\langle h, \nabla \rangle f$ zuordnet. $\langle h, \nabla \rangle^k$ ist dann gerade derjenige Operator, der der k-maligen Hintereinanderausführung von $\langle h, \nabla \rangle$ entspricht. Dass wirklich so ausmultipliziert werden darf wie beschrieben, liegt erstens an der Linearität des Differenzierens und zweitens am Satz von Schwarz.

Der Satz von Taylor

Nach diesen Vorbereitungen können wir den folgenden wichtigen Satz beweisen. Formal ähnelt er sehr stark dem „eindimensionalen" Ergebnis (Satz 4.3.2):

Satz von Taylor

Satz 8.3.3 (Satz von Taylor). *Sei $U \subset \mathbb{R}^n$ offen und $f : U \to \mathbb{R}$. Weiter sei $x_0 \in U$, und $h \in \mathbb{R}^n$ sei so vorgegeben, dass $x_0 + th \in U$ für $0 \le t \le 1$; das bedeutet, dass die ganze Verbindungsstrecke von x_0 nach $x_0 + h$ in U liegt.*

Ist dann f $(k+1)$-mal stetig partiell differenzierbar auf U, so gibt es ein $t_0 \in \,]0, 1[$ mit

$$f(x_0 + h) = \sum_{i=0}^{k} \frac{\langle h, \nabla \rangle^i f(x_0)}{i!} + \frac{\langle h, \nabla \rangle^{k+1} f(x_0 + t_0 h)}{(k+1)!}.$$

Wir wollen den Beweis auf den eindimensionalen Satz von Taylor zurückführen, als Vorbereitung beweisen wir das

Lemma 8.3.4. *Es seien $r \in \mathbb{N}_0$ und $f : U \to \mathbb{R}^n$ r-mal partiell differenzierbar. x_0 und $x_0 + h$ seien Punkte aus U, so dass die ganze Verbindungsstrecke von x_0 nach $x_0 + h$ in U liegt.*

Definiert man dann $g : [0,1] \to \mathbb{R}$ durch $g(t) := f(x_0 + th)$, so ist g r-mal differenzierbar. Die r-te Ableitung von g ist für jedes $t \in [0,1]$ durch

$$g^{(r)}(t) = \langle h, \nabla \rangle^r f(x_0 + th)$$

gegeben.

Beweis: Der Fall $r = 0$ ist klar, für $r \in \mathbb{N}$ wird die Aussage durch vollständige Induktion bewiesen.

- **Induktionsanfang**

  Zu zeigen ist doch, dass

$$g'(t) = \sum_{i=1}^{n} h_i \cdot \frac{\partial f}{\partial x_i}(x_0 + th) = \langle h, \operatorname{grad} f(x_0 + th) \rangle$$

  gilt. Sei also $(t_n)_{n \in \mathbb{N}}$ eine Folge in $[0,1]$, so dass $t_n \to t$ und $t_n \neq t$ für alle n. Wegen der Differenzierbarkeit von f bei $x_0 + th \in U$ ist

$$\lim_{\tilde{h} \to 0} \frac{1}{||\tilde{h}||} \left| f(x_0 + th + \tilde{h}) - f(x_0 + th) - \langle \tilde{h}, \operatorname{grad} f(x_0 + th) \rangle \right| = 0.$$

  Insbesondere heißt das für $\tilde{h}_n := (t_n - t) \cdot h \to 0$, dass

$$\lim_{n \to \infty} \frac{1}{||(t_n - t)h||} |g(t_n) - g(t) - \langle (t_n - t)h, \operatorname{grad} f(x_0 + th) \rangle| = 0,$$

  und das bedeutet gerade, dass

$$\left| \frac{g(t_n) - g(t)}{t_n - t} - \langle h, \operatorname{grad} f(x_0 + th) \rangle \right| \to 0$$

  gilt. Folglich ist $g'(t) = \langle h, \nabla \rangle f(x_0 + th)$ wie behauptet.

- **Induktionsvoraussetzung**

  Die Aussage von Lemma 8.3.4 gelte für ein festes $r \in \mathbb{N}$.

- **Induktionsschluss**

  Die Aussage ist für $r + 1$ zu zeigen, das soll durch eine Kombination der Induktionsvoraussetzung mit dem schon geführten Beweis für $r = 1$ erreicht werden.

  Wir betrachten die Funktion

$$F : t \mapsto \langle h, \nabla \rangle^r f(x_0 + th).$$

Die Ableitung dieser Funktion ist aufgrund des für $r = 1$ geführten Beweises[22] gleich $\langle h, \nabla\rangle F(x_0 + th)$, also gleich $\big(\langle h, \nabla\rangle\langle h, \nabla\rangle^r f\big)(x_0 + th)$. Es gilt also

$$F'(t) = \langle h, \nabla\rangle^{r+1} f(x_0 + th).$$

Andererseits ist nach Induktionsvoraussetzung $F(t) = g^{(r)}(t)$, d.h.:

$$g^{(r+1)}(t) = F'(t) = \langle h, \nabla\rangle^{r+1} f(x_0 + th). \qquad \square$$

Es folgt der *Beweis des Satzes von Taylor*. Er wird überraschend kurz sein, die Hauptarbeit ist nämlich schon geleistet: einmal im Beweis des eindimensionalen Satzes (Satz 4.3.2) und dann durch den Nachweis der Eigenschaften der vorstehend definierten Funktion g.

Beweis: Wir betrachten die Funktion $g : [\,0, 1\,] \to \mathbb{R},\ t \mapsto f(x_0 + th)$. Wegen Lemma 8.3.4 ist g dann $(k{+}1)$-mal differenzierbar, aufgrund des „eindimensionalen" Satzes von Taylor existiert folglich $t_0 \in \,]\,0, 1\,[$ mit

$$g(1) = \sum_{i=0}^{k} \frac{g^{(i)}(0)}{i!} 1^i + \frac{g^{(k+1)}(t_0)}{(k+1)!} 1^{k+1}.$$

Mit Lemma 8.3.4 kann diese Formel als

$$f(x_0 + h) = \sum_{i=0}^{k} \frac{\langle h, \nabla\rangle^i f(x_0)}{i!} + \frac{\langle h, \nabla\rangle^{k+1} f(x_0 + t_0 h)}{(k+1)!}$$

umgeschrieben werden. □

Erste Folgerungen aus dem Satz von Taylor, ein Beispiel

Mittelwertsatz

Ähnlich wie im Eindimensionalen ist das Wachstum einer Funktion zwischen zwei Punkten vom Verhalten der „Ableitung" – d.h. des Gradienten – zwischen diesen Punkten abhängig:

Mittelwertsatz

Korollar 8.3.5 (Mittelwertsatz). *Es sei $U \subset \mathbb{R}^n$ offen und $f : U \to \mathbb{R}$ stetig partiell differenzierbar. Ist $x_0 \in U$ und gehört die Strecke zwischen x_0 und $x_0 + h$ ganz zu U, so existiert ein $t_0 \in \,]\,0, 1\,[$, so dass*

$$f(x_0 + h) - f(x_0) = \langle h, \operatorname{grad} f(x_0 + t_0 h)\rangle.$$

Beweis: Das ist die Aussage des Satzes von Taylor für den Spezialfall $k = 0$. □

---

[22] Der Induktionsanfang wird also jetzt für F und nicht für g ausgenutzt.

Charakterisierung konstanter Abbildungen

Korollar 8.3.6. *Es sei $U \subset \mathbb{R}^n$ offen, wir nehmen an, dass je zwei Punkte von U durch einen Streckenzug verbindbar sind*[23]*. Ist dann $f : U \to \mathbb{R}$ stetig partiell differenzierbar und ist* $\operatorname{grad} f(x) = 0$ *für alle $x \in U$, so ist f konstant. Kurz: f ist genau dann konstant, wenn* $\operatorname{grad} f = 0$ *gilt.*

grad $f = 0$ folgt: f konstant

Beweis: Sei $x_0 \in U$ fest gewählt. Für jedes $x \in U$ gibt es $x_1, \ldots, x_m \in U$, so dass der Streckenzug von x_0 über x_1 und x_2 und $\cdots$ nach $x_m = x$ ganz in U liegt.

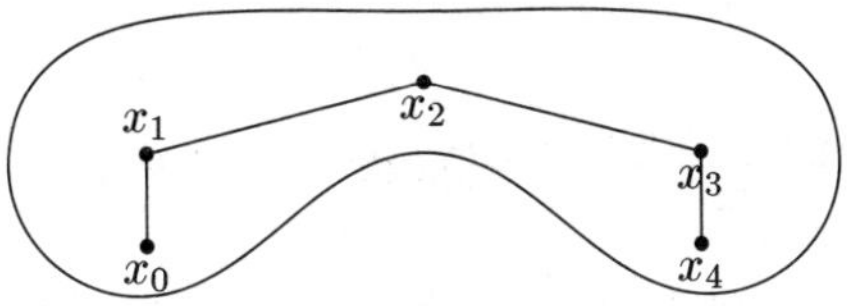

Bild 8.6: Streckenzug in U

Zu $i \in \{1, \ldots, m\}$ kann man nach Korollar 8.3.5 ein $t_i \in \,]0,1[$ so finden, dass

$$f(x_i) - f(x_{i-1}) = \Big\langle x_i - x_{i-1}, \operatorname{grad} f\big(x_i + t_0(x_i - x_{i-1})\big) \Big\rangle = 0,$$

es gilt also $f(x_i) = f(x_{i-1})$. Damit ist $f(x_0) = f(x_1) = \cdots = f(x_m) = f(x)$, also muss f konstant gleich $f(x_0)$ sein. □

Richtungsableitungen

Wie üblich sei $U \subset \mathbb{R}^n$ offen und $x_0 \in U$. Weiter sei $h_0 \in \mathbb{R}^n$, wir nehmen an, dass h_0 nicht der Nullvektor ist. Da U offen ist, wird $\varphi_{h_0} : t \mapsto f(x_0 + th_0)$ für kleine t definiert sein, etwa auf einem Intervall $[-\varepsilon, \varepsilon]$.

Die inhaltliche Bedeutung von φ_{h_0} ist die folgende: $t \mapsto x_0 + th_0$ beschreibt einen Spaziergang, der mit gleichförmiger Geschwindigkeit $||h_0||$ von x_0 in Richtung $x_0 + h_0$ geht, die Zeitmessung beginnt beim Durchgang durch x_0. Dabei wird während des Spaziergangs verfolgt, wie sich f verhält. Ist etwa $f(x)$ die Temperatur im Punkt $x \in \mathbb{R}^2$, so beschreibt φ_{h_0} das Temperaturempfinden des Spaziergängers. Wie verändert sich φ_{h_0} beim Start? Dazu ist die Ableitung von φ_{h_0} bei 0 auszurechnen:

Satz 8.3.7. *Ist f stetig differenzierbar, so gilt $\varphi'_{h_0}(0) = \langle h_0, \operatorname{grad} f(x_0)\rangle$. Diese Zahl heißt die* Richtungsableitung von f in Richtung h_0.

Richtungsableitung

[23] Ein *Streckenzug* besteht aus endlich vielen, etwa m Strecken, wobei der Endpunkt der i-ten Strecke mit dem Anfangspunkt der $(i+1)$-ten Strecke zusammenfällt ($i = 1, \ldots, m-1$).

Sind je zwei Punkte so verbindbar, so sagt man, dass U *Streckenzug-zusammenhängend* ist. Das bedeutet naiv, dass man zwischen je zwei Punkten von U eine nicht unterbrochene Verbindungslinie ziehen kann, die aus Streckenstückchen besteht.

Zum Beispiel erfüllt das Innere einer Kugel diese Bedingung, der $\mathbb{R}^2$, aus dem die x-Achse entfernt wurde, aber nicht.

Es ist manchmal nützlich zu wissen, dass eine offene Teilmenge des $\mathbb{R}^n$ genau dann Streckenzug-zusammenhängend ist, wenn sie *Weg-zusammenhängend* ist (wenn sich also je zwei Punkte durch eine stetige Kurve verbinden lassen).

Beweis: Sei (t_n) eine Folge in $\mathbb{R}$ mit $t_n \to 0$ und $t_n \neq 0$ für alle n. Wir haben

$$\frac{\varphi_{h_0}(t_n) - \varphi_{h_0}(0)}{t_n}$$

auszurechnen. Dazu wenden wir für jedes n Korollar 8.3.5 für $h = t_n h_0$ an. Wir finden danach jeweils ein $s_n \in]\,0,1\,[$, so dass

$$f(x_0+t_nh_0)-f(x_0) = \langle t_nh_0, \operatorname{grad} f(x_0+s_nt_nh_0)\rangle = t_n\langle h_0, \operatorname{grad} f(x_0+s_nt_nh_0)\rangle$$

gilt. Folglich ist

$$\frac{\varphi_{h_0}(t_n) - \varphi_{h_0}(0)}{t_n} = \langle h_0, \operatorname{grad} f(x_0 + s_nt_nh_0)\rangle,$$

und da (s_nt_n) eine Nullfolge ist, geht der rechts stehende Ausdruck wegen der vorausgesetzten Stetigkeit der partiellen Ableitungen gegen $\langle h_0, \operatorname{grad} f(x_0)\rangle$. □

Bemerkungen:

1. Es folgt übrigens noch einmal, dass $\operatorname{grad} f(x_0)$ die Richtung des stärksten Anstiegs ist: Durchläuft h_0 alle Vektoren einer festen Länge, so wird das innere Produkt mit dem Gradienten bei x_0 genau dann maximal, wenn h_0 parallel zu $\operatorname{grad} f(x_0)$ ist.

2. Wir haben gesehen, dass sich aus der Kenntnis von $\operatorname{grad} f(x_0)$ alle Richtungsableitungen bei x_0 ergeben. Umgekehrt gilt das auch. Setzt man nämlich für h_0 den i-ten Einheitsvektor $\boldsymbol{e}_i$ ein, so ist die Richtungsableitung gleich $\langle \boldsymbol{e}_i, \operatorname{grad} f(x_0)\rangle$, also gerade die i-te Komponente von $\operatorname{grad} f(x_0)$.

Lipschitzeigenschaft

Sei $K \subset U$ eine kompakte konvexe Teilmenge[24)]. Ist dann f auf U stetig differenzierbar, so sind alle partiellen Ableitungen erster Ordnung stetig und folglich auf K beschränkt (Satz 3.3.11). Wir können daher ein R so finden, dass diese Ableitungen auf K durch R abschätzbar sind. Insbesondere heißt das: Ist h beliebig und $x \in K$, so ist

$$\begin{aligned} |\langle h, \operatorname{grad} f(x)\rangle| &= \left| h_1\frac{\partial f}{\partial x_1}(x) + \cdots + h_n\frac{\partial f}{\partial x_n}(x)\right| \\ &\leq R(|h_1| + \cdots + |h_n|) \\ &\leq n\,R\,||h||\,; \end{aligned}$$

dabei haben wir ausgenutzt, dass $|h_i| \leq ||h||$ für jedes i gilt.

Das hat eine *interessante Konsequenz*: Sind $x_0, y_0 \in K$ beliebig, wenden wir den Mittelwertsatz 8.3.5 auf x_0 und $h := y_0 - x_0$ an; wegen der vorausgesetzten

24) Eine Teilmenge K eines Vektorraums heißt *konvex*, wenn mit je zwei Punkten auch die Verbindungsstrecke zu K gehört. In Formeln: Für $x, y \in K$ und $\lambda \in [\,0,1\,]$ ist $\lambda x+(1-\lambda)y \in K$.

Konvexität von K gehört die Verbindungsstrecke von x_0 nach $x_0 + h$ zu U. Es folgt (mit einem geeigneten $t \in]0,1[$ und $L := nR$):

$$\begin{aligned} |f(y_0) - f(x_0)| &= |f(x_0 + h) - f(x_0)| \\ &= |\langle \operatorname{grad} f(x_0 + th), h\rangle| \\ &\leq L\,||h|| \\ &= L\,||y_0 - x_0||. \end{aligned}$$

Damit haben wir gezeigt, dass stetig differenzierbare $f : U \to \mathbb{R}$ auf jeder kompakten *konvexen* Teilmenge ihres Definitionsbereiches Lipschitzabbildungen sind. Überraschenderweise gilt sogar mehr:

Lipschitz-eigenschaft

Satz 8.3.8. *Sei $U \subset \mathbb{R}^n$ und $f : U \to \mathbb{R}$ stetig differenzierbar. Dann ist f auf jeder kompakten Teilmenge K von U eine Lipschitzabbildung.*

Beweis: Sei $K \subset U$ kompakt. Wäre f dort keine Lipschitzabbildung, könnte man für jedes $k \in \mathbb{N}$ Elemente $x^{(k)}, y^{(k)} \in K$ mit

$$\left\| f\left(x^{(k)}\right) - f\left(y^{(k)}\right) \right\| > k \left\| x^{(k)} - y^{(k)} \right\|$$

finden. Da K kompakt ist, können wir eine Teilfolge der $\left(x^{(k)}\right)_{k\in\mathbb{N}}$ auswählen, die konvergent ist. Auch die zu diesen Indizes gehörige Teilfolge der $\left(y^{(k)}\right)$ hat eine konvergente Teilfolge, und das heißt, dass wir nach zweimaliger Auswahl Folgen $\left(x^{(k_j)}\right)$ und $\left(y^{(k_j)}\right)$ erhalten, die erstens konvergent sind und für die zweitens

$$\left\| f\left(x^{(k_j)}\right) - f\left(y^{(k_j)}\right) \right\| > k_j \left\| x^{(k_j)} - y^{(k_j)} \right\| \tag{8.2}$$

gilt. Die linke Seite ist aber beschränkt, denn $x \mapsto ||f(x)||$ ist stetig und K ist kompakt. Da $k_j \to \infty$ gilt, heißt das, dass $x_0 := \lim x^{(k_j)} = \lim y^{(k_j)}$ ist.

Wähle noch eine kompakte Kugel $S \subset U$ um x_0 mit positivem Radius. Für große j liegen die $x^{(k_j)}$ und die $y^{(k_j)}$ in S. Das führt aber zu einem Widerspruch, denn einerseits ist S kompakt und konvex, so dass f auf S eine Lipschitzabbildung sein müsste, andererseits kann wegen der Ungleichungen (8.2) keine Lipschitzbedingung erfüllt sein. □

Der vorstehende Beweis ist ein typisches Beispiel dafür, wie man mit Hilfe von Kompaktheitsargumenten *von lokalen Aussagen zu globalen* kommt. Eigentlich haben wir nämlich bewiesen: Ist K ein kompakter metrischer Raum und f eine auf K definierte Funktion mit Werten in einem metrischen Raum, so ist f genau dann eine Lipschitzabbildung, wenn jeder Punkt von K eine Umgebung besitzt, auf der f eine Lipschitzabbildung ist.

Kurz: Aus „lokal Lipschitz" folgt Lipschitz im Fall kompakter Definitionsbereiche[25].

---

[25] Allgemein stimmt das nicht, das zeigt schon die Funktion x^2 auf $\mathbb{R}$.

Polynome in mehreren Veränderlichen

So, wie sich aus dem eindimensionalen Satz von Taylor lokale Approximationen einer Funktion durch Polynome herleiten lassen, können nun *Polynome in mehreren Veränderlichen* zum Approximieren verwendet werden.

Naiv gesprochen ist ein Polynom in n Veränderlichen eine Funktion, die unter Verwendung der Zeichen „+" und „·" aus reellen Zahlen und den Variablen $x_1, \ldots, x_n$ aufgebaut ist, wobei man statt $x_1, \ldots$ auch x, y oder x, y, z verwendet. So sind etwa

$$4x^2 - y^4, \ \pi x y^2 z^3, \ x_1 + x_2^2 + \cdots + x_n^n$$

Polynome, x/y und $\sin(x_2 - x_3)$ aber nicht. Die formale Definition ist etwas schwerfälliger:

Definition 8.3.9. *Sei $n \in \mathbb{N}$.*

Monom

(i) Ein Monom in n Veränderlichen *ist eine Abbildung der Form*

$$(x_1, \ldots, x_n) \mapsto x_1^{j_1} x_2^{j_2} \cdots x_n^{j_n} ;$$

dabei sind die $j_1, \ldots, j_n$ aus $\mathbb{N}_0$.

Grad

Unter dem Grad *eines Monoms verstehen wir die Zahl $j_1 + \cdots + j_n$.*

Polynom

(ii) Ein Polynom in n Veränderlichen *ist eine Funktion f der Form*

$$a_1 M_1 + \cdots + a_m M_m,$$

wobei die $a_1, \ldots, a_m$ reelle Zahlen und die $M_1, \ldots, M_m$ Monome in n Veränderlichen sind.

Der Grad eines Polynoms *f ist das Maximum der Grade der $M_1, \ldots, M_m$; vor der Bestimmung des Grades sind die Monome so weit wie möglich zusammenzufassen*[26]*.*

Wir betrachten noch einmal die vor der Definition angegebenen *Beispiele:*

Das Monom x^2 hat den Grad 2, und xy^2z^3 ist ein Monom sechsten Grades. Die Beispiele sind Polynome der Grade 4 bzw. 6 bzw. n.

Wenn man ein Polynom k-ten Grades partiell differenziert, so erniedrigt sich der Grad um 1, spätestens nach $k + 1$ Schritten erhält man das Nullpolynom. Umgekehrt gilt das auch:

Charakterisierung von Polynomen

Satz 8.3.10. *Sei $f : \mathbb{R}^n \to \mathbb{R}$ eine $(k+1)$-mal stetig differenzierbare Funktion. Für alle $j_1, \ldots, j_n \in \mathbb{N}_0$ mit $j_1 + \cdots + j_n = k + 1$ sei*

$$\frac{\partial^{k+1} f}{\partial x_1^{j_1} \cdots \partial x_n^{j_n}} = 0.$$

Dann ist f ein Polynom höchstens k-ten Grades.

[26] So ist der Grad von $x^3 - x^3 + xy$ natürlich nicht 3, sondern 2.

Beweis: Wir wenden den Satz von Taylor mit $x_0 = 0$ an. Da nach Voraussetzung $\langle h, \nabla\rangle^{k+1} f$ für jedes h die Nullfunktion ist, gilt

$$f(h) = \sum_{i=0}^{k} \frac{\langle h, \nabla\rangle^i f(0)}{i!}.$$

Das ist ein Polynom in den Komponenten $h_1, \ldots, h_n$ von h, und damit ist der Satz bewiesen. □

Wie im Fall einer Veränderlichen können mit dem Satz von Taylor (Satz 8.3.3) Funktionen nicht nur durch Polynome k-ten Grades approximiert werden, der Satz erlaubt auch *quantitative Aussagen über den Fehler* bei dieser Approximation. Wir behandeln ausführlich ein

Beispiel: Es soll das Verhalten von

$$f : \mathbb{R}^2 \to \mathbb{R},\ f(x,y) = \sin(xy) + x^3 y$$

in der Nähe von $x_0 = (0,2)$ diskutiert werden. Genauer: Wir wollen die Taylor-Approximationen ersten, zweiten und dritten Grades ausrechnen und für die Approximation zweiter Ordnung eine Fehlerabschätzung bestimmen.

1. Schritt: Partielle Ableitungen berechnen und bei x_0 auswerten:

$$\begin{aligned}
\frac{\partial f}{\partial x}(x,y) &= y\cos xy + 3x^2 y,\\
\frac{\partial f}{\partial y}(x,y) &= x\cos xy + x^3,\\
\frac{\partial^2 f}{\partial x^2}(x,y) &= -y^2 \sin xy + 6xy,\\
\frac{\partial^2 f}{\partial x \partial y}(x,y) &= \cos xy - xy\sin xy + 3x^2,\\
\frac{\partial^2 f}{\partial y^2}(x,y) &= -x^2 \sin xy,\\
\frac{\partial^3 f}{\partial x^3}(x,y) &= -y^3 \cos xy + 6y,\\
\frac{\partial^3 f}{\partial x^2 \partial y}(x,y) &= -2y\sin xy - xy^2 \cos xy + 6x,\\
\frac{\partial^3 f}{\partial x \partial y^2}(x,y) &= -2x\sin xy - x^2 y\cos xy,\\
\frac{\partial^3 f}{\partial y^3}(x,y) &= -x^3 \cos xy.
\end{aligned}$$

Auswertung bei $(x,y) = (0,2)$ ergibt:

$$f(0,2) = 0,$$

$$\frac{\partial f}{\partial x}(0,2) = 2, \ \frac{\partial f}{\partial y}(0,2) = 0,$$

$$\frac{\partial^2 f}{\partial x^2}(0,2) = 0, \ \frac{\partial^2 f}{\partial x \partial y}(0,2) = 1, \ \frac{\partial^2 f}{\partial y^2}(0,2) = 0,$$

$$\frac{\partial^3 f}{\partial x^3}(0,2) = 4, \ \frac{\partial^3 f}{\partial x^2 \partial y}(0,2) = 0, \ \frac{\partial^3 f}{\partial x \partial y^2}(0,2) = 0, \ \frac{\partial^3 f}{\partial y^3}(0,2) = 0.$$

2. Schritt: Berechnung der approximierenden Polynome; es ist

$$\begin{aligned}
\langle h, \nabla \rangle f &= h_1 \frac{\partial f}{\partial x} + h_2 \frac{\partial f}{\partial y}, \\
\langle h, \nabla \rangle^2 f &= h_1^2 \frac{\partial^2 f}{\partial x^2} + 2h_1 h_2 \frac{\partial^2 f}{\partial x \partial y} + h_2^2 \frac{\partial^2 f}{\partial y^2}, \\
\langle h, \nabla \rangle^3 f &= h_1^3 \frac{\partial^3 f}{\partial x^3} + 3h_1^2 h_2 \frac{\partial^3 f}{\partial x^2 \partial y} + 3h_1 h_2^2 \frac{\partial^3 f}{\partial x \partial y^2} + h_2^3 \frac{\partial^3 f}{\partial y^3},
\end{aligned}$$

also

$$\begin{aligned}
\langle h, \nabla \rangle f(0,2) &= 2h_1, \\
\langle h, \nabla \rangle^2 f(0,2) &= 2h_1 h_2, \\
\langle h, \nabla \rangle^3 f(0,2) &= 4h_1^3.
\end{aligned}$$

Damit erhalten wir als Approximation ersten Grades

$$f(h_1, 2 + h_2) \approx 2h_1,$$

als Approximation zweiten Grades

$$f(h_1, 2 + h_2) \approx 2h_1 + \frac{2h_1 h_2}{2!} = 2h_1 + h_1 h_2$$

und als Approximation dritten Grades

$$\begin{aligned}
f(h_1, 2 + h_2) &\approx 2h_1 + \frac{2h_1 h_2}{2!} + \frac{4h_1^3}{3!} \\
&= 2h_1 + h_1 h_2 + \frac{2}{3} h_1^3.
\end{aligned}$$

3. Schritt: Fehlerabschätzung

Wir wollen ermitteln, wie groß der Fehler bei der Approximation zweiten Grades ist, wenn man h_1, h_2 mit $|h_1|, |h_2| \leq 0.1$ einsetzen möchte. Dazu müssen wir untersuchen, wie groß $\big|\langle h, \nabla \rangle^3 f(x_0 + th)\big|/3!$ werden kann, wenn $t \in [0,1]$ zugelassen wird. Für den ersten Summanden von $\langle h, \nabla \rangle^3 f(x_0 + th)/3!$ etwa heißt das: Wie groß kann $\big|h_1^3\big|\big(\big|-(2 + th_2)^3 \cos\big((th_1)(2 + h_2) + 6(2 + th_2)\big)\big|\big)/3!$ höchstens werden? Wir wenden die Dreiecksungleichung an und schätzen den Cosinus durch 1 ab. So ergibt sich eine Abschätzung für den ersten Summanden. Wenn man die anderen Summanden analog behandelt und die Ergebnisse addiert, erhält man schließlich:

Für $|h_1|, |h_2| \leq 0.1$ ist $f(h_1, 2 + h_2)$ gleich $2h_1 + h_1 h_2$ bis auf einen Fehler von höchstens 0.0064.

Die Approximation liefert zum Beispiel für $h = (-0.05, -0.02)$ den Wert -0.0990, der auf vier Stellen genaue Wert ist $-0.0989\ldots$

8.4 Extremwertaufgaben, Konvexität

Wir setzen die Anwendungen des Satzes von Taylor mit der *Behandlung von Extremwertaufgaben* fort. Später verwenden wir die dabei erarbeiteten Techniken noch, um *Konvexität durch zweite Ableitungen zu charakterisieren.*

Extremwertaufgaben: Erste Ergebnisse

Die Strategie, Extremalprobleme zu behandeln, ist ähnlich wie in Abschnitt 4.3:

- Gegeben sind eine Teilmenge K des $\mathbb{R}^n$ und eine Funktion $f : K \to \mathbb{R}$. Gesucht ist ein $x_0 \in K$, an dem f „so groß wie möglich“ ist (manchmal auch: „so klein wie möglich“).
- Manchmal ist aufgrund der Problemstellung klar, dass es so ein x_0 geben muss. Ist f stetig und K kompakt, so wird die Existenz durch Satz 3.3.11 garantiert.
- Liegt x_0 in K° (dem Inneren von K) und ist f auf K° differenzierbar, so muss die Ableitung von f bei x_0 verschwinden (s.u., Satz 8.4.2). Mit etwas Glück gibt es nur endlich viele Punkte in K° mit dieser Eigenschaft, und man kann den Maximalwert durch systematisches Einsetzen finden.
- Möchte man einen Punkt, bei dem die Ableitung Null ist, daraufhin untersuchen, ob es sich um ein lokales Minimum oder ein lokales Maximum handelt, kommen zweite Ableitungen ins Spiel. Für Funktionen einer Veränderlichen ergab sich: „Ist $f'(x_0) = 0$ und $f''(x_0) > 0$, so liegt ein lokales Minimum vor“ (vgl. Satz 4.3.3). Ein ähnliches, etwas aufwändiger zu formulierendes Ergebnis werden wir in Satz 8.4.9 herleiten.

Wir beginnen mit einer Definition, die sich fast von selbst versteht:

Definition 8.4.1. *Es seien $U \subset \mathbb{R}^n$, $f : U \to \mathbb{R}$ und $x_0 \in U$.*

(i) Gilt für alle $x \in U \setminus \{x_0\}$

$$\left\{\begin{array}{l} f(x) < f(x_0), \\ f(x) \leq f(x_0), \\ f(x) \geq f(x_0), \\ f(x) > f(x_0), \end{array}\right\} \text{ so heißt } x_0 \left\{\begin{array}{l} \text{strenges globales Maximum} \\ \text{globales Maximum} \\ \text{globales Minimum} \\ \text{strenges globales Minimum} \end{array}\right\}$$

von f.

(ii) Es gebe ein $\varepsilon > 0$, so dass für alle $x \in U \setminus \{x_0\}$ mit $||x - x_0|| \le \varepsilon$ gilt:

$$\left\{\begin{array}{l} f(x) < f(x_0). \\ f(x) \le f(x_0). \\ f(x) \ge f(x_0). \\ f(x) > f(x_0). \end{array}\right\} \text{ Dann heißt } x_0 \left\{\begin{array}{l} \text{strenges lokales Maximum} \\ \text{lokales Maximum} \\ \text{lokales Minimum} \\ \text{strenges lokales Minimum} \end{array}\right\}$$

von f.

(lokale) Extremwerte

Ein x_0, das ein lokales Maximum oder ein lokales Minimum ist, heißt lokaler Extremwert. *Analog ist der Begriff „globaler Extremwert“ definiert.*

Der folgende Satz ist dann wenig überraschend:

Extremwert $\Rightarrow$ grad $f = 0$

Satz 8.4.2. *Es sei $U \subset \mathbb{R}^n$ offen, die Funktion $f : U \to \mathbb{R}$ sei bei $x_0 \in U$ differenzierbar. Ist dann* $\operatorname{grad} f(x_0) \neq 0$, *so ist x_0 weder lokales Maximum noch lokales Minimum von f.*
Es gilt also: Ist $f : U \to \mathbb{R}$ differenzierbar, so sind die lokalen (und damit erst recht die globalen) Extremwerte von f unter den Punkten $x_0 \in U$ mit $\operatorname{grad} f(x_0) = 0$ *zu finden.*

Beweis. Wir schreiben x_0 als $x_0 = \left(x_1^{(0)}, \ldots, x_n^{(0)}\right)$. Nach Voraussetzung ist eine der Komponenten des Gradienten von Null verschieden, es wird angenommen, dass $\alpha := \left(\partial f / \partial x_1\right)(x_0) \neq 0$ gilt. Mit $h = \boldsymbol{e}_1 = (1, 0, \ldots, 0)$ betrachten wir die Funktion $g : t \mapsto f(x_0 + th)$ in einer Umgebung von $x_1^{(0)}$.

g ist aufgrund der Definition partieller Ableitungen bei 0 differenzierbar mit $g'(0) = \alpha \neq 0$, und folglich gibt es Punkte $t_1, t_2 \in \mathbb{R}$ in beliebiger Nähe der 0, so dass $g(t_1) < g(0) < g(t_2)$. Insbesondere kann man für jedes $\varepsilon > 0$ die Zahlen t_1, t_2 in $]-\varepsilon, \varepsilon[$ wählen. Das heißt aber gerade

$$f(x_0 + t_1 h) < f(x_0) < f(x_0 + t_2 h),$$

wobei $||t_1 h||, ||t_2 h|| \le \varepsilon$. Damit kann x_0 weder lokales Minimum noch lokales Maximum sein. □

Bemerkungen und Beispiele:

1. Im Fall $n = 1$ entspricht dieses Ergebnis der Aussage von Satz 4.3.3(i): Für lokale Extremwerte, die im Innern des Definitionsbereichs von f liegen, ist die erste Ableitung gleich Null.

2. Die Aussage des Satzes würde auch von jedem Laien geglaubt werden. Es ist ja nur eine Übersetzung der folgenden Erfahrungstatsache: Wenn man sich in einem hügeligen Gelände auf einem Gipfel oder in einer Talsohle befindet, so würde ein Fahrrad in jeder Richtung exakt waagerecht stehen. Anders ausgedrückt: Lokale Extremwerte sollten die Eigenschaft haben, dass alle Richtungsableitungen gleich Null sind.

Im Satz wurde nur die elementare Tatsache ausgenutzt, dass „Alle Richtungsableitungen bei x_0 verschwinden“ äquivalent zu „Der Gradient bei x_0 ist gleich Null“ ist.

3. Um alle möglichen Kandidaten für Extremwerte in U zu finden, muss die Gleichung $\operatorname{grad} f(x) = 0$ gelöst werden. Das ist eine *Vektorgleichung*, sie ist gleichwertig zu den n Gleichungen $(\partial f/\partial x_i)(x_1,\ldots,x_n) = 0$ mit den n Unbekannten $x_1,\ldots,x_n$. Leider kann das ein *beliebig kompliziertes Gleichungssystem sein*. Nur in Ausnahmefällen handelt es sich um ein System von n *linearen* Gleichungen, das vergleichsweise einfach mit Mitteln der Linearen Algebra behandelt werden kann.

4. Welcher Quader mit gegebener Kantenlänge K hat maximales Volumen V?

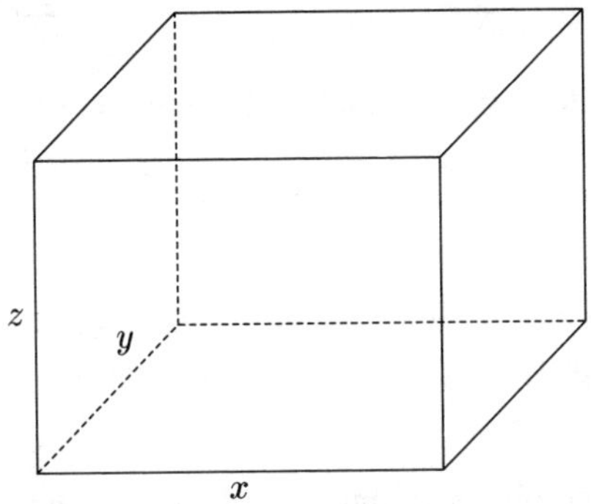

Bild 8.7: Ein Quader

Wir bezeichnen die Seiten mit x, y und z, dann ist $K = 4x+4y+4z$ und $V = xyz$. Man kann die erste Gleichung verwenden, um z durch x, y auszudrücken. Es bleibt die Aufgabe, die auf der (offenen!) Menge $\{(x,y) \mid 0 < x, y, 4(x+y) < K\}$ definierte Funktion

$$V = xy \cdot \left(\frac{K}{4} - y - x\right) = \frac{K}{4}xy - xy^2 - x^2y$$

zu maximieren. Nun ist

$$\operatorname{grad} V(x,y) = \left(\frac{K}{4}y - y^2 - 2xy,\ \frac{K}{4}x - 2xy - x^2\right),$$

und das Gleichungssystem $\operatorname{grad} V(x,y) = 0$ hat als einzige Lösung im hier betrachteten Bereich den Wert $(x,y) = (K/12, K/12)$. Mit $x = y = K/12$ ist auch $z = K/12$, d.h. der sich ergebende Quader ist ein Würfel. Er stellt offensichtlich eine Maximallösung dar.

5. Es seien m Punkte im $\mathbb{R}^n$ gegeben, wir bezeichnen sie mit $x^{(1)},\ldots,x^{(m)}$. Gesucht ist ein Punkt x, so dass die Gesamtsumme der quadrierten Abstände zu den $x^{(k)}$, also die Zahl $\sum_{k=1}^m \left\|x - x^{(k)}\right\|^2$, möglichst klein ist. Es ist klar, dass ein optimales x „irgendwo in der Mitte der $x^{(k)}$" liegen muss, doch wo ist es genau?

Die zu minimierende Zielfunktion ist hier die Funktion

$$f(x) = \sum_{k=1}^{m} \sum_{i=1}^{n} \left(x_i - x_i^{(k)}\right)^2;$$

wir haben dabei $x^{(k)}$ jeweils als $\left(x_1^{(k)}, \ldots, x_n^{(k)}\right)$ geschrieben. Die i-te Komponente des Gradienten von f ist

$$\frac{\partial f}{\partial x_i}(x) = \sum_{k=1}^{m} 2\left(x_i - x_i^{(k)}\right) = 2mx_i - 2\sum_{k=1}^{m} x_i^{(k)}.$$

Damit hat das Gleichungssystem $\operatorname{grad} f(x) = 0$ die Lösung

$$x = \frac{1}{m} \sum_{k=1}^{m} x^{(k)},$$

der einzige Kandidat für einen Extremwert von f ist also der *Mittelwert der* $x^{(k)}$. Aus der Problemstellung ist klar, dass es sich um ein globales Minimum handeln muss.

Um zu entscheiden, ob ein x_0 mit $\operatorname{grad} f(x_0) = 0$ nun wirklich lokaler Extremwert ist, schauen wir uns die Taylorentwicklung für $k = 1$ an:

$$f(x_0 + h) = f(x_0) + \underbrace{\langle h, \operatorname{grad} f(x_0)\rangle}_{=0} + \frac{\langle h, \nabla\rangle^2 f(x_0 + th)}{2!}.$$

Sicher wird x_0 ein strenges lokales Minimum (bzw. Maximum) sein, wenn der letzte Summand für kleine h stets kleiner als Null (bzw. größer als Null) für $h \neq 0$ ist. Aus Stetigkeitsgründen wird es reichen, $\langle h, \nabla\rangle^2 f(x_0)$ zu untersuchen. Ausrechnen ergibt, dass

$$\langle h, \nabla\rangle^2 f(x_0) = \langle h, H_f(x_0)h\rangle$$

gilt, wobei $H_f(x_0)$ die folgende Matrix ist:

$$H_f(x_0) = \begin{pmatrix} \dfrac{\partial^2 f}{\partial {x_1}^2}(x_0) & \cdots & \dfrac{\partial^2 f}{\partial x_1 \partial x_n}(x_0) \\ \vdots & & \vdots \\ \dfrac{\partial^2 f}{\partial x_n \partial x_1}(x_0) & \cdots & \dfrac{\partial^2 f}{\partial {x_n}^2}(x_0) \end{pmatrix}. \tag{8.3}$$

? (Zeigen Sie zur Übung, dass man $\langle h, \nabla\rangle^2 f(x_0)$ wirklich als $\langle h, H_f(x_0)h\rangle$ schreiben kann.)

Wir stehen damit vor dem Problem, für eine gegebene $n \times n$-Matrix A (hier: die Matrix $H_f(x_0)$) zu entscheiden, ob $\langle h, Ah\rangle$ für $h \neq 0$ stets positiv (oder stets negativ) ist. Dabei reicht es, sich auf symmetrische Matrizen zu beschränken (also solche mit $a_{ij} = a_{ji}$), denn $H_f(x_0)$ ist aufgrund des Satzes von Schwarz symmetrisch.

Dieses Problem ist in der (Linearen) Algebra lange bekannt und gelöst. Wir fassen die wichtigsten Fakten im folgenden Exkurs zusammen:

Exkurs zu positiv definiten Matrizen

Definition 8.4.3. *Eine symmetrische* $(n\times n)$*–Matrix* A *heißt* positiv definit, *wenn* $\langle h, Ah\rangle > 0$ *für alle* $h \in \mathbb{R}^n$ *mit* $h \neq 0$ *gilt; sie heißt* negativ definit, *falls* $-A$ *positiv definit ist, d.h. falls* $\langle h, Ah\rangle < 0$ *für alle* $h \neq 0$ *ist.* **positiv definit**

Um den wichtigen Charakterisierungssatz 8.4.6 beweisen zu können, benötigen wir das folgende

Lemma 8.4.4. *Sei* A *eine symmetrische* $(n \times n)$*-Matrix.*

(i) Ist D *eine invertierbare* $(n\times n)$*-Matrix, so ist* A *genau dann positiv definit, wenn* $D^\top AD$ *positiv definit ist.*

(ii) A *ist genau dann positiv definit, wenn alle Eigenwerte*[27] *von* A *strikt positiv sind.*

Beweis: (i) Man bestätigt leicht durch Ausrechnen: Ist $B^\top$ die transponierte Matrix zu einer $(n \times n)$-Matrix B, so ist

$$\langle x, B^\top y\rangle = \langle Bx, y\rangle$$

für alle $x, y \in \mathbb{R}^n$.

Hier bedeutet das: $\langle h, D^\top ADh\rangle = \langle Dh, A(Dh)\rangle$. Da D invertierbar ist, ist die Menge der h mit $h \neq 0$ die gleiche Menge wie die Menge der Dh mit $h \neq 0$. Daraus folgt sofort die Behauptung.

(ii) Weil A symmetrisch ist, gibt es nach dem Satz über die Hauptachsentransformation eine orthogonale Matrix O, so dass $O^\top AO$ eine Diagonalmatrix ist; auf der Hauptdiagonalen stehen dann die Eigenwerte von A.

Es ist aber leicht, eine Diagonalmatrix daraufhin zu testen, ob sie positiv definit ist. Sind nämlich $\lambda_1, \ldots, \lambda_n$ die Einträge auf der Hauptdiagonalen, so ist

$$\langle h, Ah\rangle = \lambda_1 h_1^2 + \cdots + \lambda_n h_n^2.$$

Und es ist offensichtlich, dass dieser Ausdruck dann und nur dann für $h \neq 0$ stets positiv sein wird, wenn $\lambda_1, \ldots, \lambda_n > 0$ gilt.

Kombiniert man diese Beobachtung mit Teil (i), so folgt die Behauptung. □

Wir benötigen noch eine weitere

[27] In diesem Exkurs verwenden wir auch etwas anspruchsvollere Begriffe und Tatsachen der Linearen Algebra: Eigenwerte, Hauptachsentransformation, ... Die können wir hier aus Platzgründen nicht behandeln.

Definition 8.4.5. *Sei* $A = (a_{ij})_{i,j=1,\ldots,n}$ *eine* $(n \times n)$*-Matrix. Wir sagen, dass* A positive Haupt-Unterdeterminanten *hat, wenn die Determinanten der* $(k\times k)$*-Matrizen* $(a_{ij})_{i,j=1,\ldots,k}$ *für* $k = 1, \ldots, n$ *positiv sind:*

Man schneidet also „oben links“ $(k \times k)$*-Untermatrizen aus* A *heraus, und stets sollen sich positive Determinanten ergeben. Das bedeutet:*
$a_{11} > 0$, $a_{11}a_{22} - a_{12}a_{21} > 0$, ..., $\det A > 0$.

? Testen Sie zur Übung, welche der folgenden Matrizen positive Haupt-Unterdeterminanten haben:

$$\begin{pmatrix} 2 & -1 \\ -1 & 2 \end{pmatrix}, \begin{pmatrix} -1 & 3 \\ 3 & 0 \end{pmatrix}, (4), \begin{pmatrix} 6 & 4 & 0 \\ 4 & 2 & 0 \\ 0 & 0 & 6 \end{pmatrix}, \begin{pmatrix} 1 & 2 & 0 & 0 \\ 2 & 5 & 0 & 0 \\ 0 & 0 & 4 & 0 \\ 0 & 0 & 0 & 0.01 \end{pmatrix}.$$

„Positiv definit“ ist die uns interessierende Eigenschaft; sie ist einer Matrix schwer direkt anzusehen. „Positive Haupt-Unterdeterminanten“ sind bei gegebenem A sehr leicht nachprüfbar; doch was nutzt das? Bemerkenswerterweise sind beide Eigenschaften gleichwertig:

positiv definit: Charakterisierung

Satz 8.4.6. *Für eine symmetrische* $(n\times n)$*-Matrix* A *sind äquivalent:*

(i) A *ist positiv definit.*

(ii) A *hat positive Haupt-Unterdeterminanten.*

Beweis: Wir beginnen den Beweis mit einer *Definition*: Für $0 \le j_0 < i_0 \le n$ und $a \in \mathbb{R}$ wollen wir unter $D_{n;i_0,j_0;a}$ diejenige $(n \times n)$-Matrix verstehen, die auf der Hauptdiagonalen Einsen, an der Stelle (i_0, j_0) den Eintrag a und sonst lauter Nullen hat. Hier sehen Sie zwei Beispiele im Fall $n = 3$:

$$D_{3;2,1;3.3} \begin{pmatrix} 1 & 0 & 0 \\ 3.3 & 1 & 0 \\ 0 & 0 & 1 \end{pmatrix}, \quad D_{3;3,2;-\pi} = \begin{pmatrix} 1 & 0 & 0 \\ 0 & 1 & 0 \\ 0 & -\pi & 1 \end{pmatrix}.$$

Das Besondere: Für irgendeine $(n \times n)$-Matrix A kann man gut beschreiben, was beim Übergang von A zu $D_{n;i_0,j_0;a}A$ passiert: Es wird das a-fache der j_0-ten Zeile von A zur i_0-ten Zeile addiert.

Ganz analog bewirkt Multiplikation von rechts mit $D^{\top}_{n;i_0,j_0;a}$ die Addition des a-fachen der j_0-ten Spalte zur i_0-ten Spalte. Damit ist auch klar, was die Kombination beider Prozesse, also die Berechnung von $D_{n;i_0,j_0;a}AD^{\top}_{n;i_0,j_0;a}$ bewirkt.

Sei nun A eine Matrix mit positiven Haupt-Unterdeterminanten. Wir wollen die folgenden zwei Beobachtungen kombinieren:

Beobachtung 1: Mit A hat auch $A' := D_{n;i_0,j_0;a}AD^{\top}_{n;i_0,j_0;a}$ positive Haupt-Unterdeterminanten.

Beweis dazu: Man betrachte für $k = 1, \ldots, n$ die $(k \times k)$-Untermatrix $A'_{k\times k}$ „links oben“ in A'. Für $k < i_0$ stimmt sie mit der entsprechenden Untermatrix

$A_{k\times k}$ von A überein und hat folglich eine positive Determinante. Ist dagegen $k \geq i_0$, so ist $A'_{k\times k} = D_{k;i_0,j_0;a} A_{k\times k} D^\top_{k;i_0,j_0;a}$.

Nach dem Determinanten-Produktsatz (und weil stets $\det D = \det D^\top$ gilt) ist dann auch $\det A'_{k\times k} = \det A_{k\times k} \left(\det D_{k;i_0,j_0;a}\right)^2 = \det A_{k\times k}$ positiv.

Beobachtung 2: Es ist doch nach Voraussetzung $a_{11} > 0$. Sollte irgendwo ein i_0 mit $a_{i_0 1} \neq 0$ existieren, gehen wir von A zu $A' := D_{n;i_0,1;a} A D^\top_{n;i_0,1;a}$ über, wobei $a := -a_{i_0 1}/a_{11}$ sein soll. Diese Matrix ist symmetrisch, und wegen Lemma 8.4.4 genau dann positiv definit, wenn A es ist (denn $D_{n;i_0,1;a}$ ist sicher invertierbar), und bei $(i_0, 1)$ und $(1, i_0)$ ist der Eintrag gleich Null. Wegen Beobachtung 1 hat auch A' positive Unterdeterminanten.

Wenn wir dieses Verfahren – höchstens $(n-1)$-mal – iterieren, erhalten wir eine Matrix mit positiven Haupt-Unterdeterminanten, die genau dann positiv definit ist, wenn A es ist und für die alle a_{i1}, a_{1i} mit $i \geq 2$ gleich Null sind. Wir nennen sie wieder A'.

Der Eintrag bei $(1,1)$ von A' ist immer noch a_{11}. Diese Zahl ist größer als Null, und auch die Determinante der (2×2)-Matrix „links oben" in A' ist nach Voraussetzung positiv. Es folgt: Das Element an der Position $(2,2)$ muss ebenfalls positiv sein.

Nun arbeiten wir mit den $D_{n;i_0,2;a}$. Durch entsprechende Manipulationen wie eben ergibt sich eine Matrix A'': Sie ist genau dann positiv definit, wenn A es ist, sie hat positive Haupt-Unterdeterminanten, und alle a_{1j}, a_{j1} mit $j \geq 2$ sowie alle a_{2j}, a_{j2} mit $j \geq 3$ sind gleich Null.

Wenn wir das Verfahren fortsetzen, erhalten wir eine Matrix $A^{(n)}$, die nur noch auf der Hauptdiagonalen Einträge hat. Sie ist genau dann positiv definit, wenn A diese Eigenschaft hat, und sie hat positive Haupt-Unterdeterminanten.

Nun sind wir endlich fertig: Eine Diagonalmatrix mit Einträgen $\lambda_1, \ldots, \lambda_n$ auf der Hauptdiagonalen hat genau dann positive Haupt-Unterdeterminanten, wenn $\lambda_1 > 0$, $\lambda_1\lambda_2 > 0$, $\lambda_1\lambda_2\lambda_3 > 0$, $\ldots$, $\lambda_1 \cdots \lambda_n > 0$, also genau dann, wenn $\lambda_1, \lambda_2, \ldots, \lambda_n > 0$. Und das ist das gleiche Kriterium wie das für „positiv definit" bei Diagonalmatrizen.

Kurz: Wir haben die Aussage äquivalent umgeformt, bis wir bei einer Diagonalmatrix angelangt sind, und da gilt die Äquivalenz beider Aussagen offensichtlich. □

Schlussbemerkung: Insgesamt haben wir damit *zwei gut anwendbare Verfahren* zur Verfügung, um von einer Matrix festzustellen, ob sie positiv definit ist oder nicht. Das Kriterium in Satz 8.4.6 durch die Haupt-Unterdeterminanten eignet sich gut, wenn n nicht zu groß ist, es wird auch weiter unten aus eher theoretischen Gründen wichtig werden (vgl. Lemma 8.4.8).

Die Charakterisierung aus Lemma 8.4.4(i) sollte man mit den Matrizen $D_{k;i_0,j_0;a}$ des vorigen Beweises anwenden: Durch gleichzeitiges Manipulieren von Zeilen und Spalten kann A in Diagonalform gebracht werden, positive Definitheit liegt genau dann vor, wenn dann alle Einträge auf der Hauptdiagonalen positiv sind.

Charakterisierung von lokalen Extremwerten

Nun wenden wir uns wieder Extremwerten zu. Die Matrix, die den Anlass zu unserem Exkurs gegeben hat, bekommt einen Namen:

Hesse-matrix

Definition 8.4.7. *Sei $U \subset \mathbb{R}^n$ offen und $f : U \to \mathbb{R}$ zweimal stetig partiell differenzierbar. Für $x_0 \in U$ heißt die in (8.3) definierte Matrix $H_f(x_0)$ die* Hessematrix[28)] *von f bei x_0.*

In $H_f(x_0)$ stehen also sämtliche Ableitungen zweiter Ordnung von f, sie sind bei x_0 auszuwerten. Ist etwa $f(x,y) = 3 + x^3y^2 - 12xy$, so gilt:

$$\frac{\partial^2 f}{\partial x^2} = 6xy^2, \quad \frac{\partial^2 f}{\partial x \partial y} = \frac{\partial^2 f}{\partial y \partial x} = 6x^2y - 12, \quad \frac{\partial^2 f}{\partial y^2} = 2x^3.$$

Setzt man speziell $(x,y) = (1,2)$ ein, so folgt

$$H_f(1,2) = \begin{pmatrix} 24 & 0 \\ 0 & 2 \end{pmatrix}.$$

OTTO HESSE
1811 – 1674

Lemma 8.4.8. *Sei $U \subset \mathbb{R}^n$ offen, $f : U \to \mathbb{R}$ zweimal stetig differenzierbar und $x_0 \in U$. Ist dann $H_f(x_0)$ positiv definit, so existiert ein $\varepsilon > 0$, so dass $H_f(x)$ für alle $x \in U$ mit $\|x - x_0\| \le \varepsilon$ ebenfalls positiv definit ist.*
Anders ausgedrückt: Die Menge $\{x \in U \mid H_f \text{ positiv definit}\}$ ist offen in U.

Beweis: Das geht am leichtesten mit dem Kriterium aus Satz 8.4.6:
Für $1 \le i,j \le n$ ist die Funktion $\partial^2 f/\partial x_i \partial x_j$ nach Voraussetzung stetig auf U, also sind für $1 \le k \le n$ auch die Funktionen

$$d_k : x \mapsto \det\left(\frac{\partial^2 f}{\partial x_i \partial x_j}(x)\right)_{1 \le i,j \le k}$$

stetig, denn sie entstehen aus den partiellen Ableitungen durch Addition und Multiplikation: Hier sollte man sich an die Leibnizformel für Determinanten erinnern, siehe Seite 238.
Nun ist nur noch zu beachten, dass nach Satz 8.4.6

$$\{x \mid H_f(x) \text{ ist positiv definit}\} = \bigcap_{1 \le k \le n} d_k^{-1}(]0, +\infty[)$$

gilt; es handelt sich also um diejenige Menge, auf der die n stetigen Funktionen d_k, $k = 1, \ldots, n$, positiv sind. Das ist offensichtlich eine offene Teilmenge von U, denn das Intervall $]0, +\infty[$ ist offen, und stetige Urbilder sowie endliche Schnitte offener Mengen sind offen. □

Minima und Maxima: Charakterisierung

Satz 8.4.9. *Sei $U \subset \mathbb{R}^n$ offen, $f : U \to \mathbb{R}$ zweimal stetig differenzierbar und $x_0 \in U$. Ist dann $\operatorname{grad} f(x_0) = 0$ und $H_f(x_0)$ positiv (bzw. negativ) definit, so ist x_0 ein strenges lokales Minimum (bzw. strenges lokales Maximum).*

[28)] Hesse: Professor in Königsberg, später München; wichtige Arbeiten aus den Gebieten, Algebra, Analysis und analytische Geometrie.

Beweis: Sei $H_f(x_0)$ positiv definit. Nach Lemma 8.4.8 gibt es ein $\varepsilon > 0$, so dass $H_f(x)$ für alle $x \in U$ mit $\|x - x_0\| \leq \varepsilon$ positiv definit ist. Ist dann $h \in \mathbb{R}^n$ mit $0 < \|h\| \leq \varepsilon$, so folgt (mit einem geeigneten $t \in \,]0,1[$):

$$\begin{aligned} f(x_0+h) &= f(x_0) + \underbrace{\langle h, \operatorname{grad} f(x_0)\rangle}_{=0} + \frac{\langle h, \nabla\rangle^2 f(x_0+th)}{2!} \\ &= f(x_0) + \frac{1}{2}\langle h, H_f(x_0+th)h\rangle. \end{aligned}$$

Wegen $\|th\| \leq \|h\| \leq \varepsilon$ ist $H_f(x_0+th)$ positiv definit, d.h. der zweite Summand ist strikt positiv.

Wir haben damit gezeigt: Für h mit $0 < \|h\| \leq \varepsilon$ ist $f(x_0+h) > f(x_0)$. Das zeigt, dass x_0 ein strenges lokales Minimum ist.

Für den Fall, dass $H_f(x_0)$ negativ definit ist, wende man den ersten Teil des Beweises unter Beachtung von $H_{-f}(x_0) = -H_f(x_0)$ an. □

Den besonders häufig auftretenden Spezialfall $n = 2$ formulieren wir noch einmal ausführlich. Als Vorbereitung sollte man sich daran erinnern, dass für eine symmetrische (2×2)–Matrix

$$A = \begin{pmatrix} a & b \\ b & c \end{pmatrix}$$

die Haupt-Unterdeterminanten gerade a und $ac - b^2$ sind. Es gilt also:

- A ist positiv definit genau dann, wenn $a > 0$ und $ac - b^2 > 0$ gilt.
- A ist negativ definit genau dann, wenn $-A$ positiv definit ist, also genau dann, wenn $a < 0$ und $ac - b^2 > 0$ ist[29].

Korollar 8.4.10. *Sei $U \subset \mathbb{R}^2$ offen, $f : U \to \mathbb{R}$ zweimal stetig differenzierbar und $x_0 \in U$. Ist dann*

$$\frac{\partial f}{\partial x}(x_0) = \frac{\partial f}{\partial y}(x_0) = 0$$

sowie

$$\frac{\partial^2 f}{\partial x^2}(x_0) > 0 \text{ (bzw. } < 0)$$

und

$$\frac{\partial^2 f}{\partial x^2}(x_0)\frac{\partial^2 f}{\partial y^2}(x_0) - \left(\frac{\partial^2 f}{\partial x \partial y}(x_0)\right)^2 > 0,$$

so hat f bei x_0 ein strenges lokales Minimum (bzw. Maximum).

[29] Hier sollte man eine Feinheit beachten: Für eine quadratische $(k \times k)$-Matrix A gilt $\det(-A) = \det(A)$, wenn k gerade ist, und $\det(-A) = -\det(A)$ für ungerade k.

Bemerkungen und Beispiele:

1. Wie im Fall einer Veränderlichen gilt auch hier, dass es sich bei den Forderungen in Satz 8.4.9 nur um *hinreichende Bedingungen* handelt: x_0 kann sehr wohl strenges lokales Minimum sein, ohne dass $H_f(x_0)$ positiv definit ist. (Das gilt z.B. für $(x,y) \mapsto x^4 + y^4$ bei $x_0 = (0,0)$.) Auch können globale Extrema mit den hier behandelten Techniken nur indirekt ermittelt werden: Falls sichergestellt ist, dass das Maximum auf U angenommen wird, muss man zunächst alle x_0 mit $\operatorname{grad} f(x_0) = 0$ ermitteln; dann ist unter diesen (hoffentlich endlich vielen) x_0 dasjenige mit maximalem $f(x_0)$ zu bestimmen.

2. Wir wollen das auf Seite 269 behandelte Beispiel eines Quaders maximalen Volumens fortsetzen. Wir hatten schon $x_0 = (K/12, K/12)$ mit $\operatorname{grad} V(x_0) = 0$ ermittelt. Wegen

$$\frac{\partial^2 V}{\partial x^2}(x,y) = -2y, \quad \frac{\partial^2 V}{\partial x \partial y}(x,y) = \frac{K}{4} - 2x - 2y, \quad \frac{\partial^2 V}{\partial y^2}(x,y) = -2x$$

folgt

$$\frac{\partial^2 V}{\partial x^2}(x_0) = -\frac{K}{6} < 0,$$

$$\frac{\partial^2 V}{\partial x^2}(x_0)\frac{\partial^2 V}{\partial y^2}(x_0) - \left(\frac{\partial^2 V}{\partial x \partial y}(x_0)\right)^2 = \frac{K^2}{48} > 0,$$

d.h. x_0 ist (erwartungsgemäß) ein strenges lokales Maximum

3. Wir setzen noch das Beispiel der kleinsten Abstands-Quadratsumme von Seite 269 fort. Die Hessematrix ist hier die Diagonalmatrix, bei der alle Einträge gleich zwei sind. Sie ist offensichtlich positiv definit, und deswegen handelt es sich um ein lokales Minimum.

4. Zerlege die Zahl 17 so in vier positive Anteile x, y, z und w, dass der Ausdruck $x + y^2 + z^3 + 2w^3$ minimal wird. (Das Maximum wird offensichtlich bei $(x,y,z,w) = (0,0,0,17)$ angenommen.)

Wir eliminieren x unter Verwendung der Gleichung $17 = x + y + z + w$ und erhalten das Problem, Extremwerte für

$$S(y,z,w) := (17 - y - z - w) + y^2 + z^3 + 2w^3$$

zu bestimmen. Dazu ist zunächst das Gleichungssystem $\operatorname{grad} S(y,z,w) = 0$ zu lösen:

$$\begin{aligned}
\frac{\partial S}{\partial y}(y,z,w) &= -1 + 2y = 0, \\
\frac{\partial S}{\partial z}(y,z,w) &= -1 + 3z^2 = 0, \\
\frac{\partial S}{\partial w}(y,z,w) &= -1 + 6w^2 = 0.
\end{aligned}$$

Die einzige Lösung im Bereich positiver Zahlen ist $(1/2, 1/\sqrt{3}, 1/\sqrt{6})$. Das ist ein strenges lokales Minimum, denn die Matrix

$$H_S\left(\frac{1}{2}, \frac{1}{\sqrt{3}}, \frac{1}{\sqrt{6}}\right) = \begin{pmatrix} 2 & 0 & 0 \\ 0 & 6/\sqrt{3} & 0 \\ 0 & 0 & 12/\sqrt{6} \end{pmatrix}$$

ist offensichtlich positiv definit.

Konvexe Funktionen$^\diamond$

Wir erinnern zunächst an die hier relevanten Definitionen:

- Eine Teilmenge Δ eines $\mathbb{R}$-Vektorraums heißt *konvex*, wenn für je zwei $x, y \in \Delta$ und $\lambda \in [0,1]$ gilt: $\lambda x + (1-\lambda)y \in \Delta$. Das heißt einfach, dass mit x, y auch die Verbindungsstrecke in Δ liegen soll. **konvexe Menge**
- Sei Δ konvex. Eine Funktion $f : \Delta \to \mathbb{R}$ heißt *konvex*, wenn stets **konvexe Funktion**

$$f\big(\lambda x + (1-\lambda)y\big) \leq \lambda f(x) + (1-\lambda)f(y)$$

  gilt (für $x, y \in \Delta$ und $\lambda \in [0,1]$).
- Eine konvexe Abbildung $f : \Delta \to \mathbb{R}$ heißt *strikt* konvex, wenn im Fall $x \neq y$ und $\lambda \in \,]0,1[$ in der vorstehenden Ungleichung sogar gilt:

$$f\big(\lambda x + (1-\lambda)y\big) < \lambda f(x) + (1-\lambda)f(y).$$

- f heißt *konkav* bzw. *strikt konkav*, wenn $-f$ konvex bzw. strikt konvex ist.

Für Funktionen, die auf konvexen Teilmengen von $\mathbb{R}$ oder $\mathbb{R}^2$ definiert sind, kann man Konvexität gut veranschaulichen: Da bedeutet es einfach, dass der Graph „nach unten eingebeult ist". So ist sicher $(x,y) \mapsto x^2 + y^2$ konvex, denn der Graph ist ein Rotationsparaboloid[30)].

Manchmal ist Konvexität leicht nachzuprüfen, zum Beispiel sind lineare Abbildungen konvex (und gleichzeitig konkav). Auch sind Normen stets konvex, das folgt sofort aus der Dreiecksungleichung. Wie aber ist es mit $f(x,y,z) = x + x^2y^4$ oder anderen konkreten Funktionen?

Wir werden nun ein Kriterium herleiten, durch das Konvexität mit Hilfe der Ableitungen untersucht werden kann. Um es formulieren zu können, muss Definition 8.4.3 ergänzt werden:

Definition 8.4.11. *Sei A eine symmetrische $(n \times n)$-Matrix. Sie heißt* positiv semidefinit, *wenn $\langle h, Ah\rangle \geq 0$ für jedes $h \in \mathbb{R}^n$ gilt.* **positiv semidefinit**

Diese Eigenschaft kann ebenfalls leicht nachgeprüft werden:

---

30) Man kann sich das so vorstellen: Zunächst betrachte man die Parabel $(x,0) \mapsto x^2$; wenn man ihren Graphen um die z-Achse rotieren lässt, entsteht der Graph von $(x,y) \mapsto x^2 + y^2$.

Lemma 8.4.12. *Für eine symmetrische $(n \times n)$-Matrix sind äquivalent:*

(i) A ist positiv semidefinit.

(ii) Alle Eigenwerte von A sind nichtnegativ.

(iii) Für jedes $\varepsilon > 0$ ist $A_\varepsilon := A + \varepsilon E_n$ positiv definit.
Dabei ist E_n die $(n \times n)$-Einheitsmatrix, A_ε entsteht also aus A durch Addition von ε zu den Elementen auf der Hauptdiagonalen.

Beweis: Wie im Beweis von Lemma 8.4.4 zeigt man, dass A genau dann positiv semidefinit ist, wenn $D^\top AD$ diese Eigenschaft für beliebige (oder auch nur für eine) invertierbare Matrizen D hat. Da A auf Hauptachsenform transformiert werden kann, ist damit die Äquivalenz von (i) und (ii) klar.
Die Äquivalenz von (i) und (iii) ist auch offensichtlich, da

$$\langle h, A_\varepsilon h\rangle = \langle h, Ah\rangle + \varepsilon \|h\|^2$$

für jedes h gilt. □

Bemerkungen:
1. Wegen Teil (iii) des Lemmas kann die Eigenschaft „positiv semidefinit" mit Satz 8.4.6 nachgeprüft werden. So ist zum Beispiel

$$A = \begin{pmatrix} 1 & 1 & 0 \\ 1 & 1 & 0 \\ 0 & 0 & 3 \end{pmatrix}$$

positiv semidefinit, da die Haupt-Unterdeterminanten von A_ε die Werte ε, $\varepsilon^2+2\varepsilon$ und $3\varepsilon^2 + 6\varepsilon$ haben.

2. Aus Stetigkeitsgründen folgt, dass eine positiv semidefinite Matrix nichtnegative Haupt-Unterdeterminanten hat. Die Umkehrung gilt aber nicht: Als Gegenbeispiel betrachte man die (2×2)-Matrix $A = (a_{ij})$, die durch $a_{22} = -1$ und $a_{11} = a_{12} = a_{21} = 0$ definiert ist. Alle Haupt-Unterdeterminanten sind Null, aber die Matrix ist nicht positiv semidefinit: Für $h = (1, 1)$ ist $\langle h, Ah\rangle = -1$.

Das folgende Ergebnis kann als Verallgemeinerung von Korollar 7.2.2 angesehen werden, das im Beweis auch eine wichtige Rolle spielt:

konvex: Charakterisierung

Satz 8.4.13. *Sei $U \subset \mathbb{R}^n$ eine offene konvexe Teilmenge und $f : U \to \mathbb{R}$ eine Funktion, für die alle zweiten partiellen Ableitungen existieren und stetig sind.*

(i) f ist genau dann konvex, wenn die Hessematrix $H_f(x)$ bei allen x positiv semidefinit ist.

(ii) Ist die Hessematrix stets positiv definit, so ist f strikt konvex; die Umkehrung gilt nicht.

Durch Übergang zu $-f$ erhält man entsprechende Kriterien für (strikte) Konkavität.

Beweis: (i) Sei zunächst $H_f(x)$ stets positiv semidefinit. Es ist zu zeigen: Für $x_0, y_0 \in U$ und $\lambda \in [0,1]$ ist $f\big(\lambda x_0 + (1-\lambda)(y_0)\big) \leq \lambda f(x_0) + (1-\lambda) f(y_0)$. Definiert man $h_0 := y_0 - x_0$ und $\varphi : [0,1] \to \mathbb{R}$ durch

$$\varphi(t) := f(x_0 + t h_0) = f\big(t y_0 + (1-t) x_0\big),$$

so ist die Behauptung gleichwertig zu

$$\varphi\big(\lambda \cdot 0 + (1-\lambda) \cdot 1\big) \leq \lambda \varphi(0) + (1-\lambda)\varphi(1).$$

Es reicht folglich, die Konvexität von φ zu zeigen, und dazu soll Korollar 7.2.2 verwendet werden: φ ist – falls φ'' stetig ist – genau dann konvex, wenn $\varphi'' \geq 0$ gilt.

Nun haben wir die zweite Ableitung von φ in Lemma 8.3.4 bereits ausgerechnet, es ist $\varphi''(t) = \langle h_0, \nabla\rangle^2 f(x_0 + t h_0)$; damit ist φ'' aufgrund unserer Voraussetzungen eine stetige Funktion, das war in Korollar 7.2.2 vorausgesetzt worden.

Auch haben wir schon bemerkt, dass stets $\langle h, \nabla\rangle^2 f(x) = \langle h, H_f(x) h\rangle$ gilt; damit ist der Beweis nun leicht zu führen.

Ist $H_f(x)$ stets positiv semidefinit, so erhalten wir

$$\varphi''(t) = \langle h_0, H_f(x_0 + t h_0) h_0\rangle \geq 0.$$

Dass φ (und damit f) dann konvex ist, folgt aus Korollar 7.2.2.

Sei umgekehrt f konvex. Wir geben $h \in \mathbb{R}^n$ vor und betrachten $x_0 + \varepsilon h$; dabei soll $\varepsilon > 0$ so klein sein, dass die Verbindungsstrecke von x_0 nach $x_0 + \varepsilon h$ zu U gehört. Eine Funktion φ wird wie eben definiert. φ ist dann ebenfalls konvex und hat damit eine nichtnegative zweite Ableitung. Es folgt: Für alle $t \in \,]0,1[$ ist

$$\varepsilon^2 \langle h, H_f(x_0 + th) h\rangle = \langle \varepsilon h, H_f(x_0 + th) \varepsilon h\rangle = \varphi''(t) \geq 0.$$

Insbesondere für $t = 0$ schließen wir daraus, dass $\langle h, H_f(x_0) h\rangle \geq 0$ ist. Das gilt für alle h, und folglich ist $H_f(x_0)$ positiv semidefinit.

(ii) Wir beginnen mit der Vorgabe voneinander verschiedener x_0 und y_0 und setzen wieder $h_0 = y_0 - x_0$. Mit den Bezeichnungen des vorigen Beweisteils ist diesmal $\varphi'' > 0$, denn nach Voraussetzung sind die $H_f(x_0 + t h_0)$ sogar positiv definit und es gilt $h_0 \neq 0$. Da φ'' auf dem kompakten Intervall $[0,1]$ stetig ist, finden wir ein $\eta > 0$, so dass $\varphi'' \geq 2\eta$ gilt. Definiert man also eine Funktion ψ durch $\psi(t) := \varphi(t) - \eta t^2$, so ist ψ'' nichtnegativ. ψ ist damit konvex. Das bedeutet für $\lambda \in \,]0,1[$:

$$\begin{aligned} \varphi(1-\lambda) - \eta(1-\lambda)^2 &= \psi\big(\lambda \cdot 0 + (1-\lambda) \cdot 1\big) \\ &\leq \lambda \psi(0) + (1-\lambda)\psi(1) \\ &= \lambda \varphi(0) + (1-\lambda)\varphi(1) - \eta(1-\lambda). \end{aligned}$$

Da $\eta(1-\lambda)^2 < \eta(1-\lambda)$ gilt, folgt

$$\varphi(1-\lambda) < \lambda \varphi(0) + (1-\lambda)\varphi(1).$$

φ und folglich auch f sind also strikt konvex.

Dass die Umkehrung nicht gilt, sieht man schon im Fall einer Dimension: Die Funktion x^4 ist strikt konvex, aber die zweite Ableitung verschwindet bei Null. □

Bemerkung: Mit dem vorstehenden Satz kann man der Charakterisierung strenger lokaler Extremwerte (Satz 8.4.9) noch eine *geometrische Deutung* geben. Wir betrachten dazu den Graphen einer Funktion $f : \mathbb{R}^2 \to \mathbb{R}$, also die Menge der $\{(x, y, f(x, y)) \mid (x, y) \in \mathbb{R}^2\} \subset \mathbb{R}^3$. Ein strenges lokales Minimum liegt dann vor, wenn der Graph erstens eine waagerechte Tangentialebene hat (das entspricht der Forderung, dass der Gradient gleich Null ist) und zweitens in der Nähe konvex – d.h. *nach unten* „eingebeult" – ist.

Auch ist nun klar, dass folgende *Variante von Satz 8.4.9* richtig sein wird: Ist $\operatorname{grad} f(x_0) = 0$ und ist $H_f(x)$ für x in einer Umgebung von x_0 positiv semidefinit, so ist x_0 ein lokales Minimum; das kann durch Analyse des Beweises leicht eingesehen werden. Man bedenke allerdings, dass in Satz 8.4.9 die Hessematrix *nur an einer Stelle* ausgewertet werden muss, in der neuen Fassung sind alle x in einer Umgebung zu berücksichtigen.

8.5 Vektorwertige differenzierbare Abbildungen

Wir wollen in diesem Abschnitt das Konzept der Differenzierbarkeit verallgemeinern. Es sollen Funktionen

$$f : U \to \mathbb{R}^m$$

betrachtet werden, wobei $U \subset \mathbb{R}^n$ eine offene Teilmenge ist. Der Aufbau ist wie folgt:

- Differenzierbarkeit: Definition und erste Eigenschaften
- Die Stetigkeit aller partiellen Ableitungen impliziert Differenzierbarkeit
- Die Kettenregel
- Abschätzungen als Folgerung aus der Differenzierbarkeit
- Höhere Ableitungen
- Differenzierbarkeit für Funktionen zwischen beliebigen Banachräumen

Differenzierbarkeit: Definition und erste Eigenschaften

Wieder werden wir Differenzierbarkeit als Approximierbarkeit durch lineare Abbildungen erklären, hier sollte man sich daran erinnern, dass solche Abbildungen zwischen endlich-dimensionalen Räumen wegen Satz 8.1.3 durch Matrizen beschrieben werden können.

Wir übertragen zunächst sinngemäß die Definition aus dem schon bekannten Spezialfall $m = 1$:

Differenzierbarkeit vektorwertiger Funktionen

Definition 8.5.1. *Sei $U \subset \mathbb{R}^n$ offen, $f : U \to \mathbb{R}^m$ und $x_0 \in U$. f heißt* bei x_0 differenzierbar, *wenn es eine $(m \times n)$-Matrix A so gibt, dass*

$$\lim_{\substack{h \to 0 \\ h \neq 0}} \frac{1}{||h||} \cdot ||f(x_0 + h) - f(x_0) - Ah|| = 0$$ [31]

gilt. f heißt auf U differenzierbar, *wenn f bei jedem $x_0 \in U$ differenzierbar ist.*

Bemerkungen/Beispiele:

1. Klar ist, dass unsere Definition im Fall $m = 1$ in die aus Abschnitt 8.2 übergeht. Wie in diesem Fall haben wir vorläufig keine Beispiele zur Verfügung. (Offensichtlich ist allerdings wieder, dass Abbildungen der Form $x \mapsto y_0 + A_0 x$ differenzierbar sind, wenn A_0 eine $(m \times n)$-Matrix und $y_0 \in \mathbb{R}^m$ ist; man kann das A aus der Definition als A_0 wählen.)

2. Wir werden gleich sehen, dass es *höchstens eine* zur Approximation geeignete Matrix A gibt. Man könnte A (oder die zugehörige Abbildung $x \mapsto Ax$) die „Ableitung von f bei x_0" nennen.

3. Die Limesbedingung in der Definition ist gleichwertig zu der folgenden Aussage: Zu jedem $\varepsilon > 0$ gibt es ein $\delta > 0$, so dass

$$||f(x_0 + h) - f(x_0) - Ah|| \leq \varepsilon \, ||h||$$

für alle h mit $||h|| \leq \delta$ gilt. (Vgl. dazu Bemerkung 1 nach Definition 4.1.1.)

Als Erstes zeigen wir, dass Abbildungen der Form $x \mapsto Ax$ Lipschitzabbildungen mit „kontrollierbarer" Lipschitzkonstante sind. Daraus werden sich anschließend sofort einige Folgerungen für differenzierbare Abbildungen ergeben.

Lemma 8.5.2. *Sei $A = (a_{ij})$ eine $(m \times n)$-Matrix.*

(i) Mit $M := \max_{i,j} |a_{ij}|$ gilt $||Ah|| \leq \sqrt{mn}M||h||$ für jedes $h \in \mathbb{R}^n$.

(ii) $h \mapsto Ah$ ist eine Lipschitzabbildung von $\mathbb{R}^n$ nach $\mathbb{R}^m$ mit Lipschitzkonstante $L = \sqrt{mn}M$.

Beweis: (i) Wir beginnen mit den folgenden Beobachtungen:

- Ist $y = (y_1, \ldots, y_m) \in \mathbb{R}^m$ und ist $|y_j| \leq K$ für jedes j, so gilt $||y|| \leq \sqrt{m}K$. Das ist leicht einzusehen:

$$\begin{aligned} ||y|| &= \sqrt{y_1^2 + \cdots + y_m^2} \\ &\leq \sqrt{mK^2} \\ &= \sqrt{m}K. \end{aligned}$$

[31] Wieder bezeichnet $||\cdot||$ die euklidische Norm. Im Interesse der Übersichtlichkeit wird nicht zwischen den Normen auf dem $\mathbb{R}^n$ und dem $\mathbb{R}^m$ unterschieden.

- Sei $x = (x_1, \ldots, x_n) \in \mathbb{R}^n$. Dann ist $|x_i| \leq ||x||$ für jedes i.

Es folgt der Beweis der behaupteten Abschätzung, dazu sei ein Vektor $x = (x_1, \ldots, x_n) \in \mathbb{R}^n$ beliebig vorgelegt.
Die j-te Komponente von Ax ist die Zahl $a_{j1}x_1 + \cdots + a_{jn}x_n$, ihr Betrag ist durch

$$\begin{aligned} |a_{j1}x_1 + \cdots + a_{jn}x_n| &\leq |a_{j1}||x_1| + \cdots + |a_{jn}||x_n| \\ &\leq nM||x|| \end{aligned}$$

abschätzbar. Wegen Beobachtung 1 folgt $||Ax|| \leq \sqrt{m}nM||x||$.

(ii) Das folgt aus der Linearität der Abbildung, auf Seite 66 wurde schon einmal auf diesen Zusammenhang hingewiesen:

$$\begin{aligned} ||Ax - A\tilde{x}|| &= ||A(x - \tilde{x})|| \\ &\leq L||x - \tilde{x}||. \end{aligned}$$ □

Mit den vorstehenden Abschätzungen haben wir die *Existenz* einer Lipschitz-Konstanten L für $x \mapsto Ax$ nachgewiesen, das wird für unsere Zwecke ausreichen. Die Frage ist aber nahe liegend, wie denn das *bestmögliche* L aussieht. Die Antwort: Das optimale L erhält man dadurch, dass man die Wurzeln der Eigenwerte von $A^\top A$ bestimmt und dann das Maximum dieser m Zahlen berechnet[32)]. Diese Abschätzung ist zwar meist besser als die von uns hergeleitete, man sieht aber nicht so ohne weiteres, ob sie stetig von den Koeffizienten von A abhängt. Es wird aber bald wichtig werden, dass Matrizen mit „kleinen" Einträgen zu Lipschitzabbildungen mit „kleiner" Lipschitzkonstante führen.

Satz 8.5.3. *Es seien $U \subset \mathbb{R}^n$ offen, $f : U \to \mathbb{R}^m$ und $x_0 \in U$.*

(i) Ist f bei x_0 differenzierbar, so ist f dort stetig.

(ii) Falls f bei x_0 differenzierbar ist, so ist die Matrix A aus Definition 8.5.1 eindeutig bestimmt.

Beweis: (i) Die Differenzierbarkeits-Definition mit $\varepsilon = 1$ impliziert die Existenz eines $\delta > 0$, so dass

$$||f(x_0 + h) - f(x_0) - Ah|| \leq ||h||$$

für die h mit $||h|| \leq \delta$ gilt. Wie im Beweis von Satz 8.2.3 folgt daraus

$$||f(x_0 + h) - f(x_0)|| \leq ||Ah|| + ||h|| \leq (L + 1)||h||,$$

32) Beweisskizze: Es ist das kleinste L gesucht, so dass stets $||Ah||^2 \leq L^2||h||^2$ gilt. Es ist aber $||Ah||^2 = \langle Ah, Ah \rangle = \langle h, A^\top Ah \rangle$, und dieser Ausdruck ist invariant unter orthogonalen Transformationen O: Man darf $A^\top A$ durch $D = O^\top A^\top AO$ ersetzen. Da $A^\top A$ symmetrisch ist, kann man O so wählen, dass D diagonal ist. Auf der Diagonalen stehen dann die (reellen und nichtnegativen) Eigenwerte $\mu_1, \ldots, \mu_m$ von $A^\top A$. Dass die bestmögliche Abschätzungskonstante L^2 für $\langle h, Dh \rangle \leq L^2||h||^2$ durch $L^2 = \max \mu_i$ gegeben ist, ist aber klar.

dabei ist L eine Lipschitzkonstante für $h \mapsto Ah$. Mit dieser Abschätzung ist die Stetigkeit bei x_0 wieder leicht herzuleiten.

(ii) Hier ist nur der Beweis von Lemma 8.2.2 zu kopieren: Sind A und $\tilde{A}$ Matrizen mit den geforderten Eigenschaften, so folgt wieder $(A-\tilde{A})h = 0$ für jeden Vektor h. Setzt man speziell für beliebige $i \in \{1,\ldots,n\}$ für h den i-ten Einheitsvektor ein, so folgt, dass die i-te Spalte von A gleich der i-ten Spalte von $\tilde{A}$ ist. Also ist $A = \tilde{A}$. □

Die Stetigkeit aller partiellen Ableitungen impliziert Differenzierbarkeit

In diesem Unterabschnitt geht es wieder um den Zusammenhang zwischen Differenzierbarkeit und partiellen Ableitungen. Der ist erfreulich einfach, wir werden wie in Abschnitt 8.2. beweisen können:

- Differenzierbarkeit impliziert die Existenz der partiellen Ableitungen.
- Existieren alle partiellen Ableitungen aller Komponentenfunktionen von f *und sind sie alle auf* U *stetig*, so ist f auf U differenzierbar.

Besonders der zweite Teil ist von kaum zu überschätzender Wichtigkeit. Da alle „geschlossen dargestellten" Funktionen stetig partiell differenzierbar sind, steht das Konzept „Differenzierbarkeit" in so gut wie allen für die Anwendungen interessanten Situationen sofort zur Verfügung.

Wir kümmern uns zunächst um *Bezeichnungen*. Im Folgenden wird U stets eine offene Teilmenge des $\mathbb{R}^n$ und $f : U \to \mathbb{R}^m$ eine Abbildung sein. Wie auf Seite 231 beschrieben, können wir f mit m Funktionen $f_1,\ldots,f_m : U \to \mathbb{R}$, den so genannten *Komponentenfunktionen*, identifizieren. Der Zusammenhang ist durch $f(x) = \big(f_1(x),\ldots,f_m(x)\big)$ gegeben[33].

Es ist nahe liegend zu versuchen, f dadurch zu approximieren, dass man die Ergebnisse aus Abschnitt 8.2 auf die Komponentenfunktionen anwendet. Wirklich wird sich gleich herausstellen, dass der wesentliche Teil der Arbeit mit dem Beweis von Satz 8.2.4 schon geleistet ist.

Carl Gustav Jacobi
1804 – 1851

Satz 8.5.4. *U sei eine offene Teilmenge des $\mathbb{R}^n$ und $f : U \to \mathbb{R}^m$ sei durch die Komponentenfunktionen $f_1,\ldots,f_m$ gegeben. Dann gilt:*

(i) Ist f bei einem $x_0 \in U$ differenzierbar, so sind alle f_j bei x_0 differenzierbar. Folglich existieren wegen Satz 8.2.4(i) alle partiellen Ableitungen von allen f_j bei x_0.

Jacobimatrix

(ii) Für alle f_j sollen alle partiellen Ableitungen auf U existieren und stetig sein, wir definieren für $x_0 \in U$ die Jacobimatrix[34] *$J_f(x_0)$ durch*

[33] Zum Beispiel sind für die durch $f(x,y,z) := (3x, e^z)$ definierte Abbildung $f : \mathbb{R}^3 \to \mathbb{R}^2$ die Funktionen $f_1(x,y,z) = 3x$ und $f_2(x,y,z) = e^z$ die Komponentenfunktionen.

[34] Jacobi: Privatgelehrter in Königsberg und Berlin. Wichtige Arbeiten zur Algebra, Zahlentheorie, Analysis und zur mathematischen Physik.

$$J_f(x_0) := \begin{pmatrix} \frac{\partial f_1}{\partial x_1}(x_0) & \cdots & \frac{\partial f_1}{\partial x_n}(x_0) \\ \vdots & & \vdots \\ \frac{\partial f_m}{\partial x_1}(x_0) & \cdots & \frac{\partial f_m}{\partial x_n}(x_0) \end{pmatrix}.$$

Dann ist f auf U differenzierbar, wobei die Matrix A aus Definition 8.5.1 als $J_f(x_0)$ zu wählen ist.

Beweis: (i) Sei A die $(m \times n)$-Matrix aus Definition 8.5.1 und $j \in \{1, \ldots, m\}$. Definiert man einen Vektor g als die Transponierte der j-ten Zeile von A, so ist – für $h \in \mathbb{R}^n$ – die j-te Komponente des Vektors $f(x_0 + h) - f(x_0) - Ah$ die Zahl $f_j(x_0 + h) - f_j(x_0) - \langle h, g \rangle$. Daraus folgt die Abschätzung

$$|f_j(x_0 + h) - f_j(x_0) - \langle h, g \rangle| \le ||f(x_0 + h) - f(x_0) - Ah||.$$

Aufgrund der vorausgesetzten Differenzierbarkeit von f kann die rechte Seite für jedes ε durch $\varepsilon ||h||$ abgeschätzt werden, wenn nur $||h||$ klein genug ist. Das bedeutet aber, dass f_j differenzierbar ist.

Die Behauptung ist damit bewiesen, nebenbei folgt aus Satz 8.2.4(i) noch, dass die j-te Zeile von A der Zeilenvektor $(\operatorname{grad} f_j)^\top$ ist.

(ii) Sei $x_0 \in U$ beliebig. Wegen Satz 8.2.4(ii) folgt aus der Stetigkeit der $\partial f_j / \partial x_i$, dass alle f_j bei x_0 differenzierbar sind. Gibt man also $\varepsilon > 0$ vor, so existiert für jedes j ein $\delta_j > 0$, so dass

$$|f_j(x_0 + h) - f_j(x_0) - \langle h, \operatorname{grad} f_j(x_0) \rangle| \le \varepsilon ||h||$$

für die h mit $||h|| \le \delta_j$ gilt.

Nach Definition von $J_f(x_0)$ ist $f(x_0 + h) - f(x_0) - J_f(x_0)h$ der Vektor, dessen Komponenten die m Zahlen $f_j(x_0 + h) - f_j(x_0) - \langle h, \operatorname{grad} f_j(x_0) \rangle$ sind. Die eben hergeleitete Ungleichung impliziert daher

$$||f(x_0 + h) - f(x_0) - J_f(x_0)h|| \le \sqrt{m}\, \varepsilon\, ||h||,$$

falls $||h|| \le \delta := \min_j \delta_j$; man vergleiche zur Begründung die erste Beobachtung im Beweis von Lemma 8.5.2(i).

Es folgt, dass f bei x_0 differenzierbar ist und dass die approximierende lineare Abbildung durch $h \mapsto J_f(x_0)h$ gegeben ist. □

Bemerkungen und Beispiele:

1. Man kann den Satz so zusammenfassen: Sind alle Komponentenfunktionen stetig differenzierbar, so gilt für „kleine“ h die Approximation

$$f(x_0 + h) \approx f(x_0) + J_f(x_0)h.$$

Diese Approximationsformel für Vektoren des $\mathbb{R}^m$ entspricht den m eindimensionalen Approximationen

$$f_j(x_0 + h) \approx f_j(x_0) + \langle h, \operatorname{grad} f_j(x_0) \rangle,$$

$j = 1, \ldots, m$. Die Größe des Fehlers kann komponentenweise mit dem Satz von Taylor abgeschätzt werden (vgl. Abschnitt 8.3).

2. Als Beispiel betrachten wir die Funktion $f(x, y, z) = (x^3 z, z^2 - x + y)$, wir wollen in der Nähe von $x_0 = (-1, 2, -3)$ approximieren. Zunächst rechnen wir dazu die Jacobimatrix *für ein beliebiges* (x, y, z) aus, das ergibt die Matrix der partiellen Ableitungen. Die Einträge bestehen also aus *Funktionen*:

$$J_f(x, y, z) = \begin{pmatrix} 3x^2 z & 0 & x^3 \\ -1 & 1 & 2z \end{pmatrix}.$$

Und nun ist speziell $(x, y, z) = (-1, 2, -3)$ zu setzen:

$$J_f(-1, 2, -3) = \begin{pmatrix} -9 & 0 & -1 \\ -1 & 1 & -6 \end{pmatrix}.$$

Zusammen mit $f(-1, 2, -3) = (3, 12)$ folgt daraus die Näherungsformel

$$f(-1 + h_1, 2 + h_2, -3 + h_3) \approx \begin{pmatrix} 3 \\ 12 \end{pmatrix} + \begin{pmatrix} -9 & 0 & -1 \\ -1 & 1 & -6 \end{pmatrix} \begin{pmatrix} h_1 \\ h_2 \\ h_3 \end{pmatrix},$$

ausgeschrieben heißt das

$$f(-1 + h_1, 2 + h_2, -3 + h_3) \approx \begin{pmatrix} 3 - 9h_1 - h_3 \\ 12 - h_1 + h_2 - 6h_3 \end{pmatrix}.$$

3. Aus Korollar 8.3.6 folgt sofort: Sind je zwei Punkte in U durch einen Streckenzug verbindbar, so ist eine stetig differenzierbare Funktion $f : U \to \mathbb{R}^m$ genau dann konstant, wenn die Jacobimatrix von f an allen Punkten von U die Nullmatrix ist.

4. Wir haben die Jacobimatrix, das mehrdimensionale Analogon zur Ableitung, J_f genannt. In der Literatur gibt es aber auch andere Bezeichnungsweisen, etwa f', Df oder $\partial f / \partial x$.

Die Kettenregel

Manche Leser werden vielleicht in den vorigen Abschnitten dieses Kapitels das systematische Studium von Permanenzaussagen vermisst haben. Wo stehen denn Aussagen des Typs: „Sind f und $\tilde{f}$ bei x_0 differenzierbar, so auch $f + \tilde{f}$“? Diese und andere ähnlich offensichtliche Wahrheiten sind hier nicht aufgeführt worden: Es ist wirklich nicht besonders schwer einzusehen, dass

$$J_{f+g}(x_0) = J_f(x_0) + J_g(x_0) \text{ und } J_{af}(x_0) = aJ_f(x_0)$$

für differenzierbare Funktionen f, g und $a \in \mathbb{R}$ gilt.

Etwas tiefer liegend ist die Frage, wie es sich mit *Verknüpfungen differenzierbarer Funktionen* verhält. Hier die Ausgangssituation:

Gegeben seien offene Teilmengen $U \subset \mathbb{R}^n$ und $V \subset \mathbb{R}^m$, es werden zwei Funktionen $g : U \to V$ und $f : V \to \mathbb{R}^k$ betrachtet; dabei dürfen n, m, k beliebige natürliche Zahlen sein.

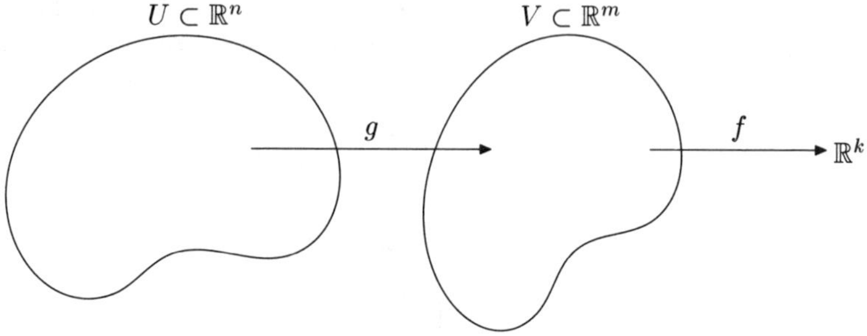

Bild 8.8: Die Kettenregel: Welche Ableitung hat $f \circ g$?

Was lässt sich über die Differenzierbarkeit von $f \circ g : U \to \mathbb{R}^k$ sagen, wenn f und g differenzierbar sind? Die Antwort gibt der folgende Satz, er ist sicher einer der wichtigsten des ganzen Kapitels:

Kettenregel

Satz 8.5.5. *(Kettenregel) Mit den vorstehenden Bezeichnungen gilt: Ist für irgendein $x_0 \in U$ die Funktion g bei x_0 und die Funktion f bei $g(x_0)$ differenzierbar, so ist $f \circ g$ bei x_0 differenzierbar. Für die Jacobimatrizen gilt: $J_{f \circ g}(x_0)$ ist das Matrizenprodukt der Matrizen $J_f\big(g(x_0)\big)$ und $J_g(x_0)$, d.h.*

$$J_{f \circ g}(x_0) = J_f\big(g(x_0)\big) \cdot J_g(x_0).$$

Beweis: Wir setzen zur Abkürzung $A := J_f\big(g(x_0)\big)$ und $B := J_g(x_0)$. Es ist zu zeigen, dass $(f \circ g)(x_0 + h)$ für „kleine" h gut durch $(f \circ g)(x_0) + ABh$ approximiert werden kann. Dann nämlich hat AB die in Definition 8.5.1 geforderten Eigenschaften, und im Beweis von Satz 8.5.4(i) wurde schon festgestellt, dass diese Matrix notwendig die Jacobimatrix der gerade betrachteten Abbildung sein muss.

Intuitiv ist das klar. Nach Definition ist nämlich

$$g(x_0 + h) \approx g(x_0) + Bh \text{ und } f\big(g(x_0) + \tilde{h}\big) \approx f\big(g(x_0)\big) + A\tilde{h}$$

für „kleine" $h, \tilde{h}$, und wenn man die erste Approximation in die zweite (mit $\tilde{h} = Bh$) einsetzt, steht die Behauptung da.

Für einen strengen Beweis müssen wir etwas sorgfältiger argumentieren. Es wird neben der vorausgesetzten Differenzierbarkeit von f und g noch wichtig werden, dass A und B Lipschitzabbildungen induzieren: Wegen Lemma 8.5.2 kann man Zahlen L_A und L_B so finden, dass

$$||A\tilde{h}|| \leq L_A||\tilde{h}|| \text{ und } ||Bh|| \leq L_B||h||$$

für alle $h, \tilde{h}$ gilt.

Nun beginnt der eigentliche Beweis, wir geben ein $\varepsilon > 0$ vor. Unser Ziel: Wir müssen ein $\delta > 0$ so finden, dass

$$\left\| f\big(g(x_0 + h)\big) - f\big(g(x_0)\big) - ABh \right\| \leq \varepsilon \, ||h||$$

für die h mit $||h|| \leq \delta$ ist[35].

Wir arbeiten von rechts (vom $\mathbb{R}^k$) nach links (zum $\mathbb{R}^n$). Als Erstes nutzen wir die Differenzierbarkeit von f aus. Da wir noch nicht genau wissen, für welche Approximationsgüte das anzuwenden ist, führen wir einen Hilfsparameter τ ein, der im Intervall $]\,0,1\,]$ liegen soll. Den wählen wir später bei Bedarf, wer möchte, kann den Beweis dann mit dem richtigen τ noch einmal aufschreiben. Dabei bleibt dann allerdings im Dunkeln, wie man genau auf diese Zahl gekommen ist.

Die Differenzierbarkeit von f bei $g(x_0)$ verschafft uns ein $\eta \in \,]\,0,1\,]$, so dass $||f\big(g(x_0) + \tilde{h}\big) - f\big(g(x_0)\big) - A\tilde{h}|| \leq \tau\varepsilon||\tilde{h}||$, falls $||\tilde{h}|| \leq \eta$; wir schreiben das in der Form

$$f\big(g(x_0) + \tilde{h}\big) = f\big(g(x_0)\big) + A\tilde{h} + \tilde{z}, \tag{8.4}$$

wobei $||\tilde{z}|| \leq \tau\varepsilon||\tilde{h}||$.

Mit dem so gefundenen η wird die Differenzierbarkeit von g ausgenutzt. Wir finden damit ein $\delta > 0$, so dass für die h mit $||h|| \leq \delta$ die Gleichung

$$g(x_0 + h) = g(x_0) + Bh + z$$

für ein z mit $||z|| \leq \eta||h||$ gelten wird.

Und nun wieder rückwärts: Wie hätte man τ wählen sollen, dass das so gefundene δ die geforderten Eigenschaften hat?

Wir fixieren dazu ein h mit $||h|| \leq \delta$ und schreiben $g(x_0 + h)$ als $g(x_0) + \tilde{h}$, es ist also $\tilde{h} = Bh + z$ mit einem z, für das $||z|| \leq \eta \, ||h||$ gilt. Für dieses $\tilde{h}$ soll die Gleichung (8.4) ausgenutzt werden dürfen. Dazu müssen wir dafür sorgen, dass $||\tilde{h}|| \leq \eta$ gilt. Nun ist aber

$$\begin{aligned} ||\tilde{h}|| &\leq ||Bh|| + ||z|| \\ &\leq (L_B + \eta)||h|| \\ &\leq (L_B + 1)||h|| \\ &\leq (L_B + 1)\delta. \end{aligned}$$

Unsere erste Maßnahme wird also darin bestehen, δ (falls nötig) so zu verkleinern, dass $(L_B + 1)\delta \leq \eta$ gilt.

Dann darf für $\tilde{h}$ die Gleichung (8.4) ausgenutzt werden: Es ist

$$\begin{aligned} f\big(g(x_0 + h)\big) &= f\big(g(x_0) + \tilde{h}\big) \\ &= f\big(g(x_0)\big) + A\tilde{h} + \tilde{z} \\ &= f\big(g(x_0)\big) + ABh + Az + \tilde{z}, \end{aligned}$$

[35] Bei dieser und vergleichbaren Argumentationen ist natürlich immer dafür zu sorgen, dass δ so klein ist, dass die $x_0 + h$ auch wirklich zum Definitionsbereich gehören. Das ist bei Bedarf durch Verkleinerung von δ leicht zu erreichen, da ja alle Definitionsbereiche offen sind.

wobei $||\tilde{z}|| \leq \tau\varepsilon||\tilde{h}||$.

Vergleicht man das, was wir erreicht haben, mit dem, was zu zeigen ist, so fehlt nur noch wenig: Es muss

$$||Az + \tilde{z}|| \leq \varepsilon||h|| \tag{8.5}$$

gelten. Dabei kommt auch noch die Lipschitzbedingung für A ins Spiel:

$$\begin{aligned} ||Az + \tilde{z}|| &\leq L_A||z|| + ||\tilde{z}|| \\ &\leq L_A\eta||h|| + \tau\varepsilon\left\|\tilde{h}\right\| \\ &\leq L_A\eta||h|| + \tau\varepsilon(L_B + 1)||h|| \\ &= \big(L_A\eta + \tau\varepsilon(L_B + 1)\big)||h||. \end{aligned}$$

Endlich kommen wir zum *Finale*: Wenn man τ am Anfang so gewählt hat, dass $\tau(L_B + 1) \leq 1/2$ gilt und bei der Wahl von η zusätzlich für $L_A\eta \leq \varepsilon/2$ gesorgt hat, gilt wirklich die Abschätzung (8.5), und damit ist alles gezeigt.

Man kann den vorstehenden Beweis leicht so modifizieren, dass der „Joker" τ schon frühzeitig fixiert wird. Die wichtigsten Schritte wären dann:

- $\varepsilon > 0$ vorgeben.
- τ als $1/[2(L_B + 1)]$ definieren.
- Wie oben η zu $\tau\varepsilon$ wählen, dabei – falls nötig – durch Verkleinern dafür sorgen, dass $L_A\eta \leq \varepsilon/2$.
- Nun δ zu η wie oben suchen. Eventuell δ noch so verkleinern, dass $(L_B + 1)\delta \leq \eta$ gilt.

Dieses δ hat dann die gewünschten Eigenschaften. □

Bemerkungen und Beispiele:

1. Um den Satz zu illustrieren, berechnen wir $J_{f\circ g}$ für ein konkretes Beispiel auf zwei verschiedene Weisen. Dazu betrachten wir $f, g : \mathbb{R}^2 \to \mathbb{R}^2$, diese Funktionen sollen durch

$$g(x, y) = (x\mathrm{e}^y, x^2y), \ f(u, v) = (u + v, u - 2v^2)$$

definiert sein. Durch Einsetzen von g in f folgt

$$(f \circ g)(x, y) = (x\mathrm{e}^y + x^2y, x\mathrm{e}^y - 2(x^2y)^2).$$

Damit erhalten wir für die Jacobimatrix bei (x, y) die Matrix

$$J_{f\circ g}(x, y) = \begin{pmatrix} \mathrm{e}^y + 2xy & x\mathrm{e}^y + x^2 \\ \mathrm{e}^y - 8x^3y^2 & x\mathrm{e}^y - 4x^4y \end{pmatrix}.$$

Nun berechnen wir J_f für ein allgemeines (u, v), danach setzen wir $g(x, y)$ für (u, v) ein:

$$J_f(u,v) = \begin{pmatrix} 1 & 1 \\ 1 & -4v \end{pmatrix}, \quad J_f\bigl(g(x,y)\bigr) = J_f(x\mathrm{e}^y, x^2y) = \begin{pmatrix} 1 & 1 \\ 1 & -4x^2y \end{pmatrix}.$$

Schließlich ist

$$J_g(x,y) = \begin{pmatrix} \mathrm{e}^y & x\mathrm{e}^y \\ 2xy & x^2 \end{pmatrix},$$

und damit ergibt sich für das Produkt $J_f\bigl(g(x,y)\bigr)J_g(x,y)$:

$$\begin{pmatrix} 1 & 1 \\ 1 & -4x^2y \end{pmatrix}\begin{pmatrix} \mathrm{e}^y & x\mathrm{e}^y \\ 2xy & x^2 \end{pmatrix} = \begin{pmatrix} \mathrm{e}^y + 2xy & x\mathrm{e}^y + x^2 \\ \mathrm{e}^y - 8x^3y^2 & x\mathrm{e}^y - 4x^4y \end{pmatrix}.$$

Wegen der Kettenregel ist es nicht überraschend, dass diese Matrix mit der weiter oben berechneten übereinstimmt.

2. Die „eindimensionale“ Kettenregel aus Satz 4.1.4(iv) ist als Spezialfall enthalten, wenn man die Formel $(f \circ g)'(x_0) = f'\bigl(g(x_0)\bigr)g'(x_0)$ etwas gekünstelt als Gleichung zwischen (1×1)-Matrizen interpretiert. Anders als damals in Kapitel 4 ist allerdings jetzt *die Reihenfolge der Faktoren wichtig*. Die Multiplikation in $\mathbb{R}$ ist kommutativ, Matrizen A und B jedoch darf man nicht so ohne Weiteres vertauschen: Oft ist das Produkt bei Vertauschung der Faktoren gar nicht definiert, und selbst wenn beide Multiplikationen sinnvoll sind, kann AB etwas ganz anderes sein als BA.

3. Im Spezialfall $n = k = 1$ nimmt die Kettenregel die folgende Form an: Ist, mit $U \subset \mathbb{R}$, die differenzierbare Funktion $g : U \to \mathbb{R}^m$ durch die m Komponentenfunktionen $g_1, \ldots, g_m : U \to \mathbb{R}$ gegeben und ist $f : \mathbb{R}^m \to \mathbb{R}$ ebenfalls differenzierbar, so ist $f \circ g : U \to \mathbb{R}$ differenzierbar mit

$$(f \circ g)'(x) = \langle \operatorname{grad} f\bigl(g(x)\bigr), g'(x)\rangle. \tag{8.6}$$

Ausführlicher aufgeschrieben heißt das, dass

$$(f \circ g)'(x) = \frac{\partial f}{\partial x_1}\bigl(g(x)\bigr)g_1'(x) + \cdots + \frac{\partial f}{\partial x_m}\bigl(g(x)\bigr)g_m'(x)$$

gilt. Die Tragweite dieser Formel soll *an vier Beispielen illustriert* werden:

a) Sei $f : \mathbb{R}^m \to \mathbb{R}$ eine beliebige differenzierbare Funktion, $g : \mathbb{R} \to \mathbb{R}^m$ sei durch $t \mapsto x_0 + th$ definiert. Offensichtlich ist dann $g'(t) = h$ für jedes t. Gleichung (8.6) besagt also, dass die Ableitung von $t \mapsto f(x_0 + th)$ bei t gleich $\langle h, \operatorname{grad} f(x_0 + th)\rangle$ ist. Das ist genau die Aussage von Lemma 8.3.4 für den Fall $r = 1$.

b) Auf einer rechteckigen Platte sei die Temperatur an der Stelle (x, y) durch $f(x, y)$ gegeben. Eine Ameise spaziert über diese Platte, zur Zeit t befindet sie sich an der Stelle $g(t)$. Dann ist $(f \circ g)(t)$ die Temperatur, die die Ameise zur Zeit t konkret fühlt, die Temperaturveränderung ist also durch $\langle \operatorname{grad} f\bigl(g(x)\bigr), g'(x)\rangle$

gegeben. Als Folgerung ergibt sich, dass sich die gefühlte Temperatur zur Zeit t nicht verändert, wenn die Ameise dann gerade senkrecht zum Gradienten der Temperatur spaziert, denn dann ist $\langle \operatorname{grad} f\big(g(x)\big), g'(x)\rangle = 0$.

c) Ein Massenpunkt bewege sich im $\mathbb{R}^3$ so, dass entlang seiner Bahn eine gewisse Funktion $f(x,y,z)$ konstant bleibt; man nennt f dann eine *Erhaltungsgröße*. Beschreibt man die Bahn durch eine Funktion $g : \mathbb{R} \to \mathbb{R}^3$ mit der Interpretation „$g(t)$ ist der Ort des Punktes zur Zeit t" so heißt das, dass $f \circ g$ einen Konstante ist. (Die Existenz von Erhaltungsgrößen ermöglicht eine Reduktion der Anzahl der Koordinaten, die zur Beschreibung erforderlich sind. Mathematische Grundlage ist der Satz über implizite Funktionen, den wir in Abschnitt 8.8 kennen lernen werden.)

Folglich ist die Ableitung von $f \circ g$, also die Zahl $\langle \operatorname{grad} f\big(g(x)\big), g'(x)\rangle$, gleich Null, und das heißt, dass der Geschwindigkeitsvektor $g'(t)$ in jedem Augenblick senkrecht auf dem Gradienten von f steht.

d) Wir betrachten zwei stetig differenzierbare Funktionen $\varphi, \psi : \mathbb{R} \to \mathbb{R}$ mit $\varphi \le \psi$. Weiter ist ein stetig differenzierbares $f : \mathbb{R}^2 \to \mathbb{R}$ gegeben, und durch

$$g(x) := \int_{\varphi(x)}^{\psi(x)} f(x,t)\,dt$$

wird eine Funktion $g : \mathbb{R} \to \mathbb{R}$ definiert. Es handelt sich dabei um dasjenige g, das wir in Abschnitt 6.4 vor Satz 6.4.3 eingeführt haben. Mit der Kettenregel kann die Differenzierbarkeit von g, also Satz 6.4.4, leicht hergeleitet werden:

$$g'(x) = \int_{\varphi(x)}^{\psi(x)} \frac{\partial f}{\partial x}(x,t)\,dt + \psi'(x) f\big(x, \psi(x)\big) - \varphi'(x) f\big(x, \varphi(x)\big).$$

Um diese Aussage auf die Kettenregel zurückzuführen, definieren wir Funktionen $\Phi : \mathbb{R} \to \mathbb{R}^3$ und $\Psi : \mathbb{R}^3 \to \mathbb{R}$ durch

$$\Phi(x) = \big(x, \psi(x), \varphi(x)\big) \text{ und } \Psi(x,u,v) = \int_v^u f(x,t)\,dt.$$

Φ und Ψ sind dann differenzierbar, da die partiellen Ableitungen existieren und stetig sind: Zum Beispiel ist $\big(\partial\Psi/\partial u\big)(x,u,v) = f(x,u)$, das folgt aus Satz 6.1.7(ii) (man beachte auch Aufgabe 6.2.1).

Es ist nun nur noch zu beachten, dass $g = \Psi \circ \Phi$ gilt, die Kettenregel liefert dann die gewünschte Ableitungsregel: Sie entsteht als Skalarprodukt vom Gradienten von Ψ bei $\Phi(x)$, das ist der Vektor

$$\left(\int_{\varphi(x)}^{\psi(x)} \frac{\partial f}{\partial x}(x,t)\,dt, f\big(x,\psi(x)\big), -f\big(x,\varphi(x)\big)\right),$$

mit der Ableitung $\big(1, \psi'(x), \varphi'(x)\big)$ von Φ.

4. Aus der konkreten Form von $J_{f\circ g}$ als Produkt von J_f und J_g folgt noch, dass sich „höhere" analytische Güteeigenschaften von f und g auf $f \circ g$ übertragen. Sind zum Beispiel alle Komponentenfunktionen von f und g r-mal stetig differenzierbar, so wird das auch für $f \circ g$ gelten.

Im Folgenden wird die Kettenregel noch sehr häufig angewendet werden, auf die Diskussion weiterer Beispiele kann deswegen hier verzichtet werden.

Abschätzungen als Folgerung aus der Differenzierbarkeit

Wie in Abschnitt 8.2 soll nun gezeigt werden, dass Differenzierbarkeit nicht nur die Stetigkeit, sondern sogar – unter geeigneten Voraussetzungen an den Definitionsbereich – die *Lipschitzstetigkeit* impliziert. Für Funktionen mit Werten in $\mathbb{R}$ hatten wir das als Folgerung aus dem Mittelwertsatz (Korollar 8.3.5) hergeleitet, er besagt, dass $f(x_0+h)-f(x_0)$ als $\langle h, \operatorname{grad} f(x_0+th)\rangle$ darstellbar ist.

Die nahe liegende Verallgemeinerung des Mittelwertsatzes auf vektorwertige Funktionen gilt *nicht*:

> Für eine differenzierbare Funktion $f : \mathbb{R}^n \to \mathbb{R}^m$ ist es im Allgemeinen *nicht* richtig, dass es zu x_0 und h ein $t \in \,]0,1[$ mit der Eigenschaft $f(x_0+h)-f(x_0) = J_f(x_0+th)h$ gibt.
>
> Als Gegenbeispiel betrachte man die durch $f(x) = (\cos x, \sin x)$ definierte Funktion von $\mathbb{R}$ in den $\mathbb{R}^2$. Für $x_0 = 0$ und $h = 2\pi$ ist $f(x_0+h)-f(x_0)$ der Nullvektor. Die Jacobimatrix von f aber ist $(-\sin x, \cos x)$, und folglich verschwindet der Vektor
>
> $$J_f(x)h = (-2\pi \sin x, 2\pi \cos x)$$
>
> für kein x.

Die Lipschitzeigenschaft ist aber trotzdem beweisbar:

Lipschitz-eigenschaft

Satz 8.5.6. *Sei $U \subset \mathbb{R}^n$ offen und $f : U \to \mathbb{R}^m$ differenzierbar. Ist $K \subset U$ eine konvexe Teilmenge*[36]*, auf der alle partiellen Ableitungen aller Koeffizientenfunktionen von f durch eine Zahl M beschränkt sind, so ist f auf K eine Lipschitzabbildung mit Lipschitzkonstante $L := \sqrt{mn}M$.*

Beweis: Es seien x_0 und x_0+h Punkte aus K. Es ist zu zeigen, dass

$$||f(x_0+h)-f(x_0)|| \le L\,||h||$$

gilt. Dazu setzen wir $y := f(x_0+h)-f(x_0)$. Ist $y = 0$, so gilt die Behauptung trivialerweise. Falls y nicht der Nullvektor ist, definieren wir $z := y/||y||$; es wird gleich wichtig werden, dass z Norm 1 hat und dass $\langle y, z\rangle = \langle y, y/||y||\rangle = ||y||$ gilt.

Wir gehen von f zur Funktion $\tilde{f} : U \to \mathbb{R}$ über, sie ist durch

$$\tilde{f}(x) := \langle f(x), z\rangle$$

definiert. Der Mittelwertsatz 8.3.5 verschafft uns ein $t \in \,]0,1[$, so dass

$$\tilde{f}(x_0+h) - \tilde{f}(x_0) = \langle h, \operatorname{grad} \tilde{f}(x_0+th)\rangle$$

[36] Zur Definition vgl. S. 38.

gilt. Wir fassen $\tilde{f}$ als Verknüpfung der Funktionen f und $x \mapsto \langle x, z\rangle$ auf. Die Jacobimatrizen dieser Abbildungen sind $J_f(x)$ und der Zeilenvektor $z^\top$.

Aus der Kettenregel folgt dann, dass $\tilde{f}$ bei x die Jacobimatrix $z^\top J_f(x)$ hat. Damit ist $\langle h, \operatorname{grad} \tilde{f}(x_0 + th)\rangle = \langle z, J_f(x_0 + th)h\rangle$, es ist also

$$\begin{aligned}
\|f(x_0+h) - f(x_0)\| &= \langle f(x_0+h) - f(x_0), z\rangle \\
&= \tilde{f}(x_0+h) - \tilde{f}(x_0) \\
&= \langle z, J_f(x_0+th)h\rangle \\
&\leq \|z\| \cdot \|J_f(x_0+th)h\| \\
&\leq \|z\| \cdot \|h\| \cdot \sqrt{mn}M \\
&\leq L\|h\|;
\end{aligned}$$

bei diesen Abschätzungen haben wir zuerst die Cauchy-Schwarzsche Ungleichung (Seite 233) und dann Lemma 8.5.2 ausgenutzt. □

Korollar 8.5.7. *Es sei $U \subset \mathbb{R}^n$ offen und $f : U \to \mathbb{R}^m$ eine stetig differenzierbare Funktion. Dann ist f auf jeder kompakten Teilmenge von U eine Lipschitzabbildung.*

Beweis: Aus dem vorigen Satz folgt sofort die Lipschitzeigenschaft auf jeder kompakten *und konvexen* Teilmenge K; man muss nur ausnutzen, dass alle $\partial f_j/\partial x_i$ auf K beschränkt sind. Wie im Beweis von Satz 8.3.8 ergibt sich daraus die Lipschitzeigenschaft für beliebige kompakte K. □

Der Mittelwertsatz als Lieferant für Abschätzungen
Eben haben wir festgestellt, dass es für Funktionen vom $\mathbb{R}^n$ in den $\mathbb{R}^m$ *keinen Mittelwertsatz*, sondern nur gewisse *Abschätzungen* gibt. Es sollte betont werden, dass *auch die bisherigen Varianten* des Mittelwertsatzes (also die Mittelwertsätze für Funktionen von $\mathbb{R}$ nach $\mathbb{R}$ oder von $\mathbb{R}^n$ nach $\mathbb{R}$) in allen Anwendungen *nur zum Abschätzen* verwendet wurden.
Viel mehr ist leider auch nicht zu erwarten, da man über die in der Aussage dieser Sätze vorkommende Zwischenstelle so gut wie nie irgendwelche konkreten Informationen hat.

Höhere Ableitungen

Wir betrachten noch einmal Gradienten. Inzwischen sollte klar sein, dass für eine Funktion $f : U \to \mathbb{R}$ (mit $U \subset \mathbb{R}^n$) der Gradient bei x_0 so etwas wie die Ableitung von f an der Stelle x_0 ist. Folglich entspricht der Übergang von f zum Vektorfeld $\operatorname{grad} f : U \to \mathbb{R}^n$ dem Übergang von f zu f' in der „eindimensionalen" Theorie.

Und daher sollte man, wenn *diese* Abbildung differenzierbar ist, f zweimal differenzierbar nennen; mit der in diesem Abschnitt entwickelten Theorie kann das sinnvoll formuliert werden. Allgemeiner: Ist $f : U \to \mathbb{R}^m$ (mit $U \subset \mathbb{R}^n$)

differenzierbar, so ist es möglich, eine Abbildung $x \mapsto J_f(x)$ von U in die Menge der $(m \times n)$-Matrizen zu definieren. Eine $(m \times n)$-Matrix aber kann mit einem Element des $\mathbb{R}^{mn}$ identifiziert werden, weil $m{\cdot}n$ Zahlen einer Matrix entsprechen. Folglich kann man fragen, ob $x \mapsto J_f(x)$ – aufgefasst als Abbildung von U in den $\mathbb{R}^{mn}$ – differenzierbar ist. Falls ja, wird man f *zweimal differenzierbar* nennen, die Zuordnung $x \mapsto$ „die Jacobimatrix dieser Abbildung" kann als Abbildung von U in den $\mathbb{R}^{mn^2}$ aufgefasst werden.

Das wird sehr schnell sehr schwerfällig, und die uns interessierenden Anwendungen höherer Ableitungen können alle mit dem Satz von Taylor behandelt werden. Deswegen wird es für uns ausreichend sein, erste Ableitungen zu untersuchen.

Differenzierbarkeit für Funktionen zwischen beliebigen Banachräumen

In diesem Buch haben wir das Konzept der Differenzierbarkeit in mehreren Stufen entwickelt: Zunächst wurden Funktionen von $\mathbb{R}$ nach $\mathbb{R}$ betrachtet, später ging es um Funktionen vom $\mathbb{R}^n$ nach $\mathbb{R}$, und hier haben wir schließlich Funktionen von $\mathbb{R}^n$ nach $\mathbb{R}^m$ untersucht.

Manche Autoren von Analysis-Büchern finden diesen Weg zu langwierig und auch zu speziell. Wenn man unsere verschiedenen Differenzierbarkeitsdefinitionen vergleicht, so fällt wirklich auf:

- Es war eigentlich nur wichtig, dass man im Urbild-Bereich und im Bildbereich addieren und mit reellen Zahlen multiplizieren konnte, dass eine „Größe" von Elementen (die Norm) definiert ist und dass gewisse Abbildungen φ – die linearen – als besonders einfach ausgezeichnet waren.
- In den Beweisen wurde es dann wichtig, dass die zum Approximieren verwendeten φ auch stetig sind (siehe z.B. Satz 8.5.3(i)). Das ist bei linearen Abbildungen zwischen endlich-dimensionalen Räumen automatisch erfüllt, in allgemeineren Situationen wird man es voraussetzen müssen.

Damit könnte man mit einer gewissen Berechtigung die Meinung vertreten, dass der „natürliche" Ansatz für Differenzierbarkeits-Untersuchungen der folgende ist:

Definition 8.5.8. *Es seien X und Y reelle Banachräume*[37]*, wir werden für die Norm in X und in Y das gleiche Symbol $\|\cdot\|$ verwenden.*

Weiter sei $U \subset X$ eine offene Teilmenge, $x_0 \in U$ und $f : U \to Y$ eine Abbildung. f heißt dann differenzierbar bei x_0, *wenn es eine stetige und lineare Abbildung $\varphi : X \to Y$ gibt, so dass gilt:*

$$\lim_{\substack{h \to 0 \\ h \neq 0}} \frac{1}{\|h\|} \cdot \|f(x_0 + h) - f(x_0) - \varphi(h)\| = 0.$$

[37] Zur Erinnerung: Reelle Banachräume sind normierte $\mathbb{R}$-Vektorräume, in denen alle Cauchy-Folgen konvergent sind.
Einige wichtige Beispiele haben wir schon kennen gelernt, z.B. ist CK für jeden kompakten metrischen Raum ein Banachraum (vgl. Satz 5.3.4).

(Das bedeutet wieder: Zu $\varepsilon > 0$ gibt es $\delta > 0$ so, dass für h mit $\|h\| \le \delta$ stets $\|f(x_0 + h) - f(x_0) - \varphi(h)\| \le \varepsilon\|h\|$ ist.)

Bemerkungen und Beispiele:

1. Es sollte klar sein, dass unsere bisherigen Differenzierbarkeits-Definitionen alle ein Spezialfall der vorstehenden sind. Dazu ist nur zu beachten, dass lineare Abbildungen von $\mathbb{R}^n$ nach $\mathbb{R}^m$ automatisch stetig sind.

2. Man kann für das allgemeine Differenzierbarkeitskonzept viele der hier bewiesenen Ergebnisse übertragen, etwa:

- Die Abbildung φ ist, wenn sie existiert, eindeutig bestimmt. Man nennt sie die *Ableitung von f bei x_0*.
- Aus der Differenzierbarkeit folgt die Stetigkeit.
- Man kann wieder eine Kettenregel beweisen.

3. Bei uns gab es einen engen Zusammenhang zwischen der Existenz der Richtungsableitungen und der Differenzierbarkeit. Im allgemeinen Fall ist alles erwartungsgemäß komplizierter, man muss die Varianten „Gâteaux-Differenzierbarkeit“ (= alle Richtungsableitungen existieren und lassen sich zu einer stetigen linearen Abbildung zusammensetzen) und „Fréchet-Differenzierbarkeit“ unterscheiden (letztere entspricht der vorstehenden Definition).

4. Ein wichtiger Vorteil des allgemeinen Zugangs ist, dass *höhere Ableitungen sehr natürlich definiert* werden können. Sind nämlich X und Y Banachräume, so ist die Menge $L(X, Y)$ der linearen stetigen Abbildungen von X nach Y in natürlicher Weise wieder ein Banachraum; die Norm eines $\varphi \in L(X, Y)$ ist dabei als die bestmögliche Lipschitzkonstante von φ erklärt.

Eine differenzierbare Funktion $f : U \to Y$ (mit $U \subset X$) gibt daher Anlass zu einer Abbildung von U nach $L(X, Y)$: Jedem x_0 wird die „Ableitung“ φ zugeordnet. Wenn die differenzierbar ist, wird man f zweimal differenzierbar nennen. Man erhält damit eine Abbildung von U nach $L\big(X, L(X, Y)\big)$, die möglicherweise auch noch differenzierbar ist: Dann ist f dreimal differenzierbar. Und so weiter.

5. In dieser Interpretation ist auch plausibel, wie man „stetig differenzierbar“ definieren sollte: Die eben betrachtete Funktion von U nach $L(X, Y)$ muss stetig sein.

Nun ist die lineare Approximation im Fall endlich-dimensionaler Räume durch die Jacobimatrix gegeben. Das heißt, dass eine Funktion genau dann stetig differenzierbar sein wird, wenn alle partiellen Ableitungen existieren und stetig sind.

6. Wieder kann man Extremwerte von Funktionen $f : U \to \mathbb{R}$ dadurch finden, dass man diejenigen x_0 berechnet, bei denen die Ableitung (das ist die Abbildung φ) verschwindet. Das spielt eine wichtige Rolle, z.B. in der theoretischen Physik

bei der Herleitung von Bewegungsgleichungen aus Extremalprinzipien oder in der Variationsrechnung[38].

7. Auch jetzt ist offensichtlich: Ist f konstant gleich $y_0 \in Y$ oder eine lineare stetige Abbildung φ, so ist f differenzierbar. Im ersten Fall ist die Ableitung Null, im zweiten gleich φ.

8. Als Beispiel betrachten wir die Funktion $\Phi : C[0,1] \to \mathbb{R}$, die jedem g das Integral $\int_0^1 g^2(x)\,dx$ zuordnet; $C[0,1]$ soll dabei mit der Supremumsnorm versehen sein.

Für $g_0, g \in C[0,1]$ ist

$$\int_0^1 \big(g_0(x) + g(x)\big)^2\,dx = \int_0^1 g_0^2(x)\,dx + 2\int_0^1 g_0(x)g(x)\,dx + \int_0^1 g^2(x)\,dx,$$

für „kleine“ g ist das näherungsweise gleich $\int_0^1 g_0^2(x)\,dx + 2\int_0^1 g_0(x)g(x)\,dx$. Und da – bei festem g_0 – durch $\varphi_{g_0}(g) := 2\int_0^1 g_0(x)g(x)\,dx$ eine lineare und stetige Abbildung $\varphi_{g_0} : C[0,1] \to \mathbb{R}$ definiert wird, ergibt sich ohne große Mühe, dass Φ bei jedem g_0 differenzierbar ist und dass die Ableitung dort durch φ_{g_0} gegeben ist.

Nun ist φ_{g_0} genau dann die Nullfunktion, wenn $g_0 = 0$ ist. Das folgt daraus, dass $\varphi_{g_0}(g_0)$ das Doppelte des Integrals über g_0^2 ist, und diese Zahl ist für von Null verschiedene Zahlen strikt positiv. Folglich ist $g_0 = 0$ die einzige Stelle, wo die „Ableitung“ von Φ verschwindet. Wirklich wird bei 0 offensichtlich das Minimum von Φ angenommen, auch dieser Zusammenhang („Für Extremwerte ist die Ableitung Null“) ist also so, wie wir es aus Abschnitt 8.4 gewohnt sind.

In diesem Buch wurde dieser allgemeine Zugang nicht gewählt. Erstens ist er wesentlich abstrakter und damit für Anfänger schwieriger als der hier gewählte, und zweitens gibt es im Allgemeinen keine Möglichkeit, die auftretenden Ableitungen so einfach zu bestimmen wie im Fall der Funktionen von $\mathbb{R}^n$ nach $\mathbb{R}^m$, wo alles durch Jacobi-Matrizen explizit berechnet werden kann.

8.6 Der Satz von der inversen Abbildung

Wir beginnen mit einer Erinnerung an Abschnitt 4.1. Dort hatten wir in Satz 4.1.4(vi) die Formel

$$(f^{-1})'(f(x_0)) = \frac{1}{f'(x_0)}$$

bewiesen, dabei sollte f eine differenzierbare, streng monotone Funktion mit $f'(x_0) \neq 0$ sein. Im Beweis musste dann *erstens* gezeigt werden, dass f^{-1} differenzierbar ist, und *zweitens* war die behauptete Formel nachzuweisen. Die

[38] In dieser Theorie versucht man, Funktionen mit „extremalen“ Eigenschaften zu finden. Z.B.: Welche Kurve der Länge l schließt in der Ebene die größte Fläche ein; als Lösung erhält man die Kreise mit dem Durchmesser l/π.

Hauptarbeit steckte im ersten Teil, der zweite war dann eine unmittelbare Folgerung aus der Kettenregel: Man musste nur die Identität $(f^{-1} \circ f)(x) = x$ ableiten.

Dieses Ergebnis soll nun *auf Funktionen in mehreren Veränderlichen übertragen* werden, erwartungsgemäß wird alles komplizierter. Der Beweis wird wieder die beiden eben genannten Teile enthalten, also den *Nachweis der Differenzierbarkeit von* f^{-1} und eine *Formel*. Zusätzlich gibt es *ein neues Problem*, das im Fall einer Dimension noch nicht auftrat. Dort ist einer Abbildung f vergleichsweise leicht anzusehen, ob f^{-1} existiert, sie muss streng monoton wachsend oder streng monoton fallend sein.

Im $\mathbb{R}^n$ ist das nicht so ohne Weiteres zu entscheiden. Wir werden uns auch nur um die *lokale Variante* des Problems kümmern. Damit ist die Frage gemeint, ob man – bei gegebenem x_0 – eine ε-Kugel K um x_0 so finden kann, dass f auf K invertierbar ist, dass man also für $x \in K$ das x aus dem Vektor $f(x)$ rekonstruieren kann.

Wir haben schon mehrfach erfolgreich von der Idee Gebrauch gemacht, dass für eine differenzierbare Abbildung der Wert von $f(x_0 + h)$ für „kleine" h gut durch $f(x_0) + J_f(x_0)h$ approximierbar ist. Daher ist zu erwarten, dass das Invertierbarkeitsproblem für f mit der Invertierbarkeit von $h \mapsto J_f(x_0)h$ zusammenhängen wird.

Und da – für eine $(m \times n)$-Matrix A – die Abbildung $h \mapsto Ah$ nur dann bijektiv ist, wenn $m = n$ ist und die Determinante von A nicht verschwindet, ist es nicht sehr überraschend, dass gleich die Determinante der Jacobimatrix, die so genannte *Jacobideterminante*, eine wichtige Rolle spielen wird.

Das *Hauptergebnis* dieses Abschnitts, den *Satz von der inversen Abbildung*, finden Sie *in Satz 8.6.4*. Es wird sich vergleichsweise leicht beweisen lassen, weil der wesentliche Teil der Arbeit bereits in den Beweis von Lemma 8.6.1 investiert werden wird: Dort wird der *Satz von der inversen Abbildung für einen Spezialfall* gezeigt.

Der Satz von der inversen Abbildung: ein Spezialfall

Lemma 8.6.1. *Sei $U \subset \mathbb{R}^n$ offen mit $0 \in U$. Wir nehmen an, dass $g : U \to \mathbb{R}^n$ eine stetig differenzierbare Funktion mit*

$$g(0) = 0 \text{ und } J_g(0) = E_n$$

ist[39]*. Dann gibt es eine offene Teilmenge U_0 von U mit $0 \in U_0$, so dass gilt:*

(i) $g(U_0)$ ist offen.

(ii) $g : U_0 \to g(U_0)$ ist bijektiv.

(iii) $g^{-1} : g(U_0) \to U_0$ ist stetig differenzierbar.

[39] Zur Erinnerung: E_n ist die $(n \times n)$-Einheitsmatrix.

(iv) Für $x \in U_0$ ist $J_{g^{-1}}\big(g(x)\big) = \big(J_g(x)\big)^{-1}$.

Beweis: Im Beweis werden wir den *Banachschen Fixpunktsatz* ausnutzen, den wir in Abschnitt 5.4 bewiesen haben: Kontrahierende Abbildungen auf vollständigen metrischen Räumen haben genau einen Fixpunkt.

Eine wichtige Rolle wird die Abbildung $G : U \to \mathbb{R}^n$ spielen, die durch $G(x) := g(x) - x$ definiert ist. G misst also, wie weit g von der identischen Abbildung $x \mapsto x$ abweicht.

Für die zu G gehörigen Jacobimatrizen gilt $J_G(x) = J_g(x) - E_n$, und folglich ist $J_G(0)$ die Nullmatrix. Da die Funktionen $\partial g_j / \partial x_i$ stetig sind, ist $J_G(x)$ eine $(n \times n)$-Matrix stetiger Funktionen, und da alle bei Null verschwinden, können wir eine positive Zahl r so wählen, dass für die x mit $\|x\| \le 2r$ alle diese n^2 Funktionen betragsmäßig durch $\big(2\sqrt{n}n\big)^{-1}$ abgeschätzt werden können[40]. Wegen Satz 8.5.6 – den wir mit $n = m$ anwenden – folgt, dass die Abbildung G für $\|x\| \le 2r$ Lipschitzabbildung mit Lipschitzkonstante 1/2 ist; auch ist wegen Lemma 8.5.2 die Abbildung $h \mapsto J_G(x)h$ ebenfalls stets kontrahierend mit Konstante 1/2.

Die Menge U_0 kann nun definiert werden:

$$U_0 := \{x \mid x \in U,\ \|x\| < r,\ \|g(x)\| < r/2\}.$$

Im Folgenden soll (mit einem etwas langwierigen Beweis) gezeigt werden, dass U_0 alle geforderten Eigenschaften hat.

Behauptung 1: U_0 ist offen, und $0 \in U_0$.

Das ist leicht, da $x \mapsto \|x\|$ eine stetige Abbildung ist; weil differenzierbare Funktionen stetig sind, ist damit auch $x \mapsto \|g(x)\|$ stetig[41].
Es ist klar, dass 0 in U_0 liegt.

Behauptung 2: g ist auf U_0 injektiv.

Es seien $x_1, x_2 \in U_0$ mit $g(x_1) = g(x_2)$ gegeben. Wir müssen zeigen, dass $x_1 = x_2$ gilt. Nach Definition von G ist

$$x_1 - x_2 = \big(x_1 - g(x_1)\big) - \big(x_2 - g(x_2)\big) = G(x_1) - G(x_2).$$

Folglich gilt $\|x_1 - x_2\| = \|G(x_1) - G(x_2)\| \le \|x_1 - x_2\|/2$. Die Ungleichung $\|x_1 - x_2\| \le \|x_1 - x_2\|/2$ ist aber nur für $\|x_1 - x_2\| = 0$, d.h. für $x_1 = x_2$, möglich.

Behauptung 3: Zu jedem $y' \in \mathbb{R}^n$ mit $\|y'\| < r/2$ gibt es ein x' mit $\|x'\| < r$ und $g(x') = y'$.

Das ist der schwierigste Teil des Beweises, *hier* werden wir den Banachschen Fixpunktsatz anwenden. Wir beginnen, bei vorgegebenem y', mit der Wahl eines

[40] r soll auch noch so klein sein, dass die Kugel mit dem Radius $2r$ in U liegt; das ist möglich, da 0 zu U gehört und da U offen ist.

[41] Vgl. das graue Kästchen „Der intelligente Weg zu ‚offen' und ‚abgeschlossen'" nach Satz 3.3.5.

$\delta > 0$, so dass $||y'|| + (r - \delta)/2 \leq r - \delta$ gilt; man könnte etwa $\delta := r - 2||y'||$ setzen. Dann definieren wir

$$\Delta_\delta := \{x \mid ||x|| \leq r - \delta\},$$

und eine Abbildung $g_{y'} : \Delta_\delta \to \mathbb{R}^n$ wird durch $g_{y'}(x) := y' + x - g(x)$ erklärt. Mal angenommen, wir können zeigen:

- Δ_δ ist ein nicht leerer, vollständiger metrischer Raum,
- $g_{y'}(\Delta_\delta) \subset \Delta_\delta$,
- $g_{y'}$ ist eine Kontraktion, d.h. eine Lipschitzabbildung mit einer Lipschitzkonstanten, die kleiner als 1 ist.

Dann könnten wir den Banachschen Fixpunktsatz anwenden: Der garantiert die Existenz eines (sogar eindeutig bestimmten) $x' \in \Delta_\delta$, so dass $g_{y'}(x') = x'$. Nach Definition von $g_{y'}$ bedeutet das $g(x') = y'$, und da wegen $x' \in \Delta_\delta$ auch $||x'|| < r$ gilt, wäre die Behauptung bewiesen.

Es fehlt also nur noch der Nachweis, dass die Voraussetzungen des Fixpunktsatzes erfüllt sind. Die erste Eigenschaft gilt offensichtlich, denn Δ_δ ist eine abgeschlossene Kugel im $\mathbb{R}^n$. Um die zweite Eigenschaft nachzuweisen, geben wir irgendein $x \in \Delta_\delta$ vor. Dann ist $x - g(x) = G(x)$ und folglich gilt wegen der Lipschitzbedingung von G die Ungleichung $||x - g(x)|| \leq ||x||/2$. Es folgt

$$\begin{aligned} ||g_{y'}(x)|| &= ||y' + x - g(x)|| \\ &\leq ||y'|| + ||x - g(x)|| \\ &\leq ||y'|| + (r - \delta)/2 \\ &\leq r - \delta, \end{aligned}$$

d.h., auch $g_{y'}(x)$ gehört zu Δ_δ.

Schließlich fehlt noch der Nachweis der Kontraktionsbedingung: Für $x, x' \in \Delta_\delta$ ist

$$\begin{aligned} ||g_{y'}(x) - g_{y'}(x')|| &= ||G(x) - G(x')|| \\ &\leq ||x - x'||/2. \end{aligned}$$

Damit ist Behauptung 3 vollständig bewiesen.

Behauptung 4: $V_0 := g(U_0)$ ist offen im $\mathbb{R}^n$.

Sei $x_0 \in U_0$, der Vektor $y_0 := g(x_0)$ liegt folglich in V_0, und alle Elemente aus V_0 sind so darstellbar. Es ist zu beweisen, dass eine ganze Umgebung von y_0 zu V_0 gehört.

Wegen $x_0 \in U_0$ ist $||y_0|| < r/2$, es gibt also ein $\varepsilon > 0$, so dass $||y_0|| + \varepsilon < r/2$. Wir behaupten, dass die ε-Kugel um y_0 in V_0 liegt.

Sei dazu y' mit $||y_0 - y'|| \leq \varepsilon$ vorgegeben. Dann ist aufgrund der Dreiecksungleichung $||y'|| < r/2$, wegen Beweisschritt 3 gibt es also ein x' mit $||x'|| < r$

und $g(x') = y'$. Nach Definition von U_0 heißt das, dass x' zu U_0 gehört, und das zeigt $y' \in V_0$.

Behauptung 5: Für $x, x' \in U_0$ ist $||g(x) - g(x')|| \geq ||x - x'||/2$.

Hier wird noch einmal die Lipschitzeigenschaft von G wichtig:

$$\begin{aligned} ||x - x'|| &= \left\| x - g(x) + g(x) - \left(x' - g(x') + g(x')\right) \right\| \\ &= \left\| \left(g(x) - g(x')\right) + \left(G(x) - G(x')\right) \right\| \\ &\leq ||g(x) - g(x')|| + ||G(x) - G(x')|| \\ &\leq ||g(x) - g(x')|| + ||x - x'||/2. \end{aligned}$$

Durch Subtraktion von $||x - x'||/2$ folgt die Behauptung.

$g : U_0 \to V_0$ ist also eine bijektive Abbildung. (Die Injektivität wurde schon in Behauptung 2 gezeigt, sie ergibt sich auch noch einmal aus der vorstehenden Abschätzung.) Folglich existiert die inverse Abbildung $g^{-1} : V_0 \to U_0$.

Behauptung 6: Für $y_1, y_2 \in V_0$ ist $\left\|g^{-1}(y_1) - g^{-1}(y_2)\right\| \leq 2||y_1 - y_2||$.

Das ist eine Umformulierung des vorigen Beweisteils.

Behauptung 7: g^{-1} ist stetig.

Die Stetigkeit folgt sofort aus der eben bewiesenen Lipschitzeigenschaft.

Behauptung 8: Für $x_0 \in U_0$ ist die Matrix $J_g(x_0)$ invertierbar.

Allgemein gilt: Ist A eine $(n \times n)$-Matrix, so dass $h \mapsto Ah - h$ eine Lipschitzabbildung mit Lipschitzkonstante $L < 1$ ist, so ist A invertierbar. Zum Beweis betrachte man ein h mit $Ah = 0$. Dann ist $||h|| = ||h - Ah|| \leq L||h||$, und das impliziert $||h|| = 0$ und folglich $h = 0$.

Also ist $h \mapsto Ah$ injektiv und deswegen als lineare Abbildung auf dem $\mathbb{R}^n$ bereits bijektiv.

Im vorliegenden Fall ist das auf $A = J_g(x_0)$ für $x_0 \in U_0$ anzuwenden. Man muss sich nur erinnern, dass $A - E_n = J_G(x_0)$ gilt und dass $h \mapsto J_G(x_0)h$ eine Lipschitzabbildung mit Lipschitzkonstante $1/2$ ist.

Behauptung 9: Für $x_0 \in U_0$ ist g^{-1} bei $y_0 := g(x_0)$ differenzierbar und es gilt

$$J_{g^{-1}}(y_0) = \left(J_g(x_0)\right)^{-1}.$$

Sei $x_0 \in U_0$ und $y_0 = g(x_0)$. Wir müssen zeigen: Zu jedem $\varepsilon > 0$ gibt es ein $\delta > 0$, so dass

$$||g^{-1}(y_0 + \tilde{h}) - g^{-1}(y_0) - \left(J_g(x_0)\right)^{-1}\tilde{h}|| \leq \varepsilon||\tilde{h}||$$

für alle $\tilde{h}$ mit $||\tilde{h}|| \leq \delta$ gilt. Dabei ist natürlich δ so klein zu wählen, dass die δ-Kugel um y_0 zu V_0 gehört. Mit dieser Ungleichung wäre die Behauptung vollständig bewiesen.

Wir geben ein $\varepsilon > 0$ vor; wie groß muss das fragliche δ sein? Dieses Problem soll *auf die Differenzierbarkeit von g zurückgeführt* werden, wir beginnen also damit, dass wir für ein (später festzusetzendes) $\varepsilon' > 0$ ein $\delta' > 0$ wählen, so dass

$$||g(x_0 + h) - g(x_0) - J_g(x_0)h|| \le \varepsilon' ||h|| \tag{8.7}$$

für die h mit $||h|| \le \delta'$ gilt.

Sei nun $\tilde{h}$ ein Vektor, so dass $y_0 + \tilde{h}$ in V_0 liegt. Wir definieren h durch die Gleichung $g(x_0 + h) - g(x_0) = \tilde{h}$, wir müssen also

$$h := g^{-1}(y_0 + \tilde{h}) - g^{-1}(y_0)$$

setzen. Man beachte, dass $g^{-1}(y_0) = x_0$ gilt. Das hat zur Konsequenz, dass mit $\tilde{h}$ auch h klein sein wird, denn g^{-1} ist eine Lipschitzabbildung mit Lipschitzkonstante 2 (Schritt 6).

Genauer: Wenn wir $\delta := \delta'/2$ setzen, so folgt aus $||\tilde{h}|| \le \delta$, dass $||h|| \le \delta'$ gilt, und deswegen können wir die Ungleichung (8.7) anwenden[42]. Das muss nun nur noch in eine Ungleichung für $\tilde{h}$ umgeschrieben werden, dazu wird man beachten müssen:

- Auf $\{y \mid ||y_0 - y|| \le \delta\}$ können alle Einträge der $\big(J_g(x)\big)^{-1}$ durch eine Zahl M beschränkt werden, denn $\{y \mid ||y_0 - y|| \le \delta\}$ ist kompakt und die Einträge der Matrizen $\big(J_g(x)\big)^{-1}$ sind stetige Funktionen. Hier ist es wichtig zu wissen, dass die Einträge von A^{-1} aus den Einträgen von A durch Multiplikationen, Additionen und Divisionen entstehen, auch muss man sich daran erinnern, dass die Einträge von J_g, also die Funktionen $\partial g_j/\partial x_i$, nach Voraussetzung alle stetig sind.

  Folglich gibt es wegen Lemma 8.5.2 eine Zahl L, so dass alle Abbildungen $\tilde{h} \mapsto \big(J_g(x)\big)^{-1}\tilde{h}$ Lipschitzabbildungen mit Konstante L sind.

- Es ist $||h|| \le 2||\tilde{h}||$, denn $h = g^{-1}(y_0 + \tilde{h}) - g^{-1}(y_0)$, und g^{-1} ist eine Lipschitzabbildung mit Lipschitzkonstante 2.

Es folgt:

$$\begin{aligned}
||g^{-1}(y_0 + \tilde{h}) - g^{-1}(y_0) - \big(J_g(x_0)\big)^{-1}\tilde{h}|| &= ||h - \big(J_g(x_0)\big)^{-1}\tilde{h}|| \\
&= \Big|\Big|\big(J_g(x_0)\big)^{-1} J_g(x_0)h - \big(J_g(x_0)\big)^{-1}\tilde{h}\Big|\Big| \\
&= \Big|\Big|\big(J_g(x_0)\big)^{-1}\Big(\big(J_g(x_0)\big)h - \tilde{h}\Big)\Big|\Big| \\
&\le L\,||J_g(x_0)h - \tilde{h}|| \\
&= L\,||J_g(x_0)h - g(x_0 + h) + g(x_0)|| \\
&= L\,||g(x_0 + h) - g(x_0) - J_g(x_0)h||
\end{aligned}$$

---

[42] Genau genommen hätten wir noch dafür sorgen müssen, dass δ' so klein ist, dass die Kugel um x_0 mit dem Radius δ' in U_0 liegt. Das ist aber leicht zu erreichen, da U_0 offen ist.

$$\leq L\varepsilon' \, ||h||$$
$$\leq 2L\varepsilon' \, ||\tilde{h}||.$$

Das bedeutet: Wenn wir diesen Beweis mit $\varepsilon' = \varepsilon/(2L)$ begonnen hätten, wäre wirklich zu garantieren, dass die gewünschte Ungleichung für die $\tilde{h}$ mit $||\tilde{h}|| \leq \delta$ gilt. Die Behauptung ist damit bewiesen.

Behauptung 10: g^{-1} ist stetig differenzierbar auf V_0.

Wir wissen schon, dass $J_{g^{-1}}(y) = \big(J_g(g^{-1}(y))\big)^{-1}$ gilt. Aus dieser Darstellung ist die Stetigkeit leicht abzulesen, denn $y \mapsto \big(J_g(g^{-1}(y))\big)^{-1}$ ist stetig als Komposition der stetigen Abbildungen $y \mapsto g^{-1}(y)$, $x \mapsto J_g(x)$ und $A \mapsto A^{-1}$. (Es wurde schon bemerkt, dass das daraus folgt, dass man A^{-1} geschlossen aus den Einträgen von A darstellen kann.) □

Der Satz von der inversen Abbildung

Ein Trost: Die Hauptarbeit ist erledigt, wir müssen nur noch den allgemeinen Fall auf das Lemma zurückführen. Das kommt übrigens in der Mathematik oft vor, dass man die Energie beim Beweisen auf einen Spezialfall konzentriert: Beweis des Zwischenwertsatzes zunächst für den Spezialfall der Zwischenstelle Null, Satz von Rolle als Vorbereitung auf den ersten Mittelwertsatz, ...

Wie Mathematiker Wasser kochen

Ein Physiker und ein Mathematiker sollen einen Topf Wasser, der auf dem Tisch steht, zum Kochen bringen. Beide finden schnell die Lösung, sie tragen ihn vom Tisch auf die heiße Herdplatte.

Jetzt wird es schwieriger: Das gleiche Ziel ist zu erreichen, der Wassertopf steht aber auf dem Boden. Der Physiker greift sich den Topf und bringt ihn auf direktem Weg zum Herd. Problem gelöst!

Der Mathematiker dagegen nimmt den Topf und stellt ihn auf den Tisch. Sein Kommentar: „Das Problem ist gelöst, ich habe es auf den schon erfolgreich behandelten Spezialfall zurückgeführt.“

Diese – natürlich erfundene – Episode kann man ganz nach Geschmack als für den Mathematiker schmeichelhaft oder beleidigend finden.

Wir beginnen mit einer Präzisierung: Was soll es genau bedeuten, dass der Vektor x „lokal“ aus $f(x)$ rekonstruiert werden kann?

Definition 8.6.2. *Es sei $U \subset \mathbb{R}^n$ offen, und $f : U \to \mathbb{R}^n$ sei stetig differenzierbar. Für ein $x_0 \in U$ heißt f* bei x_0 lokal invertierbar, *wenn es eine offene Teilmenge $U_0 \subset U$ mit $x_0 \in U_0$ so gibt, dass gilt:* **lokal invertierbar**

(i) $V_0 := f(U_0)$ ist offen, und die Einschränkung von f auf U_0 ist eine Bijektion von U_0 nach V_0.

(ii) Die inverse Abbildung $f^{-1} : V_0 \to U_0$ *ist stetig differenzierbar.*

Durch das folgende Lemma kann der Beweis des Satzes von der inversen Abbildung auf Lemma 8.6.1 zurückgeführt werden:

Lemma 8.6.3. *Es seien* $U, V \subset \mathbb{R}^n$ *offene Teilmengen und* $g : U \to V$ *sowie* $f : V \to \mathbb{R}^n$ *stetig differenzierbare Funktionen.*

(i) Es sei $x_0 \in U$. *Ist* g *bei* x_0 *und* f *bei* $g(x_0)$ *lokal invertierbar, so ist* $f \circ g$ *bei* x_0 *lokal invertierbar.*

(ii) Ist g *bei einem* x_0 *lokal invertierbar, so auch die Abbildung* $x \mapsto g(x) - y_0$. *Dabei ist* $y_0 \in \mathbb{R}^n$ *ein beliebiger Vektor.*

(iii) Sei A *eine* $(n \times n)$*-Matrix mit* $\det A \neq 0$. *Dann ist* $x \mapsto Ax$ *bei* 0 *lokal invertierbar.*

Beweis: (i) Das ist eine Folgerung aus der Kettenregel (Satz 8.5.5). Zusätzlich ist zu beachten, dass die Verknüpfung bijektiver und stetiger Funktionen wieder bijektiv und stetig ist.

(ii) Diese Aussage ergibt sich aus dem vorigen Beweisteil, dazu muss man speziell die durch $f(y) := y - y_0$ definierte Abbildung betrachten: f ist differenzierbar, und die Jacobimatrix ist an jeder Stelle die $(n \times n)$-Einheitsmatrix E_n.

(iii) Wir wissen schon, dass lineare Abbildungen $x \mapsto Ax$ differenzierbar sind und dass die Jacobimatrix an jeder Stelle gleich A ist (s.S. 281). Insbesondere ist diese Abbildung also stetig differenzierbar.

Eine (sogar auf dem ganzen $\mathbb{R}^n$ definierte) Umkehrabbildung ist mit der Abbildung $y \mapsto A^{-1}y$ auch leicht gefunden. □

Nach diesen Vorbereitungen ist der Hauptsatz dieses Abschnitts leicht zu beweisen:

Satz von der inversen Abbildung

Satz 8.6.4. *(Satz von der inversen Abbildung)*
Es sei $U \subset \mathbb{R}^n$ *offen,* $f : U \to \mathbb{R}^n$ *stetig differenzierbar und* $x_0 \in U$. *Ist dann die Matrix* $J_f(x_0)$ *invertierbar, so ist* f *bei* x_0 *lokal invertierbar, und für* x *in einer geeigneten Umgebung von* x_0 *gilt*

$$J_{f^{-1}}\big(f(x)\big) = \big(J_f(x)\big)^{-1}.$$

Beweis: Sei $\tilde{U} := U - x_0 := \{x - x_0 \mid x \in U\}$, die Menge U wird also um $-x_0$ verschoben. Es ist leicht zu sehen, dass mit U auch $\tilde{U}$ offen ist. Wir definieren $g : \tilde{U} \to \mathbb{R}^n$ durch

$$g(x) := \big(J_f(x_0)\big)^{-1}\big(f(x + x_0) - f(x_0)\big).$$

Wir behaupten, dass für g die Voraussetzungen von Lemma 8.6.1 erfüllt sind:

- $\tilde{U}$ enthält die Null, und $g(0) = 0$: Das ist klar.

- g ist stetig differenzierbar: Das ist eine Konsequenz aus der Kettenregel, da $x \mapsto x + x_0$, f, $y \mapsto y - f(x_0)$ und $z \mapsto \big(J_f(x_0)\big)^{-1} z$ stetig differenzierbar sind.

- Für $x \in \tilde{U}$ sind die Jacobimatrizen der vorstehenden vier Abbildungen die Matrizen E_n, $J_f(x + x_0)$, E_n und $\big(J_f(x_0)\big)^{-1}$. Aufgrund der Kettenregel ist die Jacobimatrix von g bei x also $J_f(x + x_0)\big(J_f(x_0)\big)^{-1}$, bei $x = 0$ ergibt sich damit die Matrix E_n.

Aus dem Lemma können wir schließen, dass g lokal invertierbar bei Null ist, man erhält auch eine Formel für die Jacobimatrix von g^{-1}.

Und nun wieder zurück, von g zu f. Es ist

$$f(x) = J_f(x_0)g(x - x_0) + f(x_0),$$

und durch eine Kombination der Aussagen aus Lemma 8.6.3 folgt, dass f bei x_0 lokal invertierbar ist.

Es fehlt noch die Formel für die Ableitung von f^{-1}. Die könnte man aus der Kettenregel und der Formel für g^{-1} berechnen, da ja konkrete Ausdrücke für den Übergang von f zu g und umgekehrt vorliegen. Leichter ist es jedoch, einfach von der Formel $\big(f^{-1} \circ f\big)(x) = x$ auszugehen, die ja auf einer Umgebung von x_0 gilt. Und da f^{-1} und f differenzierbar sind, muss man diese Identität nur noch mit Hilfe der Kettenregel differenzieren (wobei die elementare Tatsache zu berücksichtigen ist, dass $x \mapsto x$ differenzierbar und die Jacobimatrix gleich E_n ist):

$$J_{f^{-1}}\big(f(x_0)\big)J_f(x_0) = E_n.$$

Und das heißt, dass $J_{f^{-1}}\big(f(x_0)\big)$ die inverse Matrix zu $J_f(x_0)$ ist. □

Bemerkungen und Beispiele:

1. Eine $(n \times n)$-Matrix A ist bekanntlich genau dann invertierbar, wenn die Determinante von Null verschieden ist. In unserem Fall heißt das: Der Satz von der inversen Abbildung kann angewandt werden, wenn die Determinante von $J_f(x_0)$ nicht verschwindet. Diese Determinante wird im Folgenden eine wichtige Rolle spielen, sie heißt die *Jacobideterminante* von f bei x_0. **Jacobideterminante**

Wir haben schon mehrfach von der Tatsache Gebrauch gemacht, dass die Abbildung $x \mapsto \det J_f(x)$ für stetig differenzierbare f stetig ist. Das liegt daran, dass man diese Determinante aufgrund der Leibnizformel in geschlossener Form aus den $\partial f_j / \partial x_i$ darstellen kann.

2. Durch den Satz von der inversen Abbildung werden *lokale* Eigenschaften von f beschrieben. Das ist nicht überraschend, da ja Differenzierbarkeit nur lokale Approximationen ermöglicht.

Wirklich ist auch nicht mehr zu erwarten. Als Beispiel betrachten wir die Eigenschaft der *lokalen Injektivität*: Aus dem Satz von der inversen Abbildung folgt doch, dass im Fall nirgendwo verschwindender Jacobideterminanten zu jedem x_0 eine Umgebung existiert, auf der f injektiv ist. Dann muss f aber noch nicht *global injektiv* – d.h. injektiv auf dem ganzen Definitionsbereich – sein.

Als einfaches Gegenbeispiel betrachte man die Funktion $x \mapsto x^2$ von $\mathbb{R} \setminus \{0\}$ nach $\mathbb{R}$.

Eine interessantere Abbildung erhält man, wenn man die Funktion $z \mapsto z^2$ von $\mathbb{C} \setminus \{0\}$ nach $\mathbb{C}$ als Funktion in zwei Veränderlichen umschreibt. Es ergibt sich die auf $U = \{(x, y) \mid x^2 + y^2 \neq 0\}$ definierte Abbildung $f(x, y) := (x^2 - y^2, 2xy)$. Sie ist überall lokal injektiv, da ihre Jacobideterminante gleich $4(x^2 + y^2)$ ist. Es gilt aber immer $f(x, y) = f(-x, -y)$, die Abbildung ist also auf U *nicht* injektiv.

Das kann man – wieder für $\mathbb{C}$ – so umformulieren: Für jedes $z_0 \neq 0$ gibt es eine Umgebung U, so dass $z \mapsto z^2$ auf U stetig invertierbar ist. Anders ausgedrückt bedeutet das, dass man *lokal eine Quadratwurzel für von Null verschiedene komplexe Zahlen definieren* kann[43].

Ganz analoge Ergebnisse erhält man, wenn man $z \mapsto \mathrm{e}^z$ in eine Funktion auf dem $\mathbb{R}^2$ umschreibt. Da e^{x+iy} wegen der Eulerformel gleich $\mathrm{e}^x(\cos y + i \sin y)$ ist, handelt es sich um die Abbildung $(x, y) \mapsto (\mathrm{e}^x \cos y, \mathrm{e}^x \sin y)$. Die Jacobideterminante ist e^{2x}, die Abbildung ist also überall lokal injektiv. Es folgt: Man kann *lokal einen Logarithmus für von Null verschiedene komplexe Zahlen erklären.* (Auf ganz $\mathbb{C}$ geht das aber nicht, da $z \mapsto \mathrm{e}^z$ nicht injektiv ist: Stets ist $\mathrm{e}^z = \mathrm{e}^{z+2\pi i}$.)

Beide Beispiele – Wurzel und Logarithmus – erfordern ziemlich aufwändige Konstruktionen, wenn man mit ihnen auch im Komplexen rechnen will. Man kommt um „mehrdeutige Funktionen“ und die Betrachtung komplizierter metrischer Räume (so genannter „Riemannsche Flächen“) nicht herum.

In den folgenden Abschnitten werden wir einige *Anwendungen* des Satzes von der inversen Abbildung behandeln. Hier soll nur noch auf eine *Folgerung* hingewiesen werden, die sich vergleichsweise leicht ergibt.

Bisher haben wir einige Techniken kennen gelernt, durch die man leicht entscheiden kann, ob eine Menge des Typs $f(A)$ abgeschlosssen ist, bzw. ob $f^{-1}(B)$ offen oder abgeschlossen ist. Für das erste Problem kann man versuchen nachzuweisen, dass A kompakt und f stetig ist, für das zweite sollte f stetig sein, dann folgt alles aus den metrischen Eigenschaften von B (vgl. das graue Kästchen nach Satz 3.3.5).

Wir haben aber bisher kein Kriterium, das uns bei der Untersuchung der Frage hilft, *ob $f(A)$ eine offene Menge ist.* Das kann wichtig sein, z.B. dann, wenn man Funktionen, die auf $f(A)$ definiert sind, auf Differenzierbarkeit untersuchen möchte. Im Allgemeinen wird $f(A)$ *nicht* offen sein, selbst wenn f

---

[43] Für $n = 3, 4, \ldots$ kann man entsprechende Aussagen für n-te Wurzeln formulieren.

stetig und A offen ist. Dazu muss man nur konstante Abbildungen oder $x \mapsto x^2$ (mit $A = \mathbb{R}$) betrachten. Mit dem Satz von der inversen Abbildung haben wir aber nun ein bequemes hinreichendes Kriterium zur Verfügung:

Satz von der offenen Abbildung

Korollar 8.6.5. *(Satz von der offenen Abbildung)*
Es sei $U \subset \mathbb{R}^n$ offen und $f : U \to \mathbb{R}^n$ stetig differenzierbar. Ist dann die Jacobideterminante von f bei keinem $x \in U$ gleich Null, so ist $f(U)$ eine offene Teilmenge von $\mathbb{R}$.

Beweis: Sei $f(x_0)$ irgendein Punkt aus $V := f(U)$. Da f bei x_0 lokal invertierbar ist, gibt es insbesondere offene Umgebungen von x_0 und $f(x_0)$, die unter f bijektiv aufeinander abgebildet werden. Insbesondere gehört eine ganze Umgebung von y_0 zu V. □

8.7 Koordinatentransformationen

Es ist schon mehrfach hervorgehoben worden, dass die Frage, ob ein mathematisches Problem lösbar ist oder nicht, manchmal sehr entscheidend von der Darstellung der auftretenden Größen abhängt: *Der Blickwinkel entscheidet.*

So wurde zum Beispiel nach der Einführung der Polardarstellung für komplexe Zahlen in Definition 4.5.21 darauf hingewiesen, dass das die geeignete Darstellung ist, wenn multiplikative Probleme in $\mathbb{C}$ vorliegen; dagegen sollte man z als $z = x + iy$ mit $x, y \in \mathbb{R}$ schreiben, wenn man addieren möchte.

In diesem Abschnitt geht es um die Frage, wie man denn *Funktionen* so darstellen kann, dass damit zusammenhängende Probleme einfacher oder überhaupt erst gelöst werden können. Der Satz von der inversen Abbildung wird dabei eine wesentliche Rolle spielen.

Zur Motivation erinnern wir an eine Transformation, die wir in Abschnitt 6.2 kennen gelernt haben:

> Mal angenommen, es soll zu einer Funktion $h : \mathbb{R} \to \mathbb{R}$ eine *Stammfunktion* gefunden werden, doch ist weit und breit kein Kandidat zu sehen.
>
> Wenn h die Form $(f \circ g)g'$ hat, ist es sinnvoll, eine neue „Variable“ u durch $u := g(x)$ zu definieren. Dadurch wird das Ausgangsproblem darauf zurückgeführt, das unbestimmte Integral $\int f(u)\,du$ zu behandeln. Und wenn u geschickt gewählt war, ist das neue Problem einfacher zu lösen als das alte.

Sie haben es sicher wieder erkannt, es ging um die *Integration durch Substitution.* Der wesentliche Punkt war, von der Funktion f als Funktion von $g(x)$ zur Funktion f als Funktion von u überzugehen.

Solche *Koordinatentransformationen* sollen hier etwas näher untersucht werden. Der Abschnitt ist wie folgt aufgebaut:

- Koordinatentransformationen auf $\mathbb{R}$: Einige Erinnerungen

- Der „lineare“ Blick
- Einige Koordinatentransformationen auf dem $\mathbb{R}^n$
- Transformation von Differentialgleichungen

Koordinatentransformationen auf $\mathbb{R}$: Einige Erinnerungen

Wir betrachten zunächst eine Funktion $f : \mathbb{R} \to \mathbb{R}$. Dann ist leicht einzusehen, was *lineare Transformationen* bewirken: Definiert man eine neue Funktion h durch $h(x) := f(ax + b)$ (wobei $a > 0$ sein soll), so ist das nichts weiter als eine *Maßstabsänderung* und eine *Verschiebung des Koordinaten-Ursprungs* auf der x-Achse. So etwas passiert zum Beispiel, wenn man die Temperatur von Celsius in Fahrenheit umrechnet: Temperatur in Fahrenheit gleich 9/5 mal Temperatur in Celsius plus 32. Ganz analog bewirkt der Übergang zu $\alpha f(x) + \beta$ eine Veränderung der Darstellung in Bezug auf die y-Achse, und wenn man beides kombiniert, ergibt sich eine Translation des Koordinatenursprungs und eine Reskalierung auf beiden Achsen.

Lässt man auch $a < 0$ zu, so ändert sich nichts Wesentliches: Jetzt können Koordinatenachsen auch noch gespiegelt werden.

Koordinatentransformationen in der Küche

Sie wollen einen Kuchen backen? Man nehme eine große Schüssel, beginne mit 100 g Butter, füge dann 2 Eier, 150 Gramm Zucker und 180 Gramm Mehl hinzu usw. Auf der Waage erscheint bei den meisten Modellen zuerst das Gewicht der Schüssel G, dann muss soviel Butter zugegeben werden, dass $G+100$ angezeigt wird, mit den Eiern (E Gramm) ist man bei $G+100+E$, nach der Zuckerzugabe soll der Zeiger bei $G+100+E+150$ stehen usw. Das ist sehr unpraktisch, man wird zum Kopfrechnen gezwungen.

Deswegen soll hier eine äußerst praktische Erfindung lobend erwähnt werden: Man kann Waagen kaufen, bei denen der Nullpunkt der Einstellung beliebig verschoben werden kann.
Mathematisch ist das nichts weiter als eine Koordinatentransformation der Form $x \mapsto x - a$.

Etwas komplizierter sieht es aus, wenn man von f zu $F := f \circ \varphi$ übergeht, wobei φ möglicherweise eine *nichtlineare Funktion* ist. Wenn z.B. $\varphi(x) := x^3$ gewählt wird, bewirkt das eine starke Verzerrung der Skalierung auf der x-Achse: F an der Stelle 5 etwa ist f an der Stelle 125, der Graph von f wird beim Übergang zu F also in horizontaler Richtung gestaucht, und zwar umso stärker, je weiter man sich im positiven Bereich befindet.

Ähnliche Überlegungen liefern eine Interpretation des Übergangs von f zu $\psi \circ f$, diesmal geht es um eine Verzerrung der y-Achse, und natürlich kann man wieder beide Operationen kombinieren, also sofort von f zu $F = \psi \circ f \circ \varphi$ übergehen.

In der Regel möchte man f aus F rekonstruieren können, und dazu müssen φ und ψ bijektiv sein. Dann ist $f = \psi^{-1} \circ F \circ \varphi^{-1}$, und alle Probleme in Bezug auf f können eindeutig in Probleme für F transformiert werden. Im obigen Beispiel der Integration durch Substitution entspricht der Übergang von $f \circ g$ zu $f(u)$ gerade der Wahl $\varphi = u^{-1}$. (Ist zum Beispiel $f(x) = \sin x^2$ und $u(x) = x^2$, so muss man $\varphi(x) = \sqrt{x}$ setzen: Dann ist wirklich $F(x) = f(\sqrt{x}) = \sin x$.)

Der „lineare" Blick

Stellen Sie sich vor, dass irgendeine Messreihe n Punkte in der Ebene geliefert hat: Größe und Gewicht von n Versuchspersonen, Preis und Lebensdauer für n Glühbirnen usw. Bezeichnet man diese n Tupel mit $(x_1, y_1), \ldots, (x_n, y_n)$, so ist es in vielen Anwendungsgebieten wichtig zu versuchen, die y_i wenigstens näherungsweise als „möglichst einfache" Funktion der x_i zu beschreiben.

Im nachstehenden Bild etwa sieht man sofort, dass man eine Gerade, also eine Funktion der Form $x \mapsto ax + b$, zum Approximieren wählen kann[44]:

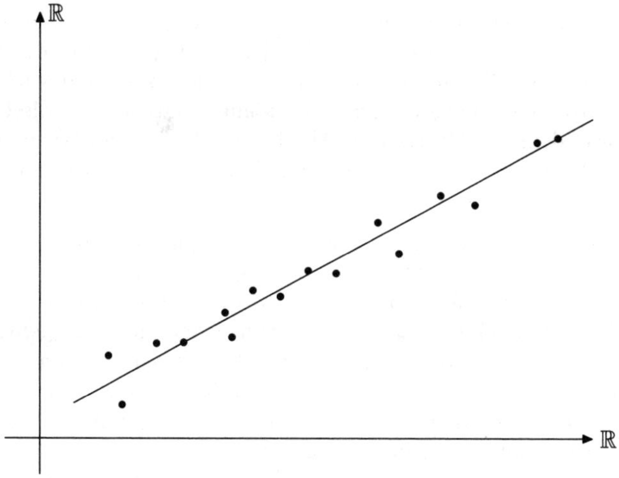

Bild 8.9: Lineare Approximation einer „Punktwolke"

Hat man erst einmal eine Gerade $x \mapsto ax + b$ eingezeichnet, können die beiden Parameter a und b leicht abgelesen werden: a ist die Steigung und b der Abschnitt auf der y-Achse.

Jeder „sieht" also, ob man eine Gerade durch eine derartige Punktwolke legen kann. Es ist dagegen überhaupt nicht klar, wie zwei Parameter α und β gewählt werden müssen, dass $x \mapsto \beta x^\alpha$ eine gute Approximation an die y-Werte ist. *Hier hilft eine Koordinatentransformation* weiter: $y = \beta x^\alpha$ ist gleichwertig zu $\log y = \log \beta + \alpha \log x$, und das ist eine lineare Transformation von $\log x$

[44] So etwas heißt dann – mathematisch nicht ganz korrekt – auch oft eine *lineare Approximation*.

in $\log y$. Daher empfiehlt es sich, statt der (x_i, y_i) die Paare $(\log x_i, \log y_i)$ zu skizzieren. Das hört sich kompliziert an, ist aber recht einfach, wenn man *doppelt logarithmisches Papier* verwendet. Das gibt es in jedem Schreibwarenladen, man muss nur die (x_i, y_i) in dieses ziemlich verzerrte Koordinatensystem eintragen.

Und wenn dort die Punkte in guter Näherung auf einer Geraden liegen, kann man wieder durch Einzeichnen der approximierenden Geraden α und $\log\beta$ ermitteln. Für das Ausgangsproblem hat man damit die y_i durch βx_i^α approximiert.

Ganz analog geht man vor, wenn eine Interpolation des Typs $x \mapsto \beta \mathrm{e}^{\alpha x}$ gewünscht wird. Hier muss man sich überlegen, dass $y = \beta\mathrm{e}^{\alpha x}$ gleichwertig zu $\log y = \log\beta + \alpha x$ ist. Diesmal ist also *einfach logarithmisches Papier* gefragt: Wenn man die Paare $(x, \log y)$ einträgt, sollte man wieder die interpolierende Gerade „sehen" und daraus $\log\beta$ und α ermitteln können.

Einige Koordinatentransformationen auf dem $\mathbb{R}^n$

Koordinatentransformationen sind – wie schon gesagt – deswegen wichtig, weil sie einen anderen Blickwinkel ermöglichen, häufig sind Probleme erst nach einer Transformation lösbar. Beispiele gibt es in der Mathematik im Überfluss, auf einige wurde schon hingewiesen. (Hier könnte man auch an die Charakterisierung positiv definiter Matrizen in Abschnitt 8.4 erinnern: Wenn eine Matrix durch eine Koordinatentransformation auf Hauptachsen transformiert ist, kann man die Definitheit sofort ablesen.)

Um diese Idee einsetzen zu können, braucht man ein *Reservoir an Koordinatentransformationen*. Einige der am häufigsten angewendeten sollen hier vorgestellt werden. Das kann nur eine kleine Auswahl sein, im Grunde verlangt jedes Problem nach seiner maßgeschneiderten Darstellung. Allgemein gilt die Regel: Die Wahl des Koordinatensystems sollte die *Symmetrien des Problems* widerspiegeln; punktsymmetrische Probleme sollten durch Kugelkoordinaten beschrieben werden, für Probleme, die bei Rotation um eine Achse invariant bleiben, bieten sich Zylinderkoordinaten an usw.

Polarkoordinaten

Die kennen wir schon aus Kapitel 4 (vgl. Definition 4.5.21): Ein Punkt (x, y) des $\mathbb{R}^2$ wird nicht durch die kartesischen Koordinaten x, y, sondern durch zwei andere Zahlen dargestellt, nämlich erstens den Abstand $r \in [\,0, +\infty\,[$ zum Nullpunkt und zweitens den Winkel $\varphi \in \mathbb{R}$, der die Strecke vom Nullpunkt zu (x, y) mit der positiven Richtung der x-Achse einschließt (s. Bild 8.10).

Der Zusammenhang zwischen beiden Darstellungen kann einfach beschrieben werden:

$$x = r\cos\varphi,\ y = r\sin\varphi,$$

$$r = \sqrt{x^2 + y^2},\ \varphi = \arctan\frac{y}{x}\,.$$

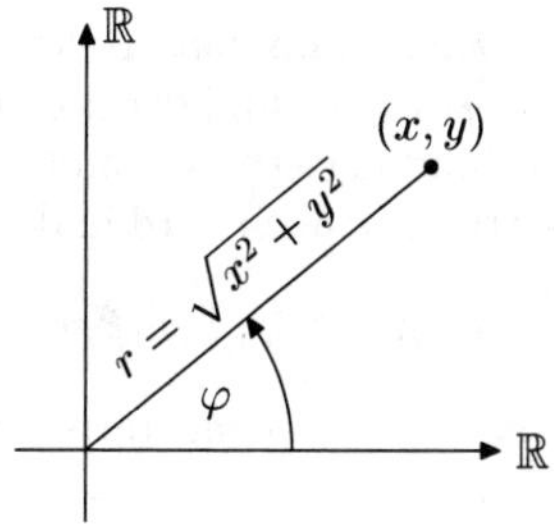

Bild 8.10: Polarkoordinaten

Inzwischen sind wir auch in der Lage zu untersuchen, an welchen Stellen das eine „erlaubte" Koordinatentransformation ist: An welchen Stellen ist die Abbildung $f : (r, \varphi) \mapsto (r\cos\varphi, r\sin\varphi) = (x, y)$ lokal invertierbar?

Das Ergebnis ist nicht besonders überraschend. Die Jacobimatrix von f ist

$$J_f(r, \varphi) = \begin{pmatrix} \cos\varphi & -r\sin\varphi \\ \sin\varphi & r\cos\varphi \end{pmatrix},$$

die Jacobideterminante dieser Abbildung bei (r, φ) ist folglich gleich r. Das bedeutet, dass Polarkoordinaten in allen Bereichen, die die Null nicht enthalten, im Kleinen gleichberechtigt zu kartesischen Koordinaten verwendet werden dürfen.

Kugelkoordinaten

Unter Kugelkoordinaten versteht man die Darstellung eines Raumpunktes $(x, y, z) \in \mathbb{R}^3$ durch eine Zahl $r \in [\,0, +\infty\,[$ und zwei Winkel $\varphi \in \mathbb{R}$ und $\theta \in \mathbb{R}$. Die Bedeutung dieser drei Größen kann der folgenden Zeichnung entnommen werden:

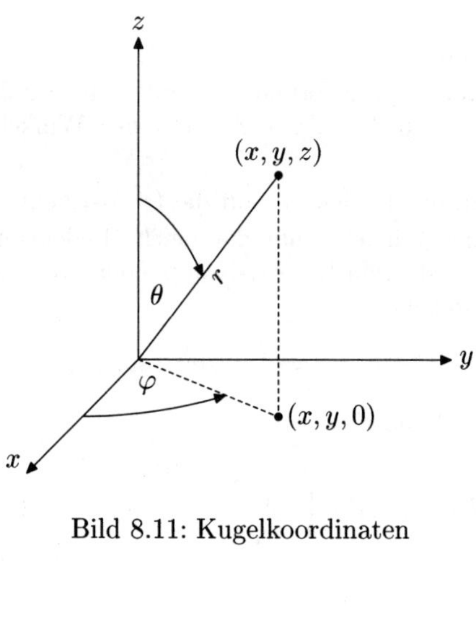

Bild 8.11: Kugelkoordinaten

r bezeichnet den Abstand zum Nullpunkt, φ den Winkel zwischen der Projektion des Punktes auf die (x, y)-Ebene und der positiven Richtung der x-Achse und θ den Winkel, den die Verbindungsstrecke von 0 zu (x, y, z) mit der z-Achse einschließt. In Formeln: Das Tripel (r, θ, φ) wird in die kartesischen Koordinaten

$$f(r, \theta, \varphi) := (r \sin\theta \cos\varphi,\ r \sin\theta \sin\varphi,\ r \cos\theta)$$

übersetzt. (Um das einzusehen, ist nur elementare Trigonometrie anzuwenden.) f hat die folgende Jacobimatrix:

$$J_f(r, \theta, \varphi) = \begin{pmatrix} \sin\theta\cos\varphi & r\cos\theta\cos\varphi & -r\sin\theta\sin\varphi \\ \sin\theta\sin\varphi & r\cos\theta\sin\varphi & r\sin\theta\cos\varphi \\ \cos\theta & -r\sin\theta & 0 \end{pmatrix},$$

und daraus folgt durch eine kleine Rechnung – in der ausgiebig von der Identität $\cos^2 + \sin^2 = 1$ Gebrauch gemacht wird –, dass $\det J_f(r, \theta, \varphi) = r^2 \sin\theta$ gilt. Das ist genau dann ungleich Null, wenn $r > 0$ und θ kein Vielfaches von π ist, wenn also der beschriebene Punkt nicht auf der z-Achse liegt.

Die gleiche Idee kann man verwenden, um „Kugelkoordinaten“ auch in mehr als drei Dimensionen zu definieren. Für vier Dimensionen etwa braucht man ein $r > 0$ (den Abstand zum Nullpunkt) und drei Winkel ψ, θ, φ. Ist dann ein Punkt gegeben, so bezeichnet ψ den Winkel der Verbindungsgeraden von 0 zu diesem Punkt mit der w-Achse. Er wird in die (x, y, z)-Hyperebene projiziert, und diese Projektion wird in dreidimensionalen Kugelkoordinaten dargestellt. Wenn man diese Idee ausführt, ergibt sich die folgende Formel für die Transformation:

$$f(r, \psi, \theta, \varphi) = \begin{pmatrix} r\sin\psi\sin\theta\cos\varphi \\ r\sin\psi\sin\theta\sin\varphi \\ r\sin\psi\cos\theta \\ r\cos\psi \end{pmatrix}$$

Zylinderkoordinaten

Bei dieser Koordinatentransformation werden die Punkte (x, y, z) des $\mathbb{R}^3$ durch zwei Zahlen $R \in [\,0, +\infty\,[$, $z \in \mathbb{R}$ und einen Winkel $\varphi \in \mathbb{R}$ dargestellt (siehe Bild 8.12):

R ist der Abstand der Projektion auf die (x, y)-Ebene zum Nullpunkt (also $R = \sqrt{x^2 + y^2}$, der Winkel φ hat die gleiche Bedeutung wie bei den Kugelkoordinaten und z ist einfach die z-Komponente von (x, y, z). In Formeln aufgeschrieben bedeutet das

$$f(R, \varphi, z) := (R\cos\varphi, R\sin\varphi, z),$$

und das führt zur Jacobimatrix

$$J_f(R, \varphi, z) = \begin{pmatrix} \cos\varphi & -R\sin\varphi & 0 \\ \sin\varphi & R\cos\varphi & 0 \\ 0 & 0 & 1 \end{pmatrix}.$$

Die Jacobideterminante bei (R, φ, z) hat folglich den Wert R, d.h.: Alle Punkte, die nicht auf der z-Achse liegen, können lokal durch Zylinderkoordinaten beschrieben werden.

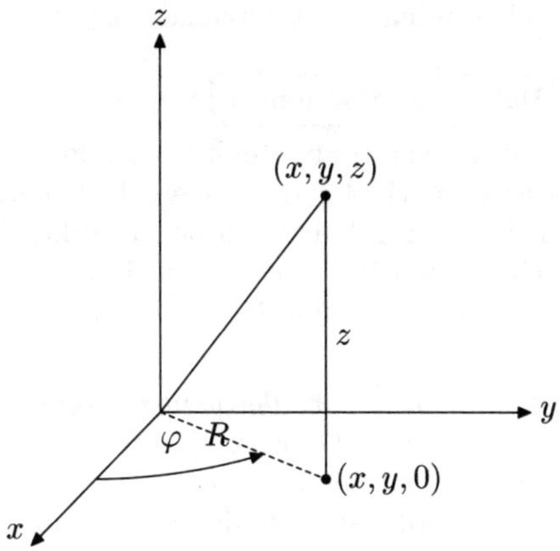

Bild 8.12: Zylinderkoordinaten

Und wozu? Wie schon gesagt, kann man bei der richtigen Wahl des Koordinatensystems auf eine besonders einfache Darstellung des gerade behandelten Problems hoffen. Hier einige Beispiele:

- Die Oberfläche der Kugel mit dem Radius r_0 wird in kartesischen Koordinaten durch
$$\{(x, y, z) \mid \sqrt{x^2 + y^2 + z^2} = r_0\}$$
beschrieben. In Kugelkoordinaten hätte man die Darstellung
$$\{(r, \varphi, \theta) \mid r = r_0\}$$
wählen können.

- Bewegt sich ein Spaziergänger in der Ebene mit konstanter Geschwindigkeit auf dem Kreis mit dem Radius r_0 entgegen dem Uhrzeigersinn, so ist seine Position zur Zeit t in kartesischen Koordinaten durch den Vektor $(r_0 \cos \alpha t, r_0 \sin \alpha t)$ gegeben. In Polarkoordinaten ist es einfacher: Die Position zur Zeit t ist $(r_0, \alpha t)$.

- Mal angenommen, ein Teilchen bewegt sich spiralförmig um die z-Achse auf einer Schraubenlinie nach oben. In kartesischen Koordinaten erfordert die Beschreibung die schwerfällige Darstellung
$$t \mapsto (r_0 \cos \alpha t, r_0 \sin \alpha t, \beta t),$$
in Zylinderkoordinaten kann man die äquivalente Darstellung
$$t \mapsto (r_0, \alpha t, \beta t)$$
wählen.

Das Thema ist als Anwendung des Satzes von der inversen Abbildung hier aufgenommen worden: Mit diesem Satz kann man bemerkenswert einfach feststellen, an welchen Stellen eine Koordinatentransformation zulässig ist, man braucht nur die Jacobideterminante zu untersuchen.

Transformation von Differentialgleichungen

Man kann das Problem, eine Stammfunktion zu einer vorgegebenen Funktion f zu finden, als Frage nach der Lösung der Differentialgleichung $y' = f$ auffassen. Zu Beginn dieses Abschnitts wurde bemerkt, dass die Integration durch Substitution nichts weiter ist als der Versuch, dieses Problem durch eine Koordinatentransformation in ein einfacheres zu verwandeln und dadurch zu lösen.

Die gleiche Technik kann auch *für allgemeinere Differentialausdrücke* nutzbar gemacht werden. Dazu sei eine Funktion f gegeben, sie wird wie zu Beginn dieses Abschnitts mit Hilfe zweier Funktionen φ und ψ in eine Funktion F transformiert: $F = \psi \circ f \circ \varphi$. Es wird also in x-Richtung gemäß φ und in y-Richtung gemäß ψ verzerrt.

Aufgrund der Kettenregel ist $F'(t) = \psi'\big(f \circ \varphi(t)\big) f'\big(\varphi(t)\big)\varphi'(t)$, und man kann hoffen, dass bei richtiger Wahl von ψ und φ aus komplizierten Differentialgleichungen für f einfache Differentialgleichungen für F werden. Und ist erst einmal F bekannt, erhält man durch Rücktransformation auch eine Formel für f.

Beispiele:

1. Es soll $f'(x) = f(x)/\big(3\sqrt[3]{x^2}\big)$ gelöst werden. Wir setzen $\varphi(t) = t^3$, eine Transformation in Richtung der y-Achse wird hier nicht benötigt. Dann ist $F(t) = (f \circ \varphi)(t) = f(t^3)$, also $F'(t) = f'(t^3)3t^2$.

Folglich ist $f'(x) = f(x)/\big(3\sqrt[3]{x^2}\big)$ gleichwertig zu $F'(t) = F(t)$. (Wir haben dabei t durch $\sqrt[3]{x}$ substituiert, in $f'(x) = f(x)/\big(3\sqrt[3]{x^2}\big)$ also jedes x durch t^3 ersetzt: Dadurch wird die Differentialgleichung wirklich zu $F'(t) = F(t)$.) Daher wissen wir, dass $F(t) = c\,\mathrm{e}^t$ ist, dabei ist c eine Konstante. Für f bedeutet das

$$f(x) = c\,\mathrm{e}^{\sqrt[3]{x}}.$$

2. Diesmal soll in y-Richtung verzerrt werden. Wir gehen von der Differentialgleichung $f'(x) = \tan f(x) = \sin f(x)/\cos f(x)$ aus. Die Wahl von $\psi(y) = \sin y$ führt auf $F(x) = \sin f(x)$ und folglich zu $F'(x) = f'(x)\cos f(x)$.

Damit ist $f'(x) = \tan f(x)$ gleichwertig zu $F'(x) = F(x)$. Notwendig ist also $F(x) = c\,\mathrm{e}^x$, also $f(x) = \arcsin(c\,\mathrm{e}^x)$.

Dieses „Umsteigen“ auf neue Variablen ist auch bei partiellen Ableitungen und auch bei höheren Ableitungen möglich. Das soll am Fall der Polarkoordinaten an einem Beispiel dargestellt werden:

Laplaceoperator in Polarkoordinaten

Satz 8.7.1. *Sei $f : \mathbb{R}^2 \to \mathbb{R}$ eine zweimal stetig differenzierbare Funktion. Mit f_P bezeichnen wir die in Polarkoordinaten dargestellte Funktion f, d.h. es ist*

$f_P(r,\varphi) = f(r\cos\varphi, r\sin\varphi)$. Dann gilt

$$\left(\frac{\partial^2 f}{\partial x^2} + \frac{\partial^2 f}{\partial y^2}\right)(r\cos\varphi, r\sin\varphi) = \left(\frac{\partial^2 f_P}{\partial r^2} + \frac{1}{r}\frac{\partial f_P}{\partial r} + \frac{1}{r^2}\frac{\partial^2 f_P}{\partial \varphi^2}\right)(r,\varphi);$$

in Kurzfassung[45] *wird das als*

$$\frac{\partial^2 f}{\partial x^2} + \frac{\partial^2 f}{\partial y^2} = \frac{\partial^2 f}{\partial r^2} + \frac{1}{r}\frac{\partial f}{\partial r} + \frac{1}{r^2}\frac{\partial^2 f}{\partial \varphi^2}$$

notiert.

Beweis: Dazu ist eine etwas längliche Rechnung durchzuführen, sie beginnt mit einer Anwendung der Kettenregel, die zu

$$\frac{\partial f_P}{\partial r}(r,\varphi) = \frac{\partial f}{\partial x}(r\cos\varphi, r\sin\varphi)\cos\varphi + \frac{\partial f}{\partial y}(r\cos\varphi, r\sin\varphi)\sin\varphi$$

führt. Etwas kürzer wird das als

$$\frac{\partial f_P}{\partial r} = \frac{\partial f}{\partial x}\cos\varphi + \frac{\partial f}{\partial y}\sin\varphi$$

notiert, entsprechend sind auch die folgenden Rechnungen zu verstehen.

Nun wird noch einmal die Kettenregel angewandt, man erhält

$$\begin{aligned}\frac{\partial^2 f_P}{\partial r^2} &= \left(\frac{\partial^2 f}{\partial x^2}\cos\varphi + \frac{\partial^2 f}{\partial x \partial y}\sin\varphi\right)\cos\varphi \\ &\quad + \left(\frac{\partial^2 f}{\partial x \partial y}\cos\varphi + \frac{\partial^2 f}{\partial y^2}\sin\varphi\right)\sin\varphi.\end{aligned}$$

Ganz entsprechend sind die erste und die zweite partielle Ableitung von f_P nach φ auszurechnen. Und wenn man dann

$$\left(\frac{\partial^2 f_P}{\partial r^2} + \frac{1}{r}\frac{\partial f_P}{\partial r} + \frac{1}{r^2}\frac{\partial^2 f_P}{\partial \varphi^2}\right)(r,\varphi)$$

mit den so berechneten Ausdrücken darstellt, stellt man fest, dass alle Faktoren bei den r und φ verschwinden; hier wird die Identität $\cos^2\varphi + \sin^2\varphi = 1$ wichtig. Übrig bleibt nur $\partial^2 f/\partial x^2 + \partial^2 f/\partial y^2$, und damit ist die Behauptung bewiesen. □

Bemerkung: Der im Satz stehende Ausdruck $\frac{\partial^2 f}{\partial x^2} + \frac{\partial^2 f}{\partial y^2}$ wird auch als Δf geschrieben. Der Differentialoperator Δ („Delta") spielt eine wichtige Rolle. Er wird der *Laplaceoperator* genannt, man kann ihn für beliebig viele Dimensionen durch

$$\Delta f = \frac{\partial^2 f}{\partial x_1^2} + \cdots + \frac{\partial^2 f}{\partial x_n^2}$$

[45]... die beim ersten Kennenlernen ziemlich irritierend ist.

erklären.

Eine besondere Rolle spielen Funktionen f mit $\Delta f = 0$, sie heißen *harmonische Funktionen*. (Solche Funktionen treten in den Anwendungen häufig auf. Ist zum Beispiel ein Körper im Temperatur-Gleichgewicht – wie etwa ein Herd, in dem die Weihnachtsgans gebraten wird – so ist die Temperatur als Funktion des Ortes einen harmonische Funktion.) Um sie besser behandeln zu können, muss man Δ in verschiedenen Koordinatensystemen darstellen, für Polarkoordinaten steht das Ergebnis im vorigen Satz.

Eine *typische Anwendung des Ergebnisses* könnte so aussehen:

> Man bestimme alle harmonischen Funktionen auf dem $\mathbb{R}^2$, die nur von r abhängen, also alle derartigen Funktionen, die sich in der Form $f\big(\sqrt{x^2+y^2}\big)$ schreiben lassen.

Nach Übergang zu Polarkoordinaten ist dieses Problem leicht zu lösen. Man muss $f_P(r,\varphi)$ so finden, dass f_P erstens nur von r abhängt und zweitens Δf_P verschwindet.

Es ist also $f_P(r,\varphi) = A(r)$ für eine geeignete Funktion A, und es muss $A'' + A'/r = 0$ gelten. Das folgt aus dem vorigen Satz, die partiellen Ableitungen von f_P nach r sind die gewöhnlichen Ableitungen von A. Mit den in Abschnitt 4.6 entwickelten Methoden[46)] folgt, dass $A(r) = \beta + \alpha \log r$ mit $\alpha, \beta \in \mathbb{R}$ gelten muss.

Damit ist gezeigt: Die einzigen rotationssymmetrischen harmonischen Funktionen auf $\mathbb{R}^2$ sind die, die in jeder Richtung wie $\beta + \alpha \log r$ wachsen. In kartesischen Koordinaten sind das die Funktionen $\beta + \alpha \log\big(\sqrt{x^2+y^2}\big)$.

8.8 Der Satz über implizite Funktionen

In diesem Abschnitt geht es um das *Auflösen von Gleichungen*. Zuerst betrachten wir ein Beispiel aus der Schulmathematik: Die Gleichung $2x+y-12=0$ kann nach y aufgelöst werden, und dann kann man y als Funktion von x auffassen. Es ist dann $y = -2x + 12$. Allgemein kann man sich fragen, ob eine Gleichung der Form $f(x,y) = 0$ Anlass dazu gibt, y als Funktion von x zu definieren. Immer geht das sicher nicht:

1. Die Gleichung $x^2 + y^2 = -1$ hat in $\mathbb{R}^2$ überhaupt keine Lösung. Eine Mindestvoraussetzung wird also sein, dass *es überhaupt Lösungen gibt*.

2. Im Fall der Gleichung $x^2+y^2=0$ gibt es zwar die Lösung $(x_0,y_0) = (0,0)$. Es ist aber nicht möglich, die Gleichung zu einer Definition einer Funktion zu verwenden, die auf einer Umgebung von x_0 definiert ist.

3. Bei $x^2+y^2=1$ tauchen *zwei neue Phänomene* auf. Erstens gibt es *mehrere Möglichkeiten*, die Gleichung als Definitionsgleichung für y aufzufassen,

46) Die muss man in zwei Stufen anwenden. Man setze zunächst $B := A'$, dann soll $B' = -B/r$ gelten. Notwendig ist dann $B(r) = \alpha/r$. Für A bedeutet das $A(r) = \beta + \alpha \log r$.

nämlich $y = \sqrt{1-x^2}$ und $y = -\sqrt{1-x^2}$. Und zweitens sind diese beiden Lösungen nur auf $[-1, 1]$ definiert. Für den Punkt $x_0 = 1$ z.B. ist es nicht möglich, eine Lösung auf einem Intervall $[x_0 - \varepsilon, x_0 + \varepsilon]$ zu finden.

Wenn man nur Situationen betrachten möchte, bei denen die eben beschriebenen Schwierigkeiten nicht auftreten, so gelangt man zu dem folgenden *Problem:*

Sei U eine Teilmenge des $\mathbb{R}^2$, $f : \mathbb{R}^2 \to \mathbb{R}$ eine Funktion und $(x_0, y_0) \in U$ ein Punkt mit $f(x_0, y_0) = 0$. Gibt es dann eine auf einem Intervall $I_\varepsilon = [x_0 - \varepsilon, x_0 + \varepsilon]$ definierte reellwertige Funktion φ, so dass erstens $\varphi(x_0) = y_0$ und zweitens $f\big(x, \varphi(x)\big) = 0$ für alle $x \in I_\varepsilon$ gilt?

In diesem Fall wird man sagen, dass *die Gleichung* $f(x, y) = 0$ *bei* (x_0, y_0) *nach* y *auflösbar* ist. Man kann dann y als die durch φ dargestellte Funktion auffassen.

Die vorstehenden Überlegungen zeigen, dass im Fall $f(x, y) = x^2 + y^2 - 1$ Auflösbarkeit genau für diejenigen (x_0, y_0) mit $x_0^2 + y_0^2 = 1$ und $x_0 \in\,]-1, 1[$ garantiert werden kann. Die Funktion φ ist dann $\sqrt{1-x^2}$ im Fall $y_0 > 0$ und $-\sqrt{1-x^2}$ im Fall $y_0 < 0$.

Woran liegt das? Wie kann man Auflösbarkeit im allgemeinen Fall schnell nachprüfen? Damit werden wir uns in diesem Abschnitt beschäftigen. Zuerst wird der Fall betrachtet, in dem eine Gleichung der Form $f(x_1, \ldots, x_n, y) = 0$ „nach y aufgelöst" werden kann, bisher hatten wir nur den Fall $n = 1$ behandelt. Mit ähnlichen Methoden kann dann auch noch eine wesentlich allgemeinere Situation untersucht werden: Wann ist, für eine Funktion $f : \mathbb{R}^{n+m} \to \mathbb{R}^m$, die Vektorgleichung $f(x_1, \ldots, x_n, y_1, \ldots, y_m) = 0$ nach $y_1, \ldots, y_m$ auflösbar?

Als Beispiel denke man an das Problem, die Gleichungen

$$y_1 + y_2 + x_1 - 1 = 0,\; y_1 - y_2 + 2x_1 - x_1x_2x_3 = 0$$

nach y_1, y_2 aufzulösen. Es führt, wenn man die vorstehenden Bezeichnungsweisen verwendet, zur Vektorgleichung

$$f(x_1, x_2, x_3, y_1, y_2) = \begin{pmatrix} y_1 + y_2 + x_1 - 1 \\ y_1 - y_2 + 2x_1 - x_1x_2x_3 \end{pmatrix} = 0.$$

In diesem Fall ist die Lösung einfach: Mit elementaren Gleichungsumformungen gelangt man zu

$$y_1 = \frac{-3x_1 + 1 + x_1x_2x_3}{2},\; y_2 = \frac{x_1 + 1 - x_1x_2x_3}{2},$$

und das gilt für alle $x_1, x_2, x_3 \in \mathbb{R}^3$.

Es werden sich einfache Charakterisierungen ergeben, der Satz von der inversen Abbildung wird eine wesentliche Rolle spielen.

Definition 8.8.1. *Sei $U \subset \mathbb{R}^{n+1}$ offen und $f : U \to \mathbb{R}$ eine stetig differenzierbare Funktion. Weiter sei $\left(x_1^{(0)}, \ldots, x_n^{(0)}, y^{(0)}\right)$ ein Punkt aus U mit*

$$f\left(x_1^{(0)}, \ldots, x_n^{(0)}, y^{(0)}\right) = 0.$$

implizit definierte Funktionen

Wir sagen, dass y bei $\left(x_1^{(0)}, \ldots, x_n^{(0)}, y^{(0)}\right)$ implizit definiert *ist, wenn es eine offene Umgebung $V \subset \mathbb{R}^n$ von $\left(x_1^{(0)}, \ldots, x_n^{(0)}\right)$ und eine Funktion $\varphi : V \to \mathbb{R}$ so gibt, dass gilt:*

(i) Für alle $(x_1, \ldots, x_n) \in V$ gehört $\big(x_1, \ldots, x_n, \varphi(x_1, \ldots, x_n)\big)$ zu U.

(ii) Stets ist $f\big(x_1, \ldots, x_n, \varphi(x_1, \ldots, x_n)\big) = 0$.

Es folgt das erste Hauptergebnis:

Satz über implizite Funktionen

Satz 8.8.2. *(Satz über implizite Funktionen) Es seien U, f und ein Punkt $\left(x_1^{(0)}, \ldots, x_n^{(0)}, y^{(0)}\right)$ wie in der vorstehenden Definition gegeben. Falls dann*

$$\frac{\partial f}{\partial y}\left(x_1^{(0)}, \ldots, x_n^{(0)}, y^{(0)}\right) \neq 0$$

gilt, so ist y bei $\left(x_1^{(0)}, \ldots, x_n^{(0)}, y^{(0)}\right)$ implizit definiert.

Beweis: Das Problem kann doch so uminterpretiert werden: Die Kenntnis von $x_1, \ldots, x_n$ und $f(x_1, \ldots, x_n, y)$ soll ausreichen, Aussagen über y zu machen. Wenn man den Satz von der inversen Abbildung einsetzen will, ist es daher nahe liegend, die durch $F(x_1, \ldots, x_n, y) := \big(x_1, \ldots, x_n, f(x_1, \ldots, x_n, y)\big)$ von U nach $\mathbb{R}^{n+1}$ definierte Funktion zu betrachten.

F ist auf U differenzierbar, denn die partiellen Ableitungen existieren und sind stetig: Für die ersten n Variablen ist das klar, für die letzte folgt es aus der vorausgesetzten stetigen Differenzierbarkeit von f. Die Funktion F hat eine bemerkenswert einfache Jacobimatrix $J_F(x_1, \ldots, x_n, y)$, sie ist gleich

$$\begin{pmatrix} 1 & 0 & \ldots & 0 & 0 \\ 0 & 1 & \ldots & 0 & 0 \\ \vdots & \vdots & & \vdots & \vdots \\ 0 & 0 & \ldots & 1 & 0 \\ \partial f/\partial x_1 & \partial f/\partial x_2 & \ldots & \partial f/\partial x_n & \partial f/\partial y \end{pmatrix} (x_1, \ldots, x_n, y).$$

Wegen dieser einfachen Form ist die Jacobideterminante leicht auszurechnen[47]:

$$\det J_F(x_1, \ldots, x_n, y) = \frac{\partial f}{\partial y}(x_1, \ldots, x_n, y);$$

die Voraussetzung garantiert, dass sie bei $\left(x_1^{(0)}, \ldots, x_n^{(0)}, y^{(0)}\right)$ nicht Null ist.

[47] Man muss ausnutzen, dass für Matrizen, bei denen oberhalb der Hauptdiagonalen alle Einträge Null sind, die Determinante das Produkt der Elemente auf der Hauptdiagonalen ist.

Aufgrund des Satzes von der inversen Abbildung gibt es dann eine offene Umgebung U_0 von $\left(x_1^{(0)}, \ldots, x_n^{(0)}, y^{(0)}\right)$, auf der F invertierbar ist: Man kann eine offene Menge $V_0 \subset \mathbb{R}^{n+1}$ so finden, dass F eine Bijektion von U_0 nach V_0 und $F^{-1} : V_0 \to U_0$ stetig differenzierbar ist.

Überraschenderweise sind wir im Wesentlichen schon fertig, man muss nur noch V und φ mit Hilfe von V_0 und F^{-1} richtig definieren.

1. Definition von V: Wir setzen $V := \{(x_1, \ldots, x_n) \mid (x_1, \ldots, x_n, 0) \in V_0\}$. Diese Menge kann man als $\Phi^{-1}(V_0)$ schreiben, wobei $\Phi : \mathbb{R}^n \to \mathbb{R}^{n+1}$ die stetige Abbildung $(x_1, \ldots, x_n) \mapsto (x_1, \ldots, x_n, 0)$ ist. Deswegen ist V offen, und wegen $f\left(x_1^{(0)}, \ldots, x_n^{(0)}, y^{(0)}\right) = 0$ ist $F\left(x_1^{(0)}, \ldots, x_n^{(0)}, y^{(0)}\right) = \left(x_1^{(0)}, \ldots, x_n^{(0)}, 0\right)$, d.h. $\left(x_1^{(0)}, \ldots, x_n^{(0)}\right) \in V$.

2. Definition von φ: Sei $\psi : \mathbb{R}^{n+1} \to \mathbb{R}$ die Projektion auf die letzte Komponente, d.h. $\psi(x_1, \ldots, x_{n+1}) = x_{n+1}$. Wir erklären $\varphi : V \to \mathbb{R}$ durch

$$\varphi(x_1, \ldots, x_n) := \psi\left(F^{-1}(x_1, \ldots, x_n, 0)\right).$$

φ ist dann wohldefiniert, denn F^{-1} ist auf V_0 erklärt.

3. φ hat die geforderten Eigenschaften: Zunächst ist klar, dass φ als Komposition der stetig differenzierbaren Abbildungen Φ, F^{-1} und ψ ebenfalls stetig differenzierbar ist.

Sei nun $x := (x_1, \ldots, x_n) \in V$, wir betrachten den Vektor $\Phi(x) = (x_1, \ldots, x_n, 0)$. Es ist $F^{-1}\left(\Phi(x)\right)$ in U_0, wir schreiben $F^{-1}\left(\Phi(x)\right)$ als $\left(x'_1, \ldots, x'_n, \varphi(x_1, \ldots, x_n)\right)$. Wenn wir darauf F anwenden, gilt einerseits wegen der Definition von F:

$$F\left(F^{-1}\left(\Phi(x)\right)\right) = \left(x'_1, \ldots, x'_n, f\left(x'_1, \ldots, x'_n, \varphi(x_1, \ldots, x_n)\right)\right).$$

Andererseits kommt wegen $F \circ F^{-1} = \mathrm{Id}$ der Vektor $\Phi(x)$ heraus. Ein Vergleich der Komponenten zeigt, dass notwendig $(x_1, \ldots, x_n) = (x'_1, \ldots, x'_n)$ und damit auch $f\left(x_1, \ldots, x_n, \varphi(x_1, \ldots, x_n)\right) = 0$ gelten muss.

Damit ist der Satz über implizite Funktionen vollständig bewiesen. □

Bemerkungen und Beispiele:

1. Ist $f(x, y) = x^2 + y^2 - 1$, so folgt $\left(\partial f / \partial y\right)(x, y) = 2y$. Die Bedingung des Satzes ist also genau dann erfüllt, wenn $y \neq 0$ gilt. Anders ausgedrückt: Ist (x_0, y_0) mit $x_0^2 + y_0^2 = 1$ gegeben, so garantiert der Satz über implizite Funktionen genau für die $y_0 \neq 0$, dass man f in einer Umgebung von x_0 nach y auflösen kann. Das kann man in diesem einfachen Fall natürlich auch direkt sehen (vgl. Bild 8.13).

2. Kann man $y + 1 = \cos y + xy$ in der Nähe von $x_0 = y_0 = 0$ nach y auflösen? Wir setzen $f(x, y) := y + 1 - \cos y - xy$, die vorstehende Bedingung ist dann äquivalent zu $f(x, y) = 0$.

Da $f(0, 0) = 0$ gilt, muss nur die Funktion $\partial f / \partial y = 1 - \sin y - x$ bei $y = 0$ ausgewertet werden. Es kommt 1 heraus, aufgrund des Satzes gibt es also eine auf einem Intervall $]-\varepsilon, \varepsilon[$ definierte Funktion φ, so dass φ stetig differenzierbar ist und die Bedingungen $\varphi(0) = 0$ und $\varphi(x) + 1 = \cos \varphi(x) + x\varphi(x)$ (alle $x \in]-\varepsilon, \varepsilon[$) erfüllt sind.

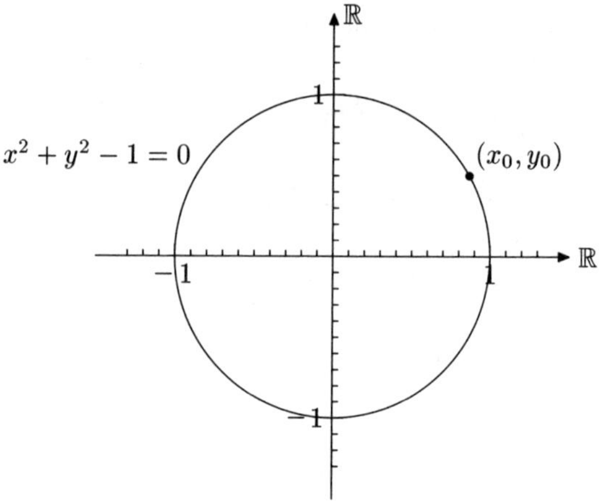

Bild 8.13: f ist genau dann nach y auflösbar, wenn $y_0 \neq 0$ gilt

3. Hier noch ein Beispiel, bei dem die Lösungsfunktion von mehreren Veränderlichen abhängt: Wo wird durch $f(x_1, x_2, y) := y^2 + x_1 y + x_2 = 0$ das y als Funktion von x_1, x_2 implizit definiert? Da $(\partial f/\partial y)(x_1, x_2, y) = 2y + x_1$ ist, folgt aus dem Satz, dass das für $y \neq x_1/2$ geht[48].

Das ist übrigens die gute alte *quadratische Gleichung* $x^2 + px + q = 0$ in Verkleidung. Es ging um die Frage, wie man die Lösungen als Funktion der Koeffizienten schreiben kann. Die Antwort ist allgemein bekannt, jeder Schüler hat einmal die p-q-Formel kennen gelernt.

Die Verkleidung wurde gewählt, um Verwirrungen zu vermeiden: Das „y" des Satzes über implizite Funktionen ist das „x" der quadratischen Gleichung, und dass hier p und q wie x_1 und x_2 zu behandeln sind, ist ebenfalls gewöhnungsbedürftig.

4. Der Satz von der inversen Abbildung spielt auch eine wichtige Rolle für die Theorie der Differentialgleichungen. Um das einzusehen, soll zuerst an die Ergebnisse von Abschnitt 7.6 erinnert werden: Danach kann man die Existenz und Eindeutigkeit für Differentialgleichungsprobleme des Typs $y' = f(x, y)$, $y(x_0) = y_0$, in gewissen Fällen garantieren.

Die Theorie steht auch dann zur Verfügung, wenn z.B. die Differentialgleichung $3y' = 4xy + y'$ behandelt werden soll, denn sie ist – nach Auflösen nach y' – gleichwertig zu $y' = 2xy$. Was aber ist zum Beispiel mit $4xy' - 2e^{xy} = (y')^3 - x^2 y'$ bei $(x_0, y_0) = (1, 0)$? Man sieht schnell, dass $(x, y, y') = (1, 0, 2)$ diese Gleichung

[48] Etwas ausführlicher:
Sind $x_1^{(0)}, x_2^{(0)}$ und $y^{(0)}$ drei Zahlen mit $y^{(0)} \neq x_1^{(0)}/2$ und $(y^{(0)})^2 + x_1^{(0)} y^{(0)} + x_2^{(0)} = 0$, so gibt es eine Umgebung V von $(x_1^{(0)}, x_2^{(0)})$ und eine Funktion $\varphi : V \to \mathbb{R}$ mit $\varphi(x_1^{(0)}, x_2^{(0)}) = y^{(0)}$ und $(\varphi(x_1, x_2))^2 + x_1 \varphi(x_1, x_2) + x_2 = 0$ für die $(x_1, x_2) \in V$.

löst. Kann nach y' aufgelöst werden? Dazu ist $4xy' - 2e^{xy} - (y')^3 + x^2y'$ partiell nach y' abzuleiten, und dann ist $(x, y, y') = (1, 0, 2)$ einzusetzen: Die partielle Ableitung ist $4x - 3(y')^2 + x^2$, bei $(1, 0, 2)$ ist diese Funktion gleich -7.

Deswegen gibt es nach Satz 8.8.2 eine auf einer Umgebung von $(1, 0)$ definierte Funktion φ, so dass die Ausgangs-Differentialgleichung gleichwertig zu $y' = \varphi(x, y)$ ist. Und folglich stehen für das vermeintlich völlig andere Problem alle Ergebnisse zur Verfügung, die für $y' = f(x, y)$ hergeleitet wurden.

Diese Anwendung des Satzes war schwieriger als die anderen. Erstens musste man in Gedanken die Variablen x, y, y' des Problems in x_1, x_2, y übersetzen, um den Satz mit den dort eingeführten Bezeichnungen anwenden zu können.

Und zweitens durfte man sich nicht von den verschiedenen Bedeutungen von y und y' verwirren lassen. In der Theorie der Differentialgleichungen sind es eine Funktion und die zugehörige Ableitung, hier bei der Anwendung von Satz 8.8.2 sind es ganz gewöhnliche Variable.

Die gleichen Ideen führen zum Ziel, wenn m Gleichungen dazu verwendet werden sollen, m Variable als Funktionen der restlichen darzustellen. Die bisherigen Überlegungen entsprechen dem Spezialfall $m = 1$.

Definition 8.8.3. *Sei $U \subset \mathbb{R}^{n+m}$ offen und $f : U \to \mathbb{R}^m$ eine stetig differenzierbare Funktion. Weiter sei $(x_1^{(0)}, \ldots, x_n^{(0)}, y_1^{(0)}, \ldots, y_m^{(0)})$ ein Punkt aus U mit*

$$f(x_1^{(0)}, \ldots, x_n^{(0)}, y_1^{(0)}, \ldots, y_m^{(0)}) = 0.$$

Wir sagen, dass die $y_1, \ldots, y_m$ bei $(x_1^{(0)}, \ldots, x_n^{(0)}, y_1^{(0)}, \ldots, y_m^{(0)})$ implizit definiert *sind, wenn es eine offene Umgebung $V \subset \mathbb{R}^n$ von $(x_1^{(0)}, \ldots, x_n^{(0)})$ und eine Funktion $\varphi : V \to \mathbb{R}^m$ so gibt, dass gilt:*

(i) Für alle $(x_1, \ldots, x_n) \in V$ gehört $(x_1, \ldots, x_n, \varphi(x_1, \ldots, x_n))$ zu U.

(ii) Stets ist $f(x_1, \ldots, x_n, \varphi(x_1, \ldots, x_n)) = 0$.

Satz 8.8.4. *Es seien U, f und $(x_1^{(0)}, \ldots, x_n^{(0)}, y_1^{(0)}, \ldots, y_m^{(0)})$ wie vorstehend. Man definiere die* relative Jacobimatrix $J_{f;y}$ *durch* **Satz über implizite Funktionen (2)**

$$J_{f;y} := \begin{pmatrix} \partial f_1/\partial y_1 & \ldots & \partial f_1/\partial y_m \\ \vdots & & \vdots \\ \partial f_m/\partial y_1 & \ldots & \partial f_m/\partial y_m \end{pmatrix}.$$

Es handelt sich also um die Matrix der partiellen Ableitungen der Komponentenfunktionen nach denjenigen Variablen, nach denen aufgelöst werden soll. $J_{f;y}$ ist damit eine Matrix von Funktionen.
Wenn man da für die Variablen $(x_1^{(0)}, \ldots, x_n^{(0)}, y_1^{(0)}, \ldots, y_m^{(0)})$ einsetzt, entsteht eine $(m \times m)$-Matrix. Ist ihre Determinante ungleich Null, so sind die $y_1, \ldots, y_m$ bei $(x_1^{(0)}, \ldots, x_n^{(0)}, y_1^{(0)}, \ldots, y_m^{(0)})$ implizit durch die $x_1, \ldots, x_n$ definiert.

Beweis: Der Beweis ist ganz ähnlich wie der von Satz 8.8.2, er beginnt mit der Definition einer Abbildung $F : U \to \mathbb{R}^{n+m}$. Diese Funktion wird durch

$$F(x_1, \ldots, x_n, y_1, \ldots, y_m) := \big(x_1, \ldots, x_m, f(x_1, \ldots, x_n, y_1, \ldots, y_m)\big)$$

erklärt. Die Jacobimatrix von F ist eine $\big((n+m) \times (n+m)\big)$-Matrix, die ersten n Einträge auf der Hauptdiagonalen sind Einsen, unten rechts steht $J_{f;y}$, und alle anderen Matrixelemente sind Null. Folglich ist die Jacobideterminante an der Stelle $\big(x_1^{(0)}, \ldots, x_n^{(0)}, y_1^{(0)}, \ldots, y_m^{(0)}\big)$ von Null verschieden, die Determinante von J_F ist nämlich die Determinante des rechts unten stehenden $(m \times m)$-Blocks.

Wir können also den Satz von der inversen Abbildung für F anwenden, die weiteren Schritte sind völlig analog zum Fall $m = 1$. □

Bemerkungen und Beispiele:

1. Man betrachte das System $x - y_1 + y_2 = 0$, $x^2 + y_1^2 + y_2^2 = 1$. Im (x, y_1, y_2)-Koordinatensystem beschreiben die Gleichungen den Schnitt einer Ebene mit einer Kugeloberfläche. Folglich wird eine Kurve K herauskommen. Kann die als Funktion $x \mapsto (y_1, y_2)$ parametrisiert werden?

Um das zu entscheiden, betrachten wir $J_{f;y}$ für den vorliegenden Fall, es ist die Matrix

$$J_{f;y} = \begin{pmatrix} -1 & 1 \\ 2y_1 & 2y_2 \end{pmatrix}.$$

Die Determinante ist gleich $-2(y_2 + y_1)$, es folgt also: Wenn ein Punkt auf K, aber nicht in der Ebene $\{(x, y, -y) \mid x, y \in \mathbb{R}\}$ liegt, können die y-Koordinaten in der Nähe des Punktes als Funktion von x dargestellt werden.

2. Die Jacobimatrix von F^{-1} ist doch das Inverse der Jacobimatrix von F. In J_F stehen die partiellen Ableitungen von f, aus $J_{F^{-1}}$ kann man die partiellen Ableitungen von φ ablesen. Und da für eine quadratische Matrix beim Übergang von A zu A^{-1} nur die elementaren algebraischen Operationen $(+, \cdot,$ usw.) vorkommen, folgt: Sind alle partiellen Ableitungen von f sogar k-mal stetig differenzierbar, so gilt das auch für φ.

8.9 Extremwerte mit Nebenbedingungen

Differentialrechnung ist sehr gut dazu geeignet, lokale Extremwerte von differenzierbaren Funktionen f zu finden, die *auf offenen Mengen definiert* sind. Man muss nur den Gradienten ausrechnen und das Gleichungssystem $\operatorname{grad} f = 0$ lösen.

Diese Technik versagt aber, wenn der Definitionsbereich von f kein Inneres hat: Wie könnte man zum Beispiel den Maximalwert von $f(x, y, z) = x^3 - 4xyz$ auf der Kugeloberfläche $\{(x, y, z) \mid x^2 + y^2 + z^2 = 1\}$ finden? Das ist mit den bisher entwickelten Methoden nicht möglich, in diesem Abschnitt werden wir aber mit den *Lagrange*[49] *-Multiplikatoren* ein Beweisverfahren kennen lernen, das meist zum Ziel führt.

JOSEPH LOUIS LAGRANGE
1736 - 1813

Mit etwas Glück können Probleme, bei denen der Definitionsbereich von f eigentlich „zu klein“ ist, auf Probleme mit offenem Definitionsbereich zurückgeführt werden. Zur Illustration betrachten wir den folgenden Klassiker:

> $U \in \mathbb{R}$ sei vorgegeben. Man finde ein Rechteck mit Umfang U, so dass der Flächeninhalt maximal ist.

Das ist doch das Problem, für die auf

$$S := \{(x, y) \mid x, y \geq 0,\ 2x + 2y = U\}$$

durch $f(x, y) = xy$ definierte Funktion ein Maximum zu finden. Da S im $\mathbb{R}^2$ kein Inneres hat, reicht es nicht, den Gradienten von f auszurechnen und das Gleichungssystem $\operatorname{grad} f = 0$ zu lösen[50]. Schon in der Schule lernt man aber ein Verfahren kennen, das zum Ziel führt. Man benutzt den bekannten Zusammenhang zwischen x, y und U, also die Gleichung $2x + 2y = U$, um eine Variable durch die andere auszudrücken: $y = (U - 2x)/2$. Wenn man y dann in f einsetzt, ergibt sich die Funktion $x(U - 2x)/2$, für die mit eindimensionaler Differentialrechnung die Lösung $x = y = U/4$ schnell gefunden wird.

Die Idee, die zum Ziel führte, bestand darin, die den Definitionsbereich beschreibende Gleichung zum Eliminieren einer Variablen zu verwenden. Technisch läuft das darauf hinaus, eine Variable als durch diese Gleichung implizit definiert aufzufassen. Im vorigen Abschnitt haben wir Ergebnisse kennen gelernt, durch die garantiert werden kann, dass eine solche Auflösung möglich ist.

Man wird mit der theoretischen Auflösbarkeit aber nicht viel anfangen können, wenn die auftretenden Funktionen nicht explizit vorliegen oder zu kompliziert sind. Deswegen ist es wichtig, auch andere Möglichkeiten zur Verfügung zu haben.

Wir beginnen mit einer *Präzisierung des Problems*. Gegeben sind eine offene Teilmenge U des $\mathbb{R}^n$ und stetig differenzierbare Funktionen $f, F : U \to \mathbb{R}$. Die Funktion F dient nur dazu, den Bereich festzulegen, auf dem wir f näher untersuchen wollen: Es soll $S := \{x \mid x \in U,\ F(x) = 0\}$ sein, und wir wollen (lokale und globale) Extremwerte von f auf S finden.

Man nennt die Bedingung $F(x) = 0$ auch eine *Nebenbedingung*, die Gesamtheit der x, die diese Bedingung erfüllen (also die Menge S) kann man sich als *Fläche im* $\mathbb{R}^n$ vorstellen.

[49] Lagrange arbeitete als Mitglied der Akademien der Wissenschaften in Berlin-Brandenburg und Paris. Er veröffentlichte grundlegende Arbeiten zur Analysis (Restglied in der Taylorformel, Lagrange-Multiplikatoren), zur analytischen Mechanik und Himmelsmechanik sowie zur Zahlentheorie.

[50] Man würde $(x, y) = (0, 0)$ herausbekommen, das hilft einem bei der Beantwortung der Frage nach dem Maximum von f auf S gar nichts.

Im vorstehenden Beispiel war $F(x,y) = 2x + 2y - U$, die Menge S ist dann eine Ebene. Falls F durch $F(x,y,z) = x^2 + y^2 + z^2 - 1$ auf dem $\mathbb{R}^3$ definiert ist, wird S die Oberfläche der Einheitskugel im $\mathbb{R}^3$ sein.

Nun soll das *Hauptergebnis vorbereitet* werden, es beruht auf den folgenden *drei Beobachtungen*:

Beobachtung 1: Sei $x_0 \in S$. Wir betrachten ein „sehr kleines“ h, so dass der Vektor $x_0 + h$ ebenfalls zu S gehört. Einerseits ist dann $F(x_0 + h) = 0$, andererseits gilt aufgrund der Differenzierbarkeit

$$F(x_0 + h) \approx F(x_0) + \langle h, \operatorname{grad} F(x_0)\rangle = \langle h, \operatorname{grad} F(x_0)\rangle.$$

Folglich sollte $\langle h, \operatorname{grad} F(x_0)\rangle = 0$ gelten. Das drückt man so aus, dass man sagt, dass $\operatorname{grad} F(x_0)$ *senkrecht auf* S steht.

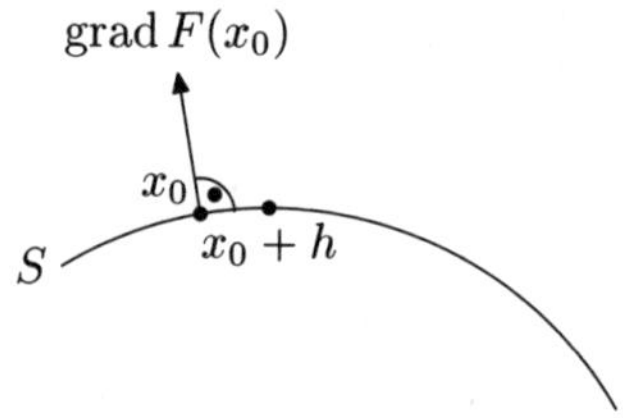

Bild 8.14: Der Gradient von F steht senkrecht auf S

Beobachtung 2: Sei $x_0 \in S$. Dann gibt $\operatorname{grad} f(x_0)$ die Richtung an, in der f am stärksten wächst. Im Allgemeinen wird das eine Richtung sein, die aus S herausführt.

Beobachtung 3: Wieder sei $x_0 \in S$. Dann steht also $\operatorname{grad} F(x_0)$ senkrecht auf S, und $\operatorname{grad} f(x_0)$ ist eine Richtung, in der f größer wird. Mal angenommen, die Vektoren $\operatorname{grad} F(x_0)$ und $\operatorname{grad} f(x_0)$ wären *nicht* parallel. Die Situation wäre also so wie im nachstehenden Bild:

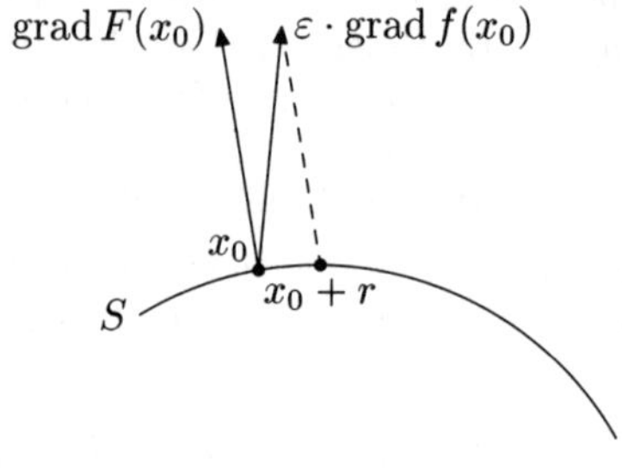

Bild 8.15: Die Projektion r

Bezeichnet man dann für ein „kleines“ ε mit r die „Projektion“ von $\varepsilon \operatorname{grad} f(x_0)$ auf S, so sollte gelten:

- $x_0 + r$ liegt in S.
- Es ist $f(x_0+r) \approx f(x_0) + \langle r, \operatorname{grad} f(x_0)\rangle$, denn r ist „klein" und f war als differenzierbar vorausgesetzt.
- Der Winkel zwischen r und $\operatorname{grad} f(x_0)$ ist spitz. Das liegt daran, dass r senkrecht auf $\operatorname{grad} F(x_0)$ steht und $\operatorname{grad} f(x_0)$ und $\operatorname{grad} F(x_0)$ nicht parallel sind.

  Folglich ist $\langle r, \operatorname{grad} f(x_0)\rangle > 0$, und deswegen wird $f(x_0+r) > f(x_0)$ sein.

Sind also $\operatorname{grad} F(x_0)$ und $\operatorname{grad} f(x_0)$ *nicht* parallel, so sollte f bei x_0 kein lokales Maximum haben. (Übrigens auch kein lokales Minimum: Wenn man, mit den vorstehenden Bezeichnungen, in Richtung $-r$ geht, so wird f kleiner.)

Man kann die vorstehenden Beobachtungen so zusammenfassen:

> Es ist zu erwarten, dass lokale Extremwerte von f auf S unter denjenigen Punkten $x_0 \in S$ zu finden sind, bei denen $\operatorname{grad} F(x_0)$ und $\operatorname{grad} f(x_0)$ parallel sind, für die es also ein λ mit der Eigenschaft $\operatorname{grad} F(x_0) = \lambda \operatorname{grad} f(x_0)$ gibt.

Das soll nun präzisiert werden. Als Erstes verlangen wir, dass auf S stets $\operatorname{grad} F(x) \neq 0$ gelten soll. Erstens haben wir das in der Motivation stillschweigend ausgenutzt, und zweitens kann S ohne eine derartige Bedingung sehr merkwürdig aussehen. (Zum Beispiel ist für $F = 0$ die Menge S der ganze $\mathbb{R}^n$, und das ist sicher keine „Fläche". Aber auch $F(x,y) = xy$ führt zu einem Gebilde, das nicht wie die vorher eingezeichneten Mengen S aussieht: $\{(x,y) \mid F(x,y) = 0\}$ ist in diesem Fall die Vereinigung von x- und y-Achse; wirklich ist die Gradientenbedingung am Nullpunkt verletzt.)

In einem ersten Schritt untersuchen wir, was es genau bedeutet, dass der Vektor $\operatorname{grad} F(x_0)$ *auf S senkrecht* steht. Man denkt dabei nur an die Punkte „in der Nähe" von x_0, und S wird dort durch eine $(n-1)$-dimenionale Ebene, die *Tangentialebene*, approximiert. Genauer:

Satz 8.9.1. *Sei $U \subset \mathbb{R}^n$ offen und $F : U \to \mathbb{R}$ eine stetig differenzierbare Funktion. Wir definieren S durch $\{x \mid x \in U,\ F(x) = 0\}$, weiterhin sei $x_0 \in S$ mit $\operatorname{grad} F(x_0) \neq 0$ vorgelegt.* **Beschreibung der Tangentialebene**

(i) Sei φ eine auf einem Intervall $]-\varepsilon, \varepsilon[$ definierte S-wertige Funktion. Es soll $\varphi(0) = x_0$ gelten, und φ sei differenzierbar[51]*.*

Dann steht $\varphi'(0)$ senkrecht auf $\operatorname{grad} F(x_0)$.

(ii) Umgekehrt: Ist $y \in \mathbb{R}^n$ ein Vektor mit $\langle y, \operatorname{grad} F(x_0)\rangle = 0$, so gibt es ein φ wie in (i) mit $\varphi'(0) = y$.

[51] Man kann sich φ als „Spaziergang in S" vorstellen, zur Zeit $t = 0$ wird x_0 besucht. $\varphi'(0)$ ist der Geschwindigkeitsvektor bei 0. Er misst, wie schnell und in welcher Richtung x_0 passiert wird.

Damit ist $T_{x_0}S := \{y \mid \langle y, \operatorname{grad} F(x_0)\rangle = 0\}$ *die Menge der bei* x_0 *ausgewerteten Geschwindigkeitsvektoren differenzierbarer Funktionen von (Teilmengen von)* $\mathbb{R}$ *nach* S. *Aus diesem Grund heißt* $T_{x_0}S$ *der* Tangentialraum von S bei x_0 [52].

Beweis: (i) Die durch $\psi : \,]-\varepsilon,\varepsilon[\, \to \mathbb{R}$ definierte Funktion $\psi(t) = F\big(\varphi(t)\big)$ ist (da φ nach Voraussetzung S-wertig ist) konstant gleich 0, es ist also $\psi'(t) = 0$ für alle t.

Andererseits kann man die Ableitung auch nach der Kettenregel ausrechnen, dabei ergibt sich $\langle \operatorname{grad} F\big(\varphi(t)\big), \varphi'(t)\rangle$. Durch Auswertung bei $t = 0$ folgt die Behauptung. (Die gleiche Schlussweise wurde übrigens schon einmal in Bemerkung 3c) auf Seite 290 verwendet.)

(ii) Da $\operatorname{grad} F(x_0)$ nicht der Nullvektor ist, muss eine Komponente von Null verschieden sein. Wir nehmen an, dass das die letzte ist: $\big(\partial F/\partial x_n\big)(x_0) \neq 0$. Aufgrund des Satzes über implizite Funktionen können wir damit S in der Nähe von x_0 als Graph einer Funktion in $n{-}1$ Veränderlichen darstellen.

Genauer: Schreibt man $x_0 = \big(x_1^{(0)}, \ldots, x_n^{(0)}\big)$, so gibt es eine Umgebung V von $\big(x_1^{(0)}, \ldots, x_{n-1}^{(0)}\big)$ und eine stetig differenzierbare Funktion $g : V \to \mathbb{R}$, so dass erstens $g\big(x_1^{(0)}, \ldots, x_{n-1}^{(0)}\big) = x_n^{(0)}$ und zweitens

$$\big(x_1, \ldots, x_{n-1}, g(x_1, \ldots, x_{n-1})\big) \in S$$

für die $(x_1, \ldots, x_{n-1}) \in V$ gilt.
Nun betrachte man

$$G : V \to \mathbb{R}^n,\ (x_1, \ldots, x_{n-1}) \mapsto \big(x_1, \ldots, x_{n-1}, g(x_1, \ldots, x_{n-1})\big).$$

Das ist eine stetig differenzierbare Abbildung von V nach S, auf diese Weise wird S als Graph von g dargestellt. Die Jacobimatrix von G – das ist eine $\big(n \times (n-1)\big)$-Matrix – ist leicht zu berechnen, ihre konkrete Form wird gleich wichtig werden:

$$J_G(x_1, \ldots, x_{n-1}) = \begin{pmatrix} 1 & 0 & \ldots & 0 \\ 0 & 1 & \ldots & 0 \\ \vdots & & \ldots & 1 \\ \partial g/\partial x_1 & \partial g/\partial x_2 & \ldots & \partial g/\partial x_{n-1} \end{pmatrix} (x_1, \ldots, x_{n-1}).$$

Für $z \in \mathbb{R}^{n-1}$ definieren wir nun Kurven in S durch die folgende Vorschrift: Wähle $\varepsilon > 0$ so klein, dass die $\big(x_1^{(0)}, \ldots, x_{n-1}^{(0)}\big) + tz$ für $|t| \leq \varepsilon$ zu V gehören; das geht, da V offen ist. Man definiere dann $\varphi_z : \,]-\varepsilon,\varepsilon[\, \to S$ durch

$$\varphi_z(t) := G\Big(\big(x_1^{(0)}, \ldots, x_{n-1}^{(0)}\big) + tz\Big).$$

Nun sind wir gleich fertig. Mit $\Phi(z) \in \mathbb{R}^n$ bezeichnen wir die Ableitung von φ_z bei 0. Wegen der Kettenregel kann dieser Vektor leicht ausgerechnet werden, es ist $\Phi(z) = Jz$, wobei J die Jacobimatrix von G bei $\big(x_1^{(0)}, \ldots, x_{n-1}^{(0)}\big)$ bezeichnet. Daraus schließen wir:

[52] Manchmal wird auch die Menge $\{x_0 + y \mid y \in T_{x_0}\}$ so genannt.

- Die Abbildung $z \mapsto \Phi(z) = Jz$ ist eine lineare Abbildung von $\mathbb{R}^{n-1}$ nach $\mathbb{R}^n$.
- Sie ist injektiv, denn J hat offensichtlich linear unabhängige Spalten.
- Das Bild von J liegt in $T_{x_0}S$; das wurde in (i) bewiesen.
- Die Menge $T_{x_0}S$ ist ein $(n-1)$-dimensionaler Unterraum des $\mathbb{R}^n$. Das liegt daran, dass $\operatorname{grad} F(x_0) \neq 0$ gilt.

Zusammenfassung: Φ ist eine injektive lineare Abbildung vom $\mathbb{R}^{n-1}$ in den $(n-1)$-dimensionalen Raum $T_{x_0}S$, sie ist folglich auch surjektiv. Das aber bedeutet, dass alle $y \in T_{x_0}S$ die Form $\varphi_z'(0)$ haben, und das ist gerade die Behauptung in Aussage (ii). □

Als letzte Vorbereitung zeigen wir ein elementares Ergebnis aus der Linearen Algebra: „Parallel" kann auf „steht senkrecht" zurückgeführt werden.

Lemma 8.9.2. *x und w seien Vektoren im $\mathbb{R}^n$, es sei $w \neq 0$. Dann sind äquivalent:*

(i) x ist ein Vielfaches von w, d.h. für ein geeignetes $\lambda \in \mathbb{R}$ ist $x = \lambda w$.

(ii) x steht senkrecht auf allen y, auf denen w senkrecht steht. D.h.: Aus $\langle w, y\rangle = 0$ folgt stets $\langle x, y\rangle = 0$.

Beweis: Gilt $x = \lambda w$, so ist die zweite Bedingung sicher erfüllt: Aus $\langle w, y\rangle = 0$ folgt

$$\langle x, y\rangle = \langle \lambda w, y\rangle = \lambda\langle w, y\rangle = 0.$$

Nun gelte (ii), zur Abkürzung setzen wir $\alpha := \|w\|^2$. (O.B.d.A. ist diese Zahl positiv. Andernfalls ist nämlich $w = 0$, und dafür ist die Implikation offensichtlich richtig.) Definiert man dann $y := \alpha x - \langle x, w\rangle w$, so ist

$$\langle y, w\rangle = \alpha\langle x, w\rangle - \langle x, w\rangle\langle w, w\rangle = 0,$$

nach Annahme steht dann y auch senkrecht auf x. Es folgt

$$\begin{aligned}\langle y, y\rangle &= \alpha \underbrace{\langle y, x\rangle}_{=0} - \langle x, w\rangle \underbrace{\langle y, w\rangle}_{=0} \\ &= 0.\end{aligned}$$

Es ist also $y = 0$, folglich gilt $\alpha x = \langle x, w\rangle w$. Mit $\lambda := \langle x, w\rangle/\alpha$ zeigt das, dass $x = \lambda w$. □

Nach diesen Vorbereitungen können wir die obigen Beobachtungen präzisieren:

Satz 8.9.3. *(Extremwerte mit Nebenbedingungen)* **Extremwerte mit Nebenbedingungen Funktionen**
Sei $U \subset \mathbb{R}^n$ offen, $f, F : U \to \mathbb{R}$ seien stetig differenzierbare Funktionen; es wird vorausgesetzt, dass $\operatorname{grad} F(x) \neq 0$ *für alle $x \in U$ gilt.*

Ist dann x_0 ein lokaler Extremwert von f auf $S := \{x \mid F(x) = 0\}$, so gibt es ein $\lambda \in \mathbb{R}$ mit

$$\operatorname{grad} f(x_0) = \lambda \operatorname{grad} F(x_0).$$

Lagrange-Multiplikator

λ wird der zugehörige Lagrange-Multiplikator *genannt.*

Beweis: Wir wollen Lemma 8.9.2 anwenden und geben dazu ein y mit der Eigenschaft $\langle \operatorname{grad} F(x_0), y \rangle = 0$ vor. Wegen Satz 8.9.1 können wir $y = \varphi'(0)$ schreiben, wobei $\varphi : \,]-\varepsilon, \varepsilon[\, \to \mathbb{R}$ eine differenzierbare Funktion mit $\varphi(0) = x_0$ ist.

Wir betrachten $f \circ \varphi$. Für diese Funktion ist 0 ein lokaler Extremwert, denn $\varphi(0) = x_0$ ist relativer Extremwert von f. Also muss die Ableitung von $f \circ \varphi$ bei 0 verschwinden. Diese Ableitung ist aber gleich

$$\langle \varphi'(0), \operatorname{grad} f(x_0) \rangle = \langle y, \operatorname{grad} f(x_0) \rangle.$$

Mit Lemma 8.9.2 folgt nun, dass $\operatorname{grad} f(x_0)$ ein Vielfaches von $\operatorname{grad} F(x_0)$ sein muss. □

Bemerkungen und Beispiele:

1. Die beim Lösen von Extremwertaufgaben auftretende Vektorgleichung aus Satz 8.9.3 ($\operatorname{grad} f(x_0) = \lambda \operatorname{grad} F(x_0)$) ist ein System von n Gleichungen für die $n + 1$ Unbekannten, nämlich für λ und für die n Komponenten von x_0:

$$\begin{aligned} \operatorname{grad} f_1(x_1, \ldots, x_n) &= \lambda \operatorname{grad} F_1(x_1, \ldots, x_n) \\ &\vdots \\ \operatorname{grad} f_n(x_1, \ldots, x_n) &= \lambda \operatorname{grad} F_1(x_1, \ldots, x_n). \end{aligned}$$

Dazu kommt die Gleichung $F(x_0) = 0$, man hat also insgesamt $n + 1$ Gleichungen mit $n + 1$ Unbekannten. Eine dieser Unbekannten, das λ, ist in der Regel uninteressant, man muss üblicherweise nur die n Komponenten von x_0 bestimmen.

2. Wir betrachten noch einmal das Problem: „Welches Rechteck gegebenen Umfangs U hat maximalen Flächeninhalt?“, diesmal soll es mit der Technik der Lagrange-Multiplikatoren gelöst werden. Es ist $F(x) = 2x + 2y - U$ und $f(x, y) = xy$. Folglich ist das Gleichungssystem

$$\operatorname{grad} f(x, y) = \begin{pmatrix} y \\ x \end{pmatrix} = \lambda \begin{pmatrix} 2 \\ 2 \end{pmatrix} = \lambda \operatorname{grad} F(x, y)$$

unter der Nebenbedingung $2x + 2y - U = 0$ zu lösen:

$$y = 2\lambda, \; x = 2\lambda, \; 2x + 2y - U = 0.$$

Wieder folgt $x = y = U/4$, das (eher uninteressante) λ ist gleich $U/8$.

3. Sind *mehrere* Bedingungen zu berücksichtigen, so gilt: Jede Nebenbedingung vermindert die Dimension um Eins. Ist also $U \subset \mathbb{R}^n$ offen und sind stetig differenzierbare Funktionen $F_1, \ldots, F_k : U \to \mathbb{R}$ gegeben, so ist

$$S := \{x \mid x \in U,\ F_1(x) = \cdots = F_k(x) = 0\}$$

eine Teilmenge mit $n - k$ „Dimensionen". (Das muss hier etwas vage bleiben, Einzelheiten lernt man in höheren Analysisvorlesungen kennen.) Ist zum Beispiel $n = 3$, so ist S im Fall $k = 1$ eine Fläche und im Fall $k = 2$ eine Kurve[53)].

Wir werden eine etwas technische Bedingung voraussetzen: Die Vektoren $\operatorname{grad} F_1(x), \ldots, \operatorname{grad} F_k(x)$ sollen für jedes x linear unabhängig sein. Dadurch wird garantiert, dass jede Nebenbedingung wirklich wesentlich ist, man darf zum Beispiel nicht $F_1 = F_2$ setzen. Unter dieser Voraussetzung gilt dann in Verallgemeinerung von Satz 8.9.3:

> Es sei $f : U \to \mathbb{R}$ stetig differenzierbar. Ist dann $x_0 \in S$ ein lokaler Extremwert von f auf S, so gibt es Zahlen $\lambda_1, \ldots, \lambda_k$, so dass
>
> $$\operatorname{grad} f(x_0) = \sum_{i=1}^{k} \lambda_i \operatorname{grad} F_i(x_0). \tag{8.8}$$

Das bedeutet, dass man die lokalen Extremwerte auf S durch das Lösen eines Systems von $n + k$ Gleichungen mit $n + k$ Unbekannten ermitteln kann: Die Unbekannten sind die n Komponenten von x_0 und die $\lambda_1, \ldots, \lambda_k$; die Gleichungen sind die k Gleichungen $F_i(x_0) = 0$ $(i = 1, \ldots, k)$ und die n Gleichungen der Vektorgleichung in (8.8).

4. Mit Bemerkung 3 kann man nun streng und systematisch lokale Extremwerte auf sehr allgemeinen Mengen ausrechnen. Als Beispiel betrachten wir eine stetig differenzierbare Funktion f auf einem dreidimensionalen Würfel.

- Bestimme zunächst alle Punkte im Innern des Würfels mit $\operatorname{grad} f(x_0) = 0$.

- Berechne dann die Extremwerte auf den Seitenflächen. Das im vorigen Satz beschriebene Verfahren liefert die lokalen Extremwerte auf diesen sechs Seitenflächen, die allerdings ohne die Kanten des Würfels betrachtet werden müssen.

- Dann kümmert man sich um die Kanten (ohne die Endpunkte): Dazu ist jede Kante durch zwei Nebenbedingungen (nämlich als Schnitt zweier Ebenen) darzustellen und das Ergebnis aus Bemerkung 3 anzuwenden.

- Es bleiben die acht Eckpunkte als Kandidaten für Maximum und Minimum. Die muss man einzeln behandeln, indem man dort den f-Wert ausrechnet.

[53)] Genauer: Eine Kurve oder eine Vereinigung von Kurven.

5. Wie kann man den kürzesten Abstand vom Nullpunkt zur Hyperbel

$$H := \{(x, y) \mid x^2 + 8xy + 7y^2 = 225\}$$

bestimmen? Das ist ein Fall für Satz 8.9.3, wobei $f(x, y) = x^2 + y^2$ und

$$F(x, y) = x^2 + 8xy + 7y^2 - 225$$

zu setzen sind[54].

Das Gleichungssystem $\operatorname{grad} f(x, y) = \lambda \operatorname{grad} F(x, y),\ F(x, y) = 0$ bedeutet hier

$$\begin{aligned} 2x &= \lambda(2x + 8y) \\ 2y &= \lambda(8x + 14y) \\ 0 &= x^2 + 8xy + 7y^2 - 225. \end{aligned}$$

Die ersten beiden Gleichungen haben nur für $\lambda = -1$ und $\lambda = 1/9$ eine von $(0, 0)$ verschiedene Lösung. Im Fall $\lambda = -1$ gibt es keine Tupel (x, y), für die alle drei Gleichungen erfüllt sind, im Fall $\lambda = 1/9$ ergibt sich die eindeutig bestimmte Lösung $(\sqrt{5}, \sqrt{20})$.

Das ist offensichtlich ein absolutes Minimum für das Ausgangsproblem, der gesuchte minimale Abstand ist $\sqrt{\sqrt{5}^2 + \sqrt{20}^2} = 5$.

6. Es sollen die Extremwerte von $f(x, y, z) = x + 2y$ auf der Kurve

$$S := \{(x, y, z) \mid x^2 + y^2 + z^2 - 1 = x - y + z = 0\}$$

bestimmt werden (S ist der Schnitt der Einheitskugel mit einer Ebene.)

Wir setzen $F_1(x, y, z) = x^2 + y^2 + z^2 - 1$ und $F_2(x, y, z) = x - y + z$, wegen Bemerkung 3 ist das Gleichungssystem

$$\operatorname{grad}(x + 2y) = \lambda_1 \operatorname{grad} F_1 + \lambda_2 \operatorname{grad} F_2,\ x^2 + y^2 + z^2 - 1 = x - y + z = 0$$

nach $x, y, z, \lambda_1, \lambda_2$ aufzulösen. Ausgeschrieben heißt das:

$$\begin{aligned} 1 &= 2\lambda_1 x + \lambda_2 \\ 2 &= 2\lambda_1 y - \lambda_2 \\ 0 &= 2\lambda_1 z + \lambda_2 \\ 0 &= x^2 + y^2 + z^2 - 1 \\ 0 &= x - y + z. \end{aligned}$$

Als Lösung erhält man die Werte

$$(x, y, z) = \frac{1}{\sqrt{42}}(4, 5, 1),\ (x, y, z) = \frac{-1}{\sqrt{42}}(4, 5, 1).$$

An diesen Punkten nimmt f das Maximum bzw. Minimum an, die Werte von f sind dort gleich $14/\sqrt{42}$ bzw. $-14/\sqrt{42}$.

[54] Man beachte: Der Abstand ist genau dann minimal, wenn das Quadrat des Abstands minimal ist. Mit dem Quadrat rechnet sich aber leichter, weil man Wurzeln vermeidet.

8.10 Verständnisfragen

Zu 8.1

Sachfragen

S1: Wie sind auf dem $\mathbb{R}^n$ die Summe zweier Vektoren, das Produkt aus einem Vektor mit einer Zahl und die (euklidische) Norm eines Vektors erklärt?

S2: Was gilt für je zwei Normen auf dem $\mathbb{R}^n$?

S3: Was ist das Skalarprodukt zweier Vektoren des $\mathbb{R}^n$, wie hängt es mit der Winkelmessung zusammen?

S4: Welche konkrete Form haben alle linearen Abbildungen von $\mathbb{R}^n$ nach $\mathbb{R}$?

S5: In welchem Sinn entsprechen die linearen Abbildungen von $\mathbb{R}^n$ nach $\mathbb{R}^m$ den $(m \times n)$-Matrizen?

S6: Was ist die Determinante einer quadratischen Matrix A, wie hängt diese Zahl mit der Invertierbarkeit von A zusammen?

Methodenfragen

M1: Sicher Skalarprodukte, Matrizenprodukte und Determinanten ausrechnen können. (Jedenfalls dann, wenn die auftretenden Dimensionen „klein" sind.)

Zu 8.2

Sachfragen

S1: Was bedeutet für eine Abbildung $f : \mathbb{R}^n \to \mathbb{R}$, dass f bei x_0 differenzierbar ist?

S2: Wie hängen Differenzierbarkeit und Stetigkeit zusammen?

S3: Welche Voraussetzung an die partiellen Ableitungen impliziert die Differenzierbarkeit?

S4: Welche geometrische Interpretation hat der Gradient von f bei x_0?

Methodenfragen

M1: Approximationsformeln für differenzierbare Abbildungen herleiten können.

Zum Beispiel:

1. Approximieren Sie $f(x,y) = \mathrm{e}^{x^2 y}$ bei $(1,4)$ durch eine lineare Abbildung. Welcher Näherungswert ergibt sich unter Verwendung dieser Approximation für $f(0.98, 4.01)$? Vergleichen Sie mit dem exakten Wert.
2. Sei $n = 3$ und $f(x) = \|x\|$. Finden Sie eine lineare Näherung der Norm in der Nähe von $x_0 = (0,0,1)$.

M2: Gradienten berechnen können.

Zum Beispiel:

1. Was ist der Gradient von $f(x,y,z,w) = \sin(xy^2z^3w^4)$ bei $(1,1,1,1)$?

2. Für welche (x, y) ist der Gradient von x^2y^2 parallel zu (x, y)?

Zu 8.3

Sachfragen

S1: Was besagt der Satz von H.A. Schwarz?

S2: Was versteht man unter dem Nabla-Operator?

S3: Was besagt der Satz von Taylor für genügend oft differenzierbare Funktionen von $\mathbb{R}^n$ nach $\mathbb{R}$?

S4: Wie lautet der Mittelwertsatz für Funktionen von $\mathbb{R}^n$ nach $\mathbb{R}$?

S5: Was ist eine Richtungsableitung?

S6: Auf welchen Teilmengen des Definitionsbereichs kann man die Lipschitzeigenschaft differenzierbarer Abbildungen garantieren?

S7: Wie sind Polynome in mehreren Veränderlichen definiert, wodurch kann man sie charakterisieren?

Methodenfragen

M1: Den Satz von Taylor anwenden können.

Zum Beispiel:

1. Bestimmen Sie eine Approximation zweiter Ordnung an die durch $f(x, y) = \sin(x + 3x^2y^2)$ definierte Funktion bei $(1, 1)$.
2. Für die vorstehend definierte Funktion soll eine Fehlerabschätzung für die lineare Approximation durchgeführt werden.

Zu 8.4

Sachfragen

S1: Was ist ein lokales Minimum bzw. ein lokales Maximum einer Funktion vom $\mathbb{R}^n$ nach $\mathbb{R}$?

S2: Welches Gleichungssystem muss man lösen, um solche lokalen Extremwerte zu finden?

S3: Was ist eine positiv (bzw. negativ) definite $(n \times n)$-Matrix?

S4: Wie kann man die Eigenschaft „positiv definit" durch Eigenwerte bzw. durch die Auswertung geeigneter Determinanten charakterisieren?

S5: Was ist die Hessematrix einer $\mathbb{R}$-wertigen Funktion auf dem $\mathbb{R}^n$?

S6: Was folgt, wenn der Gradient an einer Stelle x_0 im Innern des Definitionsbereichs verschwindet und die Hessematrix positiv definit ist? Was gilt, wenn sie dort negativ definit ist?

S7: Wie kann Konvexität bei zweimal stetig differenzierbaren Funktionen durch die Hessematrix charakterisiert werden?

Methodenfragen

M1: Nachweisen können, dass eine vorgegebene Matrix positiv (oder negativ) definit ist.

Zum Beispiel: Für welche $\alpha \in \mathbb{R}$ sind die folgenden Matrizen positiv (bzw. negativ) definit:

$$(-\alpha), \begin{pmatrix} \alpha & 4 \\ 4 & 2\alpha \end{pmatrix}, \begin{pmatrix} 1 & \alpha \\ \alpha & 1 \end{pmatrix}, \begin{pmatrix} 2\alpha^2 & 0 & \alpha \\ 0 & 2 & 0 \\ \alpha & 0 & 1 \end{pmatrix}?$$

M2: Extremwertaufgaben behandeln können.

Zum Beispiel:

1. An welcher Stelle wird $e^{x^2-2x+y^2-4y+5}$ minimal?
2. Schreiben Sie die Zahl 10 so als $a+b+c$ mit positiven a, b, c, dass $a + b^2 + 2c^2$ minimal wird.

Zu 8.5

Sachfragen

S1: Wie ist Differenzierbarkeit für Funktionen von $\mathbb{R}^n$ nach $\mathbb{R}^m$ definiert?

S2: Nennen Sie ein hinreichendes Kriterium für Differenzierbarkeit.

S3: Was versteht man unter der Jacobimatrix einer differenzierbaren Abbildung an einer Stelle x_0?

S4: Was besagt die Kettenregel?

S5: Sind differenzierbare Funktionen immer stetig?

Methodenfragen

M1: Jacobimatrizen berechnen und damit Approximationsformeln herleiten können.

Zum Beispiel:

1. Berechnen Sie die Jacobimatrix von $f(x, y) = (x^2 + y^3, 3x^2y, x)$ bei $(1, 2)$ und leiten Sie daraus eine Näherungsformel für f in der Nähe dieses Punktes her
2. Sei $f : \mathbb{R}^n \setminus \{0\} \to \mathbb{R}^n$ durch $f(x) := x/\|x\|$ erklärt. Bestimmen Sie die Jacobimatrix für eine beliebige Stelle x.

M2: Die Kettenregel anwenden können.

Zum Beispiel:

1. Es seien $f(x, y, z) = x + y + z$ und $g(t) = (t, t,^2, t^3)$. Berechnen Sie die Ableitung von $f \circ g : \mathbb{R} \to \mathbb{R}$ mit Hilfe der Kettenregel.
2. Formulieren Sie eine Kettenregel für Abbildungen der Form $f \circ g \circ h$.

Zu 8.6

Sachfragen

S1: Was ist eine lokal invertierbare Abbildung?

S2: Was besagt der Satz von der inversen Abbildung?

S3: Was ist die Jacobideterminante? Was folgt, wenn sie von Null verschieden ist.

S4: Sind lokal injektive Abbildungen auch global injektiv?

S5: Nennen Sie ein hinreichendes Kriterium dafür, dass für jede offene Teilmenge $O \subset U$ die Bildmenge $f(O)$ offen ist. Dabei soll $f : U \to \mathbb{R}^n$ eine differenzierbare Funktion sein.

Zu 8.7

Sachfragen

S1: Wie sind Polarkoordinaten definiert?

S2: Was sind Kugel-, was Zylinderkoordinaten?

Zu 8.8

Sachfragen

S1: Was ist eine implizit definierte Funktion?

S2: Was besagt der Satz über implizite Funktionen?

S3: Wann werden durch ein Gleichungssystem von m Gleichungen in den Variablen $x_1, \ldots, x_n, y_1, \ldots, y_m$ implizit Funktionen $y_1, \ldots, y_m$ definiert?

Methodenfragen

M1: Den Satz über implizite Funktionen anwenden können.

Zum Beispiel:

1. Wird durch $x^2 + y + y^4 - 3x - 2 = 0$ in der Nähe von $x = 0$ eine Funktion y mit $y(0) = 1$ definiert?
2. Ist die Differentialgleichung $\sin y' + \cos x - y = 1$ in der Nähe von $x = y = y' = 0$ in der Form $y' = f(x, y)$ schreibbar?

Zu 8.9

Sachfragen

S1: Wie findet man Extremwerte mit Nebenbedingungen?

S2: Was für ein Gleichungssystem ist im Fall von k Nebenbedingungen zu lösen?

Methodenfragen

M1: Die Technik der Lagrange-Multiplikatoren anwenden können.

Zum Beispiel:

1. An welcher Stelle wird die Funktion $x^2 + y^2$ auf der durch die Gleichung $x + 3y = 0$ definierten Geraden minimal?
2. Behandeln Sie noch einmal, diesmal mit Lagrange-Multiplikatoren, die obige Aufgabe M2.2 aus den Methodenfragen zu Abschnitt 8.4.

8.11 Übungsaufgaben

Zu Abschnitt 8.1

8.1.1 $F :]0,+\infty[\times \mathbb{R}^n \to \mathbb{R}$ sei durch

$$F(t,x) := t^{-n/2}e^{-\|x\|^2/4t},$$

definiert, wo $\|\cdot\|$ die euklidische Norm des $\mathbb{R}^n$ bezeichnet. Man zeige, dass F dann die so genannte *Wärmeleitungsgleichung* löst:

$$\frac{\partial}{\partial t}F = \sum_{k=1}^{n} \frac{\partial^2}{\partial x_k^2}F.$$

Bemerkung: Der Differentialoperator

$$\Delta = \sum_{k=1}^{n} \frac{\partial^2}{\partial x_k^2}$$

wird *Laplaceoperator* genannt; formal ist $\Delta = \langle \nabla, \nabla \rangle$.

8.1.2 Sei $f : \mathbb{R}^n \setminus \{0\} \to \mathbb{R}$, $n \geq 2$, gegeben durch

$$f(x) = \begin{cases} \log(\|x\|) & \text{falls } n = 2 \\ \|x\|^{2-n} & \text{falls } n \geq 3. \end{cases}$$

Berechnen Sie Δf.

8.1.3 Es sei $f : U \to \mathbb{R}$ zweimal stetig differenzierbar, wobei $U \subset \mathbb{R}^n$ offen ist. Zeigen Sie für das durch $g(x) := \operatorname{grad} f(x)$ definierte Vektorfeld $g : U \to \mathbb{R}^n$, dass dann $\partial g_i/\partial x_j = \partial g_j/\partial x_i$ für alle i,j gilt. (Die Umkehrung gilt im Allgemeinen nicht.)

8.1.4 Es wurde gezeigt, dass auf dem $\mathbb{R}^n$ alle Normen äquivalent sind. Auf unendlichdimensionalen Räumen stimmt das nicht. Finden Sie – für beliebige Intervalle $[a,b]$ mit $a < b$ – zwei nicht-äquivalente Normen auf $C[a,b]$.

8.1.5 Sei $g \in C[a,b]$. Definiere $\|f\|_g$ für $f \in C[a,b]$ durch

$$\|f\|_g := \|fg\|_\infty.$$

a) Unter welchen Voraussetzungen an g ist $\|\cdot\|_g$ eine Norm?
b) Finden Sie ein Beispiel für eine Funktion g, für die $\|\cdot\|_g$ eine Norm ist, die *nicht* äquivalent zur Supremumsnorm ist. Finden Sie auch Beispiele, in denen zur Supremumsnorm äquivalente Normen entstehen.

Zu Abschnitt 8.2

8.2.1 Sei $f : \mathbb{R}^3 \to \mathbb{R}$ durch $f(x,y,z) = (x^2+y)e^z$ definiert.
a) Bestimmen Sie die Ableitung von f im Punkt (x,y,z).
b) Werten Sie diese bei $(x,y,z) = (2,1,0)$ aus und berechnen Sie damit näherungsweise $f(2.01, 0.99, 0.01)$.

8.2.2 Sei $f : \mathbb{R}^2 \to \mathbb{R}$ die Funktion

$$f(x,y) = \begin{cases} \frac{xy}{x^2+y^2} & \text{falls } (x,y) \neq (0,0) \\ 0 & \text{falls } (x,y) = (0,0). \end{cases}$$

Man zeige, dass die partiellen Ableitungen $\frac{\partial f}{\partial x}$ und $\frac{\partial f}{\partial y}$ überall auf dem $\mathbb{R}^2$ existieren und dass f nicht stetig ist.
Warum widerspricht das nicht Satz 8.2.3?

8.2.3 Beweisen Sie, dass Summen und Vielfache differenzierbarer Abbildungen wieder differenzierbar sind

8.2.4 Auf Seite 242 wurde definiert, was es bedeutet, dass eine Funktion ein $o(h)$ ist. Man beweise oder widerlege für Funktionen $\varphi, \psi : \mathbb{R}^n \setminus \{0\} \to \,]0, +\infty[$:
a) Mit φ ist auch $\sqrt{\varphi}$ ein $o(h)$.
b) Mit φ und ψ ist $a\varphi + b\psi$ ein $o(h)$ für beliebige $a, b \in \mathbb{R}$.
c) Mit φ, ψ ist auch φ/ψ ein $o(h)$.

8.2.5 Geben Sie ein Beispiel für eine differenzierbare Funktion $f : \mathbb{R}^n \to \mathbb{R}$ an, für die $x \mapsto \operatorname{grad} f(x)$ von $\mathbb{R}^n$ nach $\mathbb{R}^n$ surjektiv ist.

8.2.6 Es sei $f(p,q) = -p/2 + \sqrt{(p^2/4) - q}$, diese Funktion sei auf $\{(p,q) \mid p^2 > 4q\}$ definiert. (Damit ist $f(p,q)$ die größere der zwei Lösungen der quadratischen Gleichung $x^2 + px + q = 0$.)
Bestimmen Sie $\operatorname{grad} f$ bei $(0, -4)$ und geben Sie eine Approximationsformel für die größere der Lösungen von $x^2 - 0.02x - 3.9 = 0$ an.

Zu Abschnitt 8.3

8.3.1 Sei $f(x) := \|x\|^2$. Berechnen Sie alle möglichen partiellen Ableitungen (beliebig hoher Ordnung) von f.

8.3.2 Definiere $f : \mathbb{R}^2 \to \mathbb{R}$ durch

$$f(x) = \begin{cases} xy(x^2 - y^2)/(x^2 + y^2) & \text{falls } (x,y) \neq (0,0) \\ 0 & \text{falls } (x,y) = (0,0). \end{cases}$$

f ist zweimal partiell differenzierbar, aber die gemischten partiellen Ableitungen stimmen bei Null nicht überein. (Der Satz von H.A. Schwarz zeigt, dass man die Gleichheit unter schwachen Zusatzvoraussetzungen garantieren kann.)

8.3.3 Es sei $f : \mathbb{R}^2 \to \mathbb{R}$ durch $f(x,y) := (x - y)^3$ definiert.
Berechnen Sie $\big(\langle (1,2), \nabla \rangle\big)^2 f(x,y)$.

8.3.4 Nach dem Mittelwertsatz kann man $f(x_0 + h) - f(x_0)$ stets mit einem geeigneten t_0 als $\langle h, \operatorname{grad} f(x_0 + t_0 h)\rangle$ schreiben.
Finden Sie ein derartiges t_0 für den Fall $f(x,y) = x^2 + y^2$, $x_0 = (0,0)$ und $h = (2,1)$.

8.3.5 Machen Sie sich klar, dass der eindimensionale Mittelwertsatz 4.2.2 ein Spezialfall von Korollar 8.3.5 ist.

8.3.6 In welcher Richtung ist die Richtungsableitung maximal?

Zu Abschnitt 8.4

8.4.1 $x^{(1)}, \ldots, x^{(k)}$ und $y^{(1)}, \ldots, y^{(l)}$ seien paarweise verschiedene Punkte des $\mathbb{R}^n$. Finden Sie eine differenzierbare Funktion $f : \mathbb{R}^n \to \mathbb{R}$, die bei den $x^{(i)}$ jeweils ein lokales Minimum und bei den $y^{(j)}$ jeweils ein lokales Maximum hat.

8.4.2 Welcher Quader mit Volumen V hat minimale Kantenlänge?

8.4.3 Eine Säule habe als Grundfläche ein gleichseitiges Dreieck. Wie muss sie aussehen, damit sie bei vorgegebener Oberfläche ein maximales Volumen hat? Wie, falls bei vorgegebenem Volumen die Kantenlänge minimal sein soll?

8.4.4 Man beweise oder widerlege:

a) Summen und positive Vielfache positiv definiter Matrizen sind positiv definit.
b) Alle A_k seien positiv definite Matrizen, sie sollen komponentenweise gegen eine Matrix A konvergieren. Dann ist auch A positiv definit.
c) Die Determinante einer negativ definiten Matrix ist negativ.

8.4.5 Für welche α ist die Hessematrix von $x^2 + \alpha xy + y^2$ überall positiv definit?

8.4.6 Finden Sie eine konvexe Teilmenge des $\mathbb{R}^2$, auf der die Hessematrix der Funktion $x^4 + xy + y^4$ positiv definit ist. Dort ist diese Funktion folglich konvex.

Zu Abschnitt 8.5

8.5.1 Beweisen Sie, dass Summen und Vielfache differenzierbarer Abbildungen differenzierbar sind.

8.5.2 Finden Sie für die folgenden Matrizen A die bestmögliche Konstante L, so dass $||Ah|| \leq L||h||$ für alle h gilt:

$$A = (\pi),\ A = \begin{pmatrix} 1 & 0 \\ 0 & 15 \end{pmatrix},\ A = \begin{pmatrix} 1 & 1 \\ 0 & 1 \end{pmatrix}.$$

8.5.3 Berechnen Sie die Jacobimatrix für die durch

$$f(x_1, \ldots, x_n) := (x_n, x_{n-1}, \ldots, x_1, ||x||^2)$$

von $\mathbb{R}^n$ nach $\mathbb{R}^{n+1}$ definierte Funktion.

8.5.4 Es sei $f : \mathbb{R}^n \to \mathbb{R}$ eine differenzierbare Funktion.
a) Man definiere $g : \mathbb{R} \to \mathbb{R}$ durch $g(t) := f(tx)$, wobei $x \in \mathbb{R}^n$ vorgegeben ist. Berechnen Sie $g'(t)$.
b) Man zeige: Gilt

$$\langle (\operatorname{grad} f)(x), x \rangle = 0$$

für alle x, so ist f konstant.

8.5.5 Es sei $f(x, y) = (x + y, x^3, 2 + xy^2)$. Finden Sie eine Näherungsformel für f in der Nähe von $(2, 2)$.

8.5.6 In einem Strömungskanal sei die Windgeschwindigkeit bei (x, y, z) durch $(y, x, 2)$ gegeben. Ein Teilchen bewegt sich so, dass es zur Zeit t bei $(1, t, t)$ ist. Berechnen Sie mit der Kettenregel die Veränderung der Windgeschwindigkeit aus der Sicht des Teilchens. Wie müsste die Bahn des Teilchens sein, dass es Windstille empfindet?

Zu Abschnitt 8.6

8.6.1 Wo ist die Jacobideterminante von $(x, y, z) \mapsto (x^2, y^3, x^2 + y^2 + z)$ von Null verschieden?

8.6.2 Berechnen Sie für $(x, y) \mapsto (x, -y^2)$ die Jacobimatrix der inversen Abbildung bei $(1, 1)$.

8.6.3 Man zeige, dass jede stetige lokal injektive Abbildung $f : \mathbb{R} \to \mathbb{R}$ injektiv ist. Gilt das auch für beliebige Abbildungen?

8.6.4 Definieren Sie lokal bei $1 \in \mathbb{C}$ eine komplexe Quadratwurzel: Es soll also $w : U \to \mathbb{C}$ auf einer Umgebung U von 1 so definiert werden, dass w – aufgefasst als Funktion einer Teilmenge des $\mathbb{R}^2$ in den $\mathbb{R}^2$ – differenzierbar ist und dass $\big(w(z)\big)^2 = z$ für alle $z \in U$ gilt.

8.6.5 Es sei $f : \mathbb{R}^3 \to \mathbb{R}^3$ durch $f(x,y,z) := (x, y, x^2 + \sin y + xyz)$ definiert. Für welche offenen Teilmengen $O \subset \mathbb{R}^3$ kann man aufgrund des Satzes von der offenen Abbildung garantieren, dass $f(O)$ offen ist?

Zu Abschnitt 8.7

8.7.1 Es seien $(x_i, y_i) \in \mathbb{R}^2$ für $i = 1, \ldots, m$. Durch diese „Punktwolke“ soll eine Gerade $x \mapsto ax + b$ gelegt werden, die die Punktwolke möglichst gut approximiert. Das soll bedeuten, dass die Summe der quadrierten Abstände, also $\sum_{i=1}^{m}(ax_i + b - y_i)^2$, so klein wie möglich ist.
Finden Sie Formeln für diejenigen a und b, die diese Extremwertaufgabe lösen.

8.7.2 Es sei $f : \mathbb{R} \to \mathbb{R}$ eine differenzierbare Funktion. Wir wählen auf der x- bzw. y-Achse neue Koordinaten durch Übergang zu $2x$ bzw. y^2; in den neuen Koordinaten hat f also die Form $F(u) = \big(f(2u)\big)^2$. Drücken Sie die Ableitung von F durch die von f aus und finden Sie ein Beispiel, in dem F' eine einfachere Form hat als f'.

8.7.3 Für ein fest vorgegebenes $R > 0$ sei ein Quader Q durch

$$Q := [\,0, R\,] \times [\,0, 2\pi\,] \times [\,0, 2\pi\,]$$

definiert. Für $(r, \varphi, \psi) \in Q$ definiere

$$T(r, \varphi, \psi) := \big((R + r\cos\psi)\cos\varphi, (R + r\cos\psi)\sin\varphi, r\sin\psi\big),$$

diese Abbildung beschreibt die Parametrisierung durch *Toruskoordinaten*.
a) Was für eine Fläche im $\mathbb{R}^3$ wird beschrieben, wenn zwei der Variablen fest gelassen werden? Was ist zum Beispiel die Menge der $T(r, \varphi, \psi)$ für ein festes $r \in [\,0, R\,]$, wenn φ, ψ alle Werte in $[\,0, 2\pi\,]$ durchlaufen?
b) Wie sieht die Bildmenge von T aus?
c) Zeigen Sie, dass T auf dem Innern von Q differenzierbar ist und dass die Jacobideterminante dort nirgendwo verschwindet.

Zu Abschnitt 8.8

8.8.1 Interpretieren Sie die so genannte p–q-Formel für quadratische Gleichungen aus der Schulmathematik mit dem Satz über implizite Funktionen: Wann kann man Lösungen x der quadratischen Gleichung $x^2 + px + q = 0$ als Funktion von p und q darstellen? (S.a. Aufgabe 8.2.6.)

8.8.2 Zeigen Sie, dass die Bedingung aus dem Satz über implizite Funktionen nur eine *hinreichende* Bedingung ist: Auch wenn $\partial f / \partial y$ gleich Null ist, kann y implizit definiert sein.

8.8.3 Für welche $a \in \mathbb{R}$ sind y_1, y_2 durch die Gleichungen

$$x + ay_1 + 2y_2 = 0, \; x - y_1 - ay_2 = 0$$

bei $(0,0,0)$ als Funktion von x darstellbar? Wenden Sie zunächst Satz 8.8.4 an, die Funktionen sollen dann auch explizit angegeben werden.

Zu Abschnitt 8.9

8.9.1 Behandeln Sie die Probleme aus Aufgabe 8.4.3 noch einmal unter Verwendung von Lagrange-Multiplikatoren.

8.9.2 Wo ist die L^1-Norm auf der euklidischen Kugeloberfläche am größten? (Gesucht ist also ein $(x_1, \ldots, x_n)$ mit $x_1^2 + \cdots + x_n^2 = 1$, so dass $x_1 + \cdots + x_n$ maximal wird.)

8.9.3 Welches Gleichungssystem ist zu lösen, um das Maximum von $(x, y, z) \mapsto x$ auf der Menge

$$\{(x, y, z) \mid x^2 + y^2 + z^2 = 1,\ x^2 - y^2 - z^2 = 0\}$$

zu finden?

Mathematische Ausblicke

Ein einführendes Buch zur Analysis kann naturgemäß nicht alle Teilaspekte des Gebietes abdecken. Alle, die bis zum Ende dieser „Analysis 2“ durchgehalten haben, haben aber die wichtigsten Ideen und Techniken kennen gelernt. Das, was im Einzelfall später noch fehlt, sollte auf der Grundlage des hier behandelten Stoffs ohne Probleme zu bewältigen sein.

Hier im Anhang gibt es noch einige *Ergänzungen*. Zunächst geht es noch einmal um Mathematik. Es sollen einige Themen behandelt werden, die sozusagen zur „analytischen Allgemeinbildung“ gehören, in der Regel aber nicht in den Anfängervorlesungen vorkommen. Wenn Sie also später in Ihrem Studium keine Gelegenheit haben, dazu eine Spezialvorlesung zu hören, können Sie sich hier über die grundlegenden Tatsachen zum *Lebesgue-Integral* und zu *Fourierreihen* informieren. Außerdem gibt es noch eine *Ergänzung zu Mehrfachintegralen*, die man unter Verwendung der in Abschnitt 8 entwickelten Begriffe wesentlich besser ausrechnen kann, als wenn man nur die ursprüngliche Definition verwenden darf.

A.1 Das Lebesgue-Integral

HENRI LEBESGUE
1875 - 1941

Das Lebesgue-Integral

Das in Kapitel 6 behandelte Riemann-Integral ist für alle praktischen Zwecke ausreichend. Unter theoretischen Gesichtspunkten weist dieser Zugang jedoch einige Nachteile auf, die durch einen etwas allgemeineren Ansatz behoben werden können: Heute sind alle überzeugt, dass „das richtige Integral für Fortgeschrittene“ das *Lebesgue*[55]*-Integral* ist. Im Folgenden sollen die wichtigsten Punkte zusammengestellt werden.

Übersicht

Zunächst soll motiviert werden, warum es beim Lebesgue-Integral erforderlich ist, als Erstes etwas über Maßtheorie zu erfahren. Das liegt daran, dass

[55]Lebesgue: Professor am Collège de France in Paris. Der von Lebesgue 1902 eingeführte Maß- und Integralbegriff gilt heute als der sinnvollste Ansatz für die meisten mit dem Messproblem zusammenhängenden theoretischen Fragen. Das gilt besonders für die höhere Analysis und die Wahrscheinlichkeitsrechnung.

Flächeninhalte anders als beim Riemann-Integral ausgerechnet werden. Beim *Riemann-Integral* wird die Fläche unter einem Graphen doch dadurch ermittelt, dass man mit den in Definition 6.1.1 eingeführten Treppenfunktionen arbeitet. Sie dienen dazu, den gesuchten Inhalt zu approximieren. Dabei muss man lediglich wissen, welche Fläche einer Treppenfunktion zuzuordnen ist, und das läuft auf die Bestimmung der Fläche eines Rechtecks hinaus. Anders ausgedrückt: Der Graph wird in senkrechte Streifen zerlegt, und diese Streifen dienen zur Approximation.

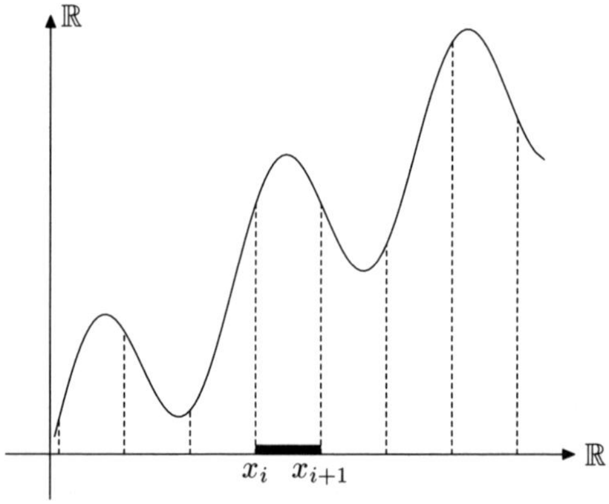

Bild A.1: Integration: Der Riemannsche Ansatz

Beim *Lebesgue-Integral* ist der Ansatz anders. Da wird der Bildbereich der Funktion „fein genug" zerlegt (s. Bild A.2). Für jedes Zerlegungsstück $[\,y_i, y_{i+1}\,]$ wird dann die Menge Δ_i derjenigen x betrachtet, die nach $[\,y_i, y_{i+1}\,]$ abgebildet werden, und zur Approximation wird die Zahl „(Größe von Δ_i) mal y_i" verwendet:

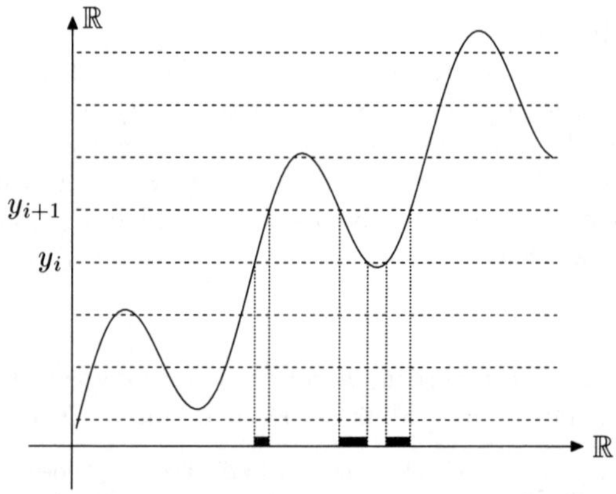

Bild A.2: Integration nach Lebesgue

Je nachdem, wie f aussieht, können die Δ_i ziemlich kompliziert sein, und deswegen muss man sich zunächst um das Problem kümmern, wie man Teilmengen von $\mathbb{R}$ (oder allgemeiner des $\mathbb{R}^n$) „messen“ kann. Was ist für Teilmengen von $\mathbb{R}$ die Länge, für Teilmengen des $\mathbb{R}^2$ der Flächeninhalt, für Teilmengen des $\mathbb{R}^3$ das Volumen?
Dazu sind zwei Teilfragen zu klären, nämlich

- *Welche* Teilmengen sollen „gemessen“ werden?
- Wie wird für diese Teilmengen der „Inhalt“ definiert?

Die Antworten werden in den ersten beiden Unterabschnitten gegeben. Wir definieren, was *Borelmengen* sind und was man unter dem *Borel-Lebesgue-Maß* versteht.

Danach ist es ziemlich plausibel, wie man ein *Integral für Treppenfunktionen* definiert[56], durch ein ordnungstheoretisches Argument wird das Integral dann auf eine sehr große Klasse von Funktionen ausgedehnt. Auf diese Weise entsteht das *Borel-Lebesgue-Integral*.

Anschließend wird eine kleine Modifikation besprochen, durch Hinzunahme „kleiner“ Mengen ergeben sich das *Lebesgue-Maß* und das *Lebesgue-Integral*.

Zum Schluss werden dann einige Ergebnisse zusammengestellt, die meisten gelten nur für diesen neuen Integralbegriff, nicht aber für das Riemann-Integral. Sie sind der Grund dafür, dass man bei theoretischen Überlegungen eher das Lebesgue- als das Riemann-Integral verwendet.

Borelmengen

Hier sollen diejenigen Mengen definiert werden, für die später ein „Inhalt“ definiert werden kann. Für ein festes n betrachten wir Teilmengen des $\mathbb{R}^n$. Wir suchen eine Familie $\mathcal{B}$ von Teilmengen[57] des $\mathbb{R}^n$, die *drei Eigenschaften* hat:

- $\mathcal{B}$ enthält alle offenen Mengen.
- Sind $B_1, B_2, \ldots \in \mathcal{B}$ und wird eine Menge $B \subset \mathbb{R}^n$ aus den $B_1, B_2, \ldots$ unter Verwendung der üblichen Mengenoperationen (also $\cup$, $\cap$, $\setminus$) konstruiert, so gehört auch B zu $\mathcal{B}$.

  Der zugehörige Fachterminus lautet: $\mathcal{B}$ ist eine *σ-Algebra*.
- $\mathcal{B}$ ist so klein wie möglich.

In Worten: *$\mathcal{B}$ ist das kleinste Mengensystem, das alle offenen Mengen enthält und das unter abzählbaren Mengenoperationen abgeschlossen ist.*

Dann muss man drei Dinge wissen:

---

[56] Achtung: Treppenfunktionen haben hier eine etwas andere Bedeutung als in Abschnitt 6.1. Die damals definierten sind als Spezialfall enthalten.

[57] Das heißt, dass $\mathcal{B}$ eine Teilmenge der Potenzmenge des $\mathbb{R}^n$ ist.

- So ein Mengensystem gibt es, man nennt es die Familie der *Borelmengen* von $\mathbb{R}^n$.

  Der Beweis hat Ähnlichkeiten mit der Konstruktion von $\mathbb{N}$ in Abschnitt 1.5: Man betrachte *alle* Systeme $\mathcal{C}$ von Teilmengen des $\mathbb{R}^n$, die die ersten beiden der geforderten Eigenschaften haben und definiere dann $\mathcal{B}$ als den Durchschnitt dieser $\mathcal{C}$.

- *Abzählbare* Mengenoperationen sind ohne Einschränkung in der Klasse der Borelmengen legitim, und alle offenen Mengen sind Borelmengen.

- Alle in konkreten Situationen auftretenden Mengen sind Borelmengen.

  Das kann natürlich nur eine Faustregel sein. Die ganze Wahrheit sieht so aus:

  1. Es gibt Teilmengen des $\mathbb{R}^n$, die keine Borelmengen sind. Die sind allerdings ziemlich kompliziert zu finden, am einfachsten geht es noch unter Verwendung des Zornschen Lemmas.

  2. Ihnen kann nicht viel passieren, wenn Sie sich darauf verlassen, dass alle in Ihrem mathematischen Leben auftretenden Mengen Borelmengen sind.

Das Borel-Lebesgue-Maß

Das Borel-Lebesgue-Maß ist eine Abbildung λ, die jeder Borelmenge eine Zahl in $[0,+\infty]$ zuordnet. Man sollte sich vorstellen, dass $\lambda(B)$ der „Inhalt" der Borelmenge B ist: Die Länge von B in einer Dimension, die Fläche im $\mathbb{R}^2$, das Volumen im $\mathbb{R}^3$ usw.

Über λ sollte man wissen:

- Man kann λ so definieren, dass gilt:

  – Sind $B_1, B_2, \ldots$ *paarweise disjunkte* Borelmengen[58], so ist

$$\lambda\Big(\bigcup_{n=1}^{\infty} B_n\Big) = \sum_{n=1}^{\infty} \lambda(B_n).$$

  – Für „Quader" ist das Borel-Lebesgue-Maß das Produkt der Kantenlängen. Genauer: Sind $a_i \leq b_i$ und definiert man

$$Q := \{(x_1, \ldots, x_n) \mid a_i \leq x_i \leq b_i \text{ für } i = 1, \ldots, n\},$$

  so gilt $\lambda(Q) = (b_1 - a_1) \cdots (b_n - a_n)$. (Insbesondere kommt also für Intervalle, Rechtecke und dreidimensionale Quader das Erwartete heraus: die richtige Länge, der richtige Flächeninhalt, das richtige Volumen.)

- λ ist durch die vorstehenden Eigenschaften eindeutig bestimmt.

[58] Es soll also $B_i \cap B_j = \emptyset$ für $i \neq j$ gelten.

Auf diese Weise ist allen praktisch vorkommenden Teilmengen des $\mathbb{R}^n$ ein Inhalt zugeordnet, den man manchmal auch konkret ausrechnen kann:

Beispiel 1: Eine einpunktige Menge $B = \{(x_1, \ldots, x_n)\}$ kann man als Quader schreiben, indem man $a_i = b_i = x_i$ setzt. Deswegen ist $\lambda(B) = 0$.

Beispiel 2: Insbesondere ist also $\lambda(\{n\}) = 0$ für jede natürliche Zahl. Da die Mengen $\{1\}, \{2\}, \{3\}, \ldots$ paarweise disjunkt sind, folgt

$$\lambda(\mathbb{N}) = \lambda(\{1\}) + \lambda(\{2\}) + \cdots = 0 + 0 + \cdots = 0.$$

Beispiel 3: $[\,0,1\,]$ ist die disjunkte Vereinigung von $[\,0,1\,[$ und $\{1\}$, es muss also

$$\lambda([\,0,1\,]) = \lambda([\,0,1\,[) + \lambda(\{1\})$$

gelten. In dieser Gleichung kennen wir $\lambda([\,0,1\,])$ und $\lambda(\{1\})$. Es folgt, dass $\lambda([\,0,1\,[) = 1$ gelten muss.

So kann man sich nach und nach davon überzeugen, dass λ zu einem „vernünftigen" Inhaltsbegriff führt. Es ergeben sich plausible allgemeine Ergebnisse (z.B.: „Aus $A \subset B$ folgt $\lambda(A) \leq \lambda(B)$"), und bei der Berechnung des Maßes konkreter Mengen gibt es keine Überraschungen. So gilt etwa stets $\lambda(\,]\,a,b\,[\,) = b - a$, und es ist $\lambda(\mathbb{R}) = +\infty$.

Das Borel-Lebesgue-Integral

Nun sollen Funktionen $f : \mathbb{R}^n \to \mathbb{R}$ integriert werden. Man geht schrittweise vor, von ganz einfachen f zu immer komplizierteren:

Schritt 1: Sei zunächst f eine *charakteristische Funktion* χ_B, es gebe also eine Borelmenge $B \subset \mathbb{R}^n$, so dass $f(x) = 1$ ist für $x \in B$ und Null sonst.
Für derartige Funktionen ist es plausibel, dass man $\int_{\mathbb{R}^n} f(x)\,dx$ als $\lambda(B)$ definiert.

Schritt 2: Man sagt, dass eine Funktion τ eine *Treppenfunktion* ist, wenn τ als $\sum_{k=1}^m c_k \chi_{B_k}$ mit $c_k \geq 0$ und Borelmengen B_k geschrieben werden kann.

Treppenfunktionen τ kann man sich am besten vorstellen, wenn die B_k paarweise disjunkt sind: Dann ist τ auf B_k gleich c_k, und die x, die in keinem B_k liegen, werden auf Null abgebildet.

Für solche τ definiert man das Integral durch

$$\int_{\mathbb{R}^n} \tau(x)\,dx = \sum_{k=1}^m c_k \lambda(B_k).$$

Dabei ist die Summe in $\hat{\mathbb{R}}$ auszuwerten, Ausdrücke der Form $+\infty + (+\infty)$ und $c \cdot (+\infty)$ mit $c > 0$ sind also als $+\infty$ zu lesen. Hier ist immer $0 \cdot (+\infty) := 0$.

Es ist dann etwas mühsam nachzuweisen, dass das Integral wohldefiniert ist. Einen ähnlichen Beweis mussten wir in Kapitel 6 auch führen (vgl. Lemma 6.1.2).

Schritt 3: Gibt es zu $f : \mathbb{R}^n \to [\,0, +\infty\,]$ eine monoton steigende Folge (τ_m) von Treppenfunktionen, die punktweise gegen f konvergiert, so setzt man

$$\int_{\mathbb{R}^n} f(x)\,dx := \sup_m \int_{\mathbb{R}^n} \tau_m(x)\,dx \in [\,0, +\infty\,].$$

Man muss sich dann schon etwas anstrengen, um zu zeigen, dass diese Definition nicht von der Folge (τ_m) abhängt.

Wenn das aber erst einmal bewiesen ist, kann man leicht einsehen, dass so gut wie allen $f : \mathbb{R}^n \to [\,0, +\infty\,]$ ein Integral $\int_{\mathbb{R}^n} f(x)\,dx \in [\,0, +\infty\,]$ zugeordnet werden kann und dass die üblichen Linearitätseigenschaften gelten. Insbesondere können Zahlen vor das Integral gezogen und das Integral mit der Summe vertauscht werden.

Schritt 4: Das ist der letzte Schritt. Ist $f : \mathbb{R}^n \to \hat{\mathbb{R}}$ eine Funktion, so schreibe man f als $f = f^+ - f^-$, wobei f^+ und f^- ihre Werte in $[\,0, +\infty\,]$ annehmen. Dann definiert man

$$\int_{\mathbb{R}^n} f(x)\,dx := \int_{\mathbb{R}^n} f^+(x)\,dx - \int_{\mathbb{R}^n} f^-(x)\,dx,$$

falls $\int_{\mathbb{R}^n} f^+(x)\,dx$ und $\int_{\mathbb{R}^n} f^-(x)\,dx$ in $\mathbb{R}$ existieren[59]. In diesem Fall heißt die Funktion f *integrabel*, man nennt das eben eingeführte Integral das *Borel-Lebesgue-Integral.*

Vervollständigung: Lebesgue-Maß und Lebesgue-Integral

Unter Verwendung des Borel-Lebesgue-Maßes hat man eine weitere Möglichkeit zur Verfügung, von einer Menge zu sagen, dass sie „klein" ist (vgl. das graue Kästchen auf Seite 46). Eine Teilmenge N von $\mathbb{R}^n$ heißt eine *Nullmenge*, wenn es eine Borelmenge B so gibt, dass $N \subset B$ und $\lambda(B) = 0$ gilt.

Nimmt man die Nullmengen zu den Borel-Lebesgue-Mengen hinzu, entstehen die *Lebesgue-Mengen.* Genauer: Eine Lebesgue-Menge ist eine Menge, die man als Vereinigung einer Nullmenge und einer Borelmenge schreiben kann.

Wenn man dann in den vorstehend beschriebenen Schritten, die zum Borel-Lebesgue-Integral führten, überall „Borelmenge" durch „Lebesguemenge" ersetzt, kommt man zum *Lebesgue-Integral.*

Die Vorteile des Borel-Lebesgue-Integrals bleiben erhalten, man kann nun aber noch mehr Funktionen integrieren. Die unterscheiden sich allerdings nicht wesentlich von denen, für die schon vorher ein Integral definiert war, sie haben höchstens auf einer Nullmenge unterschiedliche Werte, und es ergibt sich der gleiche Integralwert. Es wird aber in diesem allgemeineren Rahmen oft einfacher, für eine Funktion zu garantieren, dass ein sinnvolles Integral definiert werden kann.

---

[59] f^+ und f^- müssen also punktweiser Limes einer aufsteigenden Folge von Treppenfunktionen sein, und die Integrale dieser Treppenfunktionen müssen jeweils ein endliches Supremum haben.

Die wichtigsten Sätze

1. Das Borel-Lebesgue-Integral und das Lebesgue-Integral haben die gleichen Verträglichkeitseigenschaften, die wir vom Riemann-Integral schon kennen. Z.B.: Sind f und g integrabel, so auch $f+g$; in diesem Fall ist das Integral der Summe gleich der Summe der Integrale.

2. Ist $B \subset \mathbb{R}^n$ eine Lebesguemenge, so versteht man für eine auf B definierte Funktion f unter $\int_B f(x)\,dx$ das Integral $\int_{\mathbb{R}^n} f(x)\,dx$, wobei f außerhalb von B als Null definiert ist. Das setzt natürlich voraus, dass für diese auf $\mathbb{R}^n$ definierte Funktion das Integral existiert.

3. Für den wichtigen Spezialfall $n = 1$ und $B = [\,a, b\,]$ ist das Lebesgue-Integral eine Fortsetzung des Riemann-Integrals.

Genauer gilt: Ist $f : [\,a, b\,] \to \mathbb{R}$ beschränkt und Riemann-integrabel, so existiert auch das Lebesgue-Integral, und beide Integrale stimmen überein.

Umgekehrt gilt das nicht: Es gibt Funktionen, die Lebesgue-integrabel, aber nicht Riemann-integrabel sind. Prominentestes Beispiel ist die auf $[\,0, 1\,]$ definierte *Dirichlet-Funktion* (vgl. Seite 92).

Etwas verwickelter ist der Zusammenhang, wenn man das Lebesgue-Integral mit uneigentlichen Riemann-Integralen vergleicht.

Da kann es vorkommen, dass das Riemann-Integral einen sinnvollen Wert liefert, das Lebesgue-Integral aber nicht. Bekanntestes Beispiel ist die auf $[\,1, +\infty\,[$ definierte Funktion $f(x) = (\sin x)/x$. Sie ist nicht Lebesgue-integrierbar, da sowohl f^+ als auch f^- ein unendliches Integral haben. (Die beiden Integrale sind nämlich durch ein positives Vielfaches der harmonischen Reihe nach unten abschätzbar.)

Das uneigentliche Riemann-Integral existiert aber, denn die bei der Berechnung des uneigentlichen Integrals auftretenden Integrale $\int_1^c f(x)\,dx$ verhalten sich für $c \to \infty$ wie die Partialsummen einer alternierende Nullfolge, so dass man sich nur noch an das Leibnizkriterium erinnern muss (vgl. Satz 2.4.3(iii)).

4. Es gibt eine Reihe von Eigenschaften, die nur für den erweiterten Integralbegriff gelten. Zum Beispiel kann man unter einer meist einfach nachprüfbaren Voraussetzung garantieren, dass das Integral mit *punktweisen* Limites vertauscht werden kann:

$$\lim_{m\to\infty} \int_{\mathbb{R}^n} f_m(x)\,dx = \int_{\mathbb{R}^n} \lim_{m\to\infty} f_m(x)\,dx.$$

(Es muss eine Funktion g geben, so dass g integrierbar ist und $|f_1|, |f_2|, \ldots \leq |g|$ gilt. Das ist der *Satz von der majorisierten Konvergenz.*)

5. Ist B eine Borelmenge, so heißt eine Funktion $f : B \to \mathbb{R}$ *zur p-ten Potenz integrabel*, falls $|f|^p$ integrabel ist. Dabei ist $p \in [\,1, +\infty\,[$.

Die Gesamtheit dieser f bildet einen Vektorraum. Wenn man darin noch zwei Funktionen f, g identifiziert, falls $\int_{\mathbb{R}^n} |f(x) - g(x)|^p\,dx = 0$ gilt, erhält man den Raum $L^p(B)$. Auf ihm ist

$$\|f\|_p := \left(\int_{\mathbb{R}^n} |f(x)|^p \, dx \right)^{1/p}$$

eine Norm.

Das sieht auf den ersten Blick nicht wesentlich anders aus als das, was wir in Abschnitt 6.5 auf der Grundlage des Riemann-Integrals eingeführt haben. Der wesentliche Unterschied ist aber der, dass unter Verwendung des Lebesgue-Integrals *ein Banachraum* entsteht. Damit stehen die tief liegenden Existenzaussagen für diese Raumklasse zur Verfügung, einige haben wir in Abschnitt 5.4 kennen gelernt.

JEAN-BAPTISTE FOURIER
1768 - 1830

A.2 Fourierreihen

Fourierreihen[60)]

In diesem Abschnitt soll erklärt werden, warum die trigonometrischen Funktionen Sinus und Cosinus eine so fundamentale Rolle spielen. Es handelt sich sozusagen um die „Atome unter den periodischen Funktionen". Das soll bedeuten, dass man so gut wie alle praktisch wichtigen periodischen Funktionen aus geeignet skalierten Sinus- und Cosinus-Bausteinen zusammensetzen kann. Diese Tatsache spielt eine kaum zu überschätzende Rolle für theoretische und praktische Untersuchungen, und man kann – wie weiter unten gezeigt werden soll – das Ergebnis manchmal sogar *hören*.

Wir behandeln die folgenden Punkte:

- Periodische Funktionen
- Entwicklungen in eine Fourierreihe
- Die komplexe Variante

Periodische Funktionen

Die Welt ist voll mit Vorgängen, die sich nach einer gewissen Zeit wiederholen. Das können lange Zeiträume sein wie bei der Beschreibung der Jahreszeiten oder auch sehr kurze, wenn etwa Tonsignale oder Lichtwellen als kurzwellige Schwingungen modelliert werden sollen.

Die angemessene Definition zur Beschreibung solcher Funktionen lautet wie folgt:

60)Fourier war Mathematiker, Physiker und Teilnehmer am Ägypten-Feldzug Napoleons, später Präfekt und Sekretär der Akademie der Wissenschaften. Fouriers Leben war als Folge der französischen Revolution und der sich daran anschließenden Umwälzungen bemerkenswert abwechslungsreich.
Fourierreihen traten erstmals in seinem Hauptwerk *Théorie de la chaleur* auf, in dem das Phänomen der Wärmeleitung mathematisch modelliert wurde.

Sei $f : \mathbb{R} \to \mathbb{R}$ eine Funktion und $p \in \mathbb{R}$. Man sagt, dass f *die Periode* p hat[61], wenn $f(x+p) = f(x)$ für alle x gilt.

Anschaulich bedeutet das, dass der Graph von f nach einer Translation um p in sich übergeht.

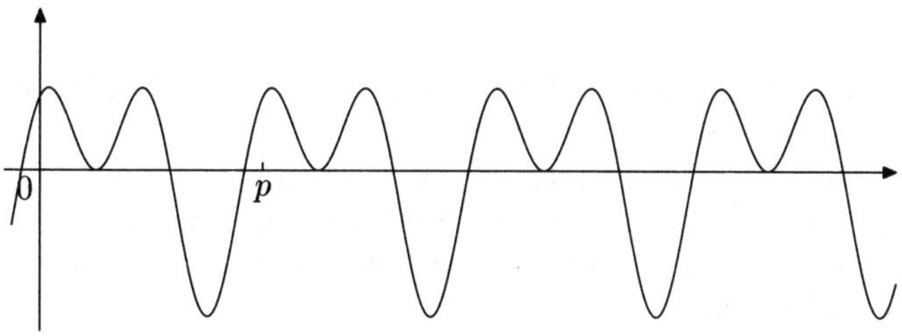

Bild A.3: Eine p-periodische Funktion

Beispiele sind leicht zu finden: Konstante Funktionen sind periodisch mit jeder Periode p, Sinus und Cosinus sind 2π-periodisch, $x \mapsto \sin(2\pi x)$ ist eine 1-periodische Funktion usw. Man kann auch sofort einige einfache Eigenschaften formulieren, etwa:

- Die Gesamtheit der p-periodischen Funktionen bildet einen $\mathbb{R}$-Vektorraum.
- Sei $f : \mathbb{R} \to \mathbb{R}$ eine beliebige Funktion. Dann ist die Menge

  $$\{p \mid p \in \mathbb{R},\ f \text{ hat die Periode } p\}$$

  eine Untergruppe der additiven Gruppe $(\mathbb{R}, +)$.

Entwicklungen in eine Fourierreihe

Hat f die Periode p, so hat $x \mapsto f(\alpha x)$ offensichtlich die Periode p/α, wenn α eine von Null verschiedene Zahl ist. Durch eine einfache Koordinatentransformation kann man also die Periode verändern, und deswegen reicht es, sich um eine feste Periode zu kümmern. Aus Gründen, die gleich klar werden, konzentrieren wir uns auf die Periode 2π.

2π-periodische Funktionen sind durch ihre Werte auf $[0, 2\pi]$ festgelegt. Aus der Gleichung $f(x+2\pi) = f(x)$ ergeben sich daraus die Werte auf $[-2\pi, 0]$ und $[2\pi, 4\pi]$, daraus die Werte auf $[-4\pi, -2\pi]$ und $[4\pi, 6\pi]$ usw.

Diese Beobachtung kann man auch umgekehrt dazu verwenden, eine Funktion $f : [0, 2\pi] \to \mathbb{R}$ mit $f(0) = f(2\pi)$ zu einer 2π-periodischen Funktion auf $\mathbb{R}$ zu erweitern. Kurz: Es gibt genauso viele 2π-periodische Funktionen auf $\mathbb{R}$, wie es Funktionen $f : [0, 2\pi] \to \mathbb{R}$ mit $f(0) = f(2\pi)$ gibt.

[61] Oder auch, dass f *p-periodisch* ist.

Beispiele für 2π-periodische Funktionen sind alle Konstanten und alle Funktionen der Form $\cos(nx)$ und $\sin(nx)$ mit $n \in \mathbb{N}$. Damit sind auch alle Funktionen 2π-periodisch, die sich als

$$f(x) = a_0 + \sum_{n=1}^{\infty} \big(a_n \cos(nx) + b_n \sin(nx)\big) \tag{A.1}$$

schreiben lassen. Man muss nur dafür sorgen, dass die vorstehende Reihe punktweise konvergiert.

Welche 2π-periodischen Funktionen haben eine Darstellung gemäß (A.1), und wie kann man, falls das geht, die Zahlen a_n, b_n ausrechnen? Die überraschende Antwort lautet: *Es geht praktisch immer*, und die Koeffizienten sind auch leicht zu berechnen.

Um zu diesem Ergebnis zu kommen, kann man so vorgehen:

1. Schritt: Man gibt eine 2π-periodische Funktion f vor und nimmt einmal an, es gäbe eine Darstellung wie in (A.1). Das heißt noch nicht, *dass* es geht, trotzdem kann man versuchen, etwas über die a_n, b_n zu erfahren, *wenn* es geht.

Es beginnt mit den folgenden wichtigen (und elementaren) Beobachtungen. Wer die Rechnungen nachvollziehen möchte, muss sich nur an die Technik der partiellen Integration erinnern[62].

- Sind $n, m \in \mathbb{N}$ mit $n \neq m$, so ist
$$\int_0^{2\pi} \cos(nx)\cos(mx)\,dx = \int_0^{2\pi} \sin(nx)\sin(mx)\,dx = 0.$$
- Für beliebige n, m ist $\int_0^{2\pi} \cos(nx)\sin(mx)\,dx = 0$.
- Für jedes n ist $\int_0^{2\pi} \cos^2(nx)\,dx = \int_0^{2\pi} \sin^2(nx)\,dx = \pi$.
- Für jedes n ist $\int_0^{2\pi} \cos(nx)\,dx = \int_0^{2\pi} \sin(nx)\,dx = 0$.
- Es ist $\int_0^{2\pi} \mathbf{1}\,dx = 2\pi$.

Als Folgerung ergibt sich die Möglichkeit, die Koeffizienten a_n, b_n aus (A.1) durch Integration quasi „herauszuschneiden". Genauer: Wenn man Gleichung (A.1) mit $\cos(mx)$ multipliziert und über $[0, 2\pi]$ integriert, ergibt sich auf der linken Seite das Integral

$$\int_0^{2\pi} f(x)\cos(mx)\,dx,$$

und auf der rechten Seite entsteht die Summe

$$a_0 \int_0^{2\pi} \cos(mx)\,dx + \sum_{n=1}^{\infty} \left(a_n \int_0^{2\pi} \cos(nx)\cos(mx)\,dx + b_n \int_0^{2\pi} \sin(nx)\cos(mx)\,dx\right).$$

[62] Und evtl. den Trick aus dem grauen Kästchen auf Seite 105 verwenden.

(Jedenfalls dann, wenn wirklich Summation und Integration vertauschbar sind. Diese und andere technische Feinheiten sollen hier ausgeklammert werden.)

Aufgrund der vorstehenden Beobachtungen sind aber alle Integrale gleich Null mit der einzigen Ausnahme des Integrals, das zu a_m gehört: Es hat den Wert π. So folgt

$$a_m = \frac{1}{\pi} \int_0^{2\pi} f(x) \cos(mx)\, dx. \tag{A.2}$$

Ganz analog ergeben sich die Gleichungen

$$a_0 = \frac{1}{2\pi} \int_0^{2\pi} f(x)\, dx, \quad b_m = \frac{1}{\pi} \int_0^{2\pi} f(x) \sin(mx)\, dx. \tag{A.3}$$

2. Schritt: Die vorstehenden Rechnungen geben Anlass zu einer Hoffnung: Wenn man für eine vorgegebene 2π-periodische Funktion f Zahlen $a_0, a_1, \ldots$ und $b_1, b_2, \ldots$ durch (A.2) und (A.3) definiert, so könnte es doch sein, dass mit *diesen* a_n, b_n die Gleichung (A.1) erfüllt ist.

Formal ganz genauso war es übrigens bei der Herleitung der Taylorapproximationen in Abschnitt 4.3. Auch da war ja zunächst nicht klar, welche Polynome man wählen sollte, die Koeffizienten ergaben sich erst durch Differenzieren.

Die Hoffnung ist in allen praktisch wichtigen Fällen berechtigt. Folgende Begriffe und Sachverhalte sollte man kennen:

- Die Zahlen a_n, b_n heißen die *Fourierkoeffizienten* von f. Sie können immer dann definiert werden, wenn die auftretenden Integrale existieren. Wenn man sich nur auf stückweise stetige Funktionen beschränkt, kann es also hier keine Probleme geben.

- Die mit *diesen* a_n, b_n definierte Reihe auf der rechte Seite von (A.1) heißt die zu f gehörige *Fourierreihe*. Sie ist im Allgemeinen nicht konvergent, und selbst wenn sie konvergiert, muss die Reihensumme nicht gleich $f(x)$ sein.

- Das Positive (1): Die Funktion $f : [0, 2\pi] \to \mathbb{R}$ sei vorgegeben, es gelte $f(0) = f(2\pi)$. Wir nehmen an, dass es eine Unterteilung

  $$0 = x_0 < x_1 < \cdots < x_k = 2\pi$$

  gibt, so dass die Einschränkung von f auf $]\, x_i, x_{i+1} \,[$ zu einer stetig differenzierbaren Funktion auf $[\, x_i, x_{i+1} \,]$ wird, wenn man f an den Rändern durch $\lim_{x \to x_i^+} f(x)$ bzw. durch $\lim_{x \to x_{i+1}^-} f(x)$ definiert. Funktionen mit dieser Eigenschaft heißen ***stückweise stetig differenzierbar***. Außerdem soll, wenn f Sprungstellen hat, der Wert von f dort der Mittelwert aus links- und rechtsseitigem Limes sein[63]:

[63] Das sieht auf den ersten Blick willkürlich aus, aber nur unter dieser Bedingung kann die punktweise Konvergenz der Fourierreihe nachgewiesen werden.

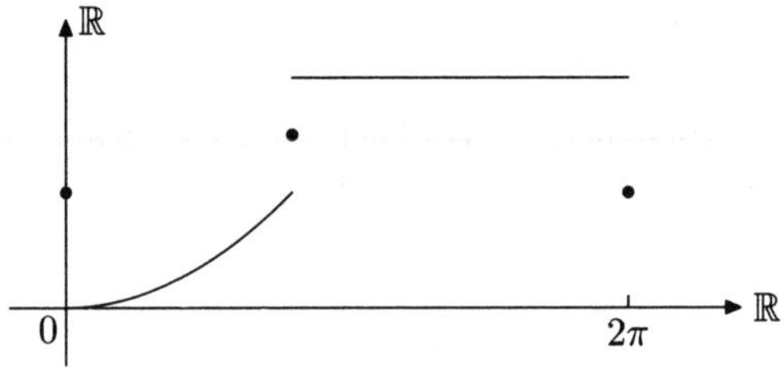

Bild A.4: f mit dem „richtigen" Sprungverhalten

Dann ist die Fourierreihe von f bei jedem x gegen $f(x)$ konvergent.

- Das Positive (2): Ist $f : \mathbb{R} \to \mathbb{R}$ 2π-periodisch und stetig differenzierbar, so ist die Fourierreihe sogar gleichmäßig gegen f konvergent.
- Das Negative (1): Es gibt stetige Funktionen, für die die Fourierreihe bei gewissen x nicht gegen $f(x)$ konvergent ist.
- Das Negative (2): Man kann Funktionen f angeben, für die die Fourierkoeffizienten definiert werden können, für die die Fourierreihe aber für kein x konvergiert.

Hier ein *Beispiel* für eine Entwicklung in eine Fourierreihe, wir betrachten die folgende 2π-periodische *Rechteckfunktion*:

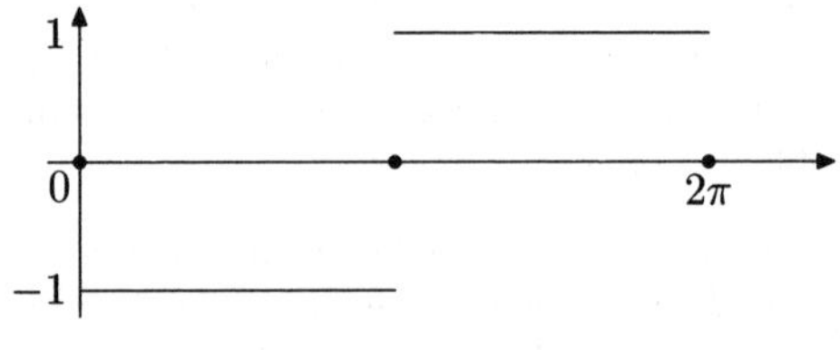

Bild A.5: Die „Rechteck"-Funktion

f ist -1 auf $]\,0,\pi\,[$ und 1 auf $]\,\pi,2\pi\,[$; bei 0, π und 2π hat f den Wert Null. Dann ist f stückweise stetig differenzierbar, und die Werte an den Sprungstellen sind wirklich die Mittelwerte der links- und rechtsseitigen Limites[64]. Folglich ist f in eine punktweise konvergente Fourierreihe entwickelbar. Die Fourierkoeffizienten sind mit einer elementaren Rechnung zu ermitteln, es ergibt sich:

$$f(x) = \frac{4}{\pi}\left(\sin x + \frac{1}{3}\sin(3x) + \frac{1}{5}\sin(5x) + \cdots\right).$$

Um die Güte der Approximation abschätzen zu können, sind in den folgenden Bildern einige Partialsummen skizziert:

[64] Um diese Bedingung bei 0 und 2π nachzuprüfen, muss man sich f zu einer periodischen Funktion auf $\mathbb{R}$ fortgesetzt denken.

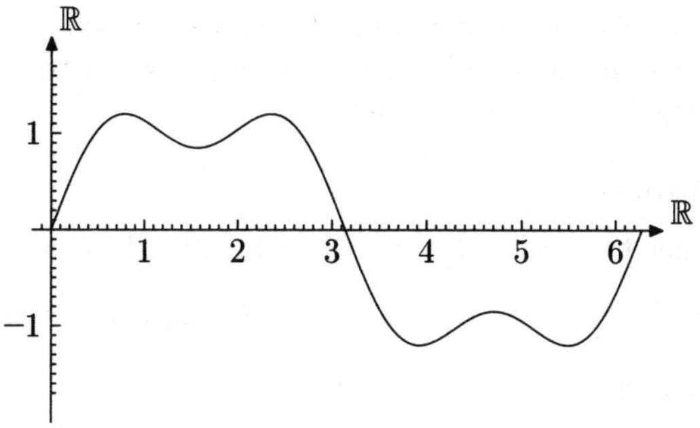

Bild A.6: Die ersten zwei Summanden der Fourierreihe von f

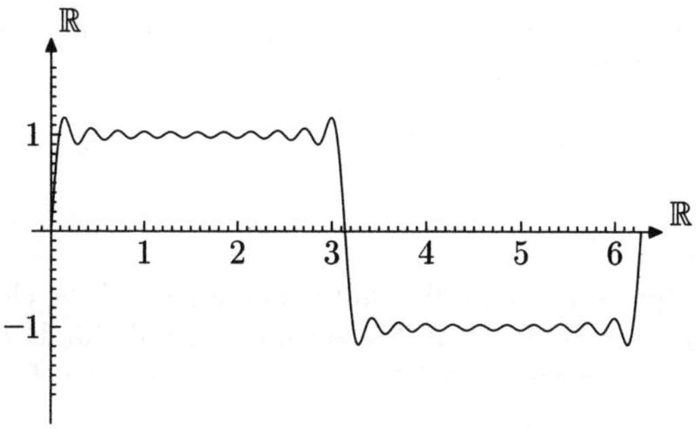

Bild A.7: Die ersten 10 Summanden der Fourierreihe von f

Nun ändern wir noch den Zeitmaßstab, von $x \mapsto f(x)$ gehen wir zur Funktion $x \mapsto f(\omega x)$ über, wobei ω eine positive Zahl sein soll. Falls ω zwischen 50 und 15.000 ist, kann man f auch *hören*. Für $\omega = 440$ etwa hören wir den Kammerton A. (Mit einer Stimmgabel hört man allerdings nur $\sin(440x)$. Um „unser" f zu hören, braucht man einen Frequenzgenerator oder einen Synthesizer; dort ist die Einstellung „Rechteckschwingung" zu wählen.)
Die oben durchgeführte Rechnung besagt, dass $x \mapsto f(\omega x)$ als

$$f(\omega x) = \frac{4}{\pi}\left(\sin(\omega x) + \frac{1}{3}\sin(3\omega x) + \frac{1}{5}\sin(5\omega x) + \cdots\right)$$

geschrieben werden kann, die Rechteckschwingung der Frequenz ω ist also aus $\sin(\omega x)$, $\sin(3\omega x)$,... zusammengesetzt. Aufgrund dieser Analyse sollten Sie *die folgende Frage beantworten* können: ?

> *Bis zu welcher Frequenz kann ein durchschnittlicher Erwachsener eine reine Sinusschwingung von einer Rechteckschwingung unterscheiden?*
>
> (Dabei soll vorausgesetzt werden, dass die Hörgrenze für Erwachsene bei etwa 15.000 Hertz liegt.)

Die Antwort finden Sie weiter hinten bei den anderen Lösungen zu den „?“, Sie können sich vom Ergebnis auch selber überzeugen, wenn Sie irgendwo an die entsprechende Ausrüstung herankommen.

Die komplexe Variante

Sei $n \in \mathbb{N}$. Aus der Eulerschen Formel (Satz 4.5.20) folgt, dass

$$(a + bi)\cos(nx) + (c + di)\sin(nx)$$

für $x \in \mathbb{R}$ in der Form

$$\frac{1}{2}\Big((a + bi)\mathrm{e}^{inx} + (a + bi)\mathrm{e}^{-inx}\Big) + \frac{1}{2i}\Big((c + di)\mathrm{e}^{inx} - (c + di)\mathrm{e}^{-inx}\Big)$$

geschrieben werden kann. Auf diese Weise kann man Fourierreihen mit komplexen Koeffizienten als Reihen der Form

$$\sum_{n \in \mathbb{Z}} \gamma_n \mathrm{e}^{inx}$$

auffassen, wobei $\gamma_n \in \mathbb{C}$.

In dieser Interpretation sind die Funktionen $x \mapsto \mathrm{e}^{inx}$ die elementaren Bausteine 2π-periodischer Funktionen. Sie zeichnen sich dadurch aus, dass sie die einzigen stetigen 2π-periodischen Funktionen f von $\mathbb{R}$ nach $\Gamma := \{z \mid |z| = 1\}$ sind, für die $f(x + y) = f(x)f(y)$ gilt.

Zu Beginn des vorigen Jahrhunderts wurde herausgearbeitet, dass *diese* gruppentheoretische Eigenschaft der Schlüssel zum Verständnis der Fourieranalysis ist.

Um das etwas genauer zu erläutern, betrachte man irgendeine additiv geschriebene kommutative Gruppe $(G, +)$. Wir wollen annehmen, dass es auf G eine Metrik gibt, in der die Gruppenoperationen stetig sind. Eine fundamentale Rolle spielen dann die *Charaktere*, das sind stetige Abbildungen $\chi : G \to \Gamma$, für die stets $\chi(g + h) = \chi(g)\chi(h)$ gilt.

Man kann zeigen, dass Charaktere die „Bausteine“ sind, aus denen stetige $f : G \to \mathbb{C}$ zusammengesetzt werden können. (In unserem Beispiel der Fourierreihen ging es um die Gruppe $[\,0, 2\pi\,]$, bei der die gewöhnliche Addition modulo 2π auszuführen ist[65]). In diesem Sinn gibt es für jede abelsche Gruppe eine eigene Fourieranalysis, für die meisten Analytiker sind aber nur die oben diskutierten Fourierreihen und die Theorie der Gruppe $(\mathbb{R}, +)$ von Interesse. Da sind die Charaktere übrigens die Abbildungen $x \mapsto \mathrm{e}^{i\lambda x}$ mit $\lambda \in \mathbb{R}$, aus ihnen werden „genügend gutartige“ Funktionen $f : \mathbb{R} \to \mathbb{C}$ bei der *Fouriertransformation* zusammengesetzt.

Wer sich für mehr Einzelheiten interessiert, sollte in späteren Semestern einmal eine Vorlesung über Fourieranalysis, topologische Gruppen oder harmonische Analysis hören.

---

[65]Man kann sie sich – etwas eleganter – auch als Quotient von $(\mathbb{R}, +)$ nach der Untergruppe $\{2\pi n \mid n \in \mathbb{Z}\}$ vorstellen.

A.3 Mehrfachintegrale

Berechnung von Mehrfachintegralen

In Kapitel 6 traten an verschiedenen Stellen *Mehrfachintegrale* auf:

- Es wurde gesagt, was unter einem Doppelintegral $\int_a^b \int_c^d f(x,y)\,dy\,dx$ (oder einem Dreifachintegral, einem Vierfachintegral, ...) zu verstehen ist (vgl. Seite 80).

- Mehrfachintegrale können auf gewöhnliche Integrale zurückgeführt und folglich ausgerechnet werden, wenn die zu integrierenden Funktionen nicht zu kompliziert sind (vgl. Seite 102).

- Wir haben in Korollar 6.4.2 bewiesen, dass es bei Doppelintegralen auf die Reihenfolge der Integration nicht ankommt, wenn wir nur stetige Funktionen betrachten:

$$\int_c^d \int_a^b f(x,y)\,dx\,dy = \int_a^b \int_c^d f(x,y)\,dy\,dx.$$

Das Thema wird hier noch einmal aufgegriffen: Es soll eine Technik zur Berechnung von Mehrfachintegralen vorgestellt werden, die so etwas wie eine *Integration durch Substitution in mehreren Veränderlichen* ist. Viele Integrale kann man nur unter Verwendung dieser Methode wirklich ausrechnen.

Als Erstes werden wir das Konzept der Mehrfachintegrale leicht *verallgemeinern*. Wer den bisherigen Ansatz verstanden hat, sollte damit keine Schwierigkeiten haben. Dann wird das *Hauptergebnis*, der *Transformationssatz für Mehrfachintegrale* (ohne Beweis) vorgestellt. Und abschließend werden dann noch einige typische *Beispiele* besprochen.

Mehrfachintegrale: Integration über kompliziertere Bereiche

Wir beginnen mit *Doppelintegralen*. Bisher sollte der Definitionsbereich der zu integrierenden Funktion f ein Rechteck der Form $[a,b] \times [c,d]$ sein. Jetzt gehen wir von einem Intervall $[a,b]$ und stetigen Funktionen $\varphi, \psi : [a,b] \to \mathbb{R}$ mit $\varphi \leq \psi$ aus. Der Definitionsbereich der Funktion f, die integriert werden wird, soll die Menge

$$G_{\varphi,\psi} = \{(x,y) \mid x \in [a,b],\ \varphi(x) \leq y \leq \psi(x)\} \tag{A.4}$$

sein. (Vgl. Bild A.8; die Situation ist also genau so wie im zweiten Teil von Abschnitt 6.4.)

Ist dann $f : G_{\varphi,\psi} \to \mathbb{R}$ stetig, so wird das Doppelintegral von f über $G_{\varphi,\psi}$ durch

$$\iint_{G_{\varphi,\psi}} f := \int_a^b \int_{\varphi(x)}^{\psi(x)} f(x,y)\,dy\,dx.$$

erklärt[66]. Mit der gleichen Überlegung wie auf Seite 80 kann man sich klarmachen, dass diese Zahl im Fall $f \geq 0$ das Volumen ist, das von $G_{\varphi,\psi}$ und dem Graphen von f eingeschlossen wird.

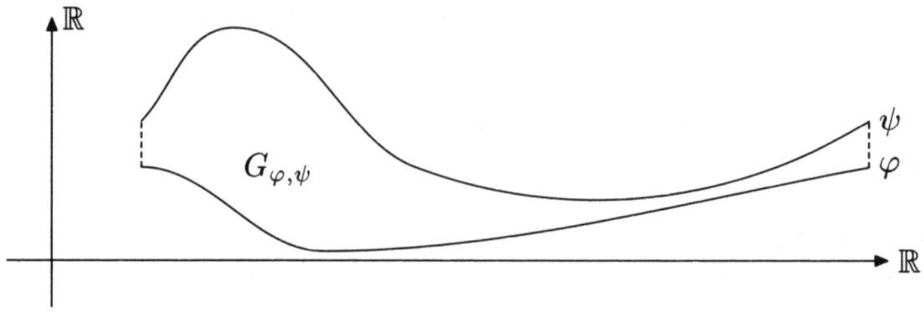

Bild A.8: Der „typische" Definitionsbereich

Hier ein *Beispiel*: Ist $[a,b] = [0,1]$ und sind φ, ψ durch $\varphi(x) = 0$ und $\psi(x) = x^2$ definiert, so ist $G_{\varphi,\psi}$ die Fläche zwischen der x-Achse und dem Parabelbogen $\{(x,x^2) \mid 0 \leq x \leq 1\}$. Ist dann $f(x,y) = x + y$, so ist wie folgt zu rechnen:

$$\begin{aligned}
\iint_{G_{\varphi,\psi}} f &= \int_0^1 \int_0^{x^2} (x+y)\,dy\,dx \\
&= \int_0^1 \left(\left(xy + \frac{y^2}{2}\right)\Big|_{y=0}^{x^2} \right) dx \\
&= \int_0^1 \left(x^3 + \frac{x^4}{2} \right) dx \\
&= \frac{1}{4} + \frac{1}{10} \\
&= \frac{7}{20}.
\end{aligned}$$

Wer möchte, kann die Definition des Integrals auf Definitionsbereiche G erweitern, die sich durch Einfügen endlich vieler Hilfslinien als Vereinigung von Mengen $G_1, \ldots, G_k$ schreiben lassen, so dass jedes G_κ die Form $G_{\varphi_\kappa,\psi_\kappa}$ hat:

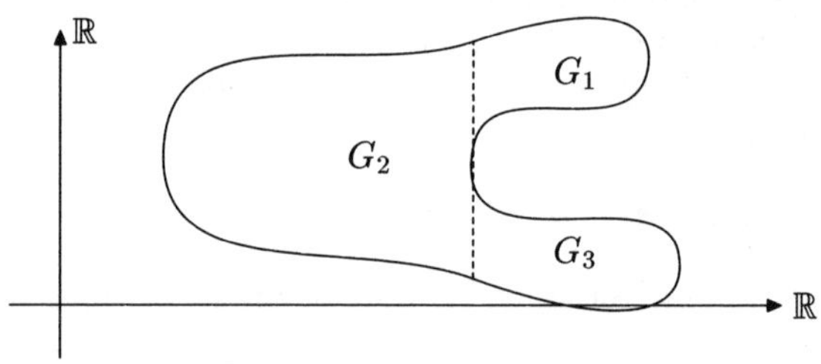

Bild A.9: Ein (fast) beliebiges G lässt sich in $G_1, \ldots, G_k$ zerlegen

[66]Man beachte: Bisher hatten wir nur den Spezialfall betrachtet, dass die Funktionen φ bzw. ψ konstant gleich c bzw. d sind.

Für $f : G \to \mathbb{R}$ wird $\iint_G f$ dann (natürlich) als

$$\iint_G f := \iint_{G_{\varphi_1,\psi_1}} f + \cdots + \iint_{G_{\varphi_k,\psi_k}} f \tag{A.5}$$

erklärt.

Zur Definition von *Dreifachintegralen* geht man ganz ähnlich vor. Man beginnt mit $G_{\varphi,\psi}$ wie oben, betrachtet aber nun zwei weitere „Gebietsdefinitions-Funktionen" $\Phi, \Psi : G_{\varphi,\psi} \to \mathbb{R}$. Wir verlangen, dass $\Phi \leq \Psi$ gilt, der Integrationsbereich wird durch

$$G_{\varphi,\psi,\Phi,\Psi} := \{(x,y,z) \mid (x,y) \in G_{\varphi,\psi},\ \Phi(x,y) \leq z \leq \Psi(x,y)\}$$

erklärt. Man sollte sich an einfachen Beispielen klarmachen, was das bedeutet: Sind die Funktionen $\varphi, \psi, \Phi, \Psi$ konstant, so entsteht ein Quader, und im Fall $[a,b] = [-1,1]$, $\varphi(x) = -\sqrt{1-x^2}$, $\psi(x) = \sqrt{1-x^2}$, $\Phi(x,y) = -\sqrt{1-x^2-y^2}$, $\Psi(x) = \sqrt{1-x^2-y^2}$ entsteht eine Vollkugel mit Radius 1.

Das *Dreifachintegral* über $G_{\varphi,\psi,\Phi,\Psi}$ wird für ein stetiges $f : G_{\varphi,\psi,\Phi,\Psi} \to \mathbb{R}$ durch

$$\iiint_{G_{\varphi,\psi,\Phi,\Psi}} := \int_a^b \int_{\varphi(x)}^{\psi(x)} \int_{\Phi(x,y)}^{\Psi(x,y)} f(x,y,z)\,dz\,dy\,dx$$

definiert. Zum Integral über Bereiche $G \subset \mathbb{R}^3$, die sich in Mengen des Typs $G_{\varphi,\psi,\Phi,\Psi}$ zerlegen lassen, kommt man wie im zweidimensionalen Fall (A.5).

Es sollte klar sein, wie es für höhere Dimensionen weitergeht, wir schreiben für $G \subset \mathbb{R}^n$ das Integral als

$$\int \cdots \int_G f.$$

Auf diese Weise kann man für alle praktisch wichtigen Definitionsbereiche ein Integral erklären, in vielen Fällen wird jedoch der konkrete Wert nicht zu ermitteln sein, da es für die zwischendurch auftretenden Integrale keine geschlossene Form gibt.

Der Transformationssatz für Mehrfachintegrale

Durch den nun zu besprechenden wichtigen Satz können Mehrfachintegrale oft konkret ausgerechnet werden, auch wenn eine Rechnung entsprechend der Definition aussichtslos ist. Wir geben eine Teilmenge G des $\mathbb{R}^n$ und ein stetiges $f : G \to \mathbb{R}$ vor, für die das Integral $\int \cdots \int_G f$ definiert werden kann. Es kann wie folgt berechnet werden:

- Wähle „geschickt" eine Menge $G_0 \subset \mathbb{R}^n$ und eine bijektive Abbildung $\Lambda : G_0 \to G$. Es wird vorausgesetzt, das Λ stetig differenzierbar ist und dass die Jacobideterminate $\det J_\Lambda$ von Λ bei keinem $x \in G_0$ verschwindet.

- Auch G_0 soll so sein, dass das Mehrfachintegral über G_0 erklärt ist.

- Dann gilt die Formel $\int \cdots \int_G f = \int \cdots \int_{G_0} (f \circ \Lambda) |\det J_\Lambda|$.

  In Worten: Statt f über G zu integrieren, kann man auch das Produkt der Funktion $f \circ \Lambda$ mit dem Betrag der Jacobideterminante von Λ über G_0 integrieren.

- Wenn man sich wirklich „geschickt“ bei der Wahl von G_0 und Λ angestellt hat, ist das so entstehende Integral konkret auswertbar. Wie damals bei der eindimensionalen Integration durch Substitution gibt es allerdings keine festen Regeln, um herauszubekommen, was „geschickt“ bedeutet. Ohne das Rechnen vieler Beispiele und einige Frustrationen kann es leider niemand lernen.

Bemerkungen und Beispiele

1. Der Beweis des Transformationssatzes ist ziemlich schwierig, die *Idee* ist die folgende. Man kümmert sich zunächst um den Fall, dass G_0 ein „winziger“ Hyperquader ist: $G_0 = \{(x_1, \ldots, x_n) \mid a_i \leq x_i \leq a_i + h_i\}$, mit „sehr kleinen“ $h_1, \ldots, h_n$.

Nun soll $G = \Lambda(G_0)$ sein. Da G_0 „sehr klein“ und Λ differenzierbar ist, wird G folglich in guter Näherung der von den (vorher mit h_1 bzw. $h_2 \ldots$ bzw. h_n zu multiplizierenden) Spalten der Jacobimatrix J_Λ aufgespannte Schiefquader sein[67]. Das Volumen von G ist damit das Produkt des Betrages der Jacobideterminante von Λ bei $(x_1, \ldots, x_n)$ mit $h_1 \cdots h_n$.

Da G und G_0 „sehr klein“ sind, darf man die als stetig vorausgesetzten Funktionen als konstant annehmen. So folgt, dass die Integrale auf beiden Seiten der Formel des Transformationssatzes (näherungsweise) gleich „Wert von f mal Betrag der Jacobideterminante von Λ mal $h_1, \ldots, h_n$“ sind.

Für beliebige G_0 muss man ein „sehr feines“ Raster anbringen, G_0 wird dabei in winzige Quader unterteilt. Auf die Unterteilungsquader wird die vorstehende Überlegung angewandt, und dann wird alles wieder zusammengesetzt. Die Schwierigkeit besteht darin, den Überblick über die verschiedenen Approximationen nicht zu verlieren. Letztlich ist es aber wirklich nur ein Zusammenspiel aus der Definition der Differenzierbarkeit und der Formel für das Volumen von Schiefquadern.

2. Als sehr einfaches Beispiel betrachten wir das Problem, das Doppelintegral $\int_0^5 \int_0^7 f(x,y)\, dy\, dx$ auszurechnen. Hier ist also $G = [0,5] \times [0,7]$.

Wir wollen $G_0 = [0,1] \times [0,1]$ und $\Lambda(x,y) := (5x, 7y)$ definieren. Λ ist dann wirklich eine stetig differenzierbare Bijektion von G_0 nach G, und die

[67]Ein *Schiefquader* ist eine Menge der Form $\{\sum_{i=1}^n \lambda_i x^{(i)} \mid 0 \leq \lambda_i \leq 1 \text{ für } i = 1, \ldots, n\}$. Dabei sind $x^{(1)}, \ldots, x^{(n)}$ linear unabhängige Vektoren des $\mathbb{R}^n$. Das Volumen eines Schiefquaders ist gleich dem Betrag der Determinante derjenigen Matrix, die als Spalten die $x_1, \ldots, x_n$ hat.

Jacobideterminante (sie ist gleich 35) ist nirgendwo gleich Null. Es folgt, dass man $\int_0^5 \int_0^7 f(x,y)\,dy\,dx$ auch als

$$35 \int_0^1 \int_0^1 f(5x, 7y)\,dy\,dx$$

berechnen kann.

3. Nun wollen wir die Fläche eines halben Kreisrings K zwischen den Radien r_1 und r_2 ausrechnen, es ist

$$K = \{(x,y) \mid y \geq 0,\ r_1 \leq x^2 + y^2 \leq r_2\}.$$

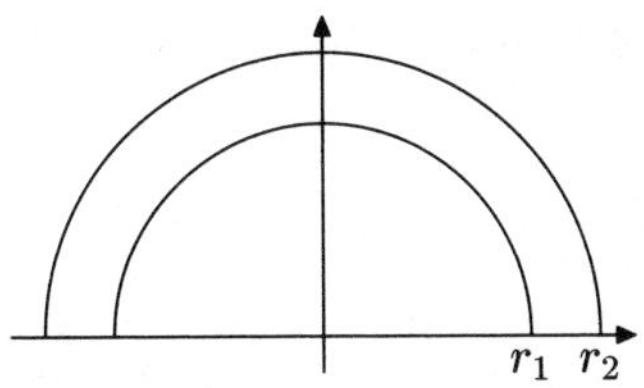

Bild A.10: Ein halber Kreisring

Dazu werten wir das Integral der konstanten Einsfunktion **1** über K aus. Direkt ist das schwierig, wir wollen in Polarkoordinaten rechnen und den Transformationssatz anwenden.

Wir brauchen, um K zu beschreiben, Radien zwischen r_1 und r_2, und der Winkel muss zwischen 0 und π variieren. Wenn wir also G_0 als das Rechteck $[\,r_1, r_2\,] \times [\,0, \pi\,]$ und Λ durch $(r, \varphi) \mapsto (r\cos\varphi, r\sin\varphi)$ definieren, ist Λ eine bijektive differenzierbare Abbildung mit Jacobideterminante r.

Aufgrund des Transformationssatzes führt unser Integrationsproblem auf die Frage, wie groß das Integral über G_0 für die Funktion $\tilde{f} : (r, \varphi) \mapsto r$ ist. Das ist leicht:

$$\begin{aligned}\iint_{G_0} \tilde{f} &= \int_{r_1}^{r_2} \int_0^{\pi} r\,d\varphi\,dr \\ &= \pi \int_{r_1}^{r_2} r\,dr \\ &= \frac{1}{2}\pi\big(r_2^2 - r_1^2\big).\end{aligned}$$

(Das Ergebnis ist nicht gerade überraschend, man hätte die Fläche ja auch als Differenz der Flächen zweier Halbkreise ausrechnen können.)

4. Hätte man die Fläche des *ganzen* Kreisrings ausrechnen wollen, gäbe es ein kleines Problem. Der Übergang zu Polarkoordinaten hätte doch zum Rechteck $G_0 = [\,r_1, r_2\,] \times [\,0, 2\pi\,]$ und dem gleichen Λ geführt. Dieses Λ ist nun allerdings nicht mehr bijektiv, denn bei $\varphi = 0$ und bei $\varphi = 2\pi$ ergeben sich die gleichen Werte.

Damit sind die Voraussetzungen des Transformationssatzes nicht erfüllt. Er darf aber trotzdem angewandt werden, weil durch Herausnahme einer Menge vom Maß Null (z.B. von $\{(r,0) \mid r_1 \leq r \leq r_2\}$) Bijektivität gesichert werden kann.

Diese kleine Modifikation wird häufig wichtig. Bei Zylinderkoordinaten etwa sind die Punkte auf der z-Achse nicht eindeutig dargestellt, bei Kugelkoordinaten gibt es ähnliche Probleme. Trotzdem hilft der Transformationssatz, da die „Versager"-Mengen Nullmengen sind.

5. Als letztes Beispiel betrachten wir eine Kreisscheibe in der Ebene mit dem Radius r_0 und darauf die Funktion $f(x,y) = \mathrm{e}^{-x^2-y^2}$. Das Integral ist direkt nicht auszurechnen, nach Übergang zu Polarkoordinaten wird es aber in das Integral $\int_0^{r_0} \int_0^{2\pi} r\mathrm{e}^{-r}\, d\varphi\, dr$ transformiert. Der Wert dieses Doppelintegrals kann leicht bestimmt werden:

$$\begin{aligned}\int_0^{r_0} \int_0^{2\pi} r\mathrm{e}^{-r}\, d\varphi\, dr &= 2\pi \int_0^{r_0} r\mathrm{e}^{-r}\, dr \\ &= 2\pi\Big(-\frac{\mathrm{e}^{-r^2}}{2}\Big)\Big|_0^{r_0} \\ &= \pi\big(1 - \mathrm{e}^{-r_0}\big).\end{aligned}$$

Das ist noch nicht besonders interessant, durch Grenzübergang r_0 gegen Unendlich erhält man aber die Formel

$$\iint_{\mathbb{R}^2} f = \pi.$$

Dabei kann das Integral von f über den $\mathbb{R}^2$ auch als Doppelintegral bestimmt werden[68]:

$$\begin{aligned}\iint_{\mathbb{R}^2} f &= \int_{-\infty}^{+\infty} \int_{-\infty}^{+\infty} \mathrm{e}^{-x^2-y^2}\, dy\, dx \\ &= \int_{-\infty}^{+\infty} \int_{-\infty}^{+\infty} \mathrm{e}^{-x^2}\mathrm{e}^{-y^2}\, dy\, dx \\ &= \Big(\int_{-\infty}^{+\infty} \mathrm{e}^{-x^2}\, dx\Big)\Big(\int_{-\infty}^{+\infty} \mathrm{e}^{-y^2}\, dy\Big).\end{aligned}$$

Die rechte Seite ist also das Quadrat der (nichtnegativen) Zahl $\int_{-\infty}^{+\infty} \mathrm{e}^{-x^2}\, dx$, und so sind wir schließlich bei der sehr bemerkenswerten Formel

$$\int_{-\infty}^{+\infty} \mathrm{e}^{-x^2}\, dx = \sqrt{\pi}$$

[68] Dazu müsste man sich vorher natürlich klar machen, was Mehrfachintegrale im Fall unbeschränkter Definitionsbereiche bedeuten sollen und dass sich an den Ergebnissen nichts Wesentliches ändert, wenn man nur Funktionen betrachtet, die genügend schnell gegen Null gehen.

angelangt. Diese Identität spielt in der Wahrscheinlichkeitstheorie eine wichtige Rolle. Durch die Substitution $u := x/\sqrt{2}$ folgt nämlich sofort, dass die Formel $\int_{-\infty}^{+\infty} \mathrm{e}^{-x^2/2}\, dx = \sqrt{2\pi}$ gilt, und das erklärt, warum der Faktor $1/\sqrt{2\pi}$ in der Dichtefunktion der Standard-Normalverteilung auftritt. (Bis zum Jahr 2001 konnte man diese Funktion noch auf jedem 10-Mark-Schein finden.)

Anhänge

Englisch für Mathematiker

Sie, liebe Leserin und lieber Leser, leben im 21. Jahrhundert. Was zu den Zeiten von Gauß die lateinische Sprache war, ist heute das Englische. So gut wie die gesamte international verfügbare mathematische Literatur ist auf Englisch geschrieben, und auch an Universitäten in den entlegensten Winkeln der Welt haben Sie die Chance, sich in dieser Sprache verständigen zu können.

Im Prinzip können Sie sicher alles, was Sie in der Mathematik brauchen, mit Schulenglisch übersetzen. Manche Formulierungen werden aber missverständlich sein oder für geschulte Ohren merkwürdig klingen. Um dem abzuhelfen, gibt es diesen Anhang. Er ist Ihnen dringend ans Herz gelegt, wenn Sie irgendwann einmal zum Studieren ins Ausland gehen wollen oder bevor Sie irgendwann in späteren Semestern einmal an einer wissenschaftlichen Konferenz teilnehmen.

Zunächst geht es um das *Lesen und Verstehen* englischer Texte. Das ist ziemlich unproblematisch, denn die meisten mathematischen Begriffe heißen im Englischen fast genau so wie im Deutschen: „function" steht für „Funktion", „integral" für „Integral" usw.

Wenn Sie *weitergehende Ambitionen* haben, so ist das im Prinzip nicht viel schwieriger, als über Fahrpläne oder Museums-Öffnungszeiten zu sprechen, es setzt aber natürlich voraus, dass Sie die mathematischen Begriffe schon kennen. Das kann Ihnen nicht abgenommen werden, Sie müssen einfach fleißig lesen, bis Ihnen neben „function" und „integral" auch „fraction" (Bruch), „square root" (Quadratwurzel) und andere ähnlich fundamentale Dinge vertraut sind.

Trotzdem gibt es eine Reihe von *Tipps*, die für Sie interessant sein könnten. Im Folgenden finden Sie *Erläuterungen zu den häufigsten Anfänger-Fallen.*

Lesen und verstehen

Das ist, wie schon gesagt, einfach. Insbesondere dann, wenn es auf die Aussprache nicht so genau ankommt. Hier sind noch in alphabetischer Reihenfolge einige Vokabeln zusammengestellt, die anders als etwa „function" und „integral" vielleicht doch nicht von allein klar sind. Die Auswahl betrifft nicht nur Begriffe aus der Analysis:

absolute value: Betrag
antiderivative: Stammfunktion
arcwise connected: wegzusammenhängend
area: Flächeninhalt (vgl. auch surface)
ball: Kugel
body: Körper (in der Geometrie)
boundary: Rand
calculus: Differential- und Integralrechnung
circumference: Umfang
closure: Abschluss
compactification: Kompaktifizierung
connected: zusammenhängend
continuous: stetig
contracting: kontrahierend
countable: abzählbar
denominator: Nenner
dense: dicht
derivative : Ableitung (einer Funktion)
diameter: Durchmesser
domain: Definitionsbereich
eigenvalue: Eigenwert
eigenvector: Eigenvektor
empty set: leere Menge
equation: Gleichung
equicontinuous: gleichgradig stetig
equilateral triangle: gleichseitiges Dreieck
error: Fehler (bei Näherungsrechnungen)
field: Körper (in der Algebra)
fixed point: Fixpunkt
flow: Fluss (bei Differentialgleichungen)
fraction: Bruch
fundamental theorem of calculus: Hauptsatz der Differential- und Integralrechnung
iff (if and only if): genau dann, wenn
inequality: Ungleichung
integer: ganze Zahl
integral domain: Integritätsbereich (in der Algebra)
intermediate value theorem: Zwischenwertsatz
intersection: Schnitt, Schnittmenge
isosceles triangle: gleichschenkliges Dreieck
line: Gerade
line integral: Kurvenintegral
lower bound: untere Schranke
knot: Knoten (vgl. node)
manifold: Mannigfaltigkeit
map: Abbildung
mean value theorem: Mittelwertsatz
multiple integral: Mehrfachintegral
Newton's method: Newtonverfahren
node: Knoten, Stützstelle (in der Numerik)
normal subgroup: Normalteiler (in der Algebra)
nowhere dense: nirgends dicht
numerator: Zähler
piecewise continuous: stückweise stetig
pointwise convergent: punktweise konvergent
power series: Potenzreihe
prime number: Primzahl
proposition: (mathematischer) Satz
quantifier: Quantor
random: Zufall, zufällig
range: Wertebereich
real number: reelle Zahl
rearrangement: Umordnung
rectangle: Rechteck
region: Gebiet (in der Funktionentheorie)
remainder: Restglied
seminorm: Halbnorm
sequence: Folge
set: Menge
sigma-field: Sigma-Algebra (in der Maßtheorie)
space (e.g., vector space): Raum (z.B. Vektorraum)
subsequence: Teilfolge
subset: Teilmenge
sufficient: hinreichend

surface: Fläche, Oberfläche (vgl. area)
triangle: Dreieck
unconditionally convergent: unbedingt konvergent
uncountable: überabzählbar
uniformly continuous: gleichmäßig stetig
uniformly convergent: gleichmäßig konvergent
unit: Einheit
union: Vereinigung, Vereinigungsmenge
upper bound: obere Schranke
void, nonvoid: leer, nicht leer
well defined: wohldefiniert
well ordered: wohlgeordnet

Sprechen

Beim Sprechen sind zwei Dinge zu beachten. Da gibt es *erstens* eine Reihe von Dingen, die man wissen müsste, wenn man selber sprechen möchte, die man aber auch durch noch so viel Lesen niemals erfährt. Ein Beispiel: 3/4, im Deutschen „drei Viertel", heißt „three quarters" und 7/10 „seven tenths". So weit, so klar. Aber was heißt denn wohl a/b? Es heißt „a over b", und darauf kann man von allein beim besten Willen nicht kommen.

Glücklicherweise muss man sich nur ganz wenige solcher Floskeln merken. Hier die wichtigsten:

- „3.14" spricht man als „three point one four".
- 1.000.000.000 ist „one billion" (im amerikanischen und meist auch im britischen Englisch; „two billions" sind also *nicht zwei Billionen*, sondern „nur" zwei Milliarden).
- a/b heißt „a over b" oder auch „a divided by b".
- $a \cdot b$ spricht man als „a times b".
- $-a$ ist „minus a" im britischen und „negative a" im amerikanischen Englisch.
- Zu $a = b$ kann man „a equals b" oder auch „a is equal to b" sagen.
- $a < b$ spricht man als „a less than b" oder als „a is less than b".
- Ist $a > b$, so sagt man „a greater than b" oder „a is greater than b".
- $n!$ (d.h. n Fakultät) ist „n factorial".
- Der Binomialkoeffizient $\binom{n}{k}$ wird als „n choose k" gesprochen. (Als Eselsbrücke ist sicher hilfreich, dass diese Zahl die Anzahl der Möglichkeiten angibt, k Elemente aus einer n-elementigen Menge auszuwählen.)
- x^2 ist einfach „x squared", zu x^3 sagt man „x cubed", höhere Exponenten wie etwa x^n werden „x to the n'th" genannt.

  Bei Potenzfunktionen ist es etwas anders, e^x ist „e to the x" auszusprechen.

- Sinus und Cosinus, also $\sin x$ und $\cos x$, sind „Sine x“ (gesprochen „sain“) und „Cosine x“ (gesprochen „kousain“ mit der Betonung auf der ersten Silbe).
- Bei Funktionen ist es einfach: $f(x)$ heißt „f of x“.
- Die Ableitung $f'(x)$ wird „f prime of x“ genannt.

  Schreibt man die Ableitung als dy/dx, so muss man „d y by d x“ sagen.
- Das Summenzeichen $\sum_{i=1}^{n} a_i$ wird als „summation a sub i, i from 1 to n“ gesprochen.
- Die $\sqrt{x}$ ist die „square root of x“.

Und *zweitens* ist es für das Sprechen über Mathematik wichtig, sich an die „a“-wird-zu-„an“-vor-Vokal-Regel zu erinnern: nicht „a island“, sondern „an island“. Das ist Ihnen gewiss im nicht-mathematischen Bereich schon in Fleisch und Blut übergegangen, in der Mathematik muss man trotzdem besonders aufmerksam sein.

Der Grund: Die „a“-wird-zu-„an“-vor-Vokal-Regel bezieht sich auf die *Aussprache* und nicht auf die *Schreibweise*. Und in der Mathematik kommen oft einzeln stehende Buchstaben vor, wo es dann eben auf die Aussprache ankommt. Freunde der populären Musik mögen sich jetzt des Auftritts von Country Joe McDonald beim legendären Woodstock-Festival erinnern: „Gimme an F! Gimme a U! ...“ Haben Sie's gehört? Obwohl F ein Konsonant ist, spricht man den einzelnen Buchstaben eff aus, was mit einem Vokal beginnt: daher „an F“. Beim U ist es umgekehrt: Die Aussprache ju dieses Vokals beginnt mit einem Konsonanten, daher „a U“.

Und in der Mathematik gibt es solche einzeln stehenden Zeichen haufenweise. Sagen (und schreiben!) Sie daher „an M-ideal“, „an NP-hard problem“, „an L^p-space“, „a U-test“, „a Y-flow“ (und sprechen Sie „Y“ nicht wie auf den Karikaturen des ehemaligen amerikanischen Außenministers Kissinger wie „vai“, sondern mit einem gehauchten w wie „wai“ aus).

Und wie ist es mit Wörtern, die mit H beginnen? In „hour“ hört man das H nicht, in „history“ sehr wohl; daher heißt es „an hour“, „a history lesson“. Bei den Sprachpflegern herrscht jedoch geteilte Meinung darüber, wie man bei nicht auf der ersten Silbe betonten Wörtern verfahren soll: „a historical fact“ oder „an historical fact“? Fowler (siehe die Literaturhinweise unten) empfiehlt „an“.

Wie spricht man die *griechischen Buchstaben* aus? Im Prinzip, wie man sie schreibt! Also α wie alfa, β wie bita, π wie pai etc. φ wird in den USA gern fi ausgesprochen und in Großbritannien fai, ε von den meisten Leuten epsilon (mit Betonung auf der ersten Silbe) und seltener epsailon (mit Betonung auf der zweiten Silbe).

Falsche Freunde

So bezeichnet man Wortpaare wie *to become / bekommen*, die in der fremden und der eigenen Sprache ähnlich aussehen, aber etwas ganz anderes bedeuten. Ein anderes Beispiel ist *menu / Menü*: Wenn wir in einem englischen Restaurant eines der Menüs bestellen wollen, sollten wir je nach Tageszeit nach dem set lunch oder set dinner fragen; wer um das menu bittet, wird die Speisekarte bekommen...

Eine zweite Art falscher Freunde kommt durch unidiomatische Übersetzungen zustande. Ein Beispiel aus der Computerei: firewall bedeutet Brandmauer und nicht etwa Feuerwall. Ein ähnliches Unwort aus der Mathematik, aus der Theorie der topologischen Gruppen, ist der Begriff *amenable* Gruppe. Das ist der Fehlversuch, amenable group zu übersetzen. Genauso gut hätte man wohl superkallifragilistisch wählen können... Die übliche Übertragung von amenable group ist übrigens mittelbare Gruppe, was noch einen Hauch des Wortspiels des Originals erhält.

Die letzten Beispiele waren eher stilistischer Natur, dagegen geht es bei dem Paar *must not / muss nicht* ums Inhaltliche. Sie wollen ausdrücken, dass die Lösung x einer gewissen Gleichung keine ganze Zahl sein muss. Sagen Sie „x need not be an integer". Wenn Sie sagen „x must not be an integer", so heißt das: „x darf auf keinen Fall eine ganze Zahl sein". Im englischen Sprachgebrauch denkt man sich nämlich Klammern: „x must (not be an integer)". x muss also das tun oder sein, was in der Klammer steht, nämlich alles mögliche, nur nicht ganzzahlig sein. Kurz: *must not heißt darf nicht*, und *need not heißt braucht/muss nicht*. (Beachten Sie noch, dass need in solchen Konstruktionen als Hilfsverb verwandt wird; daher kein s nach need, kein erweiterter Infinitiv mit to und keine Umschreibung der Negation mit to do.)

Hier noch ein paar *Beispiele*: „A hard problem" ist ein schwieriges, kein hartes Problem (es mag jedoch eine harte Nuss, *a hard nut to crack*, sein); „to make sense" heißt Sinn ergeben, nicht Sinn machen; „eventually" heißt schließlich, nicht eventuell; „the late Albert Einstein" bezieht sich auf den verstorbenen Einstein, nicht seine späte Wirkungsperiode; „reference" in einem wissenschaftlichen Text ist eine Literaturangabe und keine Referenz (das wäre ein Empfehlungsschreiben); „textbook" heißt Lehrbuch (Textbücher gibt es beim Theater); „faculty" heißt im amerikanischen Englisch Lehrkörper, und „student" ist in den USA jeder vom Erstklässler bis zur Doktorprüfung. Und danach sagt man „I teach mathematics", wo man hierzulande „Ich bin Mathematikprofessor" hören würde.

Sie befürchten, nicht gleich alles richtig zu machen? Das ist nicht schlimm, denn erstens werden Sie wahrscheinlich auch so verstanden, und zweitens ist man in Englisch sprechenden Ländern fast immer sehr tolerant gegenüber den Sprachkünsten von Ausländern.

Literaturhinweise

Auf amüsante Weise lernt man gutes Englisch in den Romanen von Werner Lansburgh, die halb auf Deutsch und halb auf Englisch geschrieben sind:

W. Lansburgh: Dear Doosie / Wiedersehen mit Doosie.
Fischer Taschenbuch.

Das *Standardwerk* über die Feinheiten des Englischen ist „der Fowler". Es ist unverzichtbar für alle, die professionell mit dem Englischen zu tun haben, Muttersprachler wie Nichtmuttersprachler. Ursprünglich 1926 von den Brüdern Henry Watson Fowler und Francis George Fowler geschrieben, wurde das Werk mehrfach überarbeitet, zuletzt 1996.

H.W. Fowler, F.G. Fowler: Modern English Usage.
Oxford University Press. 3. Auflage 1996.

Ein elegantes Büchlein, das anhand vieler Beispiele aus der Sprachpraxis auf die Klippen der englischen Sprache aufmerksam macht und darauf, wie man sie umschifft, ist:

Sir Ernest Gowers: The Complete Plain Words.
Penguin (letzte Bearbeitung 1986).

Übrigens bekam *Tim Gowers*, ein Enkel von Sir Ernest, auf dem Internationalen Mathematikerkongress 1998 in Berlin eine der Fieldsmedaillen, das Äquivalent zum Nobelpreis für Mathematik!

Wer sich mit dem Schreiben mathematischer Texte auf Englisch auseinander setzen will (oder muss), sollte zu folgenden Büchern greifen:

N.J. Higham: Handbook of Writing for the Mathematical Sciences.
SIAM (= Society for Industrial and Applied Mathematics),
2. Auflage 1998.

S.G. Krantz: A Primer of Mathematical Writing.
American Mathematical Society 1997.

R.C. James, G. James: Mathematics Dictionary.
Van Nostrand Reinhold, 5. Auflage 1992.

„Englisch für Mathematiker" wurde im Jahr 2001 vom Autor dieses Buches und Dirk Werner von der FU Berlin für die Internetseite `www.mathematik.de` verfasst.

Literaturtipps

In den acht Kapiteln der beiden Bände zur Analysis sind mehrfach Fragen angesprochen worden, die hier nicht vertieft werden konnten, weil sie uns zu weit vom eigentlichen Stoff entfernt hätten. Für alle, die sich näher informieren wollen, sind hier einige Literaturtipps zusammengestellt.

Lineare Algebra

Zur systematischen Vorbereitung auf Kapitel 8 empfehle ich
G. FISCHER: Lineare Algebra (Vieweg-Verlag)

Topologie

Schon in Band 1 wurde gesagt, was eine Topologie ist. In Kapitel 5 haben wir uns dann etwas intensiver mit damit zusammenhängenden Fragestellungen auseinander gesetzt: Ist punktweise Konvergenz metrisierbar, wie kann man sie durch eine Topologie beschreiben? Hier eine Einführung in diesen Teil der Topologie, die so genannte *mengentheoretische Topologie*:
B. VON QUERENBURG: Mengentheoretische Topologie (Springer-Verlag)

Funktionentheorie

Komplexe Zahlen wurden hier, wo immer möglich, parallel zu den reellen Zahlen behandelt. Es gibt jedoch gravierende Unterschiede zwischen beiden Zahlenbereichen, wenn es um differenzierbare Funktionen geht. Differenzierbarkeit wird für $f : \mathbb{C} \to \mathbb{C}$ wortwörtlich wie im Fall reeller Funktionen definiert, im komplexen Fall ergeben sich jedoch viel weiter gehende Konsequenzen. Zum Beispiel ist jede einmal differenzierbare Funktion schon beliebig oft differenzierbar, und beschränkte differenzierbare Fnktionen sind konstant. Derartige Phänomene werden in der *Funktionentheorie* studiert, zur Einführung lese man
R. REMMERT - G. SCHUMACHER: Funktionentheorie (Springer-Verlag)

Differentialgleichungen

In den Abschnitten 4.6, 7.4 und 7.6 haben wir uns schon vergleichsweise ausführlich mit gewöhnlichen Differentialgleichungen auseinander gesetzt. Wer dieses Thema systematischer studieren möchte, greife zu
W. WALTER: Gewöhnliche Differentialgleichungen (Springer-Verlag)

Differentialformen

An verschiedenen Stellen wurde behauptet, dass man den Ausdrücken dx, dy und df/dx, die ja „eigentlich" unendlich kleine Größen oder Quotient unendlich kleiner Größen sind, in der Theorie der Differentialformen einen Sinn geben kann. Wer sich davon überzeugen möchte, kann das nachlesen in
K. JAENICH: Vektoranalysis (Springer-Verlag)

Funktionalanalysis

Es wurde mehrfach betont, dass Normen dazu dienen, die „Größe" von Elementen eines Vektorraumes zu messen und dass es eine Vielzahl von wichtigen Beispielen für Normen gibt, unter denen man sich die für den jeweiligen Einzelfall richtige aussuchen muss. Das Gebiet, in dem diese normierten Räume und die darauf definierten Abbildungen untersucht werden, ist die *Funktionalanalysis*. Ich empfehle ganz nachdrücklich:
D. WERNER: Funktionalanalysis (Springer-Verlag)

Maßtheorie

Wer durch unseren Anhang zum Lebesgue-Integral motiviert worden ist, Maßtheorie etwas genauer kennen zu lernen, findet ausführliche Informationen in
J. ELSTRODT: Maß- und Integrationstheorie (Springer-Verlag)

Fourieranalysis

Auch dieses Thema haben wir hier nur kurz gestreift. Wer mehr darüber erfahren möchte, greife zu
TH.W. KOERNER: Fourier Analysis (Cambridge University Press)

Mathematik und Philosophie

Studierende der Mathematik sind – besonders in den ersten Semestern – damit ausgelastet, sich mit Epsilons, Vektorräumen usw. auseinander zu setzen. Irgendwann stellen sich aber viele die Frage, wie es denn mit der Absicherung ihres mathematischen Wissens aussieht. Wie sicher sind die Grundlagen der Mathematik? Lässt sich die Welt wirklich mit Mathematik beschreiben, und wenn ja, warum? Als aktuelle Einführung in diese Fragen zur *Philosophie der Mathematik* empfehle ich
R. HERSH: What is Mathematics, Really? (Oxford University Press)

Überblicke, Populäres

Man kann ja nicht immer nur neue Gebiete systematisch lernen, manchmal möchte man auch einfach nur einen Überblick über aktuelle Entwicklungen bekommen oder sich sogar einfach entspannen. Schauen Sie doch einmal in:

M. AIGNER, E. BEHRENDS: Alles Mathematik (Vieweg-Verlag),

M. AIGNER, G. ZIEGLER: Das Buch der Beweise (Springer-Verlag).

Zu den eher populären Büchern, die auch mit Mathematik zu tun haben, soll hier nichts gesagt werden. Sie finden Informationen dazu, die für Sie vielleicht von Interesse sind, auf der Internetseite `www.mathematik.de`: Da sollten Sie sich zur Seite „Anregung/Literatur" durchklicken.

Lösungen zu den „?“

Zum „?“ von Seite 6:
Angenommen, die Konvergenz von f wäre gleichmäßig. Dann könnte man zu $\varepsilon = 1$ ein n_0 finden, so dass $|f_n(x)| \leq 1$ für alle $n \geq n_0$ und alle x. Insbesondere würde das bedeuten, dass $|f_{n_0}(x)| = |g(x)/n_0| \leq 1$, d.h. $|g(x)| \leq n_0$ für alle x.
Kurz: Im Falle der gleichmäßigen Konvergenz muss g beschränkt sein.

Zum „?“ von Seite 7:
Angenommen, (x^n) würde gleichmäßig für die $x \in [0,1[$ gegen Null konvergieren. Dann gäbe es zu $\varepsilon = 1/2$ ein n_0, so dass $x^n \leq 1/2$ für alle $x \in [0,1[$ und $n \geq n_0$ gilt. Insbesondere wäre stets $x^{n_0} \leq 1/2$ auf $[0,1[$. Das stimmt aber nicht, diese Ungleichung ist für jedes x mit $x > \mathrm{e}^{-(\log 2)/n_0}$ verletzt. Da $\mathrm{e}^{-(\log 2)/n_0}$ kleiner als Eins ist, gibt es solche x in $[0,1[$.

Zum „?“ von Seite 8:
Die erste Aussage: Sie folgt aus der Abgeschlossenheit von $[0,+\infty[$: Ist $a_n \geq 0$ für alle n und gilt $a_n \to a$, so ist auch $a \geq 0$.
Die dritte Aussage: Auch das folgt aus einfachen Folgeneigenschaften. Hier ist nur zu beachten: Ist $a_n = b_n$ für alle n und gilt $a_n \to a$ und $b_n \to b$, so ist $a = b$. Etwas gekünstelt kann man es auch auf die Abgeschlossenheit der Menge $\{0\}$ zurückführen, indem man die Folge $\big(f_n(1) - f_n(0)\big)$ betrachtet.
Das Gegenbeispiel: Man definiere zum Beispiel $f_n : \mathbb{N} \to \mathbb{R}$ als die charakteristische Funktion von $\{n\}$; es ist also $f_n(n) = 1$ sowie $f_n(m) = 0$ für $n \neq m$. Diese Folge erfüllt die geforderte Bedingung, aber sie geht punktweise gegen die Nullfunktion.

Zum „?“ von Seite 47:
Man wähle irgendeine überabzählbare Menge und versehe sie mit der diskreten Metrik. Dann ist nur die leere Menge nirgends dicht, folglich sind alle nicht leeren Teilmengen von zweiter Kategorie. Jede abzählbare Teilmenge kann also als Gegenbeispiel verwendet werden.

Zum „?“ von Seite 75:
Der Fall $\lambda = 0$ ist klar. Wir führen den Beweis für $\lambda > 0$, für $\lambda < 0$ sind nur die Ungleichungen umzukehren.
Sei f integrierbar und $\varepsilon > 0$ vorgegeben. Dann ist auch $\tilde{\varepsilon} := \varepsilon/\lambda > 0$, wir finden also Treppenfunktionen τ_1 und τ_2 mit $\tau_1 \leq f \leq \tau_2$ und $\int_a^b \big(\tau_2(x) - \tau_1(x)\big)\,dx \leq \tilde{\varepsilon}$. Damit gilt für die Treppenfunktionen $\lambda\tau_1, \lambda\tau_2$: Es ist $\lambda\tau_1 \leq \lambda f \leq \lambda\tau_2$, und

$$\int_a^b \big(\lambda\tau_2(x) - \lambda\tau_1(x)\big)\,dx \leq \lambda\tilde{\varepsilon} = \varepsilon.$$

Also ist λf integrierbar.

Zum „?“ von Seite 78:
Da stetige Funktionen auf kompakten Intervallen beschränkt sind, ist jede stückweise stetige Funktion beschränkt. $x \mapsto 1/x$ ist aber nicht beschränkt.

Zum „?“ von Seite 91:
Zum Beweis der Integrierbarkeit von f sei $\varepsilon > 0$ vorgegeben. Man wähle m so groß, dass $2 \leq m\varepsilon$. Wir definieren Treppenfunktionen τ_1 bzw. τ_2 durch folgende Vorschrift: Auf $]1/m, 1[$ stimmen beide mit f überein, und auf $[0, 1/m[$ ist τ_1 gleich 1 und τ_2 gleich -1. Dann ist $\tau_1 \leq f \leq \tau_2$, und das Integral von $\tau_2 - \tau_1$ über $[0,1]$ ist $2/m$, also durch ε abschätzbar.
Folglich ist f integrierbar.

f liegt aber nicht in Int* $[0,1]$. Für jede Treppenfunktion τ auf $[0,1]$ gibt es nämlich nach Definition ein Intervall $]0,\varepsilon[$, auf dem τ konstant ist.
Damit ist $\|f-\tau\|_\infty \geq 1$.

Zum „?" von Seite 96:
Sei etwa $f(x) := 1+\sin x$. Es ist $f \geq 0$, aber f' nimmt auch negative Werte an. Für das zweite Gegenbeispiel betrachte man $f(x) := \varepsilon \sin(x/\varepsilon^2)$. Die Supremumsnorm von f ist gleich ε, die Norm der Ableitung ist aber gleich $1/\varepsilon$. Sie wird für kleine ε damit beliebig groß.

Zum „?" von Seite 116:
Auf $\mathbb{C}$ gibt es keine Körperordnung, wir haben „$\leq$" für komplexe Zahlen gar nicht definiert.

Zum „?" von Seite 122:
Für jedes c gilt

$$\int_0^c e^{-x}x^{n+1}\,dx = -e^{-x}x^{n+1}\Big|_0^c + (n+1)\int_0^c e^{-x}x^n\,dx;$$

das folgt durch partielle Integration. Durch Grenzübergang $c \to \infty$ ergibt sich, dass das Integral $\int_0^{+\infty} e^{-x}x^{n+1}\,dx$ genau dann existiert, wenn $\int_0^{+\infty} e^{-x}x^n\,dx$ existiert.

Zum „?" von Seite 128:
Als Ableitungen ergeben sich die folgenden Funktionen:

$$x,\ \frac{\cos(x+z)}{(y+z)^2},\ 19,\ b.$$

Zum „?" von Seite 128:
Das erste Integral hat den Wert

$$\left(3x - \frac{\cos(5\nu)}{5}\right)\Big|_{\nu=0}^{\pi} = 3\pi + \frac{1}{5},$$

das zweite haben wir mit der Variablen x auf Seite 119 schon einmal ausgerechnet: Es kommt 1 heraus.

Zum „?" von Seite 136:
Es ergibt sich als Ableitung:

$$\int_{-1-x}^{\cos x} 2xe^{x^2t^2}\,dt - (\sin x)e^{x^2(\cos x)^2} + e^{x^2(-1-x)^2},$$

$$\int_{-e^x}^{e^{x^2}} \frac{t}{\sqrt{1+t^2x^2}}\,dt + e^{x^2}\sqrt{1+e^{2x^2}x^2} + e^x\sqrt{1+e^{2x}x^2}.$$

Zum „?" von Seite 136:
Für $n > 1$ folgt durch Differentiation unter dem Integral, dass

$$\frac{d}{dx}\int_0^x \frac{(x-t)^{n-1}}{(n-1)!}f(t)\,dt = \int_0^x \frac{(x-t)^{n-2}}{(n-2)!}f(t)\,dt.$$

Daraus folgt die Behauptung, denn nach Satz 6.2.1 stimmt die Ableitung im Fall $n=1$ mit f überein.

Zum „?" von Seite 179:
Der schwerwiegendste Fehler besteht darin, dass die bei verschiedenen Approximationen auftretenden Polynome nichts miteinander zu tun haben müssen. Es ist im Allgemeinen nicht so (wie beim falschen Beweis durch die Schreibweise suggeriert), dass das Polynom der besseren Approximation durch Hinzufügen weiterer Terme aus dem vorher gefundenen entsteht.
Und wenn es wirklich so wäre: Eine Reihe ist doch dann konvergent, wenn die Partialsummen konvergieren. Im vorliegenden Fall kann man nur garantieren, dass die zu den Indizes $n_1, n_2, \ldots$ gehörige Teilfolge der Partialsummen gegen f konvergiert.

Zum „?" von Seite 194:
Wäre $\mathrm{e}^{t^2} \leq M\mathrm{e}^{s_0 t}$ für beliebig große t, so würde durch Logarithmieren dieser Ungleichung folgen, dass für diese t auch stets $t \leq (\log M)/t + s_0$ gilt. Die linke Seite ist für $t \to \infty$ aber unbeschränkt, die rechte ist beschränkt.

Zum „?" von Seite 198:
Nach dem Satz ist $\mathcal{L}\big((\sin t)'\big) = s\mathcal{L}(\sin t) - \sin 0 = s\mathcal{L}(\sin t)$. Die linke Seite kennen wir aber schon, da $\mathcal{L}(\cos t) = s/(s^2+1)$.
So folgt $\mathcal{L}(\sin t) = 1/(s^2+1)$.

Zum „?" von Seite 252:
Im $\mathbb{R}^1$ bedeutet das, dass für $f'(x_0)$ rechts von x_0 Werte mit $f(x) > f(x_0)$ liegen und dass man im Fall $f'(x_0) < 0$ links von x_0 suchen muss, um größere Werte zu finden.

Zum „?" von Seite 270:
Die erste, die dritte und die letzte Matrix haben positive Unterdeterminanten.

Zum „?" von Seite 272:
Man setzt jeweils die Definition ein und stellt fest, dass sich in beiden Fällen die Zahl

$$\sum_{i,j=1}^{n} \frac{\partial^2 f}{\partial x_i \partial x_j} h_i h_j$$

ergibt.

Zum „?" von Seite 351:
Angenommen, die Hörgrenze liegt bei 15 Kilohertz. Dann sollte man eine Rechteckschwingung von einer Sinusschwingung bis zu einer Frequenz von 5 Kilohertz unterscheiden können: Die Fourierentwicklung der Rechteckschwingung unterscheidet sich nämlich vom Sinus um eine Schwingung der dreifachen Frequenz.

Register